第四届中华优秀出版物奖图书提名奖　第三届中国出版政府奖图书提名奖
重庆市科技进步二等奖　“十一五”国家重点图书出版规划项目

中国昆虫生态大图鉴

CHINESE INSECTS ILLUSTRATED

——张巍巍　李元胜　主编——

（第2版）

重庆大学出版社

图书在版编目（CIP）数据

中国昆虫生态大图鉴 / **张巍巍**，李元胜主编. -- 2版. -- 重庆：重庆大学出版社，2019.6（2024.6重印）
（好奇心书系. 图鉴系列）
ISBN 978-7-5689-1523-6

I. ①中… II. ①张… ②李… III. ①昆虫—中国—图集 IV. ①Q968.22-64

中国版本图书馆CIP数据核字(2019)第036561号

中国昆虫生态大图鉴

ZHONGGUO KUNCHONG SHENGTAI DA TUJIAN

（第2版）

张巍巍 李元胜 主编

责任编辑：梁 涛 版式设计：周 娟 刘 玲

责任编辑：邬 忌 责任印制：赵 晟

*

重庆大学出版社出版发行

出版人：陈晓阳

社址：重庆市沙坪坝区大学城西路21号

邮编：401331

电话：(023) 88617190 88617185（中小学）

传真：(023) 88617186 88617166

网址：http://www.cqup.com.cn

邮箱：fxk@cqup.com.cn（营销中心）

全国新华书店经销

重庆亘鑫印务有限公司印刷

*

开本：889mm × 1194mm 1/16 印张：44.5 字数：1111千

2011年4月第1版 2019年6月第2版 2024年6月第10次印刷

印数：24 501—27 500

ISBN 978-7-5689-1523-6 定价：498.00元

中国昆虫生态大图鉴

Chinese Insects Illustrated

编　写

中国自然地理与昆虫分布：葛斯琴　张巍巍

弹 尾 纲：张巍巍
双 尾 纲：张巍巍　王志良
石 蛃 目：张加勇
衣 鱼 目：张加勇
蜉 蝣 目：陈　尽
蜻 蜓 目：陈　尽
襀 翅 目：李卫海
等 翅 目：刘炳荣　钟俊鸿　黄珍友
蜚 蠊 目：王宗庆　刘　彪
螳 螂 目：吴　超　周　顺
蛩 蠊 目：白　明　宋克清　王书永　杨星科
竹节虫目：张巍巍　郭冬生
纺 足 目：史宏亮
直 翅 目：吴　超　柳　青　刘　晔
革 翅 目：吴　超
啮 虫 目：王永杰
缨 翅 目：Laurence A. Mound　童晓立
半 翅 目：李　虎（异翅亚目）　刘　晔（“同翅目”）　孟泽洪（“同翅目”）　张巍巍（蚤蝽科、“同翅目”）
脉 翅 目：王永杰（溪蛉科、草蛉科）　王志良（蚁蛉科）　孙明霞（蝶角蛉科）
严冰珍（褐蛉科）　杨秀帅（螳蛉科）　张巍巍（蝶蛉科）
广 翅 目：刘星月
蛇 蛉 目：刘星月
鞘 翅 目：葛斯琴（叶甲科）　史宏亮
白　明（黑蜣科、粪金龟科、绒毛金龟科、金龟科蜣螂亚科、蜉金龟亚科、花金龟亚科）
黄　灏（锹甲科）　毕文烜（天牛科）　常凌小（天牛科）　张晓宁（瓢虫科）
刘　晔（步甲科部分种类、金龟科蜣螂亚科部分种类）　杨干燕（郭公科）
杨玉霞（萤科、红萤科、花萤科）　王志良（象甲总科）　汤　亮（隐翅虫科）
张巍巍（金龟科丽金龟亚科部分种类）　陈　斌（伪叶甲）
双 翅 目：姚　刚（蜂虻科）　刘启飞（大蚊科）　李　彦（大蚊科）　毛　萌（大蚊科）　周　丹（水蝇科）
霍　姗（头蝇科）　王俊潮（蚜蝇科）　崔维娜（蜂虻科）　张婷婷（水虻科）
张巍巍（褶蚊科、树创蝇科、禾蝇科、丛蝇科）
长 翅 目：吴　超
毛 翅 目：王备新　杨莲芳　孙长海
鳞 翅 目：朱建青（蝶类）　黄　灏（蝶类）　张巍巍（蛾类）　倪一农（蛾类）　詹程晖（蛾类）
膜 翅 目：丁　亮（细腰亚目）　魏美才（广腰亚目）　李泽建（广腰亚目）　蚁司令（蚁科）　李廷景（胡蜂科）

科 普 诗：杨集昆　张巍巍

摄　影（以提供照片数量及在书中出现先后为序）：

张巍巍　周纯国　杰　仔　张宏伟　唐志远　李元胜　郭　宪　林义祥　任　川　偷　米
刘　晔　寒　枫　李　虎　倪一农　钟　茗　陈　尽　黄　灏　蚁司令　王　江　史宏亮
一　念　西　叶　徐　健　范　毅　王　锋　王　放　吴　超　谌安明　yellowman
丁　亮　王春芳　刘思阳　詹程辉　奉　建　达玛西　单子龙　李若行　拐　拐　张加勇
吕胜云　陈　希　梁光毕　胡平华　廖　原　谭金刚　王志良　陈　敏　李卫海　宋克清
李　姗　王晓贝　胡馨月　吴　卫　李小杰　夏　帆

序

《中国昆虫生态大图鉴》由张巍巍和李元胜共同策划，有百余人参加，收纳了2 200多种昆虫生态图片，在大家的共同努力下，经过五年的团结奋战，终于完成，得以付印，这是一件可喜可贺的大事情。

昆虫，是生物界的最大家族。目前，全世界已记录的昆虫超过了100万种，我国已知种类应该在8万种左右。丰富多彩、形态多样的昆虫，为生命世界的循环、发展起着举足轻重的作用，与人类建立了不解之缘。它在人类赖以生存的生态环境中占据重要地位，既带给人类众多的实惠和利益，也带给人类毁灭性灾难。认识世界是为了更好地改造世界。但是，生命世界的发展，有着自己内在规律的支配，违背规律，就会起到破坏的作用，就达不到改造世界是为了人类福祉的真正目的。因此，更好地了解昆虫世界显得至关重要。

《中国昆虫生态大图鉴》以摄影家高超的技艺，记录了生命世界各类昆虫的真实面貌；以科技工作者严谨的态度，给出了每个昆虫准确的名称和分类地位。所有这些，有力地帮助人们更好地认识昆虫世界。同样，它也见证了中国自然科学家和生态摄影师们对大自然的深沉热爱，见证了他们专业的合作精神。

《中国昆虫生态大图鉴》是国内目前包括种类最多、完全由中国摄影专家拍照、涉及类群最广泛、参与人员最多的第一本规模最大的昆虫图鉴。无论从图片质量还是知识体系，无论从科学准确还是图版编排，应该说它都是目前国内上乘之作。通过这本书，许许多多的昆虫第一次有了影像的记录，有了第一次让人类认识和了解的机会。

书中大量精美的昆虫生态照片，包括了多种国家二类保护动物，如：伟铗虯、棘角蛇纹春蜓（宽纹北箭蜓）、阳彩臂金龟、格彩臂金龟、三尾凤蝶（三尾褐凤蝶）、中华虎凤蝶、阿波罗绢蝶等；还收录了相当数量的国内尚无正式记录的昆虫类群，如：树创蝇科、幻褶蚊属、云南仿圆足竹节虫（中国最小的竹节虫）、久保田鬣形土衣鱼等；更有多种极为罕见的昆虫，如：我国第二种蛩蠊目昆虫——陈氏西蛩蠊、素有兰花螳螂之称的冕花螳、被誉为不丹国蝶的多尾凤蝶、仅发现于中缅边境部分地区的华缅天蚕蛾等；很多种类的雄性或者雌性还没有正式的记录，也在本书中首次曝光，如：中华丽叶蝽雄虫、海南树天蚕蛾雌虫等。

我们很难想象，这部大图鉴的作者们的编写工作是在没有任何经费支持的情况下完成的。所有参与本图鉴工作的人员，无论是摄影专家还是科学家，大家凭着科学精神的激励，坚持科技兴国的理念，默默地做着无私的奉献。他们把自己的知识、技术、才艺毫无保留地通过《中国昆虫生态大图鉴》奉献给读者，奉献给社会。他们作出了贡献，树立了典范，赢得了尊重。

我国昆虫区系和分类学研究与国外相比差距较大，昆虫生态类图鉴的编辑出版更是薄弱，《中国昆虫生态大图鉴》的出版，是一个很好的开端。因此，衷心希望我国的昆虫学事业能够蒸蒸日上，希望我国的昆虫区系及分类学能够迎头赶上，希望更多更丰富的昆虫图鉴能够问世，造福社会，造福人类！

楊星科
中国科学院动物研究所　研究员
中国昆虫学会　副理事长

2010年11月1日

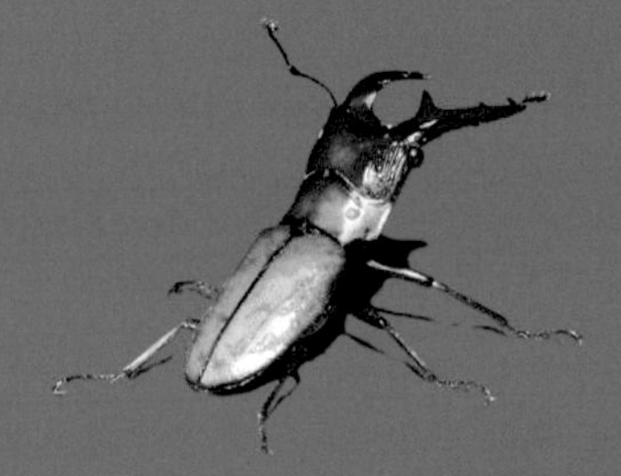

中国昆虫生态大图鉴

CHINESE INSECTS ILLUSTRATED

目录 Contents

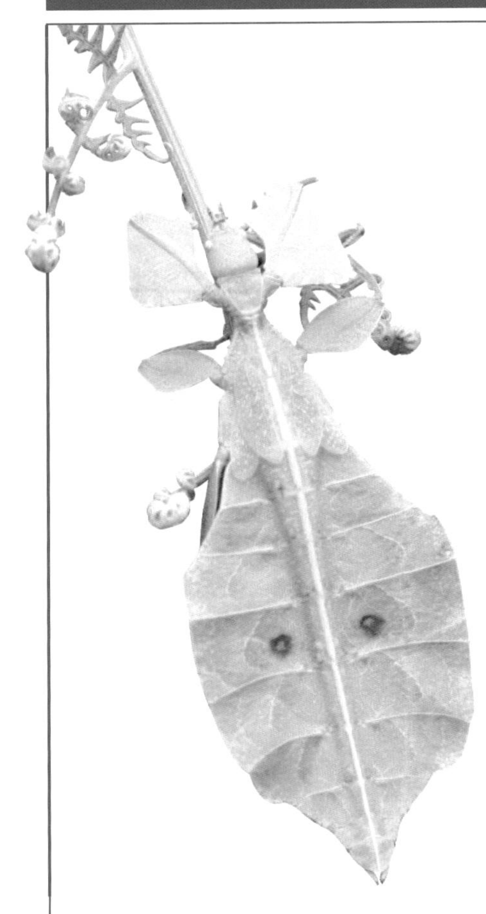

目录 | CONTENTS |

目录 | CONTENTS |

目录 | CONTENTS

目录 | CONTENTS |

本书体例说明：目前六足总纲的分类系统，是将原来昆虫纲无翅亚纲中的原尾、弹尾、双尾3个目提升为纲。本书为简明结构，方便查阅，涉及这3个纲的都按昆虫纲各目的规格编排。

中国昆虫生态大图鉴

CHINESE INSECTS ILLUSTRATED

中国自然地理与昆虫分布

Chinese physical geography and distribution of insects

中国昆虫生态大图鉴

CHINESE INSECTS ILLUSTRATED

我国幅员辽阔，地形、地貌、气候、土壤等自然条件复杂多样，既有古老的地质历史，也有未受第四纪大陆冰川覆盖的特殊环境，孕育和保存了丰富的生物资源，是世界上生物多样性最为丰富的国家之一。据统计，我国已知的昆虫种类已经超过8万种，而未知的种类估计会超过这一数字。调查、研究，甚至用影像记录这个神奇的世界，是无数昆虫学家和爱好者们长期追求的目标。

【世界动物地理区的简介】

依据动物区系物种组成的共同特点及其亲缘关系的远近，科学家把世界大陆划分为若干主要的动物地理区。世界大区的划分主要根据各大陆动物区系的历史共同点、构成这些动物区系动物类群的亲缘关系（历史因素）和现代的生态条件（生态因素），并以历史因素为主。

世界动物地理区通常划分为6区，即：古北区、新北区、东洋区、埃塞俄比亚区、新热带区和澳洲区。

红颈鸟翼凤蝶*Trogonoptera brookiana*展翅宽达130～140 mm，体态苗条，雍容华贵。雄蝶常聚集在湖滨或河边的泥坑上，有的会停歇在温泉附近，平展四翅，肩头露出鲜艳夺目的红颈，旁若无人地伸喙吸水。为东洋区著名的蝴蝶种类。

张巍巍 摄

古北区：包括欧洲、北回归线以北的非洲与阿拉伯半岛的大部分、喜马拉雅山脉——秦岭山脉以北的亚洲大陆以及本区内的各岛屿。本区是6个动物区系中最大的一个，地域广阔，没有热带的森林和稀树草原，不适于多数动物生活的荒漠、高原、苔原等景观占有广大面积。本区特有的昆虫有荨麻蛱蝶*Aglais urticae* Linnaeus、蒙古光甲*Platyope monglica* (Cope)、蓝丽天牛*Rosalia alpina* Linnaeus、欧洲毒隐翅虫*Paederus littoralis* Gravenhorst等。

新北区：包括墨西哥以北的北美洲广大区域。特有昆虫包括在地下度过长达17年若虫期的十七年蝉*Magicicada septendecim* Alexander & Moore以及北美月天蚕蛾*Actias luna* Linnaeus、北美蚁蜂*Dasymutilla occidentalis* Linnaeus、美洲大螽斯*Pterophylla camellifolia* (Fabricius)等。本区内有相当多的动物与古北区相同或相近，这间接证实了东北亚和阿拉斯加曾有大陆桥的存在。

东洋区：包括我国秦岭山脉以南的广大地区，以及印度半岛、中印半岛、马来半岛、斯里兰卡岛、菲律宾群岛、苏门答腊岛、爪哇岛及加里曼丹岛等地区。地处热带、亚热带，气候温热潮湿，植被极其茂盛，动物种类繁多。本区特有昆虫种类包括六足伸直后达到567 mm的世界最长的昆虫——陈氏直竹节虫*Phobaeticus chani* Bragg、著名的观赏昆虫红颈鸟翼凤蝶*Trogonoptera brookiana* Wallace、外型奇特的琴步甲*Mormolyce phyllode* Hagenbach和被称作“人面蝽”的红显蝽*Catacanthus incarnatus* (Drury)等。

埃塞俄比亚区：包括撒哈拉沙漠以南的整个非洲大陆、阿拉伯半岛的南部和位于非洲西边的许多小岛。其区系特点是区系组成的多样性和拥有丰富的特有类群。2001年才建立的昆虫新目螳䗛目（Mantophasmatodea）所有的现生种类都发现在本区，此外特有的昆虫还包括世界最大的甲虫帝王大角花金龟*Goliathus regius* Klug、最漂亮的蛾子马达加斯加燕蛾*Chrysiridia madagascariensis* Lesson、奇异的卡锥角螳螂*Hemiempusa capensis* Burmeister和毛土吉丁虫*Julodis viridipes* Laporte等。

新热带区：包括整个南美、中美和西印度群岛。该区长相特殊的昆虫种类非常多，著名的观赏昆虫包括：长牙锹甲*Chiasognathus granti* Stephens、海伦娜闪蝶*Morpho helena* Staudinger、彩虹长臂天牛*Acrocinus longimanus* Linnaeus、鳄头蜡蝉*Fulgora laternaria* Linnaeus等。

澳洲区：包括澳洲大陆、新西兰、塔斯马尼亚及其附近的太平洋岛屿。这一动物区系是现今动物区系中最古老的，至今还保留着很多中生代的特点。特有的珍奇种类包括巨大的维多利亚鸟翼凤蝶*Ornithoptera victoriae* Gray，体长可达170 mm、身大如鼠的新西兰巨沙螽*Deinacrida rugosa* Buller，体长170 mm的世界最长的甲虫赫氏长天牛*Xixuthrus heyrovskyi* Tippmann，于1930年一度被视为已灭绝却在2001年被重新发现的豪勋爵岛竹节虫*Dryococelus australis* (Montrouzier)，等等。

【中国昆虫地理区的划分】

我国地处欧亚大陆的东南部，由于印度板块与欧亚板块的碰撞、青藏高原的隆起等重大造山运动，形成了地势西部高而东南低，以青藏高原为最高，向东逐级下降的阶梯状斜面，组成了昆虫地理区之古北区的东南部和东洋区的北部，是世界上唯一跨越两大动物地理区的国家。两大区的种类互相渗透，也使得昆虫区系更加丰富多彩。这种独特的昆虫区系与地理地貌方面的特点使我国及其周边地区成为检验世界昆虫区系演化及历史生物地理学研究的重要地区。

在世界动物地理区划基础上，我国著名昆虫地理学家马世俊等综合现代生态和人类生产实践的因素，将我国划分为7个动物地理区。

珍蝶属于蛱蝶科Nymphalidae珍蝶亚科Acraeinae，除少数外，均分布于非洲区，为非洲埃塞俄比亚区的优势蝶类。此为透顶赤珍蝶*Acraea horta*，分布于南非东部和南部地区，是该地区较为常见并极具观赏价值的蝶种。

张巍巍 摄

（一）古北区及其昆虫的分布特点

在我国，古北区主要分为东北区、华北区、蒙新区和青藏区4个区。

东北区：包括大小兴安岭、张广才岭、老爷岭、长白山以及松花江和辽河平原，是我国最大的林区，也是最大的农业区之一。

拟绿步甲*Carabus (Acoptolabrus) schrencki* Motschulsky主要生活在我国东北的低海拔山区，以捕食蜗牛、蚯蚓以及各种昆虫为食。 刘晔 摄

大小兴安岭林区是黑龙江、松花江、嫩江等水系的重要源头和水源涵养区，在保护保持水土、调蓄洪水、维持寒温带生物物种多样性和区域生态平衡方面发挥着重要作用。大兴安岭位于我国东北边陲，有林地7.3万km^2，森林覆盖率达74.1%，东连绵延千里的小兴安岭，西依呼伦贝尔大草原，南达肥沃、富庶的松嫩平原，北与俄罗斯隔江相望，处处山峦叠嶂，林莽苍苍，雄浑8万里疆域，一片粗犷，是我

色彩斑斓的小兴安岭秋天。 徐健 摄

长白山高山苔原处于海拔2 000 m以上的火山锥体中、上部。高大的乔木已经绝迹，仅有矮小的灌木、多年生的草本、地衣、苔藓等，形成了广阔的地毯式苔原。 寒枫 摄

国高纬度地区不可多得的野生动植物乐园。小兴安岭指东北地区东北部的低山丘陵山地，是松花江以北的山地总称，是黑龙江与松花江的分水岭。1 720年老黑山、火烧山火山喷发，熔岩流堵塞了讷莫尔河支流，形成5个串珠状堰塞湖，称为“五大连池”，素有“火山博物馆”的美誉。

长白山是欧亚大陆东缘的最高山系，位于吉林省东南部，是中、朝两国界山，图们江、鸭绿江和松花江的发源地。长白山主峰白云峰海拔2 691 m，系多次火山喷发而成，夏季白岩裸露，冬季白雪皑皑，终年常白。该地区气候温和、湿润，降水丰富，植被类型复杂多样，动植物种类十分丰富，1980年被列入联合国国际生物圈保护区。

东北区的昆虫区系相当复杂。山地昆虫多为能耐高寒而栖居森林的种类，如落叶松毛虫*Dendrolimus superans* Butler、落叶松鞘蛾*Coleophora laricella* (Hübner)、树粉蝶*Apriona cataegi* Linnaeus等。平原害虫主要属亚洲大陆种类，东部与日本北海道情况相近似，北部则有许多西伯利亚成分，西南部有部分中亚细亚成分侵入，主要种类如大豆食心虫*Leguminivora glycinivorella* (Matsumura)、东北大黑金龟*Holotrichia diomphalia* Bates等。本区南部也渗有少数东洋区系的广布种，如稻纵卷叶螟*Cnaphalocroris medimalis* Guenee、亮绿金龟*Mimela splendens* Gyll等。

华北区：东起燕山山脉、张北台地、吕梁山、六盘山北部，向西至祁连山脉东端，南抵秦岭、淮河，东临黄河、渤海，包括黄土高原、冀热山地及黄淮平原，属暖温带，冬寒夏热。

黄土高原为世界最大高原，包括太行山以西、秦岭以北、乌鞘岭以东、长城以南的广大地区，横跨山西、陕西、甘肃、青海、宁夏及河南等省区，面积约40万 km^2，海拔1 500～2 000 m。除少数石质山地外，高原上覆盖有50～80 m的黄土

黄花蝶角蛉*Libelloides sibiricus* (Eversmann)是东北及华北山区春天一道亮丽的风景。走在山路上，时常会看到它们腾空而起，在天空中犹如黄色翅膀的小飞机般盘旋。 王江 摄

太行山以西地区的典型的黄土高原地貌。 王放 摄

北方硕螽*Deracantha onos* Pallas是呼伦贝尔草原上的优势种类。数百万年以来，这种硕大的螽斯一直享受着风吹草低的悠闲日子，以至于失去了迅速跳跃和飞行的本领。 王放 摄

层。黄土颗粒细，土质松软，含有丰富的矿物质养分，利于耕作，盆地和河谷农垦历史悠久，是中国古代文化的摇篮。

黄淮平原位于河南省东部、山东省西部、黄河以南及安徽省、江苏省淮河以北，是华北平原的南部。主要由黄河、淮河下游泥沙冲积而成。地形平坦，仅徐州地区略见小丘。西部和南部山麓平原，海拔大多在80 m左右；中部平原，海拔多在35～80 m；东部滨海一带，海拔仅2～3 m。平原中多低洼区，湖泊众多，分布在淮河中下游一带。山东丘陵的西部和南部边缘，有著名的京杭运河将这些湖泊沟通，成为连贯南北水路交通的要道。平原上河渠纵横，涵闸密布，盛产小麦、杂粮、棉花，为我国重要农业区。

本区为我国历史最悠久的农业区，比较普遍的代表昆虫有华北蝼蛄*Gryllotalpa unispina* Saussure、东亚飞蝗*Locusta migratoria manilensis* (Meyen)、苹小食心虫*Grapholitha inopinata* Heinrich等。本区内东洋种侵入已较多，愈近南缘，比重愈大。

蒙新区：包括内蒙古高原、河西走廊、塔里木盆地、准格尔盆地和天山山地，在大兴安岭以西，大青山以北，由呼伦贝尔草原直到新疆西部，其东北西三面与俄罗斯、蒙古、哈萨克斯坦、吉尔吉斯斯坦和塔吉克斯坦相邻，南界则为青藏高原。本区气候属于半干燥及干燥型，东西部差异比较显著，西部可受到西来湿润气候的影响，形成草原。

蒙新区东部草原区包括世界三大草原之一的呼伦贝尔草原，位于大兴安岭以西，以著名的呼伦湖、贝尔湖而得名，拥有500多个湖泊，3 000多条河流。呼伦贝尔草原地势东高西低，海拔在650～700 m，总面积约9.3万km^2。低丘及漫岗为羊草草原。河滩地多为中生禾草、杂类草草甸，草质肥美，为传统牧区。适于牧养牛、羊、马等牧畜，以产三河牛、三河马著名。放眼望去，处处“风吹草低见牛羊”。中南部有大片沙地，有独特的草原化樟子松林，为珍贵的森林资源。

西部的荒漠地带包括河西走廊、塔里木盆地和准噶尔盆地等区域。

呼伦贝尔草原犹如一幅巨大的绿色画卷，无边无际。这里是我国目前保存最完好的草原，水草丰美，有“牧草王国”之称。在几千条大小河流的滋养下，每到夏季，这里莺飞草长，牛羊遍地。

王放 摄

河西走廊位于甘肃省西北部祁连山和北山之间，东西长约1 200 km，南北宽100～200 km，海拔1 500 m左右，大部分为山前倾斜平原。因为位置在黄河以西，所以叫“河西走廊”。走廊分为3个独立的内流盆地：玉门、安西、敦煌平原，属疏勒河水系；张掖、高台、酒泉平原，大部分属黑河水系，小部分属北大河水系；武威、民勤平原，属石羊河水系。在整个走廊地区，以祁连山冰雪融水所灌溉的绿洲农业较盛，是西北地区最主要的商品粮基地和经济作物集中产区。

新疆南部的塔里木盆地是我国最大的内陆盆地，北、西、南三面为天山、帕米尔高原和昆仑山、阿尔金山环绕。大体呈菱形，海拔1 000 m左右。面积530 000 km^2。由于深处大陆内部，周围又有高山阻碍湿润空气进入，年降水量不足100 mm，极为干旱。盆地中心形成塔克拉玛干沙漠，面积337 600 km^2，罗布泊、台特马湖周围为大片盐漠。发源于天山、昆仑山的河流到沙漠边缘就逐渐消失，只有叶尔羌河、和田河、阿克苏河等较大河流能维持较长流程，最终汇入塔里木河。塔里木盆地光照条件好，热量丰富，是优质棉种植的高产稳产区。这里瓜果资源尤为丰富，著名的有库尔勒香梨、库车白杏、阿图什无花果、叶城石榴、和田红葡萄等。

我国第二大盆地准噶尔盆地也位于新疆境内，在天山山脉和阿尔泰山脉之间，南宽北窄，略呈三角形，面积约38万km^2。东西长1 120 km，南北最宽处约800 km。海拔多在500～1 000 m，东高西低。盆地西部有高达2 000 m的山岭，多缺口，西北风吹入盆地，冬季气候寒冷，雨雪丰富。盆地边缘为山麓绿洲，栽培作物多一年一熟，盛产棉花、小麦。盆地中部为广阔草原和沙漠，部分为灌木及草本植物覆盖，主要为各种形态的沙丘。盆地南缘冲积扇平原广阔，是新垦农业区。发源于山地的河流，受冰川和融雪水补给，水量变化稳定。除额尔齐斯河注入北冰洋外，玛纳斯、乌伦古等内陆河多流注盆地，形成湖泊。牧场广阔，牛羊成群。

雄阔的天山山脉全长2 500 km，横亘亚洲腹地，为塔里木盆地和准噶尔盆地的

准噶尔盆地除了有大面积的沙漠、戈壁滩、盐碱滩之外，盆地四周还有星罗棋布的绿洲围绕，以及无数奇特的地文景观。 徐健 摄

天然分界线。中部的托木尔峰，海拔7 439 m，为天山山脉的最高峰。天池处于天山东段最高峰博格达峰的山腰，平面海拔1 928 m，为有名的游览胜地。天山动植物的特点主要是由这一地区不同的海拔带所决定的。在山麓丘陵和平原，通常为半沙漠区和沙漠区。天山最普通的景观是草原，位于海拔1 000 ~ 3 350 m，以夏初即告死亡的短生植被为特点；耐旱草、蒿和沙漠灌木麻黄属植物普遍分布。天山森林与草原和草甸交替。森林主要处于北坡和海拔在1 524 ~ 2 987 m的山间，由枫树和白杨等落叶树组成，并有广泛的野果树混交林。

蒙新区的区系特点相对简单，种类较为稀少，蛀干性昆虫居多。在昆虫组成上东西部亦有较大差异，东部的内蒙古、河西一带与华北区北缘的种类较相近，如草地螟*Loxostege sticticalis* (Linnaeus)、粘虫*Mythimna separata* (Walker)和黑绒金龟*Maladera orientalis* (Motschulsky)等。牧草上蝗虫种类甚多，亦为本区东部地带的特色，其中雏蝗属*Chorthippus*、雏膝蝗属*Angaracris*、束颈蝗属*Sphingonotus*中均可找到

新疆天山天池湖水清澈，晶莹如玉。四周群山环抱，绿草如茵，野花似锦，有“天山明珠”盛誉。挺拔、苍翠的云杉、塔松，漫山遍岭，遮天蔽日。 徐健 摄

被列入《濒危野生动植物种国际贸易公约》的阿波罗绢蝶*Parnassius apollo* (Linnaeus)，是典型的古北区种类。在欧洲的一些国家已经灭绝，我国则只分布在蒙新区的天山山地一带。 倪一农 摄

一些优势种。西部的新疆则以中亚种占明显优势，许多华北、华中、华南和西南各地常见的重要农业昆虫，在本地均未见到，而苹果蠹蛾*Cydia pomontella* Linnaeus、谷粘虫*Leucania zeae* (Duponchel)、普通蝼蛄*Gryllotalpa gryllotalpa* (Linnaeus)、新疆实蝽*Antheminia lumulata* (Geoze)等重要农业昆虫在国内仅只见于这一地区。

青藏区：主要由帕米尔高原向东延伸，接连祁连山，为其北缘；南界为喜马拉雅山；东与东南则以四川西部、云贵高原西北部高山及康滇峡谷森林草地相隔，包括柴达木盆地、青藏高原、昆仑山地和藏南山地。本区高原与谷底气候相差悬殊、高原上年平均温度在0℃以下，冬季漫长严酷，年降水量在1 mm左右。

青海为青藏高原上的重要省份之一，因境内有全国最大的内陆咸水湖——青海湖而得名。境内山脉高耸，地形多样，河流纵横，湖泊棋布。巍巍昆仑山横贯中部，唐古拉山峙立于南，祁连山矗立于北，茫茫草原起伏绵延，柴达木盆地浩瀚无垠。西高东低，西北高中间低，地形复杂多样，形成了独具特色的高原大陆性气候，日照时间长，空气稀薄，大部分地区海拔在3 000 ~ 5 000 m。青藏高原的腹地、青海省南部，为长江、黄河和澜沧江的源头汇水区。青海还是国家重点自然保护区，有野生动物250多种，其中国家一类保护动物有野骆驼、野牦牛、野驴、藏羚、盘羊、白唇鹿、雪豹、黑颈鹤、苏门羚、黑鹳等10种。

西藏高原上有许多闻名世界的高大山脉，构成高原地貌的基本骨架，也是古代和现代冰川的发育中心。其中主要有蜿蜒于西藏高原南侧的喜马拉雅山，分布在中国与印度、尼泊尔的交界线上。海拔8 848 m的世界第一高峰珠穆朗玛峰耸立在喜马拉雅山中段的中尼边界上，为地球之巅。喀喇拉昆仑山在西藏境内只是它的东延部分，平均海拔6 000 m以上。唐古拉山是西藏与青海的界山，最高峰格拉丹冬峰海拔6 621 m，为中国第一大河——长江的发源地。昆仑山自西向东横亘在西藏高原的北缘，是西藏与新疆的分界。南北向山脉即西藏东南部的横断山脉，是西藏东部及四川、云南西部的一组南北走向的山脉的总称。西藏还是世界上峡谷最多的地区之一，主要分布在西藏高原东部和南部边缘地区，其中最著名的是雅鲁藏布江大拐弯峡谷和藏东三江(怒江、澜沧江、金沙江)峡谷。

羌塘高原位于西藏的那曲地区和阿里地区，地处青藏高原的西北部，藏语"羌塘"，意为北方广阔的草原，总面积29.8万km^2，其北、西、南三面分别为

祁连山山脉平均海拔在4 000～5 000 m，地貌奇丽壮观。原始森林区内，有0.157万km^2，200多万m^3的森林资源。 徐健 摄

昆仑山脉、喀喇昆仑山脉和冈底斯山脉、念青唐古拉山脉所环绕，为一半封闭高原。区内低山、丘陵与湖泊构成波浪起伏的地面，平均海拔5 000 m左右，山体连续分布，相对高差一般在200 ~ 1 000 m，大于1 km^2的封闭型内陆湖泊约200个。羌塘国家级自然保护区为我国第二大的自然保护区，是仅次于格陵兰国家公园的世界第二大陆地自然保护区，是一个以高原生态系统和珍稀野生动物为主要保护对象的自然保护区。由于生态环境严酷，羌塘大部分地区为荒寂的“无人区”，仅在南部有少数藏族牧民居住。

暗色绢粉蝶*Aporia bieti* Oberthür在藏东南地区有着相当的数量，经常可以看到它们聚集在牲畜粪便上取食。一个好奇的藏族小男孩正兴致勃勃地注视着它们。 王放 摄

本区昆虫大多属于中国—喜马拉雅区系的种类，也有较多中亚细亚成分及地区特有种。蝗虫种类在本区非常丰富，初步调查有50多种。青藏高原有多种雏蝗，是牧区的主要昆虫类群。西藏牧草蝗*Omocestus tibetanus* Uvarov、柴达木束颈蝗*Sphingonotus tzaidamicus* Mistsh等均为本地区的特有种。金龟中亦可找出不少接近东方区系的特有种，如西藏花金龟*Hoplia tibetana* Dallatore等。草原毛虫*Gynaepora alpherakii* (Grum-Grshimailo)的数量很大很突出，常在部分牧场上成灾。

（二）东洋区及其昆虫的分布特点

我国的东洋区部分可以分为西南区、华中区和华南区。

西南区包括四川西部，北起青海、甘肃南缘，南抵云南中北部，向西直达藏东喜马拉雅南坡以下山地，基本上是南北平行走向的高山与峡谷。亚洲几条最大的河流也贯穿本地区，包括布拉马普特拉河(雅鲁藏布江)、依洛瓦底江(独龙江)、湄公河(澜沧江)、萨尔温江(怒江)以及长江等。本区气候比较复杂，冬春晴朗多风，干湿季明显，年降水量在1 000 ~ 1 500 mm。西南山地复杂的地形与有利的湿润条件的独特结合致使其生物多样性极其丰富，拥有大量的特有动植物种类，可能是世界上温带区域植物种类最丰富的地区。地势从海拔几百米的河谷地带陡然攀升到6 000 ~ 7 000 m的山脉顶部，错落生长着谱系完整的植被类型。在该地区已发现的

12 000多种高等植物中有29%是本地区的特有种。在已知的230种杜鹃中有一半是本区所特有的。野生动物种类同样非常丰富，已知有300多种哺乳动物和680多种鸟类，包括大熊猫、小熊猫、金丝猴、雪豹、孟加拉虎、绿尾虹雉等大量的本地特有动物和珍稀濒危物种。该地区约占中国地理面积的10%，但却拥有约占全国50%的鸟类和哺乳动物以及30%以上的高等植物。

本区昆虫组成非常复杂，半数以上是东洋区系的印度—马来亚种类，亦有一定数量为古北区系的中国—喜马拉雅种类，还有少数中亚区系成员及地区特有种。长江以南主要农林昆虫如荔蝽 *Tessaratoma papillosa* Drury、中华高冠角蝉 *Hypsauchenia chinensis* Chou、云斑白条天牛 *Batocera horsfieldi* (Hope)、松墨天牛 *Monochamus alternates* Hope、栗黄枯叶蛾 *Trabala vishnou* Lefebure等，均在本区可以找到。还有中亚的大菜粉蝶 *Pieris brassicae* Linnaeus、小翅雏蝗 *Chorthippus fallax* (Zubowsky)等，亦为本区所共有。

华中区包括四川盆地及长江流域各省，西部北起秦岭，东半部为长江中、下游，包括东南沿海丘陵的半部，南部与华南区相邻，即大致为南亚热带的北界。气候属亚热带暖湿类型，是我国主要稻、茶产区。

长江中下游平原在长江三峡以东，淮阳山地和黄淮平原以南，江南丘陵和浙闽丘陵以北，向东直抵海滨，由长江及其支流冲积而成。沿江两岸宽窄不等，可以分为两湖平原、鄱阳湖平原、皖中平原和长江三角洲4部分。地势低平，海拔多在50 m以下。这里河网密布，临江靠海，温暖湿润的亚热带气候使这里物产丰富，鱼肥水美。这里有长江、淮河、太湖、西湖、京杭大运河，还有数不清的小河流水，可以说，东部地区与“水”结下了不解之缘。

东南丘陵位于我国东南部，包括江南丘陵、浙闽丘陵、两广丘陵等，为面积最大的丘陵。江南丘陵指长江以南、南岭以北、武夷山和天目山以西、云贵高原以东的丘陵和低山，丘陵之间多河谷盆地，有著名的衡山、张家界、井冈山、黄山、九华山等。浙闽丘陵包括钱塘江至广东惠东、河源一线以东的中国东南沿海，区内峰峦逶迤，河流纵横，海岸曲折，岛屿棋布，四季常青。地势西北高东南

云南盈江县铜壁关自然保护区位于中缅边境附近，几乎终日弥漫着的云雾给这片原始的热带雨林带来了勃勃生机。　张巍巍 摄

高黎贡山孕育了丰富而奇异的昆虫种类，一只弗瑞深山锹甲 *Lucanus fryi* Boileau在晨雾中抬起了它那对宽大的上颚。　张巍巍 摄

每到早春时节，南京牛首山就成为观蝶者的圣地，因为这里有一种中国特有的蝴蝶——中华虎凤蝶*Luehdorfia chinensis* Leech。中华虎凤蝶主要分布在长江流域中下游地区，在IUCN红皮书《受威胁的世界凤蝶》中被列为K级（“险情”不详类）。 拐拐 摄

低，丘陵占全区面积的85%。浙闽丘陵地区分布着许多东北—西南走向的山脉，主要有武夷山、天目山、仙霞岭、括苍山、雁荡山、戴云山等。山岭海拔多为1 000～1 500 m，少数山峰可达2 000 m。广东和广西两省区的大部分低山和丘陵总称两广丘陵，多为海拔200～400 m山丘，山丘之间的河谷平原和盆地是重要的农耕区，山区矿产资源丰富。

四川盆地位于四川省和重庆市境内，青藏高原的东侧，是中国四大盆地之一。四川盆地由连接的山脉环绕而成，面积约16万km^2，属于亚热带季风性湿润气候。四川盆地周边为环绕盆地的相连山脉，东边是巫山，南边是大娄山、大凉山，西边是大雪山、邛崃山、岷山，北边是大巴山、米仓山。盆地中央海拔400～800 m，除西北部为成都平原外，大部分为丘陵，盆东有系列平行岭谷。盆地内岩石、土壤多呈紫色，有“紫色盆地”之称。长江的几大支流岷江、沱江、嘉陵江都在四川盆地内沿西北—东南方向注入长江。在地理上，四川盆地几乎是完全封闭的。排水系统方面，川水从长江巫峡流出，这也是四川盆地唯一的排水通道。

四川盆地的地带性植被是亚热带常绿阔叶林，其代表树种有栲树、刺果米槠、青冈、华木荷、润楠等，海拔一般在1 600～1 800 m以下。其次有马尾松、杉木、柏木组成的亚热带针叶林及竹林。边缘山地从下而上是常绿阔叶林、常绿阔叶与落叶阔叶混交林、寒温带山地针叶林，局部有亚高山灌丛草甸。盆地西缘山地是中国特有而古老动物保存最好、最集中的地区，属于一类保护动物的有大熊猫、金丝猴、扭角羚、灰金丝猴、白唇鹿等。

本区昆虫种类繁多，多数与华南区和西南区相同，但又各有它们自己的特点，中国—喜马拉雅种类和印度—马来亚种类在数量上各占一定比例，而以后者较占优势，极少西伯利亚成分，绝无中亚细亚成分。三化螟*Tryporyza incertulas* (Walker)、褐飞虱*Nilaparvata lugens* (Stål)、黑尾叶蝉*Nephotettix bipunctatus* (Fabricius)、马尾松毛虫*Dendrolimus punctatus* Walker、栗瘿蜂*Dryocosmus kuriphilus* Yasumatsu等，均是本区重要的农业昆虫。

井冈山山高林密，沟壑纵横，层峦叠峰，地势险峻。其中部为崇山峻岭，两侧为低山丘陵。 周纯国 摄

华南区包括广东、广西和云南的南部、福建东南沿海、台湾、海南及南海各岛，属南亚热带及热带，植被为热带雨林，全年无冬，夏季长达6 ~ 9个月。

福建东南沿海包括厦门、泉州和漳州，属于亚热带季风性湿润气候，温和多雨，夏无酷暑，冬无严寒。厦门市地处我国东南沿海——福建省东南部、九龙江入海处，背靠漳州、泉州平原，濒临台湾海峡，面对金门诸岛，与台湾宝岛和澎湖列岛隔海相望。泉州市依山面海，境内山峦起伏，丘陵、河谷、盆地错落其间，海拔千米以上大山有455座。戴云山脉从东北部向西南延伸，主峰海拔1 856 m，在德化县境内，有“闽中屋脊”之称。泉州常年雨量充沛，境内溪流多达35条，总长1 620 km，水资源相当丰富。漳州西北多山，东南临海，地势从西北向东南倾斜。地形多样，有山地、丘陵及平原。漳州最大的河流是九龙江，为福建第二大河。

晨雾缭绕的重庆黄水国家森林公园。 周纯国 摄

广东北回归线以南地区最著名的是我国的第一个自然保护区——鼎湖山。因地球上北回归线穿过的地方大都是沙漠或干草原，所以鼎湖山又被中外学者誉为“北回归线上的绿宝石”。鼎湖山高等植物达1 700多种，有“绿色宝库”和“活的自然博物馆”的美称。鼎湖山最高处的鸡笼山顶海拔1 000.3 m，从山麓到山顶依次分布着沟谷雨林、常绿阔林、亚热带季风常绿阔叶林等森林类型。而保存较好的南亚热带森林有400多年的历史，是典型的地带性常绿阔叶林。

广西北回归线以南的地区重要的生物多样性区域有十万大山国家森林公园和弄岗国家级自然保护区。十万大山国家森林公园位于广西南部的防城港市上思县境内，园内分布着完整的原始状态的亚热带雨林。十万大山是广西西南部重要气候分界线。山脉呈东北—西南走向，西南伸入越南，长约170 km，宽15 ~ 30 km。海拔在1 000 m以上。弄岗国家级自然保护区是我国热带北缘岩溶森林生态系统的典型代表，位于广西龙州和宁明两县境内。据统计，保护区内共有植物1 454

一只罗蛱蝶*Rohana parisatis* (Westwood)停在位于广西大新县中越边境著名的世界第二大跨国瀑布——德天瀑布不远处的一块石头上，这是一种典型的热带蝴蝶。 徐健 摄

突眼蝇可以算是长相最为奇特的昆虫种类之一了，它们多分布在热带地区。在西双版纳雨林中蹲坐下来，你会发现林下的低矮植物上，有很多泰突眼蝇 *Teleopsis* sp.在活动。仔细观察，你还会看到，两只雄性突眼蝇经常会抬起身子，比试一下它们长长的带有眼柄的复眼。短小的一方，往往落荒而逃。这其实是它们争夺配偶的一种特殊方式。

张巍巍 摄

种，其中属国家一级保护的有擎天树、金花茶2种；动物中属国家一级保护的有白头叶猴、黑叶猴、懒猴、蟒蛇4种，二级保护动物10种。保护区内森林面积大，森林类型多种多样，是我国甚至世界上热带原始森林保存最好、面积最大的地区之一。

滇南山地地区主要包括西双版纳州和红河州南部、文山州南部的少部分地区。西双版纳位于云南南部西双版纳傣族自治州境内，属北回归线以南的热带湿润区。一年分为两季，即雨季和旱季。5月下旬至10月下旬为雨季，长达5个月；10月下旬至次年5月下旬为旱季，长达7个月之久。雨季降水量占全年降水量的80%以上。本区热量丰富，终年温暖，四季常青。从世界地图上放眼看去，会发现在西双版纳同一纬度上的其他地区几乎都是茫茫一片荒无人烟的沙漠或戈壁，唯有这里的2万km^2的土地像块镶嵌在皇冠上的绿宝石，格外耀眼。在这片富饶的土地上，有占全国四分之一的动物和六分之一的植物，是名副其实的"动物王国"和"植物王国"。

台湾是中国的第一大岛，位于亚洲东部、太平洋西北边，面积约3.6万km^2。它因欧亚大陆板块、菲律宾海洋板块挤压而隆起，全岛地形东高西低，山脉纵贯岛屿。玉山海拔3 952 m，是我国东部最高峰。由于北回归线穿过以及地形与海洋环境共同影响，北部为副热带季风气候，南部则为热带季风气候，同时又有局部呈热带、亚热带、温带、寒带等多种气候特征，故岛上的自然景观与生态系呈多样化。台湾森林面积约占全境面积的52%，台北的太平山、台中的八仙山和嘉义的阿里山是著名的三大林区，木材储量多达3.26亿m^3，树木种类近4 000种，其中尤以台湾杉、红桧、樟、楠等名贵木材闻名于世。

海南省位于我国最南端，北以琼州海峡与广东省划界，西临北部湾与越南相对，东濒南海与台湾省相望，东南和南边在南海中与菲律宾、文莱和马来西亚为邻。海南省的行政区域包括海南岛和西沙群岛、中沙群岛、南沙群岛的岛礁及其海域。全省陆地总面积约3.5万km^2，海域面积约200万km^2。海南岛形似一个呈东北至西南向的椭圆形大雪梨，总面积3.39万km^2，是我国仅次于台湾岛的第二大岛。南沙群岛的曾母暗沙是我国最南端的领土。海南岛占我国热带面积的65%，为一独立的海岛型热带地理单元。计有高等植物4 200多种，其中海南岛特有的高等植物630

海南岛尖峰岭的热带雨林中生长着很多千年榕树，发达的气生根、板状根，以及附着其上的数十种附生植物，形成了独特的生态景观。 张巍巍 摄

多种，国家保护植物50种，已知陆生脊椎动物561种，其中国家保护动物134种。莽莽苍苍的热带原始森林浓荫蔽日，奇果异树，绿意盈盈，处处鸟语花香。丰富的生物多样性，被誉为物种进化的基因库。

本区属于典型的东洋区，昆虫以印度—马来亚种占明显优势，其次为古北区系东方种类中的广布种，区系成分极为复杂。印度黄脊蝗*Patanga succincta* Linnaeus、台湾稻螟*Chilo auricilia* Dudgeon、花蝽*Antestia anchora* (Thunberg)、松突圆蚧*Hemiberlesia pitysophila* Takagi可以作为本区的代表种。白蚁中的堆沙白蚁*Cryptotermes demesticus* Haviland，国内也只在本区见到。

青藏高原的隆起对我国昆虫区系的影响

第三纪早期，由于印度洋板块不断向北漂移，始新世中、晚期与欧亚板块相撞，结束了古地中海的存在，挤压、皱褶上升形成了喜马拉雅山和青藏高原。青藏高原的升起，改变了我国南方东高西低水向西流的历史，从此以后，中国西部不断抬升，大地向东南倾斜，长江一泻东去，万里入海。受青藏高原抬升影响，第三纪以后，地壳大幅度抬升，大气环流形式的改变，东南季风的形成，促使中国生态地理区域分异加剧，从而将我国分为三大自然区，即东部季风区、西北干旱区和青藏高原区。

东部季风区约占全国陆地总面积的45%，是东亚及南亚季风区的一部分，包括我国东南半壁，自南至北跨越纬度约35°。随纬度的不同，温度有明显的变化。本区地势不高，海拔超过2 000 m以上的山岭不多，完全没有现代冰川，绝大部分地面在海拔1 000 m以下，特别是在东部。根据温度范围可将其划分为寒温带、中温带、暖温带、北亚热带、中亚热带、南亚热带和热带7个温度区。

西北干旱区亦可称蒙新高原区，是广阔的欧亚大陆与荒漠区的一部分，占全国土地总面积的30%，包括内蒙古、新疆、宁夏、甘肃西北、山西和陕西的北部。本区除雨量普遍稀少外，年雨量变率很大，植被东部为草原，向西逐渐变为半荒漠以至荒漠。境内有大片戈壁和流动半流动沙丘覆盖的沙漠，虽有山脉横亘其间，但自然景色十分开阔。与干旱景象具有鲜明对比的，是盆地中和山麓洪积扇下的绿洲和山地中上部的草场与森林。

青藏高原区不仅在我国而且在全世界，都是一个很独特的自然地理区，它是世界上面积最大、海拔最高的高原，北起昆仑—阿尔金—祁连山地，南至喜马拉雅山脉，土地面积占全国土地总面积的25%。高原平均海拔4 500 m以上，大部分地区属内陆流域，有许多湖泊。在高原的东南部边缘，因河流的强烈切割，自然景观从峡谷、热带—亚热带森林至冰雪覆盖的高山常同在一垂直带谱中出现。从东南部低海拔山区至高原内部最高高原，从东南边缘至西北高原腹地，自然景观随地形切割的程度、积谷底和高原面的海拔高度而变化。

从上面介绍的我国昆虫地理区而言，其分布特征与我国三大生态地理区密切相关。除了我国昆虫分布与三大生态地理区密切相关以外，还存在各大地理区相互渗透的现象。东部季风区分布的属、种向外渗透的主要条件决定于湿度条件，其向西北干旱区渗透的种类，一般都是沿山地及河谷的湿润环境向西延伸；而向青藏高原区渗透的种类，则是沿着南部的河谷森林上溯高原边缘，最高可以上升至

天花吉丁*Julodis faldermanni* Mannerheim是一种令人过目不忘的美丽甲虫，它们生活在新疆以及中亚国家的荒漠地带，以梭梭为食，发生期数量极大。 刘晔 摄

4 000 m。西北干旱区的种类向外渗透，也取决于湿度条件，分布在山地森林和山地河谷草甸上的喜湿种类与东部季风区的种类有着相似的习性；但是喜旱的种类很难向东部季风区扩散，湿度成为其向东扩散的阻限。青藏高原区的严酷自然条件成为与东部季风区和西北干旱区种类相互渗透的阻限。但是对于高原的北缘地区，由于与西北干旱区自然条件相似，阻限作用明显减弱，表现出喜旱的种类由西北干旱区向青藏高原区渗透；高原区的东南部边缘，即以横断山区为主的地区，深受峡谷的切割，海拔较高（3 000～4 000 m），有利于物种向高山攀登，由于地形、气候复杂多样，成为物种的聚集和分化中心。

东部地区对中国昆虫区系形成的影响

我国东部季风环流区地质历史特殊、地理位置独特、自然环境优越、生态环境多样、植被特异、物种丰富，形成了中国特殊的生态类型。

从地质历史角度来看：

（1）该地区原来是广阔的东部高原，与日本、朝鲜及我国台湾相连，且持续时间长、相对稳定，成为极适合动物生长繁衍的地区，是生物演化发展的一个重要阶段，物种分化剧烈，因此中国东部地区曾经是重要的生物发展中心。

（2）古生物学和化石研究表明：在中生代银杏类植物曾广泛分布于浙江大地，直至目前世界上仅有浙江西部山区还残存野生状态的银杏，反映了中国东部有着古老而独特的植物区系。显花植物也曾出现在中国东部。显花植物昌盛的时期也正是昆虫急剧发展的时期，引起了昆虫的强烈分化，促进了昆虫纲的整体进化，长期的协同进化使东部昆虫特有的分布格局和演化路线与东部特有的植物区系密切相关。

（3）东部高原的瓦解伴随着青藏高原的隆起，在这一激变过程中，东部物种开

“当雄”藏语意为“选择出来的好地方”，距离拉萨160 km，素有拉萨北大门之称。平均海拔4 200多米，面积1.2万km²，位于藏北藏南的交接地带，可以说是羌塘草原的缩影。

徐健 摄

始了新的适应和分化，使西部成了物种分化最剧烈的地区，并直接而强烈地影响到东部地区。

从现代世界及中国动物地理格局考虑，我国东部季风环流区处于东洋区与古北区在东部的过渡地带以及我国华北区和华中区的分界线上，其特殊的地理位置在生物地理学研究中具有重要意义。由于该地区山脉相当古老，既是东部与西部的天然地理隔离，影响到东西部间的物种交流，又是南北屏障，影响南北区系流动。该地区高山、平原与丘陵错综复杂，以丘陵山地为主，这种格局比较稳定，对现代区系构成了深远的影响。

由于新第三纪发生喜马拉雅造山运动，西部高原急剧隆升，东部地势逐渐下降，引起气候及整个自然地理面貌的深刻变化，从而形成了季风环流系统，并直接影响东部的区系及其分布格局。这里雨量充沛，温暖湿润，自然条件优越，天然植被面积广大且保存完整，拥有区系成分非常复杂的生物资源和独特的环境资源，构成了与西部高原迥然不同的、中国特有的地理景观和自然生态系统。

古北东洋两大区系在我国的分界

古北区与东洋区在我国的分界，西段及中部地区以喜马拉雅山及秦岭为界，争论较少。东部因地势平坦，缺乏限制昆虫迁徙的大屏障，南方的种类可以向北延伸，北方的种类可以向南延伸，其间形成一条混合带，因此对其分界一直争论不休。

多数学者认为，喜马拉雅山南坡及藏东南属于东洋区，喜马拉雅山北坡及西北部属古北区，但在细节上仍然存在不同的看法。如黄复生提出以喜马拉雅山的主脊线为两大区系的分界线，章世美认为应以海拔为表征划界，其界应在喜马拉雅山南坡的3 700 m或3 500 m或3 800 m处等。西藏东部由于南北向横断山，两大区的分界更是争论不休。王书永、谭娟杰提出在垂直分布上常绿阔叶林（2 800 m）以下属东洋区系，暗针叶林带（3 200 m）以上属古北区系，针阔混交

台湾阿里山山顶的参天古树群落。 李元胜 摄

金裳凤蝶 *Troides aeacus* (C. & R. Felder) 是我国最大的蝴蝶种类，最大翅展可达170 mm，从陕西的秦岭向东到福建、台湾，向南到云南、海南，都有其分布，几乎可以说是标准的覆盖“中国东洋区”的种类。 刘思阳 摄

秦岭是我国南北气候分界线、物种演化避难所，生境非常复杂，原始林、天然林、人工林在这里都可以见到，昆虫的生物多样性也同样非常丰富。

王放 摄

林（2 800～3 200 m）为两大区系的过渡带。黄晓磊、乔格侠根据横断山区的蚜虫区系，提出古北区和东洋区在横断山区的界线在滇西北地区应南移至丽江一线。

在我国中部地区，以秦岭山脉作为古北、东洋两区的分界线的观点得到较多学者的认可，但在细节上仍然存在不同的看法。马世骏通过对昆虫区系的分析将这条界线粗略地划在“秦岭南麓山地”；张荣祖、赵肯堂提出“古北、东洋两界在秦岭的详细界线应与南侧3 000 m即高山灌丛草甸的下限一致”；张荣祖认为“这条界线大致与常绿阔叶林带的北界一致，相当于秦岭和淮河一线”。张金桐等通过对蚤类昆虫的分析将分界线划在“秦岭南坡海拔1 000～2 000 m处的中、低山针阔混交林带，是有一定宽度的分界带或分界地段，其位置和走向约与当地一月份0 ℃月均等温线一致”；张荣祖认为两者的界线在“秦岭南坡针叶林上限”。

有关两区的东段分界问题，自19世纪以来就有不同观点。我国学者主要提出以下几种观点：1937年杨维义认为长江以北至北纬40°之间的地带为混合区，长江南岸属于东洋区；1939年冯兰州提出北纬30°为分界线；马世骏1959年认为北纬28°为分界线；章士美1963年提出秦岭以东的分界线大致在淮河南岸，进入安徽后，稍偏南穿过江淮分水岭而至江苏，再顺长江北岸至东海海岸，即北纬32°。

无论如何争论，随着昆虫研究类群的不断扩展和深入，必将会得出更为合理的结论。

生态图鉴

Insects gallery

Class Collembola

弹尾纲

蹦蹦跳跳弹尾纲，腹部六节最寻常；
腹管弹器皆特化，种群密度盖无双。

弹尾纲种类通称跳虫，是一类原始的六足动物，现代的动物分类学将它们单独列为弹尾纲。从广义上来说，也可以将它们列入昆虫中，并且是一类非常原始的昆虫。因为该类昆虫的腹部末端有弹跳器，故此得名，俗称跳虫或弹尾虫。

跳虫广泛分布于世界各地，目前全世界已知达8 000种，我国已经发现并定名的约320种。

跳虫的体色多样，有的灰黑色，接近土壤的颜色；有的白色或透明，具有很多土壤动物的特点；有些则具有鲜明的红色、紫色或蓝色，非常抢眼。跳虫常大批群居在土壤中，多栖息于潮湿隐蔽的场所，如土壤、腐殖质、原木、粪便、洞穴，甚至终年积雪的高山上也有分布。跳虫的集居密度十分惊人，曾有人在1英亩（1英亩=4 046.86 m^2）草地的表面至地下9英寸（1英寸=0.025 4 m）深的范围内发现了约2亿3 000万只跳虫。

疣跳虫 | 刘晔 摄

疣跳虫 | 陈尽 摄

鳞跳虫 | 周纯国 摄

疣跳虫（原跳虫目 Poduromorpha 疣跳虫科 Neanuridae）

【**识别特征**】体长1.5～5 mm，腹部的弹跳器退化，是少数不会跳跃的跳虫之一。疣跳虫身体上有众多瘤状突起，色彩一般为较为鲜艳的蓝色或红色。【**习性**】疣跳虫动作迟缓，爬行较慢。生活在海边、朽木、石下等潮湿环境中。【**分布**】全国各地。

鳞跳虫（长跳虫目 Entomobryomorpha 鳞跳虫科 Tomoceridae）

【**识别特征**】是在野外可以看到的一类较大的跳虫，常见的一些种类长度可以达到10 mm左右；鳞跳虫身体上的鳞片有明显的突起或有沟。【**习性**】鳞跳虫属大型的地表种类，多见于树皮下、石下、落叶层中，也有些种类处于洞穴中。【**分布**】全国各地。

等节跳虫（长跳虫目 Entomobryomorpha 等节跳虫科 Isotomidae）

【**识别特征**】腹部各节长度相差不大，体长多在8 mm之内，是跳虫中的大块头之一。等节跳虫的色彩通常是灰黑色、黄色甚至无色透明的。【**习性**】等节跳虫生活在阴暗潮湿的环境中。【**分布**】全国各地。

长角跳虫（长跳虫目 Entomobryomorpha 长角跳虫科 Entomobryidae）

【**识别特征**】野外最容易遇到的跳虫，个体相对较大，体长1～8 mm，有些甚至更长。长角跳虫身体长形，触角较长，有些种类甚至超过体长很多。长角跳虫善于跳跃，体色多为暗淡的灰色、白色、黄色和黑色，通常长角跳虫身体长有许多长毛。【**习性**】长角跳虫通常生活在阴暗的林下落叶、树皮、真菌、土壤表层等处，有些种类甚至出现于人类的居所中。【**分布**】全国各地。

等节跳虫 | 张巍巍 摄

长角跳虫 | 陈尽 摄

长角跳虫 | 偷米 摄

爪跳虫 | 张巍巍 摄　　爪跳虫 | 张巍巍 摄

爪跳虫（长跳虫目 Entomobryomorpha　爪跳虫科 Paronellidae）

【识别特征】身体有或无鳞片，小眼8个分两排排列；小爪四翅状；端节圆胖。【习性】大型的地上种类，常见于树叶或树干、枯木上。【分布】全国各地。

伪圆跳虫（愈腹跳虫目 Symphypleona　伪圆跳虫科 Dicyrtomidae）

【识别特征】身体近乎球形，体长多在3 mm以内，胸部和腹部分节不明显。颜色通常为黄色、粉色、红色或褐色等，有些还带有花纹。【习性】多见于朽木、石下、落叶内等潮湿阴暗的环境。【分布】全国各地。

伪圆跳虫 | 张巍巍 摄　　伪圆跳虫 | 陈尽 摄

Class Diplura

双尾纲

盲目阴生双尾纲，触角犹如念珠状；
细长尾须或尾铗，一七刺突与泡囊。

双尾纲原属于昆虫纲双尾目，现独立成为一个纲，但仍属广义的昆虫范畴。双尾纲通称“虮”，体长一般在20 mm以内，最大的可达58 mm。双尾纲主要包括两大类：双尾虫和铗尾虫。双尾虫具有1对分节的尾须，较长；铗尾虫具有1对单节的尾铗。全世界已知的双尾虫和铗尾虫共有800多种，中国已知50多种。

双尾纲昆虫为表变态，是比较原始的变态类型。其若虫和成虫除体躯大小和性成熟度外，在外形上无显著差异，腹部体节数目也相同，可生存2～3年，每年蜕皮多至20次，一般8～11次蜕皮后可达到性成熟，但成虫期一般还要继续蜕皮。

双尾纲的昆虫生活在土壤、洞穴等环境中，活动迅速。当你在石头下面发现它们的时候，它们会迅速钻到土壤缝隙中逃脱。它们取食活的或死的植物、腐殖质、菌类或捕食小动物等。

双尾虫 | 张巍巍 摄

双尾虫 | 张巍巍 摄

伟铗虮 | 王志良 摄

双尾虫（双尾目 Diplura　康虮科 Campodeidae）

【识别特征】多为白色，通常身体非常柔软，两根尾须通常较长，与长长的触角首尾呼应。常见的双尾虫身体一般长有5～10 mm（不含触角和尾须的长度）。【习性】双尾虫多生活在腐殖质较好的土壤表层以及腐烂的树叶层中，有时也可见于腐烂的木料内，在一些洞穴中也可以见到双尾虫的踪迹。【分布】全国各地。

伟铗虮 *Atlasjapyx atlas* Chou & Huang　（双尾目 Diplura　铗虮科 Japygidae）

【识别特征】是一种非常大型的铗尾虫。体长约38～58 mm。头部和足部为黄色，头部呈梯形。胸部和腹部第1—7节的背部为灰色，腹部为黄色。第8，9节腹部的背面为褐色，第10腹节和尾铗为深褐色，并布有稀疏的小毛。触角为48～49节，无感觉毛，上颚强壮，有齿4颗。【分布】四川。

铗虮（双尾目 Diplura　铗虮科 Japygidae）

【识别特征】触角念珠状，内藏咀嚼式口器；无复眼和单眼色。体长10～12 mm。体白色或黄色。前胸小，中、后胸相似。跗节1节，有2～3爪。腹部11节，前7节有成对的刺突和泡囊；尾须骨化成钳状。【习性】常见于石下，腐殖质丰富的土中。【分布】北京。

蛱虮 | 刘晔 摄

Order Microcoryphia

石蛃目

胸背侧拱石蛃目，单眼一对复眼突；
阴湿生境植食性，快爬善跳岩上住。

石蛃目是较原始的小型昆虫，因具有原始的上颚而得名，俗称石蛃，原与衣鱼同属于缨尾目Thysanura。在现代的昆虫分类系统中，因两者在系统发育上的特征有着很大的区别，已经分属于两个不同的目，即石蛃目和衣鱼目Zygentoma。到目前为止，石蛃目共有2科65属约500种，其中石蛃科约46属335种。目前已知的中国石蛃种类均属于石蛃科，共有8属27种。

石蛃为表变态。幼虫和成虫在形态和习性方面非常相似，主要区别在于大小和性成熟度。

石蛃适应能力强，全世界广泛分布，与湿度的关系密切，多喜阴暗，少数种类可以在海拔4 000多米的阴暗潮湿的岩石缝隙中生存。一般生活在地表，生境非常多样，可生活在枯枝落叶丛的地表，或树皮的缝隙中，或岩石的缝隙中，或在阴暗潮湿的苔藓地衣表面等。其许多类群为石生性或者亚石生性，在海边的岩石上也发现有石蛃。石蛃目昆虫食性广泛，以植食性为主，如腐败的枯枝落叶、苔藓、地衣、藻类、菌类等，少数种类取食动物残渣。

海南跳蛃 | 李元胜 摄

希氏跳蛃 | 倪一农 摄

宋氏跃蛃 | 张加勇 摄

高丽韩蛃 | 张加勇 摄

海南跳蛃 *Pedetontus hainanensis* Yu, Zhang & Zhang （石蛃科 Machilidae）

【识别要点】雄成虫体长12～13 mm，雌成虫体长15～16 mm。体棕黑色，背板具黑色鳞片；复眼隆起，浅黄色，中连线/长：0.67 mm；复眼长/宽：0.75 mm；第2，3胸足具基节刺突；第1，6，7腹板具1对可以外翻的伸缩囊；第2—5腹板具2对可以外翻的伸缩囊；雄性仅在第4腹片上具阳茎和阳基侧突（1+6型）；雌性产卵管初级型。【习性】成虫全年均有发生，多活动于阔叶树干，夜间可在树叶及枝干上发现。【分布】海南。

希氏跳蛃 *Pedetontus silvestrii* Mendes （石蛃科 Machilidae）

【识别要点】雄成虫体长10～13 mm，雌成虫体长10～15 mm。体棕黑色，背板具黑色鳞片；复眼隆起，深棕色，中连线/长：0.6～0.7 mm；复眼长/宽：0.9～1.1 mm；第2，3胸足具基节刺突；第1，6，7腹板具1对可以外翻的伸缩囊；第2—5腹板具2对可以外翻的伸缩囊；雄性仅在第4腹片上具阳茎和阳基侧突（1+7/8型）；雌性产卵管初级型。【习性】成虫发生期5—9月，活动于阔叶树干及岩石中。【分布】北京、辽宁、吉林。

宋氏跃蛃 *Pedetontinus songi* Zhang & Li （石蛃科 Machilidae）

【识别要点】成虫体长7～8 mm。体棕褐色，背板无黑色鳞片；复眼平坦，红棕色，近中连线1/3处复眼具巨大浅黄色色斑，中连线/长：0.72 mm；复眼长/宽：0.90 mm；第2，3胸足具基节刺突；第1—7腹节具1对可以外翻的伸缩囊；雄性仅在第4腹片上具阳茎和阳基侧突（1+5型）；雌性产卵管初级型。【习性】成虫发生期6—9月，活动于松树落叶中。【分布】福建。

高丽韩蛃 *Coreamachilis coreanus* Mendes （石蛃科 Machilidae）

【识别要点】成虫体长10～11 mm。体棕灰色，背板无黑色鳞片；复眼平坦，棕黑色，中连线/长：0.55～0.57 mm；复眼长/宽：1.0～1.05 mm；第3胸足具基节刺突；第2，6，7腹板具1对可以外翻的伸缩囊；第2—5腹板具2对可以外翻的伸缩囊；雌性产卵管初级型，雄性无报道。【习性】成虫发生期6—9月，活动于长满苔藓地衣的岩石中。【分布】辽宁。

Order Zygentoma

衣鱼目

背部扁平衣鱼目，胸节宽大侧叶突；
复眼退化单眼失，银鱼土鱼暗夜出。

衣鱼目是较原始的小型昆虫，以其腹部末端具有缨状尾须及中尾丝而得名，俗称衣鱼、家衣鱼、银鱼。到目前为止，衣鱼目为5科约370种。中国已知的衣鱼种类属于衣鱼科Lepismatidae和土衣鱼科Nicoletiidae等4个科。

衣鱼目昆虫为表变态。卵单产或聚产，产在缝隙或产卵器掘出的洞中。幼虫变成虫需要至少4个月的时间，有时发育期会长达3年，寿命为2～8年。幼虫与成虫仅有大小差异，生活习性相同。成虫期仍蜕皮，为19～58次。

衣鱼目昆虫喜温暖的环境，多数夜出活动，广泛分布于世界各地，生境大致可以分为3种类型：第一，潮湿阴暗的土壤、朽木、枯枝落叶、树皮树洞、砖石等缝隙；第二，室内的衣服、纸张、书画、谷物以及衣橱等日用品之间；第三，蚂蚁和白蚁的巢穴中。大多数以生境所具有的食物为食，主要喜好碳水化合物类食物，也取食蛋白性食物。室内种类可危害书籍、衣服，食各类淀粉、胶质等。

糖衣鱼 | 李元胜 摄

多毛栉衣鱼 | 张巍巍 摄

久保田鬙形土衣鱼 | 张巍巍 摄

土衣鱼 | 陈敏 摄

糖衣鱼 *Lepisma saccharina* Linnaeus
（衣鱼科 Lepismatidae）

【识别要点】体长8～15 mm；体具鳞片；无单眼，具复眼，两复眼左右远离；第8—9腹节的基肢片宽大，可遮雄性或雌性生殖突，雄性生殖器较短；第7—9腹节各具1对针突。【习性】生活于室内，取食书籍、衣物等。【分布】世界广布。

多毛栉衣鱼 *Ctenolepisma villosa* (Fabricius)
（衣鱼科 Lepismatidae）

【识别要点】体长10～12 mm；头大、体密被银色鳞片；无单眼，具复眼，两复眼左右远离；头部、胸部和腹部边缘具棘状毛束。腹部第1节背面具梳状毛3对，腹面具梳状毛2对。雄性生殖器较短。【习性】生活于室内，取食书籍、衣物等。【分布】浙江、福建、江苏、云南、四川、贵州、河南、湖南等；日本、朝鲜。

久保田鬙形土衣鱼 *Nipponatelura kubotai* (Uchida)
（土衣鱼科 Nicoletiidae）

【识别要点】体表具鳞片，无单眼和复眼；雄性生殖突长；腹部2—9腹节各具1对刺突；第3，9基肢片狭窄，不遮盖雌性产卵器基部或雄性生殖突。【习性】生活在土壤枯枝落叶中。【分布】云南；日本。

土衣鱼 *Nicoletia* sp.
（土衣鱼科 Nicoletiidae）

【识别要点】体表无鳞片，无单眼和复眼；雄性生殖突长；腹部2—9腹节各具1对刺突；第3，9基肢片狭窄，不遮盖雌性产卵器基部或雄性生殖突。【习性】生活在土壤枯枝落叶中。【分布】重庆。

Order Ephemeroptera

蜉蝣目

朝生暮死蜉蝣目，触角如毛口若无；
多节尾须三两根，四或二翅背上竖。

蜉蝣目通称蜉蝣，起源于石炭纪，距今至少已有2亿年的历史，是现存最古老的有翅昆虫。蜉蝣主要分布在热带至温带的广大地区，全世界已知2 300多种，我国已知300多种。

蜉蝣成虫交尾产卵后便结束自己的一生，因此蜉蝣被称为只有一天生命的昆虫，但其稚虫通常要在水中度过半年至一年。低中纬度地方的蜉蝣多见于春夏交接之季，正如它们的英文名“mayfly”所表现的含义，5月份是多数种类的盛发期。

蜉蝣为原变态，一生经历卵、稚虫、亚成虫和成虫4个时期。大部分种每年1代或2～3代，在春夏之交常大量发生。雌虫产卵于水中。稚虫常扁平，复眼和单眼发达；触角长，丝状；腹部第一节至第七节有成对的气管鳃，尾丝两三条；水生，主要取食水生高等植物和藻类，少数种类捕食水生节肢动物，稚虫也是鱼及多种动物的食料。具有亚成虫期是蜉蝣目昆虫独有的特征。亚成虫形似成虫，但体表、翅、足具微毛，色暗，翅不透明或半透明，前足和尾须短，不如成虫活跃。蜉蝣变为成虫后还要蜕皮。成虫不取食，寿命极短，只存活数小时，多则几天，故有朝生暮死之说。

蜉蝣稚虫生活于清冷的溪流、江河上中游及湖沼中，因对水质特别敏感，所以常把其稚虫作为监测水体污染的指示生物之一。

日本等蜉 周纯国 摄
边缘二翅蜉 一念 摄
双斑二翅蜉 周纯国 摄

日本等蜉 *Isonychia japonica* Ulmer （等蜉科 Isonychiidae）

【识别要点】雄成虫体长约12 mm，雌约14 mm。雌虫暗褐色，前足沥青红色，短于体长，前、后翅三角形，前翅边缘端部灰白色，后翅发达，尾须黄白色，基部褐色。图所示雌虫。【习性】栖息于山区溪流环境。【分布】广东、重庆、四川、甘肃。

边缘二翅蜉 *Cloeon marginale* Hagen （四节蜉科 Baetidae）

【识别要点】雄成虫体长约4.5 mm，雌约5.5 mm，虫体背面褐棕色，腹面浅色，前足颜色暗淡，中后足为淡琥珀色，翅透明，前翅前缘棕色。尾丝白色，节间黑色。图所示雌虫。【习性】常于池沼附近活动。【分布】广东、台湾。

双斑二翅蜉 *Cloeon bimaculatum* Eaton （四节蜉科 Baetidae）

【识别要点】雄成虫体长5～6 mm，复眼上部红色，下部青白色具很多黑色小眼点，前足淡褐色约与体等长，中、后足黄白色，胸部沥青色，前翅前缘基部有1红褐色斑点，第8—10节腹节背面黄褐色，其余较透明，尾丝长约13 mm，白色，节间黑色。图所示雌虫。【习性】生活于山区小型溪流或浅池沼环境。【分布】重庆、四川、云南。

紫假二翅蜉 | 张巍巍 摄

似动蜉 | 周纯国 摄

高翔蜉 | 周纯国 摄

紫假二翅蜉 *Pseudocloeon purpurata* Gui, Zhou & Su （四节蜉科 Baetidae）

【识别要点】雄成虫体长约4 mm，复眼上部暗棕褐色，边缘窄色较淡，下部淡褐色具小眼点，胸沥青淡紫色，前翅较二翅蜉的种类较窄。腹部淡紫色，第8—9节背面褐色，尾丝灰白色稍长于体长。图所示雄成虫。【习性】栖息于池塘、沼泽等环境。【分布】浙江、福建、重庆。

似动蜉 *Cinygmina* sp. （扁蜉科 Heptageniidae）

【识别要点】体中型，雄虫复眼大，卵圆形，在背面顶端相接，翅透明，前缘区域的横脉褐色，前足细长，约与体等长，尾丝约是体长的3倍。图所示雄虫。【习性】生活于山区浅溪流环境。【分布】重庆。

高翔蜉 *Epeorus* sp. （扁蜉科 Heptageniidae）

【识别要点】体中型，复眼较大，背面接触或分离，头部的前额缘向下凸出，状如尖嘴，前翅基部后缘较宽，后翅前缘基部具凸起的前缘突，前足短于体长，尾丝约为体长的2～3倍。图所示雌虫。【习性】栖息于溪流环境。【分布】重庆。

中国扁蜉 | 陈尽 摄

中国假蜉 | 杰仔 摄

中国扁蜉 *Heptagenia chinensis* Ulmer （扁蜉科 Heptageniidae）

【**识别要点**】成虫体长约10 mm，复眼上青灰色下褐色，前胸赭褐色，中、后胸淡赭褐色，翅无色透明，但亚成虫的翅面显暗，前足腿节深棕色，中后足淡黄色红棕色斑，腹部褐色，尾丝褐色具黑环纹，约是体长的2倍。图所示亚成雄虫。【**习性**】在清晨和傍晚于山区近溪流的丛林附近活动。【**分布**】北京。

中国假蜉 *Iron sinensis* Ulmer （扁蜉科 Heptageniidae）

【**识别要点**】成虫体长约15 mm。雌雄体色相似，前足基部色淡具褐斑，腿节棕黄色，胫节和跗节红褐至黑褐色，胸部具褐色斑，前翅前缘翅脉褐色，腹部各节背面具较粗黑褐条纹，这些条纹的背面呈弧形，尾丝锈褐色，顶端比较淡。图所示雌虫。【**习性**】栖息于溪流、湖沼等环境。【**分布**】广东、四川。

黑扁蜉 *Heptagenia ngi* Hsu （扁蜉科 Heptageniidae）

【**识别要点**】成虫体长约6.5 mm。身体棕色，胸部颜色较淡，3对足棕色，每条足腿节上都有明显的3条黑棕色带，翅透明具棕色斑，腹背具不规则的棕色斑，尾丝具棕色环纹。【**习性**】生活于山区沙质溪流环境。【**分布**】浙江、福建、广东、香港。

黑扁蜉 | 杰仔 摄

间蜉

Ephemera media Ulmer

（蜉蝣科 Ephemeridae）

【识别要点】成虫体长13～17 mm，雌雄色泽相似，足淡黄色，但前足跗节和胫节两端黑色，胸部黄褐色，前翅前缘中部具有黑斑，腹部呈白色，除第1，2腹节无斑纹外其余各节均有明显斑纹，最后3节为锈褐色，尾丝黄色具黑环纹。图所示雌虫。【习性】栖息于山区溪流上游环境。【分布】北京、广东。

华丽蜉

Ephemera pulcherrima Eaton

（蜉蝣科 Ephemeridae）

【识别要点】雄成虫体长11～12 mm，雌成虫12～15 mm。雌雄体色相似，胸淡红褐色，背前方具1对黑纹，前翅具褐斑，足淡黄色，前足色较深，胫节两端黑色，腹部淡黄色末节色较深，除第1腹节无斑纹外其余各节均有斑纹，第2腹节侧面具黑斑，尾丝黄褐色具黑环纹。图所示亚成雄虫。【习性】栖息于山脚处的溪流、池沼环境。【分布】北京、福建、广东。

紫蜉

Ephemera purpurata Ulmer

（蜉蝣科 Ephemeridae）

【识别要点】成虫体长13～15 mm，雌雄色彩都以黄色和黑紫色为主。雌虫前足黄褐色，胫节两端和爪黑色，雄虫前足沥青黑色，胸部背前方具1对较宽的黑纹，翅透明有暗紫色斑点，亚成虫的翅面显黄绿色，各腹节背面具紫色斑纹，第1，2腹节背面的横纹较粗。尾丝淡褐色。图所示亚成雌虫。【习性】栖息于湖沼等环境。【分布】重庆、贵州。

鞋山蜉

Ephemera yaosani Hsu

（蜉蝣科 Ephemeridae）

【识别要点】雌成虫体长约16 mm，虫体色淡，前足腿节前端部棕黄色，腿节和胫节、胫节和跗节之间具黑斑纹，后足基部具3个黑褐斑点，胸部肉粉色，前翅前缘褐色，腹部浅黄色，第2腹节侧面具2个黑色斑点，第9—10腹节烟黑色，尾丝黄色具黑环纹。图所示雌虫。【习性】栖息于山区溪流环境。【分布】浙江、安徽、重庆、四川。

间蜉 ｜ 王江 摄

华丽蜉 ｜ 陈尽 摄

紫蜉 ｜ 吕胜云 摄

鞋山蜉 ｜ 周纯国 摄

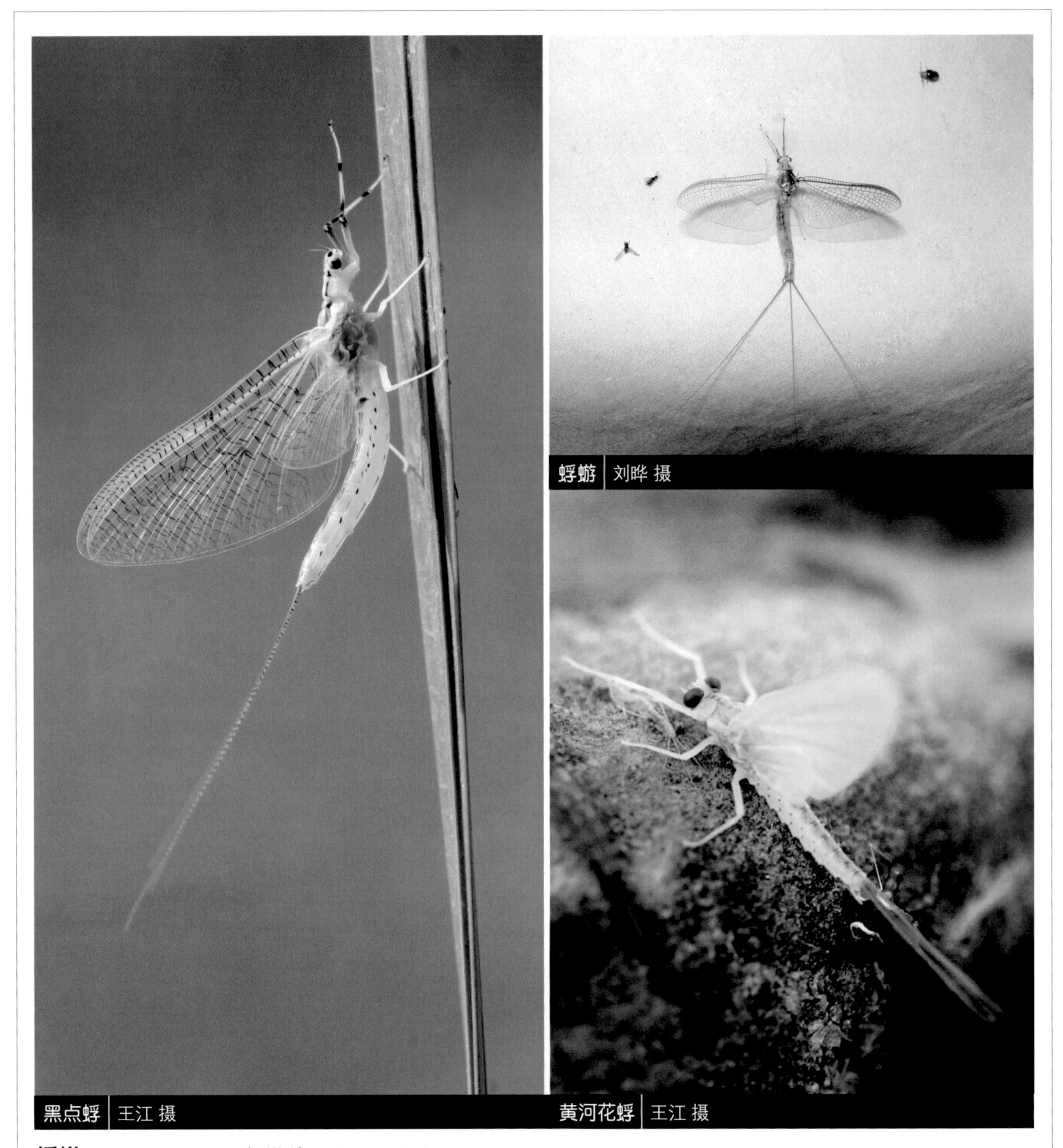
蜉蝣 刘晔 摄
黑点蜉 王江 摄
黄河花蜉 王江 摄

蜉蝣 *Ephemera* sp.1 （蜉蝣科 Ephemeridae）

【识别要点】雄虫前足比体略长，复眼圆形，较突出，尾铗显著；雌虫前足短于体长，复眼小而紧缩。图所示蜉蝣成虫复眼和前足是雌性特征，而腹部末端的尾铗是雄性的特征，因此这是一只雌雄嵌合体的蜉蝣。【习性】生活于低山区溪流环境。【分布】北京。

黑点蜉 *Ephemera* sp.2 （蜉蝣科 Ephemeridae）

【识别要点】此种前足腿节和胫节，胫节和附节之间黑色，前后翅似三角形，腹部各节都有黑斑纹，有的第1，2节背面的黑斑较大，其余各节的较小，尾丝3根，略与体等长。图所示雌虫。【习性】生活于山区溪流环境。【分布】辽宁。

黄河花蜉 *Potamanthus luteus* Linnaeus （河花蜉科 Potamanthidae）

【识别要点】成虫体长12 ~ 14 mm，身体黄白色，翅透明，足淡黄色具褐斑，各腹节侧面具褐色斑点，腹背中央面具一条红褐纵纹，尾丝红褐色，短于体长。亚成虫翅面淡黄略显朦胧。图所示亚成雄虫。【习性】栖息于山区河水缓流环境。【分布】黑龙江、吉林、辽宁。

Order Odonata

蜻蜓目

飞行捕食蜻蜓目，刚毛触角多刺足；
四翅发达有结痣，粗短尾须细长腹。

蜻蜓目是一类较原始的有翅昆虫，与蜉蝣目同属古翅部，俗称蜻蜓、豆娘。现生类群共包括3个亚目：差翅亚目(Anisoptera，统称蜻蜓)、束翅亚目(Zygoptera，统称豆娘)及间翅亚目(Anisozygoptera，统称昔蜓)。其中间翅亚目世界已知3种，分别发现于日本、印度和我国黑龙江。蜻蜓目世界性分布，尤以热带地区最多。目前，全世界已知29科约6 500种，我国已知18科161属700余种。

蜻蜓目昆虫为半变态，一生经历卵、稚虫和成虫3个时期。许多蜻蜓1年1代，有的种类要经过3～5年才完成1代。雄虫在性成熟时，把精液储存于交配器中，交配时，雄虫用腹部末端的肛附器捉住雌虫头顶或前胸背板，雄前雌后一起飞行，有时雌虫把腹部弯向下前方，将腹部后方的生殖孔紧贴到雄虫的交合器上进行受精。卵产于水面或水生植物体内，许多蜻蜓没有产卵器，它们在池塘上方盘旋，或沿小溪往返飞行，在飞行中将卵撒落在水中；有的种类贴近水面飞行，用尾点水，将卵产到水里。稚虫水生，栖息于溪流、湖泊、塘堰和稻田等的砂粒、泥水或水草间，取食水中的小动物，如蜉蝣及蚊类的幼虫，大型种类还能捕食蝌蚪和小鱼。老熟稚虫出水面后爬到石头、植物上，常在夜间羽化。成虫飞行迅速敏捷，多在水边或开阔地的上空飞翔，捕食飞行中的小型昆虫。

楔大蜓 任川 摄　巨圆臀大蜓 林义祥 摄　北京大蜓 唐志远 摄　长痣绿蜓 唐志远 摄

楔大蜓 *Chloropetalia* sp. （裂唇蜓科 Chlorogomphidae）

【识别要点】成虫腹长56～59 mm，后翅长47～52 mm。头部额上有很宽的黄条纹，合胸黑色背前方具1对黄色楔形纹，侧面具2条黄宽纵纹，翅末端稍染褐色，腹部黑色，腹节前段背面上的黄横纹较短，后段的斑纹较长而成环形。图所示未熟雄虫。【习性】生活于深山的溪流环境。【分布】重庆。

巨圆臀大蜓 *Anotogaster sieboldii* (Selys) （大蜓科 Cordulegasteridae）

【识别要点】成虫腹长83～95 mm，后翅长76～80 mm。本种是中国最大的蜻蜓，雄虫复眼绿色，合胸黑色，侧面有2条较宽的黄纹，腹部黑色，第2—9腹节中央具黄色环纹。雌雄外观近似，但雌虫翅基褐色，腹部黄纹发达，腹末有突出的如长箭状的产卵管。图所示雄虫。【习性】成虫发生期为4—11月，生活于低中海拔山区水质清澈的溪流环境。【分布】江苏、浙江、福建、安徽、江西、广东、台湾。

北京大蜓 *Cordulegaster pekinensis* Selys （大蜓科 Cordulegasteridae）

【识别要点】雌虫腹长约61 mm（包括长过腹端的产卵器），后翅约48 mm。头部黄色具黑纹，面部有黑色绒毛，合胸黑色具黄色条纹，侧面的两条黄色宽纹间有一列不规则的黄斑点，腹部黑色，各节侧面和背面具黄绿至黄色斑。雌雄体色相似，但雌虫的翅面烟褐色较浓，雄虫的较淡且体较短。图所示雌虫。【习性】成虫发生期6—7月，成熟后的个体常沿着溪流的背阴处低飞。【分布】北京。

长痣绿蜓 *Aeschnophlebia longistigma* Selys （蜓科 Aeshnidae）

【识别要点】成虫腹长53～55 mm，后翅长43～48 mm。复眼绿色具晶莹剔透的蓝斑，身体以草绿色为主，合胸背前方具较粗黑纹，腹部草绿色，各腹节侧面的黑纹连成带状。雄虫足全黑，雌虫足由红褐色和黑色组成。图所示交配中的雌雄虫。【习性】成虫发生期6—7月，常于芦苇丛中活动。【分布】辽宁、北京、河北、江苏。

黑纹伟蜓 *Anax nigrofasciatus* Oguma （蜓科 Aeshnidae）

【识别要点】成虫腹长52～59 mm，后翅长45～48 mm。雄虫复眼如同有魔力的水晶球闪烁着青蓝色的光芒，面部黄绿色，额顶上有显著的黑色"T"形纹，合胸绿色至黄绿，侧面有2条粗黑纹，翅透明，腹部黑色具鲜艳的蓝色斑点。雌虫复眼绿色，翅基部稍具金黄色，腹部黑色具黄色斑点。图所示雌虫。【习性】成虫发生期北方为5—8月，南方为3—10月，多见于池塘、水库、水田周围，时而会捕食比较小的蜻蜓。【分布】北京、河北、河南、湖北、湖南、广东、广西、云南。

碧伟蜓 *Anax parthenope julis* Brauer （蜓科 Aeshnidae）

【识别要点】成虫腹长53～57 mm，后翅长51～55 mm。头部前额顶端有一黑横细纹，其后是天蓝色的横条纹，合胸色，翅面略带淡黄色，雌虫的颇深。雄虫第2，3腹节为天蓝色，其余各腹节背面黑褐色，侧面淡黄色；雌虫第1、2腹节为黄绿色或淡蓝色，侧面具不规则褐斑，其余各腹节背面黑褐色，侧缘有淡黄绿色的斑纹。图所示雄虫。【习性】成虫发生期北方为4—10月，南方为2—11月，栖息于平原或丘陵多挺水植物的水库、池塘、水田、水渠等环境。【分布】全国广布。

长者头蜓 *Cephalaeschna patrorum* Needham （蜓科 Aeshnidae）

【识别要点】成虫腹长约55 mm，后翅长约47 mm。雄虫复眼蓝色，头部额顶有黑斑，复眼蓝黑色，身体黑色具有草绿色斑纹，第3—8腹节基部具有不规则细横纹，近中部有环纹。刚羽化的个体体色很淡，复眼朦胧，斑纹为淡黄绿色。图所示刚羽化的雄虫。【习性】成虫发生期7—9月，在深山中沿着溪流低飞。【分布】北京、陕西、四川。

黑纹伟蜓 | 王放 摄

长者头蜓 | 陈尽 摄

碧伟蜓 | 唐志远 摄

头蜓 | 任川 摄
跳长尾蜓 | 偷米 摄
狭痣佩蜓 | 任川 摄
山西黑额蜓 | 陈尽 摄
红褐多棘蜓 | 任川 摄

头蜓

Cephalaeschna sp.

（蜓科 Aeshnidae）

【识别要点】成虫体形较大，翅膀的基室（靠近翅基部的近长方形区域）具有横脉，腹部多有黄绿色斑点和细环纹。图所示雌虫。【习性】生活于山区林密的溪流环境。【分布】重庆。

跳长尾蜓

Gynacantha saltatrix Martin

（蜓科 Aeshnidae）

【识别要点】成虫腹长54 ~ 63 mm，后翅长45 ~ 49 mm。雄虫复眼上部青蓝色，下部肉色，合胸绿色，侧面具2条如缝状的细纹，足淡褐色，腹部以褐色为主并具有不规则黄斑或条纹。图所示雄虫。【习性】成虫发生期为5—11月。栖息于1 000 m以下林边浅水池塘的芦苇丛中。【分布】福建、广东、广西、云南、台湾。

狭痣佩蜓

Periaeschna magdalena (Martin)

（蜓科 Aeshnidae）

【识别要点】成虫腹长47 ~ 50 mm，后翅长45 ~ 48 mm。体色以黄黑为主，合胸黑色背前方具较细的黄纹，侧面中间和后方各有一块很宽的黄纹，腹部黑色，各腹节侧缘具黄纹。雌雄体色斑纹接近。图所示雌虫。【习性】成虫发生期4—8月，生于低海拔的有溪流水域。【分布】福建、江西、湖北、重庆、四川、台湾。

山西黑额蜓

Planaeschna shanxiensis Zhu & Zhang

（蜓科 Aeshnidae）

【识别要点】成虫腹长50 ~ 52 mm，后翅长46 ~ 48 mm。头顶部的黑斑很大，复眼蓝黑色，体色由黑色和黄绿色相间而成，腹部背面的黄绿月形斑较短粗，雌雄身体斑纹类似但雌虫翅基部金黄色。图所示雌虫。【习性】成虫发生期7—9月，于山区溪流的背阴处上下飞行。【分布】北京、河北、山西。

红褐多棘蜓

Polycanthagyna erythromelas (McLachlan)

（蜓科 Aeshnidae）

【识别要点】成虫腹长57 ~ 63 mm，后翅长54 ~ 59 mm。头顶部具黑斑，合胸褐色具明显的黄绿色斑纹。雄虫腹部黑色，雌虫红褐色，各腹节基部的环纹黄绿至黑色。图所示雌虫。【习性】成虫发生期3—11月，生活于低海拔山区的溪流环境。【分布】香港、广东、广西、云南、台湾。

福氏异春蜓 | 李元胜 摄

马奇异春蜓 | 陈尽 摄

福氏异春蜓 *Anisogomphus forresti* (Morton) （春蜓科 Gomphidae）

【识别要点】成虫腹长34～35 mm，后翅长31～32 mm。雄虫色彩体态类似马奇异春蜓，但第8—9节腹节侧缘的扩大部分都具较大黄斑而有别于雌虫；雌虫色彩与雄虫略似，第1—7腹节侧面还有黄条纹。图所示雄虫。【习性】成虫发生期5—10月，常于河边草丛中活动。【分布】重庆、四川、云南。

马奇异春蜓 *Anisogomphus maacki* (Selys) （春蜓科 Gomphidae）

【识别要点】成虫腹长35～37 mm，后翅长31～33 mm。头部颜面黑色，额黄绿色，合胸背前方黑色具1对倒置的“7”字形黄绿条纹，胸侧面黄绿色具黑纹，第2条黑纹上方间断，翅基微带金黄色。雄虫腹部黑色背中具黄细纹，第8—9腹节稍有扩张侧缘具黄斑，第8节的甚大，第9节的较小；雌虫各腹节侧面都具黄条纹，前后相接形成1条纹带。老熟的个体显黄色。图所示雄虫。【习性】成虫发生期6—9月，在山区溪流下游或水渠边活动。【分布】辽宁、河北、河南、内蒙古、山西、陕西、宁夏、湖北、重庆、四川、云南。

凹缘亚春蜓 *Asiagomphus septimus* (Needham) （春蜓科 Gomphidae）

【识别要点】成虫腹长52～58 mm，后翅长48～50 mm。雄虫复眼绿色，合胸背前方黑色具1对黄色的钩形纹，侧面黄色并有2条黑色斑纹，腹部黑色，腹背具从线状到点状排列的黄色背中线，第8节有1枚大黄斑，雌虫此黄斑不明显。图所示雄虫。【习性】成虫发生期为3—8月，栖息于1 000 m以下清澈的溪流环境。【分布】江西、福建、广东、海南、台湾。

领纹缅春蜓 *Burmagomphus collaris* (Needham) （春蜓科 Gomphidae）

【识别要点】成虫腹长约37 mm，后翅长约30 mm。雌虫合胸背前方黑色具完整而不相连的黄条纹，侧面黄色具黑细纹，腹部第2—7节背面基部有较粗的黄色横纹，第3—5节的黄侧斑与背面的横纹相离，第9节的三角形黄斑几乎覆盖此节背面。雄虫色彩同雌虫，但腹部第3—5节没有侧斑。图所示雌虫。【习性】成虫发生期为6—8月，栖息于山中有溪流多水潭的区域。【分布】河北、江苏、浙江。

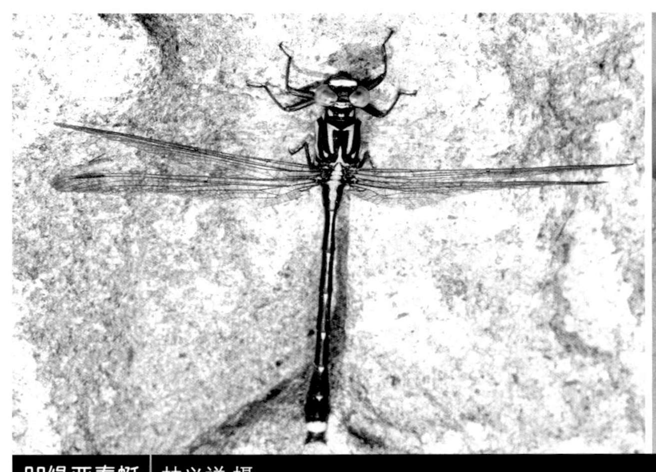
凹缘亚春蜓 | 林义祥 摄

领纹缅春蜓 | 任川 摄

弗鲁戴春蜓

Davidius fruhstorferi (Navás)

（春蜓科 Gomphidae）

【识别要点】成虫腹长27～30 mm，后翅长22～25 mm。合胸背前方黑色具倒“7”字形较细黄纹，侧面除了后方有一条甚细黑纹上下贯通外，其余大部分具黄绿色，腹部黑色，各节侧面具黄色条纹，越向后方该条纹越小，且逐渐斑点化。雌虫第7—8腹节侧面具小黄斑，腹末的肛附器黄白色；雄虫第7—8腹节黑色，肛附器突出呈角锥状。图所示雌虫。【习性】成虫发生期为4—10月，生活于深山溪流环境。【分布】江苏、浙江、福建、江西、广西、重庆、四川。

弗鲁戴春蜓 | 周纯国 摄

双角戴春蜓

Davidus bicornutus Selys

（春蜓科 Gomphidae）

【识别要点】成虫腹长40～44 mm，后翅长37～40 mm。雌虫头顶具有一对角状突起，合胸黑色背前方的各条黄纹不相连，侧面居中的黑色区域中有黄色细纹，腹部黑色，第1—9腹节侧面具从前至后渐小的黄斑且前方黄斑内部有小黑点，而雄虫第7腹节全黑。图所示雌虫。【习性】成虫发生期6—8月，刚羽化的个体常在清晨停于山涧边的挺水植物上。【分布】北京、河北、陕西。

联纹小叶春蜓

Gomphidia confluens Selys

（春蜓科 Gomphidae）

【识别要点】成虫腹长50 mm左右，后翅长43 mm左右。雌虫头顶具有一对“小犄角”，合胸背前方黑色具1对较粗的倒“7”字形黄绿条纹，侧面大部分黄绿色，腹部黑色具黄绿斑块，第7，10腹节斑块较大，约占整节的2/3。雌雄颜色相近，图所示雌虫。【习性】成虫发生期5—8月，生活于宽阔的湖泊、河流等环境。【分布】北京、河北、山西、河南、浙江、江苏、福建、广西。

双角戴春蜓 | 陈尽 摄

联纹小叶春蜓 | 唐志远 摄

小团扇春蜓 *Ictinogomphus rapax* (Rambur)　（春蜓科 Gomphidae）

【识别要点】成虫腹长46 ~ 49 mm，后翅长41 ~ 45 mm。雄虫身体黑色具黄色至黄绿色斑纹，头顶具一对甚大角状突，合胸背前方有一对倒“八”字形黄绿纹，其后的条纹完整且近上端处狭细或间断，腹部背面的黄斑明显，第8节侧缘扩张如扇状，扇区完全黑色，而雌虫第8腹节不如雄虫扩张度大。图所示雄虫。【习性】成虫发生期4—11月，于流速慢的河流、湖泊等水域活动。【分布】我国南方诸省。

双鬟环尾春蜓 *Lamelligomphus tutulus* Liu & Chao　（春蜓科 Gomphidae）

【识别要点】成虫腹长约46 mm，后翅长约37 mm。雄虫复眼蓝黑色，合胸背前方黑色具黄条纹，前侧方的黄条纹间断成一黄斑点和1条细纹，侧面前方的黄纹较粗，中间的较细，后方的黄斑最大，翅基部微带金黄色，腹部黑色具有黄斑，第2腹节侧面具扭曲的“U”形黄斑，第7腹节基部的黄斑纹约占该节的一半。雌虫色彩基本上与雄虫相同。图所示雄虫。【习性】成虫发生期6—9月，出没于山间或村落的溪水边。【分布】贵州。

帕维长足春蜓 *Merogomphus paviei* Martin　（春蜓科 Gomphidae）

【识别要点】成虫腹长48 ~ 53 mm，后翅长39 ~ 44 mm。雄虫合胸背前方黑色具互不相连的黄绿纹，后足较长，其股节（足与胸相连的第一段）伸达第2腹节末端，腹部黑色具黄绿斑，第7节前半部的色斑超过其长度的1/2，第7—9节侧缘扩大，上肛附器黄白色，末端强烈弯曲如牛角。雌虫头顶有1对粗大的朝向后方的黑色尖齿，斑纹色彩似雄虫。图所示雄虫。【习性】成虫发生期5—9月。活动于溪流水域。【分布】浙江、台湾。

小团扇春蜓 | 郭宪 摄

双鬟环尾春蜓 | 唐志远 摄

帕维长足春蜓 | 李元胜 摄

暗色蛇纹春蜓 陈尽 摄　迪恩扩腹春蜓 郭宪 摄

棘角蛇纹春蜓 唐志远 摄　大团扇春蜓 周纯国 摄　台湾尖尾春蜓 林义祥 摄

暗色蛇纹春蜓 *Ophiogomphus obscurus* (Bartenef)　（春蜓科 Gomphidae）

【识别要点】成虫腹长41～43 mm，后翅长32～36 mm。雄虫复眼黄绿色，合胸以黄绿色为主具黑色细纹，腹部黑色，每一腹节背面都有黄绿色至黄色的背中条纹，第3—7腹节的条纹略呈矛状，第8，9腹节边缘略有扩大，背面具黄斑，肛附器黄色。雌虫腹部斑纹与雄虫相似，胸部的颜色偏草绿色，黑色斑纹变化颇大。【习性】成虫发生期6—8月。天晴时常于宽阔河流旁的灌木丛中活动。【分布】黑龙江、内蒙古、吉林。

棘角蛇纹春蜓 *Ophiogomphus spinicornis* Selys　（春蜓科 Gomphidae）

【识别要点】成虫腹长40～47 mm，后翅长32～38 mm。体型斑纹与暗色蛇纹春蜓很相像，但体色更为鲜绿，合胸背前方的黑纹较粗，腹部黑色具绿条纹，第3—8腹节的背中条纹呈狭细的三角形。雌虫色彩和雄虫相似，但雌虫腹部较粗，头顶后方具1对相距较远小角。图所示雌虫。【习性】成虫发生期6—8月。栖息于较为宽阔且日照长的溪流环境。【分布】北京、河北、山西、甘肃、青海、内蒙古。

迪恩扩腹春蜓 *Stylurus endicotti* Selys　（春蜓科 Gomphidae）

【识别要点】成虫腹长42～45 mm，后翅长33～35 mm。头顶黑色，合胸背前方黑色具间断的黄条纹，没有形成倒“7”字形，侧面大部分黄色具1条黑纹，腹部主要为黑色具黄斑，第7—9节向两侧扩大呈圆盘状，雄虫第8腹节背面有3个黄斑，雌虫第8腹节除了3个黄斑外基部有一条黄横纹。图所示雄虫。【习性】生活于山区溪流环境。【分布】重庆、四川。

大团扇春蜓 *Sinictinogomphus clavatus* (Fabricius)　（春蜓科 Gomphidae）

【识别要点】成虫腹长56～60 mm，后翅长45～49 mm。体型粗壮，复眼黄绿色，合胸黑色具数条黄纹，腹部黑色具有黄斑，雌雄的第8腹节侧缘都扩大如圆扇状，扇状中央呈黄色，边缘黑色。雌虫扇区的黄斑较小，雄虫的较大。图所示雌虫。【习性】成虫发生期北方为6—8月，南方为5—10月。栖息于平原或丘陵的池塘、湖泊、水田等地。繁殖期雄虫会在雌虫旁护卫。【分布】北京、河北、浙江、江苏、福建、江西、广东、广西、四川、重庆、云南、海南。

台湾尖尾春蜓 *Stylogomphus shirozui* (Asahina)　（春蜓科 Gomphidae）

【识别要点】成虫腹长38～42 mm，后翅长33～36 mm。雄虫合胸背前方黑色具一对略呈“八”字形的黄绿色斑纹，侧面以黄色为主，中间有像“V”形的黑纹，腹部黑色，末端有白色状如牛角的上肛附器。雌、雄外观近似。图所示雄虫。【习性】成虫发生期为3—9月。栖息于1 000 m以下山区林内溪流环境。【分布】台湾。

闪蓝丽大蜻 | 唐志远 摄

北京弓蜻 | 陈尽 摄

闪蓝丽大蜻

Epophthalmia elegans (Brauer)

（伪蜻科 Corduliidae）

【识别要点】成虫腹长55~66 mm，后翅长50 ~ 55mm。头部额顶蓝黑金属色，合胸密布绒毛具强烈的青蓝色金属光泽，胸侧面可见3条黄色纵纹，翅面透明，雌虫略带烟色，腹部黑色具有黄斑，雄虫第2腹节侧面有耳状突起。图所示雌虫。【习性】成虫发生期北方为5—9月，而南方3月可见。栖息于平原或低山地区域，常环绕池塘、水库等静态水域飞行。【分布】北京、河北、贵州、四川、云南。

北京弓蜻

Macromia beijingensis Zhu & Chen

（伪蜻科 Corduliidae）

【识别要点】成虫腹长51~56 mm，后翅长44~54 mm。雄虫复眼翡翠绿，头部上唇黑色，基部正中有1枚鲜黄色的圆斑，合胸具蓝绿金属光泽，侧面只有2条黄纹且第1条黄纹较短，翅面透明，稍染烟色，尖端趋褐色，腹部黑色具黄色斑纹。雌虫斑纹色彩似雄虫，但翅基部具琥珀色。图所示雄虫。【习性】成虫发生期为7—8月。沿着山区溪流边反复飞行。【分布】北京。

格氏金光伪蜻

Somatochlora graeseri Selys

（伪蜻科 Corduliidae）

【识别要点】成虫腹长约41 mm，后翅长约39 mm。雄虫合胸具有强烈的金属绿光泽并附着绒毛，翅透明，腹部黑亮稍具蓝绿金属光泽，第1腹节和第3腹节侧面的黄斑很大。雌虫翅基部具较大的金黄色斑。图所示雄虫。【习性】成虫发生期6—9月。生活于山区溪流背阴处，常悬停于水面上空，很少发现停息个体。【分布】北京、黑龙江。

蓝额疏脉蜻

Brachydiplax chalybea Brauer

（蜻科 Libellulidae）

【识别要点】成虫腹长24~27 mm，后翅长29~31 mm。雄虫额顶青蓝光亮，合胸侧面有2条黑纹，翅基部橙褐色，合胸的背前方和腹部背面都具蓝灰至苍白的粉末，腹部后半段黑色。雌虫体较小，腹部黑黄相间。图所示雄虫。【习性】成虫发生期4—10月，生活于平原沼泽、湖泊等静水环境。【分布】广东、广西、海南、台湾。

格氏金光伪蜻 | 陈尽 摄

蓝额疏脉蜻 | 杰仔 摄

黄翅蜻 *Brachythemis contaminata* (Fabricius) （蜻科 Libellulidae）

【识别要点】成虫腹长22～25 mm，后翅长20～22 mm。雄虫复眼棕褐色，合胸黄褐色，侧面具两条黑细纹，腹部红褐色，前后翅近翅前缘2/3面积为黄褐色，翅痣红色。雌虫复眼上褐下绿，身体淡黄褐色，腹背面具淡黄色条纹，翅膀透明，翅痣黄色。未熟雄虫身体色彩近似雌虫，但可从翅膀上的红褐色分布辨别。图所示未熟雄虫。【习性】成虫发生期为2—11月，生活于1 000 m以下的池塘、水田、沼泽等静态水域。【分布】华中、华东、华南。

红蜻 *Crocothemis servilia* (Drury) （蜻科 Libellulidae）

【识别要点】成虫腹长27～32 mm，后翅长32～36 mm。刚羽化的雌雄个体都为金黄色，腹背面中部有很细的黑纵纹。一段时间后，雄虫全身呈赤红色，翅基部有红斑；雌虫为黄色，翅前缘和基部出现淡黄色，且雌虫腹背的黑纵纹比雄虫更加醒目。图所示雄虫。【习性】成虫的发生期北方为5—9月，南方为2—12月，栖息于池塘、水田或大面积的湖泊、水库等静态水域环境。【分布】全国广布。

异色多纹蜻 *Deielia phaon* (Selys) （蜻科 Libellulidae）

【识别要点】成虫腹长25～31 mm，后翅长29～35 mm。雄虫额头墨绿色有光泽，合胸淡蓝灰色具较暗的淡黄色条纹，腹部蓝灰至蓝黑色。未熟雄虫腹侧面淡黄色居多，背面淡蓝黑色。雌虫具有3类色型：第一类的色彩如雄虫未熟所述，可称同色型；第二类身体没有蓝灰色彩而呈黄色具黑色斑纹且翅脉呈红色，可称异色型；第三类的色彩类似异色型但翅面具有褐斑，可称为褐斑型。图所示雄虫。【习性】成虫发生期为6—9月，栖息于水底有机质沉积较多的池塘、水田环境。此种蜻蜓呈蓝灰色的个体会群聚于水边植物上休息。【分布】北京、河北、山东、江苏、江西、浙江、福建。

纹蓝小蜻 *Diplacodes trivialis* (Rambur) （蜻科 Libellulidae）

【识别要点】成虫腹长约20 mm，后翅长约22 mm。雄虫头部灰白色具少量黑纹，整个身体具有蓝灰色粉末。雌虫黄褐色至淡黄绿色，合胸上的黑纹稀疏，后翅基部的金黄色斑较小，各腹节背面中央有连续的黑纹，侧面有断续的黑纹，末节黑色。图所示雌虫。【习性】成虫发生期2—12月，多栖息于离水较远的草丛中。【分布】江苏、江西、浙江、福建、广东、广西、云南、海南、台湾。

黄翅蜻 | 林义祥 摄

红蜻 | 唐志远 摄

异色多纹蜻 | 陈尽 摄

纹蓝小蜻 | 杰仔 摄

臀斑楔翅蜻 | 林义祥 摄

低斑蜻 | 唐志远 摄

米尔蜻 | 任川 摄

臀斑楔翅蜻 *Hydrobasileus croceus* (Brauer) （蜻科 Libellulidae）

【识别要点】成虫腹长45~47 mm，后翅长40~42 mm。雄虫合胸黄褐色，侧面无斑纹，腹部黑褐色，第4—10腹背黑色，其中4—7节具黄色的圆斑，前后翅淡褐色且透明，翅端具褐色，后翅后缘内侧具一横向的红褐色斑纹。雌虫色彩近似雄虫，但腹背无黑斑及黄色的圆斑。图所示雄虫。【习性】成虫发生期为4—10月，生活于低海拔山区的湖泊、池塘等环境。【分布】浙江、福建、广东、四川、云南、台湾。

低斑蜻 *Libellula angelina* Selys （蜻科 Libellulidae）

【识别要点】成虫腹长25~30 mm，后翅长30~33 mm。雄虫黑褐色，雌虫黄褐色，合胸有较长的绒毛，翅透明，但翅基部、翅中部和靠近翅端部都各有一块显著的三角形褐色斑，翅基部的褐斑最大。雌虫腹部背有黑条纹。图所示雄虫。【习性】4月下旬—5月上旬可见成虫，栖息于平原的湖泊、水库、河流等水域环境。【分布】北京、河北、河南、湖北、江苏、浙江。

米尔蜻 *Libellula melli* Schmidt （蜻科 Libellulidae）

【识别要点】成虫腹长约20 mm，后翅长约18 mm。雄虫未熟时身体黄褐，翅基部有褐斑，后翅的褐斑三角状，腹扁平，背面具暗褐斑。成熟个体身体黑褐色，腹背大部分具蓝灰色粉末。图所示雄虫。【习性】成虫发生期4—8月，多在植物茂盛的池塘、沼泽出没。【分布】浙江、广东、贵州。

华丽宽腹蜻 | 偷米 摄

膨腹斑小蜻 | 杰仔 摄

网脉蜻 | 西叶 摄

华丽宽腹蜻 *Lyriothemis elegantissima* Selys （蜻科 Libellulidae）

【识别要点】成虫腹长30～35 mm，后翅长22～26 mm。雄虫复眼上褐下黄，合胸黄色，侧面具3条较粗的黑色斑纹，腹部较宽扁，背面红色并有1条黑色的背中纵纹贯穿各腹节，末节黑色。雌虫呈黄色，腹部宽扁，背面具多条黑色纵纹。图所示雄虫。【习性】成虫发生期为5—10月，栖息低海拔山区的池塘、沼泽等静态水域。【分布】广东、广西、海南、台湾。

膨腹斑小蜻 *Nannophyopsis clara* (Needham) （蜻科 Libellulidae）

【识别要点】成虫腹长约14 mm，后翅长约15 mm。此种娇小的个体在蜻科里并不常见，雄虫复眼翡翠绿，身体漆黑具金属光泽，第7，8节较为膨大，后翅中部有大块金黄斑。雌虫体色似雄虫，但复眼古铜色，前翅基部金黄，各腹节侧面具灰白色的斑纹。图所示雄虫。【习性】栖息于湿地、池沼旁的草丛中。【分布】江苏、浙江、福建、海南等地。

网脉蜻 *Neurothemis fulvia* (Drury) （蜻科 Libellulidae）

【识别要点】成虫腹长约23 mm，后翅长约30 mm。可用“一条红”来形容此种特征，整体只有翅端部透明。雌虫色彩与雄虫相似，唯色彩较淡。图所示雄虫。【习性】成虫发生期4—9月，栖息于海拔较低的静态水域环境。【分布】福建、广东、广西、重庆、四川、云南、海南。

截斑脉蜻 *Neurothemis tullia* (Drury) （蜻科 Libellulidae）

【识别要点】成虫腹长约19 mm，后翅长约20 mm。此种膜翅色彩奇异，易于辨认，雄虫翅上有黑、褐、乳白色斑，雌虫翅上有黄褐、褐、乳白及黑褐相间的色斑。雄虫身体黑褐，腹背中央黄白色。雌虫身体黄褐，腹背中央黄白色，侧面斑纹黑色。图所示雌虫。【习性】成虫发生期4—9月，栖息于丛林的流水旁。【分布】浙江、福建、广东、广西、云南、海南。

白尾灰蜻 *Orthetrum albistylum* Selys （蜻科 Libellulidae）

【识别要点】成虫腹长32～40 mm，后翅长36～43 mm。未熟个体合胸淡黄至灰白色，侧面可见3条淡褐至黑褐色斑纹，第3—6腹节各节背面两侧有1对弧状黑斑，第7—9腹节完全黑色，肛附器白色。成熟雄虫合胸有黑化倾向，腹部第2—6节覆有蓝白粉末。雌虫显深黄色。图所示雄虫。【习性】成虫发生期为4—10月，栖息于池塘、湖泊或水库等静态水域。【分布】华北、华中、华南、西南。

粗灰蜻 *Orthetrum cancellatum* (Linnaeus) （蜻科 Libellulidae）

【识别要点】雌虫腹长约30 mm，后翅长约32 mm。合胸浅蓝灰色，腹部黄色，背面靠外缘可见左右两条黑纹，肛附器黑色。图所示雌虫。【习性】成虫发生期4—7月，生活于山区溪流环境。【分布】江西。

黑尾灰蜻 *Orthetrum glaucum* (Brauer) （蜻科 Libellulidae）

【识别要点】成虫腹长40～44 mm，后翅长41～42 mm。雄虫合胸黑色至灰蓝色，翅膀透明，翅基具少许褐斑，腹背蓝灰色，末端黑色。雌虫合胸金黄色，侧面具淡褐色至黑褐色条纹。未熟雄虫合胸黑色，侧面具两条米黄色斜纹，腹背大部分蓝灰色。老熟雄虫整个身体几乎具蓝灰粉末，唯腹末端黑色。图所示未熟雄虫。【习性】成虫发生期2—12月，生活于平地至低海拔山区，常见于路边溪流、沟渠等环境。【分布】浙江、福建、广东、广西、贵州、云南。

截斑脉蜻 | 杰仔 摄

白尾灰蜻 | 周纯国 摄

粗灰蜻 | 王春芳 摄

黑尾灰蜻 | 张宏伟 摄

褐肩灰蜻 | 林义祥 摄

褐肩灰蜻

Orthetrum japonicum internum McLachlan

（蜻科 Libellulidae）

【识别要点】成虫腹长35 mm，后翅长32 mm。雄虫合胸侧面黑色具２条黄色的宽斜纹，合胸背前方及腹部背面具蓝灰色粉末。雌虫合胸黑色，侧面具２条黄色斜纹，腹部黑色，背面及两侧具鲜明的黄色斑纹。图所示雄虫。【习性】成虫发生期为3—10月，栖息于2 000 m以下的池塘、水田、湖泊等静态水域。【分布】江苏、浙江、福建、广东、广西、四川、云南、海南。

线痣灰蜻 | 唐志远 摄

线痣灰蜻

Orthetrum lineostigmum (Selys)

（蜻科 Libellulidae）

【识别要点】成虫腹长29～32 mm，后翅长32～35 mm。头部颜面黄白色，雄虫全身蓝灰色，雌虫体色深黄色，合胸背前方褐色，侧面后方有1条黑纹，腹部黄色，侧缘具黑斑，雌雄的翅痣皆为黑黄双色，翅端稍具褐色。图所示交配中的雌雄虫。【习性】成虫发生期为6—9月。羽化后的个体飞到山林间单独活动，金秋时节才回到山区溪流边繁殖。【分布】北京、河北、河南、山西、陕西、甘肃等地。

吕宋灰蜻 | 张宏伟 摄

吕宋灰蜻

Orthetrum luzonicum (Brauer)

（蜻科 Libellulidae）

【识别要点】成虫腹长33～41 mm，后翅长36～42 mm。雄虫身体蓝灰色，腹末端2节蓝灰色或蓝黑色，翅膀透明，翅痣黄色。雌虫胸部及腹部黄褐色，合胸侧面具1条黑褐色的斜纹。未熟雄虫体色近似雌虫。图所示雄虫。此种雄虫易与“线痣灰蜻 *O. lineostigma*”混淆，但从翅痣、翅端和腹部末端2节的颜色可加以区分。【习性】成虫发生期为4—10月，栖息于低海拔山区中水草丰茂的池塘、水田等环境。【分布】广东、广西、贵州、云南、台湾。

异色灰蜻 | 唐志远 摄

异色灰蜻

Orthetrum melanium (Selys)

（蜻科 Libellulidae）

【识别要点】成虫腹长34～37 mm，后翅长37～42 mm。雄虫头部黑色，身体蓝灰色，第8—9腹节黑色，未熟的雄虫同雌虫一样，合胸黄色侧面具2条黑色宽条纹，腹部黄色，背中央具黑纹，末节黑色。雄虫翅基部的黑斑被有粉末，雌虫翅基部金黄。图所示雄虫。【习性】成虫发生期为6—8月。栖息于山区溪流深潭环境。【分布】北京、河北、山东、江苏、浙江、广东、广西等地。

赤褐灰蜻 | 钟茗 摄

赤褐灰蜻

Orthetrum pruinosum neglectum (Rambur)

（蜻科 Libellulidae）

【识别要点】成虫腹长29～32 mm，后翅长37～40 mm。雄虫头胸黑褐，腹部洋红略显紫色，翅基部有小黑斑。雌虫全身黄褐色，腹侧缘具黑斑，翅基部金黄色。图所示交尾中的雄雌虫。【习性】成虫发生期2—12月，常停歇于山区水渠边或路边。【分布】广布南方地区。

狭腹灰蜻

Orthetrum sabina (Drury)

（蜻科 Libellulidae）

【识别要点】成虫腹长约37 mm，后翅长约35 mm。这是一种身穿“迷彩服”的种类，合胸绿色至黄绿色具黑斑纹，腹部第1，2节膨大，色彩类似胸部，其余各节较细显黑色并具白斑。雌雄色彩近似。图所示雄虫。【习性】成虫发生期2—11月，成虫机敏，食性凶猛，会捕食一些比自个儿身体较小的昆虫，常于广阔的草丛活动。【分布】广布南方地区。

狭腹灰蜻 | 钟茗 摄

鼎异色灰蜻

Orthetrum triangulare (Selys)

（蜻科 Libellulidae）

【识别要点】成虫腹长约32 mm，后翅长约30 mm。雄虫头胸黑色，腹部第2—6节及第7节前半段蓝灰色，末节黑色。雌虫黄褐色，合胸侧面有2条宽黑纹，腹部具有淡褐斑。图所示雄虫。【习性】成虫发生期5—10月，常停歇于山区水渠边或路边。【分布】广东、广西、四川、云南。

鼎异色灰蜻 | 杰仔 摄

六斑曲缘蜻

Palpopleura sexmaculata (Fabricius)

（蜻科 Libellulidae）

【识别要点】成虫腹长14～16 mm，后翅长17～20 mm。体小型，较粗短，前翅前缘成波状弯曲，前后翅具褐斑，后翅金黄。雄虫腹部蓝灰色，雌虫腹部黄色，侧缘具黑纹。图所示雄虫。【习性】成虫发生期5—9月，多栖息于水田旁的草丛中。【分布】广布南方地区。

黄蜻

Pantala flavescens (Fabricius)

（蜻科 Libellulidae）

【识别要点】成虫腹长31～34 mm，后翅长40～42 mm。雌虫复眼上部显红褐色，下部显青白色，合胸大部分黄色具黑细纹，腹部黄色具黑色斑纹。老熟雄虫额顶和腹背有赤化倾向。图所示雌虫。【习性】在北方，成虫发生期为5—9月，而在南方为3—12月。树林里、草丛中、屋檐下都是它们理想的栖息之所，在8，9月暴雨来临之前会出现集体迁移的现象。【分布】广布全国。

六斑曲缘蜻 | 张巍巍 摄

黄蜻 | 唐志远 摄

玉带蜻 *Pseudothemis zonata* Burmeister　（蜻科 Libellulidae）

【识别要点】成虫腹长29～32 mm，后翅长37～40 mm。雄虫前额黄白色，合胸以黑色为主具不甚明显的黄白细纹，翅基部有黑斑，翅端褐色，腹部黑色，第3，4节黄白色，老熟雄虫此处为纯白色。雌虫腹部第3，4节大部分黄色，5—7节侧缘有小黄斑。图所示雄虫。【习性】成虫发生期南方为4—10月，北方为6—9月。栖息于水底有机质沉积较多的池塘。雌虫产卵时，雄虫有护卫的行为。【分布】北京、河北、河南、湖北、湖南、江苏、浙江、福建、广西、广东、四川、台湾。

斑丽翅蜻 *Rhyothemis variegata* (Linnaeus)　（蜻科 Libellulidae）

【识别要点】成虫腹长约28 mm，后翅长约39 mm。雌雄虫身体大部分有铜绿色金属光泽，整个膜翅金黄色具不规则褐斑，雌虫翅端透明。飞行时犹如蝴蝶一般令人扑朔迷离。图所示雄虫。【习性】成虫发生期4—10月。常出没于池沼、湖泊等静水环境。【分布】江苏、福建、广东、广西、云南、海南、台湾。

三角丽翅蜻 *Rhyothemis triangularis* Kirby　（蜻科 Libellulidae）

【识别要点】成虫腹长20～23 mm，后翅长25～27 mm。雄虫合胸及腹部蓝黑色，前后翅基部皆呈蓝紫色具金属光泽，后翅的蓝紫色区域较大。雌虫近似雄虫，但翅基部的蓝紫色区域无金属光泽，体型稍大。图所示雄虫。【习性】成虫发生期为5—10月，于低海拔山区有杂草生长的池塘或沼泽水域活动。【分布】广东、香港、台湾。

玉带蜻 | 郭宪 摄　　斑丽翅蜻 | 杰仔 摄

三角丽翅蜻 | 林文祥 摄

半黄赤蜻 王放 摄

达赤蜻 陈尽 摄

半黄赤蜻 *Sympetrum croceolum* Selys （蜻科 Libellulidae）

【识别要点】成虫腹长27～29 mm，后翅长28～32 mm。雌雄体色以金黄色为主，前后翅金黄，仅翅中部下方透明，腹部边缘具淡褐斑。图所示雄虫。【习性】成虫发生期7—10月，生活于山区溪流环境。【分布】北京、黑龙江、河北、河南、湖北、江苏、江西、福建、广东、广西。

达赤蜻 *Sympetrum danae* (Sulzer) （蜻科 Libellulidae）

【识别要点】成虫腹长23～25 mm，后翅长26～30 mm。雄虫身体以黑色为主，合胸侧面有黄色斜纹。雌虫显黄色，合胸侧面中部黑色宽纹中有数个小黄斑，后翅基部具较小的琥珀斑。图所示交尾的雌雄虫。【习性】成虫发生期6—8月。生活于草原上的池塘、湖泊等静态水域。【分布】黑龙江、内蒙古。

夏赤蜻 *Sympetrum darwinianum* (Selys) （蜻科 Libellulidae）

【识别要点】成虫腹长24～27 mm，后翅长25～30 mm。头部下唇中叶黄色。合胸黄褐，侧面的第1黑细纹曲折但完整，第2黑纹较粗但上端中断，第3黑细纹完整。雄虫腹部橙红色至红色，末节具黑斑。雌虫腹部黄色侧缘具黑斑。图所示雄虫。【习性】成虫发生期6—10月，初熟个体离开水边去林间或草原生活，成熟后再返回水边繁殖。【分布】河南、湖北、湖南、浙江、江西、福建、广东、广西、四川、云南。

大陆秋赤蜻 *Sympetrum depressiusculum* (Selys) （蜻科 Libellulidae）

【识别要点】成虫腹长20～24 mm，后翅长23～27 mm。头部下唇中叶黑色，合胸黄色至黄褐色，侧面有3条黑细纹，处于中间的第2条上方中断但下方与第1条相连，第2，3条相离，腹部第4—7节侧缘有黑斑，第8，9节侧缘和背面都有黑斑。雄虫腹部红色，翅透明，雌虫腹部黄色，翅略带淡褐色。图所示雌虫。【习性】成虫发生期为7—9月。栖息于挺水植物生长茂盛的池塘附近，但个别初熟个体也会飞到山林间。【分布】北京、黑龙江。

夏赤蜻 杰仔 摄

大陆秋赤蜻 陈尽 摄

竖眉赤蜻

Sympetrum eroticum (Selys)

（蜻科 Libellulidae）

【识别要点】成虫腹长24～27 mm，后翅长28～30 mm。头部前额上有两个黑斑，形如眉状，合胸黄色至黄褐色，背前方中央有三角形黑斑，三角黑斑左右各有1条黑纹。雄虫腹部深红色具少量黑斑，雌虫为深黄色，侧缘黑斑较多，有的雌虫双翅与雄虫一样透明，而有的双翅端部有三角黑斑。图所示雄虫。【习性】成虫发生期6—10月。未熟的个体都在树林里觅食，待秋叶红的时候，就陆续飞到水边繁殖。【分布】北京、河北、浙江、湖南、江西、福建、广东、广西、重庆。

虾黄赤蜻

Sympetrum flaveolum (Linnaeus)

（蜻科 Libellulidae）

【识别要点】成虫腹长25～27 mm，后翅长26～30 mm。前后翅基部都有金黄色斑，后翅的色斑更大。雄虫身体显红色，合胸侧面具黑细纹，腹部侧缘具黑纹。雌虫黄色，身体的黑纹分布似雄虫，除了翅基部的色斑外，前翅前缘中部也有金黄色斑。图所示交尾的雌雄虫。【习性】成虫发生期6—9月。生活于草原上的湖泊、河流等水域。【分布】黑龙江、内蒙古等地。

方氏赤蜻

Sympetrum fonscolombei (Selys)

（蜻科 Libellulidae）

【识别要点】成虫腹长27～29 mm，后翅长28～31 mm。雄虫头部额顶红色，合胸黄褐色至红褐色，侧面具有细黑纹，中央的第2黑纹较短末端尖锐，中央和后方有淡黄色斑块，翅基部具金黄色。雄虫腹部红色，雌虫腹部黄色，第8，9腹节的背面和侧面都具小黑斑。图所示雄虫。【习性】成虫发生期为7—10月。生活于山区溪流出口的水潭附近。【分布】北京、云南。

秋赤蜻

Sympetrum frequens (Selys)

（蜻科 Libellulidae）

【识别要点】成虫腹长24～29 mm，后翅长28～32 mm。体色与夏赤蜻相近，但头部下唇中叶黑色，胸侧第1条黑纹较粗且3条黑纹都相连，腹部侧缘具黑斑。雄虫腹部赤红，雌虫黄褐色至红褐色。图所示雌虫。【习性】成虫发生期6—10月，栖息于平原、丘陵植物生长旺盛的水田、池沼地带。【分布】河北、河南、江苏、福建、四川、云南。

竖眉赤蜻 刘思阳 摄

虾黄赤蜻 陈尽 摄

方氏赤蜻 唐志远 摄

秋赤蜻 李元胜 摄

小黄赤蜻 *Sympetrum kunckeli* (Selys)　（蜻科 Libellulidae）

【识别要点】成虫腹长22 ~ 25 mm，后翅长24 ~ 27 mm。雌虫头部前额上有两个小黑斑，合胸黄色至黄褐色，背前方具三角形黑斑，左右各有1条黑纹，侧面大部分黄色，具有不规则的黑碎纹，腹部橙色至深黄色，且第3—9腹节侧面具有黑斑。雄虫额头黄白色，老熟时转为青白色且腹部为深红色。图所示雌虫。【习性】成虫发生期7—9月，未熟或老熟的个体都常隐匿于静态水域旁的草丛中。【分布】北京、河北、河南、山东、山西、江苏、浙江、湖北、湖南、福建、四川等地。

褐带赤蜻 *Sympetrum pedemontanum* Allioni　（蜻科 Libellulidae）

【识别要点】成虫腹长24 ~ 28 mm，后翅长27 ~ 31 mm。虫体黄色至黄褐色，雌雄前后翅中前处各有一褐色宽带纹，翅痣黄白色，腹部橙黄色至黄褐色，仅第8，9腹节背面有小黑斑。图所示雄虫。【习性】成虫发生期7—10月，栖息于山间溪流有积水的池塘或池沼环境。【分布】北京、辽宁、黑龙江、内蒙古。

黄基赤蜻 *Sympetrum speciosum* Oguma　（蜻科 Libellulidae）

【识别要点】成虫腹长约27 mm，后翅长约32 mm。雄虫深红色，合胸侧面具2条宽黑纹，翅基部有较大的红色至橙红色斑。雌虫黄色至橙色，翅基部的色斑为金黄色，腹部侧面具斑纹。图所示雄虫。【习性】成虫发生期6—9月，生活于山区溪流形成的水潭、湖泊等静水环境。【分布】北京、河北、河南、广东、广西、四川、云南、台湾。

条斑黄赤蜻 *Sympetrum striolatum* Charpentier　（蜻科 Libellulidae）

【识别要点】成虫腹长26 ~ 30 mm，后翅长27 ~ 33 mm。雄虫合胸红褐色具很细的黑纹，足的外侧黄色，翅前缘黄褐色，腹部红色至红褐色，末节背面具小黄斑。雌虫显黄色，腹侧缘具黑纹。未熟个体橙黄色，翅的基部和前缘金黄色，合胸侧面的黑纹很明显。图所示雄虫。【习性】成虫发生期6—9月，生活于山区湖泊、水库等静水环境，初熟个体有迁移性。【分布】北京、河北、内蒙古。

褐顶赤蜻 *Sympetrum infuscatum* (Selys)　（蜻科 Libellulidae）

【识别要点】成虫腹长25 ~ 30 mm，后翅长28 ~ 35 mm。雌雄色彩相似，头部额前有2个黑点，合胸前方褐色具有“八”字形黄斑，侧面第1，2条黑纹较粗完整且相连，第3条纹较细与第2条相连，翅顶端黑褐色，色斑范围不超过翅痣，腹部黄褐色，末节黑色，侧面的黑斑显著。图所示雄虫。【习性】成虫发生期7—10月，栖息于丘陵、山脚处的池沼环境。【分布】黑龙江、河北、河南、广东、重庆、四川等地。

小黄赤蜻 | 唐志远 摄

黄基赤蜻 | 陈尽 摄

条斑黄赤蜻 | 陈尽 摄

褐带赤蜻 | 王放 摄

褐顶赤蜻 | 任川 摄

普通赤蜻 | 陈尽 摄
华斜痣蜻 | 任川 摄
晓褐蜻 | 杰仔 摄
庆褐蜻 | 杰仔 摄

普通赤蜻 *Sympetrum vulgatum* (Linnaeus) （蜻科 Libellulidae）

【识别要点】成虫腹长27 ~ 30 mm，后翅长28 ~ 32 mm。此种雌雄虫与条斑黄赤蜻极易混淆，但它们的合胸背前方具有醒目的1对黄白色条纹可与之相区别。【习性】成虫发生期7—9月。生活于草原上的湖泊、池塘等静水环境。【分布】内蒙古。

华斜痣蜻 *Tramea virginia* Rambur （蜻科 Libellulidae）

【识别要点】成虫腹长38 mm，后翅长41 mm。外形、体态略似最常见的黄蜻，但合胸为深褐色，腹部背面红色，末端黑色，后翅基部十分宽大并具较大面积的红褐色斑块。图所示雄虫。【习性】成虫发生期3—11月，栖息于池塘、湖泊，常在高空滑翔飞行。【分布】华北、华中、华南。

晓褐蜻 *Trithemis aurora* (Burmeister) （蜻科 Libellulidae）

【识别要点】成虫腹长约25 mm，后翅长约30 mm。雄虫体色紫红，额头有蓝黑色金属光泽，翅脉红色，翅基部有红褐斑，腹末节有小黑斑。未熟雄虫如同雌虫体黄色具黑纹，翅基部有黄褐斑，但腹部的黑纹不如雌虫明显。图所示雄虫。【习性】成虫发生期2—12月，栖息于山区湖泊、水库、溪流等环境。【分布】福建、湖北、湖南、广东、广西、贵州、四川、重庆、云南、海南、台湾。

庆褐蜻 *Trithemis festiva* (Rambur) （蜻科 Libellulidae）

【识别要点】成虫腹长约25 mm，后翅长约31 mm。雄虫额顶具黑褐色金属光泽，合胸蓝灰色至蓝黑色，翅基部具红褐小斑。腹部以蓝黑色为主，第4—7节背中线两侧具新月形黄斑，老熟个体此黄斑有退化迹象。雌虫身体橄榄绿色具黑斑纹。图所示雄虫。【习性】成虫发生期4—11月，于山区河滩谷底活动。【分布】浙江、广东、广西、云南、海南、台湾。

彩虹蜻 *Zygonyx iris* Selys
（蜻科 Libellulidae）

【识别要点】成虫腹长约43 mm，后翅长约51 mm。此种属于蜻科中的大个子，头部额顶具紫铜色金属光泽，合胸金属绿色，前侧方的黄条纹较短，侧面中央有一显著较宽的黄条纹，翅较长，末端烟褐色，腹部黑色，第1，2节下方黄色，第2—7节有黄色的背中线。图所示雄虫。【习性】成虫发生期5—11月，栖息于茂密树林溪流旁。【分布】广东、云南、海南。

彩虹蜻 | 钟茗 摄

台湾虹蜻 *Zygonyx takasago* Asahina
（蜻科 Libellulidae）

【识别要点】成虫腹长约48 mm，后翅长55 mm。雄虫复眼上褐下黑，合胸及腹部黑绿色略带金属光泽，合胸前侧方具1条较短的黄斑纹，侧面具2条黄色斜斑，第1—3腹节侧面及腹面黄色，前后翅透明，翅基具小黑斑，翅端黑褐色。雌虫近似雄虫，但胸部及腹部的黄斑较发达。图所示雄虫。【习性】成虫发生期为4—9月，生活于低中海拔山区，流速快、水质清澈的溪流环境。【分布】台湾。

台湾红蜻 | 林义祥 摄

细腹开臂蜻 *Zyxomma petiolata* Rambur
（蜻科 Libellulidae）

【识别要点】成虫腹长37 mm，后翅长48 mm。雄虫复眼灰绿色，合胸深褐色无斑纹，足深黄色，后翅基具明显的黑褐斑，腹部黑褐色第1，2腹节膨大其余各节皆均细长。雌虫翅基黑斑较小，腹部颜色较淡，各腹节端部具明显的黑斑。图所示雄虫。【习性】成虫发生期4—9月。栖息于低海拔山区的池塘、沟渠等静态水域，常于黄昏活动。【分布】福建、广东、广西、台湾。

细腹开臂蜻 | 偷米 摄

壮大溪蟌 *Philoganga robusta* Navás
（大溪蟌科 Amphipterygidae）

【识别要点】成虫腹长约50 mm，后翅长约47 mm。雄虫合胸背前方黑色中央具黄绿细纹，侧面黄色至黄绿色，中部具黑纹，腹部黑色，而雌虫第8，9腹节末端两侧具黄斑，第9腹节的黄斑延伸至背面。图所示雄虫。【习性】成虫发生期4—8月。栖息于山区溪流形成的池沼环境。【分布】浙江、江西、福建、贵州、四川、重庆。

壮大溪蟌 | 任川 摄

赤基色蟌 | 钟茗 摄　黑暗色蟌 | 陈尽 摄

赤基色蟌 *Archineura incarnata* (Karsch)　（色蟌科 Calopterygidae）

【识别要点】成虫腹长60 ~ 65 mm，后翅长47 ~ 50 mm。合胸古铜色，腹部黑色，具光泽，老熟个体身体腹面具白色粉末。雄虫翅基部有夺目的宝石红斑而雌虫却没有，雌雄都有狭长的翅痣。图所示雄虫。【习性】成虫发生期5—8月，于溪流旁活动。【分布】浙江、江西、福建、广东、广西、重庆、四川、云南。

黑暗色蟌 *Atrocalopteryx atrata* (Selys)　（色蟌科 Calopterygidae）

【识别要点】成虫腹长47 ~ 52 mm，后翅长42 ~ 48 mm。全身以黑色为主，具金属光泽，合胸腹面被白粉，足刺发达，翅面污黑发暗，无翅痣。雄虫腹部金属绿色，雌虫黑褐色。图所示雌虫。【习性】成虫发生期6—8月，多出没于池沼、水渠、河流旁的草丛中。雄虫有强烈的领地感，雌虫会聚集在一起产卵。【分布】北京、河北、陕西、江苏、浙江、湖南、湖北、福建、广东、广西、贵州。

紫闪色蟌 *Caliphaea consimilis* McLachlan　（色蟌科 Calopterygidae）

【识别要点】成虫腹长32 ~ 39 mm，后翅长31 ~ 33 mm。体色略似绿色，但前后翅均有明显的翅柄，翅端有黑色的翅痣，雌雄色泽大体相同，身体都具有绿金属色泽，特别是合胸后方有一狭长的绿斑被黄色条纹所环绕，成熟的雄虫腹部末端具有白色粉末。图所示雄虫。【习性】成虫发生期7—9月，栖息于山区洁净的溪流环境。【分布】四川、云南等地。

透顶色蟌 *Calopteryx oberthuri* (McLachlam)　（色蟌科 Calopterygidae）

【识别要点】成虫腹长约55 mm，后翅长约43 mm。雌虫身体以绿色为主，具金属光泽，合胸后方黄色，除翅端部透明外其余部分黑褐色，翅膀具白色细长的伪翅痣，腹部末节下方斑纹黄色。图所示雌虫。【习性】成虫发生期7—8月，栖息于山区溪流环境。【分布】四川、云南。

紫闪色蟌 | 任川 摄

透顶色蟌 | 钟茗 摄

透顶单脉色蟌 | 陈尽 摄

褐单脉色蟌 | 杰仔 摄

透翅绿色蟌 | 唐志远 摄

云南绿色蟌 | 李元胜 摄

透顶单脉色蟌 *Matrona basilaris basilaris* Selys （色蟌科 Calopterygidae）

【识别要点】成虫腹长50～55 mm，后翅长40～45 mm。雄虫体绿色具强烈的金属光泽，翅顶端稍透明，靠近翅基部约占翅膀1/3的区域为蓝色，其余黑色。雌虫合胸古铜绿色，后方有黄色细纹，翅褐色具白色较短的伪翅痣。图所示雄虫。**【习性】**成虫发生期北方为7—9月，南方为4—11月，生活于山区溪流环境。雄虫的领地区域范围较大，性机警，常对侵入领地的其他种类展翅示威。**【分布】**除东北、西北外的全国各地。

褐单脉色蟌 *Matrona basilaris nigripectus* Selys （色蟌科 Calopterygidae）

【识别要点】成虫腹长50～55 mm，后翅长40～46 mm。此亚种体色似指明亚种透顶单脉色蟌，但雄虫翅膀褐色，基部的蓝斑较淡，范围较小。图所示雄虫。**【习性】**成虫发生期5—11月，生活于山区溪流环境。**【分布】**河南、湖北、湖南、福建、广东、海南。

透翅绿色蟌 *Mnais andersoni* McLachlan （色蟌科 Calopterygidae）

【识别要点】成虫腹长42～45 mm，后翅长32～35 mm。虫体绿色发亮，合胸的绿色区域截至第3侧缝处，其余黄色。老熟雄虫合胸前方、后方及腹部背面都具白色粉末。雄虫翅面透明色淡的个体为“透明型”，翅金黄至黄褐色的为“橙色型”，两种色型的翅痣都为红褐色；雌虫翅黄褐，翅痣白色。图所示雌虫。**【习性】**成虫发生期5—7月，生活于山区溪流背阴环境，雌虫易接近，雄虫机敏善飞。**【分布】**北京、河南、浙江、广东、四川、云南。

云南绿色蟌 *Mnais gregoryi* Fraser （色蟌科 Calopterygidae）

【识别要点】成虫腹长43～46 mm，后翅长35～38 mm。雄虫合胸古铜色，合胸背前方和腹背具有白色粉末，翅面颜色按基部透明，中部黑褐色，翅中至翅端乳白的顺序排列。图所示雄虫。**【习性】**成虫发生期3—6月，生活于山区河流环境。**【分布】**云南。

亮翅绿色蟌 | 周纯国 摄
烟翅绿色蟌 | 唐志远 摄
褐顶色蟌 | 林义祥 摄
华艳色蟌 | 任川 摄

亮翅绿色蟌 *Mnais maclachlani* Fraser （色蟌科 Calopterygidae）

【识别要点】成虫腹长约44 mm，后翅长约36 mm。雌虫体暗绿色，合胸第3侧缝后方上部有暗绿色小斑，下部的区域为黄色，翅痣红褐色。雌雄色泽相似，但雄虫分两种色型，橙翅型个体翅基部透明其余区域暗橙色，身体具白色粉末，透明型个体翅透明略带淡黄色，腹部第8—10节具白色粉末。图所示雌虫。【习性】成虫发生期4—7月，生活于山区溪流环境。【分布】四川、云南。

烟翅绿色蟌 *Mnais mneme* Ris （色蟌科 Calopterygidae）

【识别要点】成虫腹长约40 mm，后翅长约32 mm。雄虫合胸大部分古铜色，第3侧缝后方的绿条纹略呈三角形，下方的黄色区域较狭小，翅痣较短，红褐色，橙翅型雄虫胸背前方及腹第8—10节具白色粉末，翅全部橙红色，透明型雄虫，身体不被粉且翅透明。图所示橙翅型雄虫。【习性】成虫发生期3—8月，栖息于山区溪流环境。【分布】福建、广东、广西、云南、海南、台湾。

褐顶色蟌 *Psolodesmus mandarinus* McLachlan （色蟌科 Calopterygidae）

【识别要点】成虫腹长43～48 mm，后翅长40～42 mm。雄虫合胸有绿金属色泽，翅膀颜色分三段，近翅端的前半黑褐色，中间白色，近翅基的后半烟褐色，翅痣灰暗。雌虫色泽近似雄虫但翅痣白色。图所示雌虫。【习性】成虫发生期为3—12月，栖息于林间阴暗的小溪流环境。【分布】台湾。

华艳色蟌 *Neurobasis chinensis* (Linnaeus) （色蟌科 Calopterygidae）

【识别要点】成虫腹长47～50 mm，后翅长35～37 mm。虫体绿色有光泽。雄虫前翅透明，后翅端部黑色，其余金属绿色，无翅痣。雌虫前后翅淡褐，翅中部和端部有白色的伪翅痣。图所示雄虫。【习性】成虫发生期4—12月，常于山区河流、湖泊等环境出没。雄虫会在水边争夺地盘。【分布】安徽、江西、福建、广东、广西、云南、海南。

苗家细色蟌 *Vestalaria miao* Wilson & Reels （色蟌科 Calopterygidae）

【识别要点】成虫腹长约42 mm，后翅长约35 mm。虫体有绿金属光泽，雄虫翅透明，翅尖端稍染褐色，无翅痣。腹部末节背面具白色粉末。下肛附器十分短小，长度不超过第10腹节的1/3。【习性】成虫发生期5—12月，栖息于山区溪流环境。【分布】广东、广西、海南。

褐翅细色蟌 *Vestalaria velata* (Ris) （色蟌科 Calopterygidae）

【识别要点】成虫腹长约42 mm，后翅长约30 mm。雄虫体有绿金属光泽，合胸第3侧缝后方黄色，前后翅都为褐色，腹部末节背面具白色粉末。图所示雄虫。【习性】成虫发生期6—11月，栖息于山区溪流环境。【分布】广东。

黑角细色蟌 *Vestalaria venusta* (Hamalainen) （色蟌科 Calopterygidae）

【识别要点】成虫腹长42～47 mm，后翅长33～38 mm。此种与苗家细色蟌十分相像，但此种的下肛附器较明显，长度约与第10腹节等长。图所示雄虫。【习性】成虫发生期7—11月，栖息于山区溪流环境。【分布】广东、广西。

苗家细色蟌 寒枫 摄

褐翅细色蟌 杰仔 摄

黑角细色蟌 郭宪 摄

黄脊高曲隼蟌 | 张宏伟 摄
黄条高曲隼蟌 | 张宏伟 摄
双孔阳隼蟌 | 西叶 摄
单孔阳隼蟌 | 钟茗 摄
点斑隼蟌 | 杰仔 摄

黄脊高曲隼蟌 *Aristocypha fenestrella* (Rambur)
（隼蟌科 Chlorocyphidae）

【识别要点】成虫腹长约22 mm，后翅长约25 mm。雄虫合胸黑色，背前方具一狭长的三角形蓝紫斑，侧面下方有黄色细纹，从翅柄附近至翅端区域呈黑褐色并具数个不规则紫色耀斑，翅痣也具紫色闪光，腹部黑色。图所示雄虫。【习性】成虫发生期3—12月。栖息于山区洁净的溪流环境。【分布】广东、云南。

黄条高曲隼蟌 *Aristocypha irides* Selys
（隼蟌科 Chlorocyphidae）

【识别要点】成虫腹长约21 mm，后翅长约25 mm。雄虫合胸黑色，侧面有数条黄色至蓝色斑纹，从翅柄附近至翅端区域呈烟褐色并具数个紫色耀斑，其中翅痣下方的耀斑略呈镰刀状，翅痣米黄色，腹部黑色，第2—8腹节侧面有蓝色条纹。图所示雄虫。【习性】成虫发生期5—10月。栖息于山区洁净的溪流环境。【分布】云南。

双孔阳隼蟌 *Heliocypha biforata* Selys
（隼蟌科 Chlorocyphidae）

【识别要点】成虫腹长18～19 mm，后翅23～24 mm。雄虫合胸背前方中央具1条三角形紫红色斑，前侧方有1宽的新月形蓝条纹与胸侧面中部的1条窄蓝纹相邻，侧后方大部分蓝色，前后翅端部褐色，腹部黑色具蓝色斑点。雌虫头部黄斑明显，合胸背前方黑色，侧面及腹部黑色具黄色斑纹。图所示雄虫。【习性】成虫发生期3—12月，栖息于山区洁净的溪流环境。【分布】云南、海南。

单孔阳隼蟌 *Heliocypha perforata* (Percheron)
（隼蟌科 Chlorocyphidae）

【识别要点】成虫腹长18～21 mm，后翅长25～28 mm。合胸前侧方有蓝色小斑点，侧面中部有1斜的蓝色"U"形斑，其后是1块大三角形蓝斑。腹部第1，2节侧面蓝斑呈倒"7"字形，第3—9节侧面具近圆形蓝斑。图所示雄虫。【习性】成虫发生期4—12月，栖息于热带雨林中的溪流环境。【分布】广东、广西、云南、海南、台湾。

点斑隼蟌 *Libellago lineata* (Burmeister)
（隼蟌科 Chlorocyphidae）

【识别要点】成虫腹长14～15 mm，后翅18～20 mm。雄虫头部鼻状突漆黑，合胸黑色具黄斑纹，前侧方可见3条互不相连的黄纵纹，翅透明，靠近基部的翅脉红色，前翅无翅痣且端部具1条褐色斑。腹部黑色，第2—6腹节背面具很大的黄斑，黄斑中间的黑色部分逐节加宽。雌虫色彩似雄虫，但前翅透明无色有翅痣，腹部背面和侧缘有黄条纹呈线状排列。图所示雄虫。【习性】成虫发生期3—12月，栖息于洁净的溪流环境。【分布】广东、海南。

赵氏鼻蟌 | 杰仔 摄

线纹鼻蟌 | 周纯国 摄

蓝斑腹鳃蟌 | 李元胜 摄

赵氏鼻蟌 *Rhinocypha chaoi* Wilson （隼蟌科 Chlorocyphidae）

【识别要点】成虫腹长约20 mm，后翅约25 mm。雄虫合胸背前方中央具1三角形蓝斑，前侧方具1宽的新月形蓝条纹，侧面黑色具蓝细纹，前后翅端部1/3褐色，后翅翅痣蓝色，各腹节背面有方形蓝色大斑。图所示雄虫。**【习性】**成虫发生期5—10月，栖息于热带洁净的小溪流环境。**【分布】**广东。

线纹鼻蟌 *Rhinocypha drusilla* Needham （隼蟌科 Chlorocyphidae）

【识别要点】成虫腹长约24 mm，后翅长约27 mm。雄虫头部黑色具小黄斑，合胸黑色侧面具黄细纹，翅端部烟褐色，翅痣黄黑双色，腹部红褐色。图所示雄虫。**【习性】**成虫发生期5—9月，栖息于山区洁净的溪流环境。**【分布】**安徽、浙江、重庆、福建。

蓝斑腹鳃蟌 *Anisopleura furcata* Selys （腹鳃蟌科 Euphaeidae）

【识别要点】成虫腹长约32 ~ 38 mm，后翅27 ~ 31 mm。雌雄斑纹色彩相似，合胸黑色，前侧方具一条上狭下宽的蓝纹，侧面具两较粗的蓝斜纹。翅基部至翅中部附近的区域红褐色。腹部黑色，侧面具蓝细纹。雄虫第9—10节背面具白色粉末。图所示雌虫。**【习性】**成虫发生期6—7月，栖息于山区溪流环境。**【分布】**广东、广西、四川。

巨齿尾腹鳃蟌 *Bayadera melanopteryx* Ris （腹鳃蟌科 Euphaeidae）

【识别要点】成虫腹长32 ~ 35mm，后翅长27 ~ 29mm。雄虫合胸黑色，前侧方有一条很细的蓝纹，侧面蓝黑相间，从翅中部至翅端部褐色，腹部黑色。雌虫黄色斑纹分布似雄虫。图所示连接中的雌雄虫。**【习性】**成虫发生期6—8月，栖息于山区溪流环境。**【分布】**浙江、河南、安徽、湖南、湖北、福建、广东、贵州、四川。

巨齿尾腹鳃蟌 | 任川 摄

方带腹鳃蟌 *Euphaea decorata* Selys （腹鳃蟌科 Euphaeidae）

【识别要点】成虫腹长约35 mm，后翅27 mm。雄虫体色大部分黑色，具红褐条纹，合胸背前方的2条斑纹很细，侧面中部也有2条，后方2条上部连接。老熟个体侧面的斑纹不甚清晰。后翅中上部具1褐色宽横带。图所示雄虫。【习性】成虫发生期4—10月，栖息于山区溪流环境。【分布】江西、福建、广东、广西、云南。

台湾腹鳃蟌 *Euphaea formosa* Hagen （腹鳃蟌科 Euphaeidae）

【识别要点】成虫腹长约48 mm，后翅长约33 mm。雄虫合胸黑色具橙红色斑纹，前侧方有一类似鱼钩状的条纹，侧面除中间的条纹为斜线状外其余两条均似鱼钩状，后翅翅痣以下至翅中部附近的大块区域黑褐色，腹部前段橙红色后段黑色。图所示雄虫。【习性】成虫发生期为2—11月，常于中低海拔开阔的溪流环境中活动。【分布】台湾。

黄翅腹鳃蟌 *Euphaea ochracea* Selys （腹鳃蟌科 Euphaeidae）

【识别要点】成虫腹长约33～35 mm，后翅30～33 mm。雄虫合胸黑色，单侧可见4对上方连接的略呈圈状的黄纹，翅基部至翅痣附近有1红黄色的区域，腹部古铜色至黑色。雌虫黑斑纹分布似雄虫但体显黄色。图所示雄虫。【习性】成虫发生期7—8月，栖息于山区溪流环境。【分布】广东、云南。

杯斑小蟌 *Agriocnemis femina oryzae* Lieftinck （蟌科 Coenagrionidae）

【识别要点】成虫腹长17～19 mm，后翅长10～11 mm。雄虫合胸背前方黑色具草绿色条纹，侧面草绿色，腹背黑色，末节橙色。老熟个体合胸背前方和腹部末节均具白色粉末。雌虫合胸背前方黑色具水蓝色条，腹背黑色。图所示未熟雄虫。【习性】成虫发生期3—10月，栖息于水塘、池沼等静水环境。【分布】江苏、浙江、河南、福建、广东、广西、重庆、四川、云南、台湾。

方带腹鳃蟌 | 杰仔 摄

台湾腹鳃蟌 | 林义祥 摄

黄翅腹鳃蟌 | 李元胜 摄

杯斑小蟌 | 唐志远 摄

白腹小蟌 | 周纯国 摄　　长尾黄蟌 | 张宏伟 摄

白腹小蟌 *Agriocnemis lacteola* Selys （蟌科 Coenagrionidae）

【识别要点】成虫腹长16 ~ 18 mm，后翅长9 ~ 10 mm。雄虫合胸背前方黑色具有黄白色条纹，侧面黄白色，腹白色，第1腹节背面具1小黑斑。老熟个体胸部和腹部都具白色粉末。图所示雄虫。【习性】成虫发生期4—9月，栖息于挺水植物生长茂盛的池沼等静水环境。【分布】华中、华南。

长尾黄蟌 *Ceriagrion fallax* Ris （蟌科 Coenagrionidae）

【识别要点】成虫腹长32 ~ 35 mm，后翅长21 ~ 24 mm。雄虫复眼及合胸橄榄绿色，腹部黄色具黑斑，第7节端半部至第10节背部的黑色向两侧延伸，第9节的黑斑延伸至腹面。雌虫色彩似雄虫，腹部呈淡褐色。图所示雄虫。【习性】成虫发生期4—10月，栖息于植物水草丰茂的水塘、池沼、水库等静水环境。【分布】湖南、福建、广东、广西、贵州、云南。

翠胸黄蟌 *Ceriagrion auranticum* Lieftinck （蟌科 Coenagrionidae）

【识别要点】成虫腹长30 ~ 35 mm，后翅长20 ~ 23 mm。雄虫复眼与合胸都为绿色，复眼后方为橙色，腹部橙红色。图所示雄虫。【习性】成虫发生期3—10月，栖息于挺水植物多的水塘、池沼等静水环境。【分布】浙江、福建、广东、广西、海南。

短尾黄蟌 *Ceriagrion melanurum* Selys （蟌科 Coenagrionidae）

【识别要点】成虫腹长约30 mm，后翅长约20 mm。雄虫色彩与长尾黄蟌极其相似，唯第7节端半部至第10节背部的黑色不向两侧延伸而仅分布于背面，是其区别于它种的显著特征。图所示雄虫。【习性】成虫发生期5—9月，栖息于水塘、池沼等静水环境。【分布】河南、湖北、湖南、浙江、福建、广东、广西、贵州、四川、重庆、云南、台湾。

翠胸黄蟌 | 唐志远 摄　　短尾黄蟌 | 任川 摄

日本黄蟌 | 任川 摄

东亚异痣蟌 | 任川 摄

赤异痣蟌 | 任川 摄

日本黄蟌 *Ceriagrion nipponicum* Asahina （蟌科 Coenagrionidae）

【识别要点】成虫腹长28～30 mm，后翅长19～21 mm。雄虫除复眼绿色外整个身体为橙红色，雌虫体暗绿色，复眼后方黄褐色，腹部淡褐色，腹节间隔的黑环纹明显。图所示雄虫。**【习性】**成虫发生期6—9月，栖息于水塘、池沼等静水环境。**【分布】**湖北、浙江、福建、四川。

长叶异痣蟌 | 唐志远 摄

东亚异痣蟌 *Ischnura asiatica* (Brauer)（蟌科 Coenagrionidae）

【识别要点】成虫腹长23～23 mm，后翅长16～19 mm。雄虫合胸背前方黑色具1对很细的绿纹，腹背黑色，第9腹节完全蓝色。雌虫体黄绿色至黄褐色，合胸背前方有一较宽的黑带，腹部背面黑色，侧缘黄色。雄虫复眼后方有单眼后色斑，前翅翅痣双色。图所示雄雌交尾中。**【习性】**成虫发生期为5—9月，但6月后个体数量逐渐减少。栖息于挺水植物生长茂盛的池塘、湖泊旁。**【分布】**北京、黑龙江、河北、河南、山西、山东、江苏、江西、浙江、广东。

赤异痣蟌 *Ischnura rofostigma* Selys（蟌科 Coenagrionidae）

【识别要点】成虫腹长约25 mm，后翅长约15 mm。雌虫合胸黄绿具黑纹，腹部橙红色，第7节末端及第8—10节黑色，第9节背面有一块明亮的蓝斑。图所示雌虫。**【习性】**成虫发生期为5—8月，栖息于水塘、池沼等静水环境。**【分布】**福建、四川、云南、重庆。

长叶异痣蟌 *Ischnura elegans* (van der Linden)（蟌科 Coenagrionidae）

【识别要点】成虫腹长23～25 mm，后翅长18～20 mm。雄虫蓝绿色至天蓝色。合胸背前方黑色具1对蓝纹，腹部第2腹节背面具金属蓝色光泽，第7，9腹节下方蓝色，第8腹节全部为淡蓝色，其余各节背面黑色，侧缘黄色。雌虫同褐斑异痣蟌，雌虫也有3种色型。图所示雄虫与同色型雌虫交尾中。**【习性】**成虫发生期为5—9月，栖息于挺水植物生长茂盛的池塘、湖泊、水渠附近。**【分布】**北京、黑龙江、河北。

褐斑异痣蟌

Ischnura senegalensis (Rambur)

（蟌科 Coenagrionidae）

【识别要点】成虫腹长约25 mm，后翅长约15 mm。雄虫与长叶异痣蟌特别相似，唯第8腹节没有蓝斑可与之相区别。雌虫有3种色型，"异色型"：身体黄绿色，合胸前方黑色，腹部黄绿色背面黑色；"同色型"：身体色泽和斑纹与雄虫相差无几；"橙色型"：合胸部侧面全部橙色。图所示雄虫。【习性】成虫发生期2—12月，局部地区全年可见，栖息于池沼周围多植物的环境。【分布】福建、湖南、广东、广西、四川、云南。

毛面同痣蟌

Onychargia atrocyana (Selys)

（蟌科 Coenagrionidae）

【识别要点】成虫腹长约23 mm，后翅长约17 mm。雄虫复眼上黑下蓝，面部长有较长而密集的纤毛，合胸黑色具蓝白色斑纹并有蓝色粉末，腹部黑色，第8—10腹节有灰蓝色粉末。雌虫合胸无蓝色粉末，腹部第8—10节黑色。【习性】成虫发生期为4—10月，栖息于1 000 m以下水生植物茂密的池塘等静态水域。【分布】广东、香港、云南、台湾。

苇尾蟌

Paracercion calamorum dyeri Fraser

（蟌科 Coenagrionidae）

【识别要点】成虫腹长20 ~ 22 mm，后翅长16 ~ 18 mm。未熟雄虫合胸背前方黑色具蓝色斑纹，复眼后方有细小的蓝色单眼后色斑，老熟个体合胸上的斑纹消失，身体有黑化倾向并具白色粉末，腹部黑褐色，第8，9节具有蓝斑。雌虫体淡绿色至灰绿色，斑纹分布似未熟雄虫。图所示雌雄交配中。【习性】成虫发生期北方为6—8月，南方为3—11月，常于挺水植物繁茂的池塘、水渠边活动。【分布】北京、河北、香港。

七条尾蟌

Paracercion plagiosum (Needham)

（蟌科 Coenagrionidae）

【识别要点】成虫腹长28 ~ 30 mm，后翅长20 ~ 23 mm。此种是蟌科中的大型种，最大特征是雌雄虫合胸背前方都有7条清晰可辨的较粗黑纹，腹部背面具黑纹，雄虫身体天蓝色，雌虫合胸草绿色，腹部淡蓝绿色。图所示雌虫。【习性】成虫发生期为6—8月，栖息于挺水植物茂密的沟渠环境。【分布】北京、天津、河北。

捷尾蟌

Paracercion v-nigrum Needham

（蟌科 Coenagrionidae）

【识别要点】成虫腹长约23 mm，后翅长约16 mm。雄虫复眼后方具蓝色单眼后色斑，合胸背前方黑色具蓝色条纹，腹部黑蓝相间，特别第2腹节背面的黑斑呈"V"形盾状，第7腹节大部分黑色，第8腹节蓝色，后端有2个三角形状的小黑斑，第9腹节全蓝色。图所示雄虫。【习性】成虫发生期6—8月，栖息于挺水植物繁茂的山区水库、缓流水渠等环境。【分布】北京、河北、江苏、四川。

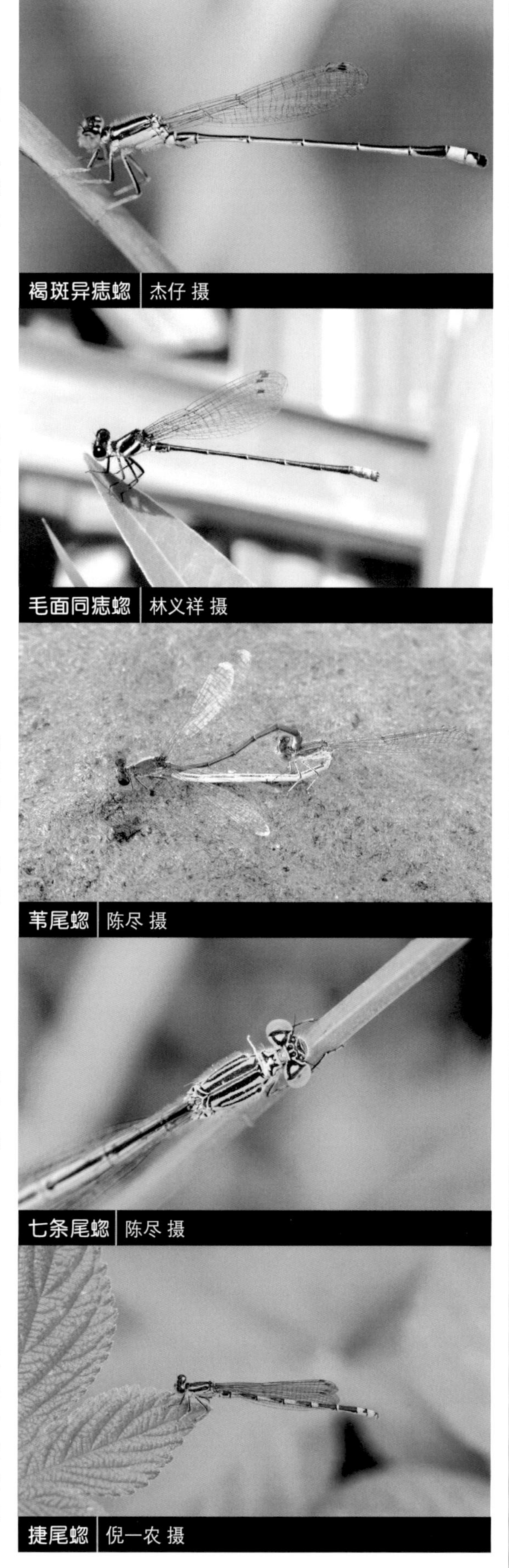

褐斑异痣蟌 | 杰仔 摄

毛面同痣蟌 | 林义祥 摄

苇尾蟌 | 陈尽 摄

七条尾蟌 | 陈尽 摄

捷尾蟌 | 倪一农 摄

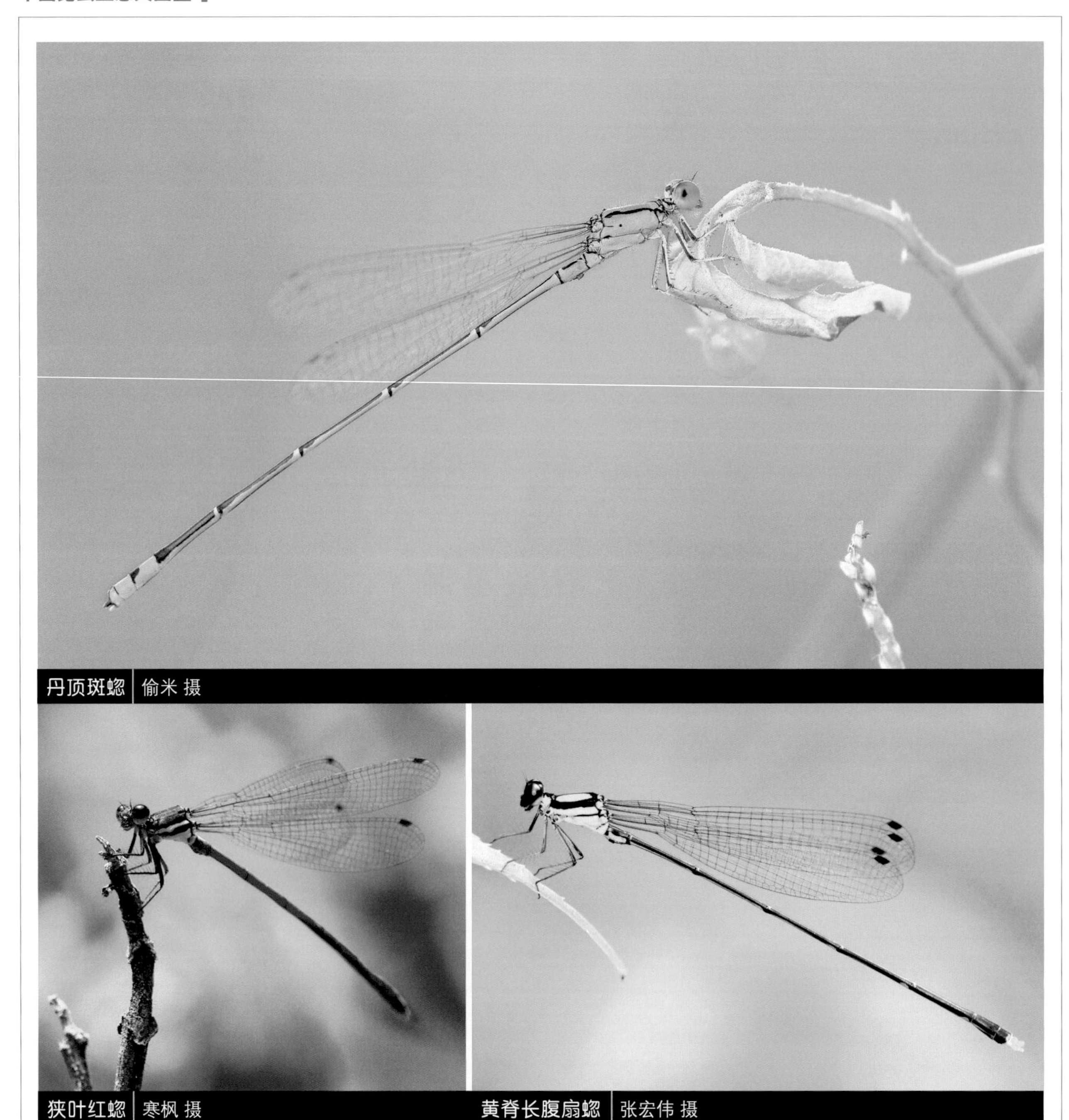

丹顶斑蟌 | 偷米 摄

狭叶红蟌 | 寒枫 摄

黄脊长腹扇蟌 | 张宏伟 摄

丹顶斑蟌 *Pseudagrion rubriceps* Selys（蟌科 Coenagrionidae）

【识别要点】成虫腹长约29 mm，后翅18 mm。雄虫头面部及复眼前方橙色，合胸背前方蓝绿色具黑纹，侧面以蓝色为主，腹背面黑色，末节蓝色。图所示雄虫。【习性】成虫发生期4—12月，栖息于挺水植物生长茂盛的池沼等静水环境。【分布】广东、广西、海南。

狭叶红蟌 *Pyrrhosoma tinctipenne* (McLachlan)（蟌科 Coenagrionidae）

【识别要点】成虫腹长约27 mm，后翅长约20 mm。具有鲜红的面部和腹部是此属种类与其他大多属明显区别的特征，雄虫合胸背前方的条纹红色，侧面黄色具有一条较粗的黑纹，足黑色，腹部末端具有黑斑。图所示雄虫。【习性】成虫发生期7—8月，栖息于海拔2 000 m左右的山区。【分布】四川、云南。

黄脊长腹扇蟌 *Coeliccia chromothorax* (Selys)（扇蟌科 Platycnemididae）

【识别要点】成虫腹长约44 mm，后翅长约27 mm。雄虫合胸黑色，背前方几乎被很宽的鲜黄色条纹覆盖，侧面具较大两块鲜黄色斑，翅透明，翅痣褐色，腹部细长，以黑色为主，肛附器黄色。图所示雄虫。【习性】成虫发生期6—10月。生活于山区溪流环境。【分布】云南。

四斑长腹扇蟌 *Coeliccia didyma* (Selys)（扇蟌科 Platycnemididae）

【识别要点】成虫腹长38～41 mm，后翅长25～27 mm。雄虫前胸黑色具有4个蓝斑，侧面蓝色具1条斜黑纹。腹部黑色，第7节后下方有蓝色斑点，第8—10节几乎全蓝色。腹部末端蓝斑的分布可与其极近似的黄纹长腹扇蟌雄虫区分，后者的蓝斑较少。雌虫斑纹黄色但分布似雄虫。图所示雄虫。【习性】成虫发生期5—10月，生活于山区溪流环境。【分布】河南、湖南、湖北、江西、福建、广东、广西、四川。

蓝斑长腹扇蟌 *Coeliccia loogali* Laidlaw（扇蟌科 Platycnemididae）

【识别要点】成虫腹长约41 mm，后翅长约27 mm。雄虫复眼蓝色，合胸黑色，背前方具1对淡蓝色半月形条纹，侧面有2个较大的淡蓝色斑块被1条黑斜细纹所隔，翅透明，翅痣黄褐色，腹部细长，以黑色为主。图所示雄虫。【习性】成虫发生期6—10月。生活于山区溪流环境。【分布】云南。

白狭扇蟌 *Copera annulata* (Selys)（扇蟌科 Platycnemididae）

【识别要点】成虫腹长约37 mm，后翅长约25 mm。未熟的雌雄虫体色多为黄色，成熟的雄虫合胸黑色具蓝白条纹，中、后足胫节白色，稍膨大，翅痣红色，腹部黑色第3—6节基部蓝白色，第9—10节大部分蓝白色。图所示雄虫。【习性】成虫发生期4—10月，栖息于平原或低山地水草茂盛的池塘等地。【分布】华南。

黄狭扇蟌 *Copera marginipes* (Rambur)（扇蟌科 Platycnemididae）

【识别要点】成虫腹长约31 mm，后翅长约20 mm。雄虫合胸黑色具黄纹，足黄色，中、后足胫节稍膨大呈柳树叶状，腹部第1节黄色，背面具褐色斑，第3—6节除基部小部分褐色外都被白粉，第7基半部和第8—10节均被白粉。雌虫体显苍白。图所示雄虫。【习性】成虫发生期为3—12月，但局部地区较短，栖息于水旁植被旺盛的池塘、水田附近。【分布】浙江、福建、广东、云南、海南。

四斑长腹扇蟌 | 李元胜 摄

蓝斑长腹扇蟌 | 张宏伟 摄

白狭扇蟌 | 周纯国 摄

黄狭扇蟌 | 杰仔 摄

黑狭扇蟌 | 唐志远 摄

黑狭扇蟌 *Copera tokyoensis* Asahina（扇蟌科 Platycnemididae）

【识别要点】成虫腹长35 ~ 37 mm，后翅长22 ~ 26 mm。雄虫合胸背前方黑色，侧面黄白色具黑斜细纹，中、后足胫白色，稍微膨大，翅面淡褐色，翅痣红色，腹背面黑色，腹侧缘及腹末端白色。雌虫体色发红，合胸及腹部黑纹分布与雄虫相似，但合胸侧面中部的黑色斜细纹并不明显，足红色，没有膨大倾向。图所示雌虫。【习性】成虫发生期6—9月，栖息于水旁植被旺盛的池塘、水田附近。【分布】北京、天津。

白扇蟌 *Platycnemis foliacea* Selys（扇蟌科 Platycnemididae）

【识别要点】成虫腹长30 ~ 32 mm，后翅长19 ~ 21 mm。雄虫合胸背前方黑色具1对较粗而稍有弯曲的黄白条纹，侧面黄白色具黑斜纹，中、后足胫白色膨大如扇状，腹部黑色，第3—7腹节背面基部各具黄白色斑纹。雌虫体色发黄，背前方黑色具黄纹，未熟的个体发红。老熟雄虫身体具蓝灰色粉末。图所示雌雄虫交配中。【习性】成虫发生期6—8月，栖息于植被较好的低海拔山区溪流或河流形成的池沼环境。【分布】北京、河北、河南。

白扇蟌 | 陈尽 摄

叶足扇蟌 | 寒枫 摄　　杨氏华扇蟌 | 李元胜 摄

白瑞原扁蟌 | 杰仔 摄

叶足扇蟌 *Platycnemis phyllopoda* Djakonow（扇蟌科 Platycnemididae）

【识别要点】成虫腹长23 ~ 28 mm，后翅长17 ~ 19 mm。体型色泽和未熟的白扇蟌极其相似，但雌雄虫合胸背前方的黄白色条纹较细，腹部背面黑色且各腹节端部具有白色细环纹，成熟雄虫的身体上没有蓝灰色粉末。图所示交配中的雌雄虫。【习性】成虫发生期5—9月，栖息于平原挺水植物生长茂盛的池塘湖泊。【分布】华北、华东、华中。

杨氏华扇蟌 *Sinocnemis yangbingi* Wilson & Zhou（扇蟌科 Platycnemididae）

【识别要点】成虫腹长32 ~ 38 mm，后翅长29 ~ 33 mm。雌雄色彩相似，合胸黑色，背前方具黄绿条纹，侧面具两条较宽的黄色斜纹，腹部以黑色为主，第8—10节背面蓝色。图所示雌虫。【习性】成虫发生期5—9月，栖息于山区溪流环境。【分布】四川。

白瑞原扁蟌 *Protosticta taipokauensis* Asahina & Dudgeon（扁蟌科 Platystictidae）

【识别要点】成虫腹长约46 mm，后翅长约30 mm。合胸黑色，侧面中部和后方各具一黄白色细纹，翅尖淡褐色，腹部黑色且出奇地长，第4—7节基部具白斑，第3—7节中部具淡褐斑。【习性】成虫发生期5—8月，隐匿于丛林溪流旁。【分布】广东、香港。

乌微桥原蟌

Prodasineura autumnalis (Fraser)

(原蟌科 Protoneuridae)

【识别要点】成虫腹长约31 mm，后翅长约19 mm。雄虫通体黑色，腹部纤细，各腹节相接处有微弱的白色环纹，尾须尖端黄白色。雌虫除合胸背前方具黄色条纹外其余色彩与雄虫类似。图所示雌虫。【习性】成虫发生期3—12月，栖息于平原挺水植物生长茂盛的池塘湖泊。【分布】福建、浙江、广东、云南、海南。

黄肩华综蟌

Sinolestes edita Needham

(综蟌科 Chlorolestidae)

【识别要点】成虫腹长约59 mm，后翅长约43 mm。雄虫体以青铜绿色为主，翅透明。头部后方的前胸两侧具宽的黄色条纹，合胸背前方也有较长的黄条纹2条，略弯曲，腹部侧面具黄色斜斑。图所示雄虫。【习性】成虫发生期7—8月。栖息于山区密林溪流旁。【分布】浙江、福建、四川。

日本尾丝蟌

Lestes japonicus Selys

(丝蟌科 Lestidae)

【识别要点】成虫腹长28 ~ 33 mm，后翅长20 ~ 22 mm。雌雄色泽相近，合胸金属绿色，胸后方黄白色，老熟雄虫此区域被白粉，腹部青铜色，雄虫第8—10腹节具白色粉末，雌虫腹末端稍染此色。图所示雄虫。【习性】成虫发生期5—10月，栖息于挺水植物较多的池沼环境。【分布】广东、广西、四川、重庆。

舟尾丝蟌

Lestes praemorsus Hagen

(丝蟌科 Lestidae)

【识别要点】成虫腹长约36 mm，后翅长约28 mm。雄虫复眼青蓝色，合胸前方淡紫色具蓝紫色的斑点，下方灰白色。腹部细长背面黑色。雌雄外观近似但雌虫腹部较粗。图所示雄虫。【习性】成虫发生期为2—11月。栖息于低海拔的水田、池塘等静态水域。【分布】福建、台湾。

乌微桥原蟌 | 张巍巍 摄

黄肩华综蟌 | 李元胜 摄

日本尾丝蟌 | 李元胜 摄

舟尾丝蟌 | 林义祥 摄

三叶黄丝蟌 *Sympecma paedisca* (Eversmann)（丝蟌科 Lestidae）

【识别要点】成虫腹长27～31 mm，后翅长21～24 mm。体淡棕色，合胸背前方的绿斑纹具金属光泽，侧面的绿斜纹亦有光泽，翅痣棕色呈狭长的四棱形，腹部背面具绿金属斑纹。雌雄色泽相近。图所示雄虫。【习性】成虫羽化期在6月中旬前后，冬天会躲到树皮下越冬，到翌年3月下旬再次活动进入繁殖期。多栖息于挺水植物较多的池沼环境，静止时翅合并。【分布】吉林、山西、内蒙古。

丽拟丝蟌 *Pseudolestes mirabilis* Kirby（拟丝蟌科 Pseudolestidae）

【识别要点】雄成虫腹长约28 mm，后翅长约20 mm。头部颜面蓝色，合胸黑色，侧面具黄斑纹，后翅明显短于前翅，前翅透明，后翅褐色具金黄色斑，翅背面白色。图所示雄虫。【习性】成虫发生期4—12月，常在溪流旁活动。【分布】海南。

黄条黑山蟌 *Philosina buchi* Ris（山蟌科 Megapodagrionidae）

【识别要点】成虫腹长41～44 mm，后翅长40～41 mm。雌虫体粗壮，复眼后有黄色的单眼后色斑，合胸黑色具绿纹，腹部黑色，第2—7节侧缘的纵条纹黄色，第8—9节两侧黄斑，第10节背面黄色。老熟雌虫体黄色且翅尖淡褐色，老熟雄虫身体具蓝灰色粉末，第7—9节红色。图所示未熟雌虫。【习性】成虫发生期4—8月，生活于山区溪流环境。【分布】福建、广东、广西、四川等地。

丽拟丝蟌 | 李元胜 摄

三叶黄丝蟌 | 陈尽 摄

黄条黑山蟌 | 钟茗 摄

尖齿扇山蟌 | 林义祥 摄

巴齿扇山蟌 | 任川 摄

尖齿扇山蟌 *Rhipidolestes aculeatus* Ris（山蟌科 Megapodagrionidae）

【识别要点】成虫腹长32～38 mm，后翅长23～28 mm。雄虫合胸黑色，侧面具2～3条黄色斑纹，腹部黑色，各节基部具淡黄色环纹，末端尾须较长，足有红褐色带，翅膀透明，翅痣红褐色。雌雄外观近似但雌虫尾须短，足黄褐色。图所示交尾中的雌雄虫。【习性】成虫发生期2—8月，栖息于2 000 m以下的林间阴暗小溪流或瀑布旁的潮湿环境中。【分布】福建、台湾。

巴齿扇山蟌 *Rhipidolestes bastiaani* Zhu & Yang（山蟌科 Megapodagrionidae）

【识别要点】雌成虫腹长约34 mm，后翅长26 mm。头部黑色，胸部黑色，背前方具1对略弯曲的黄条纹，侧面中部的黄条纹明显并在胸背面连接，足红褐色，腹部黑色。雌雄色彩相似。图所示雌虫。【习性】成虫发生期5—8月，栖息于山区植被茂密的溪流环境。【分布】陕西、四川。

Order Plecoptera

襀翅目

扁软石蝇襀翅目，方形前胸三节跗；
前翅中肘多横脉，尾须丝状或短突。

襀翅目因常栖息于山溪的石面上而有石蝇之称，是一类较古老的原始昆虫。全世界已知3 400多种，中国已知400多种。

襀翅目昆虫为半变态。小型种类1年1代，大型种类3～4年1代。卵产于水中，稚虫水生。

石蝇喜欢山区溪流，不少种类在秋冬季或早春羽化、取食和交配。稚虫有些捕食蜉蝣的稚虫、双翅目(如摇蚊等)的幼虫或其他水生小动物，有些取食水中的植物碎屑、腐败有机物、藻类和苔藓。成虫常栖息于流水附近的树干、岩石上，部分植食性，主要取食蓝绿藻。

倍叉䗛 *Amphinemura* sp.（叉䗛科 Nemouridae）

【识别要点】虫体小，体褐色或黑褐色。单眼3个。颈鳃分支多。前后翅的Sc_1、Sc_2、R_{4+5}及r－m脉共同组成1个明显的“X”形，前翅在Cu_1和Cu_2以及M和Cu_1之间的横脉多条；第2跗节短，第1，3跗节长约相等。尾须1节，无变化。尾须1节，长大于宽，膜质。【习性】成虫发生期3—10月。【分布】广东。

叉䗛 *Nemoura* sp.（叉䗛科 Nemouridae）

【识别要点】体长10 mm左右。单眼3个。翅半透明，脉黑色。足第2跗节短，第1，3跗节长约相等，股节近末端有黑褐色环带。尾须1节，大部分骨化，顶端钩状。第9背板骨化，后缘具长毛和小刺。【习性】成虫发生期4—5月。【分布】河南。

四川叉䗛 *Nemoura sichuanensis* Li & Yang（叉䗛科 Nemouridae）

【识别要点】前翅长6 mm左右。翅透明，大部分个体有不规则褐色斑，脉黑褐色。腹部第9背板中部有一大的凹缺，后缘及中部有许多小黑刺，中部有向后延伸的2根长刺。第10背板后侧缘明显骨化，中部有一深的纵向凹入，其前缘有数根黑刺。尾须骨化，近端部略钝尖，有1根向内弯曲的刺和向外弯曲的黑刺。【习性】成虫发生期4—6月。【分布】四川、云南。

倍叉䗛 | 偷米 摄

叉䗛 | 李卫海 摄

四川叉䗛 | 张巍巍 摄

匙尾叉蜻 | 张巍巍 摄　　石门台诺蜻 | 偷米 摄
诺蜻 | 张巍巍 摄

匙尾叉蜻 *Nemoura cochleocercia* Wu（叉蜻科 Nemouridae）

【识别要点】虫体深褐色，体长10 mm左右。第7腹板向后延伸而成宽大半圆形的下生殖板，几乎到达第9腹板的前缘，第9腹板中部膨大，前缘向前呈三角形隆起，尾须锥状，端部向内弯。【习性】成虫发生期4—5月。【分布】四川、云南。

石门台诺蜻 *Rhopalopsole shimentaiensis* Yang, Li & Zhu（卷蜻科 Leuctridae）

【识别要点】体长约8 mm。头部宽于前胸，单眼3个。前胸背板长方形。翅半透明，静止时，翅向腹部包卷成筒状。雄腹端第9背板中部近后缘有一骨化的刺突。第9腹板有一舌状的囊状突，端部有圆形的肛下突。第10背板侧有一骨化短突，侧视呈指状，背视端部变尖；中部前缘有3个分离的骨片，中间的骨片宽大，两侧骨片较细窄。尾须长，端部有一小黑刺。【习性】成虫发生期3月。【分布】广东。

诺蜻 *Rhopalopsole* sp.（卷蜻科 Leuctridae）

【识别要点】体细长，头部宽于前胸，单眼3个，前胸背板长方形，静止时翅向腹部包卷成筒状。雄腹端第9背板中部近后缘有一骨化的刺突。第9腹板基部前缘具囊状突。肛下突宽大于长。第10背板两侧各有一骨化的侧突。尾须1节。肛上突骨化强。【习性】成虫发生期1—8月。【分布】云南。

费蜻 | 刘晔 摄　　萨哈林大蜻 | 刘晔 摄

费蜻 *Filchneria* sp.（网蜻科 Perlodidae）

【识别要点】体中至大型，黑褐色，头部和前胸背板中部有黄褐色斑。头略比前胸宽，单眼排列成等边三角形，两后单眼较靠近复眼。翅在前端顶角有网状横脉。雄虫第10背板完整，无半背片突；肛上突退化；第8—10背板常有锥状感觉器。【分布】黑龙江。

萨哈林大蜻 *Pteronarcys sachalina* Klapálek（大蜻科 Pteronarcyidae）

【识别要点】体大型，雄虫30 mm左右，雌虫40 mm左右。体色深褐色。触角丝状；下颚须5节；单眼3个。前胸背板横形，前窄后宽，后缘有明显的条状红斑。第3跗节长度是第2跗节的1倍。胸部及腹部1—2节腹面有残余气管鳃。雄虫腹部第10节极小；肛上突发达。尾须多节。【习性】成虫发生期4—6月。【分布】东北。

偻蜻 *Gibosia* sp.（蜻科 Perlidae）

【识别要点】体小至中型；体色褐色至黑褐色；头较长，略呈长方形；幕骨突明显；单眼2个，两者间的距离与其到复眼的距离约等。雄虫第1—9背板无变化；第10背板后缘两侧常形成小刺突或瘤突；肛下叶特化为生殖钩；第9腹板中后部有一个明显的小锥突。【习性】成虫发生期5—7月。【分布】重庆。

偻蜻 | 张巍巍 摄

瑶黄蜻 | 偷米 摄

黄蜻 | 偷米 摄

新蜻 | 偷米 摄

瑶黄蜻 *Flavoperla dao* Stark & Sivec（蜻科 Perlidae）

【识别要点】前翅长8 mm左右；体色浅黄色；头较长、略呈长方形；单眼2个，极近复眼。雄虫第1—9背板无变化；第10背板中后部缘两侧有2个小刺突；肛下叶形成2个钩状突起；第9腹板锥突三角形。【习性】成虫发生期7月前后。【分布】广东；越南。

黄蜻 *Flavoperla* sp.（蜻科 Perlidae）

【识别要点】体小至中型；体色浅黄色，有些种类有绿色金属光泽；头较长、略呈长方形；幕骨突明显；单眼2个，两者间的距离与其到复眼的距离略比其复眼的距离远。雄虫第1—9背板无变化；第10背板中后部缘两侧常形成小刺突；肛下叶多特化为钩状或三角形的突起；第9腹板中后部有一个明显的锥突。【习性】成虫发生期5—7月。【分布】广东。

新蜻 *Neoperla* sp.（蜻科 Perlidae）

【识别要点】体小至中型；通常灰褐或黄褐色，少数黑褐色；单眼2个，距离较近；中后头结缺；雄虫后胸腹板无刷毛丛；前翅Rs一般3～4分支。雄虫第7背板具有隆起区、骨化斑、半圆形或三角形突起，并有锥状感觉器，仅3种无变化；第9背板常有长毛或锥状感觉器；第10背板分裂为左右两个横条形的半背片。【习性】成虫发生期4—9月。【分布】广东。

长形襟䗛 *Togoperla perpicta* Klapálek（䗛科 Perlidae）

【识别要点】前翅长20 mm左右；体褐色，单眼区、后头区及M线前有黑褐色斑；单眼3个，中后头结缺；股节和胫节中部黄色，两端褐色。雄虫后胸腹板有棕褐色刷状刚毛丛。雄虫腹部第5背板向后延伸，其后缘中部微凹形成两个小叶突；第6—9背板侧面及前缘骨化，中后部膜质并着生有毛丛；第10背板分裂，半背片突呈粗指状突起。【习性】成虫发生期2—7月。【分布】香港、福建、浙江、广东。

纯䗛 *Paragnetina* sp.（䗛科 Perlidae）

【识别要点】体中至大型；黄褐色至黑色；单眼3个；翅褐色或黑色，翅脉褐色到黑色。雄虫腹部第5腹板一般向后延伸形成叶突，在叶突末端有锥状感觉器；第6—9背板的前缘及侧面骨化，中后部膜质；第8背板中部骨片向后延伸形成叶突；第10背板分裂，半背片突内侧近基部有一圆丘状的基胛，在半背片突及基胛上均有锥状感觉器；第3—7腹板上有刷毛丛。【习性】成虫发生期5—7月。【分布】广东。

长形襟䗛 | 偷米 摄

纯䗛 | 杰仔 摄

Order Isoptera

等翅目

害木白蚁等翅目，四翅相同角如珠；
工兵王后专职化，同巢共居千万数。

等翅目俗称白蚁，分布于热带和温带。目前，全世界已知3 000多种，我国已知白蚁4科近500种。

白蚁营群体生活，是真正的社会性昆虫，生活于隐藏的巢居中。繁殖蚁司生殖功能。工蚁饲喂蚁后、兵蚁和幼期若虫，照顾卵，清洁、建筑、修补巢穴和蛀道，搜寻食物和培育菌圃。兵蚁体型较大，无翅，头部骨化，复眼退化，上颚粗壮，主要对付蚂蚁或其他捕食者。成熟蚁后每天产卵多达数千粒，蚁后一生产卵数超过数百万粒。繁殖蚁个体能活3～20年，并经常交配。土栖性白蚁筑巢穴于土中或地面，蚁塔可高达8 m，巢穴结构复杂，在一些白蚁的巢穴中工蚁培育子囊菌或担子菌的菌圃，采收菌丝供蚁后和若蚁食用。白蚁主要危害房屋建筑、枕木、桥梁、堤坝等建筑物，取食森林、果园和农田的农作物等，造成重大经济损失，是重要害虫。

铲头堆砂白蚁 *Cryptotermes declivis* Tsai & Chen（木白蚁科 Kalotermitidae）

【识别要点】兵蚁头形短而厚，近方形，头额部呈斜坡面，坡面与上颚形成的交角明显大于90°，上颚短小、扁宽，左上颚中段有2枚矮大的齿。前胸背板宽与头宽约相等，前缘中央呈宽V形凹入。有翅成虫头近长方形，两侧平行，前胸背板与头宽相等，前后翅鳞大小不等，前翅鳞覆盖后翅鳞。【习性】该种为木栖性白蚁，主要蛀蚀干木材，为害坚硬家具、果树。常筑巢于木材中，蛀蚀通道即为巢，粪便似小砂粒，跌落地面似堆砂。【分布】浙江、福建、四川、贵州、云南、广西、广东、海南。

截头堆砂白蚁 *Cryptotermes domesticus* (Haviland)（木白蚁科 Kalotermitidae）

【识别要点】兵蚁头前部黑色，后部赤褐色，头部厚，似方形，头前端呈垂直的截断面，有凸凹不平结构；侧看截面与上颚成小于90° 的交角；上颚短、扁宽，前端尖锐，上颚内缘有3～4个缺刻。前端背板与头宽约相等，前缘中央有大缺刻。有翅成虫头长方形，前胸背板与头等宽或稍宽于头，前翅鳞显著大于后翅鳞并覆盖后翅鳞一部分。【习性】该种为木栖性白蚁，蛀蚀木材，为害坚硬家具、果树。蛀蚀通道即为巢，粪便似小砂粒，跌落地面似堆砂。成虫一般4—8月傍晚时分飞。【分布】广西、广东、云南、台湾、海南、台湾等地。

台湾乳白蚁 *Coptotermes formosanus* Shiraki （鼻白蚁科 Rhinotermitidae）

【识别要点】兵蚁头卵圆形，淡黄色；上颚镰刀形，深褐色；有额腺。头部有显著近圆形的囟孔，遇敌时，能分泌乳状汁液。前胸背板平坦，较头狭窄。有翅成虫头部宽卵形，后唇基极短而平，前胸背板扁平，狭于头部，前缘向后凹，前翅鳞大于后翅鳞，翅面密布细短毛。【习性】该种属土木栖性，群体大，个体数量多而集中，破坏力极强，可在建筑物上或在地下构筑大型复杂的蚁巢。成虫的分飞一般在4月下旬至6月下旬傍晚19：00左右。【分布】安徽、江苏、湖北、浙江、四川、贵州、云南、江西、福建、台湾、广东、广西、海南、香港。

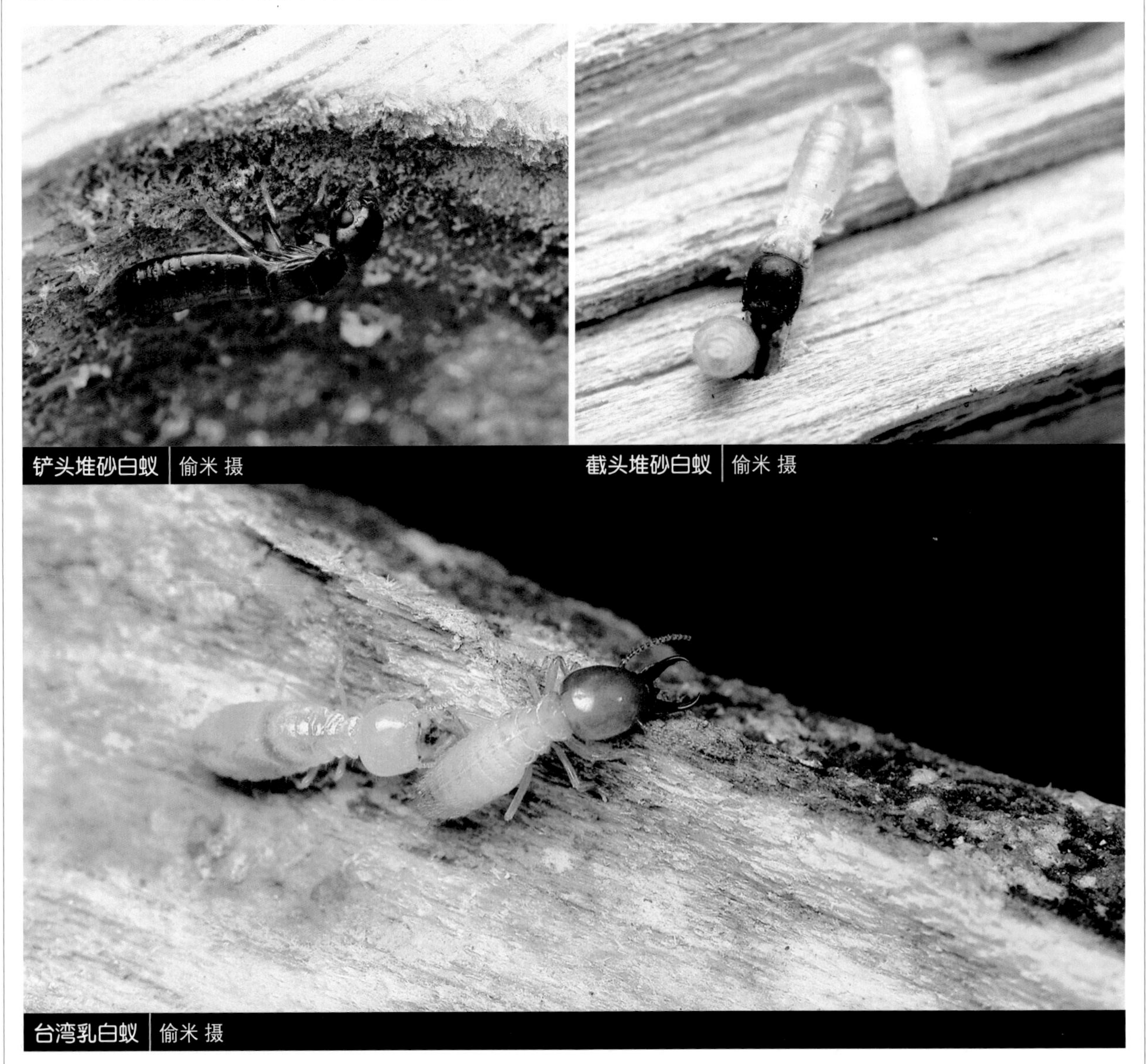

铲头堆砂白蚁 | 偷米 摄

截头堆砂白蚁 | 偷米 摄

台湾乳白蚁 | 偷米 摄

黄胸散白蚁 | 偷米 摄

黑胸散白蚁 | 偷米 摄

黑翅土白蚁 | 偷米 摄

黄胸散白蚁 *Reticulitermes flaviceps* (Oshima) （鼻白蚁科 Rhinotermitidae）

【**识别要点**】兵蚁头壳长方形，头阔指数0.60～0.71，两侧近平行，向后稍扩，头后缘宽圆。额峰略隆，额间近平。上唇矛状，具端毛，亚端毛和侧端毛。上颚军刀状，右颚端未弯，左颚端稍弯。前胸背板中央稍凹，两侧缘似倒梯形，中区毛20余根。有翅成虫头壳圆形而稍长，囟小点状，复眼近圆形。前胸背板黄色，前后缘近平直。【**习性**】蚁体较小，群体数量较少，为土木栖性，巢筑在木中或近地表面。有翅成虫一般在3—4月份中午分飞。【**分布**】江苏、湖南、浙江、江西、福建、台湾、广东、广西、海南、香港。

黑胸散白蚁 *Reticulitermes chinensis* Snyder （鼻白蚁科 Rhinotermitidae）

【**识别要点**】头部长方形，额部平，上唇圆钝，舌状；前胸背板扁平，比头部狭，毛少。【**习性**】蚁体较小，群体数量较少，为土木栖性，巢筑在木中或近地表面。蚁巢无主、副之分，3—6月份11—16时分飞。【**分布**】辽宁、甘肃、山西、陕西、山东、河南、安徽、江苏、湖北、湖南、浙江、四川、云南、江西、福建、海南。

黑翅土白蚁 *Odontotermes formosanus* (Shiraki) （白蚁科 Termitidae）

【**识别要点**】兵蚁头暗黄色，卵圆形，长大于宽；额部平坦，后颏短粗；上颚镰刀状，左上颚齿位于中点前方，齿尖斜朝向前；上唇舌形，前端窄而无明显小块，上唇沿侧边有1列直立的长刚毛，端部约伸长达上颚中段，未遮盖颚齿。前胸前板前部狭窄，元宝形。【**习性**】为土栖性白蚁，在地下筑巢，深可达2～3 m，由主巢及多个副巢组成。分群孔为不规则的小土堆凸起。主要危害堤坝和农林作物。分飞期多在4—5月份的傍晚18：00—20：00。【**分布**】甘肃、陕西、山东、河南、安徽、江苏、湖北、湖南、浙江、四川、贵州、云南、江西、福建、台湾、广东、广西、海南、香港。

黄翅大白蚁 | 偷米 摄

黄翅大白蚁 *Macrotermes barneyi* Light（白蚁科 Termitidae）

【识别要点】有大小兵蚁之分。大兵蚁头深黄色，长方形，囟很小，位于头中点的附近，头背面相当平，由囟起逐渐向前方斜下，上颚镰刀形，上唇舌状，端部具透明三角块。小兵蚁体型显著小于大兵蚁，形态与大兵蚁相似。【习性】为土栖性白蚁，在地下筑巢，巢深于地下1 m左右。由主巢及多个副巢组成。分群孔为不规则的半月形凹入地面。主要危害堤坝和农林作物。分飞期多在4—7月的下半夜。【分布】河南、安徽、江苏、湖北、湖南、浙江、四川、贵州、云南、江西、福建、广东、广西、海南、香港。

扬子江近扭白蚁 *Pericapritermes jangtsekiangensis* (Kemner)（白蚁科 Termitidae）

【识别要点】兵蚁，头部橙黄色或深橘红色。除上唇前缘有几根刚毛外，全身很少具毛。头部长方形，两侧稍平行，两后侧缘和后缘呈弧形，头部中线褐色十分显著，可伸达前端1/4左右。左上颚强扭曲，前方右边斜切，顶端钝；右上颚稍短，呈刀剑状。上唇长于宽，前缘平直，前侧角呈短尖。触角14节。前胸背板狭于头前半部直立翘起，呈典型马鞍状。【习性】为土栖白蚁。常以腐朽的树桩、烂草和甘蔗、蔬菜等为食。蚁巢为许多小土腔，以隧道相互沟通。王宫也是一个土腔，约位于土腔集团中央。【分布】四川、河南、安徽、江苏、浙江、湖北、湖南、江西、贵州、福建、台湾、云南、广东、广西。

圆头象白蚁 *Nasutitermes communis* Tsai & Chen（白蚁科 Termitidae）

【识别要点】兵蚁，头黄杂有褐色，鼻赤褐色。头被少许微细毛，近光裸。腹部色淡，背面具细短毛，间以长毛，腹面毛较长，各节腹板后端具一列长毛。头近圆形。前胸背板前部直立，短于后部，前缘中央无缺刻。【习性】多危害活树、枯立木与伐倒木。其巢结构比较复杂，成年巢往往有1～2个副巢。主、副巢之间以及地下泥土中有蚁道相通。兵蚁触动时，鼻孔能喷射丝状胶质液体以御敌。成虫有趋光性。【分布】福建、江西、湖南、广东。

扬子江近扭白蚁 | 偷米 摄

圆头象白蚁 | 偷米 摄

Order Blattodea

蜚蠊目

畏光喜暗蜚蠊目，盾形前胸头上覆；
体扁椭圆触角长，扁宽基节多刺足。

蜚蠊，又名蟑螂。到目前为止，蜚蠊分类系统尚未完全统一，最新的且被广大学者所接受的是蜚蠊类群作为一个亚目，归入网翅目Dictyoptera，分为6个科。全世界已知蜚蠊种类约有4 337种，中国已知250多种。

蜚蠊适应性强，分布较广，有水、有食物并且温度适宜的地方都可以生存。大多数种类生活在热带、亚热带地区，少数分布在温带地区。在人类居住环境较为多见，并易随货物、家具或书籍等人为扩散，分布到世界各地。这些种类生活在室内，常在夜晚出来觅食，污染食物、衣物和生活用具，并留下难闻的气味，传播多种致病微生物，是重要的病害传播媒介。但也有些种类（地鳖、美洲大蠊）可以作为药材，用于提取生物活性物质，治疗人类多种疑难杂症。野生种类，喜潮湿，见于土中、石下、垃圾堆、枯枝落叶层、树皮下或木材蛀洞内、各种洞穴，以及社会性昆虫和鸟的巢穴等生境。多数种类白天隐匿，夜晚活动；少数种类色彩斑纹艳丽，白天也出来活动。

中华拟歪尾蠊 | 寒枫 摄

湖南拟歪尾蠊 | 张宏伟 摄

红斑拟歪尾蠊 | 郭宪 摄

中华拟歪尾蠊 *Episymploce sinensis* (Walker) （姬蠊科 Blattellidae）

【识别要点】体长17～20 mm，体赤褐色；额唇基线两侧下方各有一刻点，深赤褐色；前胸背板前缘、侧缘颜色略浅；前翅端部黑色。【分布】北京、云南、贵州、四川、广西、广东、福建、香港、江西、湖北、安徽、海南。

湖南拟歪尾蠊 *Episymploce hunanensis* (Guo & Feng) （姬蠊科 Blattellidae）

【识别要点】体中型，黑褐色。头黑色，单眼区黄白色。前胸背板黑色，两侧及后缘黄白色。前翅黑褐色或深棕色，前缘浅黄色，端半部颜色稍浅，后翅端缘及后缘具烟褐色边纹。足黑褐色。腹部红褐色至黄褐色，尾须黑褐色。【分布】湖南、广西、云南。

红斑拟歪尾蠊 *Episymploce splendens* (Bey-Bienko) （姬蠊科 Blattellidae）

【识别要点】中型种类，体漆黑色。前胸背板黑色，两侧缘各具1块橘红色的斑块，部分个体整个前胸背板都是橘红色或黑色。前后翅发育完全，伸过腹部末端。【分布】云南、贵州、四川、广西。

双纹小蠊 *Blattella bisignata* Brunner （姬蠊科 Blattellidae）

【识别要点】体长14 ~ 17 mm，体黄褐色；前胸背板具2条黑色纵纹；前、后翅发达，雄虫长达尾端，雌性远超腹端；各足爪对称，不特化；腹部第1背板不特化，第7，8背板特化。【习性】常见于树林下杂草及灌木中活动，受惊扰可做短距离飞行，是野生小蠊的广布种。【分布】世界广布。

缘拟截尾蠊 *Hemithyrsocera marginalis* (Hanitsch) （姬蠊科 Blattellidae）

【识别要点】体棕褐色。头黑色，单眼区黄白色；下颚须黑褐色。前胸背板黑褐色，两侧及前缘具明显淡黄色斑带，后缘浅色斑带狭窄，不明显。前翅棕色，后翅透明，翅脉黄褐色。【分布】云南、广东；泰国、马来西亚、印度尼西亚。

黄缘拟截尾蠊 *Hemithyrsocera lateralis* (Walker) （姬蠊科 Blattellidae）

【识别要点】体长11 ~ 12 mm；头顶及颜面黑色，仅上唇基端略呈棕色；触角黑色；前胸背板周缘具较宽的均匀黄色带，中部黑色；前翅黑褐色，前缘域橘黄色，基部窄，向端部渐宽，中部之后渐窄；足黑色，各足基节外缘乳白色，腿节与基节连接处淡黄色；尾须基半部黑色，端半部乳黄色。【习性】喜欢在阔叶杂草上嬉戏，喜光。【分布】云南、贵州、广西、广东、福建；印度、马来西亚、缅甸、泰国。

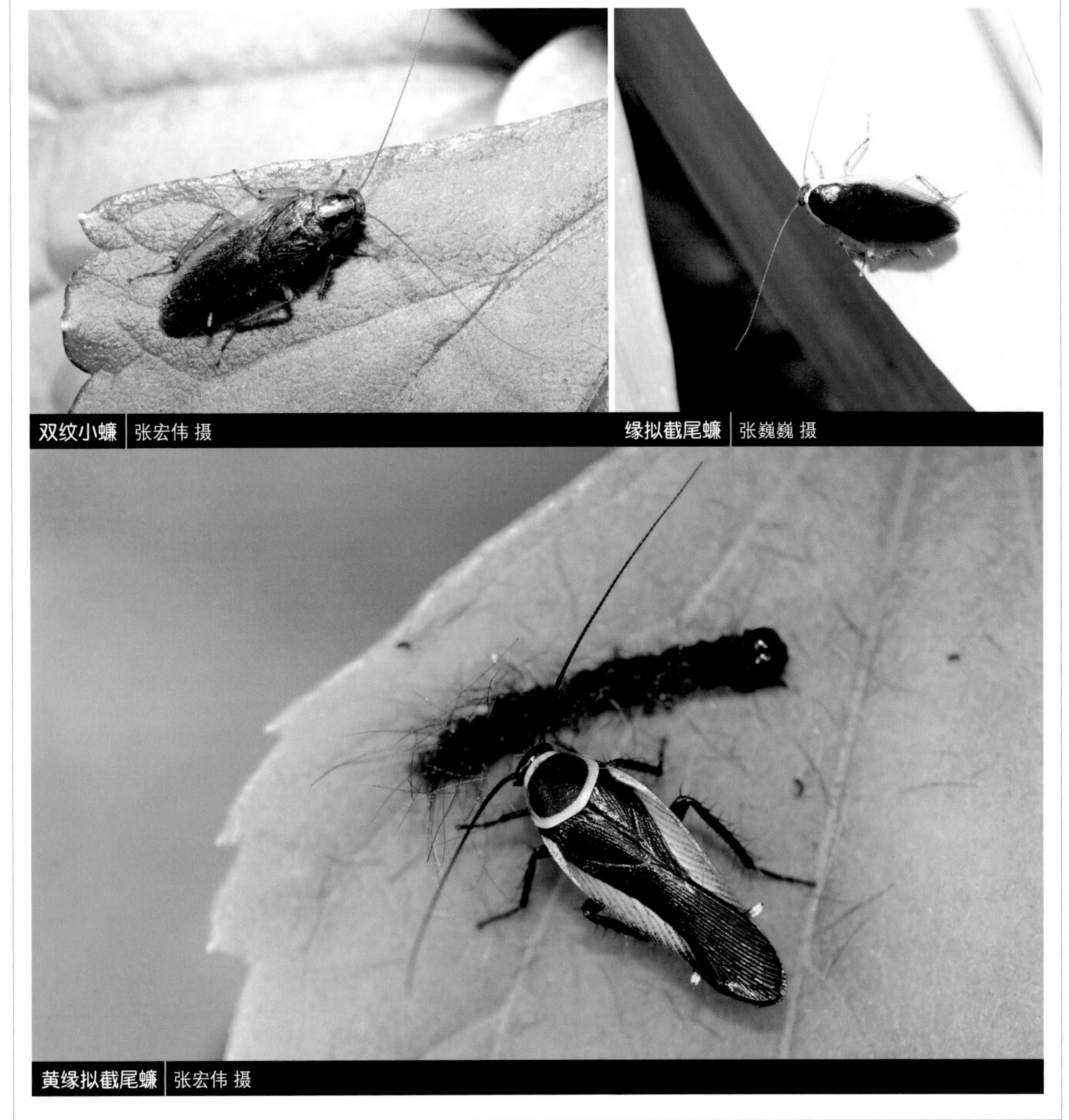

双纹小蠊 | 张宏伟 摄

缘拟截尾蠊 | 张巍巍 摄

黄缘拟截尾蠊 | 张宏伟 摄

玛蠊 | 张巍巍 摄

横带全蠊 | 张巍巍 摄

锯爪蠊 | 张巍巍 摄

玛蠊 *Margattea* sp. （姬蠊科 Blattellidae）

【识别要点】小型种类，黄褐色，下颚须第3，4节比第5节长。前胸背板中域具红褐色径向长斑纹。前后翅发育完全。腹部第8背板特化，具一簇毛。【分布】四川。

横带全蠊 *Allacta transversa* Bey-Bienko （姬蠊科 Blattellidae）

【识别要点】体小型，前胸背板中域具两条棕褐色纵向弧状纹，两侧为大型不规则黑褐色板块；前翅前缘色浅、透明，其余黑褐色，翅脉白色，形成黑白方格状“花翅”。【分布】海南。

锯爪蠊 *Chorisoserrata* sp. （姬蠊科 Blattellidae）

【识别要点】本种活体呈淡绿色，针插标本呈浅褐色，体修长，头顶扁平且平截；前胸背板平、椭圆形、透明。【分布】海南。

大光蠊 ｜张宏伟 摄

黑背纹蠊 ｜张巍巍 摄

弦日球蠊 ｜张巍巍 摄

大光蠊 *Rhabdoblatta takahashii* Asahina（硕蠊科 Blaberidae）

【识别要点】体大型；前胸背板后缘突出呈钝角；后足跗节长度短于其余几节之和，下缘具2列刺。【习性】夜出性昆虫，具有较强的趋光性，多栖息在林下。【分布】云南、贵州、四川、重庆、西藏、湖北、江西、广西、广东、江苏、浙江、福建、海南；越南、缅甸、新加坡。

黑背纹蠊 *Paranauphoeta nigra* Bey-Bienko（硕蠊科 Blaberidae）

【识别要点】体中至大型，黑色。前胸背板两侧及前缘具淡黄色环纹；前翅基部前缘、臀区淡黄色或黄色，部分个体基部臀区黄色斑纹消失。足黄褐色或黑褐色。腹部背板及腹板具黄黑相间的斑纹。【分布】云南、广西、海南。

弦日球蠊 *Perisphaerus semilunatus* (Hanitsh)（硕蠊科 Blaberidae）

【识别要点】体中小型，无翅。前胸背板发达完全遮盖头部，背部圆，腹面平，能卷曲呈球状。【习性】遇到危险时卷曲成球状，保护自己；有时也可以将若虫卷入，保护起来。【分布】海南、云南。

窄茎弯翅蠊 *Panesthia angustipennis* (Illiger)（硕蠊科 Blaberidae）

【识别要点】体中到大型，雌雄异型。前胸背板前缘具长方形缺刻，前半部稍凹陷，形成倒八字形沟。雄虫翅发达，伸至腹部末端；雌虫翅退化，仅达腹部2～3节；若虫中胸和后胸背板上常有两块橘红色斑纹，或背板大部分橘红色，或完全黑色。【习性】喜欢钻进土里或朽木之中取食朽木或干叶；具有较强的趋光性，通过灯光诱集获得能飞行的雄成虫。【分布】海南、西藏、云南、贵州、台湾；澳大利亚。

云南真地鳖 *Eupolyphaga limbata* (Kirby)（地鳖科 Polyphagidae）

【识别要点】雌雄异型。雄虫有翅且发达，超过腹部末端，翅面脉纹清晰，表面散布大小不等的褐色斑点；雌虫无翅，雄虫体具纤毛，长而稠密。前胸背板横椭圆形，深赤褐色，前缘有一明显黄带。【分布】云南、贵州、四川、西藏、甘肃。

滇南隐尾蠊 *Cryptocercus meridianus* Grandcolas & Legendre（隐尾蠊科 Cryptocercidae）

【识别要点】体小到中型，黑色；前胸背板骨化程度高，中域常凹陷，两侧隆起；雌雄均无翅；腹部第7背板较发达，向后延伸，盖住8—10节，生殖节不外露，因此常雌雄难辨。分开闭合的第7背板，雄虫可见棒状尾刺，尾须较短。【习性】属于稀有类群，目前全世界一共记述12种；为亚社会性昆虫，雌雄隐尾蠊一对一构成家庭单位，常在针叶林朽木中取食和栖息，通常与原生生物共生。【分布】云南。

窄茎弯翅蠊 | 张巍巍 摄

云南真地鳖 | 张巍巍 摄

滇南隐尾蠊 | 张巍巍 摄

Order Mantodea

螳螂目

合掌祈祷螳螂目，挥臂挡车猛如虎；
头似三角复眼大，前胸延长捕捉足。

蝉螂目俗称螳螂，除极寒地带外，广布世界各地，尤以热带地区种类最为丰富。目前，全世界已知2 000多种。中国已知8个科近150种。

若虫、成虫均为捕食性，猎捕各类昆虫和小动物，在田间和林区能消灭不少害虫，是重要的天敌昆虫，在昆虫界享有“温柔杀手”的美誉。若虫和成虫均具自残行为，尤其在交配过程中有“妻食夫”的现象。卵鞘可入中药，是重要的药用昆虫。

螳螂有保护色，有的并有拟态，与其所处环境相似，借以捕食。

广缘螳 ｜范毅 摄　薄翅螳 ｜偷米 摄

布氏角跳螳 ｜张巍巍 摄　齿华螳 ｜杰仔 摄

广缘螳 *Theopompa* sp.（螳科 Mantidae）

【识别要点】中大型种类，体扁，褐色。复眼圆而突出，前胸短宽近方形。【习性】栖息于林地环境，常生活在高大树木的枝干上。【分布】云南。

薄翅螳 *Mantis religiosa* Linnaeus（螳科 Mantidae）

【识别要点】体中到大型，通常绿色或褐色，前足基节内侧基部具黑色斑或茧状斑，体无斑纹。【习性】常见于开阔草地、半荒漠环境。【分布】我国各地。

布氏角跳螳 *Gonypeta brunneri* Giglio-Tos（螳科 Mantidae）

【识别要点】小型的褐色种类，前胸近菱形，前翅短小，腹部大部分暴露在外。【习性】栖息于林地下层，小灌木上常见。【分布】海南。

齿华螳 *Sinomantis denticulata* Beier（螳科 Mantidae）

【识别要点】体近乎透明的扁平螳螂，复眼突出，头部扁平，体淡黄褐色稍带斑纹。【习性】喜栖息于植物叶片背面，行动敏捷。【分布】广东。

中华刀螳 *Tenodera sinensis* Saussure（螳科 Mantidae）

【识别要点】常见的大型种类，体细长，通常绿色或褐色，后翅具深色斑块。【习性】各种环境可见，常在阳光充足处活动。【分布】我国东部广布。

顶瑕螳 *Spilomantis occipitalis* (Westwood)（螳科 Mantidae）

【识别要点】小型种类，触角具白色色段，前足内侧具黑色杂斑。【习性】常见于林下植物上。【分布】广东、海南、云南、广西。

广斧螳 *Hierodula patellifera* (Serville)（螳科 Mantidae）

【识别要点】常见的中大型种类，通体绿色或褐色，前翅具一白色翅痣，前足基节具3～5个黄色疣突。【习性】喜栖息于树木高冠处。【分布】我国东部地区广布。

格华小翅螳 *Sinomiopteryx grahami* Tinkham（螳科 Mantidae）

【识别要点】翅宽大的小型种类，体纤弱，褐色，雌性完全无翅。【习性】栖息于林地下层的植物上。【分布】四川、重庆。

中华刀螳 | 张宏伟 摄

顶瑕螳 | 任川 摄

广斧螳 | 钟茗 摄

格华小翅螳 | 寒枫 摄

宽胸菱背螳 *Rhombodera latipronotum* Zhang（螳科 Mantidae）

【识别要点】大型种类，前胸扩展成宽大菱形，通体绿色无斑，后翅淡红色。【习性】林地环境。【分布】云南。

棕静螳 *Statilia maculata* Thunberg（螳科 Mantidae）

【识别要点】体中大型。前足基节内侧前半部呈黑色，前足腿节内侧爪沟处具白斑，白斑之前具窄黑带，之后具宽阔的黑带，通体褐色，绿色型少见。【习性】林地下层或草地环境。【分布】我国东部地区广布。

云南亚叶螳 *Asiadodis yunnanensis* (Wang & Liang)（螳科 Mantidae）

【识别要点】中大型种类，体扁，前胸叶状扩展明显呈菱形，前足股节内侧具亮蓝色斑块，后翅基部粉红色。【分布】云南；越南。

宽胸菱背螳 | 张巍巍 摄

棕静螳 | 张宏伟 摄

云南亚叶螳 | 范毅 摄

越南小丝螳 | 李元胜 摄

尖峰岭屏顶螳 | 张巍巍 摄

越南小丝螳

Leptomantella tonkinae Hebard

（螳科 Mantidae）

【识别要点】体型纤细的种类。前胸背板沟前区两侧具黑带，翅透明，雌性老熟后体表颜色发白。【习性】林地环境，栖息于小灌木上。【分布】广东、云南、广西、四川、福建。

尖峰岭屏顶螳

Phyllothelys jianfenglingersis Hua.

（螳科 Mantidae）

【识别要点】头顶具一扁平角突，前胸狭长，前足内侧具淡红色斑纹，中后足短小，股节具叶状扩展。【习性】栖息于林地树冠层。【分布】海南。

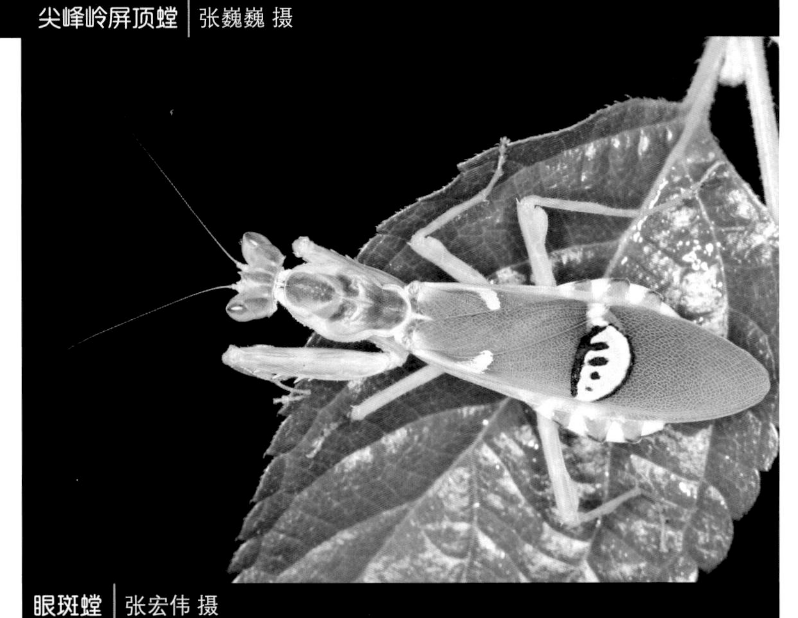

眼斑螳 | 张宏伟 摄

眼斑螳

Creobroter sp.

（花螳科 Hymenopodidae）

【识别要点】中小型种类，前翅中部具一眼状斑纹而易于识别。【习性】栖息于林地环境。【分布】我国南方省份广布。

明端眼斑螳

Creobroter apicalis (Saussure)

（花螳科 Hymenopodidae）

【识别要点】中小型种类，前翅中部具一眼状斑纹，因前胸背板边缘齿突明显而易于与同属其他种类区分。【分布】云南。

明端眼斑螳 | 范毅 摄

浅色弧纹螳 *Theopropus cattulus* Westwood.（花螳科 Hymenopodidae）

【识别要点】易于识别的中大型种类，前胸扩展成三叶草型，前翅中部具一横带状斑纹。【习性】林地下层。【分布】海南。

冕花螳 *Hymenopus coronatus* Oliver（花螳科 Hymenopodidae）

【识别要点】中大型种类，体色粉白色而易于识别，复眼锥形，前胸短宽，中后足股节均具半圆形扩展，整体拟态花朵形状，十分美丽。图为若虫。【分布】云南。

浅色弧纹螳 | 张巍巍 摄

冕花螳 | 范毅 摄

武夷巨腿螳 | 吴超 摄

中华原螳 | 任川 摄

库利拟睫螳 | 张巍巍 摄

武夷巨腿螳 *Hestiasula wuyishana* Yang & Wang（花螳科 Hymenopodidae）

【识别要点】有特色的褐色种类。前足腿节十分扩大，内侧具鲜艳色斑。前胸短小，前翅中部具一深色杂斑。【习性】栖息于林地环境的低矮灌木上，雄虫趋光。【分布】福建、广东、广西。

中华原螳 *Anaxarcha sinensis* Beier（花螳科 Hymenopodidae）

【识别要点】体中型。前胸背板侧缘具黑色齿，后翅中域红色，前足胫节内列刺13枚。【习性】栖息于林地环境。【分布】浙江、湖南、四川、广东、广西。

库利拟睫螳 *Parablepharis kuhlii* (De Haan)（花螳科 Hymenopodidae）

【识别要点】大型模拟枯叶的花螳，头顶具一角突，前胸扩展明显，前足基节具明显齿突，中后足均具叶状扩展，体褐色，后翅臀域深色。【习性】热带雨林环境，较罕见。【分布】云南、海南；南亚—东南亚地区广布。

羽角锥头螳 | 王春芳 摄

羽角锥头螳 *Empusa pennicornis* (Pallas)（锥头螳科 Empusidae）

【识别要点】大型种类，头顶具一角突，前胸细长，中后足股节具叶状扩展，雄性触角羽状。【习性】荒漠环境下的灌木丛上。【分布】新疆。

海南角螳 *Haania vitalisi* Chopard（细足螳科 Thespidae）

【识别要点】小型种类，头顶具1对耳状角突，中后足细长。【习性】林下阴暗处、溪流边。【分布】海南。

海南角螳 | 李元胜 摄

Order Grylloblattodea

蛩蠊目

体扁无翅蛩蠊目，雄跗有片腹末刺；
上颚发达前胸大，个体稀少活化石。

蛩蠊目昆虫俗称蛩蠊，以其既像蟋蟀（蛩）又似蜚蠊而得名，是昆虫纲的一个小目，仅28种现生种，其中我国已知2种，分布于吉林长白山和新疆阿尔泰山。

蛩蠊目昆虫仅产于寒冷地区，跨北纬33°～60°，个体稀少，极为罕见。其分布区狭窄，目前仅知限于北美洲落基山以西、日本、朝鲜、韩国、俄罗斯远东地区及萨彦岭、我国长白山和阿尔泰山地区海拔1 200 m以上的高山上，尤其在近湖沼、融雪或水流湿处，亦分布于低海拔地区的冰洞中。夜出活动，以植物及小动物的尸体等为食，白天隐藏于石下、朽木下、苔藓下、枯枝落叶中或泥土中。适宜温度在0 ℃左右，超过16 ℃死亡率显著增加。蛩蠊雌虫产单枚卵于土壤中、石块下或苔藓中，卵黑色。

蛩蠊目起源古老，特征原始，是昆虫纲孑遗类群之一，又被称为昆虫纲的“活化石”。

中华蛩蠊 | 张巍巍 摄

陈氏西蛩蠊 | 宋克清 摄

中华蛩蠊 *Galloisiana sinensis* Wang（蛩蠊科 Grylloblattidae）

【识别要点】体长约12mm，棕黄色。头宽大，稍宽于前胸背板，复眼黑色，较小。中华蛩蠊是我国记录的第一种蛩蠊，为国家一类保护动物。图为雄性。【习性】发现于吉林长白山海拔2000m处。【分布】吉林。

陈氏西蛩蠊 *Grylloblattella cheni* Bai, Wang & Yang（蛩蠊科 Grylloblattidae）

【识别要点】体长14 mm，黄色。前胸背板后缘弱内凹，颈片外缘具5根长毛，内缘具3根长毛，跗节垫短。图为该种的唯一一只雌性标本的生态照片。现为国家一类保护动物。【习性】发现于新疆喀纳斯湖北侧海拔1 750 m的冷杉林中。【分布】新疆。

Order Phasmatodea

竹节虫目

奇形怪虫为目䗛，体细足长如修竹；
更有宽扁似树叶，如枝似叶害林木。

竹节虫目（又称䗛目）昆虫俗称竹节虫及叶䗛，简称“䗛”，因身体修长而得名。它主要分布在热带和亚热带地区，全世界有3 000多种，中国已知300余种。

竹节虫目昆虫为渐变态，以卵或成虫越冬。雌虫常孤雌生殖，雄虫较少，未受精卵多发育为雌虫，卵散产在地上。若虫形似成虫，发育缓慢，完成一个世代常需要1～1.5年，蜕皮3～6次。当受伤害时，若虫的足可以自行脱落，而且可以再生。成虫多不能或不善飞翔，生活于草丛或林木上，以叶片为食。几乎所有的种类均具极佳的拟态，大部分种类身体细长，模拟植物枝条；少数种类身体宽扁，鲜绿色，模拟植物叶片，有的形似竹节，当6足紧靠身体时，更像竹节。竹节虫一般白天不活动，体色和体形都有保护作用，夜间寻食叶片，多生活在高山、密林和生境复杂的环境中。

腹锥小笛竹节虫 *Micadina conifera* Chen & He（笛竹节虫科 Diapheromeridae）

【识别特征】雌虫体长43～48 mm，绿色；头卵圆形，触角丝状较长；前翅短，近方形，后翅长，折叠后伸长至腹部2/3处；胸部背面与前翅及后翅折叠后露出的前缘部分相接，连成一条玫瑰色的纵纹。图为雌虫，雄虫未知。【分布】湖北、重庆、陕西、河南。

曲腹华竹节虫 *Sinophasma curvata* Chen & He（笛竹节虫科 Diapheromeridae）

【识别特征】细长的竹节虫，体长约45 mm；体翅以绿色为主，但背面呈紫红色；头宽卵圆形，触角丝状较长；前翅短，近方形，后翅长达腹部近末端；足背面紫红色；该虫的最大特点是雄虫腹部末端膨大呈圆形。图为雄虫，雌虫未知。【分布】重庆。

海南华竹节虫 *Sinophasma hainanensis* Liu（笛竹节虫科 Diapheromeridae）

【识别特征】与曲腹华竹节虫近似，体长约48 mm；体翅大部分绿色，背面有部分紫红色；头卵圆形，触角丝状较长；前翅短，近方形，后翅长达腹部近3/4处。图为雄虫，雌虫未知。【分布】海南。

腹锥小笛竹节虫 | 周纯国 摄

曲腹华竹节虫 | 张巍巍 摄

海南华竹节虫 | 张巍巍 摄

棉管竹节虫 | 李元胜 摄　　胸白偏健竹节虫 | 张巍巍 摄

棉管竹节虫 *Sipyloidea sipylus* (Westwood)（笛竹节虫科 Diapheromeridae）

【识别特征】细长的竹节虫，体长80 ~ 110 mm；橘黄色，带有紫红色斑点；头卵圆形，触角丝状较长；前翅卵圆，后翅超过腹部的3/4。图为雌虫。【分布】香港、贵州、广西、广东、海南、浙江、四川、重庆、河南、甘肃、云南；印度、泰国、越南、老挝、孟加拉国、日本、印度尼西亚。

胸白偏健竹节虫 *Hemisosibia thoracica* Chen & He（笛竹节虫科 Diapheromeridae）

【识别特征】体细长，圆筒状，长约90 mm；头卵圆形，触角丝状较长；前翅短，鳞片状，后翅长达腹部3/5处；体以枯黄色为主，散布褐色斑点，头及前胸背板黑色。图为雌虫，雄虫未知。【分布】海南。

拟长瓣齿臂竹节虫 *Paramenexenus congnatus* Chen, He & Chen（笛竹节虫科 Diapheromeridae）

【识别特征】体长梭状，长约110 mm；头近长方形，触角丝状较长；无翅；腹部末端具较长腹瓣；胸部侧缘有细小的锯齿。身体背面翠绿色，腹面墨绿色。图为雌虫，雄虫未知。【分布】广东、广西、重庆。

杨氏齿臂竹节虫 *Paramenexenus yangi* Chen & He（笛竹节虫科 Diapheromeridae）

【识别特征】体长圆筒型，长约80 mm；与拟长瓣齿臂竹节虫近似，但腹部等粗，只有末端几节突然收缩，且无特别突出的腹瓣。图为雌虫，雄虫未知。【分布】海南。

拟长瓣齿臂竹节虫 | 张巍巍 摄　　杨氏齿臂竹节虫 | 李元胜 摄

优刺笛竹节虫 | 徐健 摄

小叶龙竹节虫 | 刘晔 摄

四面山龙竹节虫 | 张巍巍 摄

优刺笛竹节虫 *Oxyartes lamellatus* Kirby（笛竹节虫科 Diapheromeridae）

【识别特征】雌雄差异极大的种类；雌虫体长90 ~ 125 mm，粗圆筒状，多色型，黄褐色至黑色；雄虫60 ~ 80 mm，细杆状，均为黄褐色；雌虫腹部第6—7节背部多数个体具有不规则片状脊突；雄虫胸部多处具刺；两性均有极为细小的翅芽一对。图为雌雄交配状，雄虫尚无正式记录。【分布】广西。

小叶龙竹节虫 *Parastheneboea foliculata* Hennemann, Conle, Zhang & Liu（笛竹节虫科 Diapheromeridae）

【识别特征】体型极为特殊的种类；黄绿色，深浅不一；体长55 mm；触角丝状，几乎与身体等长；头部及胸部多刺，腹部前5节具刺，每节腹板均向两侧延伸似小叶片状。图为雌虫，雄虫未知。【习性】休息时，腹部翘起并向前卷曲。这一特点多见于竹节虫若虫阶段，成虫阶段则较为少见。取食蕨类植物。【分布】云南。

四面山龙竹节虫

Parastheneboea simianshanensis Hennemann, Conle, Zhang & Liu（笛竹节虫科 Diapheromeridae）

【识别特征】体型极为特殊的种类，身体每节背面均有数量不等的刺环绕；棕绿，深浅不一；体长44 mm；触角丝状，几乎与身体等长；腹部末端膨大，向上翘起。图为雄虫，雌虫未知。【习性】取食蕨类植物。【分布】重庆。

海南长棒竹节虫 *Lonchodes hainanensis* (Chen & He)（竹节虫科 Phasmatidae）

【识别特征】较大型的竹节虫，雌雄异型。雌虫体长110 mm左右，杆状；有绿色和灰褐色两种色型；触角长，丝状；前足基跗节背面片状；腹部末端肛上板延长，背面观呈剑状，腹瓣囊形。雄虫80 ~ 90 mm，绿色，较雌虫瘦长。图为雌虫灰褐色型。【分布】海南、香港。

辽宁皮竹节虫 *Phraortes liaoningensis* Chen & He（竹节虫科 Phasmatidae）

【识别特征】雌雄异型。雄虫体长约58 mm，细长，黄褐色；雌虫体长约84 mm，较雄虫为粗，黄绿色。图为雌若虫。【习性】取食壳斗科植物。【分布】辽宁、山东、内蒙古、山西、河北、河南、江苏、浙江、江西。

尖峰琼竹节虫 *Qiongphasma jianfengense* Chen & He（竹节虫科 Phasmatidae）

【识别特征】体长63 ~ 70 mm，杆状，体棕色，身体具刺；触角长，细丝状，头部有3对刺；前胸有2对刺，中胸5对，后胸2对，中节1对；无前翅，具鳞片状后翅1对；腹部第2—6节背板后缘各有1对刺。图为雄虫，雌虫未知。【分布】海南。

海南长棒竹节虫 | 张巍巍 摄

辽宁皮竹节虫 | 寒枫 摄

尖峰琼竹节虫 | 张巍巍 摄

猬华刺竹节虫 *Cnipsomorpha erinacea* Hennemann, Conle, Zhang & Liu（竹节虫科 Phasmatidae）

【识别特征】雌雄异型的多刺种类，雌虫刺的数量更为突出。雌虫体长42 mm，较肥大，黑褐色，身体侧面及腹面有黄绿色卵形斑纹相间；触角短，各足腿节和胫节均有三角形片状刺突；头胸腹各节几乎均有多少不一的刺。雄虫黄绿色，并有棕色斑点，杆状，略小于雌虫，并纤细很多；身体各部分同样具刺，但数量略少。图为尚无正式记录的雄虫。【习性】取食蕨类植物。【分布】云南。

双角华刺竹节虫 *Cnipsomorpha biangulata* Chen & Zhang（竹节虫科 Phasmatidae）

【识别特征】雌雄异型的具刺种类。雌虫体长40～50 mm，较粗，棕色；触角短，中胸背板具有一对大型显著的扁刺。雄虫体长43～45 mm，较雌虫为细，棕色具黑色斑纹，近胸部和腹部有少量刺突。本种许多分类特征明显有别于其他华刺竹节虫，其分类地位有待进一步讨论。图为雌雄交配状。【分布】云南。

云南仿圆足竹节虫 *Paragongylopus* sp.（竹节虫科 Phasmatidae）

【识别特征】雌雄异型且非常小的种类，体长仅24～26 mm；雌虫棕红色，形态特殊，纺锤形，身体中间隆起，触角极短，仅3节，胸部边缘有细小的突起，腹部隐约有网格状斑纹；雄虫深棕色，圆筒形，触角丝状多节，较长，约为身体长度的2/5，中胸及腹部稍后方有2个白色三角形和圆形斑纹。本种为国内最小的竹节虫种类，尚无正式报道；图为雌虫。【分布】云南。

猬华刺竹节虫 | 张巍巍 摄

双角华刺竹节虫 | 张巍巍 摄

云南仿圆足竹节虫 | 张巍巍 摄

介竹节虫 | 周纯国 摄
双突丝竹节虫 | 达玛西 摄
腹突长肛竹节虫 | 张巍巍 摄

介竹节虫 *Interphasma* sp.（竹节虫科 Phasmatidae）

【识别特征】体长50～55 mm，无翅种类；雌虫较粗壮，身体多颗粒，并有从灰白色至深褐色的多种色型和斑纹；雄虫基本光滑，较雌虫更细，长度略小于雌虫。图为雌雄交配状。【分布】重庆。

双突丝竹节虫 *Sceptrophasma bituberculata* (Redtenbacher)（竹节虫科 Phasmatidae）

【识别特征】细长的种类，体长70 mm左右。头扁平，两复眼间有2个短脊，触角短；胸部较扁，有3条脊；腹部背面雌虫有3条脊，雄虫有1条。【习性】生活在荒漠中的种类。【寄主】梭梭。【分布】新疆；土库曼斯坦。

腹突长肛竹节虫 *Entoria* sp.（竹节虫科 Phasmatidae）

【识别特征】体长110 mm左右，枯黄色，具棕色斑点；无翅，复眼间有两个叶片状突起，触角短；身体细长；腹瓣及肛上板形成喙状。腹部腹板接近末端处有一突起。图为雌虫。【分布】广西。

四川无肛竹节虫 | 周纯国 摄

短棒竹节虫 | 张巍巍 摄

喙尾竹节虫 | 周纯国 摄

四川无肛竹节虫 *Paraentoria sichuanensis* Chen & He（竹节虫科 Phasmatidae）

【识别特征】体长120 mm左右，杆状，褐色；触角短，分节明显，两复眼之间具1对耳状突起；腹部缺肛上板。图为雌虫，雄虫未知。【分布】重庆。

短棒竹节虫 *Ramulus* sp.（竹节虫科 Phasmatidae）

【识别特征】雌雄异型，体长80 ~ 100 mm，雌虫略长于雄虫。雌虫圆筒形，绿色或褐色，触角短；雄虫黑色，具白色线条，足大部分为橙色。图为雌雄交配状。【习性】多取食青冈等多种植物，是我国最主要的竹节虫类群。种类繁多，但种间形态接近，不易鉴别，尤其是雄虫。【分布】四川。

喙尾竹节虫 *Rhamphophasma* sp.（竹节虫科 Phasmatidae）

【识别特征】雌虫体长80 ~ 90 mm，杆状，触角短，体深褐色与橙色相间，侧面具白色线条；腹瓣矛状。本种曾在部分文献中被鉴定为褐喙尾竹节虫*Rhamphophasma modestum*，但很多特征均不相符，有待进一步研究。【习性】雄虫极为少见，营孤雌生殖；取食数十种植物，在部分地区曾有大发生的记录。【分布】重庆。

白带足刺竹节虫 | 周纯国 摄

白带足刺竹节虫

Baculonistria alba (Chen & He)

(竹节虫科 Phasmatidae)

【识别特征】大型竹节虫，雌雄异型。雌虫体长160～180 mm（不含腹瓣），较为粗壮，体黄褐色；雄虫体长130～150 mm，体光滑，杆状，黄褐色至橙黄色。图为雌虫。【习性】以取食侧柏为主，同时取食数十种木本和草本植物，是长江中上游防护林带重要的害虫，有多次大发生的记录。【分布】重庆、湖北。

大佛竹节虫

Phryganistria grandis Rehn

(竹节虫科 Phasmatidae)

【识别特征】非常大型的竹节虫种类，雌雄异型，两性触角均长于前足腿节，身体光滑；雌虫体长达234～253 mm，雄虫体长达140～232 mm；体褐色至黑褐色。本种为广西地区较为广布的种类，个体之间差异较大，特别是在身体长短、体色以及足上的齿状突起等。因此，国内文献所记载的广西佛竹节虫*Phryganistria guangxiensis*及龙州佛竹节虫*Phryganistria longzhouensis*等种类很可能均属于本种。图为雌虫。【分布】广西；越南、老挝、缅甸。

大佛竹节虫 | 徐健 摄

钩尾南华竹节虫 | 张巍巍 摄

钩尾南华竹节虫 *Nanhuaphasma hamicercum* Chen & He（拟竹节虫科 Pseudophasmatidae）

【识别特征】雌雄形态差异不大，但体型差异较大，雄虫38 mm左右，而雌虫则达80 mm左右；绿色，带有褐色斑纹，具光泽；触角超过体长的1/2，细丝状；头近圆形。图为雌雄交配状，雌虫尚无正式记载。【分布】海南、广西。

广西瘤竹节虫 *Pylaemenes guangxiensis* (Bi & Li)（异翅竹节虫科 Heteropterygidae）

【识别特征】体长46 mm左右，短粗，腹部中部较宽，形态特殊；全身具瘤状颗粒，但无刺；灰白色至黑褐色多种色型。图为雌虫。【分布】广西、香港、广东、海南、福建。

广西瘤竹节虫 | 杰仔 摄

筒瘤竹节虫 *Pylaemenes* sp.（异翅竹节虫科 Heteropterygidae）

【识别特征】体长44 mm左右，圆筒状，短粗，腹部粗细较为均匀，与国内已知种类均不相同；身体以褐色为主，并有瘤状突起，但比广西瘤竹节虫光滑很多。头顶具“V”字形片状突起；各足腿节、胫节或多或少有片状突起。图为雌虫。【分布】海南。

翔叶䗛 *Phyllium (Phyllium) westwoodi* Wood-Mason（叶䗛科 Phylliidae）

【识别特征】著名的拟态昆虫，雌雄异型，雌虫体长约76 mm，宽大如叶片状；雄虫狭长，约60 mm，犹如较细的叶片；雄虫触角细丝状，较长；雌虫触角短。图为雄虫。【分布】广西、云南、贵州、海南。

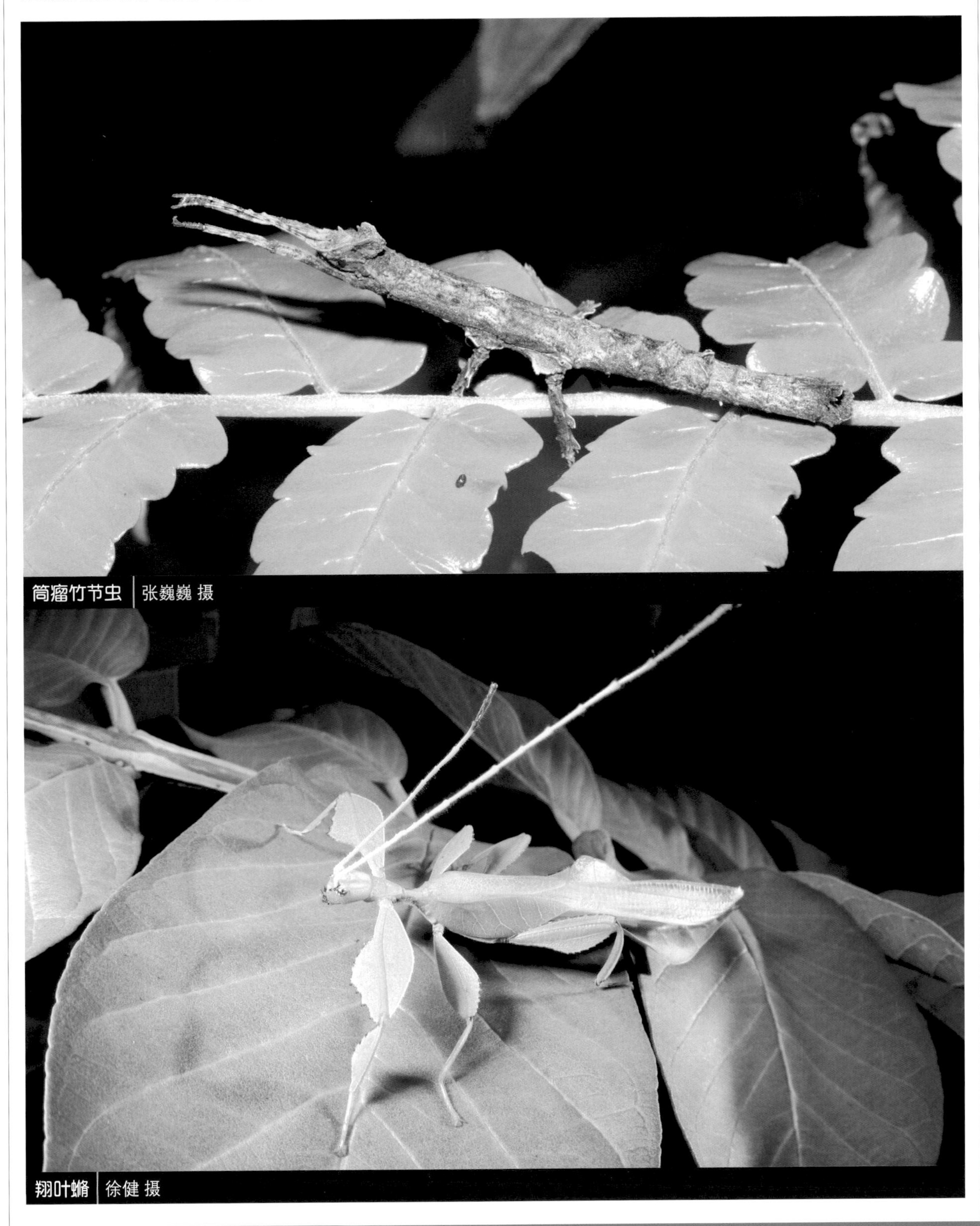

筒瘤竹节虫 | 张巍巍 摄

翔叶䗛 | 徐健 摄

滇叶䗛 | 张巍巍 摄

同叶䗛 | 张巍巍 摄

中华丽叶䗛 | 张巍巍 摄

滇叶䗛 *Phyllium (Phyllium) yunnanense* Liu（叶䗛科 Phylliidae）

【识别特征】著名的拟态昆虫，雌雄异型，与翔叶䗛近似。雄虫体长约70 mm，触角28节，前足腿节外叶狭长。本种仅有雄虫的正式记载，图为雌若虫。【分布】云南。

同叶䗛 *Phyllium (Phyllium) parum* Liu & Cai（叶䗛科 Phylliidae）

【识别特征】著名的拟态昆虫，雌雄异型，与翔叶䗛近似。体长约65 mm，浅绿色；雄虫触角26节，第5腹节处最宽。图为雄虫，雌虫未知。【分布】海南。

中华丽叶䗛 *Phyllium (Pulchriphyllium) sinense* (Liu)（叶䗛科 Phylliidae）

【识别特征】非常美丽的种类，雌雄异型，雌虫更为宽大；海南个体为黄色，云南为绿色。以海南个体为例，雌虫体长约80 mm，雄虫略小；雄性触角棕色，细长；除前足腿节外侧片状为黄色外，3对足均为棕色。本种仅有雌虫记载，图为尚无正式记载的雄虫。【分布】海南、云南。

Order Embioptera

纺足目

足丝蚁乃纺足目，前足纺丝在基跗；
胸长尾短节分二，雄具四翅雌却无。

纺足目是一个小目，全世界已经记录了约300种。该目多数种类分布在热带地区，少数种类出现在温带，在我国大部分地区并不常见。

足丝蚁最显著的特征是前足基跗节具丝腺，可以分泌丝造丝道。纺足目是渐变态昆虫，若虫5龄，从1龄若虫起直到成虫都能织丝。除繁殖的雄虫之外，足丝蚁终生生活在自己制造的丝道中，多数种类在树皮表面织造外露的丝道，也有些种类在物体的缝隙和树皮的枯表皮下隐藏，只有少数的丝状物外露。它们在泌丝织造通道时，能扭转身子织成一个能容纳自己在其中取食和活动的管形通道，这个通道可以让足丝蚁迅速逃避捕食天敌。在通道中，足丝蚁活动灵活，高度发达的后足腿节能使身体迅速倒退。足丝蚁全部都为植食性，取食树的枯外皮、枯落叶、活的苔藓和地衣。在我国，纺足目昆虫主要生活在树皮、枯落叶上，以及岩壁的苔藓地衣上。

目前，纺足目分为2个亚目8个科，其中古丝蚁科为二叠纪的化石科。我国对该目昆虫的研究较为薄弱，目前仅记载有等尾丝蚁科的2属6种，但据推断我国南方还可能有奇丝蚁科和异尾丝蚁科的种类。该目昆虫在热带地区最为丰富，随着纬度的增高而逐渐减少，少数种类可以分布到南北纬45° 附近。

婆罗州丝蚁 | 史宏亮 摄

婆罗州丝蚁 *Aposthonia borneensis* (Hagen)（等尾丝蚁科 Oligotomidae）

【识别要点】体长约12 mm，体型细长，体壁柔软，头近圆形，触角丝状，前足基跗节膨大，后足腿节强壮，尾须短，分2节。雄性体全黑色，具翅，翅黑色，覆盖全部腹部。雌虫身体大部分黑色，前胸红色，腹部膜质区域浅色，无翅。【习性】我国分布最广，相对常见的足丝蚁；在昆明6月初发生，见于滇润楠的树疤内。【分布】江西、湖南、广东、广西、云南、福建。

婆罗州丝蚁 | 史宏亮 摄　　婆罗州丝蚁 | yellowman 摄

Order Orthoptera

直翅目

后足善跳直翅目，前胸发达前翅覆；
雄鸣雌具产卵器，蝗虫螽斯蟋蟀谱。

直翅目因该类昆虫前、后翅的纵脉直而得名，包括蝗虫、螽斯、蟋蟀、蝼蛄、蚱蜢等。种类世界性分布，其中热带地区种类较多。目前，全世界已知18 000余种，中国已知800余种。

直翅目昆虫为渐变态，卵生。雌虫产卵于土内或土表，有的产在植物组织内。多数种类1年1代，有些种类1年2～3代，以卵越冬，次年4—5月孵化。若虫的形态和生活方式与成虫相似，若虫一般4～6龄，第二龄后出现翅芽，后翅反在前翅之上，这可与短翅型成虫相区别。大多数蝗虫生活在地面上，螽斯生活在植物上，蝼蛄生活在土壤中。多数白天活动，尤其是蝗总科，日出以后即活动于杂草之间。生活于地下的种类（如蝼蛄）在夜间到地面上活动。

直翅目昆虫多数为植食性，取食植物叶片等部分，许多种类是农牧业重要害虫。有些蝗虫能够成群迁飞，加大了危害的严重性，造成蝗灾。蝼蛄是重要的土壤害虫，部分螽斯为肉食性，取食其他昆虫和小动物。

蝼蛄 *Gryllotalpa* sp.（蝼蛄科 Gryllotalpidae）

【识别要点】体型特殊的直翅类昆虫，前胸粗大，前翅短小，后翅发达超过腹端，前足扁宽具大齿，后足不特化为跳跃足。【习性】草地或农田环境常见，栖息于自挖的洞穴中。【分布】我国东部地区广布。

丽树蟋 *Xabea* sp.（树蟋科 Oecanthidae）

【识别要点】纤细的小型种类，头部明显窄于身体其他部分，前翅宽大透明，具褐色条纹。【习性】栖息于林地环境。【分布】海南。

花生大蟋 *Tarbinskiellus portentosus* (Lichtenstein)（蟋蟀科 Gryllidae）

【识别要点】体型巨大的蟋蟀种类，体淡褐色，粗壮。【习性】草地或农田环境下常见，栖息于自挖的洞穴中。【分布】我国南方省份广布。

黄脸油葫芦 *Teleogryllus emma* (Ohmachi & Matsumura)（蟋蟀科 Gryllidae）

【识别要点】中大型种类，头部具淡色眉状条纹。【习性】草地或农田环境下常见。【分布】我国东部地区广布。

虎甲蛉蟋 *Trigonidium cicindeloides* Rambur（蛉蟋科 Trigonidiidae）

【识别要点】小型树栖种类，通体深黑色，足淡黄褐色，雄虫无发音器。【习性】栖息于林地环境，常见于灌木枝条上。【分布】我国南方省份广布。

蝼蛄 | 杰仔 摄

花生大蟋 | 张巍巍 摄

黄脸油葫芦 | 张宏伟 摄

丽树蟋 | 张巍巍 摄

虎甲蛉蟋 | 张巍巍 摄

褐翅奥蟋 | 张巍巍 摄

素色杆蟋螽 | 刘晔 摄

拟蛉蟋 | 张宏伟 摄

饰蟋螽 | 张巍巍 摄

拟蛉蟋

Paratrigonidium sp.

（蛉蟋科 Trigonidiidae）

【识别要点】体淡色的小型种类，复眼突出，后足股节具深色条纹。【习性】栖息于林地环境，常栖息于叶片上。【分布】云南。

褐翅奥蟋

Ornebius infuscatus (Shiraki)

（癞蟋科 Mogoplistidae）

【识别要点】小型树栖蟋蟀，头狭小，前胸前窄后宽，翅短，长宽近等。【习性】栖息于林地环境，栖息于树干上。【分布】我国南方省份广布。

素色杆蟋螽

Phryganogryllacris unicolor Liu & Wang

（蟋螽科 Gryllacrididae）

【识别要点】大型蟋螽，通体红褐色，足粗壮，各胫节具长刺。【习性】栖息于林地环境下层。【分布】北京。

饰蟋螽

Prosopogryllacris sp.

（蟋螽科 Gryllacrididae）

【识别要点】大型蟋螽，通体褐绿色，头顶单眼大而明显，足粗壮，各胫节具长刺。【习性】栖息于林地环境下层。【分布】重庆。

日本蚤蝼 | 张巍巍 摄　　草螽 | 张宏伟 摄

日本蚤蝼 *Xya japonica* (De Haan)（蚤蝼科 Tridactylidae）

【识别要点】体甚小的直翅类昆虫，体光泽，通体黑褐色具少量白色条纹，后足十分粗壮。【习性】各种生境可见，通常栖息于阴暗潮湿处。【分布】我国东部地区广布。

草螽 *Conocephalus* sp.（草螽科 Conocephalidae）

【识别要点】常见的小型种类，头顶至翅端深色，前翅褐色具小斑点，体侧绿色无斑。【习性】农田或草地环境常见。【分布】云南。

钩额螽 *Ruspolia* sp.（草螽科 Conocephalidae）

【识别要点】中大型螽斯，体纺锤形，头部尖锐，通体褐色或绿色，无斑纹。【习性】栖息于林地环境或农田、草地。【分布】重庆。

钩额螽 | 任川 摄

优草螽 *Euconcephalus* sp.（草螽科 Conocephalidae）

【识别要点】体纺锤形的中大型种类，头顶十分尖锐，体绿色或褐色，常在前胸两侧具暗色条纹。【习性】栖息于林地环境或农田。【分布】广东。

卡氏翼糜螽 *Pteranabropsis carli* (Griffini)（蝗螽科 Mimenermidae）

【识别要点】大型螽斯，体褐色，粗壮，前中足胫节具长刺。【习性】栖息于林地环境底层。【分布】我国南方省份广布。

条螽 *Ducetia* sp.（露螽科 Phaneropteridae）

【识别要点】体侧扁的中小型种类，头及前胸狭小，前翅狭长超过腹端。【习性】栖息于林地环境或农田。【分布】云南。

优草螽 | 杰仔 摄

卡氏翼糜螽 | 刘晔 摄

条螽 | 张宏伟 摄

掩耳螽 | 杰仔 摄

近十似条螽 | 张宏伟 摄

麻螽 | 张宏伟 摄

掩耳螽 *Elimaea* sp.（露螽科 Phaneropteridae）

【识别要点】体侧扁的中小型种类，头及前胸狭小，前翅狭长超过腹端，与条螽类近似，但前翅翅脉多呈方格状，前足听器闭合。【习性】栖息于林地环境或农田。【分布】广东。

近十似条螽

Paraducetia paracruciata Gorochov & Kang

（露螽科 Phaneropteridae）

【识别要点】复眼近椭圆形，前胸背板具明显但较浅的肩凹，背板背面近圆形，不具侧隆线。前翅长，远远超出腹端。【习性】栖息于林地环境。【分布】云南。

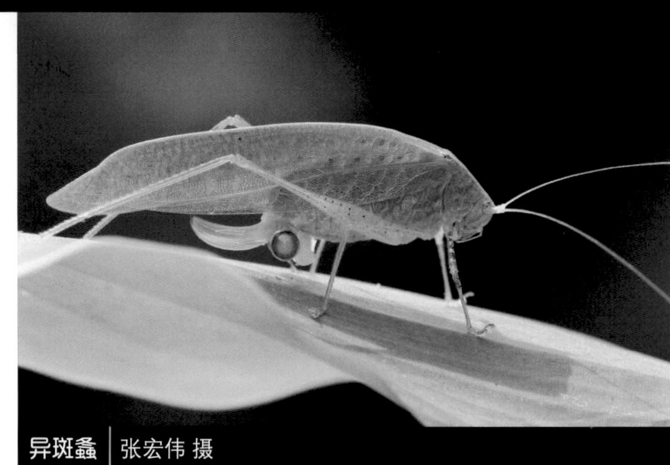

异斑螽 | 张宏伟 摄

麻螽 *Tapiena* sp.（露螽科 Phaneropteridae）

【识别要点】大型的绿色种类，头顶至前翅基部平滑，翅宽大呈叶片状。【习性】栖息于林地环境。【分布】云南。

异斑螽 *Stictophaula* sp.（露螽科 Phaneropteridae）

【识别要点】前胸背板平，后缘比前缘宽阔。前翅翅脉不明晰，具各式的小脉，雄虫摩擦发音区的摩擦脉明显突出。【习性】栖息于林地环境。【分布】云南。

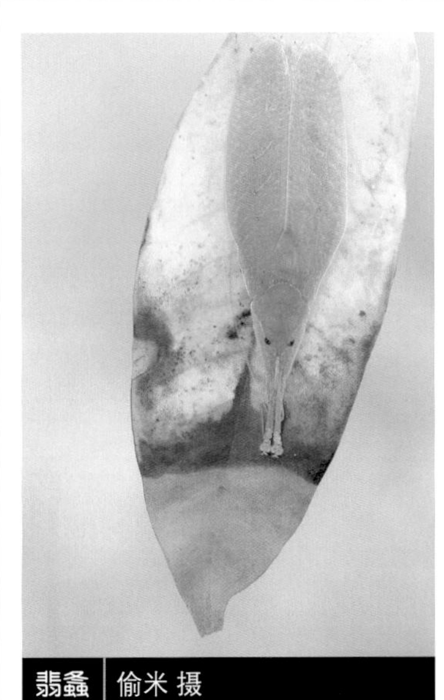
翡螽 | 偷米 摄

卒螽 *Zulpha* sp.（露螽科 Phaneropteridae）

【识别要点】体型特殊的小型种类，复眼突出，足短，通体淡褐色，具杂斑。【习性】栖息于林地环境。【分布】云南。

华绿螽 *Sinochlora* sp.（露螽科 Phaneropteridae）

【识别要点】大型的绿色螽斯，头胸部狭小，前翅基部具一斜向的淡色条纹。【习性】栖息于林地环境。【分布】江西。

翡螽 *Phyllomimus* sp.（拟叶螽科 Pseudophyllidae）

【识别要点】扁平的拟态树叶的种类，头顶稍尖，前翅宽大平展于背部，形状特殊。【习性】栖息于林地环境，常紧紧贴附在叶片上。【分布】广东。

亚叶螽 *Orophyllus* sp.（拟叶螽科 Pseudophyllidae）

【识别要点】中大型的拟叶种类，体纺锤形，粗壮，通体绿色无杂斑。【习性】林地环境上层。【分布】重庆。

卒螽 | 任川 摄

华绿螽 | 吴超 摄

亚叶螽 | 寒枫 摄

巨拟叶螽 *Pseudophyllus titan* White（拟叶螽科 Pseudophyllidae）

【识别要点】我国最大的螽斯，体长12 cm以上。雄虫翅膀上有宽大的发音器，镜膜面积竟有一只小号蝈蝈大。通体翠绿色，前翅各有一个眼斑，后翅淡蓝色，非常美丽。【习性】素食性螽斯，喜食桑科植物的叶子。通常栖息在较高的树上。若虫喜欢聚集在一起生活。雄虫夜间在树顶发出异常响亮的鸣声，很远都能清楚地听到。【分布】云南。

库螽 *Kuzicus* sp.（蛩螽科 Meconematidae）

【识别要点】灵活的小型种类，复眼突出，头顶至翅端深褐色，体侧淡绿色，胸侧具一褐色斜斑。【习性】林地环境，喜栖息于叶片背面。【分布】云南。

中华牛角螽 *Damalacantha vacca sinica* B.-Bienko（硕螽科 Bradyporidae）

【识别要点】硕大的短翅种类，前胸两侧具强大刺突，前胸背板向后延伸盖住前翅大部分区域。【习性】荒漠、半荒漠地区的灌木丛。【分布】我国西北部地区。

巨拟叶螽 | 范毅 摄

库螽 | 张宏伟 摄

中华牛角螽 | 刘晔 摄

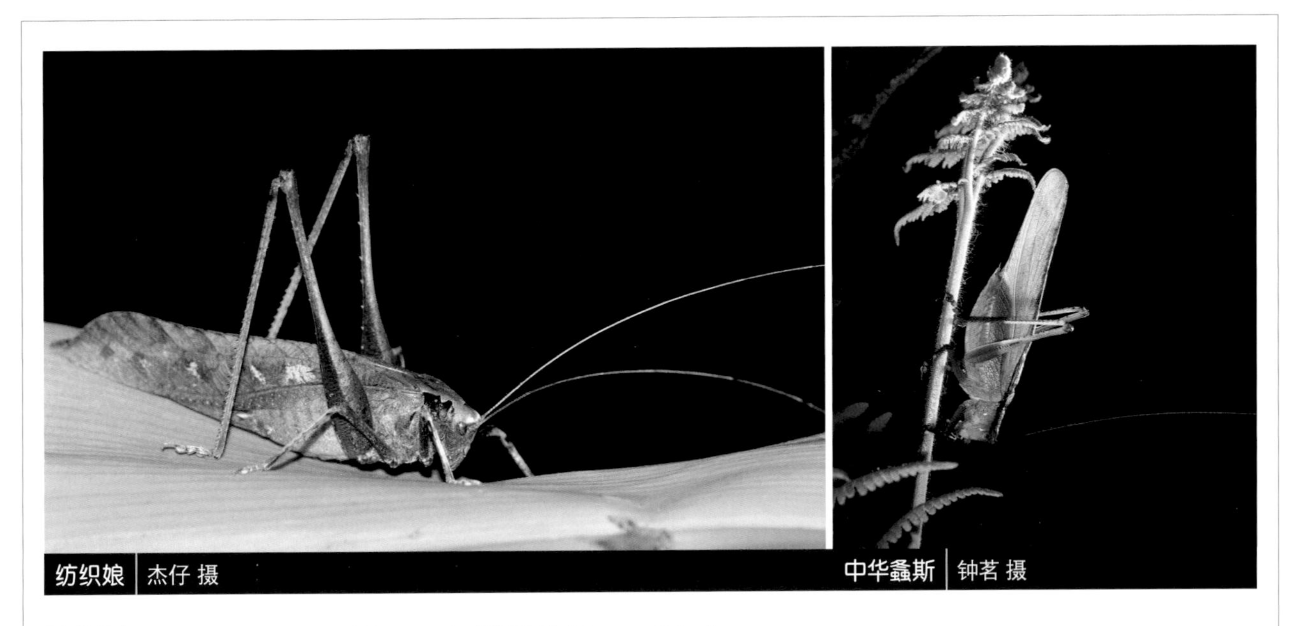

纺织娘 | 杰仔 摄　　中华螽斯 | 钟茗 摄

纺织娘 *Mecopoda elongata* (Linnaeus)（织娘科 Mecopodidae）

【识别要点】常见的大型种类，前胸侧面具深色斑块，在南方省份，为著名的赏玩鸣虫。【习性】常见于农田或林地环境。【分布】我国南方省份广布。

中华螽斯 *Tettigonia chinensis* Willemse（螽斯科 Tettigoniidae）

【识别要点】中型螽斯，头顶至翅端背侧深色，体侧绿色无斑纹，翅宽大，长过腹端。【习性】常见于农田或林地环境。【分布】我国南方省份广布。

暗褐蝈螽 *Gampsocleis sedakovii obscura* (Walker)（螽斯科 Tettigoniidae）

【识别要点】通常为绿色或褐色的大型螽斯，前翅较长，略超过腹端，前翅边缘具褐绿相间的斑纹。【习性】常见于农田、草地环境。【分布】华北、东北地区广布。

优雅蝈螽 *Gampsocleis gratiosa* Brunner von Wattenwyl（螽斯科 Tettigoniidae）

【识别要点】常见的大型螽斯，通常体绿色或褐色，前胸背板侧边白色，前翅革质短小，不超过腹端。【习性】常见于农田、草地环境。【分布】华北、东北地区广布。

暗褐蝈螽 | 吴超 摄　　优雅蝈螽 | 吴超 摄

中华寰螽 | 吴超 摄
疣蝗 | 唐志远 摄
蒙古束颈蝗 | 唐志远 摄
黄胫小车蝗 | 唐志远 摄
中华剑角蝗 | 唐志远 摄

中华寰螽 *Atlanticus sinensis* Uvarov（螽斯科 Tettigoniidae）

【识别要点】短翅的中型螽斯，体褐色，前胸背板两侧色淡，翅淡褐色革质。【习性】常见于山地林下环境，有趋光性。【分布】华北地区广布。

蒙古束颈蝗 *Splingonotus mongolicus* Saussure（斑翅蝗科 Oedipodidae）

【识别要点】小型蝗虫，体色暗淡，近土黄色，后翅淡蓝色，前胸前部收束明显，呈颈部形状。【习性】栖息于荒漠半荒漠地带或草地环境。【分布】北京、河北、内蒙古等北方地区。

疣蝗 *Trilophidia annulata* (Thunberg)（斑翅蝗科 Oedipodidae）

【识别要点】小型蝗虫，体色近土色，具绒毛，后翅淡黄色具黑色边缘。【习性】栖息于草地、荒漠、半荒漠等多种非林地环境。【分布】广泛分布于我国东部、华北地区。

黄胫小车蝗 *Oedaleus infernalis* Saussure（斑翅蝗科 Oedipodidae）

【识别要点】中型蝗虫，体色多样，通常为褐黄色或略带绿色，前胸背板具隆起，后翅黄色具黑色边缘。【习性】分布于多种非林地环境。【分布】我国东部地区广布。

中华剑角蝗 *Acrida cinerea* (Thunberg)（剑角蝗科 Acrididae）

【识别要点】大型的尖头蝗虫种类，体色多样，通常为绿色，黄褐色或带有斑纹，触角剑状，后翅淡黄色，雄虫体小。【习性】分布于多种非林地环境，行动较为迟缓。【分布】我国东部地区广布。

长角佛蝗 *Phlaeoba antennata* Brunner-Wattebwyl（剑角蝗科 Acrididae）

【识别要点】小型蝗虫，体色褐色无斑纹，翅稍过腹端，触角长，末端白色。【习性】林地环境中常见。【分布】我国南方省市。

笨蝗 *Haplotropis brunneriana* Saussure（癞蝗科 Pamphagidae）

【识别要点】大型的短翅蝗虫，通常为土色，前翅短小而易于识别。【习性】分布于多种非林地环境，或在林缘活动。【分布】华北地区。

李氏大足蝗 *Aeropus licenti* Chang（槌角蝗科 Gomphoceridae）

【识别要点】形态特殊的小型蝗虫，雄虫前足胫节膨大，触角线状末端膨大。【习性】高海拔草甸环境较为常见，雄虫依靠后足摩擦前翅发声，吸引雌虫。【分布】北京、河北。

黄星蝗 *Aularches miliaris* (Linnaeus)（瘤锥蝗科 Chrotogonidae）

【识别要点】外形特殊的大型蝗虫，前胸多疣突，前翅暗色具斑点，腹部具红色斑纹。【习性】林地环境常见。【分布】云南。

长角佛蝗 | 倪一农 摄

笨蝗 | 唐志远 摄

李氏大足蝗 | 唐志远 摄

黄星蝗 | 范毅 摄

青脊竹蝗 *Ceracris nigricornis nigricornis* Walker（网翅蝗科 Arcypteridae）

【识别要点】中型蝗虫，头胸翠绿色，背部具黄色线纹，触角细长，末端淡色，后足股节黄色具黑斑。【习性】竹林中常见。【分布】南方地区广布。

版纳蝗 *Bannacris* sp.（斑腿蝗科 Catantopidae）

【识别要点】特殊的小型蝗虫，体侧被黑黄两色分割，面部及后足股节黄色具黑色斑纹，后足胫节红色。【习性】栖息于林地下层。【分布】云南。

稻蝗 *Oxya* sp.（斑腿蝗科 Catantopidae）

【识别要点】体侧通常淡绿色，具一黄色条纹，背部及前翅黄褐色，后翅透明无色，后足股节外侧无斑纹。【习性】各种环境常见。【分布】我国东部地区广布。

板齿蝗 *Sinstauchira* sp.（斑腿蝗科 Catantopidae）

【识别要点】特征鲜明的小型蝗虫，具一宽的黑色纵纹从头部延伸至翅端，后足股节外侧橙黄色，端部深色。【习性】栖息于林地阳光充足处。【分布】我国南方地区。

青脊竹蝗 | 李姗 摄

版纳蝗 | 西叶 摄

稻蝗 | 唐志远 摄

板齿蝗 | 钟茗 摄

大斑外斑腿蝗 *Xenocatantops humilis* (Serville)（斑腿蝗科 Catantopidae）

【识别要点】小型蝗虫，前胸侧面至后胸具一淡色条纹，后足淡色，具黑褐色斑纹。【习性】喜活动于林地边缘环境。【分布】我国南方地区广布。

越北凸额蝗 *Traulia tonkinensis* Bolivar（斑腿蝗科 Catantopidae）

【识别要点】形态特殊的中小型蝗虫，体色较深，头部前端突出，后足外侧深黑色，具少量斑纹，后足胫节红色。【习性】林地环境可见。【分布】云南、广西。

日本黄脊蝗 *Patanga japonica* Bolivar（斑腿蝗科 Catantopidae）

【识别要点】大型蝗虫，体淡黄色具斑纹，面部具一绿色条纹。【习性】见于多种环境、农田。【分布】我国东部地区广布。

棉蝗 *Chondracris rosea* (De Geer)（斑腿蝗科 Catantopidae）

【识别要点】体型巨大的纯绿色蝗虫，面部及前胸具少量淡色条纹，后足胫节淡红色具白色大刺。【习性】常见于各种环境。【分布】我国广布。

乌蜢 *Erianthus* sp.（蜢科 Eumastacidae）

【识别要点】体黄褐色的蜢类昆虫，近似变色乌蜢，但体无彩色斑块，前翅透明区域较小。【习性】栖息于林地中下层。【分布】广东。

变色乌蜢 | 偷米 摄

摹螳秦蜢 | 偷米 摄

优角蚱 | 偷米 摄　　股沟蚱 | 张宏伟 摄

短额负蝗 | 张巍巍 摄

变色乌蜢

Erianthus versicolir Brunner

（蜢科 Eumastacidae）

【识别要点】颜色特异的小型蝗虫，头部如马头状，体绿色带有黑色，蓝色斑纹，翅深色具透明区域，雄虫腹部末端膨大；雌虫体色暗淡，无色斑。【习性】栖息于林地中下层。【分布】广东、广西、四川、云南。

摹螳秦蜢

China mantispoides (Walker)

（蜢科 Eumastacidae）

【识别要点】体型短粗的蜢类，体色通常暗淡，黄褐色，后足股节具明显斑纹。【习性】分布于多种林地环境。【分布】我国南方地区。

优角蚱

Eucriotettix sp.

（刺翼蚱科 Scelimenidae）

【识别要点】小型的蚱类昆虫，复眼突出，前胸两侧具刺，前胸背板扩展并延伸超过腹端，前翅退化，后翅发达。【习性】喜栖息于林地下层、阴暗潮湿处。【分布】我国南方广布。

股沟蚱

Saussurella sp.

（股沟蚱科 Batrachididae）

【识别要点】形态特殊的蚱类，前胸背板向前延伸超过头部的顶角，向后延伸超过腹端，前翅退化，具黑色斑，后翅发达。【习性】喜生活于林地下层阴暗潮湿处。【分布】云南。

短额负蝗

Atractomorpha sinensis Bolivar

（锥头蝗科 Pyrgomorphidae）

【识别要点】中小型蝗虫，体色褐色或绿色，无斑纹，后翅淡红色，头顶尖，整体呈纺锤形，触角不呈剑状而易于与剑角蝗区分。【习性】栖息于多种草地、半荒漠环境。【分布】我国各地常见。

Order Dermaptera

革翅目

前翅短截革翅目，后翅如扇脉如骨；
尾须坚硬呈铗状，蠼螋护卵若鸡孵。

革翅目以其前翅革质而得名，俗称蠼螋，多分布于热带、亚热带地区。全世界已知约1 800种，中国已知210余种。

革翅目昆虫为渐变态。在温带地区1年1代，常以成虫或卵越冬。雌虫产卵可达90粒，卵椭圆形，白色。雌虫有护卵育幼的习性，在石下或土下做穴产卵，然后伏于卵上或守护其旁，低龄若虫与母体共同生活。若虫与成虫相似，但触角节数较少，只有翅芽，尾钳较简单，若虫4～5龄；有翅成虫多数飞翔能力较弱，多为夜行性，日间栖于黑暗潮湿处，少数种类具趋光性。

革翅目昆虫多为杂食性，取食动物尸体或腐烂植物，有的种类取食花被、嫩叶、果实。某些种类寄生于其他动物身上，如鼠螋科的种类为啮齿类的外寄生生物，有些种类能捕食叶蝉、吹绵蚧以及潜叶性铁甲、夜蛾等的幼虫。

钳丝尾螋 周纯国 摄
索氏盔螋 林义祥 摄
首垫跗螋 林义祥 摄
蠼螋 吴超 摄

钳丝尾螋 *Diplatys forcipatus* Ma & Chen（丝尾螋科 Diplatyidae）

【识别要点】体狭长，头部、前胸背板前翅、足的后半部栗色，触角、前胸背板后缘、足的基部为暗的浅黄色。复眼突出。雄性尾铗钳形，其内扩展部分有小锯齿；雌性尾铗直伸。体长9 ~ 12 mm。图示为雄虫。【习性】有趋光性，取食腐食或小昆虫。【分布】湖北、四川、重庆、云南。

索氏盔螋 *Cranopygia sauteri* (Burr)（大尾螋科 Pygidicranidae）

【识别要点】体型长大，粗壮。头部、胸、足栗色，腹部末端颜色较重，尾夹粗壮，稍扁，较对称。前后翅退化，体长25 mm左右。图示为雄虫。【习性】多在潮湿环境下生活，捕食小昆虫。【分布】台湾。

首垫跗螋 *Proreus simulans* (Stal)（垫跗螋科 Chelisochidae）

【识别要点】体狭长，黄褐色，头、胸及翅颜色较浅，鞘翅两侧明黄色，中部色暗，腹部栗色，尾夹粗壮直伸，内缘有时具一大齿。体长8 ~ 11 mm。图示为雄虫。【习性】生活于土表或植物上，趋光性不明显。【分布】广西、海南、云南、台湾。

蠼螋 *Labidura riparia* (Pallas)（蠼螋科 Labiduridae）

【识别要点】体长而扁，黄褐色，鞘翅栗色，足浅黄色。头、前胸及腹部背面颜色较深。腹部末端浅色，尾夹浅黄色，粗大，直伸，具一内齿。体长12 ~ 24 mm。图示为雄虫。【习性】北方地区常见，生活在各种平原环境，有趋光性。【分布】黑龙江、吉林、辽宁、宁夏、甘肃、河北、山西、陕西、山东、河南、江苏、湖北、湖南、江西、四川、重庆。

三刺钳螋 *Forcipula trispinosa* (Dohrn)（蠼螋科 Labiduridae）

【识别要点】体狭长，身体除足为浅黄色外，均为浅黑褐色。腹部两侧具小突起。尾夹形状特殊，具明显波状弯曲，内缘无齿。雌虫尾夹简单，直伸。体长20 ~ 28 mm。图示为雄虫。【习性】生活于潮湿的水边环境。【分布】海南、云南、四川、重庆。

异螋 *Allodahlia scabriuscula* Serville（球螋科 Forficulidae）

【识别要点】全体黑褐色，鞘翅宽阔，上具刻点小突起，腹部较宽，两侧有不明显瘤突。尾夹基部有明显弯曲，之后直伸，内缘具一细齿。雌虫尾夹简单，直伸。图示为雄虫。【习性】生活在潮湿的腐木下，或树木缝隙内。【分布】甘肃、湖北、湖南、台湾、广东、广西、四川、重庆、云南、西藏、河北、北京。

拟乔球螋 *Paratimomenus flavocapitatus* (Shiraki)（球螋科 Forficulidae）

【识别要点】体狭长，头部浅黄色，身体其余部分均为红褐色，腹部末端颜色加重。尾甲细长，弧形，内缘具一大齿突，雌虫尾夹简单直伸。体长13 ~ 17 mm。图示为雄虫。【习性】常生活于树木枝干处。【分布】浙江、福建、台湾。

三刺钳螋 周纯国 摄

异螋 唐志远 摄

拟乔球螋 林义祥 摄

华球螋 | 周纯国 摄

克乔球螋 | 林义祥 摄

慈螋 | 寒枫 摄

华球螋 *Forficula sinica* (Bey-Bienko)（球螋科 Forficulidae）

【识别要点】体型较小，稍狭长，体暗褐色或红褐色，前胸颜色稍重，其余部分颜色均一。尾夹较粗壮，基部内缘有小部分扁阔，其余部分内缘光滑，无齿。雌虫尾夹简单，直伸。体长8～10 mm。图示为雄虫。【习性】生活于树木缝隙及地面潮湿环境下。【分布】江苏、安徽、湖北、湖南、广西、贵州、四川、重庆、云南。

克乔球螋 *Timomenus komarowi* (Semenov)（球螋科 Forficulidae）

【识别要点】体狭长，身体红褐色，鞘翅颜色红艳，对比明显。腹部颜色均一，有光泽。尾甲细长，末端略弧形，内缘具两个齿突，雌虫尾夹简单直伸。体长14～18 mm。图示为雄虫。【习性】生活在树木缝隙中或地面潮湿环境。【分布】山东、安徽、福建、台湾、湖南、湖北、四川。

慈螋 *Eparchus insignis* (de Haan)（球螋科 Forficulidae）

【识别要点】体狭小，暗褐红色或暗黑色。复眼大而突出，后翅露出部分具1对黄斑。腹部两侧有明显瘤突，尾夹细长，接近基部上缘有一大而光滑的瘤状突起，雌虫尾夹直而简单。体长8～10 mm。图示为雄虫。【习性】常栖息于树木缝隙间，或潮湿的地面环境。【分布】福建、广东、广西、海南、四川、重庆、云南、西藏等地。

Order Psocoptera

啮虫目

书虱树虱啮虫目，前胸如颈唇基突；
前翅具痣脉波状，跗节三两尾须无。

啮虫目昆虫，中文名为“啮虫”“书虱”，简称“虱”。该目昆虫与虱目昆虫等较为近源，被认为是半翅总目中最接近原始祖先的类群。最古老的啮虫目化石出现在距今两亿多年前的古生代二叠纪。

啮虫已知5 500余种，世界各地均有分布，隶属于3亚目45科。我国啮虫资源丰富，种类繁多，目前已知近1 600种。

啮虫目昆虫为渐变态。若虫与成虫相似，多数种类两性生殖，卵生。一次产卵20～120粒，单产或聚产于叶上或树皮上，盖以丝网。部分啮虫具胎生能力，有些种类能营孤雌生殖。

啮虫生境十分复杂，一般生活于树皮、篱笆、石块、植物枯叶间及鸟巢、仓库等处，在潮湿阴暗或苔藓、地衣丛生的地方也常见，大部分种类属于散居生活，有的种类具群居习性。爬行敏捷，不喜飞翔。

触啮 | 张巍巍 摄

花翅啮虫 | 杰仔 摄

触啮 *Psococerastis* sp.（啮虫科 Psocidae）

【识别要点】中至大型啮虫，触角长，为前翅1～2倍；翅有美丽斑纹，翅痣后角钝圆；爪具亚端齿，爪垫细，端钝，基部具有粗刺。**【习性】**多栖息于树枝、树干以及栅栏上。**【分布】**云南。

花翅啮虫（啮虫科 Psocidae）

【识别要点】体型较大，触角长。翅有斑纹， 光滑无毛，前翅Sc脉存在；爪具端齿，爪垫细，端钝，基部具有粗刺。**【习性】**多栖息于树枝、树干上。**【分布】**广东。

亮翅啮虫（啮虫科 Psocidae）

【识别要点】体型较大，触角长。翅黑色，有较强光泽，光滑无毛，前翅Sc脉存在；爪具端齿，爪垫细，端钝，基部具有粗刺。【习性】多栖息于树枝、树干上。【分布】重庆。

曲啮 *Sigmatoneura* sp.（啮虫科 Psocidae）

【识别要点】雌雄异色，雄淡雌深。触角长，超过翅长2倍；翅狭长，Rc脉终止于前缘，Rs脉和M脉一般以横脉相连；爪具亚端齿，爪垫细。【习性】多栖息于树枝、树干上。【分布】广东。

亮翅啮虫 | 郭宪 摄

曲啮 | 杰仔 摄

外啮 | 寒枫 摄

外啮（外啮科 Ectopsocidae）

【识别要点】小型啮虫，体暗褐色。翅黑色，长翅型；爪附节2节，无亚端齿，爪垫宽。【习性】多栖息于树上、枯枝落叶中。【分布】重庆。

斧啮（斧啮科 Dolabellopsocidae）

【识别要点】中等大小，触角较长，披长毛。长翅型，翅缘及翅脉具毛；爪具亚端齿，爪垫细，端膨大；前足腿节内侧具钉状齿。【习性】多栖息于树上。【分布】云南。

斧啮 | 张宏伟 摄

Order Thysanoptera

缨翅目

钻花蓟马缨翅目，体小细长常翘腹；
短角聚眼口器歪，缨毛围翅具泡足。

缨翅目的昆虫通称蓟马，是一类体形微小、细长而略扁具有锉吸式口器的昆虫。蓟马若虫与成虫相似，经“过渐变态”后发育为不取食而有翅芽的前蛹或预蛹，尔后羽化为有翅的成虫，其翅边缘有缨毛，故称缨翅目。目前，全世界已描述的种类有9科6 000余种，中国已知340余种。若虫与成虫多见于花蕊、叶片背面及枯叶层中。

过渐变态一生经历卵、一二龄幼虫、三四龄蛹、成虫。两性生殖和孤雌生殖，或者两者交替发生。大多数为卵生，但也有少数种类为卵胎生。若虫常易与无翅型种类的成虫相混淆。但若虫头小，无单眼，复眼很小，体黄色或白色，管尾亚目的若虫体常有红色斑点或带状红斑纹。蓟马善跳，在干旱的季节繁殖特别快，易形成灾害，常见于花朵上，取食花粉粒和发育中的果实。

蓟马

Thrips sp.

(蓟马科 Thripidae)

【识别要点】体较扁平，长约2 mm。复眼突出，头与前胸棕色，较光滑。翅苍白，细长。腹部褐色，末节不呈管状。【分布】北京。

瘦管蓟马

Gigantothrips sp.

(管蓟马科 Phlaeothripidae)

【识别要点】体黑色，长约5 mm。头长为宽的1.5倍左右。翅狭长，半透明。腹末节呈长管状。【分布】云南。

丽瘦管蓟马

Giganothrips elegans Zimmermann

(管蓟马科 Phlaeothripidae)

【识别要点】体细长，长约6 mm。体黑棕至黑色，头长约为宽的2倍。前足胫节、中和后足胫节端半部黄色，各足跗节黄色。翅苍白，翅缘缨毛灰色，较长。腹部各节末端稍带棕黄色，末节呈细长管状。【寄主】哈曼榕。【分布】福建、广东、海南、台湾；菲律宾、印度、印度尼西亚、泰国。

榕母管蓟马

Gynaikothrips ficorum (Marchal)

(管蓟马科 Phlaeothripidae)

【识别要点】体黑色，长约2.5 mm。复眼突出，前足股节，中、后足胫节端部及各跗节黄色。翅苍白，较细长。腹部末节呈管状。【寄主】榕树、无花果。【分布】北京、福建、广东、广西、海南、台湾、云南；日本、泰国、越南、马来西亚、新加坡。

毛管蓟马

Leeuwenia sp.

(管蓟马科 Phlaeothripidae)

【识别要点】体略偏，长约3 mm。复眼突出，黄棕色。头和前胸有网纹，各足跗节黄色。翅细长且宽度一致。腹部较宽，末节呈长管状。【分布】广东。

瘦管蓟马 | 张宏伟 摄

蓟马 | 陈尽 摄

丽瘦管蓟马 | 偷米 摄

榕母管蓟马 | 张宏伟 摄

毛管蓟马 | 偷米 摄

Order Hemiptera

半翅目

蝽蝉蚜蚧半翅目，同翅异翅体上覆；
刺吸口器分节喙，水陆取食动植物。

半翅目包括4个亚目：胸喙亚目Stemorrhyncha、头喙亚目Auchenorrhyncha、鞘喙亚目Coleorhyncha、异翅亚目Heteroptera。半翅目昆虫世界性分布，以热带、亚热带种类最为丰富。目前，世界已知83 000多种，中国已知6 100多种。

半翅目昆虫为渐变态（粉虱和介壳虫雄虫近似全变态），一生经过卵、若虫、成虫3个阶段。卵单产或聚产于土壤、物体表面或插入植物组织中，初孵若虫留在卵壳附近，蜕皮后才分散。若虫食性、栖境等与成虫相似。一般5龄，1年1代或多代，个别种类多年完成1代。许多种类具趋光性。

半翅目昆虫多为植食性，以刺吸式口器吸食多种植物幼枝、嫩茎、嫩叶及果实的汁液，有些种类还可传播植物病害。吸血蝽类为害人体及家禽家畜，并传染疾病；水生种类捕食蝌蚪、其他昆虫、鱼卵及鱼苗；猎蝽、姬蝽、花蝽等捕食各种害虫及螨类，是多种害虫的重要天敌；有些种类可以分泌蜡、胶，或形成虫瘿，产生五倍子，是重要的工业资源昆虫，紫胶、白蜡、五倍子还可药用。蝉的鸣声悦耳动听，蜡蝉、角蝉的形态特异，是人们喜闻乐见的观赏昆虫。

尺蝽 | 李元胜 摄

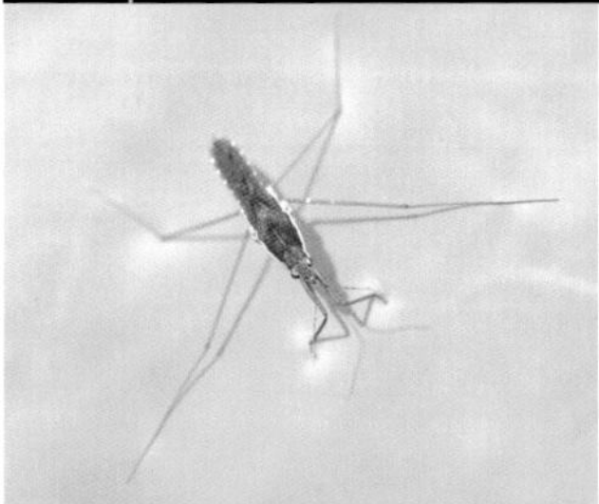

细角黾蝽 | 周纯国 摄

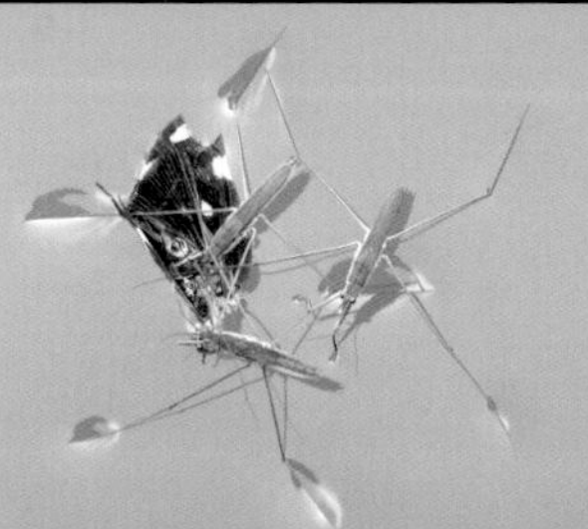

水黾 | 周纯国 摄

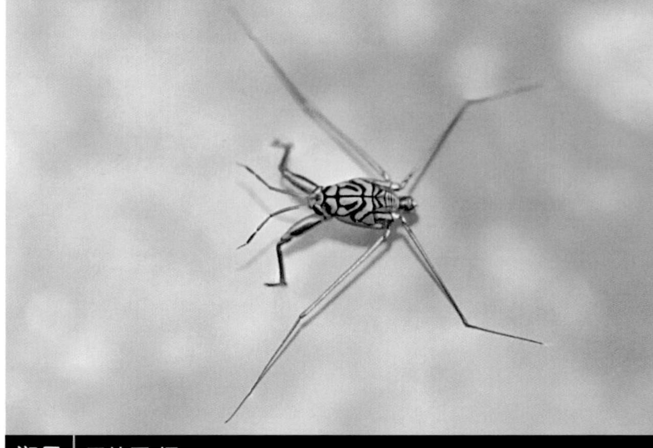

涧黾 | 周纯国 摄

圆斑涧黾 | 周纯国 摄

尺蝽

Hydrometra sp.

（尺蝽科 Hydrometridae）

【识别要点】体细长，头狭长，等于或长于胸部，眼远离前胸背板前缘，眼前部向顶端逐渐变粗，无单眼。眼后部细长，中部略缢缩，腹部腹面有一层白色或黄色的丝绒毛，前足胫节由基部至顶端逐渐宽阔，跗节2节，着生于胫节顶端。【习性】常缓慢地、不慌不忙地在池面走或在池边植被中爬行。捕食小甲壳动物和昆虫幼虫，尤其是孑孓，有群集取食行为。【分布】重庆。

细角黾蝽

Gerris gracilicornis Horvath

（黾蝽科 Gerridae）

【识别要点】体长10～15 mm。雄虫第8腹节背板上也许有由灰白色毛组成的2个斑点。雌虫第7腹节顶角尖，向后超过第7背板后缘，其顶端指向上指，被细而长的毛束。雄虫阳茎腹面的骨化结构退化，而背面骨化结构的基部扩展成叶状。【习性】在水面上划行，以掉落在水上的其他昆虫、虫尸或其他动物的碎片等物为食。【分布】福建、广东、广西、贵州。

水黾

Gerris paludum Fabricius

（黾蝽科 Gerridae）

【识别要点】体长9～12 mm，宽2～3 mm，纺锤形底色黑褐色，密被银白色细毛，具有翅和无翅型。触角黄褐色，4节。头顶有黄褐色“V”字形斑。前足腿节外侧有1黑色纵纹。【习性】在水面上划行，以掉落在水上的其他昆虫、虫尸或其他动物的碎片等物为食。【分布】北京、河北、辽宁、吉林、黑龙江、江苏、浙江、福建、江西、广东、台湾。

涧黾

Metrocoris sp.1

（黾蝽科 Gerridae）

【识别要点】体中小型，橘黄色，5～77 mm，背部分布有显著的黑色和橘黄色条纹。腹部较小，中足略长于后足，显著长于前足。【习性】生活在干净的山间小溪，在水面上划行，以掉落在水上的其他昆虫、虫尸或其他动物的碎片等物为食。【分布】重庆。

圆斑涧黾

Metrocoris sp.2

（黾蝽科 Gerridae）

【识别要点】体中小型，淡黄褐色，约6 mm，背部分布有1对对称的斑纹。腹部较小，中足略长于后足，显著长于前足。【习性】生活在干净的山间小溪，水面上划行，以掉落在水上的其他昆虫、虫尸或其他动物的碎片等物为食。【分布】重庆。

巨涧黾

Potamometra sp.

（黾蝽科 Gerridae）

【识别要点】中到大型，黑褐色，具金属光泽。腹部短小。触角第2节等于或短于第3节。无翅型个体的中胸和后胸由节间缝所分隔，前胸背板和中胸背板中部有黄色斑点。中后足细长，股节端部白色。雌虫腹部下方无变化的特征。【分布】重庆。

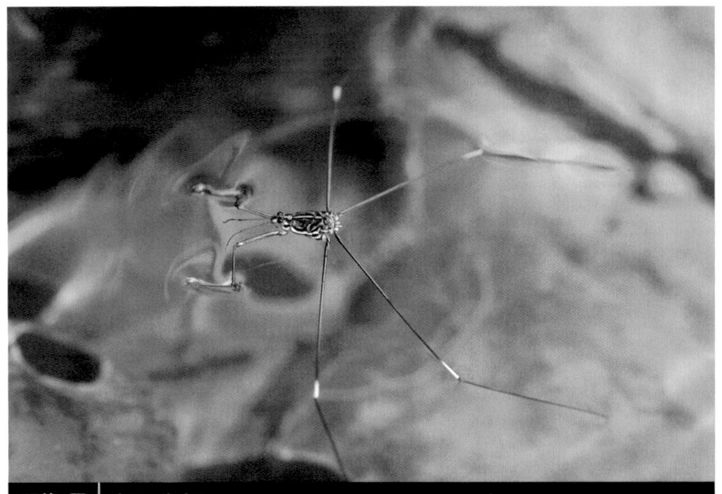

巨涧黾 李元胜 摄

日拟负蝽

Appasus japonicus (Vuillefroy)

（负子蝽科 Belostomatidae）

【识别要点】体长21～26 mm。卵形，暗黄褐色。背面较平坦，腹面较突出。头部略钝短，向前方突出。小盾片正三角形，较大。前足特化为捕捉足，后足特长，中后足为游泳足。前跗节2节，具2只较长的爪。腹部末端有短而扁平的呼吸管。【习性】有较强趋光性，雌虫将卵产于雄虫背面，直至孵化。【分布】黑龙江、北京、天津、河北、江苏、湖北、广东、广西、海南、四川、贵州、云南。

日拟负蝽 李虎 摄

锈色负子蝽

Diplonychus rusticus (Fabricius)

（负子蝽科 Belostomatidae）

【识别要点】体长椭圆形，淡黄褐色。前胸背板前叶中纵线长3倍于后叶中纵线长。前跗节1节，具2只较细的爪。【习性】常悬浮在池塘或湖泊的静水中，捕食昆虫、蝌蚪、螺、小鱼等，有趋光性。【分布】上海、江苏、浙江、福建、江西、湖北、湖南、广东、广西、贵州、云南。

锈色负子蝽 李元胜 摄

日壮蝎蝽

Laccotrephes japonensis Scott

（蝎蝽科 Nepidae）

【识别要点】体大型，通常大于30 mm，前胸背板前后端均有显著突起。【习性】生活于静水水体中，不善于游泳，在水底或水草上爬行，取食各种小型水生动物。【分布】北京、天津、河北、山西、江苏、江西、河北、贵州、台湾。

日壮蝎蝽 唐志远 摄

灰蝎蝽

Nepa cinerea Linnaeus

（蝎蝽科 Nepidae）

【识别要点】体扁平椭圆形，前足短于后足，前足腿节基部腹面无一指状突起。呼吸管长于体长的1/2，第6腹板中线长度为第5腹板中线长度的2倍。【习性】生活在河流、湖泊、池塘、水田等水域的底层。【分布】黑龙江、甘肃、新疆。

灰蝎蝽 李元胜 摄

中华螳蝎蝽 *Ranatra chinensis* Mayr（蝎蝽科 Nepidae）

【识别要点】赭黄色。体呈狭长的棍状，体长42 mm，连呼吸管约92 mm，宽5 mm。前胸背板前叶窄于头部。前腿节长于前胸，前足腿节腹面约1/2处只有一显著的长的齿状突起，胫节末端腹面亦具一小齿。【习性】生活在河流、湖泊、池塘、水田等水域的底层，喜在水草丛中游划。【分布】天津、黑龙江、江西、山东、湖北、四川、广西、贵州、云南、台湾。

印度蟾蝽 *Nerthra indica* (Atkinson)（蟾蝽科 Gelastocoridae）

【识别要点】形似小蛙，体短宽，眼突出，跳跃捕食。触角粗短，藏于眼及前胸下方，前足股节粗大。【习性】栖于小溪或池塘水边的泥中。有的种类在生活史的一段时期穴居。卵埋在沙中，体色随生活环境而异。【分布】贵州。

横纹划蝽 *Sigara substriata* Uhler（划蝽科 Corixidae）

【识别要点】体长6 mm，宽2 mm。近长筒形，复眼黑色。前胸背板上有5～6条黑色横纹。前翅密布不规则的黑色刻点和条纹。【习性】生活在池塘、湖湾、水田等浅水底层。趋光性强。【分布】全国广布。

黑纹仰蝽 *Notonecta chinensis* Fallou（仰蝽科 Notonectidae）

【识别要点】体长14～16 mm，宽5～6 mm。体卵形，背面隆起如船底，游泳时腹面朝上。复眼大，紫色，无单眼。触角较小，隐藏在复眼下方凹槽中。前翅革片红褐色，有黑斑，膜片黑色。足黄褐色，中足腿节近端出处有1刺。腹部腹面黑色，中央具脊。【习性】生活在水的上层，受到惊吓会躲到底层泥土或水草上。【分布】北京、辽宁、黑龙江、上海、江苏、安徽、福建、江西、湖北、湖南。

中华螳蝎蝽 | 李虎 摄

印度蟾蝽 | 李虎 摄

横纹划蝽 | 李元胜 摄

黑纹仰蝽 | 李虎 摄

小仰蝽 *Anisops* sp.（仰蝽科 Notonectidae）

【识别要点】卵形，背面突起。小盾片三角形，较大。前中足有2爪，后足为游泳足具1爪。腹面有气室。生活于浅水的中上层，休息时，平躺在水中或水底。【习性】生活在水的上层，肉食性。【分布】重庆。

线蚤蝽 *Distotrephes* sp.（蚤蝽科 Helotrephidae）

【识别要点】体长仅1～2 mm，微型水生蝽类。头部极为宽短，并与前胸愈合，前胸背板发达，头胸部占据近半体长，小盾片极大。头胸部及小盾片黄色带有棕黑色斑纹，前翅以棕黑色为主。【习性】生活在山间小溪相对平静的水湾中，可在水下石头上发现。【分布】重庆。

革红脂猎蝽 *Velinus annulatus* Distant（猎蝽科 Reduviidae）

【识别要点】体长14～18 mm，黄白色到黑褐色，大多数情况下为暗黄色。前胸背板前叶较大，中央具较深的宽纵凹；前胸背板后叶中央具浅纵凹，侧角圆钝，后角明显，后缘中部略凸；小盾片中部具“Y”形脊；各足股节明显呈结节状；前翅超过腹末。腹部第5，6节侧接缘显著扩展。【习性】在植物丛的中上层活动，捕食各种昆虫和节肢动物。【分布】云南、广西、贵州、福建、广东。

桔红猎蝽 *Cydnocoris gilvus* Burmeister（猎蝽科 Reduviidae）

【识别要点】红色，体长17～19 mm，腹部最大宽度4～5 mm。触角、喙顶端、眼、头横缢前部基缘横色带、前胸背板前缘、前翅膜片、胸腹板及侧板块斑（除前胸外）、腹板各节前半部黄带斑、各足均为黑色。前胸背板前端具黑色斑纹，前叶较大，长于后叶的1/2，后叶无黑色斑点。【习性】在植物丛的中上层活动，捕食各种昆虫和节肢动物。【分布】云南、广西、福建、广东、西藏。

多变嗯猎蝽

Endochus cingalensis Stål

（猎蝽科 Reduviidae）

【识别要点】体长15～21 mm，体色及大小多型；雌虫体色及体长变化较小，基色从黄褐色至黑褐色；雄虫体色及体长变化甚大，基色从淡黄色至黑色。头背面、触角、前胸背板、各足色斑、腹部侧接缘斑块黑色，触角浅环、腹部腹面及各足土黄色。小盾片具“Y”形脊；前足股节较粗；雄虫前翅超过腹末，雌虫前翅达到或略超过腹末。【习性】在植物丛的中上层活动，捕食各种昆虫和节肢动物。【分布】云南、江苏、福建、江西、贵州、西藏、广西、广东、海南。

多变嗯猎蝽 | 李虎 摄

黑角嗯猎蝽 | 周纯国 摄

黑角嗯猎蝽

Endochus nigricornis Stål

（猎蝽科 Reduviidae）

【识别要点】体长18～23 mm，土黄色至黄褐色，略闪光。多数个体触角第1节的中部及两端第2节中部、前胸背板侧角刺突、小盾片、各足股节亚端部的斑纹、各胸节侧板上的斑点、各腹节上的斑点黑褐色至黑色。前胸背板前叶具印纹，中后部中央具纵凹；前胸背板后叶侧角刺较长，后角圆突，后缘近直。【习性】在植物丛的中上层活动，捕食各种昆虫和节肢动物。【分布】云南、湖北、浙江、四川、福建、西藏、贵州、广西、广东、海南。

类嗯猎蝽

Endochopsis sp.

（猎蝽科 Reduviidae）

【识别要点】体狭长，被短毛及直立长毛。前胸背板侧角刺长，由侧角上方伸出，后缘无小齿，小盾片外缘外弓。【习性】在植物丛的中上层活动，捕食各种昆虫和节肢动物。【分布】云南。

类嗯猎蝽 | 张宏伟 摄

六刺素猎蝽

Epidaus sexpinus Hsiao

（猎蝽科 Reduviidae）

【识别要点】体长16～22 mm，黄色到黄褐色，略闪光，体表大部密被黄白色平伏短毛。前翅膜区、侧接缘上的深色斑褐色至暗褐色；触角第1节上的浅色环纹、头部腹面、喙、中后足股节大部及胫节、侧接缘各节淡斑黄色至暗黄色。前胸背板后叶前部中央具2条明显或不明显的纵脊；侧角刺较长，略上翘，中刺短于侧角刺，后角圆钝，后缘中部近直。【习性】在植物丛的中上层活动，捕食各种昆虫和节肢动物。【分布】云南、浙江、福建、江西、西藏、贵州、广西、海南。

六刺素猎蝽 | 杰仔 摄

霜斑素猎蝽 ｜ 李虎 摄

红彩瑞猎蝽 ｜ 钟茗 摄

霜斑素猎蝽 *Epidaus famulus* Stål（猎蝽科 Reduviidae）

【**识别要点**】体长18～25 mm，黄褐色至红褐色。前胸背板及腹板、中胸侧板及腹板、小盾片、后胸侧板及腹板、前翅、腹部第2节腹板、侧接缘第5节端部及第6节基部具大小与形状不一的白色蜡质粉被；触角第1节上具2个淡色环纹。前胸背板前叶中后部具1道近菱形的浅凹，后叶中后部的2刺及侧角刺较长，后角圆凸，后缘中部近直。【**习性**】在植物丛的中上层活动，捕食各种昆虫和节肢动物。【**分布**】云南、四川、福建、贵州、广西、广东、海南。

红彩瑞猎蝽 *Rhynocoris fuscipes* Fabricius（猎蝽科 Reduviidae）

【**识别要点**】体长12～18 mm，鲜红色至暗红色，光亮。触角第1，2节、前胸侧板前部及端部、小盾片基半部、中后胸侧板大部及腹板、各足股节大部、胫节基部、侧接缘各节基部黑色革片内侧、膜区黑褐色，具蓝色金属光泽。前胸背板前叶具不明显的印纹，中央纵沟后半部较深，两侧具瘤突。【**习性**】在植物丛的中上层活动，捕食各种昆虫和节肢动物。【**分布**】西藏、浙江、江西、湖南、四川、贵州、福建、广东、广西、云南、海南。

云斑瑞猎蝽 *Rhynocoris incertis* Distant（猎蝽科 Reduviidae）

【**识别要点**】体长14～18 mm，黑色，具红色斑纹，色斑变化显著。前胸背板前叶印纹较深组成云斑，后叶中央平坦，侧角圆钝，侧后缘翘起，后缘略凹；小盾片端部钝，边缘上卷。【**习性**】在植物或地表活动，捕食各种昆虫和节肢动物。【**分布**】云南、陕西、河南、江苏、安徽、湖北、浙江、江西、福建、湖南、四川、贵州、广西、广东。

独环瑞猎蝽 *Rhynocoris altaicus* Kiritschenko（猎蝽科 Reduviidae）

【**识别要点**】体长14～15 mm，黑色，被浅色短毛，头腹面、前胸背板侧缘及后缘、前足及中足基节臼周缘、股节基部、侧接缘背腹横斑均为红色。股节具一个宽阔的红色环纹。【**习性**】在植物丛的中上层活动，捕食各种昆虫和节肢动物。【**分布**】北京、内蒙古、河北、陕西。

云斑瑞猎蝽 ｜ 李虎 摄

独环瑞猎蝽 ｜ 李虎 摄

黄缘瑞猎蝽 | 张宏伟 摄　红缘猛猎蝽 | 李虎 摄

赤腹猛猎蝽 | 李虎 摄　华猛猎蝽 | 李虎 摄　环斑猛猎蝽 | 王江 摄

黄缘瑞猎蝽 *Rhynocoris marginellus* (Fabricius)（猎蝽科 Reduviidae）

【识别要点】体长12～14 mm，黑色，具红色斑纹，色斑变化较大，侧接缘变化显著。【习性】在植物丛的中上层活动，捕食各种昆虫和节肢动物。【分布】海南、广东、广西、江苏、云南。

红缘猛猎蝽 *Sphedanolestes gularis* Hsiao（猎蝽科 Reduviidae）

【识别要点】体长11～13 mm，黑色，光亮。复眼褐色，具不规则的黑色斑纹，单眼黄色至黄褐色，前胸背板后叶颜色较浅，有时呈黄褐色；腹部腹面红色，两侧具黑色斑纹，有时黑色斑纹消失。前胸背板前叶圆鼓，后叶凹较浅侧接缘略上翘。【习性】在植物丛的中上层活动，捕食各种昆虫和节肢动物。【分布】云南、甘肃、河南、安徽、湖北、浙江、江西、湖南、西藏、四川、重庆、贵州、福建、广西、广东。

赤腹猛猎蝽 *Sphedonolestes pubinotus* Reuter（猎蝽科 Reduviidae）

【识别要点】体长14～19 mm，黑色，具蓝色金属光泽。复眼褐色至黑褐色，单眼红褐色，触角第3，4节黑褐色至黑色；侧接缘红褐色至鲜红色， 颈端突明显瘤状，前胸背板前叶显著小于后叶，后叶上的纵沟较窄而深；前胸背板后叶发达，侧角略上翘。【习性】在植物丛的中上层活动，捕食各种昆虫和节肢动物。【分布】云南、安徽、浙江、四川、西藏、福建、江西、贵州、广西、广东、海南。

华猛猎蝽 *Sphedanolestes sinicus* Cai & Yang（猎蝽科 Reduviidae）

【识别要点】体长15～18 mm，黑色，具蓝色金属光泽。腹部腹面大部及侧接缘各节端半部淡黄色至灰黄色。前胸背板前叶较小，圆鼓，前部两侧有浅凹陷；前胸背板后叶中央纵纹较窄，后缘较长，近直。各足细长，股节明显结节状；前翅显著超过腹末。【习性】在植物丛的中上层活动，捕食各种昆虫和节肢动物。【分布】贵州、浙江、湖南、四川。

环斑猛猎蝽 *Sphedonolestes impressicollis* Stål（猎蝽科 Reduviidae）

【识别要点】体长13～16 mm，基本色泽为黑色。腹部腹面、侧接缘侧各节端半部或大部黄色至黄褐色。各足股节多具3个完整的淡色环纹。前胸背板前叶圆鼓，两侧中央各具1个明显的小瘤突，后叶中央纵沟较宽深，侧角钝圆。【习性】在植物丛的中上层活动，捕食各种昆虫和节肢动物。【分布】贵州、辽宁、北京、陕西、甘肃、山东、河南、江苏、安徽、湖北、浙江、江西、湖南、四川、重庆、福建、广东、广西、云南。

黄壮猎蝽 *Biasticus flavus* (Distant)（猎蝽科 Reduviidae）

【识别要点】体长11～12 mm，土黄色，光亮。触角、各足黑褐色至黑色；前唇基端部、单眼间纵斑黄色至暗黄色；前翅大部淡黄褐色，爪片基部2/3深褐色；少数个体前足胫节近基部具淡色环纹；腹部腹板多无黑斑。前胸背板前叶中央具纵凹，后叶中部较平，侧角钝圆，后角不明显，后缘近直或微凸；前翅超过腹末。【习性】在植物丛的中上层活动，捕食各种昆虫和节肢动物。【分布】贵州、广东、广西、云南、海南。

多变齿胫猎蝽 *Rihirbus trochantericus* Stål（猎蝽科 Reduviidae）

【识别要点】体长17～24 mm，体色和色斑多变。触角第1节端部黑色，前胸背板具2个显著的突起，后叶具刻点和皱纹。【习性】在植物丛的中上层活动，捕食各种昆虫和节肢动物。【分布】贵州、广东、广西、云南、海南。

华齿胫猎蝽 *Rihirbus sinicus* Hsiao（猎蝽科 Reduviidae）

【识别要点】体长20～25 mm，黄褐色至黑色，雄虫多黑色；头部腹面、前胸腹板中部、触角亚端部具黄色至黄褐色环纹，前足胫基部1/3处的斑纹，中、后足股节上的2个环纹及胫节基部1/3处的斑纹，中、后足胫节端部暗黄色至褐色，腹部腹面中部红褐色至褐色。前胸背板前叶中央具纵凹，纵凹两侧的突起不明显；前胸背板后叶中央具纵脊，侧角及后角圆钝。【习性】在植物丛的中上层活动，捕食各种昆虫和节肢动物。【分布】贵州、广西。

四川犀猎蝽 *Sycanus sichuanensis* Hsiao（猎蝽科 Reduviidae）

【识别要点】体长19～23 mm，棕褐色至黑色，光亮。第3—7腹节侧接缘基部斜伸向内中部的斑纵鲜红色至暗红色，各足股节亚端部的环纹黄褐色至黑褐色。前胸背板前叶圆鼓，具不明显的印纹，小盾片具顶端分叉略弯曲的长刺，腹部侧接缘近半圆形向两侧扩展。【习性】在植物丛的中上层活动，捕食各种昆虫和节肢动物。【分布】云南、贵州、四川、重庆、湖北。

黄壮猎蝽 | 李虎 摄

多变齿胫猎蝽 | 张宏伟 摄

华齿胫猎蝽 | 李虎 摄

四川犀猎蝽 | 李虎 摄

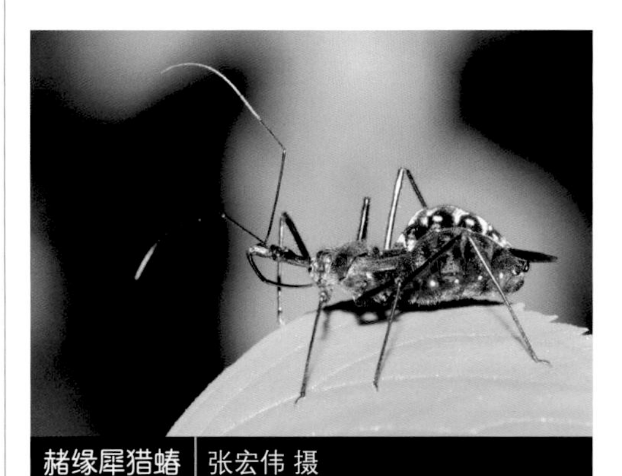

赭缘犀猎蝽 | 张宏伟 摄

赭缘犀猎蝽 *Sycanus marginellus* Putishkov

（猎蝽科 Reduviidae）

【识别要点】体长23～28 mm，黑色。前翅革片端部横带淡黄色，侧接缘各节后缘及外缘红色，腹部各节腹板腹面两侧各有一白色斑点，小盾片刺甚短。【习性】在植物丛的中上层活动，捕食各种昆虫和节肢动物。【分布】云南。

黄带犀猎蝽 | 杰仔 摄

黄带犀猎蝽 *Sycanus croceovittatus* Dohrn

（猎蝽科 Reduviidae）

【识别要点】体长22～23 mm，体黑色，稍光亮。前翅革区端半部及膜区基部鲜黄色至橘黄色。【习性】在植物丛的中上层活动，捕食各种昆虫和节肢动物。【分布】广东、广西、云南、贵州、湖南、福建、海南、香港。

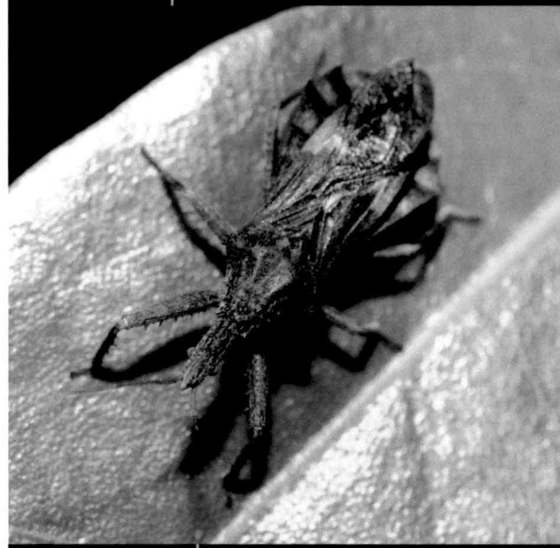

锥角长头猎蝽 | 李虎 摄

锥角长头猎蝽

Henricohahnia monticola Hsiao & Ren

（猎蝽科 Reduviidae）

【识别要点】体长13.5 mm，椭圆形，浅褐色，披黄色短细毛。头向前伸长，中央侧扁，成刺状向前突出，眼前部分长于眼后部分；前胸背板中部前方具横缢，前叶中央后方两个突起不大；腹部腹面中央具纵脊，腹部第6节侧缘向内弯曲。【习性】主要在地表石块下活动，捕食各种昆虫和节肢动物。【分布】四川、贵州、广西。

长头猎蝽 *Henricohahnia* sp.

（猎蝽科 Reduviidae）

【识别要点】体小到中型，大多数在14 mm左右，长椭圆形，密被白色软毛。头圆柱形，两侧近平行，前部呈刺状延伸。前胸背板具双纵隆脊。【习性】在植物丛的中上层活动，捕食各种昆虫和节肢动物。【分布】云南。

齿塔猎蝽 *Tapirocoris densa* Hsiao & Ren

（猎蝽科 Reduviidae）

【识别要点】体长12～14 mm，黄褐色至深褐色。前胸背板前叶、前胸背板后叶两侧、小盾片基部、第4—6腹节侧接缘端半部深褐色至黑色；各足基节、胸节侧板及腹部腹面具有大小不一的深色斑点；膜区略闪光。前胸背板前、后两叶近等长，前叶具格状印纹，侧角呈齿状突出，小盾片具“Y”形脊。【习性】在植物丛的中上层活动，捕食各种昆虫和节肢动物。【分布】云南、四川、重庆。

长头猎蝽 | 张宏伟 摄

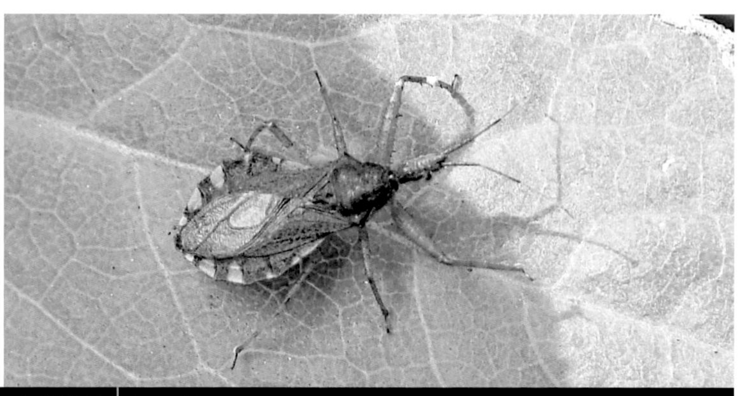

齿塔猎蝽 | 郭宪 摄

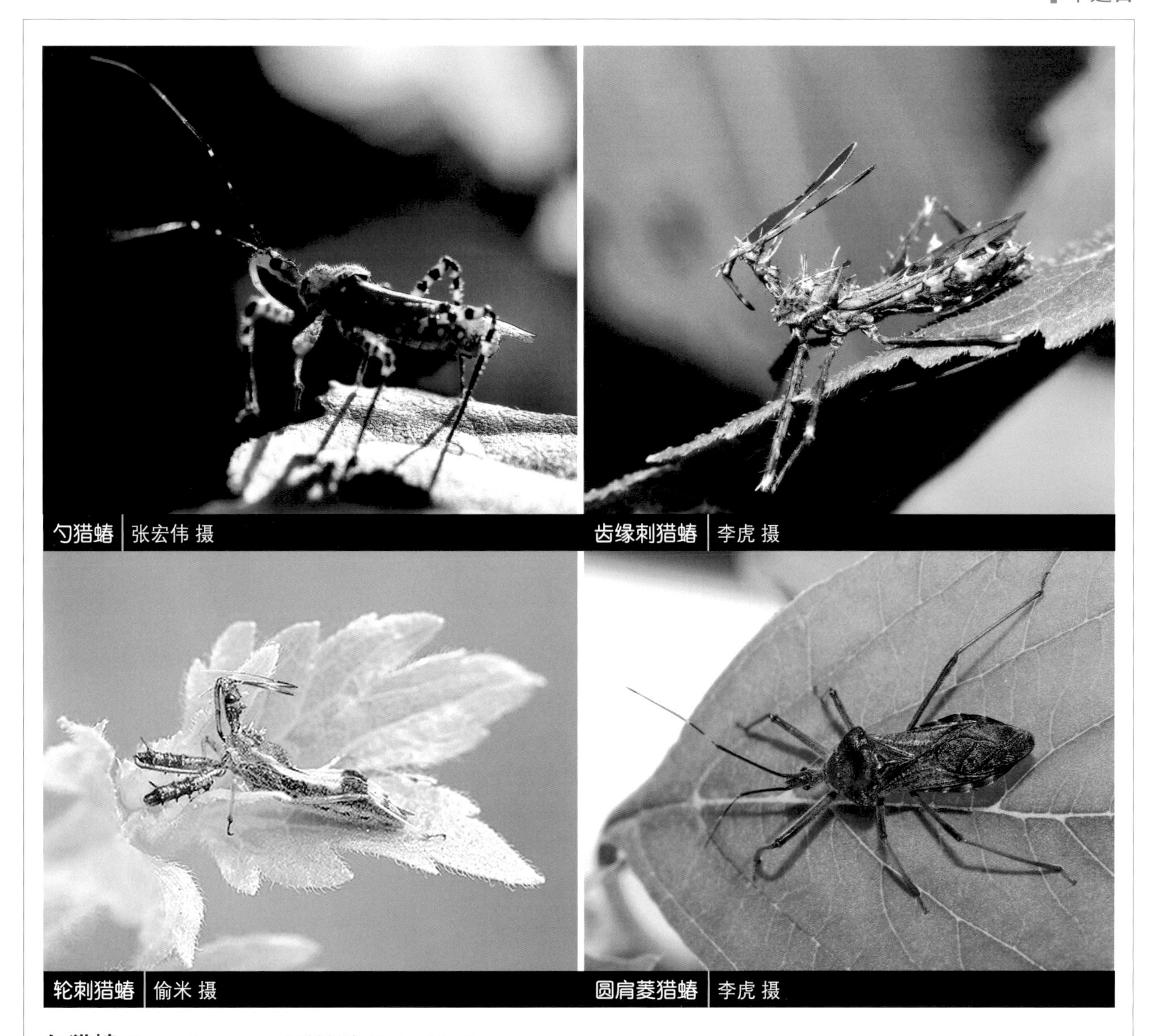

勺猎蝽 | 张宏伟 摄　齿缘刺猎蝽 | 李虎 摄　轮刺猎蝽 | 偷米 摄　圆肩菱猎蝽 | 李虎 摄

勺猎蝽 *Cosmolestes* sp.（猎蝽科 Reduviidae）

【识别要点】体长椭圆形。前胸背板前角显著尖锐，小盾片阔勺状。各足股节端部结节状。【习性】在植物丛的中上层活动，捕食各种昆虫和节肢动物。【分布】云南。

齿缘刺猎蝽 *Sclomina erinacea* Stål（猎蝽科 Reduviidae）

【识别要点】体长13 ~ 16 mm。黄色至黄褐色。头部背面、前胸背板、各足股节具长刺突，以前胸背板中部的1对最大。前胸背板前叶具印纹，中央深纵凹；前胸背板后叶中央纵凹浅，后角圆钝，后缘略凸；小盾片具“Y”形脊，端部微下弯；前足股节较发达；第3—7腹节侧接缘后角锯齿状向外突出。【习性】在植物丛的中上层活动，捕食各种昆虫和节肢动物。【分布】云南、湖北、安徽、浙江、湖南、四川、江西、福建、贵州、广西、广东、海南、香港、台湾。

轮刺猎蝽 *Scipinia horrida* Stål（猎蝽科 Reduviidae）

【识别要点】体长8 ~ 10 mm，赭色，头顶3对长刺，前胸背板后缘中央凹入，波浪状。前胸背板前叶后面2对刺的顶端呈二分叉状。【习性】在植物丛的中上层活动，捕食各种昆虫和节肢动物。【分布】福建、甘肃、广东、广西、贵州、海南、河南、湖北、湖南、江西、四川、陕西、云南、西藏、浙江。

圆肩菱猎蝽 *Isyndus planicollis* Lindberg（猎蝽科 Reduviidae）

【识别要点】体长18 ~ 23 mm，褐色至暗褐色。头的背面、触角第1节黑褐色至黑色；复眼灰褐色至黑褐色；触角第2节基半部、第2节的基部和端部及第4节基部红褐色；喙、各足股节褐色；侧接缘上的斑黄褐色。前胸背板前叶印纹较浅，后叶前方具有不太明显的皱纹，侧角较圆钝。【习性】在植物丛的中上层活动，捕食各种昆虫和节肢动物。【分布】云南、甘肃、陕西、四川、贵州。

毛足菱猎蝽 *Isyndus pilosipes* Reuter（猎蝽科 Reduviidae）

【识别要点】体长25～34 mm，浅褐色至褐色。触角第1节具淡色环纹，各足股节背面不具黑色纵纹，前胸背板具刺状突起。【习性】在植物丛的中上层活动，捕食各种昆虫和节肢动物。【分布】西藏、四川、贵州、福建、广东、广西、云南。

红猛猎蝽 *Sphedanolestes trichrous* Stål（猎蝽科 Reduviidae）

【识别要点】体长8～11 mm，红色。足转节和股节基部红色。【习性】生活在植物上。【分布】海南、广西。

小锤胫猎蝽 *Valentia hoffmanni* China（猎蝽科 Reduviidae）

【识别要点】体长14～18 mm，暗黄褐色，被黄色短绒毛。前胸背板侧角刺状，小盾片端刺细长而尖锐，稍向后弯曲。各足股节亚端部腹面具一小刺，前足胫节基半部较细，端部较显著阔展，股节稍长于胫节。【习性】在植物丛的中上层活动，捕食各种昆虫和节肢动物。【分布】广东、广西、云南。

中黑土猎蝽 *Coranus lativentris* Jakovlev（猎蝽科 Reduviidae）

【识别要点】体长10～13 mm，棕褐色，被灰白色平伏短毛及棕色长毛，小盾片中央脊状，向上翘起，腹部腹面中央具黑色纵走带纹，侧接缘端部3/5浅色。【习性】成虫和若虫多在植物丛的下层或地表爬行。【分布】北京、天津、山西、山东、陕西、河南。

二色赤猎蝽 *Haematoloecha nigrorufa* Hsiao（猎蝽科 Reduviidae）

【识别要点】体长13 mm，红色。头、前胸背板纵沟及横缢、小盾片、爪片、革片顶角、膜片、腹部腹面均为黑色；侧接缘具红色斑，前胸背板前叶稍短于后叶，横缢在中央终端，纵沟由前叶伸延到后叶中部。【习性】在植物上层或地表活动，捕食各种昆虫和节肢动物。【分布】北京、浙江、四川、重庆、福建、江西。

毛足菱猎蝽 | 张宏伟 摄　红猛猎蝽 | 杰仔 摄

小锤胫猎蝽 | 张巍巍 摄　中黑土猎蝽 | 李虎 摄　二色赤猎蝽 | 唐志远 摄

黑叉盾猎蝽 周纯国 摄

圆斑荆猎蝽 钟茗 摄

淡带荆猎蝽 李虎 摄

桔红背猎蝽 李虎 摄

黑叉盾猎蝽

Ectrychotes andreae (Thunberg)

（猎蝽科 Reduviidae）

【识别要点】体长11～17 mm，黑色，具蓝色闪光。各足转节、股节基部、腹部腹面大部红色；侧接缘橘黄色至鲜红色，大多数个体为鲜红色；前翅基部、前足股节内侧的纵斑、前足胫节腹面及侧面的纵斑黄白色至暗黄色，各足胫节及跗节黑褐色至黑色；触角第3，4节暗褐色至黑色。前胸背板背面圆鼓，中央纵凹较深。【习性】在地表石块下活动，喜食马陆。【分布】云南、辽宁、北京、河北、陕西、河南、山东、安徽、甘肃、上海、江苏、浙江、湖北、湖南、四川、福建、广西、广东、海南。

圆斑荆猎蝽

Acanthaspis geniculata Hsiao

（猎蝽科 Reduviidae）

【识别要点】体长22～23 mm，褐色至黑色。前胸背板侧角及后叶中后部两个斑点、小盾片端刺、各足转节、股节基部及端部、胫节端半部、侧接缘各节端半部、腹部腹板与侧接缘上淡色斑点相邻处橘红色；前翅革片基部及中后部具黄色圆斑。【习性】在枯树皮、树枝下、石缝中活动，捕食各种昆虫和节肢动物。【分布】云南、广西、海南。

淡带荆猎蝽

Acanthaspis cincticrus Stål

（猎蝽科 Reduviidae）

【识别要点】体长13～18 mm，黑褐色至黑色。复眼褐色至黑褐色。前胸背板侧角刺及基部的斑、后叶中部的2个斑（有时2斑相连）、侧接缘各节端部1/2、各足股节及胫节上的环纹浅黄色至黄色；前胸背板前叶具显著的瘤状，侧角刺状；小盾片中后部中央凹陷，端刺粗；雌虫一般为短翅型。【习性】生活在石块、土堆下或杂草中，主要以蚂蚁为食。若虫有伪装行为。【分布】云南、辽宁、内蒙古、北京、河北、山西、陕西、甘肃、山东、河南、江苏、安徽、浙江、江西、湖南、贵州、广西。

桔红背猎蝽

Reduvius tenebrosus Walker

（猎蝽科 Reduviidae）

【识别要点】体长17～23 mm，黑色。前胸背板后叶一般为橘黄色到暗橘红色；少数个体后叶为褐黑色或黑色。前胸背板中央纵沟及两侧凹陷处具明显的皱纹；侧角圆鼓，后缘略凸；发音沟长，中部宽；小盾片中央凹，具皱纹，端刺较短，上翘；前翅显著超过腹部末端。【习性】在植物丛的中上层活动，捕食各种昆虫和节肢动物。【分布】贵州、广西、江苏、安徽、浙江、江西、湖南、四川、福建、广东、云南。

短斑普猎蝽 | 李虎 摄
刺胸猎蝽 | 李虎 摄
黄足猎蝽 | 李虎 摄
茶褐盗猎蝽 | 李虎 摄

短斑普猎蝽 *Oncocephalus confusus* Hsiao（猎蝽科 Reduviidae）

【识别要点】体长18 mm，浅黄褐色。胫节基部具两个浅褐色环纹；前胸背板的纵向条纹、前胸侧板、腹部腹板和侧接缘各节端部均带褐色。前胸背板侧角尖锐，超过前翅前缘；小盾片尖端向上翘起，顶端粗钝；前翅长，超过腹部末端，膜片外室黑斑短；前足股节膨大，腹面具12个小刺。【习性】有趋光性，捕食各种昆虫和节肢动物。【分布】贵州、黑龙江、辽宁、吉林、内蒙古、北京、河北、陕西、山东、河南、安徽、湖北、江苏、上海、浙江、四川、福建、广东、海南、云南。

刺胸猎蝽 *Pygolampis* sp.（猎蝽科 Reduviidae）

【识别要点】体长13 mm，棕褐色。全身被白色短毛；复眼黑色；头部背面、触角2~4节、前胸背板两侧、前胸背板后叶、小盾片、前翅革片、前足和中足胫节的两个环纹、后足胫节的基部和端部、腹部腹面两侧色带棕褐色。触角第一节长，显著长于头部，由基部向前渐细，端部再膨大，触角第二节最长。前胸背板梯形。【习性】有趋光性，捕食各种昆虫和节肢动物。【分布】云南、广西、贵州、湖南、江西。

黄足猎蝽 *Sirthenea flavipes* (Stål)（猎蝽科 Reduviidae）

【识别要点】体长17~23 mm，黑褐色，光亮。前胸背板前叶黄色至黄褐色；触角第1，2节基部及第3节（除基部外）、革片基部、足、腹部侧接缘斑点、腹部基部及末端的色斑均为土黄色；腹部腹面中央黄褐色到红褐色。前胸背板前缘凹入，中央有纵纹，两侧具斜印纹。【习性】主要在地表石块下活动，捕食各种昆虫和节肢动物。【分布】贵州、陕西、甘肃、河南、江苏、上海、安徽、湖北、浙江、江西、湖南、四川、贵州、福建、广东、广西、云南、海南。

茶褐盗猎蝽 *Pirates fulvescens* Lindberg（猎蝽科 Reduviidae）

【识别要点】体长14~17 mm，宽3~4 mm，黑色，具光亮的白色及黄色短细毛，前翅革片黄褐色，膜片内室端半部及外室深黑色，只有1个大型黑色斑点。【习性】生活在地面石块、杂草、土堆周围，捕食性。【分布】北京、天津、河北、山东。

中国螳瘤蝽 *Cnizocoris sinensis* Kormilev（瘤蝽科 Phymatidae）

【识别要点】窄椭圆形，长9 mm，腹宽4 mm。雌雄个体有明显差异，雌虫腹部卵圆形，雄虫则窄椭圆形。棕褐色。头背面两侧、触角第1节外侧及前胸背板侧角末端，侧接缘各节后角及第4节全部，常棕黑色至黑色。前胸背板六边形，前角尖，中央有1深坑，中域有2条显著纵脊。【习性】多生活在山地植物上，常喜在花絮上伏击其他弱小动物为食。【分布】北京、内蒙古、河北、山西。

山地狭盲蝽 *Stenodema alpestris* Reuter（盲蝽科 Miridae）

【识别要点】体狭长，多两侧平行。体长8～10 mm，宽约2 mm。前胸背板两侧与前翅外半鲜绿色。前胸背板中部色淡，两侧呈深色纵带，并有淡色中纵纹。【分布】浙江、湖北、江西、福建、广西、四川、贵州、云南、陕西、甘肃。

短角异盲蝽 *Polymerus brevicornis* Reuter（盲蝽科 Miridae）

【识别要点】体长4～6 mm，宽2～3 mm。黑褐色。头顶在眼内侧各有一黄斑。小盾片后方为一菱形黄色大斑。楔片底色淡白色，中央大部分为一近圆形的黑斑，斑周缘渐淡。足黑，股节端部具1～2条黄带，后足股节基部黄色，或基下方有一大形黄斑，各足胫节黄白色。【分布】内蒙古、黑龙江。

苜蓿盲蝽 *Adelphocoris* sp.（盲蝽科 Miridae）

【识别要点】长椭圆形，较狭长。头多下倾，头顶中纵沟甚浅，前胸背板无刻点，有横纹。喙伸过中足基节，后足股节具多数深色小黑斑排成数纵行，不伸过腹部末端，腹下侧区各节具一下凹的小斑。【习性】为害棉花，苜蓿的重要害虫。【分布】重庆。

中国螳瘤蝽 | 唐志远 摄

短角异盲蝽 | 周纯国 摄

苜蓿盲蝽 | 寒枫 摄

山地狭盲蝽 | 李虎 摄

后丽盲蝽 杰仔 摄

丽盲蝽 杰仔 摄

明翅盲蝽 周纯国 摄

透翅盲蝽 张巍巍 摄

山高姬蝽 唐志远 摄

后丽盲蝽

Apolygus sp. （盲蝽科 Miridae）

【识别要点】体椭圆形。常具深色斑纹，具光泽。头顶相对宽，中纵沟明显。触角相对较短。前胸背板整体拱隆，明显下倾，侧缘圆钝。前翅刻点较密，楔片短宽，膜片强烈向后倾斜。胫节刺多黑色，长而显著。【习性】寄主范围广，木本、草本植物都有。【分布】广东。

丽盲蝽

Lygocoris sp.

（盲蝽科 Miridae）

【识别要点】体长形，中等大小，两侧多平行，体背面通常为均一的绿色、淡黄色或黄褐色。头顶中纵沟两侧常具刻点。触角相对细长。前胸背板中度倾斜。楔片狭长。足细长，后足股节常伸过腹部末端，胫节无深色斑，刺多浅色。【习性】植食性，为害多种农作物。【分布】广东。

明翅盲蝽

Isabel ravana Kirby

（盲蝽科 Miridae）

【识别要点】体长7～8 mm，体宽2～3 mm。黄褐色或淡褐色，花纹斑驳。头淡黄色。前翅全部透明，呈玻璃状，革片只在后半部清楚可见纵脉的端段。楔片红褐色，翅脉红，大室段尖，膜片中央有一明显的弧形黑纹带。【分布】浙江、福建、江西、湖南、广东、四川、贵州、甘肃。

透翅盲蝽

Hyalopeplus sp.

（盲蝽科 Miridae）

【识别要点】体较长，两侧平行。爪片、革片和楔片透明，玻璃状。革片无脉，膜片亦透明。【分布】海南。

山高姬蝽

Gorpis brevilineatus (Scott)

（姬蝽科 Nabidae）

【识别要点】体长9～11 mm，宽2～4 mm，体污黄色。头腹面中央、腹部腹面基半部中央褐色或黑褐色，中胸侧板中域及后胸侧板后缘各有一个黑色斑点，各足股节端半部均具2个不清晰的浅褐色环纹。【习性】栖息于林区的树木上，捕食小虫。【分布】辽宁、河北、陕西、甘肃、河南、浙江、湖南、江西、湖北、四川、福建、广西、海南、云南。

皮扁蝽 | 刘晔 摄

刺扁蝽 | 史宏亮 摄

伯扁蝽 | 唐志远 摄

皮扁蝽 *Aradus corticalis* Linnaeus（扁蝽科 Aradidae）

【识别要点】雄虫长6～7 mm，雌虫长7～8 mm，腹部宽3～4 mm。椭圆形，棕褐色。触角第2节约等于第3，4节之和，第3节除基部外淡黄色。小盾片较短，侧缘前部斜直，锯齿状。喙伸达前胸背板后缘。【习性】成虫及若虫生活在腐烂的树皮下或表面取食菌类。【分布】吉林、陕西。

刺扁蝽 *Aradus spinicollis* Jakovlev（扁蝽科 Aradidae）

【识别要点】雄虫长6～7 mm，雌虫长7～8 mm，腹部宽2～3 mm。体较短而宽，棕黑色。触角第2节粗于前足股节。前胸背板侧叶扩展并向上翘折，侧角钝圆，侧缘前部显著向内弯曲。小盾片顶角尖削，革片基部强烈呈半圆形扩展，半透明，侧接缘各节后角突出。【习性】成虫及若虫生活在腐烂的树皮下或表面取食菌类。【分布】黑龙江、甘肃、湖北、四川、福建。

伯扁蝽 *Aradus bergrothianus* Kiritschenko（扁蝽科 Aradidae）

【识别要点】雄虫长7 mm，雌虫长9 mm。黑色。触角第2节不粗于前足股节，并长于第3节。前胸背板侧缘前部和后部、前翅基部斑点、小盾片侧缘中央后方、侧接缘各节后角及胫节环纹淡色。【习性】成虫及若虫生活在腐烂的树皮下或表面取食菌类。【分布】北京、河北。

云南脊扁蝽 *Neuroctenus yunnanensis* Hsiao（扁蝽科 Aradidae）

【识别要点】雄虫长7～8 mm，腹宽3 mm。长卵性，暗棕色，腹面红棕色。体表具明显颗粒，触角第4节较长，眼后刺钝，不伸达眼外缘。腹部亚侧缘纵脊显著，第4—6腹节腹板基部具明显横脊。第8腹节气门由背面可见，其他各节气门均位于腹面。【习性】成虫及若虫生活在腐烂的树皮下或表面取食菌类。【分布】浙江、广东、广西、云南。

海南脊扁蝽 *Neuroctenus hainanensis* Liu（扁蝽科 Aradidae）

【识别要点】长7～8 mm，腹宽3～4 mm。体较扁平，长卵形，具颗粒，棕色，触角、头顶、前胸背板、小盾片、革片及足常暗棕色。眼后刺显著，明显超过眼的外缘，颊在中叶前方会聚，前胸背板向内弯曲。【习性】成虫及若虫生活在腐烂的树皮下或表面取食菌类。【分布】海南。

双尾似喙扁蝽 *Pseudomezira bicaudata* (Kormilev)（扁蝽科 Aradidae）

【识别要点】雄虫长5～6 mm，腹宽3～4 mm。体长形，被弯曲短毛和显著小瘤。棕色至暗棕色，头、前胸背板前叶及小盾片常棕黑色。前胸背板侧缘近斜直。颊在中叶前方明显分离。雌虫第8腹节侧叶长叶状。【习性】成虫及若虫生活在腐烂的树皮下或表面取食菌类。【分布】陕西、四川。

台湾毛扁蝽 *Daulocoris formosanus* Kormilev（扁蝽科 Aradidae）

【识别要点】雄虫长11～12 mm，腹宽5～6 mm。近长方形，暗棕色，体后端稍宽，被卷曲短绵毛。头宽于长，喙基部前方不开放，仅具一条窄缝，眼后刺明显伸达眼的外缘，前胸背板前角稍扩展，前翅伸达第7腹节背板中央，前翅膜片暗棕色，具毛簇。【习性】成虫及若虫生活在腐烂的树皮下或表面取食菌类。【分布】福建、广东、台湾。

云南脊扁蝽 | 李虎 摄

海南脊扁蝽 | 李虎 摄

双尾似喙扁蝽 | 谌安明 摄

台湾毛扁蝽 | 李虎 摄

科氏缘鬃扁蝽 *Barcinus kormilevi* Bai, Heiss & Cai（扁蝽科 Aradidae）

【识别要点】棕色至黑色。前胸背板前叶4个胼胝体银灰色，腹部腹面黄褐色至棕红色，第3—6腹板中央浅黄褐色，各足胫节中央棕红色。前胸背板前叶具两刺突，侧缘中央近平直。【习性】成虫及若虫生活在腐烂的树皮下或表面取食菌类。【分布】海南。

胡扁蝽 *Wuiessa* sp.（扁蝽科 Aradidae）

【识别要点】前胸背板前叶中央有两个锥状突起，前角呈角状向前突出，腹部后端扩展，侧接缘向上翘折，各节后角显著，腹节气门内侧有一显著纵沟。【习性】成虫及若虫生活在腐烂的树皮下或表面取食菌类。【分布】湖北、四川、广西、浙江、云南、西藏、海南。

黑背同蝽 *Acanthosoma nigrodorsum* Hsiao & Liu（同蝽科 Acanthosomatidae）

【识别要点】长14 mm，宽6.5 mm，窄椭圆形。黄绿色，头黄褐色。触角第1节棕黄色，第2节棕色，第3，4节棕红色，第5节暗棕色。喙黄褐色，末端黑色。前胸背板中域淡黄绿色，后缘浅棕色，侧角鲜红色，末端尖锐，强烈弯向前方。小盾片暗棕绿色，具黑色刻点，顶端光滑，黄褐色。足黄褐色，胫节黄绿色。腹部背面黑色，末端鲜红色，侧接缘完全黄褐色。腹面棕黄色，光滑。【习性】多生活在林木上。【分布】山西、四川。

泛刺同蝽 *Acanthosoma spinicolle* Jakovlev（同蝽科 Acanthosomatidae）

【识别要点】雄虫长13.5 mm，宽约6 mm，窄椭圆形。灰黄绿色。前胸背板近前缘处有一条黄褐色横带，侧角延伸成短刺状，棕红色，末端尖锐。腹部背面非黑色。【习性】生活在林木上。【分布】辽宁、黑龙江、内蒙古、北京、河北、甘肃、四川、新疆、西藏。

科氏缘鬃扁蝽 | 张巍巍 摄

胡扁蝽 | 张巍巍 摄

泛刺同蝽 | 唐志远 摄

黑背同蝽 | 唐志远 摄

细齿同蝽 李虎 摄

宽铗同蝽 周纯国 摄

同蝽 周纯国 摄

细齿同蝽 *Acanthosoma denticauda* Jakovlev（同蝽科 Acanthosomatidae）

【识别要点】体长14 ~ 18 mm，椭圆形。黄绿色偶尔翠绿色。头及前胸背板前部黄褐色，触角黄褐色。前胸背板侧角末端稍突出，棕黑色。革片黄绿色，膜片浅棕色，半透明。足黄褐色。腹部背面浅棕色，末端红棕色，侧接缘各节具黑色斑纹。【习性】生活在落叶松、梨及山楂上。【分布】黑龙江、吉林、北京、辽宁、山西、陕西、福建。

宽铗同蝽 *Acanthosoma labiduroides* Jakovlev（同蝽科 Acanthosomatidae）

【识别要点】体长17 ~ 20 mm，卵形。草绿色。头、前胸背板前部黄褐色。前胸背板侧角甚短，末端圆钝，光滑，橙红色。小盾片浅棕绿色，膜片棕色，半透明。腹背面棕褐色，末端红色，侧接缘各节具黑色斑点，腹面淡黄褐色。雄虫生殖节铗状。【习性】生活在杉树上。【分布】黑龙江、北京、陕西、浙江、湖北、四川。

同蝽 *Acanthosoma* sp.（同蝽科 Acanthosomatidae）

【识别要点】头三角形，触角第1节超过头的前端；前胸背板无隆起的光滑窄边；中胸隆脊高起，通常超过前胸腹板前缘。【分布】重庆。

翘同蝽

Anaxandra sp.

（同蝽科 Acanthosomatidae）

【识别要点】触角第2节通常长于第3节，前胸背板侧角强烈伸展并向前向上翘起；中胸隆脊极长，前端尖削超过腹面中央。【分布】云南。

伊锥同蝽

Sastragala esakii Hasegawa

（同蝽科 Acanthosomatidae）

【识别要点】11 ~ 13 mm，体黄褐色。小盾片上具1个黄白色心形斑，前胸背板后角突出。【习性】雌虫产卵后有静伏在卵块上保护卵块的习性。可在柞、栎混交林见到。【分布】河南、江西、福建、广西、台湾。

匙同蝽

Elasmucha sp.

（同蝽科 Acanthosomatidae）

【识别要点】体中型，红褐色，前胸背板中央具黑色横纹，侧角末端圆钝，延伸成角状，中胸隆脊向后延伸至中足基节之间，臭腺沟呈匙状，侧接缘二色。【分布】重庆。

青革土蝽

Macroscytus subaeneus (Dallas)

（土蝽科 Cydnidae）

【识别要点】成虫体长7 ~ 10 mm，宽3 ~ 6 mm。扁长卵圆形，深褐色至黑褐色，光亮。头宽，前端宽圆，稍向上卷起，复眼浅褐色，单眼橙红色。前胸背板中部具横缢，后缘两侧扩展成瘤状，盖住侧角。小盾片较长，密生刻点，侧缘近端处向内弯曲。各足胫节密生长刺。【习性】土栖性，吸食寄主植物根系汁液，以成虫在表土层越冬。【分布】北京、江苏、浙江、安徽、福建、江西、山东、湖北、广东、四川、云南。

大鳖土蝽

Adrisa magna Uhler

（土蝽科 Cydnidae）

【识别要点】成虫体长16 ~ 18 mm，黑色。身体背面具显著刻点。头前端宽圆形。小盾片超过腹部中央，侧缘平直，顶角尖削。前翅达于腹部末端。【习性】土栖性，吸食寄主植物根系汁液，以成虫在表土层越冬。【分布】北京、四川、云南、广东、海南。

翘同蝽 | 谌安明 摄

伊锥同蝽 | 唐志远 摄

青革土蝽 | 郭宪 摄

匙同蝽 | 寒枫 摄

大鳖土蝽 | 张巍巍 摄

九香虫 | 张宏伟 摄

九香虫 *Coridius chinensis* (Dallas)（兜蝽科 Dinidoridae）

【识别要点】体长17～22 mm，宽10～12 mm，椭圆形。体一般紫黑色，带铜色光泽，头部、前胸背板及小盾片较黑。头小，略呈三角形。复眼突出，呈卵圆形，位于近基部两侧。单眼橙黄色。触角5节，前4节黑色，第5节橘红色或黄色。前胸背板前狭后阔，侧角显著；表面密布细刻点，并杂有黑皱纹。【习性】群聚为害寄主植物，以成虫在瓜棚的竹筒内、石块下、土缝间及枯枝落叶层越冬，卵聚产。药用价值较大。【分布】安徽、江苏、浙江、湖南、湖北、四川、福建、贵州、广西、广东、云南、台湾。

短角瓜蝽 *Megymenum brevicorne* (Fabricius)（兜蝽科 Dinidoridae）

【识别要点】体长11～16 mm，黑褐色。头部侧叶甚长，头的侧缘在复眼前方没有向外伸的长刺。触角4节，第2，3节扁。腹部侧缘常成角状向外突出。前胸背板前侧角较短钝，约成直角。【习性】群聚为害瓜类寄主植物，以成虫在枯枝落叶下越冬。【分布】北京、贵州、广东、广西、云南、台湾。

大皱蝽 *Cyclopelta obscura* (Lepeletier-Serville)（兜蝽科 Dinidoridae）

【识别要点】体长11～14 mm，椭圆形。全体为无光彩的黑褐色或稍呈微红色。头小，与胸部呈半圆形，触角中间两节扁，基末两节圆。小盾片前缘呈弧形，末端圆而长，基部中央有一红黄色小点，股节下方有刺。【习性】群聚于寄主为害，卵产于寄主茎杆基部，以成虫在寄主附近的枯枝落叶、石块下和土缝间越冬。【分布】四川、贵州、广东、广西、云南。

短角瓜蝽 | 杰仔 摄

大皱蝽 | 张宏伟 摄

麻皮蝽 | 杰仔 摄
广二星蝽 | 张宏伟 摄
锚纹二星蝽 | 张宏伟 摄
菜蝽 | 张宏伟 摄

麻皮蝽 *Erthesina fullo* Thunberg（蝽科 Pentatomidae）

【识别要点】体长21～25 mm，宽10 mm。体背黑色散布有不规则的黄色斑纹。头部突出，背面有4条黄白色纵纹从中线顶端向后延伸至小盾片基部。触角黑色。前胸背板及小盾片为黑色，有粗刻点及散生的黄白色小斑点。侧接缘黑白相间或稍带微红。【习性】成虫及若虫均以锥形口器吸食多种植物汁液。【分布】辽宁、河北、山西、陕西、山东、江苏、浙江、江西、广西、广东、四川、贵州、云南。

广二星蝽 *Stollia ventralis* Westwood（蝽科 Pentatomidae）

【识别要点】体长4～7 mm，宽3～4 mm。卵形，黄褐色，密被黑色刻点。头部黑色或黑褐色。多数个体头侧缘在复眼基部上前方有一个黄白色点斑。触角基部3节淡黄褐色，端部2节棕褐。前胸背板侧角不突出，侧缘有略卷起的黄白色狭边。小盾片基角处有黄白色小点，端缘常有3个小黑点斑。腹部背面乌黑，侧接缘内、外侧黄白色，中间黑色。【习性】成虫及若虫吸食寄主茎秆、叶穗部汁液。【分布】北京、河北、山西、浙江、福建、江西、河南、湖北、湖南、广东、广西、贵州、云南、陕西。

锚纹二星蝽 *Stollia montivagus* (Distant)（蝽科 Pentatomidae）

【识别要点】体长5～6 mm，宽4 mm，头部较长。黑色，略具铜色光泽，有时基部有短的淡色纵中线。前胸背板侧角端部色深。小盾片基部黄白斑较大，椭圆形斜列。腹下中央黑色区域较窄。【分布】广东、广西、四川、云南。

菜蝽 *Eurydema dominulus* (Scopoli)（蝽科 Pentatomidae）

【识别要点】成虫体长6～8 mm，宽3～5 mm。椭圆形，橙黄色。前胸背板有黑斑6块，前排2块，后排4块；前翅革片橙红色，爪片及革片内侧黑色，中部有宽黑横带，近端处有1小黑点。【习性】以成虫、若虫刺吸植物汁液，尤喜刺吸嫩芽、嫩茎、嫩叶、花蕾和幼荚。【分布】北京、河北、河南、新疆、山西、浙江、福建、江西、河南、湖北、湖南、广东、广西、贵州、云南、陕西。

横纹菜蝽 | 唐志远 摄

平尾梭蝽 | 一念 摄

蠋蝽 | 倪一农 摄

横纹菜蝽 *Eurydema gebleri* Kolenati（蝽科 Pentatomidae）

【识别要点】体长5～7 mm，体宽3～5 mm。椭圆形，黄色或红色，具彩色斑纹，前胸背板有6个蓝黑色斑。小盾片具“Y”形橘黄斑，前翅革区末端有1个横黄白斑。体下黄色，腹下侧区每节有2黑斑，外侧者小，内侧者大，触角黑色。【习性】卵成块产于寄主叶背面，群聚为害。【分布】黑龙江、吉林、辽宁、内蒙古、北京、河北、天津、山西、湖北、四川、云南、贵州、西藏、陕西、甘肃、新疆、山东、江苏、安徽。

平尾梭蝽 *Megarrhamphus truncates* Westwood（蝽科 Pentatomidae）

【识别要点】体长17～21 mm，体宽7 mm。头、前胸背板、小盾片黄褐色至淡红褐色；触角、翅革片淡红褐色至较鲜明的玫瑰色。翅膜片淡色透明，其上各脉外缘围以整齐的细黑线，密被刻点。中胸背板及小盾片有密而明显的横皱。【习性】成虫及若虫均吸食多种植物汁液。【分布】河北、江西、福建、广东、广西、云南。

蠋蝽 *Arma custos* Fabcicius（蝽科 Pentatomidae）

【识别要点】成虫体长10～15 mm，体宽5～8 mm。体黄褐色或黑褐色，腹面淡黄褐色，密布深色细刻点。触角5节，第3，4节为黑色或部分黑色。前胸背板侧缘前端色淡，不呈黑带状，侧角略短，不尖锐，也不上翘。【习性】生活在植物叶面，树干上捕食其他多种昆虫。【分布】黑龙江、吉林、辽宁、内蒙古、河北、北京、山东、江苏、浙江、江西、湖南、湖北、四川、云南、贵州、陕西、甘肃、新疆。

浩蝽 *Okeanos quelpartensis* Distant（蝽科 Pentatomidae）

【**识别要点**】体长12～17 mm，宽7～9 mm。长椭圆形，红褐色或褐色，有光泽。前胸背板前半及小盾片端部淡黄褐色，几无刻点。头部中叶与侧叶末端平齐。触角深褐色。体下及足黄褐色，有强烈的光泽，无刻点。【**分布**】河北、陕西、江西、四川、云南。

褐真蝽 *Pentatoma armandi* Fallou（蝽科 Pentatomidae）

【**识别要点**】体长17～20 mm，宽10～11 mm。椭圆形，红褐色至黄褐色，无金属光泽，具棕黑色粗刻点，局部刻点联合成短条纹。头近三角形侧缘具边。触角黄褐色至棕褐色。喙伸达第3个可见腹节的中央。前胸背板前侧缘有较宽的黄白色边，其前半部粗锯齿状。侧角末端平截。小盾片三角形，端角延伸且显著变窄。【**分布**】北京、河北、山西、内蒙古、辽宁、吉林、黑龙江、四川、陕西。

青真蝽 *Pentatoma pulchra* Hsiao & Cheng（蝽科 Pentatomidae）

【**识别要点**】体长15 mm，宽11 mm。椭圆形，黄褐色，密布黑刻点或金绿色刻点。头侧叶与中叶末端平齐，或超过中叶前端，侧缘卷起，黑色。前胸背板前缘末端呈明显的锯齿状，锯齿黑色。小盾片刻点稀松。触角黑色。【**分布**】陕西、北京。

浩蝽 | 唐志远 摄

褐真蝽 | 李虎 摄

青真蝽 | 倪一农 摄

金绿真蝽

Pentatoma metallifera Motschulsky

（蝽科 Pentatomidae）

【识别要点】体长17～21 mm，宽11～13 mm。金绿色。触角黑色，或绿黑色。体下褐色，具浅刻点。头部中叶与侧叶末端平齐。前胸背板前侧缘有明显的锯齿，前角尖锐，向前外方斜伸。腹基突起短钝，伸达后足基节。喙伸过第2个可见腹节的中央。【分布】黑龙江、吉林、辽宁、内蒙古、河北、北京、陕西。

岱蝽

Dalpada oculata (Fabcicius)

（蝽科 Pentatomidae）

【识别要点】体长14～17 mm，宽8 mm。黄褐色有由密集的黑刻点组成的不规则黑斑。头侧叶与中叶等长。前胸背板隐约具4～5条粗黑纵带，前侧缘粗锯齿状。小盾片基角黄斑圆而大，末端黄色。胫节两端黑色，中段黄色。【分布】福建、广东、广西、云南。

绿岱蝽

Dalpada smaragdina (Walker)

（蝽科 Pentatomidae）

【识别要点】体长15～18 mm，宽7～9 mm。较大而厚实，前胸背板侧角结节状更为明显。头侧叶明显长于中叶。腹部侧接缘最外缘为淡黄白色狭边，其余为一色金绿。体下方淡黄白，侧缘处为一条较为整齐的金绿色带。【习性】成虫及若虫喜在嫩梢、叶片及叶柄取食。【分布】安徽、江苏、浙江、湖北、江西、福建、台湾、广东、广西、四川、贵州、云南。

大臭蝽

Metonymia glandulosa (Wolff)

（蝽科 Pentatomidae）

【识别要点】体长24～28 mm，宽14～15 mm。前胸背板及小盾片上具稀疏的黑点，前胸背板前侧缘锯齿状。小盾片基角的斑金绿色，有强光泽。触角全部黑褐。【习性】成虫及若虫均吸食多种植物汁液。【分布】山东、江苏、浙江、江西、福建、广东、广西、云南。

稻绿蝽（黄肩型）

Nezara viridula (Linnaeus)

（蝽科 Pentatomidae）

【识别要点】体长12～15 mm，宽6～8 mm，体鲜绿色，前胸背板黄色部分的后缘呈波纹状。触角第1—3节绿色，第3节末端、第4节端半、第5节端部一段黑色。前胸背板前半及头的前半为黄色。【习性】卵聚产，成虫及若虫均吸食多种植物汁液。【分布】北京、安徽、江西、四川、贵州、福建、广西、云南。

金绿真蝽 李虎 摄

岱蝽 张宏伟 摄

绿岱蝽 李虎 摄

大臭蝽 李元胜 摄

稻绿蝽（黄肩型） 西叶 摄

谷蝽 唐志远 摄　　红谷蝽 西叶 摄

茶翅蝽 唐志远 摄

斑须蝽 周纯国 摄

绿点益蝽 任川 摄

红谷蝽

Gonopsis coccinea (Walker)

（蝽科 Pentatomidae）

【识别要点】体长12～17 mm，宽8～10 mm。砖红褐色至红黑色，小盾片色较鲜明，其余部分因常具黑刻点而色暗。前胸背板前侧缘锯齿状。【习性】卵聚产，成虫及若虫均吸食寄主植物叶及穗。【分布】四川、云南、广西、西藏。

谷蝽

Gonopsis affinis (Uhler)

（蝽科 Pentatomidae）

【识别要点】体长12～18 mm，体宽6～9 mm。头部为三角形，单眼红，复眼灰黑，头尖。触角基节黄，中部两节淡黄，末端两节红黑。前胸背板侧缘锯齿状，小盾片狭长，有3条贯全长的淡黄色纵纹。【习性】成虫及若虫均取食寄主植物，卵产于叶背面。【分布】山东、江苏、上海、浙江、湖南、江西、贵州、广东、广西。

茶翅蝽

Halyomorpha picus (Fabcicius)

（蝽科 Pentatomidae）

【识别要点】茶褐色或黄褐色，有黑色点刻。体长15 mm。扁椭圆形，前胸背板前缘有4个黄褐色小斑点。翅茶褐色，翅基部和端部翅脉颜色较深。腹部两侧各节间均有1个黑斑。【习性】食性较杂，是果树的重要害虫之一。【分布】北京、黑龙江、吉林、辽宁、河北、河南、山东、山西、陕西、四川、云南、贵州、湖北、湖南、安徽、江苏、江西、浙江、广东、台湾。

斑须蝽

Dolycocoris baccarum (Linnaeus)

（蝽科 Pentatomidae）

【识别要点】体长8～14 mm，宽约6 mm。椭圆形，黄褐或紫色。密被白绒毛和黑色小刻点；触角黑白相间；喙细长，紧贴于头部腹面。前胸背板前部呈浅黄色，后部暗黄色，小盾片三角形，末端钝而光滑，黄白色。【习性】成虫和若虫刺吸嫩叶、嫩茎及穗部汁液。【分布】北京、黑龙江、吉林、辽宁、河北、河南、山东、山西、陕西、四川、云南、贵州、湖北、湖南、安徽、江苏、江西、浙江、广东。

绿点益蝽

Picromerus viridipunctatus Yang

（蝽科 Pentatomidae）

【识别要点】体长11～15 mm，宽7～9 mm。体淡黄褐色至黄褐色。由前胸背板前缘至小盾片末端有一细的单色纵中线贯全长。腹部侧接缘黑黄相间，在深色个体中多少亦能看到黄色成分。【分布】四川、广东、广西、云南、西藏。

益蝽 *Picromerus lewisi* Scott（蝽科 Pentatomidae）

【识别要点】体长11～16 mm，宽7～9 mm。体暗黄褐色。小盾片基角有两淡色斑。侧接缘明显的黑黄相间，极少黄斑不显著。前胸背板侧角长度变异较大，由短钝至尖长不等。【习性】主要捕食鳞翅目害虫，还可捕食其他害虫。【分布】黑龙江、吉林、河北、北京、陕西、江苏、浙江、江西、福建、湖南、四川、广西。

纹蝽 *Cinxia limbata* (Fabricius)（蝽科 Pentatomidae）

【识别要点】体长13～16 mm，宽6～7 mm。椭圆形，蓝黑色具黄色或红黄色纹。前胸背板四缘及中央的“十”字形花纹呈黄色。小盾片侧缘及中纵线黄色。触角黑。足股节常具黄纹。【分布】广东、云南。

弯角蝽 *Lelia decempunctata* Motschulsky（蝽科 Pentatomidae）

【识别要点】体长17～22 mm，宽10～12 mm。体宽大，椭圆形，黑褐色，密布黑刻点。触角黄褐色密布黑色小刻点。前胸背板中区4个黑点横列等距，排成1条线；侧角大，向外突出成尖，共有10个点。【习性】主要以成虫在枯枝落叶、树干裂缝处越冬。【分布】黑龙江、吉林、内蒙古、安徽、甘肃。

宽碧蝽 *Palomena viridissima* (Poda)（蝽科 Pentatomidae）

【识别要点】体长12～14 mm，宽8 mm。宽椭圆形，鲜绿至暗绿色。体背有较密而均匀的黑刻点。头部侧叶长于中叶，并会合于中叶之前，最末端呈小缺口。触角基外侧有一片状突起将触角基覆盖。前胸背板侧角伸出较少，末端圆钝，体侧缘为淡黄褐色。各足腿节外侧近端处有一小黑点，后足更明显。【分布】河北、山西、黑龙江、山东、云南、陕西、甘肃、青海。

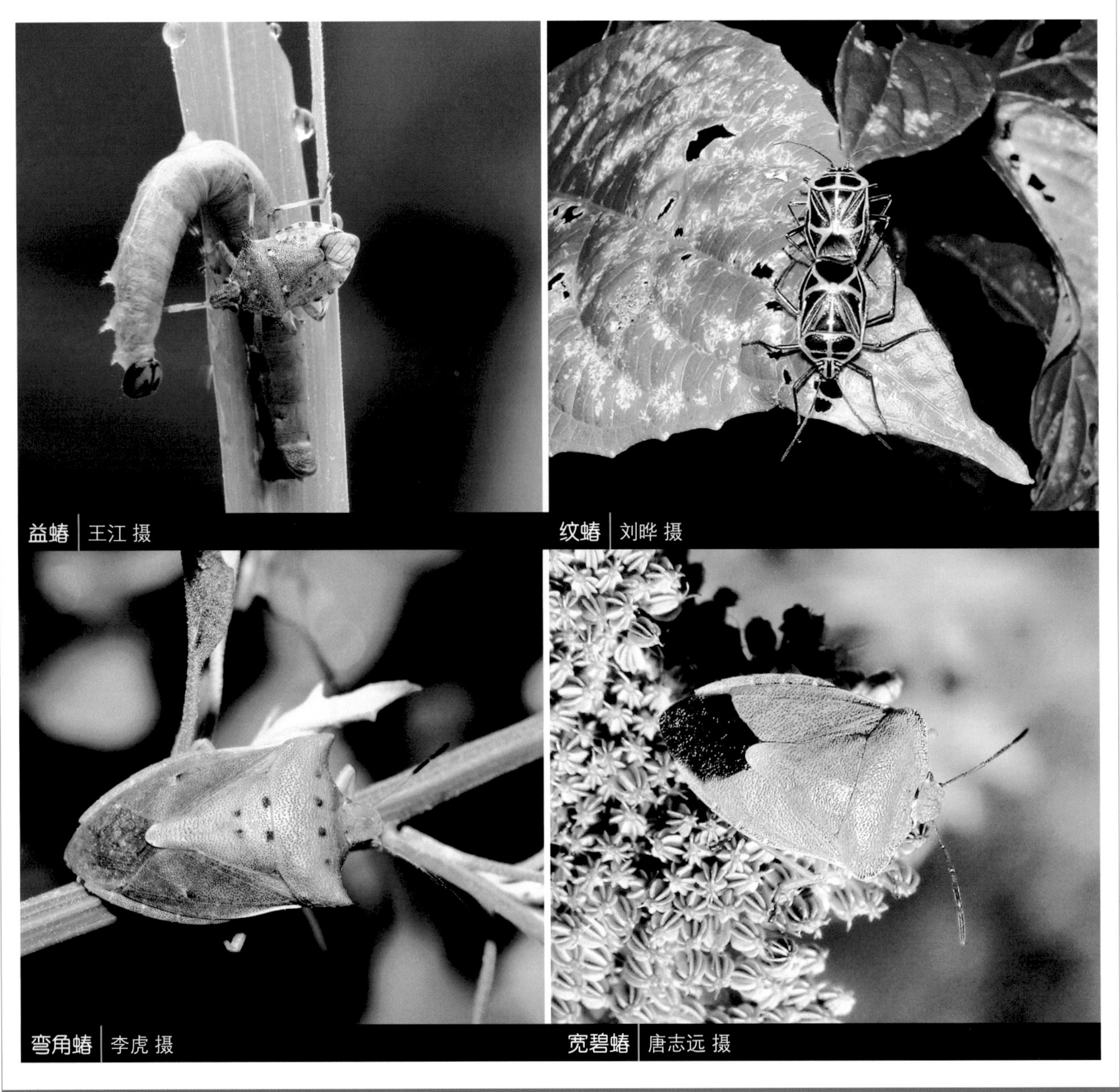

益蝽 | 王江 摄

纹蝽 | 刘晔 摄

弯角蝽 | 李虎 摄

宽碧蝽 | 唐志远 摄

珀蝽 唐志远 摄

珀蝽 *Plautia fimbriata* (Fabricius)（蝽科 Pentatomidae）

【识别要点】体长8～12 mm，宽5～6 mm。长卵圆形，具光泽，密被黑色或与体同色的细点刻。头鲜绿，触角第二节绿色，3，4，5节绿黄，末端黑色；复眼棕黑，单眼棕红。前胸背板鲜绿。两侧角圆而稍凸起，红褐色，后侧缘红褐色。小盾片鲜绿色，末端色淡。前翅革片暗红色，刻点粗黑，并常组成不规则的斑。【习性】卵多聚产于叶背面，成虫具有向光性。【分布】北京、河北、江苏、浙江、安徽、福建、江西、山东、河南、湖北、广东、广西、四川、贵州、云南、西藏、陕西。

薄蝽 *Brachymna tenuis* Stål（蝽科 Pentatomidae）

【识别要点】长椭圆形，淡黄褐色至淡灰褐色，密布刻点。头呈长三角形，尖端缺口状。前胸背板前侧缘弯曲，边缘黑色，粗齿状。触角淡黄，第4，5节末端渐黑。腹下散布小的黑褐色圆斑，排列不规则。【习性】主要为害水稻、竹类植物。【分布】安徽、江苏、上海、浙江、江西、四川、福建、广东。

峰疣蝽 *Cazira horvathi* Breddin（蝽科 Pentatomidae）

【识别要点】体长14 mm，宽8 mm。椭圆形，红褐色，略具光泽。触角淡黄褐色，第3节端部及第4节淡黑褐色。前胸背板前半中央隆起，其两侧亦隆起成横列光滑的瘤突，前胸背板侧角极尖锐。翅膜片具深褐色斑。足红褐色，各足胫节中央有一白环。【分布】湖南、重庆。

薄蝽 周纯国 摄

峰疣蝽 郭宪 摄

削疣蝽 周纯国 摄　华麦蝽 周纯国 摄　赤条蝽 李虎 摄　宽缘伊蝽 周纯国 摄

削疣蝽 *Cazira frivaldskyi* Horváth（蝽科 Pentatomidae）

【识别要点】体长9 mm，宽5 ~ 6 mm。体黄褐色至红褐色，头部基半、前胸背板区、小盾片基缘一带以及二瘤峰之间的部分均为黑色，腹下蓝黑色，有蓝绿色光泽。小盾片瘤后缘平削，头至前胸背板后缘有一淡色隆起中纵线贯全长。【分布】安徽、江苏、江西、贵州、福建、重庆。

华麦蝽 *Aelia nasuta* Wagner（蝽科 Pentatomidae）

【识别要点】体长8 ~ 10 mm，宽4 mm。淡黄褐色，密布刻点。前胸背板至小盾片末端有一淡色纵中线，其侧有由黑色刻点组成的宽黑带。翅革片外缘及径脉淡黄白色，其内侧没有黑色纵纹。【习性】主要为害小麦、水稻等植物。成虫及若虫常群聚取食。【分布】黑龙江、吉林、辽宁、山东、陕西、北京、甘肃、江苏、浙江、江西、福建、湖南、山西、重庆。

赤条蝽 *Graphosoma rubrolineata* (Westwood)（蝽科 Pentatomidae）

【识别要点】体长10 ~ 12 mm，宽约7 mm。成虫长椭圆形，体表粗糙，有密集刻点。全体红褐色，其上有黑色条纹，纵贯全长。头部有2条黑纹。触角5节，棕黑色，基部2节红黄色。前胸背板较宽大，两侧中间向外突，略似菱形，后缘平直，其上有6条黑色纵纹，两侧的2条黑纹靠近边缘。小盾片宽大，呈盾状，前缘平直，其上有4条黑纹。体侧缘每节具黑、橙相间斑纹。【习性】成虫及若虫常群聚取食。【分布】黑龙江、辽宁、内蒙古、宁夏、青海、新疆、河北、山西、陕西、山东、河南、江苏、安徽、浙江、湖北、江西、湖南、广东、广西、四川、贵州、云南。

宽缘伊蝽 *Aenaria pinchii* Yang（蝽科 Pentatomidae）

【识别要点】体长11 ~ 12 mm，宽4 ~ 5 mm。体较狭长。头部及前胸背板刻点较密，尤以前胸背板淡色侧缘内侧为最。触角基部棕褐色，向前渐成黑褐色。侧接缘各节交界处黑色。【分布】江苏、湖南、江西、四川、重庆、广西。

金绿曼蝽 *Menida metalica* Hsiao & Cheng（蝽科 Pentatomidae）

【识别要点】体长8～10 mm。椭圆形，蓝绿色。触角黑色，第1节基半部黄褐，小盾片端部及侧接缘每节外缘淡黄色。【分布】四川、重庆、云南。

紫蓝曼蝽 *Menida violacea* Motschulsky（蝽科 Pentatomidae）

【识别要点】体长6～8 mm，宽3～5 mm。椭圆形，密布刻点。触角黑色。头部中央基部有2条细的黄色短纵纹。前胸背板后半黄褐色，小盾片端部黄白。腹部侧接缘黄黑相间。足及体下方黄褐色，布有黑刻点。【习性】卵多产于叶背，聚生成块。【分布】辽宁、内蒙古、河北、陕西、山西、山东、河南、江苏、安徽、浙江、湖北、湖南、江西、福建、广东、广西、四川、贵州、云南。

长叶蝽 *Amyntor obscurus* Dallas（蝽科 Pentatomidae）

【识别要点】体长14～16 mm，宽7 mm。灰褐色至褐黑色，密布黑刻点。眼的内方有一光滑小斑。前胸背板前侧缘有锯齿。小盾片缘有一些光滑的小斑。触角黄褐色第1节散布小黑斑点，第4，5节端半黑色。【分布】江西、四川、重庆、广西。

金绿曼蝽 | 寒枫 摄　　紫蓝曼蝽 | 周纯国 摄

长叶蝽 | 周纯国 摄

尖角普蝽 周纯国 摄　弯刺黑蝽 李虎 摄　蓝蝽 李虎 摄

尖角普蝽 *Priassus spiniger* Haglund（蝽科 Pentatomidae）

【识别要点】体长9 ~ 14 mm，宽6 ~ 9 mm。体椭圆形，深黄褐色，或在前胸背板与翅革片部分带有玫瑰色色泽，密布均匀的黑刻点。头部侧叶与中叶末端平齐。触角黄褐色。前胸背板的前侧缘只具不明显的极浅而圆的齿，较光滑，最边缘淡白色。腹基刺突伸达中足基节前缘。【分布】四川、重庆、贵州。

弯刺黑蝽 *Scotinophara horvathi* Distant（蝽科 Pentatomidae）

【识别要点】体长8 ~ 10 mm。头部黑色，前端呈小缺刻状。前胸背板、小盾片及前翅的爪片、革片暗黄色。后足胫节中部黄褐色，身体其余部分黑色。前胸背板中央有一条淡黄褐色的细纵线。前胸背板前角尖长而略弯，指向前方，其侧角伸出体外，端部略向下弯。小盾片，两基角各有一小黄斑点。【习性】成虫及若虫善爬行，具假死和负趋光性。【分布】福建、四川。

蓝蝽 *Zicrona caerula* (Linnaeus)（蝽科 Pentatomidae）

【识别要点】体长6 ~ 9 mm，宽4 ~ 5 mm。椭圆形，蓝色、蓝黑色或紫黑色，有光泽，密布同色刻点。头略呈梯形，中叶与侧叶等长。前胸背板侧角微外突。小盾片三角形端部圆。前翅膜片长于腹末，棕色。足与体同色。侧接缘几不外露。【习性】主要捕食鳞翅目幼虫，也吸食植物汁液。【分布】全国除西藏、青海不详外均有分布。

驼蝽 *Brachycerocoris camelus* Costa（蝽科 Pentatomidae）

【识别要点】体长5 ~ 6 mm，宽4 mm。灰黄褐色至黑褐色，密覆短而平伏有丝光的毛，将体表面全部遮盖。体厚实，强烈凹凸不平。头中央，前胸背板前半中央均有一显著的瘤突，前胸背板后半有强烈褶皱。【分布】安徽、江苏、浙江、湖北、福建、广东、广西。

驼蝽 杰仔 摄

乌蝽

Storthecoris nigriceps Horvath

（蝽科 Pentatomidae）

【识别要点】体长7 mm，宽4 ~ 5 mm。体粟褐色，头部，前胸背板前半、身体下方黑色，密布黑色刻点。小盾片末端伸达腹部末端。前胸背板侧角短钝，伸于体外。【分布】广东。

玉蝽

Hoplistedera sp.

（蝽科 Pentatomidae）

【识别要点】体长6 ~ 7 mm。玉青色、青红色或红玉色。头部常具黄黑相间纵走纹，并强烈下倾，末端多尖锐。小盾片极大，舌状，基部无黄色圆斑。前胸背板侧角伸出甚长，呈尖角状。【分布】重庆。

叉蝽

Cressona valida Dallas

（蝽科 Pentatomidae）

【识别要点】体长25 mm，宽14 mm。体黄褐色。触角第5节除基部外黑色。前胸背板中线两侧为断续黑纹，体背面有零碎黑色斑纹。【习性】主要为害竹类，成虫取食后多静伏在与其身体等粗的竹侧枝节处，其叉状突酷似断枝，故较难发现。行动迟缓，有假死性。【分布】云南。

黄蝽 *Eurysaspis flavescens* Distant

（蝽科 Pentatomidae）

【识别要点】全体青绿色，前胸背板前侧缘的黑色最外缘狭边的内侧有一淡白色边。侧接缘黄绿色，无黑斑。【分布】广西、广东。

棕蝽 *Caystrus obscurus* (Distant)

（蝽科 Pentatomidae）

【识别要点】体长12 mm，黄褐色，密布黑色刻点。体中央由前胸背板前端至小盾片末端有一光滑的中纵线。小盾片基角有一小黄斑。【分布】广东、西藏。

秀蝽 *Neojurtina typica* Distant

（蝽科 Pentatomidae）

【识别要点】体长13 ~ 16 mm，椭圆形。触角第1，2节及其余各节基部红褐色，其余部分黑色。前胸背板前后两种不同颜色的分界线为两侧角之间的连接线，平直。翅膜片超出腹部末端。【习性】卵产于寄主叶背面，成虫、若虫喜在嫩头、嫩叶处吸汁。【分布】福建、广东、云南、重庆。

乌蝽 杰仔 摄

玉蝽 张巍巍 摄　叉蝽 张宏伟 摄

黄蝽 杰仔 摄　棕蝽 张巍巍 摄

秀蝽 张巍巍 摄

紫滇蝽 *Tachengia yunnana* Hsiao & Cheng（蝽科 Pentatomidae）

【识别要点】体长13 mm，长椭圆形，紫褐色与金绿色相间，触角第4节基部淡黄色，前胸背板紫褐色，具6条金绿色宽纵带，小盾片深栗褐色，末端淡黄白色。侧接缘黄黑相间。【分布】云南。

达圆龟蝽 *Coptosoma davidi* Montandon（龟蝽科 Plataspidae）

【识别要点】体长3～5 mm，宽3～5 mm。近圆形，背面圆鼓，黑色，光亮，密背小刻点。前胸背板近前缘中部有2个黄斑，侧缘有黄色条纹，中部微弱横缢。小盾片具2个显著黄色斑块。腹部腹面黑色，侧缘及其内缘有一列黄色斜长斑点。【习性】成虫发生期5—10月，取食寄主植物嫩叶、嫩头及花序的汁液。【分布】河南、江西、浙江、福建。

双列圆龟蝽 *Coptosoma bifaria* Montandon（龟蝽科 Plataspidae）

【识别要点】体长3～4 mm，宽3～4 mm。近圆形，黑色光亮，具同色浓密刻点。头部黑色，复眼红褐，单眼红色。头部雌雄异型，侧叶长于中叶，在前方相交。触角、喙、前胸背板侧缘、前翅前缘基部、足黄色。小盾片无黄色边，基胝有2小黄斑。【习性】群集为害寄主植物，以成虫在被害植物的残枝落叶、土缝、石块下越冬。【分布】安徽、福建、广西、四川、重庆、贵州。

筛豆龟蝽 *Megacopta cribraria* (Fabricius)（龟蝽科 Plataspidae）

【识别要点】体长4～6 mm，近卵形，淡黄褐色或黄绿色，复眼红褐色。小盾片基胝两端灰白，各足胫节背面全长具纵沟。【习性】1年1～2代，以若虫在寄主植物附近的枯枝落叶下越冬。若虫、成虫均喜群居为害。【分布】大致以长城附近为北限。

紫滇蝽 张巍巍 摄　达圆龟蝽 李虎 摄

双列圆龟蝽 周纯国 摄　筛豆龟蝽 张宏伟 摄

小筛豆龟蝽 | 周纯国 摄

角盾蝽 | 西叶 摄

金绿宽盾蝽 | 周纯国 摄

桑宽盾蝽 | 李元胜 摄

小筛豆龟蝽 *Megacopta cribriella* Hsiao & Jen（龟蝽科 Plataspidae）

【识别要点】雌成虫体长4 ~ 7 mm，宽4 ~ 5 mm，雄成虫体长4 ~ 5 mm，宽3 ~ 4 mm。体扁卵圆形，黄褐色或草绿色。头小，复眼红褐色，触角5节。前胸背板前部有两条弯曲的暗褐色横纹，前胸及小盾片密布粗刻点，小盾片发达，几乎将腹部及翅全部覆盖。腹部腹面中区黑色，两侧具宽阔的黄色辐射状带纹。【习性】成虫和若虫群聚为害豆科寄主植物，在寄主附近枯枝落叶下越冬。卵聚产成2纵行。【分布】河北、山西、四川、重庆、云南、广州。

角盾蝽 *Cantao ocellatus* (Thunberg)（盾蝽科 Scutelleridae）

【识别要点】体长19 ~ 26 mm，宽11 ~ 14 mm。黄褐或棕褐色，无光泽。前胸背板有2 ~ 8个小黑斑，有时互相连接。小盾片上有6 ~ 8块黑斑，各斑周围有淡黄色边缘。触角蓝黑色。体下方及腹部大半黄褐色。体下中央有数个黑斑，侧方各节有一黑斑。前胸背板侧角成小而尖锐的角状伸出。【习性】成虫发生期7—9月，以成虫越冬。群集为害寄主植物。【分布】江西、广东、广西、云南、西藏、台湾。

金绿宽盾蝽 *Poecilocoris lewisi* (Distant)（盾蝽科 Scutelleridae）

【识别要点】体长13 ~ 16 mm，宽9 ~ 10 mm。宽椭圆形。触角蓝黑，足及身体下方黄色，体背是有金属光泽的金绿色，前胸背板和小盾片有艳丽的条状斑纹。【习性】若虫和成虫群集为害寄主植物，成虫期发生8—9月，以老熟若虫在寄主附近的土层和枯枝落叶下越冬，卵块产于寄主叶背。【分布】北京、天津、河北、山东、陕西、江西、四川、重庆、贵州、云南、台湾。

桑宽盾蝽 *Poecilocoris druraei* (Linnaeus)（盾蝽科 Scutelleridae）

【识别要点】体长15 ~ 18 mm，宽9 ~ 12 mm。宽椭圆形，黄褐或红褐，头黑。前胸背板中部有一对大形黑斑，或全无黑斑。小盾片上的黑斑达13个，亦可互相连接，亦有全无黑斑的个体，变异较大。触角及足蓝黑色。腹下蓝黑，中区黄褐色或红褐色。【习性】若虫常聚集在桑物叶片上吸食汁液。【分布】广西、四川、贵州、云南。

尼泊尔宽盾蝽 | 李虎 摄　扁盾蝽 | 周纯国 摄

丽盾蝽 | 李元胜 摄

紫蓝丽盾蝽 | 杰仔 摄

角胸亮盾蝽 | 张宏伟 摄

尼泊尔宽盾蝽

Poecilocoris nepalensis (Herrich-Schaeffer)

（盾蝽科 Scutelleridae）

【识别要点】体长16～21 mm，宽9～12 mm。椭圆形，橙红色至红褐色。头黑，前胸背板中部有2块大黑斑。小盾片常有黑斑10个。触角及足黑，腹下中部黄红色或红色，其余部分黑色。【习性】为害油茶、朴树，成虫及若虫吸食叶片汁液。【分布】贵州、广东、云南。

扁盾蝽

Eurygaster testudinarius (Geoffroy)

（盾蝽科 Scutelleridae）

【识别要点】体长9～10 mm，宽6 mm。体椭圆形，黄褐色至灰褐色。小盾片中央形成Y形淡色纹，顶端起自基缘两侧的黄色胝状小斑。腹部各节侧接缘后半黑色。腹下中央处有密集的黑点组成的小斑。【习性】主要发生在禾本科植物生长地，以成虫在草根土和枯枝落叶下越冬，卵聚产成2列。【分布】黑龙江、河北、山西、陕西、山东、江苏、江西、湖北、四川、重庆、浙江。

丽盾蝽

Chrysocoris grandis (Thunberg)

（盾蝽科 Scutelleridae）

【识别要点】体长17～25 mm，宽8～13 mm。身体椭圆形，通常呈黄色至黄褐色，并密布黑色小刻点。头近三角形，基部与基叶黑色；中叶长于侧叶。触角黑色，第2节短。喙黑，伸至腹部中央。前胸背面有黑斑1块。小盾片基缘黑色，前半中央有1块黑斑，两侧各有1块短黑斑。前翅膜片稍长于腹部末端。胸部腹面腹节腹面的后半部及第7节腹板中央均为黑色。雌虫前胸背板前部中央的黑斑与头基部的黑斑分隔开，而雄性则两斑相接。【习性】一年发生一代。成虫过冬，次年3，4月开始活动。成虫和若虫均为害柑橘、梨、板栗和油茶等。【分布】福建、江西、广东、广西、贵州、云南、台湾。

紫蓝丽盾蝽

Chrysocoris stolii (Wolff)

（盾蝽科 Scutelleridae）

【识别要点】艳丽的蓝绿色具有强烈的金属光泽，前胸背板有8个黑斑，是丽盾蝽属中色泽较为亮丽的种类。【习性】寄主为木荷、茶树、水冬瓜及算盘子属、九节木属植物。【分布】福建、广东、广西、四川、云南、西藏、甘肃、台湾。

角胸亮盾蝽

Lamprocoris spiniger (Dallas)

（盾蝽科 Scutelleridae）

【识别要点】体长12～16 mm，宽8～10 mm。椭圆形，银紫色，有强烈金属光泽，体下为金蓝绿色。小盾片表面略具横皱。侧接缘红褐色，每节有一蓝黑色小圆斑。【分布】云南。

米字长盾蝽 *Scutellera fasciata* (Panzer)（盾蝽科 Scutelleridae）

【**识别要点**】体长16～21 mm，宽7 mm。体为长梭形，微具茸毛，金绿色或青紫色具光泽，触角黑，基部黄褐。足股节以上黄红色，其余蓝绿。腹下中央、侧区以及足股节的后缘为红黄色。【**分布**】广东、云南。

巨蝽 *Eusthenes robustus* (Lepeletier & Serville)（荔蝽科 Tessaratomidae）

【**识别要点**】成虫体长30～38 mm，宽18～23 mm。椭圆形，深紫褐色，触角全部深色。前胸背板基部中央不成宽舌状向后强烈伸出，侧角略伸出。雄虫后足股节粗大，近基部有1大刺。侧接缘各节一色，或前部黄色，但只占全节1/3。【**习性**】成虫多集中在鸭脚木上吸食，越冬前后分散。【**分布**】江西、四川、贵州、广东、广西、云南。

异色巨蝽 *Eusthenes cupreus* (Westwood)（荔蝽科 Tessaratomidae）

【**识别要点**】体长25～31 mm，宽13～18 mm。椭圆形，紫绿色或深紫褐色。前胸背板和小盾片绿色较多，侧接缘基部1/3黄褐色，其余紫绿色，腹下黄褐色。本种有紫色个体。【**分布**】四川、福建、广东、广西、云南、西藏。

斑缘巨蝽 *Eusthenes femoralis* Zia（荔蝽科 Tessaratomidae）

【**识别要点**】体长28～30 mm，宽12～13 mm。椭圆形，小盾片末端、体下方及侧接缘前半淡黄褐色。触角黑，末端淡色。【**习性**】卵多聚产在寄主叶背和花序上，若虫有群聚性。【**分布**】贵州、福建、广东、云南。

米字长盾蝽 | 李虎 摄

巨蝽 | 张宏伟 摄

异色巨蝽 | 李虎 摄

斑缘巨蝽 | 杰仔 摄

长硕蝽 | 张宏伟 摄
荔蝽 | 杰仔 摄
硕蝽 | 周纯国 摄

长硕蝽 *Eurostus ochraceus* Montandon（荔蝽科 Tessaratomidae）

【识别要点】体长30～33 mm，椭圆形或近长方形，大型，黄褐色至棕红色，小盾片黑褐色，侧接缘各节基部黄色，其余黑褐色或略具绿色光泽，触角黑色。【分布】安徽、贵州、云南。

硕蝽 *Eurostus validus* Dallas（荔蝽科 Tessaratomidae）

【识别要点】体长25～34 mm，宽11～17 mm。椭圆形，大型。触角第4节黄色。小盾片两侧及侧接缘大部分为金绿色。后胸腹板明显隆起，其表面与足的基节外表面在同一水平上。【习性】卵多聚产，成虫有假死性，遇敌或求偶时会发出声音。【分布】河北、山东、江苏、浙江、安徽、湖北、湖南、陕西、贵州、四川、重庆、江西、广东、广西、云南、福建、台湾。

荔蝽 *Tessaratoma papillosa* (Drury)（荔蝽科 Tessaratomidae）

【识别要点】体长21～26 mm，宽11～13 mm。椭圆形，棕色，体具有细密的同色刻点。小盾片末端表面凹下，成一匙状。【习性】是荔枝、龙眼的主要害虫。【分布】福建、江西、广东、广西、贵州、云南、台湾。

花壮异蝽 *Urochela luteovaria* Distant（异蝽科 Urostylidae）

【识别要点】体长9～12 mm，长椭圆形，黑褐色，杂生淡斑。头黄绿色，中央有黑色花纹。触角黑色，第4，5节基半黄色。前胸背板深褐，前半杂绿色点斑，后缘中央有一淡黄色短纵纹。前翅黑色，革片基半侧区及末端各有1淡绿色斑块。腹部侧接缘黑白相间。【习性】各地一年均发生一代，以二龄若虫在树皮裂缝下或伤口裂缝中越冬，当桃树或梨树开始发芽时，越冬若虫开始活动。【分布】河北、辽宁、吉林、福建、江西、湖北、广西、陕西。

花壮异蝽 | 唐志远 摄

宽壮异蝽 李虎 摄

红足壮异蝽 李虎 摄

宽壮异蝽 *Urochela siamensis* Yang（异蝽科 Urostylidae）

【识别要点】体长11 ~ 13 mm，宽6 ~ 7 mm，卵圆形。宽度大于其他种，体型较小。革片中部两个圆形斑轮廓较模糊，各足基节基部颜色同于中、后胸腹板。气门外围无色。【分布】四川、福建、广西。

红足壮异蝽 *Urochela quadrinotata* Reuter（异蝽科 Urostylidae）

【识别要点】体长15 ~ 16 mm，宽6 ~ 7 mm，长椭圆形。赭色，略带红色。革片上2个圆形斑明显，各足基节基部颜色较中后胸腹板浅，土黄色或赭黄色。【习性】为害榆树等阔叶树。【分布】北京、河北、山西、辽宁、吉林、黑龙江、陕西。

橘边娇异蝽 *Urostylis spectabilis* Distant（异蝽科 Urostylidae）

【识别要点】体长13 ~ 16 mm，宽4 ~ 6 mm，梭形，深绿色。前胸背板侧缘及革片前缘橘红色，前缘外侧呈黑色细线。腹面绿色。【习性】群集为害寄主植物。【分布】云南。

橘盾盲异蝽 *Urolabida histrionica* Westwood（异蝽科 Urostylidae）

【识别要点】体中型，狭长，两侧平行。底色污黄色，半鞘翅脉两侧具黑色纹，头顶中纵线可见线纹状，足细长，后足胫节刺淡色或黑色，基部无小黑斑。【分布】云南。

橘边娇异蝽 杰仔 摄

橘盾盲异蝽 张宏伟 摄

弯角头跷蝽 *Capyella distincta* Hsiao（跷蝽科 Berytidae）

【识别要点】体长6 ~ 7 mm。头顶具刺状延伸。触角第1节具黑色斑点，顶端膨大，第4节较粗，白色，基部及端部黑色。前胸背板中央纵脊后端及侧角突起成瘤状，后缘平直。各足股节端部膨大。【习性】活动于寄主植物表面，较活泼，善飞翔。【分布】广东、云南。

锤胁跷蝽 *Yemma signatus* (Hsiao)（跷蝽科 Berytidae）

【识别要点】体长6 ~ 8 mm，狭长，淡黄褐色。触角长约为身体长的1.5倍，第1节基部及第4节基部3/4、喙顶端及各足跗节端部黑色，前翅膜片基部具黑色细纹，头腹面中央及胸腹板中央有一条黑纹。小盾片具短刺。【习性】成虫、若虫群聚为害多种果树和农作物，有时会吸食其他小虫。【分布】北京、浙江、江西、山东、河南、四川、西藏、陕西、云南。

红脊长蝽 *Tropidothorax elegans* (Distant)（长蝽科 Lygaeidae）

【识别要点】体长10 mm。红色具黑色大斑，头黑色，触角黑，第2节与第4节等长。前胸背板中纵脊和侧缘脊隆起甚高，前缘、后缘、两侧缘和中纵脊橘红色或紫红色，其余黑色。革片红色，中央具黑色大斑，但此斑不达前缘。足黑色，腹部红色，各节均具黑色大型中斑和侧斑，腹末黑色。【习性】成虫和若虫常群聚于嫩茎及嫩叶上吸汁。【分布】北京、天津、河南、江苏、四川、广东、广西、云南、台湾。

弯角头跷蝽 | 杰仔 摄

锤胁跷蝽 | 王晓贝 摄

红脊长蝽 | 唐志远 摄

横带红长蝽 唐志远 摄

长足长蝽 杰仔 摄

小长蝽 杰仔 摄

高粱狭长蝽 周纯国 摄

横带红长蝽

Lygaeus equestris (Linnaeus)

（长蝽科 Lygaeidae）

【识别要点】体长12～13 mm，红色具黑色斑。前胸背板前部黑色，并在中纵线两侧向后呈乳状突起，但并不与后缘两横带相连。革片中部具不规则大圆斑，两斑在爪片末端处相连，在黑斑前后缘有两个光裸无毛的黑斑。腹部红色，每侧具两列黑色斑纹。**【习性】**成虫发生期6—8月，主要为害十字花科植物。**【分布】**辽宁、内蒙古、甘肃、山东、江苏、云南。

长足长蝽

Dieuches femoralis Dohrn

（长蝽科 Lygaeidae）

【识别要点】体长9～11 mm。头黑，微具光泽，明显宽于前胸背板，复眼远离前胸。触角黑褐色，第4节基半淡黄白色。前胸背板黑，微具光泽，前缘处一对褐色小斑。小盾片黑色，中央具一对小黄褐圆斑，末端淡黄白色。腹下黑色，第4—7节侧缘各有一黄斑。**【习性】**成虫发生期6—8月，群聚于寄主植物表面，为害寄主植物，畏强光，中午具于叶背面。**【分布】**福建、四川、云南、广东。

小长蝽

Nysius ericae (Schilling)

（长蝽科 Lygaeidae）

【识别要点】体长4～5 mm。体较小，色较淡而少毛。头淡褐色，头背面中央有“×”形黑纹。前胸背板污黄褐色，具较大刻点。后胸侧板内半多黄褐色纵带与黑色纵带相间。小盾片铜黑色，两侧有时各具一大斑，革片于翅脉外无褐斑。足淡黄褐色，股节具黑斑。**【习性】**一年发生数代，群聚于寄主植物表面，为害寄主植物，以成虫和高龄若虫在石块、杂草和枯枝落叶下越冬。**【分布】**北京、天津、河北、河南、四川、陕西、西藏。

高粱狭长蝽

Dimorphopterus spinolae (Signoret)

（长蝽科 Lygaeidae）

【识别要点】体长3～6 mm，体黑色，长方形，末端钝圆。头黑色，近棱形，具粗大刻点。触角、喙均4节，复眼红褐色，半圆形突出。单眼漆黑色。前胸背板近方形，肩角钝圆。小盾片三角形。腹部腹面黑褐色。**【习性】**成虫、若虫刺吸汁液，严重时造成叶片枯黄，植株生长缓慢。**【分布】**河北、山东、湖北、江西、湖南、福建、广东、重庆。

直腮长蝽 *Pamerana* sp.（长蝽科 Lygaeidae）

【识别要点】中小型，长椭圆形或狭长，体两侧平行。头平伸，长宽近等，多狭于前胸。前胸背板横缢明显，小盾片具"Y"形脊，前足股节膨大，下方刺2列，雄前足胫节直，无刺。【分布】广东。

箭痕腺长蝽 *Spilostethus hospes* (Fabricius)（长蝽科 Lygaeidae）

【识别要点】红色具黑色斑，体被极短的金黄色毛。前胸背板红色，胝沟后方中纵线两侧具黑色纵带，小盾片端部1/3红色，末端具椭圆形黑斑。【习性】一年约发生两代，若虫常具有群居性。【分布】广东、广西、云南、台湾。

大眼长蝽 *Geocoris* sp.（长蝽科 Lygaeidae）

【识别要点】小型，头大，眼大而突出，向后强烈斜伸。前足股节不特别加粗，无刺。前胸背板中央无横缢。【习性】该种以成虫越冬。能捕食叶蝉、盲蝽、棉蚜等若虫及鳞翅目害虫的卵及小幼虫。吸汁。【分布】重庆。

巨红蝽 *Macroceroea grandis* (Gray)（大红蝽科 Largidae）

【识别要点】体长28～54 mm，宽7～9 mm，长卵形。血红色，具光泽，无单眼；触角黑色，极长，第1节约两倍或更长于头及前胸背板长度之和；前胸背板中央横缢，后部有大黑斑，革区中央有1大黑斑。雄虫腹部极度延伸。前足腿节红色，中、后足及腹板侧缝外的斑纹为棕色至黑色。足细长，前足腿节粗壮，内侧有细齿，近端部有小刺。【习性】成虫于7—9月出现。以成虫在落叶堆中过冬。群栖性，受惊则假死垂地。成虫、若虫性喜静，不善飞翔。【分布】浙江、福建、广东、海南、云南。

直腮长蝽 杰仔 摄　箭痕腺长蝽 偷米 摄　大眼长蝽 张巍巍 摄

巨红蝽 西叶 摄

离斑棉红蝽 | 杰仔 摄

联斑棉红蝽 | 张宏伟 摄

离斑棉红蝽 *Dysdercus cingulatus* (Fabricius)（红蝽科 Pyrrhocoridae）

【识别要点】体长12 ~ 18 mm，宽3 ~ 6 mm。头、前胸背板、前翅赭红色；触角4节黑色，第1节基部朱红色较第2节长，喙4节红色，第4节端半部黑色。小盾片黑色，革片中央具1个椭圆形大黑斑。胸部、腹部腹面红色，仅各节后缘具两端加粗的白横带，各足基节外侧有弧形白纹。【习性】以卵在表土层越冬，部分以成虫和若虫在土缝里或棉花枯枝落叶下越冬。【分布】湖北、福建、广东、广西、云南、海南、台湾。

联斑棉红蝽 *Dysdercus poecilus* (Herrich-Schaeffer)（红蝽科 Pyrrhocoridae）

【识别要点】成虫体长9 ~ 14 mm，宽3 ~ 5 mm。与离斑棉红蝽相比革片基端缘基部黑斑连为一体。【分布】福建、广东、广西、云南。

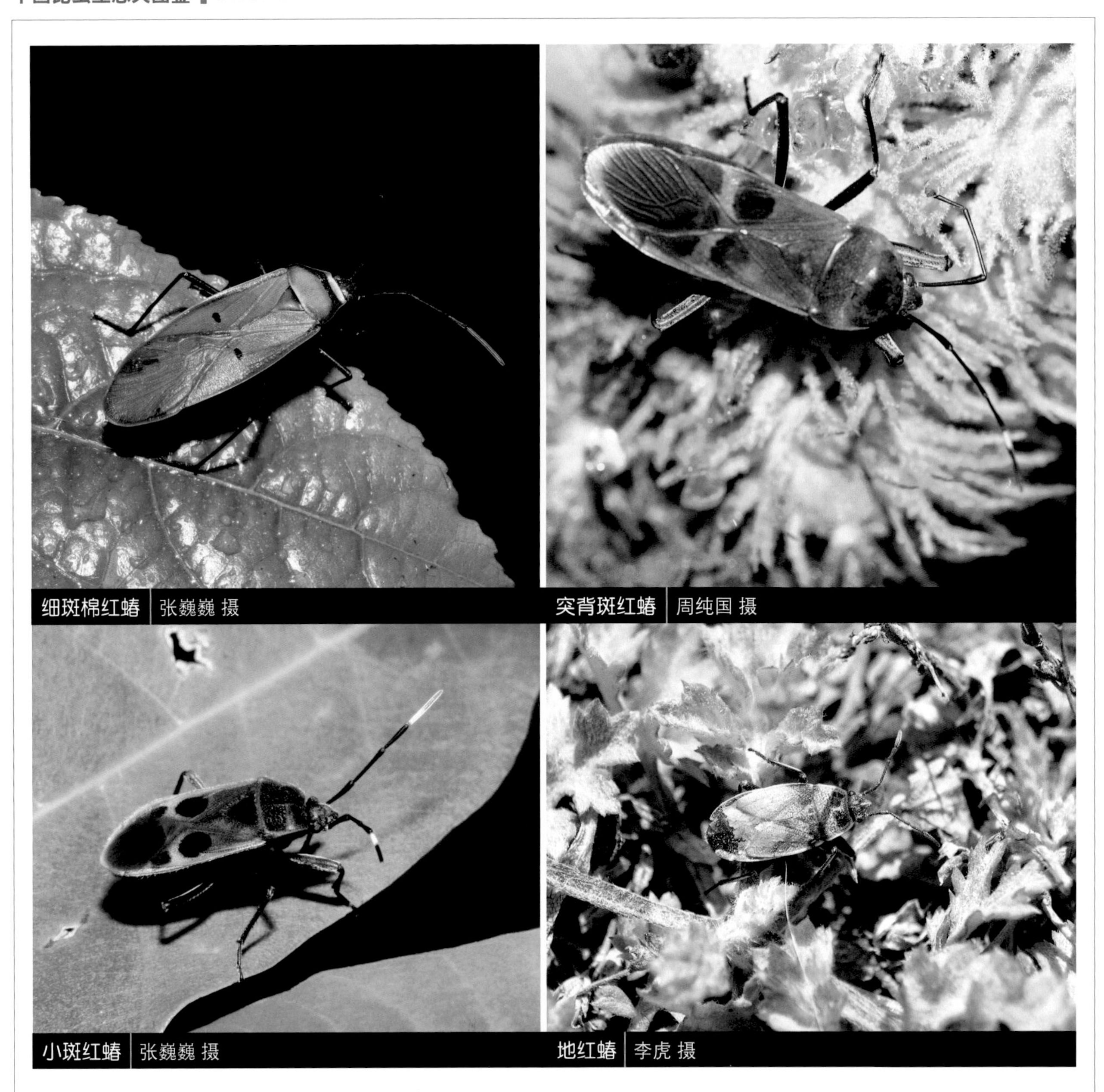

细斑棉红蝽 | 张巍巍 摄

突背斑红蝽 | 周纯国 摄

小斑红蝽 | 张巍巍 摄

地红蝽 | 李虎 摄

细斑棉红蝽 *Dysdercus evanescens* Distant（红蝽科 Pyrrhocoridae）

【识别要点】体长15～19 mm，长卵圆形，头部朱红色，前胸背板梯形，橙红色，小盾片三角形，红色。革片中央靠后角处具1棕黑色小斑，各足朱红色。**【习性】**成虫有趋光性。**【分布】**云南、西藏。

突背斑红蝽 *Physopelta gutta* (Burmeister)（红蝽科 Pyrrhocoridae）

【识别要点】体长14～18 mm。体延长，两侧略平行。棕黄色。前胸背板侧缘腹面及足基部通常红色，前胸背板前叶强烈突出。革片顶角黑斑三角形。**【习性】**植食性，为害寄主植物。**【分布】**广东、广西、四川、重庆、云南、台湾、西藏。

小斑红蝽 *Physopelta cincticollis* Stål（红蝽科 Pyrrhocoridae）

【识别要点】体长11～15 mm，被半直立浓密细毛，窄椭圆形。革片中央各具1个圆形黑斑，触角第4节基半部浅黄色。前足股节稍粗大，其腹面近端部有2或3个刺。**【习性】**成虫有趋光性。**【分布】**陕西、湖北、湖南、江苏、浙江、江西、四川、云南、广东、台湾。

地红蝽 *Pyrrhocoris tibialis* Stål（红蝽科 Pyrrhocoridae）

【识别要点】体长8～11 mm，宽3～4 mm，椭圆形，灰褐色具刻点。头顶由4块近方形和基部中央一纵带构成“V”形图案。小盾片三角形，中央隐约有1条浅色纵线，近基部中央多有2个暗色圆斑。**【习性】**在地面急行，喜栖于土块碎石下。**【分布】**辽宁、内蒙古、河北、北京、天津、山东、江苏、上海、浙江、西藏。

艳绒红蝽 *Melamphaus rubrocinctus* (Stål)（红蝽科 Pyrrhocoridae）

【识别要点】体长17 ~ 25 mm，被浓密短毛。棕红色具明显黑色斑，前胸背板中部、小盾片、革片内侧及其中央大斑和顶角黑色。前胸背板前缘及各胸侧板后缘乳白色。【分布】云南。

阔胸光红蝽 *Dindymus lanius* Stål（红蝽科 Pyrrhocoridae）

【识别要点】体长13 ~ 17 mm，朱红色。复眼无柄，头顶隆起，体光滑。前翅膜片大部分黑色。前胸背板前角钝圆。【习性】为害胡萝卜等寄主植物。【分布】湖北、四川、浙江、福建。

华锐红蝽 *Euscopus chinensis* Blöte（红蝽科 Pyrrhocoridae）

【识别要点】体长7 ~ 9 mm，椭圆形。触角第4节仅基部和顶端浅棕色，其中部污黄色，革片中央及其顶角具黑色斑。【分布】广东、云南。

点蜂缘蝽 *Riptortus pedestris* Fabricius（缘蝽科 Coreidae）

【识别要点】体长15 ~ 17 mm，宽3 ~ 5 mm，狭长，黄褐色至黑褐色，被白色细绒毛。足与体同色，胫节段部色淡，后足腿节粗大，有黄斑，腹面具4个较长的刺和几个小齿。触角前3节端部稍膨大，基半部色淡。头、胸部两侧的黄色光滑斑纹呈点斑状或消失。腹部侧缘稍外露，黄黑相间。腹下散生许多不规则的小黑点。1 ~ 4龄若虫体似蚂蚁。【习性】成虫和若虫刺吸汁液，在豆类蔬菜开始结实时，往往群集为害，以成虫在枯枝落叶和杂草丛中越冬。【分布】北京、河南、湖北、江苏、浙江、安徽、江西、四川、福建、云南、西藏。

条蜂缘蝽 *Riptortus linearis* Fabricius（缘蝽科 Coreidae）

【识别要点】体长14 ~ 16 mm，宽3 ~ 4 mm。体褐色至黑褐色。身体外形细长。头、胸部两侧的黄色光滑斑纹呈带状。【习性】以成虫在枯草丛中、树洞和屋檐下等处越冬，成虫和若虫白天极为活泼，早晨和傍晚稍迟钝，阳光强烈时多栖息于寄主叶背。【分布】广东、河北、河南、江苏、安徽、湖北、湖南、福建、浙江、江西、广西、四川、贵州、云南、台湾。

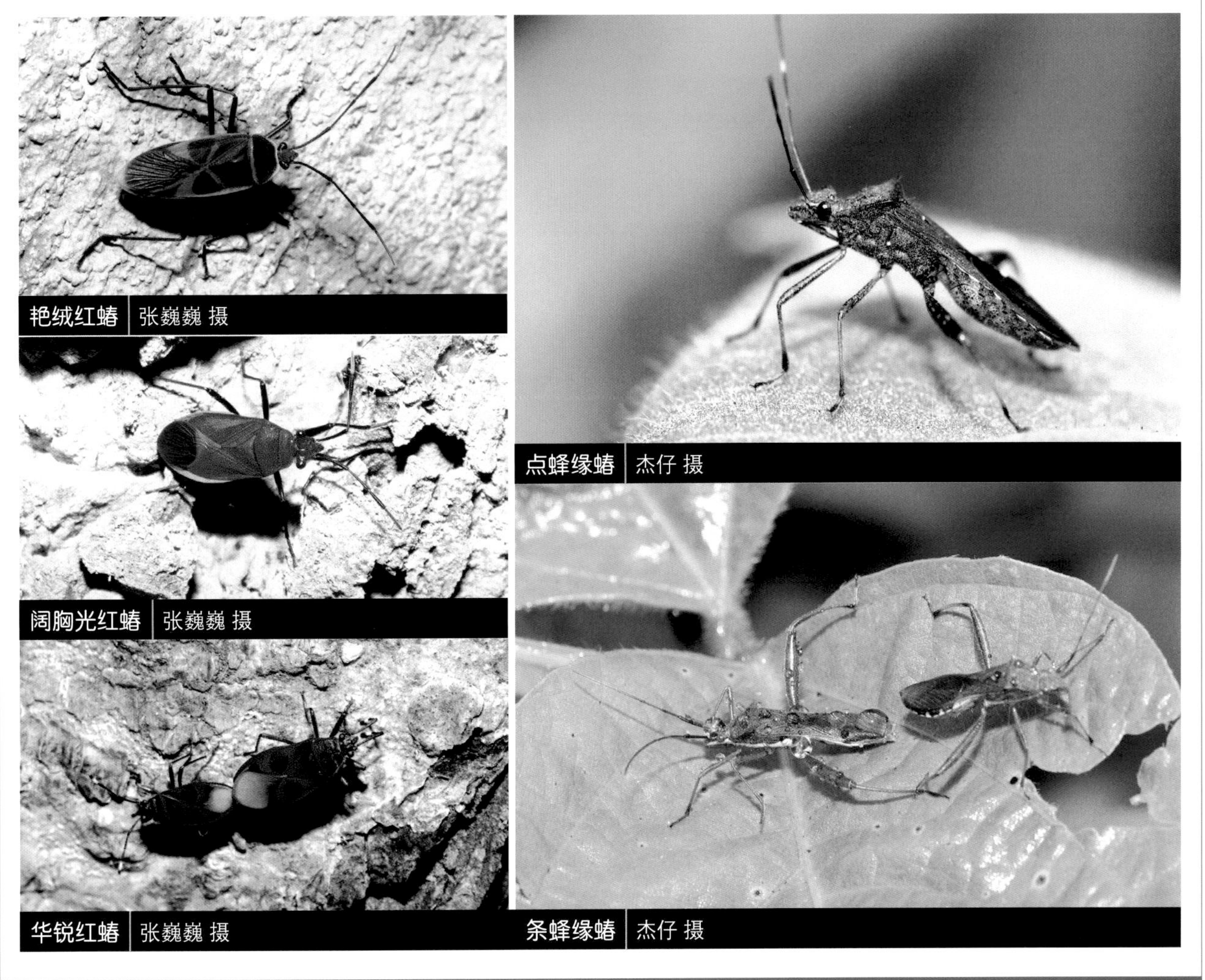

艳绒红蝽 | 张巍巍 摄

阔胸光红蝽 | 张巍巍 摄

华锐红蝽 | 张巍巍 摄

点蜂缘蝽 | 杰仔 摄

条蜂缘蝽 | 杰仔 摄

稻棘缘蝽 ｜李虎 摄　　宽棘缘蝽 ｜李虎 摄

稻棘缘蝽 *Cletus punctiger* Dallas（缘蝽科 Coreidae）

【识别要点】体长9～12 mm，体相对狭长。前胸背板侧角向两侧平伸，触角第1节略长于第3节。【习性】喜聚集在稻、麦的穗上吸食汁液，以成虫在杂草根际处越冬。【分布】北京、山西、山东、江苏、浙江、安徽、河南、陕西、福建、江西、湖南、湖北、广东、云南、贵州、西藏。

宽棘缘蝽 *Cletus schmidti* Kiritschulsko（缘蝽科 Coreidae）

【识别要点】体长9～12 mm。背面暗棕色，腹面污黄色，触角暗红色。前胸背板后半常色暗，触角第1节外侧常有一纵列深色颗粒。【习性】喜聚集在寄主植物上吸食汁液。【分布】陕西、安徽、浙江、江西、台湾。

长肩棘缘蝽 *Cletus trigonus* Thunberg（缘蝽科 Coreidae）

【识别要点】体长7～9 mm，体短小，但多数个体在8.5 mm以下。触角第1节略短于第3节，少数个体两者等长。前翅常呈紫褐色，内角白斑明显。【习性】喜聚集在寄主植物上吸食汁液。【分布】江苏、江西、福建、广东、广西、云南、海南。

长肩棘缘蝽 ｜张宏伟 摄

异足竹缘蝽

Notobitus sexguttatus Westwood

（缘蝽科 Coreidae）

【识别要点】体长19～20 mm，褐色。触角第4节角部分浅色。前足及中足胫节浅色。雄虫后足胫节基半部均匀弯曲，近中部腹面具3个显著的小齿。【习性】吸食嫩竹和竹笋汁液。【分布】广东、广西、云南。

黑竹缘蝽

Notobitus meleagris Fabricius

（缘蝽科 Coreidae）

【识别要点】体长18～25 mm。深褐色至黑色，触角第4节两端、前足胫节、各足跗节棕色。【习性】吸食嫩竹和竹笋汁液。【分布】浙江、江西、四川、重庆、广东、台湾。

山竹缘蝽

Notobitus montanus Hsiao

（缘蝽科 Coreidae）

【识别要点】体长20～23 mm，黑褐色，被灰色细毛。触角第1节长于头的宽度，后足胫节直形，侧接缘各节中央浅色。后足股节粗大，顶端具一大刺，大刺前后有数个小刺，胫节近基部稍向内弓。【习性】卵聚产于竹叶背面，吸食嫩竹和竹笋汁液。【分布】浙江、四川、重庆。

广腹同缘蝽

Homoeocerus dilatatus Horvath

（缘蝽科 Coreidae）

【识别要点】体长13～15 mm，淡褐色。触角第1，2，3节三棱形，第4节纺锤形。革片上无黑色斑纹。【分布】吉林、北京、河南、浙江、江西、湖北、四川、贵州、广东。

一点同缘蝽

Homoeocerus unipunctatus Thunberg

（缘蝽科 Coreidae）

【识别要点】体长13～15 mm，黄褐色。前翅革片中央有一小黑色斑点。【习性】成虫、若虫均为害寄主植物，卵聚产于寄主叶面。【分布】江苏、浙江、江西、湖北、台湾、广东、云南、西藏。

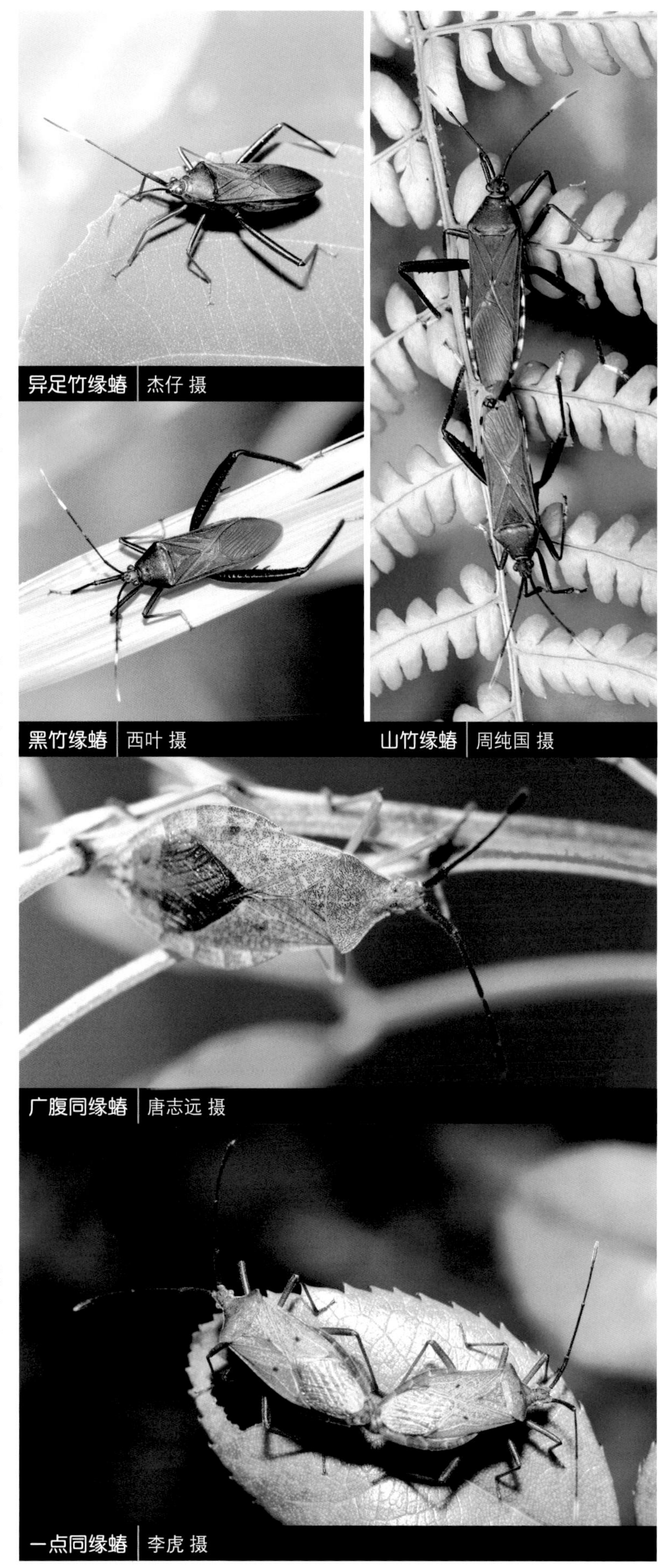

异足竹缘蝽 | 杰仔 摄

黑竹缘蝽 | 西叶 摄

山竹缘蝽 | 周纯国 摄

广腹同缘蝽 | 唐志远 摄

一点同缘蝽 | 李虎 摄

暗黑缘蝽 *Hygia opaca* Uhler（缘蝽科 Coreidae）

【识别要点】体长8～10 mm，黑褐色。喙、触角端部、各足基节和跗节以及腹部侧接缘各节基部淡黄褐色。【习性】成虫、若虫常群聚为害寄主植物。【分布】浙江、湖南、江西、四川、福建、广西。

夜黑缘蝽 *Hygia noctua* Distant（缘蝽科 Coreidae）

【识别要点】体长11～13 mm，背淡黄褐色短粗毛。触角第4节端半部、各足基节、小盾片顶端、革片基缘中部小斑、腹部侧接缘各节基缘上面及下面均为浅黄褐色。前胸背板前角向前侧方伸突。【分布】云南。

褐伊缘蝽 *Aeschyntelus sparsus* Blöte（缘蝽科 Coreidae）

【识别要点】体长6～8 mm，背面灰绿色，腹面灰黄色，具褐色斑点。触角第2节背侧带有1条隐约可见的深色纵纹。前翅上的小点、腹背面、侧接缘各节端部及身体腹面中央均为黑色。【习性】成虫较活泼，善飞翔。【分布】黑龙江、陕西、江苏、浙江、江西、四川、福建、广东、云南。

暗黑缘蝽 | 李虎 摄

夜黑缘蝽 | 李虎 摄

褐伊缘蝽 | 李虎 摄

黄胫侎缘蝽 | 周纯国 摄

曲胫侎缘蝽 | 唐志远 摄　　波赭缘蝽 | 唐志远 摄

黄胫侎缘蝽 *Mictis serina* Dallas（缘蝽科 Coreidae）

【识别要点】体长27 ~ 30 mm，黄褐色。后足骨节中央无巨刺，各足胫节污黄色。【习性】为害寄主植物，以成虫在枯枝落叶下越冬。【分布】浙江、江西、四川、福建、广东、广西。

曲胫侎缘蝽 *Mictis tenebrosa* Fabricius（缘蝽科 Coreidae）

【识别要点】体长22 ~ 24 mm，暗褐色。前胸背板侧缘直，具微齿，侧角钝圆。雄虫后足股节粗大，胫节腹面呈三角形。【习性】卵聚产于叶背面或小枝上，成虫、若虫喜在嫩叶上取食。【分布】浙江、湖南、江西、四川、福建、广东、广西、云南、西藏。

波赭缘蝽 *Ochrochira potanini* Kiritshenko（缘蝽科 Coreidae）

【识别要点】体长20 ~ 23 mm。黑褐色，被白色短毛，触角第4节棕黄色。前胸背板侧角圆形，向上翘折。【分布】湖北、四川、西藏。

月肩莫缘蝽 | 周纯国 摄

褐莫缘蝽 | 周纯国 摄

菲缘蝽 | 唐志远 摄

月肩莫缘蝽 *Molipteryx lunata* (Distant)（缘蝽科 Coreidae）

【识别要点】体长23～25 mm，深褐色。前胸背板侧角尖锐，向前伸出前胸背板的前缘；雄虫后足股节较粗，端半部背面及内面具短刺突，胫节内面超过中部处呈角状扩展，雌虫后足较细，胫节简单。【习性】卵成条状产于枝干或果柄上，成虫、若虫均为害寄主植物。【分布】河南、浙江、江西、湖北、四川、福建。

褐莫缘蝽 *Molipteryx fuliginosa* (Uhler)（缘蝽科 Coreidae）

【识别要点】体长23～25 mm，深褐色。前胸背板侧缘具齿，侧角后缘凹陷不平，侧角前倾，不达于前胸背板的前端。前、中足胫节外侧适度扩展。【分布】黑龙江、甘肃、江苏、浙江、江西、福建。

菲缘蝽 *Physomerus grossipes* (Fabricius)（缘蝽科 Coreidae）

【识别要点】体长17～21 mm，棕褐色。头、前胸背板、腹部腹面及足浅黄赭色。后足股节端部及亚端部具黑色环纹。后足胫节近中部内缘具1刺。【分布】四川、广东、云南。

喙缘蝽 *Leptoglossus membranaceus* Fabricius（缘蝽科 Coreidae）

【识别要点】体长17 ~ 20 mm，黑褐色。触角第2，3节中央、第4节大部、头顶基部两侧、腹面两侧、后足胫节扩展部分中央的斑点，以及腹面若干斑点均为橙黄色。后足胫节向两侧极度扩展。【分布】云南、台湾。

角缘蝽 *Fracastorius cornutus* Distant（缘蝽科 Coreidae）

【识别要点】体长19 ~ 21 mm，黄褐色。前胸背板侧角向前伸，几乎伸达头的前端。【分布】云南。

宽肩达缘蝽 *Dalader planiventris* Westwood（缘蝽科 Coreidae）

【识别要点】体长23 ~ 26 mm，赭色。触角第3节扩展，前胸背板侧叶向前侧方伸展较短。腹部两侧扩展呈菱形。【分布】贵州、广东、云南。

喙缘蝽 钟茗 摄

角缘蝽 李元胜 摄

宽肩达缘蝽 李虎 摄

波原缘蝽

Coreus potanini Jakovlev

（缘蝽科 Coreidae）

【识别要点】体长12～14 mm，黄褐色。触角基内侧各具1棘。触角基部3节菱形，第4节纺锤形。前胸背板侧角近于直角。【分布】河北、山西、陕西、甘肃、四川。

拟黛缘蝽

Dasynopsis cunealis Hsiao

（缘蝽科 Coreidae）

【识别要点】体长14～16 mm，草黄色，背面带暗褐色。背面散步黑色小颗粒。触角黑色，第4节除基部及顶端外黄色。前胸背板侧缘平直，侧角尖锐，向上翘。前翅污黄色，膜片褐色。【分布】云南。

波原缘蝽 | 李虎 摄

拟黛缘蝽 | 郭宪 摄

中稻缘蝽 陈希 摄

瘤缘蝽 杰仔 摄

中稻缘蝽

Leptocorisa chinensis Dallas

（缘蝽科 Coreidae）

【识别要点】体长17～18 mm。头长，触角第1节端部膨大。前胸背板长，前端稍向下倾斜，中胸腹板具纵沟。最后3个腹节背板完全红色或赭色。后足胫节最基部及顶端黑色。【分布】天津、江苏、安徽、浙江、江西、湖北、福建、广东、广西、云南、重庆。

瘤缘蝽

Acanthocoris scaber (Linnaeus)

（缘蝽科 Coreidae）

【识别要点】体长11～14 mm，宽4～5 mm，褐色。前胸背板具显著瘤突。侧接缘各节的基部棕黄色，膜片基部黑色，胫节近端有一浅色环。后足股节膨大，内缘具小刺或短刺。【习性】成虫白天活动，晴天尤为活跃，受惊迅速坠落。【分布】山东、江苏、安徽、湖北、浙江、江西、四川、福建、广西、广东、云南。

翩翅缘蝽

Notopteryx soror Hsiao

（缘蝽科 Coreidae）

【识别要点】体长27～28 mm，浅栗色，被金黄色短毛。触角基部3节颜色较深。腹部背面红色，腹面中央具1条深色纵走条纹。前胸背板侧叶扩展并成弧形上翘。【分布】广东、广西、重庆。

翩翅缘蝽 周纯国 摄

黑长缘蝽 *Megalotomus junceus* Scopoli（缘蝽科 Coreidae）

【识别要点】体长12～15 mm，黑色。前翅褐色，颈上的两个圆点、前翅前缘、侧接缘各节基部以及腹部腹面基部中央纵纹均为浅色。前胸背板侧角尖锐，后缘极度凹陷。【分布】北京、山东、江苏。

大辟缘蝽 *Prionomia gigas* Distant（缘蝽科 Coreidae）

【识别要点】大型，体长43 mm，深棕色，背面具灰色细毛，前胸背板侧角尖锐，边缘锯齿状，胸部腹面两侧具白色带纹。小盾片顶端黄色。后足胫节背腹两面均扩展。【分布】云南。

黑长缘蝽 | 唐志远 摄

大辟缘蝽 | 张宏伟 摄

金翅斑大叶蝉 | 杰仔 摄

金翅斑大叶蝉 *Anatkina vespertinula* (Breddin)（叶蝉科 Cicadellidae　大叶蝉亚科 Cicadellinae）

【识别要点】体连翅长9 ~ 11 mm，头胸部背面灰白色，复眼和单眼黑色，头顶中央及小盾片两基角处各具1枚黑斑，翅面金黄色。成虫趋光性强。【习性】吸食小型灌木汁液。【分布】贵州、四川、广东、福建；印度、越南、马来西亚、印度尼西亚。

钩凹大叶蝉 *Bothrogonia hamata* Yang & Li（叶蝉科 Cicadellidae　大叶蝉亚科 Cicadellinae）

【识别要点】体长15 ~ 16 mm，橙棕色。头胸部以及前翅端部有数枚黑斑，前翅上常有灰白蜡斑存在。足淡黄色，胫节膝部有黑斑。【习性】吸食小型灌木汁液。【分布】海南、广西、贵州、广东。

琼凹大叶蝉 *Bothrogonia qiongana* Yang & Li（叶蝉科 Cicadellidae　大叶蝉亚科 Cicadellinae）

【识别要点】体长15 ~ 16 mm，体型较大，呈红褐色，头胸部常具多枚黑斑。【习性】吸食小型灌木汁液。【分布】海南、贵州。

白条窗翅叶蝉 *Mileewa albovittata* Chiang（叶蝉科 Cicadellidae　大叶蝉亚科 Cicadellinae）

【识别要点】体黑色。自头顶前缘中央至小盾片尖角有1纵向白色条纹。头冠前端部两侧具白色小点及斜纹。【习性】吸食小型灌木汁液。【分布】云南、台湾。

钩凹大叶蝉 | 杰仔 摄

琼凹大叶蝉 | 张巍巍 摄

白条窗翅叶蝉 | 张宏伟 摄

窗翅叶蝉 周纯国 摄

大青叶蝉 周纯国 摄

橙带突额叶蝉 寒枫 摄

黑尾大叶蝉 杰仔 摄

窗翅叶蝉 *Mileewa margheritae* Distant（叶蝉科 Cicadellidae　大叶蝉亚科 Cicadellinae）

【识别要点】体小型，蓝黑色，头冠无斑纹，前翅有透明区域，形如窗户，故得名。足淡黄色。【习性】吸食小型灌木汁液。【分布】江西、湖南、贵州、重庆、云南、福建、台湾；朝鲜、日本、印度、缅甸、印度尼西亚。

大青叶蝉 *Cicadella viridis* (Linnaeus)（叶蝉科 Cicadellidae　大叶蝉亚科 Cicadellinae）

【识别要点】体中等，淡绿色带白色蜡粉，腹部背面黑色。取食多种植物，是一类重要的世界性害虫。【习性】吸食多种植物的汁液。【分布】全世界广布。

橙带突额叶蝉 *Gunungidia aurantiifasciata* (Jacobi)（叶蝉科 Cicadellidae　大叶蝉亚科 Cicadellinae）

【识别要点】体连翅长16～17 mm。头冠部有4枚小黑点，前胸背板前缘横列4小黑斑，中胸小盾片二基角和端部各具1枚黑斑，前翅乳白色，有多条橘黄色横带纹，足黄色。【习性】吸食小型灌木汁液。【分布】浙江、江西、四川、重庆、福建、广东、广西、海南、湖北、江西、湖南。

黑尾大叶蝉 *Bothrogonia ferruginea* (Fabricius)（叶蝉科 Cicadellidae　大叶蝉亚科 Cicadellinae）

【识别要点】体长15～16 mm，呈黄褐色、橙黄色，头胸部常具多枚黑斑。前翅末端黑色，故得名。足淡黄色，足膝部黑色，胫节端部黑色。【习性】吸食小型灌木汁液。【分布】福建；印度。

顶斑边大叶蝉 *Kolla paulula* (Walker)（叶蝉科 Cicadellidae 大叶蝉亚科 Cicadellinae）

【识别要点】小型，体暗绿色，头部黄褐色，头冠顶有一黑斑。【习性】吸食小型灌木汁液。【分布】河北、安徽、浙江、福建、河南、重庆、四川、广东、广西、海南、贵州、云南、陕西、台湾、香港；泰国、越南、印度、斯里兰卡、缅甸、马来西亚、印度尼西亚。

色条大叶蝉 *Atkinsoniella opponens* (Walker)（叶蝉科 Cicadellidae 大叶蝉亚科 Cicadellinae）

【识别要点】活体黄绿色，死后颜色略偏红。头冠部具黑斑，前胸背板前后缘各具黑色横带，中部一细纵带连接，前翅具黑色纵带。【习性】吸食小型灌木汁液。【分布】福建、河南、广东、广西、海南、四川、贵州、云南；印度、缅甸、尼泊尔、老挝、泰国、越南、印度尼西亚、菲律宾。

黑缘条大叶蝉 *Atkinsoniella heiyuana* Li（叶蝉科 Cicadellidae 大叶蝉亚科 Cicadellinae）

【识别要点】体长5 ~ 6 mm，体枣红色或暗红色，唯头部颜面、小盾片和胸足淡黄褐色。头冠有5枚黑斑，前翅上有黑色纵带。老龄个体蜡粉明显。【习性】吸食小型灌木汁液。【分布】福建、重庆。

格氏条大叶蝉 *Atkinsoniella grahami* Young（叶蝉科 Cicadellidae 大叶蝉亚科 Cicadellinae）

【识别要点】体长6 mm左右，体绿色，头部颜面、小盾片和胸足淡黄褐色。前翅上有黑色纵带。老龄个体蜡粉明显。雌虫第7腹板端缘平截或微凸。【习性】吸食小型灌木汁液。【分布】重庆、四川、贵州、云南、陕西、湖北、广东。

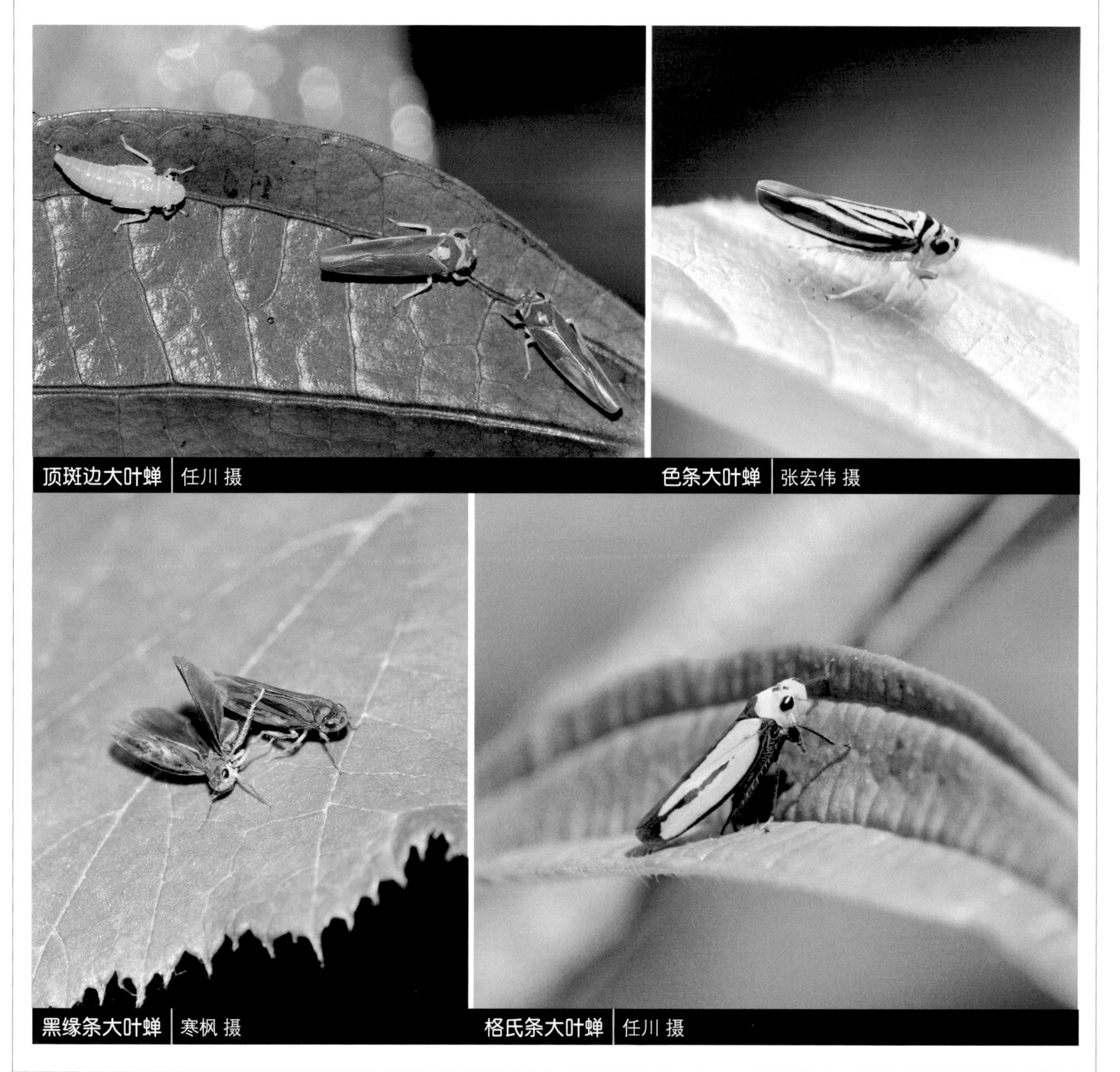

顶斑边大叶蝉 | 任川 摄

色条大叶蝉 | 张宏伟 摄

黑缘条大叶蝉 | 寒枫 摄

格氏条大叶蝉 | 任川 摄

隐纹条大叶蝉 | 周纯国 摄　　凹痕可大叶蝉 | 张宏伟 摄

隐纹条大叶蝉

Atkinsoniella thalia (Distant)

(叶蝉科 Cicadellidae　大叶蝉亚科 Cicadellinae)

【识别要点】体色金黄、淡黄、淡白或紫褐。头冠前端和基部中央各具1黑斑，前胸背板无任何斑纹，小盾片二基角处常具黑斑，有些个体不明显。【习性】吸食小型灌木汁液。【分布】河北、浙江、福建、河南、湖北、湖南、广西、海南、四川、重庆、贵州、云南、陕西；印度、泰国、缅甸。

凹痕可大叶蝉

Cofana yasumatsui Young

(叶蝉科 Cicadellidae　大叶蝉亚科 Cicadellinae)

【识别要点】体灰白色，头冠二单眼间有1黑斑，前翅翅脉黑褐色明显。【习性】吸食小型灌木汁液。【分布】云南、贵州、四川。

黑颜单突叶蝉 | 杰仔 摄

黑颜单突叶蝉

Lodiana revis (Walker)

(叶蝉科 Cicadellidae　离脉叶蝉亚科 Coelidiinae)

【识别要点】体黑褐色，头冠部色较浅。前翅深褐色，具2条黄色横带，1条位于前翅基部，1条位于爪片末段。足褐色。【习性】吸食小型灌木汁液。【分布】海南、浙江、湖北、湖南、贵州、四川、云南、福建、广西、广东、香港；缅甸、印度、泰国、老挝。

丽叶蝉

Calodia sp.

(叶蝉科 Cicadellidae　离脉叶蝉亚科 Coelidiinae)

【识别要点】体型中等，头宽，胸短。眼周有色带。体色为青色。【习性】吸食小型灌木汁液。【分布】贵州。

带叶蝉

Scaphoideus sp.

(叶蝉科 Cicadellidae　殃叶蝉亚科 Euscelinae)

【识别要点】体小型，翅脉简单，身体前半截褐色，后半截乳白色。足褐色带花纹。【习性】吸食小型灌木汁液。【分布】广东。

丽叶蝉 | 李虎 摄

带叶蝉 | 杰仔 摄

木叶蝉 张宏伟 摄

横脊叶蝉 周纯国 摄

广头叶蝉 张巍巍 摄

槽胫叶蝉 寒枫 摄

木叶蝉 *Phlogotettix* sp.（叶蝉科 Cicadellidae 殃叶蝉亚科 Euscelinae）

【识别要点】体小型，翅脉简单，多为褐色，常常被认为是飞虱科昆虫。【习性】吸食小型灌木汁液。【分布】云南。

横脊叶蝉 *Evacanthus* sp.（叶蝉科 Cicadellidae 横脊叶蝉亚科 Evacanthinae）

【识别要点】体小型，活体鲜艳，死后颜色略偏暗。头冠部具黑斑，前胸背板前后缘各具黑色横带，中部一细纵带连接，前翅具黑色纵带。【习性】吸食小型灌木汁液。【分布】重庆。

广头叶蝉 *Macropsis* sp.（叶蝉科 Cicadellidae 广头叶蝉亚科 Macropsinae）

【识别要点】体小型，头冠圆钝，较宽，故此得名。体色多褐色或绿色，带有云状花纹。【习性】吸食灌木汁液。【分布】云南。

槽胫叶蝉 *Drabescus* sp.（叶蝉科 Cicadellidae 缘脊叶蝉亚科 Selenocephalinae）

【识别要点】体中型，头冠略钝扁。体常褐色，头冠及胸部、小盾片等处白绿色，带浅褐色条纹。【习性】吸食灌木汁液。【分布】重庆。

片头叶蝉 | 周纯国 摄
红边片头叶蝉 | 寒枫 摄
单色片头叶蝉 | 任川 摄

片头叶蝉 *Petalocephala* sp.（叶蝉科 Cicadellidae　耳叶蝉亚科 Ledrinae）

【识别要点】体中型，头冠扁平，成薄片状，体绿色。【习性】吸食灌木汁液。【分布】重庆。

红边片头叶蝉 *Petalocephala manchurica* Kato（叶蝉科 Cicadellidae　耳叶蝉亚科 Ledrinae）

【识别要点】体中型，头冠扁平，成薄片状，体绿色，外侧有红边。【习性】吸食灌木汁液。【分布】东北、北京、江西；日本、朝鲜。

单色片头叶蝉 *Petalocephala unicolor* Cen & Cai（叶蝉科 Cicadellidae　耳叶蝉亚科 Ledrinae）

【识别要点】体中型，头冠扁平，成薄片状，体单一绿色。【习性】吸食灌木汁液。【分布】重庆。

角胸叶蝉 *Tituria* sp.（叶蝉科 Cicadellidae　耳叶蝉亚科 Ledrinae）

【识别要点】体大型或中型，该属头冠扁平，成薄片状，胸部侧边形成角状侧叶。常绿色、褐色等。【习性】吸食灌木汁液。【分布】重庆。

盾冠角胸叶蝉 *Tituria clypeata* Cai（叶蝉科 Cicadellidae　耳叶蝉亚科 Ledrinae）

【识别要点】体中型，头冠扁平，成薄片状，胸部侧边形成角状侧叶。体绿色，头冠褐色。【习性】吸食灌木汁液。【分布】广东、重庆。

角胸叶蝉 | 寒枫 摄
盾冠角胸叶蝉 | 钟茗 摄

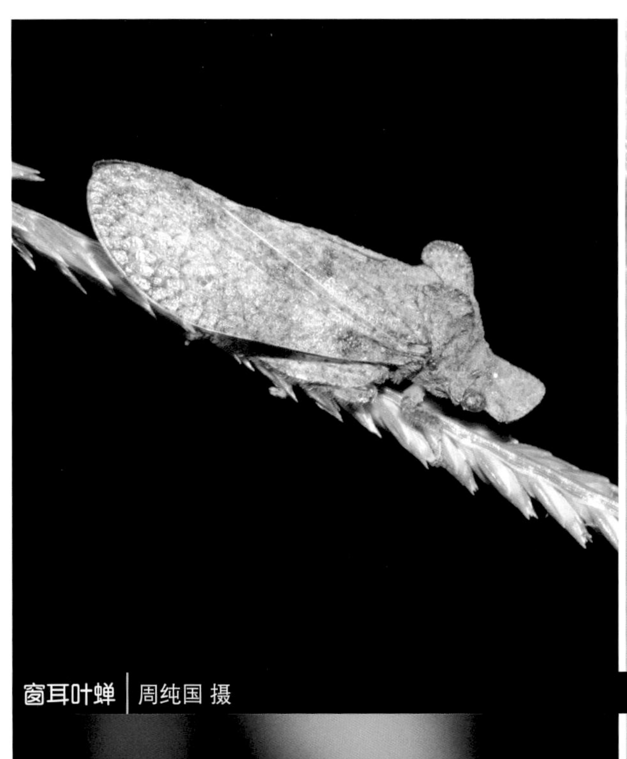

窗耳叶蝉 | 周纯国 摄

肖片叶蝉 | 张巍巍 摄

阔带宽广蜡蝉 | 杰仔 摄

圆纹广翅蜡蝉 | 杰仔 摄

窗耳叶蝉 *Ledra* sp.（叶蝉科 Cicadellidae 耳叶蝉亚科 Ledrinae）

【识别要点】体大型，胸部形成耳状突起，头冠较扁，呈鸭嘴状，两侧有透明区域，故名“窗耳”，体色常灰色、褐色等。【习性】吸食灌木汁液。【分布】重庆。

肖片叶蝉 *Parapetalocephala* sp.（叶蝉科 Cicadellidae 耳叶蝉亚科 Ledrinae）

【识别要点】体中型，头冠扁平，成铲状。体色多褐色，头冠带有花纹。【习性】吸食灌木汁液。【分布】重庆。

阔带宽广蜡蝉 *Pochazia confusa* Distant（广翅蜡蝉科 Ricaniidae）

【识别要点】体黑褐色，前翅近中央横跨一白色横带。【习性】吸食灌木汁液。【分布】贵州、广西、广东、海南、云南。

圆纹广翅蜡蝉 *Pochazia guttifera* Walker（广翅蜡蝉科 Ricaniidae）

【识别要点】成虫体长8～9 mm，体栗褐色，中胸背翅面近中部有1较小的近圆形半透明斑，后翅无斑纹。【习性】吸食灌木汁液。【分布】广东、湖北、湖南；印度、斯里兰卡。

白痣广翅蜡蝉 *Ricanula sublimata* (Jacobi)（广翅蜡蝉科 Ricaniidae）

【识别要点】体黑色，复眼深红色，前缘端部1/3处具1枚三角形白斑。【习性】吸食灌木汁液。【分布】南方大部分地区。

八点广翅蜡蝉 *Ricania speculum* (Walker)（广翅蜡蝉科 Ricaniidae）

【识别要点】体长6～8 mm，头胸部黑褐色至烟褐色，前翅烟褐色，中部圆形透明区有褐色环绕的黑色斑点。翅面散布白色蜡粉。【分布】四川、云南。

缘纹广翅蜡蝉 *Ricania marginalis* (Walker)（广翅蜡蝉科 Ricaniidae）

【识别要点】体长6～8 mm，头胸部黑褐色至烟褐色，前翅烟褐色，中部有褐色环绕的黑色斑点，翅面散布白色蜡粉。【分布】海南、浙江、湖北、广东。

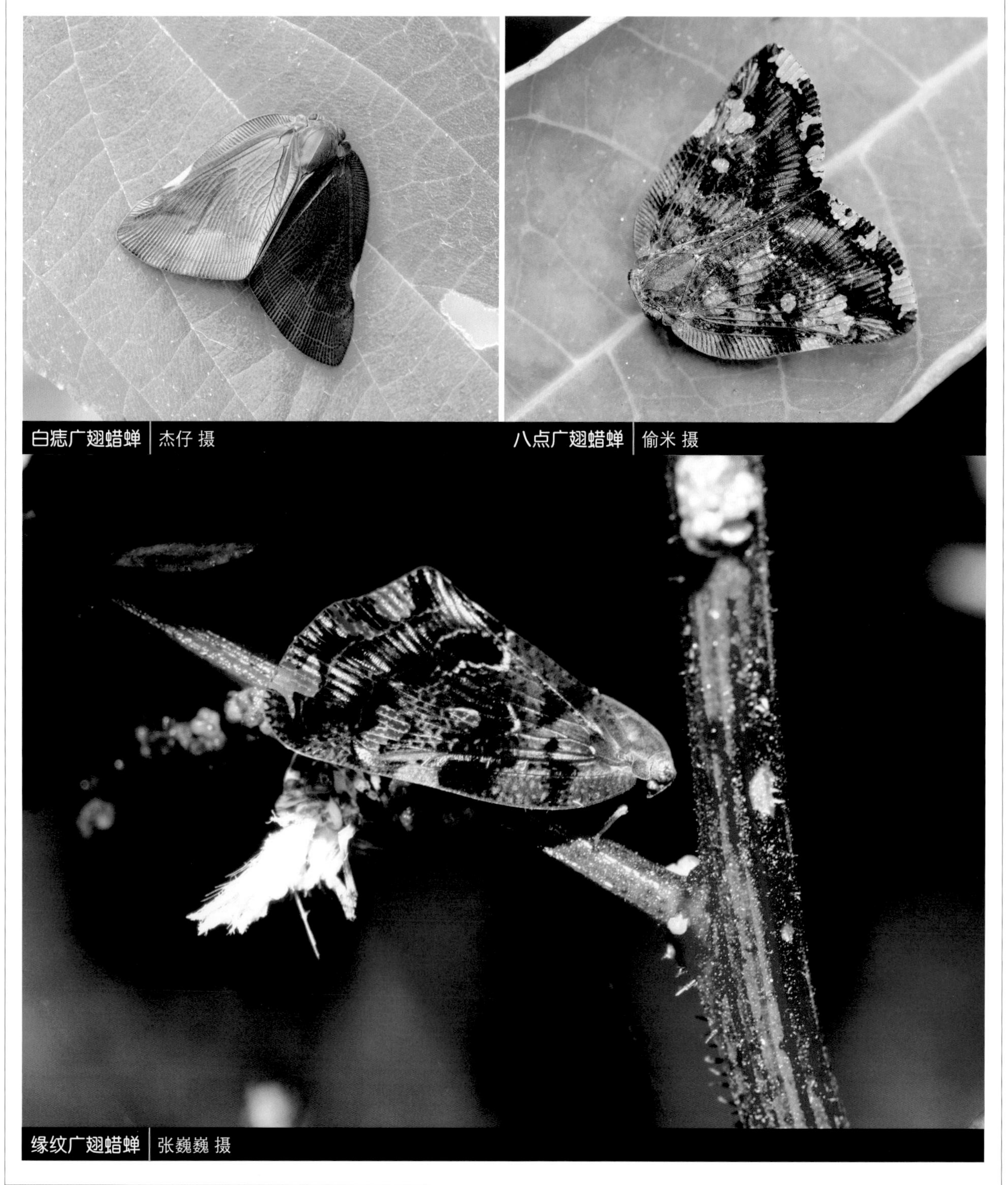

白痣广翅蜡蝉 | 杰仔 摄

八点广翅蜡蝉 | 偷米 摄

缘纹广翅蜡蝉 | 张巍巍 摄

眼纹疏广蜡蝉 *Euricania ocellus* (Walker)（广翅蜡蝉科 Ricaniidae）

【识别要点】体栗褐色，翅透明，前翅面近中部有6字形黑斑，中间白色不透明。后翅外缘黑色。【习性】吸食灌木汁液。【分布】河北、江苏、浙江、湖北、江西、湖南、广东、广西、四川、重庆；日本、缅甸、越南、印度。

丽纹广翅蜡蝉 *Ricanula pulverosa* (Stal)（广翅蜡蝉科 Ricaniidae）

【识别要点】体长5～7 mm，翅展16～22 mm。体黑褐色，前翅烟褐色，近顶角处有2隆起斑点；前缘外方2/5处有1黄褐色半圆形至三角形斑，被褐色横脉分隔成若干小室。【习性】吸食灌木汁液。【分布】云南、四川、贵州、广西。

斑衣蜡蝉 *Lycorma delicatula* (White)（蜡蝉科 Fulgoridae）

【识别要点】大型蜡蝉，体长17 mm左右，翅展50 mm上下。一龄若虫，体黑色，带有许多小白点；末龄若虫最漂亮，通红的身体上有黑色和白色斑纹。成虫后翅基部红色，飞翔时很引人注目。【习性】成虫、若虫均会跳跃，在多种植物上取食活动，最喜臭椿。【分布】北京、河北、山东、江苏、浙江、河南、山西、陕西、广东、台湾、湖北、湖南、重庆、四川等地。

龙眼鸡 *Pyrops candelaria* (Linnaeus)（蜡蝉科 Fulgoridae）

【识别要点】体大型，头额延伸前突向上稍弯如长鼻。前翅绿色，斑纹交错，外半部具14个圆形黄斑，翅基和翅中央有带状黄纹数条。【习性】吸食龙眼树树汁，大量发生时对龙眼树造成危害。【分布】广东、广西、海南。

中华鼻蜡蝉 | 寒枫 摄

斑悲蜡蝉 | 张巍巍 摄　丽悲蜡蝉 | 张宏伟 摄　东北丽蜡蝉 | 张巍巍 摄

中华鼻蜡蝉 *Zanna chinensis* (Distant)（蜡蝉科 Fulgoridae）

【识别要点】体长30 mm左右，头突长14 mm，翅展60 ~ 65 mm。体及前翅灰褐色，散布有黑色小点，头突出和腹部等长，头突基部黑点数量多而细小。后翅乳白色，端部淡褐色，翅脉灰褐色。【习性】寄主为大豆、椰子等。【分布】四川、贵州、广东、海南、云南；印度、缅甸。

斑悲蜡蝉 *Penthicodes atomaria* (Weber)（蜡蝉科 Fulgoridae）

【识别要点】体长9 mm，翅展46 mm。头及前胸背板黄褐色，微呈绿色。颜面及体腹面均为紫黑色。额近方形，有一黄褐色横带。前翅黄褐色。后翅基部杏黄色，后缘基部血红色，端部黑褐色，散布有灰蓝色的小斑。【分布】江西；印度、马来西亚、印度尼西亚。

丽悲蜡蝉 *Penthicodes* sp.（蜡蝉科 Fulgoridae）

【识别要点】体中型，头额延伸略前突。前翅白色，带有褐色不规则斑纹，在翅端斑纹面积较大。后翅橙黄色，散有黑色圆环。后翅外缘有黑色宽边。腹部活体呈鲜红色带有白色蜡粉，常发黑。【习性】吸食树汁。【分布】云南。

东北丽蜡蝉 *Limois kikuchi* Kato（蜡蝉科 Fulgoridae）

【识别要点】中型蜡蝉，成虫体长10 mm，翅展33 mm。头、胸青灰褐色，分布大小不等的黑斑。前胸背板肩有圆形黑斑，中胸背板侧脊线外有大黑斑1个。前翅近基部1/3处米黄色，散生褐斑，外侧有不规则大型斜纹褐斑，其余部分透明。【习性】常见于林间树干之上。【分布】东北、华北。

锥头蜡蝉

Saiva sp.

（蜡蝉科 Fulgoridae）

【识别要点】体全长约25 mm，翅展约50 mm。头和胸部赭色，头有较长的头突，侧面黑色；前翅基半部墨绿色，后半部转成黑褐色。全翅约有数十个圆斑；靠基部从外到内多为黑圈内白色，中心红褐色；中部多为白色，中心红褐色；端部则只有红褐色。【分布】云南。

全斑珞颜蜡蝉

Loxocephala perpunctata Jacobi

（颜蜡蝉科 Eurybrachidae）

【识别要点】体长9 mm左右，翅展21～29 mm。头部（除唇基外）为铜绿色，前、中胸背板及唇基和足都为血红色。前翅底色铜绿色，端部的许多翅室为褐色，中域也有许多翅室为褐色，冲前缘1/3处伸向爪片末端有一略带白色的斜纹，此纹内有许多黑褐色到黑色的大理石状纹，而其外方散布有许多黑色至黑褐色的近圆形斑点。【分布】福建、云南、西藏。

扁足瑷璐蜡蝉

Elasmoscelis perforata (Walker)

（璐蜡蝉科 Lophopidae）

【识别要点】体长4 mm；翅展13 mm。头灰褐色，有斜向的黑横纹；复眼褐色，近圆球形。前胸背板黑褐色，每侧有一条黄白色纵带和3个黄白色圆斑，斑中有黑色小点。前翅褐赭色，前缘和翅基部有许多斜向的灰白色短横带，在后缘及外缘也有一些灰白色的斑纹，在翅中部略向下处有一灰白色较大的斑。足褐色，散布有白色小斑；前足胫节扩大呈叶片状。【分布】广东、台湾；斯里兰卡。

黄瓢蜡蝉

Flavina sp.

（瓢蜡蝉科 Issidae）

【识别要点】小型，体卵形，灰褐色，翅面上有云状花纹。【习性】吸食灌木。【分布】重庆。

豆尖头瓢蜡蝉

Tonga westwoodi (Signoret)

（瓢蜡蝉科 Issidae）

【识别要点】整体外观呈翠绿色；前胸和中胸背板绿褐色，中部黄色；前翅棕绿色，翅脉绿色，隆起，散布黄色小斑点。【习性】吸食植物汁液。【分布】四川、贵州、云南、广西。

锥头蜡蝉 | 张宏伟 摄

全斑珞颜腊蝉 | 陈尽 摄

扁足瑷璐蜡蝉 | 偷米 摄

黄瓢蜡蝉 | 郭宪 摄

豆尖头瓢蜡蝉 | 倪一农 摄

云南脊额瓢蜡蝉 *Gergithoides* sp.（瓢蜡蝉科 Issidae）

【识别要点】小型，体卵形，灰褐色，翅面上有蜡粉。【习性】吸食灌木。【分布】云南。

脊额瓢蜡蝉 *Gergithoides carinatifrons* Schumacher（瓢蜡蝉科 Issidae）

【识别要点】小型，体卵圆形，灰褐色，翅面上有蜡粉。【习性】吸食灌木。【分布】云南、广西、海南。

绿球瓢蜡蝉 *Hemisphaerius virescens* Distant（瓢蜡蝉科 Issidae）

【识别要点】小型，体卵圆形，灰绿色，翅面上光亮。【习性】吸食灌木。【分布】云南、广西、海南。

台湾球瓢蜡蝉 *Hemisphaerius formosus* Melichar（瓢蜡蝉科 Issidae）

【识别要点】小型，体卵圆形，黄色或淡褐色，翅面上光亮。【习性】吸食灌木。【分布】云南、广西、贵州、海南、台湾。

云南脊额瓢蜡蝉 | 张宏伟 摄

脊额瓢蜡蝉 | 李元胜 摄

绿球瓢蜡蝉 | 李元胜 摄

台湾球瓢蜡蝉 | 寒枫 摄

褚球瓢蜡蝉 *Hemisphaerius testaceus* Distant（瓢蜡蝉科 Issidae）

【识别要点】小型，体卵圆形，体黄褐色，翅黑色，光亮。【习性】吸食灌木。【分布】云南、广西、贵州、海南。

车圆瓢蜡蝉 *Gergithus chelatus* Che & Zhang（瓢蜡蝉科 Issidae）

【识别要点】小型，体卵圆形，体褐色，翅黑色带鲜黄色横纹，光亮。【习性】吸食灌木。【分布】广西、贵州、海南。

星斑圆瓢蜡蝉 *Gergithus multipunctatus* Che & Wang（瓢蜡蝉科 Issidae）

【识别要点】小型，体卵圆形，体褐色，翅黑色带鲜黄色斑点，极似瓢虫，光亮。【习性】吸食灌木。【分布】广西、海南。

台湾叉脊瓢蜡蝉 *Eusarima contorta* Yang（瓢蜡蝉科 Issidae）

【识别要点】小型种类，体长，与其他瓢蜡蝉外形不同，它非半球形，为长卵圆形，头大。【习性】吸食灌木。【分布】四川、贵州、云南、海南。

褚球瓢蜡蝉 | 张巍巍 摄

车圆瓢蜡蝉 | 李元胜 摄

星斑圆瓢蜡蝉 | 张巍巍 摄

台湾叉脊瓢蜡蝉 | 寒枫 摄

叉脊瓢蜡蝉 | 杰仔 摄

额突瓢蜡蝉 | 寒枫 摄

白蛾蜡蝉 | 杰仔 摄

叉脊瓢蜡蝉 *Eusarima* sp.（瓢蜡蝉科 Issidae）

【识别要点】小型种类，体长，非半球形。【习性】吸食灌木。【分布】广东。

额突瓢蜡蝉 *Tetricodes polyphemus* Fennah（瓢蜡蝉科 Issidae）

【识别要点】中型种类，体长，与其他瓢蜡蝉外形不同，它非半球形，为长卵圆形。体灰褐色，翅黑色带有灰白色粗大横纹。【习性】吸食灌木。【分布】云南、海南。

白蛾蜡蝉 *Lawana imitata* (Melichar)（蛾蜡蝉科 Flatidae）

【识别要点】成虫体长18 ~ 21 mm，体色黄白或绿色，体被白色蜡粉。前翅黄白，翅脉网状，翅顶角尖出。【习性】吸食木本。【分布】云南、海南、广西、广东。

晨星蛾蜡蝉 | 周纯国 摄　　褐缘蛾蜡蝉 | 周纯国 摄

晨星蛾蜡蝉 *Cryptoflata guttularis* (Walker)（蛾蜡蝉科 Flatidae）

【识别要点】体黄白色或淡绿色，体被白色蜡粉。翅脉网状，翅顶角圆。【习性】吸食木本。【分布】云南、海南、广西、重庆。

褐缘蛾蜡蝉 *Salurnis marginella* (Guerin)（蛾蜡蝉科 Flatidae）

【识别要点】体色黄色或黄绿色，翅外缘褐色，体被白色蜡粉。翅脉网状，翅顶角圆突。【习性】吸食木本。【分布】云南、海南、广西、贵州、四川、重庆。

碧蛾蜡蝉 *Geisha distinctissima* (Walker)（蛾蜡蝉科 Flatidae）

【识别要点】体色青白色或黄绿色，体被白色蜡粉。翅脉网状，翅顶角突。【习性】吸食木本。【分布】南方大部分地区。

彩蛾蜡蝉 *Cerynia maria* (White)（蛾蜡蝉科 Flatidae）

【识别要点】体为淡灰赭色，中胸背板有6个褐色斑；前翅淡灰色，也有略呈青蓝色或粉红色者，翅基部有一褐色斑点，近基部有一大型血红色斑，端半部近后缘处有3条黑线。【习性】吸食植物汁液，寄主植物为楸和绿篱灌木，成虫会与若虫一起集体越冬。【分布】香港、广西。

碧蛾腊蝉 | 杰仔 摄　　彩蛾蜡蝉 | 倪一农 摄

斑帛菱蜡蝉 *Borysthenes maculatus* (Matsumura)（菱蜡蝉科 Cixiidae）

【识别要点】体长4 mm左右，翅展14 mm。头部淡褐色，触角黄褐色粗短，喙细长，末端黑色。前翅灰白色，半透明，散布有许多不规则的大型褐斑，翅脉褐色，后翅淡褐色半透明，有3个灰白色长斑，翅脉深褐色。足褐色，偏黄。【分布】台湾、福建、湖南、广西、四川、重庆。

中华象蜡蝉 *Dictyophara sinica* Walker（象蜡蝉科 Dictyopharidae）

【识别要点】体中型，头冠延长呈角状，带有蓝绿色条纹。体常绿色，翅面常透明。【习性】吸食灌木。【分布】陕西、四川、重庆、浙江、广东、台湾；日本、朝鲜、泰国、印度、印度尼西亚。

中野象蜡蝉 *Dictyophara nakanonis* Matsumura（象蜡蝉科 Dictyopharidae）

【识别要点】体大型，头冠极度延长呈象鼻状，带有蓝绿色荧光条纹。体常红绿色，翅面常透明，端部带有褐色斑纹。【习性】吸食水稻等禾本科植物。【分布】东北、陕西、云南、广东；日本。

瘤鼻象蜡蝉 *Saigona gibbosa* Matsumura（象蜡蝉科 Dictyopharidae）

【识别要点】体长15 mm，翅展28 mm，头突长5 mm。身体背面栗褐色，腹面黄褐色。头向前平直突出；头突比腹部稍短，中部有3对瘤状突起，端部呈棒锤形。中胸背板中脊处有一乳黄色纵带，十分明显。腹部背面散布黄褐色斑点背面中域有一黄褐色纵纹。翅透明，前后翅翅脉均为深褐色。【分布】重庆、四川、湖南、台湾；日本。

斑帛菱蜡蝉 李元胜 摄　　中华象蜡蝉 寒枫 摄

中野象蜡蝉 偷米 摄　　瘤鼻象蜡蝉 李元胜 摄

红袖蜡蝉 | 单子龙 摄
甘蔗长袖蜡蝉 | 唐志远 摄
波纹长袖蜡蝉 | 李元胜 摄
象袖蜡蝉 | 偷米 摄

红袖蜡蝉 *Diostrombus politus* Uhler（袖蜡蝉科 Derbidae）

【识别要点】体长4 mm左右，翅展18 mm左右。头胸和腹部金红色，雄虫钳状尾器发达。前胸背板的两侧后缘为黄色，中胸背板后缘黄白色。前翅淡黄褐色，透明。后翅极小，淡黄褐色，半透明，其外缘有褐色宽带。足细长，前中足胫附节褐色，后足基节和胫附节黄褐色。【习性】寄主为水稻、麦、甘蔗、高粱、玉米等禾本科植物，以玉米田中为最多见。【分布】东北地区及安徽、浙江、福建、湖南、湖北、云南、重庆、四川、贵州、台湾；日本、朝鲜。

甘蔗长袖蜡蝉 *Zoraida pterophoroides* (Westwood)（袖蜡蝉科 Derbidae）

【识别要点】体长5.5 mm，翅展27 mm左右。头胸部灰褐色，腹部褐色。前翅淡褐色，半透明，前缘有一褐色狭长纵条，翅脉褐色。后翅半透明，长度仅达前翅2/5，翅脉灰褐色。足细长，灰褐色。【习性】寄主为甘蔗等。【分布】福建、台湾；日本、印度、马来西亚。

波纹长袖蜡蝉 *Zoraida kuwayanaae* (Matsumura)（袖蜡蝉科 Derbidae）

【识别要点】体长17 mm左右，体黑褐色。头顶、颜面上半部、额两侧脊黄褐色带有黑色，颜面下半部、唇基黑色。触角黑褐色，复眼黑色。前翅褐色半透明，基部及端部的外半部分布有黑褐色斑，近前缘端部的部分脉红色。后翅褐色半透明。【分布】浙江、福建、贵州；日本、俄罗斯。

象袖蜡蝉 *Vivaha* sp.（袖蜡蝉科 Derbidae）

【识别要点】头包括复眼明显比前胸背板窄。头顶长三角形，端部窄，基部宽，极度向前延伸，其长度大约是前胸背板与中胸背板长度的2倍。额侧缘与顶侧缘连成一体，侧面观，宽扁，明显突出在复眼前方。喙相对粗短。触角长，常有下突。后翅相对短，略比前翅窄。足纤细，中度长。【分布】广东。

中脊沫蝉 | 唐志远 摄
七带铲头沫蝉 | 李元胜 摄
铲头沫蝉 | 张宏伟 摄
川拟沫蝉 | 李元胜 摄
黑斑丽沫蝉 | 郭宪 摄

中脊沫蝉

Mesoptyelus decoratus (Melichar)

(沫蝉科 Cercopidae)

【识别要点】体小型，翅面黑色，在基部、中部有白带，端部附近有白斑。头胸黄褐色，有黄、褐相间的条纹。【习性】吸食灌木。【分布】云南、广西。

七带铲头沫蝉

Clovia multilineata (Stål)

(沫蝉科 Cercopidae)

【识别要点】体中型，翅面有复杂黄褐色花纹。头胸有纵向黄褐色条纹，延伸至翅面。【习性】吸食灌木。【分布】广西。

铲头沫蝉

Clovia sp.

(沫蝉科 Cercopidae)

【识别要点】体中型，头冠扁，铲状，常黄色、褐色，带有更淡色的纵向条纹。【习性】吸食灌木。【分布】云南。

川拟沫蝉

Paracercopis seminigra (Melichar)

(沫蝉科 Cercopidae)

【识别要点】体中型，黑色，翅面基部1/2处橙红色，其余黑色。【习性】吸食灌木。【分布】四川、重庆、贵州。

黑斑丽沫蝉

Cosmoscarta dorsimacula (Walker)

(沫蝉科 Cercopidae)

【识别要点】成虫体长15 ~ 17 mm。头部橘红色，复眼黑褐，单眼黄色。前胸背板橘黄，近前缘有2个小黑点，后缘有2个近长方形的大黑点。前翅上有7个黑点。身体腹面橘红色，中胸腹板黑色。【习性】吸食灌木。【分布】江苏、江西、四川、贵州、广东、云南、重庆。

红二带丽沫蝉 | 钟茗 摄

橘红丽沫蝉 | 钟茗 摄

红二带丽沫蝉 *Cosmoscarta egens* (Walker)（沫蝉科 Cercopidae）

【识别要点】成虫体长15 ~ 17 mm。前翅黑色，基部和中部有2条红带。【习性】吸食灌木。【分布】南方大部分地区。

橘红丽沫蝉 *Cosmoscarta mandarina* Distant（沫蝉科 Cercopidae）

【识别要点】体大型，翅面黑色，基部有红色带，距基部1/3，2/3两处有淡黄色带。【习性】吸食灌木。【分布】南方大部分地区。

东方丽沫蝉 *Cosmoscarta heros* (Fabricius)（沫蝉科 Cercopidae）

【识别要点】体长14 ~ 17 mm。翅面黑色，在基部和中部有橙黄色带。头胸黑色。【习性】吸食灌木。【分布】我国南方地区。

东方丽沫蝉 | 杰仔 摄

丽沫蝉 *Cosmoscarta* sp.（沫蝉科 Cercopidae）

【识别要点】体大型或中型，体黑色，翅面常有红色带状花纹，胸较阔。【习性】吸食灌木。【分布】重庆。

肿沫蝉 *Phymatostetha* sp.（沫蝉科 Cercopidae）

【识别要点】体大型或中型，体常黑色，翅面带密毛，常有红色、黄色、白色等带状花纹，胸较阔。它与丽沫蝉很近似，区别在于其头喙更膨大。【习性】吸食灌木。【分布】广东。

桔黄稻沫蝉 *Callitettix braconoides* (Walker)（沫蝉科 Cercopidae）

【识别要点】体长10 mm左右，体黄色，较细弱。翅端部黑色，其余黄色。【习性】吸食灌木。【分布】四川、重庆、贵州、云南。

凤沫蝉 *Paphnutius* sp.（沫蝉科 Cercopidae）

【识别要点】体长10 mm左右，体多黑色，较细弱，翅基部红色。它与稻沫蝉相似，其区别是体更多毛，体长较短。【习性】吸食灌木。【分布】贵州、云南、广西。

尖胸沫蝉 *Aphrophora* sp.（沫蝉科 Cercopidae）

【识别要点】体大型或中型，头冠略尖，体常褐色、灰色。【习性】吸食灌木。【分布】重庆。

丽沫蝉 | 郭宪 摄

桔黄稻沫蝉 | 任川 摄

凤沫蝉 | 郭宪 摄

肿沫蝉 | 杰仔 摄

尖胸沫蝉 | 张巍巍 摄

象沫蝉 | 任川 摄　　棘蝉 | 李虎 摄

新象巢沫蝉 | 寒枫 摄　　曲矛角蝉 | 李元胜 摄

象沫蝉 *Philagra* sp.（沫蝉科 Cercopidae）

【识别要点】体大型或中型，头冠延长，上翘，呈象鼻状，体色常灰色、褐色。【习性】吸食灌木。【分布】重庆。

棘蝉 *Machaerota* sp.（巢沫蝉科 Machaerotidae）

【识别要点】背部有一个很长的由小盾片形成的游离的突起，外观与角蝉近似，但与角蝉科的前胸背板形成的突起是不同的。为较少见的珍奇种类。【习性】吸食灌木，若虫在植物上做一个石灰质的管状巢，分泌液体并躲藏其中。【分布】贵州。

新象巢沫蝉 *Neosigmasoma* sp.（巢沫蝉科 Machaerotidae）

【识别要点】头部突起尖锐，向上弯曲，突起侧扁，后足胫节中部有刺。【分布】四川。

曲矛角蝉 *Leptobelus decurvatus* Funkhouser（角蝉科 Membracidae）

【识别要点】体小型，胸部极度特化，顶部隆起，两侧延长呈叉状，基部刺状延伸。前翅褐色。【习性】常常拟态植物的枝刺，善跳跃。吸食各种小灌木。【分布】广东、广西、海南、香港。

新鹿角蝉 *Elaphiceps neocervus* Yuan & Chou（角蝉科 Membracidae）

【识别要点】体大型。头部暗褐色，密被浅黄色毛。复眼近卵圆形，黄褐色。单眼大，浅黄色。肩角发达。前翅狭长，基部和亚前缘革质，暗褐色，其余部分膜质，褐色。胸部两侧密被黄色长毛。足暗褐色，唯腿节上方略带红色。腹部棕黑色。【分布】云南、四川、福建。

钩冠角蝉 *Hypsolyrium* sp.（角蝉科 Membracidae）

【识别要点】体小型，胸部极度特化，顶部隆起延长呈刀状，似犀角，基部延伸。前翅常褐色。【习性】拟态植物的枝刺，善跳跃。吸食各种小灌木。【分布】重庆。

小截角蝉 *Truncatocornum parvum* Yuan & Tian（角蝉科 Membracidae）

【识别要点】体中型，红褐色，头部暗红褐色，被有稠密的金色毛。前胸背板具暗黑色刻点和稀疏金色毛。前胸斜面凸圆，宽大于高，中脊弱而纵贯全长。上肩角暗红褐色，前面观近四边形，顶端具一浅凹，形成2个钝齿，后突起从前胸背板后缘生出，在小盾片上方拱起，顶端尖锐，接近但达不到前翅臀角。小盾片露出。前翅黄褐色，半透明，后翅白色。胸和足浅红褐色，具金色毛。【习性】拟态植物的枝刺，善跳跃。【分布】云南。

苹果红脊角蝉 *Machaerotypus mali* Chou & Yuan（角蝉科 Membracidae）

【识别要点】体小型，胸部特化，基部刺状延伸，胸部背面鲜红色。前翅常黑色，善跳跃。【习性】吸食各种蔷薇科小灌木。【分布】陕西、北京。

新鹿角蝉 | 张宏伟 摄

钩冠角蝉 | 梁光毕 摄

小截角蝉 | 张宏伟 摄

苹果红脊角蝉 | 唐志远 摄

背峰锯角蝉 | 郭宪 摄　华角蝉 | 张宏伟 摄　峨眉红眼蝉 | 周纯国 摄

云南碧蝉 | 张宏伟 摄　斑蝉 | 杰仔 摄

背峰锯角蝉 *Pantaleon dorsalis* Matsumura（角蝉科 Membracidae）

【识别要点】体小型，胸部极度特化，顶部隆起，两侧延长呈叉状，基部锯片状延伸。前翅常褐色。【习性】常常拟态植物的枝刺，善跳跃。吸食各种小灌木。【分布】北京、河北、陕西、山东、四川、重庆、湖北、江西、安徽、浙江、福建、贵州、广西、广东、台湾、江苏；日本。

华角蝉 *Sinocentrus sinensis* Yuan（角蝉科 Membracidae）

【识别要点】体大型，黑褐色。头部黑褐色，密被黄色细柔毛，头顶宽大于高，上缘拱起，弓形，中部微凹。前胸背板隆起很高，密被粗刻点，无毛。前胸斜面高远大于宽，垂直，中脊全长明显；胝大，黑色发亮。肩角发达，端钝，距离上肩角很远。上肩角特别发达，窄叶形，向两侧平伸。【分布】云南。

峨眉红眼蝉 *Talainga omeishana* Chen（蝉科 Cicadidae）

【识别要点】中等大小，体被黑色长绒毛，复眼红色，头冠稍窄于中胸背板基部，胸部侧边有色斑，翅面有网状花纹，翅脉黑色。腹部长于头胸部。【习性】吸食乔木。【分布】四川、重庆。

云南碧蝉 *Hea yunnanensis* Chou & Yao（蝉科 Cicadidae）

【识别要点】体绿色和红褐色为基本色，被稀疏的淡黄色绒毛，头冠约与中胸背板基部等宽，腹部长于头胸部。头冠红褐色，单眼粉红色，复眼褐色。前后翅透明，前翅基部、前缘脉及轭区红色，脉纹绿色，公缘脉绿褐色，翅结线以内淡琥珀色，半透明，结线以外琥珀色更浅。后翅基部、前缘及轭区和翅脉红色。【分布】云南。

斑蝉 *Gaeana* sp.（蝉科 Cicadidae）

【识别要点】体黑色，被黑色绒毛，头部和尾部的绒毛较长。头冠宽于胸背板基部，头顶复眼内侧有一对斑纹；复眼灰褐色，较突出；前胸背板黑色，无斑纹。中胸背板有4个黄褐色斑纹，X隆起两侧也有一对黄褐色斑纹。前后翅不透明，前翅黑褐色，基半部有5个黄褐色斑点，端半部斑纹灰白色。【习性】吸食乔木。【分布】广东。

红蝉 | 张宏伟 摄

红蝉 *Huechys sanguinea* (De Geer)（蝉科 Cicadidae）

【识别要点】头胸部黑色，腹部血红色；头胸部密被黑色长毛，腹部被黄褐色短毛。头、复眼黑色，单眼红色。前胸背板漆黑色，无斑纹。中胸背板两侧具1对近圆形大红斑。胸部腹面及足黑色，无斑纹。前足腿节具强刺。前翅黑褐色，不透明，结线不明显；翅脉黑色；后翅淡褐色，半透明，翅脉黑褐色。【习性】吸食乔木。【分布】陕西、四川、浙江、江苏、江西、湖南、云南、贵州、广西、广东、福建、海南、台湾、香港；印度、缅甸、马来西亚。

草蝉 *Mogannia* sp.（蝉科 Cicadidae）

【识别要点】体型在蝉科中属小型，头冠尖。体黑色带有紫色、蓝色、绿色等金属光泽。【习性】不上树，常在草丛有发现。【分布】广东。

草蝉 | 杰仔 摄

绿草蝉 *Mogannia hebes* (Walker)（蝉科 Cicadidae）

【识别要点】体绿色或绿褐色，有的为黄绿色或黄褐色，密被金黄色极短的毛，后唇基突出较短，稍短于头顶中央，腹部稍长于头胸部。单眼浅橘黄色，复眼黑褐色。前胸背板周缘绿色，后角稍扩张，内片浅褐色，中央纵带黄绿色，两侧有黑褐色界限。前后翅透明，前翅基半部浅黄色，翅脉绿色。腹部背中央稍隆起，黄绿色或绿褐色，两侧有不规则黑斑。【习性】常在草丛中发现。【分布】全国除北方外的大部分省区；日本、朝鲜。

胡蝉 *Graptopsaltria tienta* (Karsch)（蝉科 Cicadidae）

【识别要点】体大型，头冠稍窄于中胸背板基部。腹部三角形、黑色，稍短于头胸部。头部背面草绿色，腹面黑褐色，顶区前、后方有2条黑色横带。后唇基草绿色，仅前端和前唇基黑色。前胸背板内片绿褐色或暗褐色，外片后缘、后角及侧缘后半部绿色。前后翅不透明，前翅暗褐色，沿结线和端部颜色较深，基半部翅脉绿色，后翅基半部黄褐色，端半部及臀室暗褐色，端室近端部有暗色窗斑。【分布】四川、重庆、湖南、广西、福建。

蟪蛄 *Platypleura kaempferi* (Fabricius)（蝉科 Cicadidae）

【识别要点】体中大型，体灰褐色，体表有黄色细绒毛，头胸部有绿色斑纹。翅面上带有黑白花纹。【习性】吸食乔木。【分布】国内大部分地区。

程氏网翅蝉 *Polyneura cheni* Chou & Yao（蝉科 Cicadidae）

【识别要点】体大型，极其美丽的一种蝉，极具观赏价值。眼红色，胸部基缘黄色。翅脉黄绿色，翅面黑色，形成网状花纹，后翅橘红色。【习性】吸食乔木。【分布】重庆、四川。

绿草蝉 | 周纯国 摄

胡蝉 | 张巍巍 摄

蟪蛄 | 周纯国 摄

程氏网翅蝉 | 周纯国 摄

黑丽宝岛蝉

Formotosena seebohmi (Distant)

（蝉科 Cicadidae）

【识别要点】体特大，黑色。头冠稍宽于中胸背板基部，腹部明显长于头胸部。头绿色，两复眼间的宽横带及后唇基中央的宽纵带漆黑色。复眼大而突出，眼柄黑色，单眼浅红色。中胸背板绿色，前缘有紧密排列的4个倒圆锥形黑斑，X隆起前臂内侧有1对小黑点。前后翅黑褐色，基半部颜色较深，不透明。前翅中部有一较宽的白色横带，前缘基半部绿色，翅脉黑褐色。【分布】江西、福建、海南、台湾。

蚱蝉

Cryptotympana pustulata Fabricius

（蝉科 Cicadidae）

【识别要点】体大型，体长45 mm左右，黑色，粗壮。胸部有黄斑，翅透明，鸣声宏亮。全身漆黑，胫节带有红斑，翅透明，翅脉红色。【习性】夏天常见种类，多发生在低海拔，甚至城市边缘地区。经常大规模群蝉共鸣，"咋咋"声不断，震耳欲聋。吸食乔木。【分布】南方大部分地区。

草履蚧

Drosicha corpulenta (Kuwana)

（绵蚧科 Monophlebidae）

【识别要点】雌虫无翅，红色带白色蜡粉，体肥胖，腿短，呈鞋状；雄虫瘦小，有翅。重要害虫。【习性】吸食木本。【分布】河南、河北、山西、山东、江苏、内蒙古。

黑丽宝岛蝉 李元胜 摄

蚱蝉 周纯国 摄　草履蚧 张宏伟 摄

Order Neuroptera

脉翅目

粉蛉褐蛉脉翅目，外缘分叉脉特殊；
咀嚼口器下口式，捕食蚜蚧红蜘蛛。

脉翅目昆虫以丰富的翅脉而得名，中文名字一般都是以“蛉”结尾，属于完全变态昆虫，一生经历卵、幼虫、蛹、成虫4个时期。体小型至大型，形态多样，最小的粉蛉翅展只有3～5 mm，最大的蚁蛉翅展可达155 mm。目前，世界上脉翅目昆虫有17科6 000余种，我国已记录的脉翅目昆虫有14科约650种，常见的有草蛉、褐蛉、粉蛉、蚁蛉、蝶角蛉以及螳蛉。脉翅目昆虫前后翅大小相近，翅脉相似，与蜻蜓类似。其食性复杂，包括捕食、植食以及寄生等，但是绝大多数为捕食性，主要以蚜虫、蚂蚁、叶螨、介壳虫等各种虫卵为食。

成虫飞翔力弱，多数具趋光性。成虫通常将卵产在叶背面或者树皮上。脉翅目幼虫生活环境多样，一般为陆生，部分类群水生（如泽蛉、水蛉），而溪蛉幼虫一般发现于水边，通常认为其是半水生昆虫。幼虫口器比较特殊，其上颚和下颚延长呈镰刀状，相合形成尖锐的长管，以适于捕获和吮吸猎物体液，故又称为捕吸式口器或双刺吸式口器。

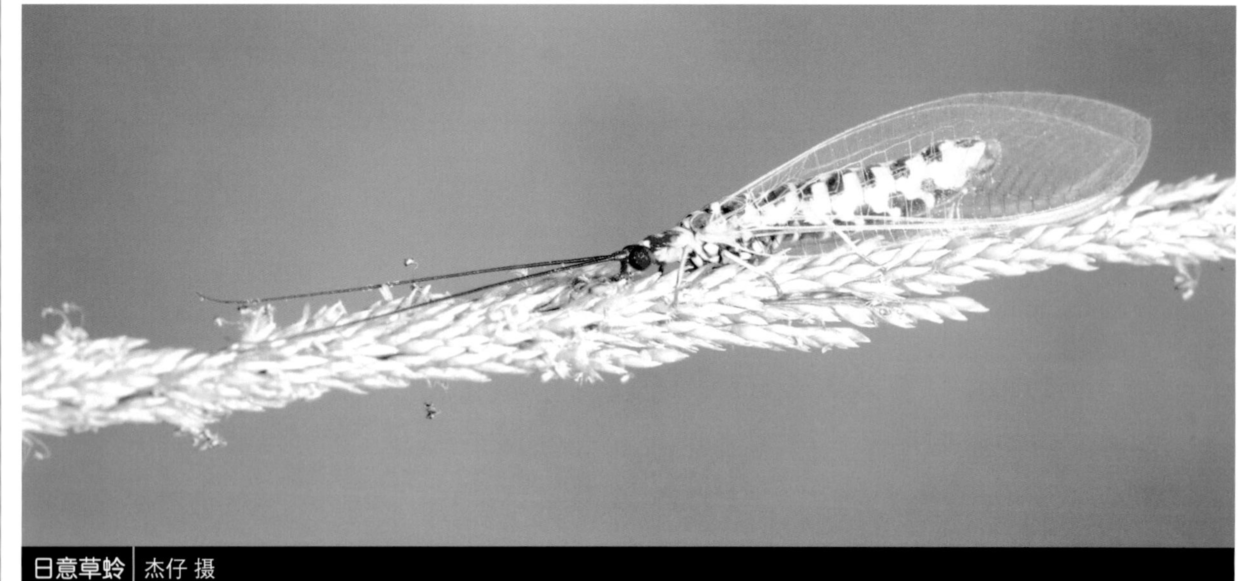

日意草蛉 | 杰仔 摄

武陵意草蛉 | 寒枫 摄

通草蛉 | 张宏伟 摄

日意草蛉 *Italochrysa japonica* (McLachlan)（草蛉科 Chrysopidae）

【识别要点】体长11～13 mm，前翅翅展18～20 mm。体黄色，头部黄褐色，无斑。触角第1—2节，黄色，鞭节黑褐色。前胸背板黄白色，两侧红褐色，中后胸黄白色，背、腹板有明显的黑斑。腹部各节前缘黑色，后缘黄色。【分布】甘肃、四川、云南、贵州、广西、湖北、湖南、江西、安徽、江苏、浙江、福建、台湾、广东。

武陵意草蛉 *Italochrysa wulingshana* Wang & Yang（草蛉科 Chrysopidae）

【识别要点】体型较大，头部橙色，前胸部暗黄色，中后胸中央纵带黄绿色，两侧黄褐色，侧板褐色，足黄绿色。前翅R+M主干背面黑褐色，翅痣黄褐色，不透明。亚前缘基横脉黑褐色，Rs基段黑褐色，余黄绿色阶脉附近和近翅缘小分岔基部黑褐色。第1—2条M-Cu横脉粗大，黑色。内中室三角形，基端粗大，黑色。阶脉黑色。【分布】重庆、广西、湖南、广东。

通草蛉 *Chrisoperla* sp.（草蛉科 Chrysopidae）

【识别要点】体型较小，身体柔软，绿色，越冬虫态多为黄色或褐色。头部具有颊斑和唇基斑，复眼有金属光泽。触角线状，短于翅长。前翅透明、无斑，内中室窄小。腹部背面中央多具黄色纵带。【习性】捕食蚜虫等小型昆虫，为重要的天敌昆虫。【分布】云南。

点线脉褐蛉 *Micromus linearis* Hagen（褐蛉科 Hemerobiidae）

【识别要点】成虫体长约5 mm，前翅长8 mm，后翅长约6 mm。头部淡黄褐色，唇基及额连接处有1对黑褐色点斑。触角黄褐色，末端颜色较深。胸部黄褐色，前胸两侧有斜褐纹。翅细长，前翅后缘略带褐色。翅脉除亚前缘脉外各纵脉上均有一段的褐色纹，使翅呈现出黑白相间的点线。腹部黄褐色，无斑纹。【习性】重要的天敌，捕食蚜虫、叶螨等害虫。【分布】山东、陕西、四川、重庆、贵州、广西、江西、上海、浙江、福建。

黑体褐蛉 *Hemerbius atrocorpus* Yang（褐蛉科 Hemerobiidae）

【识别要点】体长约6～7 mm，前翅长7～8 mm，后翅长6 mm。体呈黑褐色，头部亦全黑，触角暗褐，足褐色。前翅烟色半透明，脉黄褐色，零星分布有褐色斑点，径脉及肘脉各分支点处最明显，阶脉2组，黑褐色，分布有明显晕斑。后翅淡烟色，透明，脉褐色无斑点，仅肘脉分叉处较暗。【分布】湖北、重庆。

窗溪蛉 *Thyridosmylus* sp.（溪蛉科 Osmylidae）

【识别要点】成虫体长约15 mm，身体一般褐色或深褐色。前翅颜色艳丽，多色斑，在外阶脉附近形成透明的窗斑。翅脉粗壮，颜色深，横脉多被色斑覆盖。前缘横脉简单，不分叉。MP与Cu之间横脉缺失，形成一巨大翅室。【习性】成虫一般靠近水边或者出现在阴湿环境，幼虫为半水生或陆生。【分布】重庆。

溪蛉 *Osmylus* sp.（溪蛉科 Osmylidae）

【识别要点】成虫体型较大，翅展一般为20～30 mm，身体颜色深，多为黑褐色。前翅颜色暗淡，色斑小，分布零散。翅脉多为褐色或棕色。前翅前缘横脉在末端分叉，至少形成2组阶脉。后翅翅脉与前翅相似，MP2条分支在中部略微扩张。【习性】成虫一般靠近水边或者出现在阴湿环境，幼虫为半水生或陆生。【分布】重庆。

点线脉褐蛉 | 周纯国 摄

黑体褐蛉 | 周纯国 摄

窗溪蛉 | 任川 摄

溪蛉 | 任川 摄

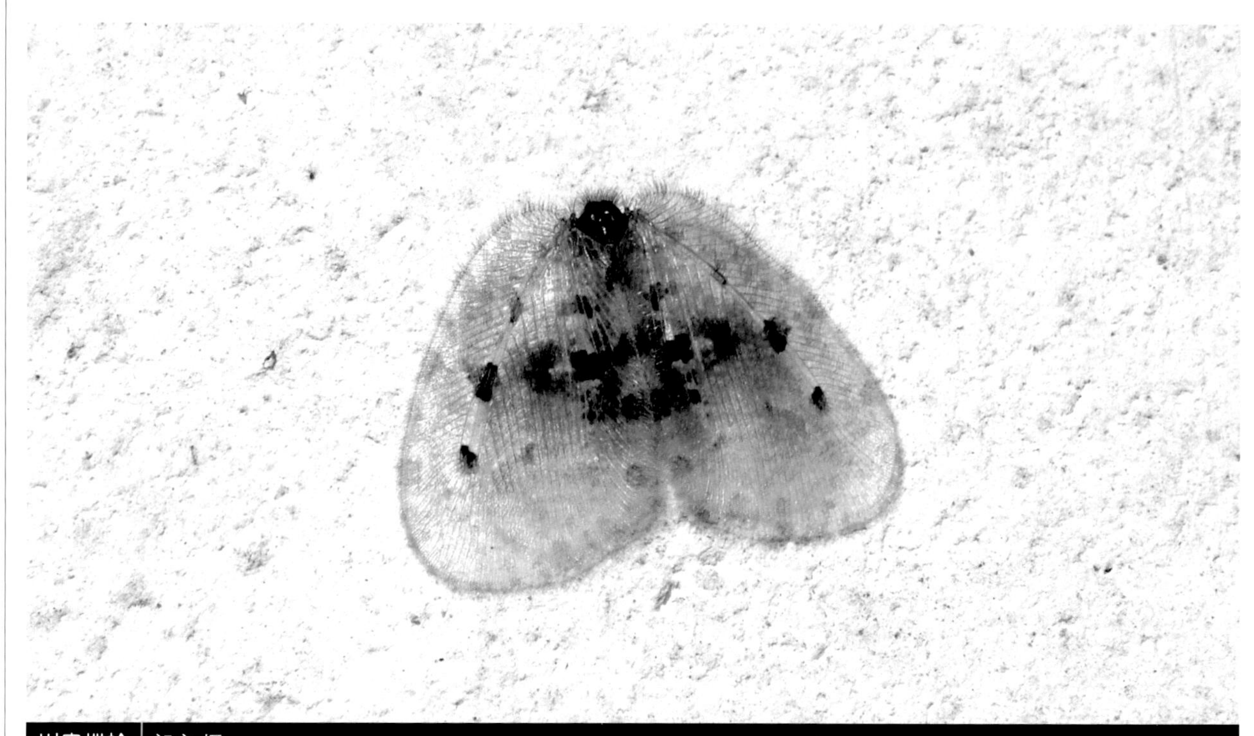

川贵蝶蛉 | 郭宪 摄

川贵蝶蛉 *Balmes terissinus* Navás（蝶蛉科 Psychopsidae）

【识别要点】体中型，翅展约25 mm。头部褐色，复眼隆突于两侧，触角极短，念珠状。翅宽大具有许多大型斑点，美丽似蝶。【习性】幼虫生活在树皮下裂缝中，捕食小虫。蝶蛉较罕见，成虫具有趋光性。【分布】贵州、四川、重庆。

滇缅蝶蛉 *Balmes birmanus* Maclachlan（蝶蛉科 Psychopsidae）

【识别要点】与川贵蝶蛉体型大小相近，但颜色较浅，身体为灰褐色，翅透明宽大，同样具有许多大型斑点，浅灰褐色。【分布】云南。

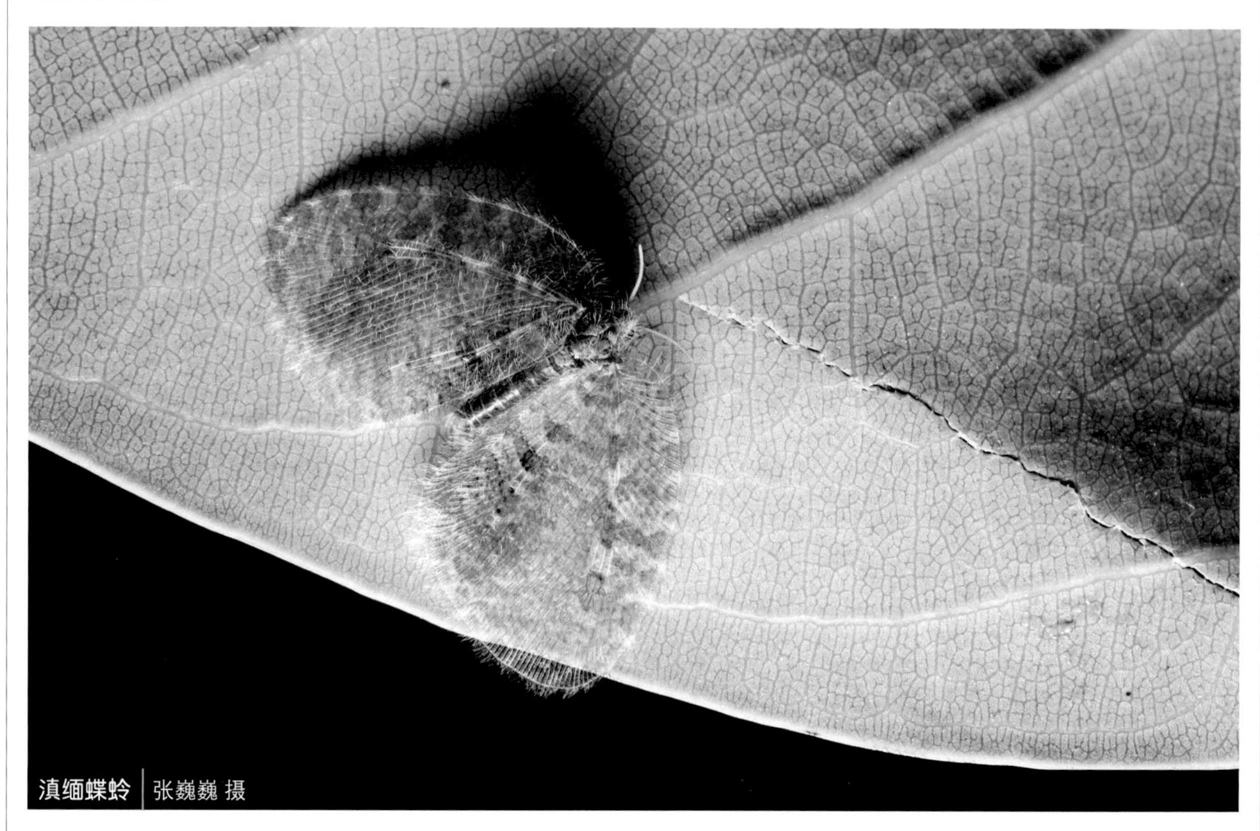

滇缅蝶蛉 | 张巍巍 摄

哈蚁蛉 | 任川 摄

长裳帛蚁蛉 | 李元胜 摄

距蚁蛉 | 胡馨月 摄

长裳帛蚁蛉 *Bullanga florida* (Navás)（蚁蛉科 Myrmeleontidae）

【识别要点】体长约25 mm，翅展约70 mm，头部土黄色。翅透明，前翅后缘中部具一弧形黑纹，后翅狭长。腹部橙色，多褐色斑纹。【习性】栖息于林间，夜间有趋光性。【分布】陕西、湖北、湖南、福建、重庆、四川、云南等。

哈蚁蛉 *Baliga* sp.（蚁蛉科 Myrmeleontidae）

【识别要点】体型中型，头顶中度隆起。翅宽而长，前翅前缘横脉域在接近翅痣处有小脉相连形成双排翅室。胫端距伸达第一跗节。【分布】重庆。

距蚁蛉 *Distoleon* sp.（蚁蛉科 Myrmeleontidae）

【识别要点】体中型，强壮。头顶斑纹复杂，多为1条横向条纹与2条纵向条纹交错排列。大部分种类前胸背板有3条纵纹，多为浅黄至棕黄色。中胸与后胸多为暗色调，斑纹稀少或无。翅狭长，多透明少斑。足粗壮，腿节膨大。距发达，呈弧形弯曲，常伸达或超过第4跗节末端。【习性】多在夜间活动。【分布】内蒙古。

朝鲜东蚁蛉 | 唐志远 摄

日白云蚁蛉 | 杰仔 摄

朝鲜东蚁蛉 *Euroleon coreanus* (Okamoto)（蚁蛉科 Myrmeleontidae）

【识别要点】雄成虫体长30～36 mm，后翅长35～42 mm。前胸背板梯形黄色，具稀疏黑色刚毛。中央为一条宽大黑色纵纹，纵纹中央又有一条很细的黄色条纹。雄虫后翅无中脉亚端斑与肘脉合斑，雌虫后翅具条状中脉亚端斑。**【习性】**白昼活动。**【分布】**吉林、辽宁、河北、北京、河南、山东、山西、内蒙古、宁夏、甘肃、陕西、新疆、广东。

日白云蚁蛉 *Paraglenurus japonicus* (McLachlan)（蚁蛉科 Myrmeleontidae）

【识别要点】雄成虫体长22 mm，后翅长20 mm。头部略宽于中胸，胸部背板浅棕色具稀疏刚毛。腹板中央具一黄色纵条纹。翅透明而狭长，具少量棕色至黑色斑点。肘脉合斑为很细的条纹，斜向外延伸。足细长，黄色具稀疏黑色刚毛，几乎无斑。腹部短于后翅长，深棕色至黑色，具稀疏白色和黑色刚毛，腹部末端愈加浓密。**【分布】**福建、台湾、广东。

小华锦蚁蛉 *Gatzara decorosa* (Yang)（蚁蛉科 Myrmeleontidae）

【识别要点】体长20 mm，翅展约58 mm。橙色种类，且具有褐色斑纹。翅透明，多褐色斑及白色斑。【习性】成虫白天栖息于密林边缘的树枝上，夜间活动。【分布】北京、河北、河南、山西，陕西、湖北、重庆、四川、甘肃。

中华英蚁蛉 *Indophanes sinensis* Banks（蚁蛉科 Myrmeleontidae）

【识别要点】雄成虫体长22 ~ 25 mm，后翅长23 ~ 27 mm。头部略宽于中胸，胸部背板深棕色至黑色，几乎无毛。前翅具大量散落的小型棕色斑点，翅外缘具深棕色条斑，后翅约与前翅等长。【分布】四川、重庆、贵州。

闽溪蚁蛉 *Epacanthaclisis minanus* (Yang)（蚁蛉科 Myrmeleontidae）

【识别要点】前翅前缘域宽双排翅室，距弧形弯曲。后足腿节基部没有长的感觉毛。下唇须末端有一个裂缝状感觉器。后翅的翅痣下小室狭长，长大于宽的7倍。【分布】福建、浙江、广东、广西、四川、重庆、贵州、云南。

中华英蚁蛉 | 张巍巍 摄

小华锦蚁蛉 | 任川 摄

闽溪蚁蛉 | 寒枫 摄

黄花蝶角蛉 | 王江 摄　　色锯角蝶角蛉 | 周纯国 摄

脊蝶角蛉 | 偷米 摄

黄花蝶角蛉 *Libelloides sibiricus* (Eversmann)（蝶角蛉科 Ascalaphidae）

【识别要点】雄成虫体长17～23 mm，后翅长18～23 mm。体黑色，密被毛。前翅Sc脉到Rs脉第一次分叉时为黄色，Cu脉分叉之前的Cu脉和M脉之间具褐色斑。后翅基部和翅端具褐色斑，中部具黄色斑。图所示雄虫。【习性】成虫发生期4—7月。【分布】辽宁、北京、河北、河南、山东、内蒙古、陕西、山西。

色锯角蝶角蛉 *Acheron trux* (Walker)（蝶角蛉科 Ascalaphidae）

【识别要点】雄成虫体长43～50 mm，后翅长32～37 mm。雄性触角基部内侧具短而朝向基部的齿，翅半透明或浅褐色；雌性后翅除端区外亮茶色，两性亚前缘区深褐色。图所示雌虫。【习性】成虫发生期5—8月。【分布】河南、陕西、四川、重庆、云南、贵州、广西、湖北、湖南、江西、江苏、上海、浙江、福建、台湾、广东、海南。

脊蝶角蛉 *Ascalohybris* sp.（蝶角蛉科 Ascalaphidae）

【识别要点】触角光裸，与前翅等长或达翅痣。雄性触角基部向外较弯。翅长，中部明显膨胀。前翅腋角较明显。腹部短于前翅约为后翅长的2/3。雄虫肛上片长，钳状。图所示雄虫。【习性】成虫发生期5—8月。【分布】广东。

黄基东螳蛉 | 周纯国 摄

黄基东螳蛉 *Orientispa flavacoxa* Yang（螳蛉科 Mantispidae）

【**识别要点**】体长10 ~ 18 mm，前翅长10 ~ 16 mm。体黄色，多褐斑。前胸细长，前端的膨大部分占整个前胸长的1/4，前胸膨大，分布有对称的黄色条斑，背中一条褐带由上至下渐粗，腹面基本褐色，仅上端为黄色。前足外侧黄色，内侧黑色；中后足基节黄色，转节整体褐色，余者大部分黄色。翅透明，翅脉黑色，翅痣褐色至暗褐色，前翅R_1脉后有3个闭合翅室，大小形状不规则，后翅A脉弯向肘脉并与肘脉近端处短距离相接。腹部黄色具有显著暗褐色斑，末端几节整体黄色。【**分布**】重庆、湖北、浙江、福建。

眉斑东螳蛉 *Orientispa ophryuta* Yang（螳蛉科 Mantispidae）

【**识别要点**】体长10 ~ 18 mm，前翅长10 ~ 16 mm。体黄色，具明显黑斑。头部黄色，头顶具黑色眉状斑。前胸细长，黑色，膨大部有一对黄钩斑弯向侧腹面，中后胸黑色，小盾片及前盾片的前三角形板黄色，中后胸侧板黄色具有多个小黑斑，中后足及前足基节黄色，前部腿节和胫节外侧黄色内侧黑色。翅透明，翅痣黑色，径分脉Rs的数量不到10条。腹部背板黑色，每节中央有大小不等的黄斑，腹板大部分黄色，仅在每节的后缘有黑色窄边，腹端末节及尾突黄色。【**分布**】重庆、湖北、浙江、福建。

眉斑东螳蛉 | 唐志远 摄

汉优螳蛉 倪一农 摄

褐斑瘤螳蛉 张巍巍 摄

汉优螳蛉 *Eumantispa harmndi* (Navás)（螳蛉科 Mantispidae）

【识别要点】体长16～22 mm，前翅长19～25 mm。以黄色、褐色为主。雄虫腹端臀板具有一对短小的尾突。前胸的膨大部分褐色形成似心形大斑，前足基节和中后足都是黄色。中后胸及腹部具有明显的暗褐斑，翅透明，翅痣红褐色，前翅R_1脉后的闭合径室5～8个不等，径分脉R_s的数量超过10条。雄虫腹部末端有一对短小的尾突。【分布】河北、北京、湖北、福建。

褐斑瘤螳蛉 *Tuberonotha campioni*（螳蛉科 Mantispidae）

【识别要点】体长14～24 mm，前翅长16～26 mm。体黄褐色，似常见胡蜂。头部橙黄色，唇基、触角基部及后头各一条黑色横带。前胸粗短多瘤突和横褶，后部V形黑纹。前足黄褐色，腿节暗褐色，内侧比外侧颜色较深。翅狭长透明，仅翅基部及前缘黄褐色，前后缘近平行；前翅径分脉15条左右排列整齐。腹部肥大，背片黄褐色，节间具有黑边，末端4节黄色；腹板暗褐色。【分布】广西、福建、海南。

Order Megaloptera

广翅目

鱼蛉泥蛉广翅目，头前口式眼凸出；
四翅宽广无缘叉，幼虫水生具腹突。

广翅目是完全变态类昆虫中的原始类群，目前全世界已知300余种，属于比较小的类群，包括齿蛉和泥蛉两大类群，分布于世界各地。我国种类丰富，已知100余种。

生活史较长，完成一代一般需一年以上，最长可达5年。卵块产于水边石头、树干、叶片等物体上。幼虫孵化后很快落入或爬入水中，常生活在流水的石块下或池塘中及静流的底层。幼虫捕食性；头前口式，口器咀嚼式，上颚发达；腹部两侧有成对的气管腮。蛹为裸蛹，常见于水边的石块下或朽木树皮下。成虫白天停息在水边岩石或植物上，多数种类夜间活动，具趋光性。

广翅目幼虫对水质变化敏感，可作为指示生物用于水质监测。幼虫还可以作为淡水经济鱼类的饵料，并具有一定的药用价值。

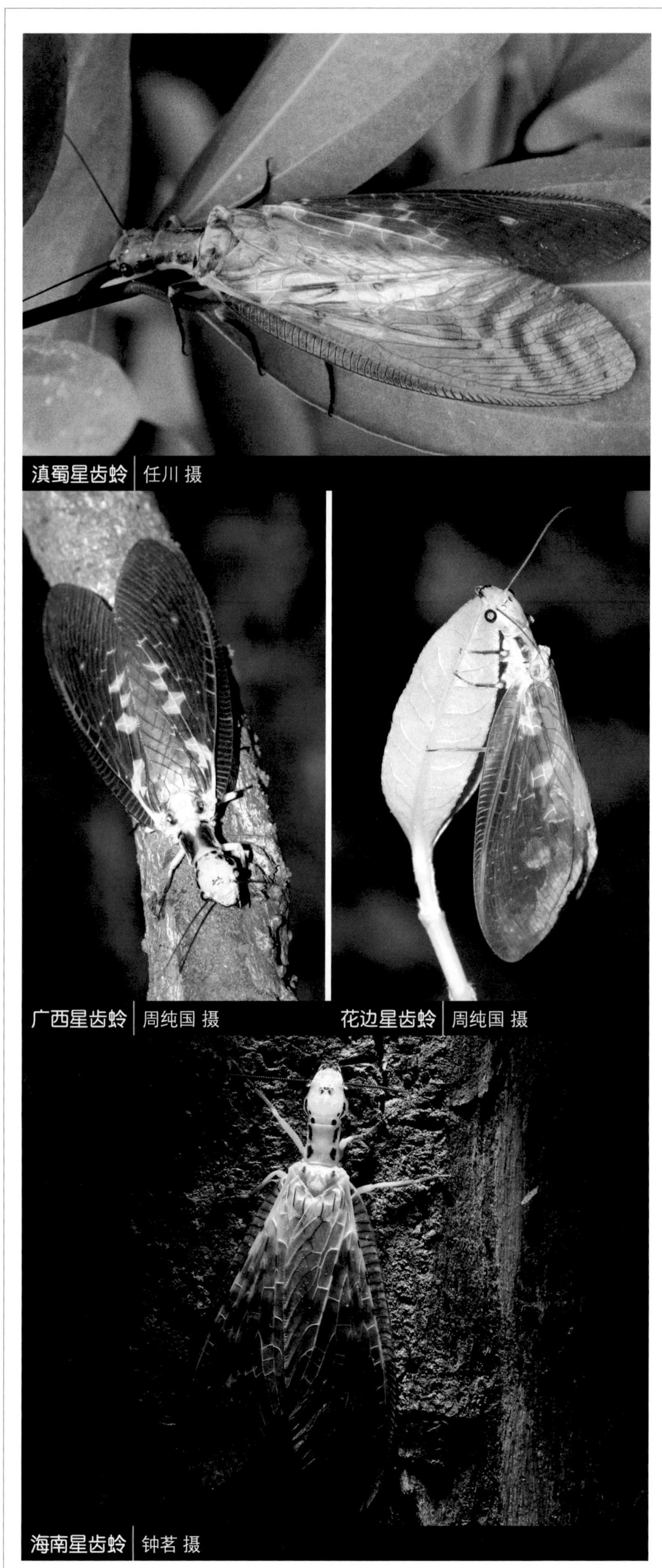

滇蜀星齿蛉 | 任川 摄

广西星齿蛉 | 周纯国 摄

花边星齿蛉 | 周纯国 摄

海南星齿蛉 | 钟茗 摄

滇蜀星齿蛉

Protohermes similis Yang & Yang

（齿蛉科 Corydalidae）

【识别要点】成虫前翅长45 mm左右。头部暗黄褐色至红褐色，头顶两侧各具3大体上愈合的黑斑。前胸背板近侧缘具2对较宽的黑褐色斑。前翅浅灰褐色，前缘横脉间充满褐斑，翅基部具1～3不规则的黄斑，中部具4～8黄斑，近端部1/3处具1淡黄色圆斑。【习性】成虫发生期6—8月。【分布】云南、四川。

广西星齿蛉

Protohermes guangxiensis Yang & Yang

（齿蛉科 Corydalidae）

【识别要点】头部黄褐色，头顶两侧各具3个黑斑。侧单眼靠近中单眼。前胸背板两侧各具2个宽的黑色纵带斑，其在背板中部略有连接。前翅浅灰褐色，前缘横脉间充满褐斑，翅基部具1较大的淡黄色斑，中部特别是横脉两侧具若干淡黄色斑，端部1/3处具1淡黄色圆斑。【习性】成虫发生期5—7月。【分布】重庆、广西、广东。

花边星齿蛉

Protohermes costalis (Walker)

（齿蛉科 Corydalidae）

【识别要点】成虫前翅长55 mm左右。头部黄褐色，无任何斑纹，无复眼后侧缘齿。侧单眼远离中单眼。前胸背板近侧缘具2对黑斑。前翅浅灰褐色，前缘横脉间充满褐斑，翅基部具1个大的淡黄斑，中部具3～4个多连接的淡黄斑，近端部1/3处具1淡黄色圆斑。【习性】成虫发生期5—8月。【分布】云南、贵州、河南、湖北、湖南、江西、安徽、浙江、福建、台湾、广西、广东。

海南星齿蛉

Protohermes hainanensis Yang & Yang

（齿蛉科 Corydalidae）

【识别要点】成虫前翅长45 mm左右。体黄色，头顶两侧各具2个黑斑。前胸背板近侧缘具2对窄的黑斑；中后胸背板各具1对黑斑。前翅浅烟褐色，翅基部具1较大的不规则的淡黄斑，中部位于横脉处具10个以上的淡黄斑，近端部1/3处具1个淡黄色圆斑；脉黑褐色，在翅基半部的纵脉明显呈现黑色与浅黄色相间排列。图所示雌虫。【习性】成虫发生期3—8月。【分布】海南。

尖突星齿蛉 *Protohermes acutatus* Liu, Hayashi & Yang （齿蛉科 Corydalidae）

【识别要点】成虫前翅长45 mm左右。头部黄褐色，无复眼。后侧缘齿；头顶两侧各具3个褐色或黑色的斑，但有时斑纹的颜色变浅甚至完全消失；侧单眼远离中单眼。前胸背板近侧缘具2对黑斑。前翅极浅的烟褐色，前缘横脉间无明显褐斑，翅基部具1个大淡黄斑，中部具3~4个淡黄斑，翅端部1/3处具1极小的白色点斑。【习性】成虫发生期5—7月。【分布】陕西、重庆、湖北。

炎黄星齿蛉 *Protohermes xanthodes* Navás （齿蛉科 Corydalidae）

【识别要点】头部黄色或黄褐色；头顶两侧各具3个黑斑，复眼后侧缘齿短钝；侧单眼远离中单眼。前胸背板近侧缘具2对黑斑。前翅极浅的烟褐色，翅基部具1个淡黄斑，中部具3~4个淡黄斑，近端部1/3处具1淡黄色小圆斑。【习性】成虫发生期4—8月。【分布】辽宁、北京、河北、山西、山东、甘肃、陕西、云南、贵州、四川、重庆、河南、湖南、湖北、江西、安徽、浙江、广西、广东。

多斑星齿蛉 *Protohermes stigmosus* Liu, Hayashi & Yang （齿蛉科 Corydalidae）

【识别要点】成虫前翅长约38 mm。头部黄色，无任何斑纹。前胸黄色。背板前侧角各具2对黑斑，外侧的斑点状，内侧的斑略狭长；背板后侧角各具3对黑斑，其中前面的2对斑略狭长，后面的1对略横长。前翅浅灰褐色，且前缘横脉间具明显的灰褐色斑纹。近基部具1近三角形的白斑，中部具1形状不规则的大白斑及1较小的白色横斑，端部1/3处具1白色圆斑。后翅完全无色透明。【习性】成虫发生期3—4月。【分布】云南。

华脉齿蛉 *Nevromus exterior* Navás （齿蛉科 Corydalidae）

【识别要点】成虫前翅长50 mm左右。体黄色，头部无任何黑斑。前胸背板近侧缘具2对黑斑。翅透明，仅端半部极浅的烟褐色。脉浅褐色，但前缘横脉、径横脉及前翅基半部的横脉黑褐色，且前翅径横脉及基半部的横脉处有浅褐色斑。图所示雌虫。【习性】成虫发生期5—7月。【分布】广西。

尖突星齿蛉 | 任川 摄

炎黄星齿蛉 | 任川 摄

多斑星齿蛉 | 张巍巍 摄

华脉齿蛉 | 张巍巍 摄

麦克齿蛉

Neoneuromus maclachlani (Weele)

（齿蛉科 Corydalidae）

【识别要点】成虫前翅长50 mm左右。体红褐色至黑褐色。翅端半部褐色，前翅基半部具2个近长方形褐斑。【习性】成虫发生期5—8月。【分布】云南、贵州、四川、重庆、广西、广东。

锡金齿蛉

Neoneuromus sikkimmensis (Weele)

（齿蛉科 Corydalidae）

【识别要点】成虫前翅长50 mm左右。体淡黄色，头部侧缘黑色。前胸背板近侧缘具1对黑色纵斑，且此斑纹在前半部略断开。翅近乎无色透明，仅端域极浅的褐色，前翅端半部横脉两侧多具浅褐斑。图所示雌虫。【习性】成虫发生期4—8月。【分布】云南。

碎斑鱼蛉

Neochauliodes parasparsus Liu & Yang

（齿蛉科 Corydalidae）

【识别要点】成虫前翅长40 mm左右。头部暗黄色，额具黑褐色斑，并向头顶两侧扩展。前胸暗黄色，但背板大部黑褐色，仅前缘和后缘暗黄色。翅无色透明，具大量褐色碎斑。【习性】成虫发生期6—8月。【分布】山西、甘肃、陕西、四川、河南、湖北、湖南。

钳突栉鱼蛉

Ctenochauliodes friedrichi Navás

（齿蛉科 Corydalidae）

【识别要点】成虫前翅长30 mm左右。头部黄褐色，而唇基区黑褐色。雄性触角发达的栉状。胸部深褐色。翅无色透明，具许多浅褐色云状斑，多位于横脉两侧，但有时这些斑纹色加深，清晰明显；前缘域端部及翅末端浅褐色。前翅的斑纹多横向连接，并在端半部形成窄横带斑。图所示雄虫。【习性】成虫发生期5—7月。【分布】云南、贵州、四川、重庆、湖北、广西。

麦克齿蛉 李元胜 摄

锡金齿蛉 任川 摄

碎斑鱼蛉 刘晔 摄

钳突栉鱼蛉 任川 摄

污翅华鱼蛉 *Sinochauliodes squalidus* Liu & Yang （齿蛉科 Corydalidae）

【识别要点】成虫前翅长40 mm左右。头部黄褐色，单眼间具黑褐色斑，并向头顶两侧呈掌状扩展。胸部浅褐色，但中后胸背板两侧黑褐色。翅透明，具浅褐色的污斑。【习性】成虫发生期5月。【分布】福建、广东。

越南斑鱼蛉 *Neochauliodes tonkinensis* (van der Weele) （齿蛉科 Corydalidae）

【识别要点】成虫前翅长40 mm左右。体褐色，雄性触角栉状。前胸背板端缘黄色。前翅前缘域基半部各翅室内具许多褐色小点斑，翅痣两侧各具1褐斑，且内侧的斑较长；基部具许多褐色小点斑，端半部沿纵脉具许多浅褐色碎斑。图所示雄虫。【习性】成虫发生期4—8月。【分布】云南；越南、老挝、缅甸。

西华斑鱼蛉 *Neochauliodes occidentalis* Weele （齿蛉科 Corydalidae）

【识别要点】成虫前翅长40 mm左右。头部黄褐色，单眼三角区外侧赤褐色，雄性触角栉状。前胸赤褐色，背板前缘黄褐色。前翅前缘域近基部1/3处具1褐斑；翅基部多具3小点斑，中横带斑窄而长，连接前缘并伸达肘脉，翅端部沿纵脉零星散布若干浅褐色点状斑。图所示雄虫。【习性】成虫发生期6—8月。【分布】四川、甘肃。

圆端斑鱼蛉 *Neochauliodes rotundatus* Tjeder （齿蛉科 Corydalidae）

【识别要点】成虫前翅长40 mm左右。头部黄褐色至深褐色，雄性触角栉状。前胸黄褐色，背板两侧各具1深褐色纵斑。前翅前缘域近基部具1褐斑；翅基部具少量小点斑，有时则完全无斑；中横带斑较宽，连接前缘并伸达中脉；翅端部的斑多相互连接，色很浅且有时近乎消失。图所示雄虫。【习性】成虫发生期4—8月。【分布】黑龙江、北京、河北、甘肃、陕西、四川、重庆、河南、湖北。

污翅华鱼蛉 | 刘晔 摄

越南斑鱼蛉 | 张巍巍 摄

西华斑鱼蛉 | 张巍巍 摄

圆端斑鱼蛉 | 郭宪 摄

缘点斑鱼蛉 | 张巍巍 摄

中华斑鱼蛉 | 唐志远 摄

黄胸黑齿蛉 | 张巍巍 摄

中华泥蛉 | 林义祥 摄

缘点斑鱼蛉 *Neochauliodes bowringi* (McLachlan)（齿蛉科 Corydalidae）

【识别要点】成虫前翅长30 mm左右。体褐色，头部唇基区黄褐色。雌性触角近锯齿状。前胸背板近侧缘具2对窄的黑斑；中后胸背板各具1对黑斑。前翅散布很多近圆形的褐色斑点，并在前缘区基部最密集且颜色最深；翅痣两侧各具1黑斑，且内侧的斑较长；中横带斑连接前缘并延伸至R4处。图所示雌虫。【习性】成虫发生期3—7月。【分布】陕西、贵州、湖南、江西、福建、广西、海南、广东、香港；越南。

中华斑鱼蛉 *Neochauliodes sinensis* (Walker)（齿蛉科 Corydalidae）

【识别要点】成虫前翅长35 mm左右。头部浅褐色至褐色，雄性触角栉状。前胸黄褐色，两侧多呈深褐色。前翅前缘域基部具1褐斑；翅基部具少量小点斑，有时略有连接；中横带斑窄而长，连接前缘并伸达1A；翅端部的斑色较浅，多横向连接。图所示雄虫。【习性】成虫发生期5—8月。【分布】贵州、湖北、湖南、江西、安徽、浙江、福建、台湾、广西、广东。

黄胸黑齿蛉 *Neurhermes tonkinensis* (Weele)（齿蛉科 Corydalidae）

【识别要点】成虫前翅长45 mm左右。头部完全黑色。前胸背板鲜黄色。翅黑色，具若干乳白色圆斑。雄虫腹部第9腹板具1大三角形中突。【习性】成虫发生期4—6月，该属成虫拟态有毒的蛾类，喜在白天活动，但夜晚也上灯。【分布】云南、贵州、福建、广西、广东；越南、泰国、老挝。

中华泥蛉 *Sialis sinensis* Banks（泥蛉科 Sialidae）

【识别要点】小型，成虫前翅长10 mm左右。体翅均为黑色。腹端第9腹板短、拱形，腹视两侧略缢缩；第10背板较长，中部较宽，末端强烈缢缩且略弯曲；第10腹板骨化，基部略向两侧扩展，中部向两侧翼状扩展为1对长骨片，端部尖锐的爪状、略内弯；生殖刺突侧视近方形，短于第9背板，背端角略向后突伸，腹视近圆形。【习性】成虫发生期3—6月。【分布】四川、江西、浙江、福建、台湾。

Order Raphidioptera

蛇蛉目

头胸延长蛇蛉目，四翅透明翅痣乌；
雌具针状产卵器，幼虫树干捉小蠹。

蛇蛉目通称蛇蛉，是昆虫纲中的一个小目。目前，全世界已知230种，以古北区种类居多，在南非和澳大利亚尚未发现；我国已知现生种类30种、化石种类20余种。

蛇蛉目昆虫为完全变态。成虫和幼虫均为肉食性。幼虫陆生，主要生活在山区，多为树栖，常在松、柏等松散的树皮下捕食小蠹等林木害虫。蛹为裸蛹，能活动。成虫多发生在森林地带中的草丛、花和树干等处，捕食其他昆虫，是一类天敌昆虫。

戈壁黄痔蛇蛉 | 倪一农 摄

华盲蛇蛉 | 詹程辉 摄

盲蛇蛉 | 唐志远 摄

戈壁黄痔蛇蛉 *Xanthostigma gobicola* Aspöck & Aspöck（蛇蛉科 Raphidiidae）

【识别要点】成虫前翅长7 mm左右。头部黑褐色，略带金属光泽；具3枚单眼。前胸背板赤褐色。足黄色。腹部褐色，两侧各具1条淡黄色的纵斑。翅无色透明，翅痣淡黄色。【习性】成虫发生期5—7月。【分布】北京、河北、内蒙古；蒙古。

华盲蛇蛉 *Sinoinocellia* sp.（盲蛇蛉科 Inocelliidae）

【识别要点】成虫前翅长20 mm左右。头部黄褐色，额区褐色，头顶具1对褐色纵斑；无单眼。前胸背板黄褐色，前缘及两侧具褐斑，中部具一V形褐斑，后缘两侧具1对楔形褐斑。中后胸黄色，背板两侧具1对褐斑。足黄色。前翅透明，但基部呈淡黄色，翅痣褐色，脉黑色，但纵脉基部黄色。该种是迄今世界上体型最大的蛇蛉之一。【分布】广东。

盲蛇蛉 *Inocellia* sp.（盲蛇蛉科 Inocelliidae）

【识别要点】成虫前翅长7 mm左右。头部近长方形，黑色，复眼后侧缘具2对浅褐色的楔形斑，头顶中央具1对浅褐色的长纵斑；无单眼。胸部黑褐色，前胸背板端半部中央具1对向外弯曲的浅褐色细钩状斑。足黄褐色。翅无色透明，翅痣黑褐色。腹部背面黑褐色，腹面色略浅，各节后缘均具淡黄色横斑。【习性】成虫发生期4—6月。【分布】北京。

Order Coleoptera

鞘翅目

硬壳甲虫鞘翅目，前翅角质背上覆；
触角十一咀嚼口，幼虫寡足或无足。

鞘翅目通称甲虫，是昆虫纲乃至动物界种类最多、分布最广的第一大目，占昆虫种类的40%左右。在分类系统上，各学者见解不一，一般将鞘翅目分为2～4个亚目、20～22个总科。目前，全世界已知35万种以上，中国已知约10 000种。

鞘翅目昆虫为全变态。一生经过卵、幼虫、蛹、成虫4个虫态。卵多为圆形或圆球形。产卵方式多样，雌虫产卵于土表、土下、洞隙中或植物上。幼虫多为寡足型或无足型，一般为3龄或4龄，少数种类为6龄，如芫菁科部分种类；蛹为弱颚离蛹。很多种类的成虫具假死性，受惊扰时足迅速收拢，伏地不动，或从寄主上突然坠地。有的类群具有拟态。

成虫、幼虫的食性复杂，有腐食性、粪食性、尸食性、植食性、捕食性和寄生性等。

萨氏虎甲 | 张宏伟 摄

中国虎甲 | 李元胜 摄

芽斑虎甲 | 唐志远 摄

金斑虎甲 | 杰仔 摄

萨氏虎甲 *Calochroa salvazai* (Fleutiaux)（步甲科 Carabidae 虎甲亚科 Cicindelinae）

【识别要点】体长15 ~ 17 mm，体黑色，局部区域略带蓝绿色金属光泽。上唇浅色，边缘略深，中部具脊，端部具5个齿突。鞘翅长方形，具3组黄色斑：肩部斑近三角形，占据整个肩部；中部斑接近鞘翅侧边，圆形；近端部的斑极小，呈一浅色斑点。【习性】成虫发生期6—8月，栖于林间小路上或水边红土地。【分布】云南；缅甸、老挝。

中国虎甲 *Cicindela chinensis* DeGeer（步甲科 Carabidae 虎甲亚科 Cicindelinae）

【识别要点】体长18 ~ 21 mm，头和前胸背板金属绿色，前胸背板中央区域红铜色。鞘翅底色金属铜色，每鞘翅基部具2个几乎相接的深蓝色斑，中后部具1个大型深蓝色斑，深蓝色和铜色交接区域金属绿色；鞘翅约3/5处具1对白色横形斑，鞘翅近末端靠近边缘处具1对白色小圆斑，两组白斑均位于大蓝斑区域内。【习性】栖于林间干燥的土路上，行动敏捷，人靠近时便顺着路向前飞行一段距离后停落，故称之为“引路虫”。【分布】甘肃、河北、山东、陕西、江苏、浙江、江西、福建、广东、广西、四川、贵州、云南；朝鲜、韩国、日本、越南。

芽斑虎甲 *Cicindela gemmata* Faldermann（步甲科 Carabidae 虎甲亚科 Cicindelinae）

【识别要点】体长15 ~ 18 mm，体铜褐色，刻点内略现绿色金属光泽。每鞘翅各具4个白斑，有时第1个斑消失：第1个位于肩部；第2个位于约1/4处，靠近翅缘；第3个位于1/2处，呈由外向内斜下方走向的波浪状纹路；第4个位于翅端附近，逗号状，自鞘翅外角处延伸至翅缝端部；第2个斑内侧近翅缝处具不明显的暗斑。【习性】栖息于开阔的路面或沿小溪的沙地等处。【分布】东北、华北、甘肃、四川、云南；韩国、朝鲜。

金斑虎甲 *Cosmodela aurulenta* Fabricius（步甲科 Carabidae 虎甲亚科 Cicindelinae）

【识别要点】体长14 ~ 18 mm。头和前胸背板大部铜色至金绿色，眼后沟及前胸背板中线等凹入的区域金属绿色至深蓝色。鞘翅大部深蓝色，翅缝及鞘翅周缘铜色，翅缝处的铜色区域在鞘翅基部及约1/3处向两侧扩展；铜色及深蓝色交接的区域略显绿色。每鞘翅各具4个白斑，第1个极小，位于肩部；第2个位于约1/4处；第3个位鞘翅中间，最大，呈横向的卵圆形；第4个位于5/6处，圆形。【习性】栖息于溪流或湖泊附近的细沙地上，雨季也会到林中或田边。【分布】山东、湖北、上海、福建、四川、广东、贵州、云南；印度、东南亚。

毛颊斑虎甲 *Cosmodela setosomalaris* (Mandl)（步甲科 Carabidae 虎甲亚科 Cicindelinae）

【识别要点】体长14～18 mm。和金斑虎甲非常相似，但颊在复眼之下具毛，而金斑虎甲颊为光洁，且鞘翅中部的斑略有不同。【习性】栖息于河岸地带，但有时也会在距离水边较远的地方发现。【分布】甘肃、贵州、四川、西藏。

离斑虎甲 *Cosmodela separata* (Fleutiaux)（步甲科 Carabidae 虎甲亚科 Cicindelinae）

【识别要点】和金斑虎甲非常相似，但鞘翅第3对白斑呈横向的波纹状，并且多少分离成两个小斑。【习性】栖息于林间的小路、开阔地或土坡上。【分布】安徽、福建、河南、江苏、上海、山西、浙江、云南；越南。

横斑虎甲 *Cosmodela virgula* (Fleutiaux)（步甲科 Carabidae 虎甲亚科 Cicindelinae）

【识别要点】与前两种虎甲非常相似，但鞘翅第3对斑很窄并且向内延伸，不会分离成两部分。【习性】栖息于林间的小路或开阔地上，或溪流附近。【分布】福建、广东、广西、江苏、台湾、云南、西藏；印度、尼泊尔、缅甸、泰国、老挝。

狄氏虎甲 *Cylindera delavayi* (Fairmaire)（步甲科 Carabidae 虎甲亚科 Cicindelinae）

【识别要点】体长7～10 mm；体色较多变，深褐色至红铜色具光泽，部分个体多少带绿色光泽或体色全绿。每鞘翅中部及近端部2个区域颜色较暗，形成2个模糊斑，斑纹向内后方倾斜，但不到达翅缝。鞘翅侧缘在近端部各具2个很小的白点，有时白点消失。鞘翅肩部较狭，后翅不发达。【习性】常见于中高海拔的林间开阔地，甚至在城市草坪中也能发现，通常能发现较多的个体，不善于飞行。【分布】浙江、福建、广东、湖北、江西、四川、云南；印度、缅甸、泰国、老挝、越南。

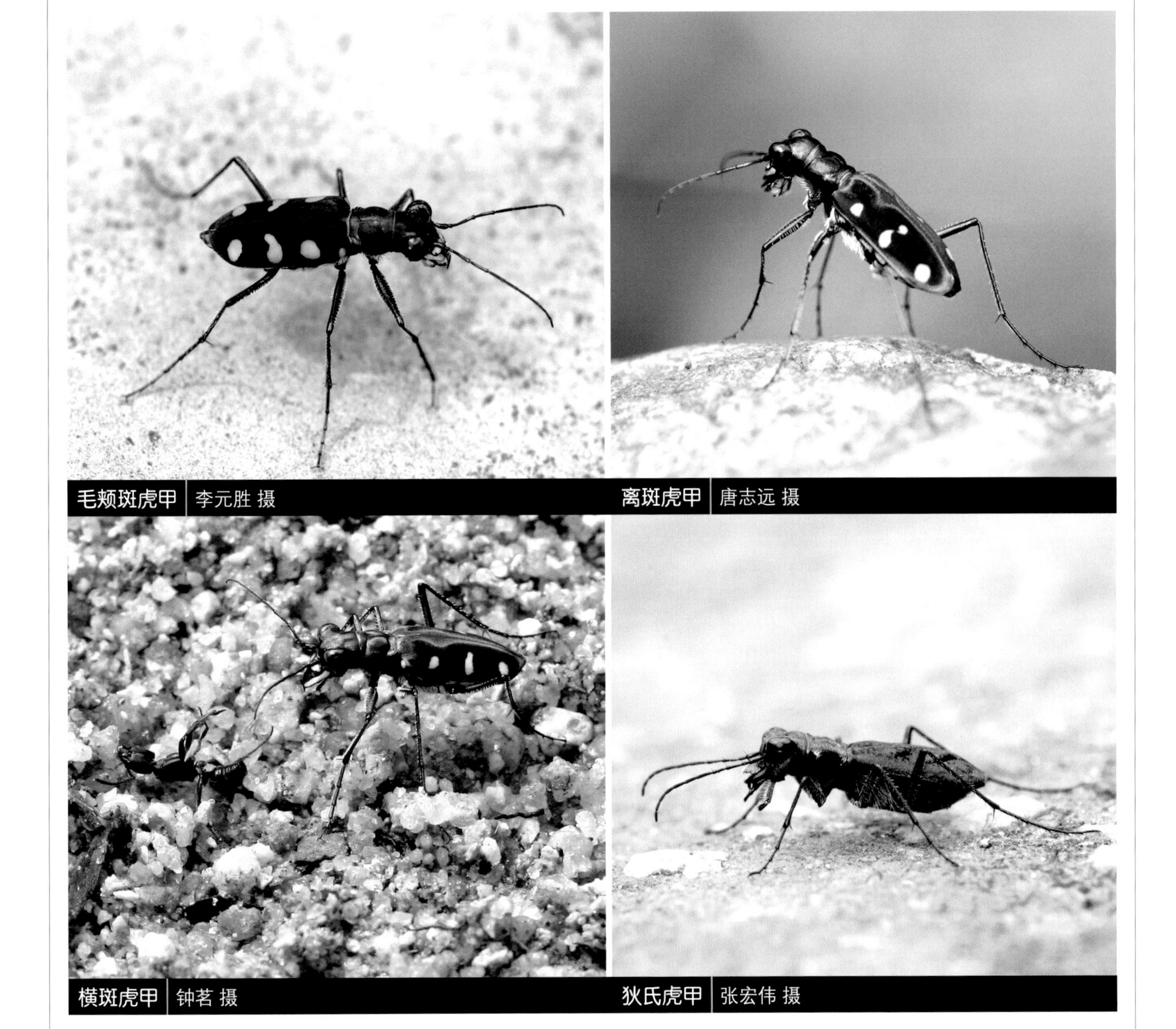

毛颊斑虎甲 | 李元胜 摄

离斑虎甲 | 唐志远 摄

横斑虎甲 | 钟茗 摄

狄氏虎甲 | 张宏伟 摄

星斑虎甲 | 偷米 摄

星斑虎甲

Cylindera kaleea Bates

（步甲科 Carabidae　虎甲亚科 Cicindelinae）

【识别要点】体长7.5～9 mm，体色深绿色至黑色。鞘翅花纹变化较大，在白色斑纹较为完整的情况下，肩部及鞘翅盘区约1/4处各具一斑点；鞘翅中部具一斜向内后方的细斜带，斜带内侧及外侧膨扩形成较大的星点，外侧沿翅缘向后形成白线；鞘翅近端部具很细的钩状斑纹，有时鞘翅斑纹退化只剩下中部带两端和近端部的共6个很小的星点。【习性】很常见的虎甲，能在从城市到乡村的多种生境中见到：河边、土路、空地，有时也会爬到植物上面。【分布】广泛分布于我国中东部及西南地区，国外分布于东南亚及印度等地区。

暗斑虎甲 | 周纯国 摄

暗斑虎甲

Cylindera decolorata (Horn)

（步甲科 Carabidae　虎甲亚科 Cicindelinae）

【识别要点】体长约10 mm，体暗铜色略带绿色光泽。鞘翅沿翅缘各具4个白斑，分别位于：肩部，约1/4处，约1/2处，约3/4处，其中后2对斑较大，前2对斑有时极小。在第1对斑以内靠近翅缝处具一暗色区域。【分布】福建、广东、贵州、四川、云南。

角胸虎甲 | 周纯国 摄

角胸虎甲

Pronyssiformia excoffieri (Fairmaire)

（步甲科 Carabidae　虎甲亚科 Cicindelinae）

【识别要点】体长约16 mm；体黄铜色带绿色光泽，腿黄色，靠近关节处深色。复眼强烈突出，前胸背板侧缘中部向外侧明显突出，形成一圆钝的角。每鞘翅靠近翅缘处各具3个淡黄色无金属光泽区域，中部一个最大，三角形；黄色区域之间为深色极光洁的区域。靠近翅缝处具一列大刻点。【习性】相对少见的虎甲，偶尔见于山间小路，不善飞翔。【分布】福建、江西、湖北、四川、云南。

费氏七齿虎甲 | 张巍巍 摄

褶七齿虎甲 | 张巍巍 摄

费氏七齿虎甲

Heptodonta ferrarii Gestro

（步甲科 Carabidae　虎甲亚科 Cicindelinae）

【识别要点】体长约14 mm，体型狭长，前胸背板窄，鞘翅两侧平行。体深褐色至黑色略带蓝色金属光泽。腿红色，腿节、胫节末端及跗节黑色。上唇三角形，端部具7个齿突。鞘翅具细刻点及皱纹，沿翅缝区域略隆起。【习性】通常栖息在林中较陡的土坡上，行动并不像多数虎甲那样敏捷。【分布】云南；缅甸、泰国、老挝。

褶七齿虎甲

Heptodonta pulchella (Hope)

（步甲科 Carabidae　虎甲亚科 Cicindelinae）

【识别要点】体长约15 mm，与费氏七齿虎甲相似，但体型较大，体色为黄铜色带绿色光泽。【习性】见于林间裸地、小路或其他开阔地带。【分布】广东、四川、云南；印度、尼泊尔、缅甸、老挝、越南。

琉璃球胸虎甲 *Therates fruhstorferi fruhstorferi* Horn（步甲科 Carabidae　虎甲亚科 Cicindelinae）

【识别要点】体长10 ~ 12 mm，体蓝黑色具光泽。鞘翅中部及端部具象牙色斑点，肩部附近黄褐色。前、中足腿节及胫节浅褐色，前缘略深，后足腿节端部黑色，基部褐色。复眼非常突出。前胸背板光滑，球状。鞘翅矩形，具刻点。上唇长，具10齿。【习性】球胸虎甲均栖息于森林中阴暗潮湿的区域，它们非常警觉，会站在叶子上伺机捕捉猎物，飞起后有时会飞回同一个地点。幼虫栖息于朽木当中。【分布】广东、海南、贵州、湖南、云南；越南。

球胸虎甲 *Therates* sp.（步甲科 Carabidae　虎甲亚科 Cicindelinae）

【识别要点】体型略小，体长7 ~ 8 mm，与琉璃球胸虎甲近似，体色较淡，鞘翅呈现不均匀的褐色。小盾片附近颜色较深，近端部1/3颜色最深，深色之前具2枚斜置白斑，端部浅色。【分布】重庆。

光背树栖虎甲 *Neocollyris bonellii* (Guerin-Meneville)（步甲科 Carabidae　虎甲亚科 Cicindelinae）

【识别要点】体狭长，体长9 ~ 13 mm，前胸细长，基部及端部有较深缢痕，鞘翅狭长，两侧平行。体蓝绿色，具光泽，腿节黄色至橙红色。前胸及鞘翅被细毛，鞘翅密被刻点。【习性】较为常见的树栖虎甲，栖息于草上或低矮灌木上，灵敏警觉，善飞翔。【分布】福建、广东、广西、海南、湖南、浙江、云南；印度、东南亚。

三色树栖虎甲 *Neocollyris tricolor* Naviaux（步甲科 Carabidae　虎甲亚科 Cicindelinae）

【识别要点】体型与光背树栖虎甲相似，但鞘翅略狭长，个体略大，体长约15 mm。头，前胸背板，鞘翅前半部黑色；鞘翅后半部棕红色，鞘翅中部具两枚黄色横斑；足棕红色，后足胫节及跗节黄色。【习性】栖息于草丛中或低矮灌木上。【分布】云南；泰国、缅甸、老挝。

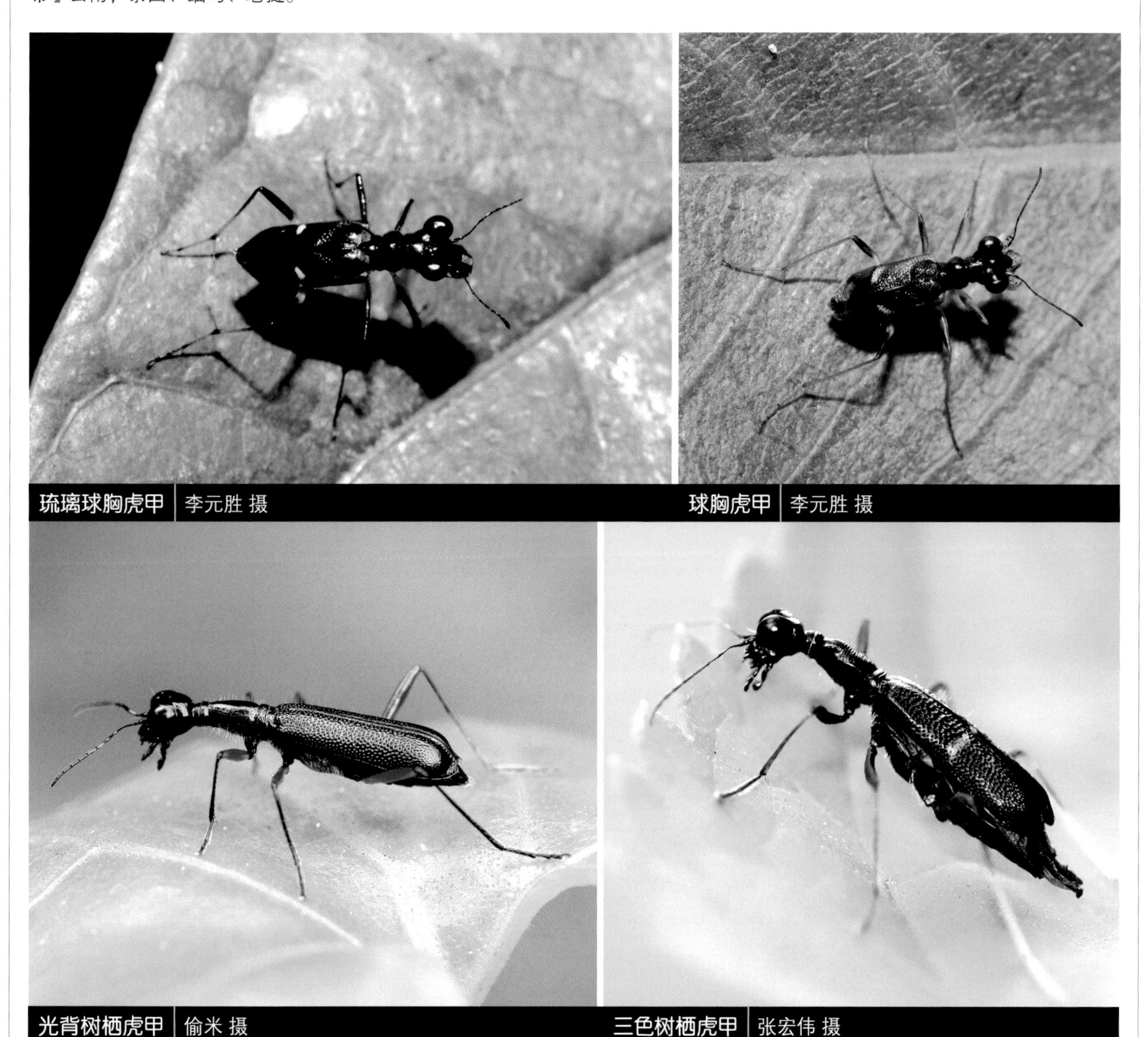

琉璃球胸虎甲 | 李元胜 摄　　球胸虎甲 | 李元胜 摄

光背树栖虎甲 | 偷米 摄　　三色树栖虎甲 | 张宏伟 摄

细纹树栖虎甲 | 张巍巍 摄　双色缺翅虎甲 | 任川 摄　长胸缺翅虎甲 | 倪一农 摄

绿步甲 | 唐志远 摄

细纹树栖虎甲 *Neocollyris linearis* (Schmidt-Goebel)（步甲科 Carabidae　虎甲亚科 Cicindelinae）

【**识别要点**】体型近似于光背树栖虎甲，但体更狭长，个体略小，体长8 ~ 10 mm，鞘翅刻点细小。头，前胸背板深蓝绿色。鞘翅绿色具金色光泽，中部具两枚很细的黄色横斑，有时横斑很微弱甚至消失。足黄色。【**习性**】栖息于草上或低矮灌木上，善于飞翔。【**分布**】江西、云南；东南亚。

双色缺翅虎甲 *Tricondyla gestroi* Fleutiaux（步甲科 Carabidae　虎甲亚科 Cicindelinae）

【**识别要点**】体长15 ~ 18 mm，头大，复眼突出。前胸较长，基部及端部具缢痕。鞘翅长卵形，后端膨大。鞘翅前部具粗皱纹，后端具粗刻点。鞘翅愈合，后翅退化。头、前胸、鞘翅前1/3黑色，鞘翅后2/3棕红色，足棕红色。【**习性**】在树干上偶尔见到或在地面上快跑，很像大个的蚂蚁，后翅退化，不能飞翔。【**分布**】云南、四川、西藏；老挝、越南、泰国。

长胸缺翅虎甲 *Tricondyla pulchripes* White（步甲科 Carabidae　虎甲亚科 Cicindelinae）

【**识别要点**】体长15 ~ 18 mm，体型与双色缺翅虎甲近似，但前胸较狭长，鞘翅均为黑色，鞘翅端部附近刻点消失。【**习性**】栖息于树干上，亦可见于地面。【**分布**】云南、广东、海南；老挝、越南、柬埔寨。

绿步甲 *Carabus smaragdinus* Fischer（步甲科 Carabidae　步甲亚科 Carabinae）

【**识别要点**】体长24 ~ 47 mm。多数个体鞘翅绿色，前胸背板带红铜色光泽，亦有鞘翅红铜色或前胸背板均为绿色的个体；辽宁南部所产亚种鞘翅蓝色前胸绿色。鞘翅纺锤形；每鞘翅有7排黑色瘤突，第2，4，6排瘤突较大，第1，3，5，7排瘤突较小。翅缝尖细，略上翘。口须末节极为宽扁，呈明显的斧状。上颚尖钩状。【**习性**】白天躲藏在大石头下，环境较好的森林中更容易见到。【**分布**】北京、河北、内蒙古、辽宁、山东、河南、山西；俄罗斯、朝鲜、韩国。

疤步甲

Carabus pustuleifer Lucas

（步甲科 Carabidae 步甲亚科 Carabinae）

【识别要点】体长32～44 mm。该种多数标本全体深蓝色或鞘翅略带绿色光泽。湖北及四川东北部的亚种颜色鲜艳，前胸背板及头部红色，鞘翅绿色。鞘翅具3行巨大瘤突，大瘤突行之间有成行的细小瘤突。【分布】甘肃、陕西、湖北、四川、重庆、贵州、云南。

麻步甲

Carabus brandti Faldermann

（步甲科 Carabidae 步甲亚科 Carabinae）

【识别要点】体长24～34 mm。体黑色略带蓝紫色光泽。头粗壮，眼小突出，被细刻点。上颚粗壮，不弯曲，前端钝，基部有钝齿，外颚沟基部有横皱。前胸背板略呈倒梯形，宽大于长，密布刻点，中线不明显；前角下弯，后角略突出，圆钝。鞘翅卵圆形，密布整齐小颗粒，每边组成约15条颗粒行，在侧缘处不明显；鞘翅表面有微纹。【习性】常见于城市公园绿地里或农田附近，白天躲藏在石头下面。【分布】内蒙古、辽宁、山东、河北、北京、山西、陕西、甘肃、河南。

粗纹步甲

Carabus crassesculptus Kraatz

（步甲科 Carabidae 步甲亚科 Carabinae）

【识别要点】体长21～27 mm。背面紫黑色或紫色。头顶密布浅凹及皱，上颚弯曲，前端近钩状，基部有叉状齿。前胸背板略方，宽大于长，密布浅凹及皱，前缘窄于基缘；最宽处距基部2/3处，侧缘在此前弧形收狭，之后略直线收狭；中线明显；前角圆钝，后角略凸、钝。鞘翅卵形，密布条形颗粒，排列成行，每边约有13行，缝角钝。【习性】多见于环境较好的阔叶林。【分布】内蒙古、北京、河北、山西、陕西、四川、甘肃、青海。

刻步甲

Carabus sculptipennis Chaudoir

（步甲科 Carabidae 步甲亚科 Carabinae）

【识别要点】体长20～25 mm。体背黑色或棕黑色。头顶有刻点及皱；上颚前端近钩状，基部有开叉齿。前胸背板略呈方形，宽大于长，密布细刻点；前缘近等于基缘，侧缘弧形，最宽处在中部；前角圆，后角钝。鞘翅卵形，密布整齐小颗粒，形成颗粒行。与东北等地分布的库氏步甲*C. kruberi* 极为相似，可依据前胸背板侧缘弧度不同及雄性外生殖器形态或标本产地区别两种。【习性】北方的针叶林或民房附近。【分布】北京、河北、内蒙古、山西、陕西、甘肃、青海。

罕丽步甲

Carabus manifestus Kraatz

（步甲科 Carabidae 步甲亚科 Carabinae）

【识别要点】体长19～23 mm。背面铜红色，暗绿色，蓝绿色或黑色带金属光泽。头顶有细刻点。前胸背板宽大于长，有细刻点及皱，缘边处较粗密；前缘窄于基缘；侧缘弧形，侧边略翘，最宽处在中部；中线明显；前角圆钝，后角叶状突出，端钝。鞘翅卵形，每边具一级行距3条，不连续，由凹坑形成，二级行距3条，每行距都由3条并列的细脊形成。【习性】为北京山区最为常见的步甲，白天躲藏在各种遮蔽物下。【分布】北京、河北、山西、内蒙古、辽宁、吉林。

疤步甲 郭宪 摄

麻步甲 陈尽 摄

粗纹步甲 唐志远 摄

刻步甲 刘晔 摄

罕丽步甲 唐志远 摄

维氏步甲 *Carabus vietinghoffi* Adams（步甲科 Carabidae 步甲亚科 Carabinae）

【识别要点】体长20～32 mm，背面通常具强烈光泽，头黑色，鞘翅及前胸颜色变异较大。绿色，前胸背板及鞘翅侧边铜色，或蓝色具红色及绿色的边缘，或紫罗兰色具绿色边缘。前胸背板长方形，具粗大刻点，后角略向外突出。鞘翅卵形，密布整齐小颗粒，形成颗粒行。【习性】多见于环境较好的阔叶林。【分布】辽宁、内蒙古、吉林、黑龙江；俄罗斯、朝鲜、北美洲西北部。

肩步甲 *Carabus hummeli* Fischer（步甲科 Carabidae 步甲亚科 Carabinae）

【识别要点】体长20～25 mm。背面色彩变异极大，绿色、蓝色、紫罗兰色或黑色。很多个体鞘翅边缘具铜色或绿色的金属光泽。头顶有刻点及粗皱，上颚弯曲，前端近钩状，基部有叉状齿。前胸背板略方，宽大于长，有刻点，前缘窄于基缘。前角圆钝，后角略凸，钝。鞘翅卵形，有浅脊和条状颗粒。鞘翅第4，8，12行距不连续，分段处形成带有光泽的浅凹，其余行距不规则断续。【习性】多见于环境较好的阔叶林。【分布】北京、河北、内蒙古、辽宁、吉林、黑龙江；朝鲜、蒙古。

西伯利亚步甲 *Carabus sibiricus* Fischer（步甲科 Carabidae 步甲亚科 Carabinae）

【识别要点】体长约25 mm。背面黑色略带蓝紫色。上颚弯曲，前端近钩状。前胸背板宽大于长，两侧及基部有细皱，盘区较光洁。前缘凹，前缘近等于基缘。侧缘弧形，侧边极阔，向上翻折。前角圆钝，后角叶状突起，较宽阔。鞘翅卵圆形，具模糊的细行距及微弱的大刻点。【分布】新疆；蒙古、俄罗斯、乌克兰。

贡山步甲 *Carabus kozaburoi* Imura（步甲科 Carabidae 步甲亚科 Carabinae）

【识别要点】体长约18 mm，体红铜色具强烈金属光泽，头部光泽略弱，足、触角及口器黑色。前胸背板略方，宽大于长，密布刻点及皱纹，前缘宽于基缘。前角圆钝，后角略凸、钝。鞘翅卵形，密布条形颗粒，排列成行，缝角钝。【习性】高海拔潮湿的灌丛或林间。【分布】云南；缅甸。

维氏步甲 | 史宏亮 摄

肩步甲 | 史宏亮 摄

西伯利亚步甲 | 刘晔 摄

贡山步甲 | 刘晔 摄

疆星步甲 | 刘晔 摄

疆星步甲 *Calosoma sycophanta* Linnaeus（步甲科 Carabidae　步甲亚科 Carabinae）

【识别要点】体长24～26 mm。头、前胸背板、小盾片深蓝色或稍带绿色，鞘翅鲜艳有光泽，铜绿色，两侧红铜色，触角、口器及足黑色。头有细刻点及皱褶。前胸背板盘状，中部最宽，盘区隆起，侧缘圆弧且微翘，后角稍突出，刻点细密。鞘翅具16条沟，沟底具刻点，星点小，星行间有3行距，行距上具横沟纹，近中缝的沟纹较浅。**【习性】**多发生在林区，捕食各种鳞翅目幼虫，也为害柞蚕。**【分布】**新疆；非洲北部、西亚、克什米尔、西伯利亚、欧洲。

金星步甲 | 刘晔 摄

中华星步甲 | 刘晔 摄

金星步甲

Calosoma auropunctata dsungarica Gebler

（步甲科 Carabidae　步甲亚科 Carabinae）

【识别要点】体长20～26 mm，体黑色，鞘翅缘折稍带蓝绿色。头有细刻点及皱褶，复眼之间较粗糙。前胸背板宽大于长，中部最宽，盘区隆起，侧缘弧缘且微翘，后角稍突出，刻点密，基凹浅，皱褶较粗。鞘翅宽阔，有16条沟，在4，8，12行距上有明显金色星点，星行之间有3行距，行距瓦纹整齐。雄虫中后胫节强烈弯曲，后胫节有内缘毛。**【习性】**多发生在草原、沙漠地区及山区。**【分布】**新疆、甘肃；欧洲中部及东部、中亚、阿富汗、蒙古。

中华星步甲

Calosoma chinense Kirby

（步甲科 Carabidae　步甲亚科 Carabinae）

【识别要点】体长25～32 mm，体古铜色，有时黑色，具金属光泽。头有细刻点及皱褶，复眼之间较粗糙。前胸背板宽大于长，中部最宽，盘区隆起，侧缘弧缘且微翘，后角稍突出，刻点密。鞘翅宽阔，星点金色，大而显著，星行之间颗粒排列不整齐。雄虫中后胫节强烈弯曲，后胫节有内缘毛。**【习性】**发生在农田及阔叶林中，捕食鳞翅目幼虫，也为害柞蚕。**【分布】**黑龙江、辽宁、内蒙古、宁夏、甘肃、河北、山东、河南、山西、江苏、安徽、浙江、江西、广东、四川、云南；俄罗斯、朝鲜、日本。

大星步甲 | 郭宪 摄

黄缘心步甲 | 史宏亮 摄

中国心步甲 | 刘晔 摄

黑斑心步甲 | 寒枫 摄

大星步甲 *Calosoma maximoviczi* Morawitz（步甲科 Carabidae　步甲亚科 Carabinae）

【识别要点】体长20～33 mm，体黑色具光泽，有时鞘翅侧边具紫色或绿色光泽。前胸背板心形，宽大于长，中部最宽，后角略突出。鞘翅宽阔，肩后明显扩展，星点较小，每星行之间具3行距。【习性】多发生在阔叶林，捕食鳞翅目幼虫，也为害柞蚕。【分布】辽宁、甘肃、河北、河南、山西、山东、浙江、台湾、湖北、四川、云南；俄罗斯、朝鲜、日本。

黄缘心步甲 *Nebria livida* (Linneaus)（步甲科 Carabidae　心步甲亚科 Nebriinae）

【识别要点】体长约17 mm。头黑色，复眼间具2枚红斑。口须、触角及足黄色。前胸背板大部黄色，前缘及基缘附近黑色。鞘翅中央黑色，最侧面2行距及翅端部约1/4黄色。前胸背板心形，最宽处约在前1/3，基缘窄于前缘。侧边翘起，侧边及基边区域具细刻点。鞘翅具平行的条沟。【习性】栖息于水边潮湿地带的大石头下面。【分布】北京、河北、内蒙古；朝鲜、日本、俄罗斯、欧洲。

中国心步甲 *Nebria chinensis* Bates（步甲科 Carabidae　心步甲亚科 Nebriinae）

【识别要点】与黄缘心步甲近似，但身体全黑色，具光泽，触角及足棕黄色；基缘与前缘近等。【习性】栖息于森林中大石块、倒木下面。【分布】陕西、甘肃、浙江、四川、贵州、江西；朝鲜、韩国、日本。

黑斑心步甲 *Nebria pulcherrima pulcherrima* Bates（步甲科 Carabidae　心步甲亚科 Nebriinae）

【识别要点】与黄缘心步甲近似，但身体全黄色，鞘翅中央区域在后半部具2个大型黑色圆斑，有时圆斑相连成较大的黑斑，足及触角淡色。【习性】栖息于水边。【分布】江西、四川、贵州、广西；日本。

圆步甲 | 史宏亮 摄　　毛敏步甲 | 刘晔 摄

圆步甲 *Omophron* sp.（步甲科 Carabidae　圆步甲亚科 Omophroninae）

【**识别要点**】体长约5 mm。体深棕褐色具光泽，足、触角棕黄色，前胸及鞘翅侧缘黄色，鞘翅侧缘基部、近端部及端部共有6个黄褐色圆斑。体卵圆形，明显隆起。头及前胸背板具刻点。鞘翅具13列刻点列，刻点于鞘翅端部逐渐变小至消失。【**习性**】栖息于水边沙地，善挖掘。【**分布**】贵州。

毛敏步甲 *Elaphrus comatus* Goulet（步甲科 Carabidae　敏步甲亚科 Elaphrinae）

【**识别要点**】体长6～7 mm，背面灰绿色至铜绿色。头密被细刻点，复眼非常大且强烈突出。前胸背板圆形，密被细刻点，中央有Y形凹痕，侧边不明显。鞘翅卵圆形，具3列大型眼斑，眼斑蓝紫色；在第1列眼斑之间，鞘翅前1/3处具1矩形光洁瘤突；鞘翅其余区域具细密刻点。【**习性**】栖息于水边泥泞地带，白天在表面快速奔跑或躲入泥中。【**分布**】北京、河北、山东、辽宁、吉林、黑龙江；朝鲜、日本。

角胸敏步甲 *Elaphrus angulonotus* Shi & Liang（步甲科 Carabidae　敏步甲亚科 Elaphrinae）

【**识别要点**】体长约9 mm，背面灰绿色。体密被细刻点；头三角形，唇基具2根刚毛；前胸背板中部形成一突伸的尖角，并在尖角处具1根刚毛；鞘翅宽大，具3列大型眼斑，眼斑蓝紫色，在第1列眼斑之间，鞘翅前1/3处具一矩形光洁瘤突。【**习性**】栖息于水边泥泞地带，白天躲藏于石头下。【**分布**】北京、河北、内蒙古、山东、江苏。

黄腿边步甲 *Craspedonotus tibialis* Schaum（步甲科 Carabidae　肉步甲亚科 Broscinae）

【**识别要点**】体长约22 mm，黑色，表面较粗糙，触角第1节、各足胫节黄色；头顶粗糙，具皱及刻点，上颚表面具皱纹，触角到达前胸基部；前胸背板基缘中部突出，侧缘后部斜截；鞘翅略宽于前胸，刻点于基半部中央呈整齐的8～10列，于两侧及端部刻点密且杂乱。【**习性**】栖息于急流边的沙地，于沙中挖掘斜向开口的洞穴躲藏其中。【**分布**】北京、四川、福建、广西、台湾；日本、韩国、俄罗斯。

角胸敏步甲 | 史宏亮 摄　　黄腿边步甲 | 刘晔 摄

单齿蝼步甲 *Scarites terricola* Bonelli（步甲科 Carabidae 蝼步甲亚科 Scaritinae）

【识别要点】体长17～21 mm。黑色，腹面和足棕黑色。头和前胸背板近等宽，方形；眼小，圆形；上颚全部外露，前部弯曲，端部尖，表面有皱；触角膝状，较短。前胸背板宽大，近六边形，两侧缘近平行，表面光洁。小盾片位于中胸形成的“颈”上，不和鞘翅相连。鞘翅长方，两侧缘近平行，条沟细，行距平坦。前足挖掘式，胫节宽扁，前外端有两个指状突；中足胫节近端部有一长齿突。【习性】北方常见的步甲，平时躲在土层中，下雨天或浇地后爬出来，夜间灯下也能见到。【分布】河北、黑龙江、辽宁、内蒙古、宁夏、新疆、山西、河南、江苏、安徽、湖北、浙江、福建、江西、湖南、广东、贵州、云南；东亚经西亚至欧洲南部、北非。

巨蝼步甲 *Scarites sulcatus* Olivier（步甲科 Carabidae 蝼步甲亚科 Scaritinae）

【识别要点】体型和单齿蝼步甲接近，但体型很大，可达40 mm。中足胫节外缘具2个齿突。【习性】栖息于水边沙地，夜间有趋光性。【分布】黑龙江、辽宁、北京、浙江、福建、广西、云南；日本、韩国、尼泊尔、印度。

褐色蝼步甲 *Scarites* sp.（步甲科 Carabidae 蝼步甲亚科 Scaritinae）

【识别要点】体长约12 mm，深棕褐色。头略窄于前胸背板，头顶具纵向皱纹。上颚外露，基部较直，前部弯曲，表面有皱。前胸背板近六角形，两侧平行，前角略向前突出。鞘翅长形，两侧平行，条沟深，行距强烈隆起。前足挖掘式，胫节宽扁。【分布】重庆。

小蝼步甲 *Clivina* sp.（步甲科 Carabidae 蝼步甲亚科 Scaritinae）

【识别要点】体长约5 mm，棕褐色。体长形，两侧平行。前胸背板隆起，近六边形。鞘翅长方，两侧缘近平行，条沟细，行距略隆起。前足为挖掘足。【习性】栖息于水边潮湿地带，善挖掘。【分布】贵州。

单齿蝼步甲 | 刘晔 摄

巨蝼步甲 | 刘晔 摄

褐色蝼步甲 | 寒枫 摄

小蝼步甲 | 刘晔 摄

聚类丽步甲 | 周纯国 摄

黄缘青步甲 | 刘晔 摄

狭边青步甲 | 刘晔 摄

聚类丽步甲 *Callistominus coarctatus* Laferte（步甲科 Carabidae 畸颚步甲亚科 Licininae）

【识别要点】体长约5 mm。头深蓝色具金属光泽。口须、触角、上颚端部浅黄色。前胸背板红色。鞘翅黑色，基部靠近翅缝处具一大型红斑，于前部及近端部各具1条乳白色带纹，近端部的带纹略倾斜。足黄色，各节末端颜色略深。头顶被粗刻点，上颚尖。前胸背板心形，密被粗刻点，后角略突出。鞘翅卵圆形，密被细绒毛。【习性】栖息于水边潮湿地带，奔跑迅速。【分布】四川、云南；尼泊尔、印度。

黄缘青步甲 *Chlaenius spoliatus* (Rossi)（步甲科 Carabidae 畸颚步甲亚科 Licininae）

【识别要点】体长17 mm左右。头、前胸背板、鞘翅绿色，鞘翅侧缘第8—9行距黄色，延伸至翅端。足黄色。头顶隆起，光洁，被有细皱，上颚棕色，触角第1—3节黄色，被稀毛，余节棕色被密毛。前胸背板略心形，最宽处在距基部2/3处，中沟和基凹较深，前后角圆钝，盘区被细皱，基部较密。鞘翅稍隆，条沟深，行距凸。【习性】栖息于水边或其他潮湿地方石头下面。【分布】河北、北京、甘肃、新疆、河南、安徽、湖北、湖南、江西、江苏、福建、台湾、贵州、广西、四川、云南、海南；朝鲜、日本、俄罗斯、东南亚。

狭边青步甲 *Chlaenius inops* Chaudoir（步甲科 Carabidae 畸颚步甲亚科 Licininae）

【识别要点】体长8 ~ 10 mm。头、前胸背板绿色，鞘翅暗铜绿，有时接近黑褐色，前胸背板和鞘翅侧缘黄色，鞘翅后端黄色呈齿形。前胸背板，鞘翅和体腹面被黄色毛，口须、触角和足棕黄色。触角长过体长之半；前胸背板宽大于长，最宽处在侧缘中部，前后角圆钝，盘区被细刻点，基部明显较密。鞘翅稍隆，条沟深，行距平坦，密被细刻点。【习性】北方常见的一种步甲，白天躲在非常靠近水边的大石头下面。【分布】河北、北京、甘肃、新疆、河南、安徽、湖北、湖南、江西、江苏、福建、台湾、贵州、广西、四川、云南、海南；朝鲜、日本、俄罗斯、东南亚。

褐黄缘青步甲 | 刘晔 摄

淡足青步甲 | 刘晔 摄

宽边青步甲 | 刘晔 摄

黄斑青步甲 | 李元胜 摄

褐黄缘青步甲

Chlaenius inderiensis Motschulsky

（步甲科 Carabidae 畸颚步甲亚科 Licininae）

【识别要点】体长17 mm左右。头、前胸背板、鞘翅巧克力色稍带绿色光泽，鞘翅侧缘第8—9行距黄色，延伸至翅端。头顶隆起，光洁，被有细皱，上颚棕色，触角第1节棕黄色，余节暗褐色，足腿节和跗节黑色，胫节中部棕黄色。前胸背板略心形，最宽处在距基部2/3处，中沟和基凹较深，前后角圆钝，盘区被细皱，基部较密。鞘翅稍隆，条沟深，行距凸。【习性】栖息于水边或其他潮湿地方石头下面。【分布】新疆；俄罗斯。

淡足青步甲

Chlaenius pallipes Gebler

（步甲科 Carabidae 畸颚步甲亚科 Licininae）

【识别要点】体长17 mm左右。头、前胸背板绿色稍带铜色光泽，鞘翅鲜绿色，足黄色。头顶隆起，被细刻点，上颚棕色，触角第1—3节黄色，余节棕黄色。前胸背板略心形，宽略大于长，最宽处在距基部4/7处，密布刻点及细毛，基部更密，中沟明显，前后角圆钝。鞘翅稍隆，条沟明显，行距平，密布黄色细毛。【习性】可在水边石头下找到。【分布】河北、北京、黑龙江、吉林、辽宁、内蒙古、宁夏、甘肃、青海、陕西、山西、山东、河南、江苏、湖北、江西、湖南、福建、广西、四川、贵州、云南；蒙古、朝鲜、日本。

宽边青步甲

Chlaenius circumductus Morawitz

（步甲科 Carabidae 畸颚步甲亚科 Licininae）

【识别要点】体长15 mm左右。头、前胸背板、鞘翅绿色。鞘翅侧缘第7—9行距黄色（有些黄边较窄，仅占第8—9行距），近端部黄带变宽，占据多行距。足黄色，上颚棕色，触角黄色。前胸背板略方，宽大于长，最宽处在中部，前缘明显狭于基缘；背板密布刻点及细毛，中沟不明显，后角近直角，圆钝。鞘翅条沟明显，行距略隆，密布黄色细毛。【习性】栖息于河边或农田，白天躲藏在石头下，夜间活动。【分布】河北、北京、黑龙江、吉林、辽宁、内蒙古；日本。

黄斑青步甲

Chlaenius micans (Fabricius)

（步甲科 Carabidae 畸颚步甲亚科 Licininae）

【识别要点】体长13 ~ 16 mm。背面深绿色，头、前胸背板和小盾片具红铜色金属光泽，鞘翅后部具一大黄斑，近圆形，后端略突伸，占据第3—8行距。前胸背板平坦，前缘微凹，后缘平直，侧缘弧圆，最宽处在中部，盘区密被刻点，基凹深且狭长；鞘翅条沟深，行距平坦，刻点细密；体腹面被毛。【习性】多在农田周围活动，白天躲藏在遮蔽物下面。【分布】河北、辽宁、内蒙古、宁夏、青海、陕西、山东、河南、江苏、安徽、湖北、江西、湖南、福建、台湾、广东、广西、四川、贵州、云南；朝鲜、印度、斯里兰卡、印度尼西亚。

双斑青步甲 *Chlaenius biomaculatus* Dejean（步甲科 Carabidae　跗颚步甲亚科 Lichninae）

【识别要点】体长11～14 mm。头、前胸背板绿色，稍带紫铜色光泽；小盾片绿色；鞘翅青铜色，或近于黑色，被黄色毛，后部具近圆形黄斑，位于第4—8行距；触角棕黄色至棕褐色；足棕黄色，跗节常棕褐色。前胸背板宽略大于长，表面被细刻点；基凹深。鞘翅行距平坦，密被刻点。【习性】多在农田周围活动，白天躲藏在遮蔽物下面。【分布】贵州、安徽、湖北、浙江、江西、广东、广西、四川、云南、西藏；日本。

脊青步甲 *Chlaenius costiger* Chaudoir（步甲科 Carabidae　跗颚步甲亚科 Lichninae）

【识别要点】体长18～23 mm。头、前胸背板绿色，带紫铜色光泽；鞘翅墨绿或黑色带绿色光泽；体腹面及足基节黑褐色，足色变异大，一般腿、胫节棕红色，二者关节处黑色，跗节棕褐色。前胸背板宽大于长；侧缘稍呈弧形拱出；中线及基凹较深，盘区被细刻点。鞘翅行距隆起成脊，条沟细，沟底有细刻点。【习性】夜间活动，有趋光性。【分布】贵州、陕西、安徽、湖北、江西、湖南、福建、广西、四川、云南；朝鲜、日本、越南、老挝、柬埔寨、缅甸、印度。

老挝青步甲 *Chlaenius laotinus* Andrewes（步甲科 Carabidae　跗颚步甲亚科 Lichninae）

【识别要点】体长13 mm左右，体墨绿色带金属光泽，触角黄褐色，足黄色，鞘翅带毛且端部有较宽的黄色斑。眼突，前胸背板略心形，体卵圆形。该种与*Chlaenius inops*近似，但是*inops*的鞘翅端部斑纹较小，并不明显。【习性】常在河边或溪流边活动，行动敏捷。【分布】中国西南地区。

双斑青步甲 | 寒枫 摄

脊青步甲 | 李元胜 摄

老挝青步甲 | 刘晔 摄

亮颈青步甲 | 刘晔 摄

宽斑青步甲 | 刘晔 摄

异角青步甲 | 刘晔 摄

亮颈青步甲 *Chlaenius leucops* Wiedemann（步甲科 Carabidae 畸颚步甲亚科 Licininae）

【识别要点】体长15 mm左右，体黑色多毛，头部和前胸背板略带金属绿色光泽。眼突，前胸背板横宽，侧边带有毛列，体卵圆形。【习性】常在南方河边草地上活动。【分布】中国南方。

宽斑青步甲 *Chlaenius hamifer* Chaudoir（步甲科 Carabidae 畸颚步甲亚科 Licininae）

【识别要点】体长15 mm左右，体铜绿色带金属光泽，触角黄褐色，足黄色，鞘翅带毛且端部有逗号形斑纹。眼突，前胸背板横宽，体卵圆形。该种与*Chlaenius virgulifer*近似，但是*virgulifer*的鞘翅端部斑纹较长较窄。【习性】常在南方河边草地上活动。【分布】中国南方。

异角青步甲 *Chlaenius variicornis* Morawitz（步甲科 Carabidae 畸颚步甲亚科 Licininae）

【识别要点】体长13 mm左右，体墨绿色带金属光泽且多毛，触角第1—3节黄色，其余褐色，足黄色，眼突，前胸背板略心形，表面带有密集的皱纹和毛，体卵圆形。【习性】水边潮湿地带生活。【分布】全国广布。

凹跗青步甲 *Chlaenius rambouseki* Lutshnik（步甲科 Carabidae　畸颚步甲亚科 Licininae）

【识别要点】体长15 mm左右，体铜绿色带金属光泽，触角黄褐色，足黄色，前胸背板心形，中线较深，表面稀毛，鞘翅有密毛。【习性】喜欢在水边较为干净的石滩沙地生活。【分布】全国广布。

革青步甲 *Chlaenius alutaceus* Gebler（步甲科 Carabidae　畸颚步甲亚科 Licininae）

【识别要点】体长14 mm左右，体黑色有光泽。前胸背板横长，后缘长于前缘，表面被黄色细毛。鞘翅黑色被金黄色密毛，表面有规则的皱纹。【习性】喜欢在潮湿地带生活，夜晚有驱光性。【分布】中国北方地区。

奇裂跗步甲 *Dischissus mirandus* Bates（步甲科 Carabidae　偏须步甲亚科 Panagaeinae）

【识别要点】体长16～18 mm，黑色，有光泽，密被绒毛。鞘翅具2个边缘齿形的黄色斑，前斑横形，位于第3行距至翅缘之间，后斑近圆形，占据5行距。前胸背板近六角形，被粗刻点，基缘略宽于前缘，最宽处约在中部，基凹深，中线明显。鞘翅长卵形，条沟内具刻点，行距隆起。足胫节有纵行脊，第4跗节背面双叶状。【习性】地表甲虫，夜间灯下偶尔可见。【分布】陕西、江苏、浙江、湖南、四川、福建、广东、广西、贵州；日本。

凹跗青步甲 | 刘晔 摄

革青步甲 | 刘晔 摄

奇裂跗步甲 | 周纯国 摄

暗色气步甲 *Brachinus scotomedes* Redtenbacher（步甲科 Carabidae　气步甲亚科 Brachininae）

【识别要点】体长12～16 mm。头、前胸背板棕红色，前胸背板边缘黑色，鞘翅黑色，足淡黄色。前胸背板心形，侧缘弯曲，后角向外侧突出。鞘翅长卵圆形，末端平截，表面具浅条脊，条脊于鞘翅末端之前消失，条沟内具刻点并被毛。【习性】受惊吓时喷出白色高温烟雾。【分布】福建、云南、四川、台湾；日本。

耶屁步甲 *Pheropsophus jessoensis* Morawitz（步甲科 Carabidae　气步甲亚科 Brachininae）

【识别要点】体长10～20 mm。头和胸部的大部分、附肢棕黄色；头顶有黑斑，黑斑近倒三角形，前缘平或微凹。前胸背板前后缘黑色，侧边黄色。鞘翅黑色，肩、侧缘和翅端黄色，中部具黄色横斑。前胸背板近方形，最宽在前部1/3处；前缘和基缘近等宽；侧缘在后角前弯曲；后角直角。鞘翅近方形，翅中部黄斑大致呈方形。此种可通过翅中黄斑形状、前胸侧边颜色与头顶黑斑形状同*Ph. javanus*和*Ph. occipitalis*区别。【习性】成虫栖息于水边或潮湿地方的石头下面，受惊吓时喷出高温烟雾。幼虫寄生于蝼蛄体内。【分布】河北、辽宁、内蒙古、山东、江苏、湖北、浙江、福建、台湾、江西、广东、广西、贵州、四川、云南；印度、缅甸、马来西亚、菲律宾、印度尼西亚。

广屁步甲 *Pheropsophus occipitalis* (Macleay)（步甲科 Carabidae　气步甲亚科 Brachininae）

【识别要点】体长10～17 mm。头和前胸背板棕黄色，头顶中央有一楔形黑斑，触角棕黄色。前胸背板有一“工”字形黑斑，侧边黑色。鞘翅肩部有一小黄斑，中部具一波浪形大黄斑，占据第2—8行距，鞘翅侧缘黄色，和鞘翅上的两斑相接，后端缘黄色，足腿节端部黑色，其余为棕黄色。该种斑纹变化较大，颜色较深的个体前胸背板全为黑色，鞘翅斑纹很细。前胸背板长大于宽，侧缘直，后角直角。【习性】与耶屁步甲类似。【分布】安徽、江西、浙江、湖南、福建、广东、海南、广西、云南；东南亚。

暗色气步甲 | 李元胜 摄

耶屁步甲 | 任川 摄

广屁步甲 | 寒枫 摄

爪哇屁步甲 | 郭宪 摄　　婪步甲 | 杰仔 摄

爪哇屁步甲 *Pheropsophus javanus* Dejean（步甲科 Carabidae　气步甲亚科 Brachininae）

【识别要点】与广屁步甲很相似，但头部黑斑端部凹，前胸背板中部黑斑不为“工”字形，而是前部呈近似倒三角形，前胸背板中线附近的黑线较粗。依据上述头部及前胸斑纹区别可区分此两种步甲的部分个体，但实际上同种间斑纹变异很大，很多个体识别起来仍十分困难。**【习性】**常与耶屁步甲混生，习性相近。**【分布】**吉林、辽宁、河北、北京、山西、陕西、河南、江苏、浙江、安徽、江西、湖南、福建、广东、广西、云南；东南亚。

婪步甲 *Harpalus* sp.（步甲科 Carabidae　婪步甲亚科 Harpalinae）

【识别要点】体长约12 mm，体漆黑色具光泽，足、口器及触角黄色。头大，眼眉毛1根，触角自第3节端部1/3以后各节被毛。前胸背板略隆起，基凹较浅，盘区光滑，侧边具刻点。鞘翅长形，条沟深。**【习性】**栖息于田边或阔叶林中。**【分布】**广东。

烁颈通缘步甲 *Poecilus nitidicollis* Motschulsky（步甲科 Carabidae　通缘步甲亚科 Pterostichinae）

【识别要点】体长约10 mm，体红铜色具金属光泽，头、前胸背板侧边、鞘翅侧缘具绿色光泽。体卵圆形。头小，复眼突出，眼眉毛2根。前胸背板圆形，隆起，基缘与鞘翅等宽，侧缘在中部之后直，中线明显，基凹深，后角圆钝。鞘翅条沟深。**【习性】**栖息于水边潮湿地带。**【分布】**北京、河北、辽宁、吉林、黑龙江；蒙古国、俄罗斯。

烁颈通缘步甲 | 刘晔 摄

暗步甲 周纯国 摄

点刻细胫步甲 史宏亮 摄

细胫步甲 郭宪 摄

暗步甲 *Amara* sp.（步甲科 Carabidae 通缘步甲亚科 Pterostichinae）

【识别要点】体长约12 mm，体漆黑色具光泽，口器、触角及跗节棕黄色。头大，复眼小，眼眉毛2根，触角自第4节以后各节被毛。前胸背板心形，基缘窄于前缘，基凹较浅，盘区光滑，基缘附近具刻点。鞘翅长形，条沟略深。【分布】重庆。

点刻细胫步甲 *Agonum impressum* (Panzer)（步甲科 Carabidae 宽步甲亚科 Platyninae）

【识别要点】体长约10 mm，背面红铜色具金属光泽，足及触角黑色。前胸背板圆形，盘区光滑，基凹处具细刻点，后角圆。鞘翅方形，条沟深，在第3行距处具一列大刻点，刻点共6~8个。【习性】栖息于水边潮湿地带。【分布】东北、云南；朝鲜、韩国、日本、俄罗斯、欧洲。

细胫步甲 *Agonum* sp.（步甲科 Carabidae 宽步甲亚科 Platyninae）

【识别要点】体长约14 mm。足、触角、头及前胸背板棕红色，腿节端部黑色，鞘翅金属绿色。体背面光滑具强烈光泽，鞘翅行距隆起弱。【习性】栖息于小灌木上，捕食柔弱的昆虫。【分布】重庆。

蠋步甲 *Dolichus halensis* (Schaller)（步甲科 Carabidae 宽步甲亚科 Platyninae）

【识别要点】体长16～20 mm。头、前胸背板、鞘翅大部黑色，部分个体前胸背板红色。足、触角及前胸背板侧边黄色。头部复眼之间具2枚小红斑。鞘翅基部中央具大型红斑，部分个体红斑极窄或消失。前胸背板较长，盘区平坦，基凹具细皱纹。鞘翅行距略隆起。爪具齿。【习性】常见于农田附近，奔跑迅速，善于攀爬到植物上，捕食多种鳞翅目幼虫。【分布】中国大部分地区；日本、韩国、俄罗斯、中亚、欧洲。

尖角爪步甲 *Onycholabis acutangulus* Andrewes（步甲科 Carabidae 宽步甲亚科 Platyninae）

【识别要点】体长约10 mm，体黑色具光泽，上颚红棕色，触角及足浅黄色。前胸背板呈倒三角形，基缘较窄，最宽处约在前1/6处。前角尖，明显向前突伸。前胸侧边具粗刻点。鞘翅长方形，肩角宽阔，末端收狭，行距略隆起。足细长，触角较长，到达前胸背板基缘。【习性】栖息于水边潮湿地带的石头下面。【分布】福建、广西、广东、海南。

围缘步甲 *Perigona* sp.（步甲科 Carabidae 壶步甲亚科 Lebiinae）

【识别要点】体长约4 mm，体卵圆形，上颚尖锐。体棕红色，头部黑色，每鞘翅中部具纵向黑带。鞘翅第8行距（即最外缘的一条）强烈凹入，于鞘翅后部强烈加宽并倾斜向内几乎到达翅缝后角处，此行距具细绒毛，鞘翅其余部分光洁。后足转节延长，为腿节长度的一半。【分布】云南。

蠋步甲 | 寒枫 摄

尖角爪步甲 | yellowman 摄

围缘步甲 | 周纯国 摄

斑四角步甲 *Tetragonoderus* sp.（步甲科 Carabidae 壶步甲亚科 Lebiinae）

【识别要点】体长约6 mm。体黑褐色，触角、足黄褐色。鞘翅具2条白色锯齿状横纹，横纹之间靠近翅缝处具黄褐色大斑，鞘翅其余区域为深色。复眼突出。前胸长方形。鞘翅卵圆形，表面具7条沟，部分条沟扭曲，最外侧行距很宽。【习性】栖息于河边沙地。【分布】广西。

紫凹唇步甲 *Catascopus violaceus* Schmidt-Goebel（步甲科 Carabidae 壶步甲亚科 Lebiinae）

【识别要点】体长约12 mm，体背绿色带紫铜色光泽，足深褐色略具金属光泽。复眼半球形相当突出，上唇及唇基前方均具小凹口，眼内沿具2脊。前胸背板心形，前角略突出。鞘翅第7行距隆起成脊状，鞘翅末端凹弧，外角突出成齿状。【习性】栖息于倒木表面，行动敏捷，捕食其他昆虫。【分布】云南、海南；越南、老挝。

凹翅凹唇步甲 *Catascopus sauteri* Dupuis（步甲科 Carabidae 壶步甲亚科 Lebiinae）

【识别要点】体长约14 mm，体铜绿色带强烈金属光泽，足棕褐色，触角棕红色。复眼大而突出，眼内沿具2脊，上唇端部具凹缺。前胸背板方形，后角略尖。鞘翅基部第1—4行距具明显翅凹，第5行距呈脊状，外角突出呈齿状。缝角处具2齿。【习性】成虫见于树干上。【分布】浙江、贵州、广西、福建、台湾。

门氏壶步甲 *Lebia menetriesi* Ballion（步甲科 Carabidae 壶步甲亚科 Lebiinae）

【识别要点】体长约6 mm，体背面大部分橙红色，光滑具光泽，腹面及腿节黑色。鞘翅基部具模糊黑色斑，中后部沿翅缝具1长形黑斑，其两侧各具1圆形黑斑。复眼突出。前胸背板圆形，平坦光洁，基缘中部突出形成“颈”。鞘翅方形，末端平截，行距平坦。跗节加宽，第4跗节双叶状。【习性】栖息于灌木丛上，夜间有趋光性。【分布】新疆；中亚、俄罗斯。

斑四角步甲 | 刘晔 摄

紫凹唇步甲 | 张巍巍 摄

凹翅凹唇步甲 | 刘晔 摄

门氏壶步甲 | 刘晔 摄

黄边掘步甲 | 周纯国 摄　八星光鞘步甲 | 郭宪 摄　凹翅宽颚步甲 | 陈尽 摄

侧带宽颚步甲 | 周纯国 摄

黄边掘步甲 *Scalidion xanthophanum* Bates（步甲科 Carabidae　壶步甲亚科 Lebiinae）

【识别要点】体长约14 mm。头黑色；前胸背板及鞘翅棕黄色，部分颜色较深的个体前胸背板及鞘翅黑色，但前胸背板侧边黄色；触角、胫节、跗节棕黄色，腿节末端颜色较深。复眼球形，大而突出；前胸背板明显横长，侧缘圆弧，后角圆；鞘翅方形，后端略宽，末端平截，后侧角明显突出，条沟较深，在鞘翅后角附近第8行距强烈加宽，其间具几条短条沟。第4跗节双叶状较短。【习性】有趋光性。【分布】浙江、福建、江西、湖南、四川、广西、贵州、海南、台湾。

八星光鞘步甲 *Lebidia octoguttata* Morawitz（步甲科 Carabidae　壶步甲亚科 Lebiinae）

【识别要点】体长10 ~ 12 mm。体背大部黄色，每鞘翅具4枚白斑，1枚在中部两侧，3枚在鞘翅约后1/4处，近似排成一线，中部的白斑略大。前胸背板方形，前角圆阔，侧边宽薄，后缘宽直，与鞘翅紧密衔接。鞘翅卵圆形，后部略膨大，条沟消失，具无规则细密刻点。跗节加宽，第4跗节双叶状。【习性】多见于干枯的枝条上，夜间有趋光性。【分布】浙江、湖北、湖南、广西、广东、四川、贵州、福建、台湾；韩国、日本、俄罗斯。

凹翅宽颚步甲 *Parena cavipennis* (Bates)（步甲科 Carabidae　壶步甲亚科 Lebiinae）

【识别要点】体长约10 mm，体背面均为黄色。头部平坦；上颚相当宽大，外缘圆弧；复眼大而强烈突出。前胸背板很宽，最宽处在前1/3处，侧边强烈加宽，后角圆。鞘翅行距略隆起，条沟底具细刻点，第3行距具3个毛穴，鞘翅中部盘区及两侧具翅凹，末端平截，缝角不突出。【习性】栖息于灌木上，捕食鳞翅目幼虫。【分布】辽宁、北京、河北、甘肃、山东、山西、河南、湖北、安徽、浙江、福建、湖南、四川、重庆、贵州；日本、韩国。

侧带宽颚步甲 *Parena latecincta* (Bates)（步甲科 Carabidae　壶步甲亚科 Lebiinae）

【识别要点】体长约10 mm。体背面大部红褐色，鞘翅侧边具金属绿色条带，条带在鞘翅末端相接。头部平坦；上颚相当宽大，外缘圆弧；复眼大而强烈突出。前胸背板心形，具皱纹，后角直。鞘翅方形，后部略膨大，末端平截，行距隆起。跗节加宽，第4跗节双叶状。【习性】栖息于灌木上，捕食鳞翅目幼虫。【分布】辽宁、北京、山西、山东、河南、浙江、四川、重庆、福建、贵州、云南；日本、韩国、东南亚。

马氏宽颚步甲 | 周纯国 摄　　中国丽步甲 | 郭宪 摄

马氏宽颚步甲 *Parena malaisei* (Andrewes)（步甲科 Carabidae　壶步甲亚科 Lebiinae）

【识别要点】体长约8 mm。体背面大部棕褐色，鞘翅中部颜色较浅两侧较深，鞘翅后部具乳白色不规则锯齿状条带，条带从鞘翅侧缘向斜前方至翅缝处；鞘翅第5行距在基部1/5处具一长形乳白色小斑，有时此斑不明显，白斑边缘处黑色。上颚极度加宽；前胸背板较窄；鞘翅方形，后端略膨大。**【习性】**栖息于灌木上，捕食鳞翅目幼虫。**【分布】**云南、广西、四川、贵州、西藏；缅甸、老挝、越南。

中国丽步甲 *Calleida chinensis* Jedlicka （步甲科 Carabidae　壶步甲亚科 Lebiinae）

【识别要点】体长约12 mm。头深棕色；前胸背板深棕色具浅色边缘；鞘翅金属绿色至铜色，带虹彩光泽；足、触角深褐色。复眼突出，上颚加宽。前胸背板平坦，侧边宽阔，后角直。鞘翅长形，两侧平行，后端平截，条沟较深，鞘翅表面微纹不明显。**【习性】**栖息于灌木上。**【分布】**福建、广西、贵州、重庆、四川。

五斑棒角甲 *Platyrhopalus davidis* Fairmaire（步甲科 Carabidae　棒角甲亚科 Paussinae）

【识别要点】形状十分奇特的小甲虫，体长约8 mm。棕褐色，鞘翅黑色，中央具X形斑纹；触角2节，圆片形；前胸背板方形，前部侧边略突出；鞘翅较宽大，外缘末端有凹缺，鞘翅末端平截，腹部臀板露出。足短，腿节与胫节宽扁。**【习性】**在石块下面，与蚂蚁共栖。**【分布】**北京、山西、山东、上海、江西、江苏、湖南、四川、重庆、贵州。

条角棒角甲 *Paussus* sp.（步甲科 Carabidae　棒角甲亚科 Paussinae）

【识别要点】小型特异的甲虫，体长约8 mm。土黄色；头部下口式，触角2节，棒状；前胸较短小，有凹陷；鞘翅较宽大，外缘末端有凹缺，鞘翅末端平截，腹部臀板露出；足短，腿节与胫节宽扁，前足胫节端部有1对等长的端距。**【习性】**较为少见的种类，发现于石下。**【分布】**重庆。

五斑棒角甲 | 周纯国 摄　　条角棒角甲 | 周纯国 摄

雕条脊甲 *Omoglymmius* sp.（条脊甲科 Rhysodidae）

【识别要点】小型奇特的甲虫，体长约5 mm。体深棕褐色，体表坚硬。头部三角形，复眼小，头顶具Y字形深沟，后头具黄色绒毛，触角念珠状。前胸背板长圆形，具3条平行深沟，侧沟到达前缘。鞘翅两侧平行，具深条沟。足短，后足胫节具1个距。【习性】条脊甲多见于潮湿的热带亚热带地区，栖息于朽木的木质部，据报道取食粘菌。【分布】云南。

和条脊甲 *Yamatosa* sp.（条脊甲科 Rhysodidae）

【识别要点】体长约6 mm。体深棕褐色（图中个体刚羽化，尚未定色）。形态与前种相近，但前胸侧沟在中部之前消失；鞘翅基凹横向；中、后足胫节均具2个距。【习性】与前种类似。【分布】云南。

黄缘真龙虱 *Cygister bengalensis* Aube（龙虱科 Dytiscidae）

【识别要点】体长约35 mm，卵圆形。后足粗壮适于划水，雄性前足跗节强烈膨大。雄性鞘翅光滑，雌性具纵条沟。背面黑色，常具绿色光泽。前胸背板及鞘翅侧缘具黄边，鞘翅黄边基部明显宽于前胸背板的黄边，鞘翅黄边基部最宽，向后渐窄，末端钩状。【习性】生活于水中，捕食水生的蝌蚪、蜗牛和小鱼等小动物。【分布】北京、浙江、福建、广东、云南；印度、东南亚、日本。

豆龙虱 *Agabus* sp.（龙虱科 Dytiscidae）

【识别要点】体长约7 mm，卵圆形。头及前胸背板黑色，鞘翅褐色。身体中等程度隆起，复眼前缘内切，后足腿节内端角处具一簇刚毛，后胸腹板侧叶楔形。【分布】重庆。

雕条脊甲 | 史宏亮 摄

和条脊甲 | 史宏亮 摄

黄缘真龙虱 | 唐志远 摄

豆龙虱 | 周纯国 摄

黄龙虱 | 刘晔 摄

齿缘龙虱 | 林义祥 摄

黄条斑龙虱 | 李元胜 摄

单边斑龙虱 | 林义祥 摄

黄龙虱 *Rhantus suturalis* (MacLeay)（龙虱科 Dytiscidae）

【识别要点】体长约11 mm，卵圆形，略扁平。头部黑色，具工字形黄色斑纹；前胸背板黄色，中央黑纹菱形；鞘翅黄色，具细微暗色纹路；腹面黑色。【习性】常见于池塘水田中。【分布】我国除新疆及青藏高原外的大部分地区；东亚、东南亚、中亚、西亚、俄罗斯、欧洲、澳大利亚。

齿缘龙虱 *Eretes sticticus* (Linneaus)（龙虱科 Dytiscidae）

【识别要点】体长约14 mm，卵圆形，前胸背板后缘窄于鞘翅基部，鞘翅侧缘后半部有小锯齿，近翅缝处尖锐。体黄褐色；头顶具一小黑斑，后缘具较宽的梯形黑斑；前胸背板后部中央具1条或2条黑色间断横带，前带较宽；鞘翅盘区颜色较深，具3列大刻点，后1/4处具黑色波浪状横纹，鞘翅侧缘中部具黑斑。【习性】成虫幼虫均在水中捕食。【分布】陕西、河北、山东、江苏、湖北、浙江、四川、福建、海南、台湾；亚洲、南欧、非洲、美洲、大洋洲。

黄条斑龙虱 *Hydaticus bowringii* (Clark)（龙虱科 Dytiscidae）

【识别要点】体长约14 mm，卵圆形，背面隆起。头黑色，唇基附近黄色；前胸背板黄色，基部中央具黑色梯形斑；鞘翅黑色，近翅缘处具2条黄色纵带，纵带平行，基部近翅缝处具黄色小斑。【分布】河南、山东、江苏、湖南、浙江、重庆、台湾；日本、朝鲜、东南亚。

单边斑龙虱 *Hydaticus vittatus* (Fabricius)（龙虱科 Dytiscidae）

【识别要点】体长约14 mm，卵圆形，背面隆起。头黑色；前胸背板黑色，侧缘黄色；鞘翅黑色，近翅缘处具2条黄色纵带，外带与内带于翅中部或略后部相连。【分布】山东、湖北、江苏、浙江、四川、云南、福建、广东、海南、台湾；印度、斯里兰卡、东南亚、日本、澳大利亚。

杂弧龙虱 任川 摄　大豉甲 任川 摄　五斑粪水龟 林义祥 摄　贝水龟 林义祥 摄

杂弧龙虱 *Sandracottus mixtus* (Blanchard)（龙虱科 Dytiscidae）

【识别要点】体长约12 mm，卵圆形，背面隆起。后胸腹板侧翼前缘弧形，中足腿节后缘具长纤毛。头黄色；前胸背板黄色，基缘、前缘及中缝黑色；鞘翅黄色，沿翅缝处黑色，中部及中后部具黑色波浪条纹，条纹间具3列黑色纵向稀疏点列。【分布】中国北部、四川。

大豉甲 *Dineutus mellyi* Regimbart（豉甲科 Gyrinidae）

【识别要点】大型种类，体长18 mm左右。体扁平略隆起，宽卵圆形，近于圆形。前足延长，触角短，复眼分为上下不相连的两部分，体背部分用以观察水面，腹面部分用以观察水下。体躯背面光滑，有光泽，中央青铜黑色，两侧深蓝色；前胸背板及鞘翅有1条宽的暗色亚缘带。【习性】多在静水地带的水面打转，于水面捕食猎物。【分布】山东、湖北、浙江、江西、湖南、广东、重庆、四川、贵州、福建、云南。

五斑粪水龟 *Sphaeridium quinquemaculatum* Fabricius（水龟虫科 Hydrophilidae）

【识别要点】体长4 ~ 5 mm。体黑色具光泽，每鞘翅中部具纵向排列的2枚红斑，红斑有时相连，鞘翅末端及翅缝端部黄色；体长圆形，拱隆；触角8节，锤状，与口须等长；鞘翅具7条由细刻点组成的条沟；后胸腹板中部隆起。【习性】成虫及幼虫均为粪食性，常见于牛粪下。【分布】我国南方；日本、东南亚。

贝水龟 *Berosus* sp.（水龟虫科 Hydrophilidae）

【识别要点】体长约6 mm。体褐色具青铜色光泽，鞘翅具模糊的深色碎斑；体壁较柔软，长卵圆形；复眼突出，触角锤状，口须延长；头部及前胸背板具大刻点，鞘翅具10条刻点列；各足跗节较长。【习性】生活于水中，夜间有趋光性。【分布】台湾。

大黑阎甲 *Hister* sp.（阎甲科 Histeridae）

【识别要点】体长10 mm左右；黑色，具光泽；体卵形，背面略隆起。触角略呈膝状，第1节较长，端部3节组成端锤；上颚较长，左右不对称；头小，通常缩在前胸背板中。体背面很光滑；鞘翅具6条近平行的条沟，内部2条不完整；鞘翅末端截形，露出腹部背板。胫节宽扁，跗节细。【习性】生活在牲畜粪中，捕食蝇蛆。【分布】我国北方。

血斑阎甲 *Margarinotus purpurascens* Herbst（阎甲科 Histeridae）

【识别要点】体长5 mm左右；黑色，具光泽，每鞘翅中部具红色三角形斑。体卵形，隆起；触角膝状，背面光滑。鞘翅具6条近平行的条沟；外侧4条完整，中部向外侧弯曲；内部2条不完整，于鞘翅前部消失；最近翅缝处1条沟直，长约为鞘翅一半；次内部1条沟最短，略弯曲。【习性】生活在牲畜粪中，捕食蝇蛆。【分布】新疆；俄罗斯、中亚、欧洲。

凹脊阎甲 *Onthophilus foveipennis* Lewis（阎甲科 Histeridae）

【识别要点】形态十分特殊的小型阎甲，体长约2.5 mm。体圆形，十分拱隆，胫节略宽扁；体表粗糙，暗灰色，略具光泽。前胸背板具6条纵脊，纵脊较平缓，有时退化；鞘翅具3条强烈隆起的纵脊，纵脊之间具纵条沟；鞘翅基部在第1和第2纵脊之间具一深窝。【习性】在北京，成虫4—7月可见，9月份较多。栖息于阔叶杂木林下的地表，不善活动，很难发现。【分布】北京、甘肃；俄罗斯。

扁阎甲 *Hololepta* sp.（阎甲科 Histeridae）

【识别要点】形态特殊的阎甲，体长约13 mm。黑色，十分光亮。体长方形，十分扁平；上颚发达；前胸背板横宽，前部具凹缺；小盾片背面不可见；鞘翅短，后缘斜截，仅肩部具1短纵沟；腹板于背面可见，两侧具大刻点。【习性】栖息于朽木树皮之下，捕食其他蛀木昆虫。【分布】贵州。

大黑阎甲 | 刘晔 摄

血斑阎甲 | 刘晔 摄

凹脊阎甲 | 刘晔 摄

扁阎甲 | 刘晔 摄

肿须隐翅虫 | 任川 摄

黑巨隐翅虫 | 林义祥 摄

肿须隐翅虫 *Pinophilus* sp.（隐翅虫科 Staphylinidae）

【识别要点】体长约10 mm。体黑色，足淡黄色。体略扁平，头部较小，下唇须末节肿大；前胸方形较宽阔；鞘翅方形，略宽于前胸背板，腹部露出6节背板。【习性】具趋光性。【分布】重庆。

黑巨隐翅虫 *Megalopaederus* sp.1（隐翅虫科 Staphylinidae）

【识别要点】体长约10 mm。体黑色，仅腹部末节橙红色。体长形，头圆形且大，颈部细；前胸背板球状具光泽；鞘翅极短，短于前胸背板，紧贴于腹部背面，鞘翅密布粗刻点及毛；腹部末端尖。【习性】较大型的捕食性种类，多在低矮植物表面攀爬，寻找猎物，该属种类分布南方。【分布】台湾。

红胸巨隐翅虫 *Megalopaederus* sp.2（隐翅虫科 Staphylinidae）

【识别要点】体型与黑巨隐翅虫相近，但前胸背板红色而非黑色。【分布】台湾。

红胸巨隐翅虫 | 林义祥 摄

毒隐翅虫 | 林义祥 摄

毒隐翅虫

Paederus sp.

（隐翅虫科 Staphylinidae）

【识别要点】体长6.5～7 mm。体色鲜艳，体大部橙红色，头、腹部末端，后足膝部黑色，鞘翅深蓝色略带金属光泽。体长形，头大，颈部细；前胸背板长圆形；鞘翅短，密布粗刻点，露出腹部6节背板；腹部末端尖。【习性】捕食小型节肢动物，多活动于水域附近地面，具趋光性，体液具毒素，能引起隐翅虫皮炎。【分布】台湾。

毛须隐翅虫 | 林义祥 摄

毛须隐翅虫

Ischnosoma sp.

（隐翅虫科 Staphylinidae）

【识别要点】体长约6 mm。体褐色，头、鞘翅局部、腹部中部颜色较深。体梭形；头小，颈部粗；前胸背板盾形；鞘翅光洁，宽于前胸背板；腹部末端渐尖，两侧具毛；雄性腹部腹面末端具八字胡状性饰；足细长。【习性】生活在真菌中，捕食蕈类中的双翅目幼虫。【分布】台湾。

冠突眼隐翅虫 | 刘晔 摄

突眼隐翅虫 | 林义祥 摄

冠突眼隐翅虫

Stenus (Hemistenus) coronatus Benick

（隐翅虫科 Staphylinidae）

【识别要点】体长约5 mm。体黑色，鞘翅中后部具一对橙红色斑，足黄色。体长形；头大，复眼强烈突出，颈部略细，触角细长，端部略膨大；前胸背板方形，较窄，两侧近平行；鞘翅方形，宽于前胸背板；鞘翅及前胸背板密被粗刻点。【习性】生活于水源附近或落叶层中，捕食小型节肢动物。【分布】广布于中国北方以及西南地区。

突眼隐翅虫

Stenus sp.

（隐翅虫科 Staphylinidae）

【识别要点】与冠突眼隐翅虫相似，但体全为黑色，鞘翅不具色斑。【习性】生活于水源附近或落叶层中，捕食小型节肢动物。【分布】台湾。

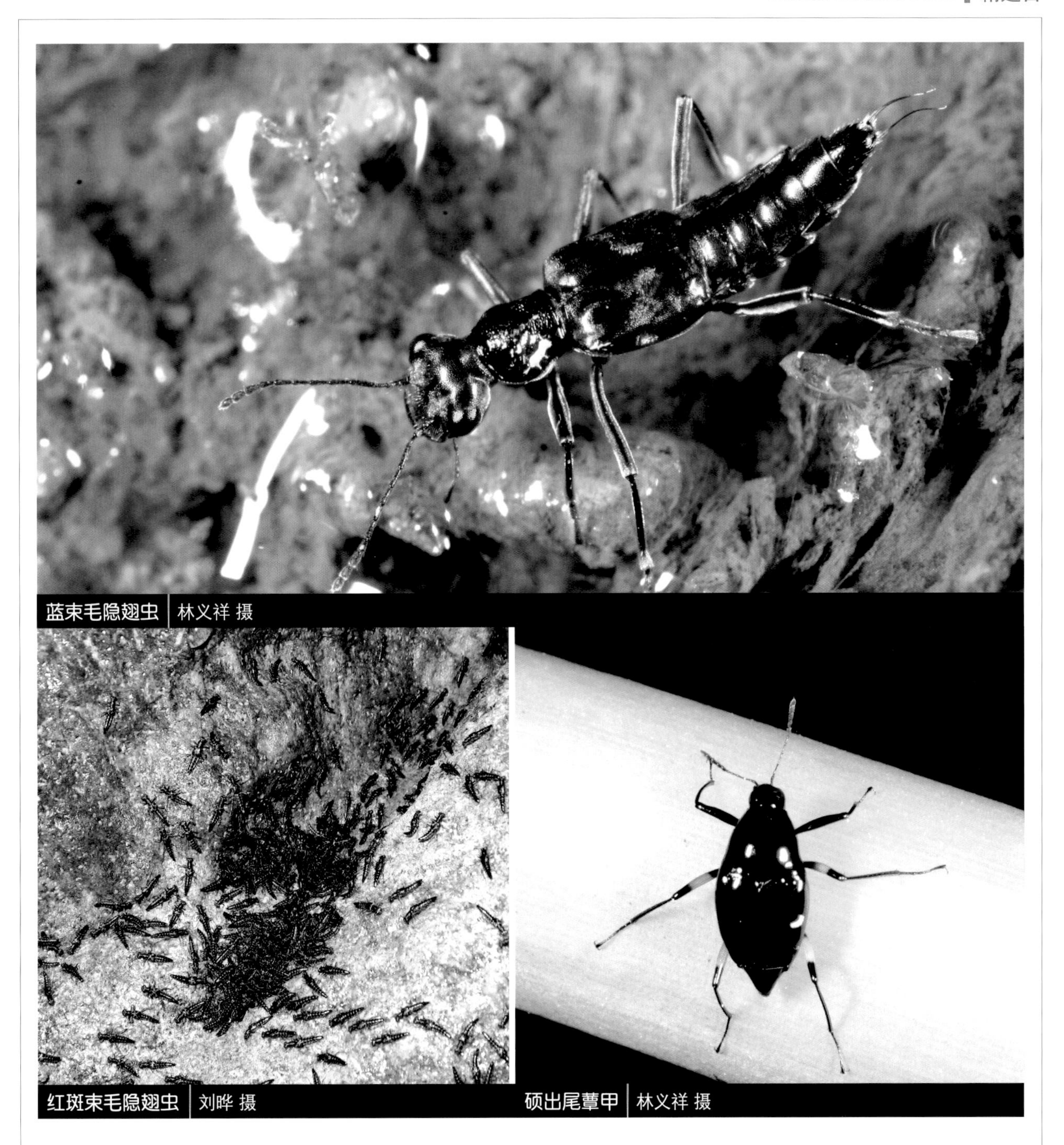

蓝束毛隐翅虫 | 林义祥 摄

红斑束毛隐翅虫 | 刘晔 摄

硕出尾蕈甲 | 林义祥 摄

红斑束毛隐翅虫 *Dianous* sp.1（隐翅虫科 Staphylinidae）

【识别要点】体长约5 mm，体黑色，鞘翅中部具一对红斑。体长形；头大，复眼略突出，颈部略细；前胸背板方形，两侧略膨出；鞘翅方形，宽于前胸背板。束毛隐翅虫属与突眼隐翅虫属很相近，可通过本属复眼较小，下唇的形状不同来与之区别。本种属于*Dianous ocellatus*种团，鞘翅通常具1对红色圆斑，本种团南方种类较多。【习性】束毛隐翅虫生活于溪流中间或溪流边的石块上，常不同种数百头集群。【分布】贵州。

蓝束毛隐翅虫 *Dianous* sp.2（隐翅虫科 Staphylinidae）

【识别要点】与前一种束毛隐翅虫体型相近，但略大，体全金属蓝色，鞘翅带虹彩光泽。【分布】台湾。

硕出尾蕈甲 *Scaphidium grande* Gestro（隐翅虫科 Staphylinidae）

【识别要点】体长约7 mm，腹部末端尖。体全黑色具光泽，中后足腿节的黄色斑纹是该种识别特征。体梭形，侧面观较厚，出尾蕈甲与多数隐翅虫体型差异较大，鞘翅覆盖腹部大部。头部小，复眼略突出，触角细长，端部5节略膨大；前胸背板梯形，基部最宽；鞘翅中部较宽，末端平截。【习性】取食真菌。【分布】广布于南亚和东南亚。

出尾蕈甲 | 林义祥 摄

邻出尾蕈甲 | 林义祥 摄

壮出尾蕈甲 | 倪一农 摄

出尾蕈甲 *Scaphidium* sp.（隐翅虫科 Staphylinidae）

【识别要点】体长约5 mm，体型与硕出尾蕈甲相近。体色黑色，每鞘翅各具一工字形白纹，鞘翅端部黑色。【习性】同本属其他种类一样，可在朽木多孔菌类上发现。【分布】台湾。

邻出尾蕈甲 *Scaphidium vicinum* Pic（隐翅虫科 Staphylinidae）

【识别要点】体长约4 mm，体型与硕出尾蕈甲相近。单一赭色的体色是该种识别特征，足及触角颜色较深。【习性】同本属其他种类一样，可在朽木多孔菌类上发现。【分布】广泛分布于南亚。

壮出尾蕈甲 *Cyparium* sp.（隐翅虫科 Staphylinidae）

【识别要点】体长约5 mm，体黑色。体型比出尾蕈甲属的种类略为扁平，体背具多条刻点列。【习性】可在朽木多孔菌类上发现。【分布】广西。

大黑隐翅虫 *Dinothenarus* sp.（隐翅虫科 Staphylinidae）

【识别要点】体长约20 mm。体黑色，鞘翅前半部及腹部倒数第3节具污白色斑纹。头大，复眼略突出，触角丝状；前胸背板盾形；鞘翅短，方形，宽于前胸背板；前足跗节膨大。【习性】生活于地表。【分布】重庆。

红绒隐翅虫 *Staphylinus* sp.（隐翅虫科 Staphylinidae）

【识别要点】体长约15 mm。体黑色，鞘翅红色具天鹅绒质地，腹部2，5，7节具金黄色绒毛。头大，复眼略突出，触角丝状；前胸背板前端变窄；鞘翅方形；足细长。【习性】生活于地表，见于石下。【分布】云南。

树隐翅虫 *Phytolinnus* sp.（隐翅虫科 Staphylinidae）

【识别要点】体长约15 mm。棕褐色，体表不规则地被金黄色绒毛，前足跗节、鞘翅大部及倒数第2节腹部白色。头大，复眼略突出，触角丝状；前胸背板较窄；鞘翅方形；前足第1跗节膨大且延长，其余跗节连接紧密。【习性】常见于热带地区，栖息于灌木上，外表模拟鸟粪，捕食其他昆虫。【分布】重庆。

尼负葬甲 *Nicrophorus nepalensis* Hope（埋葬甲科 Silphidae）

【识别要点】体长约20 mm。体长形，复眼突出，触角10节，锤状；前胸背板宽大，盾形，中央具十字形凹痕；小盾片大；鞘翅长方形，末端平截，露出腹节背板。体黑色，头顶具红色小斑，触角端部3节橙色，鞘翅前后部各具波浪状橙色斑纹，斑纹并不到达翅缝处，每块橙色斑纹内各具一黑点。【习性】以动物尸体为食，有趋光性。【分布】华北、华中、华南、西南、台湾；日本、菲律宾、东南亚、印度。

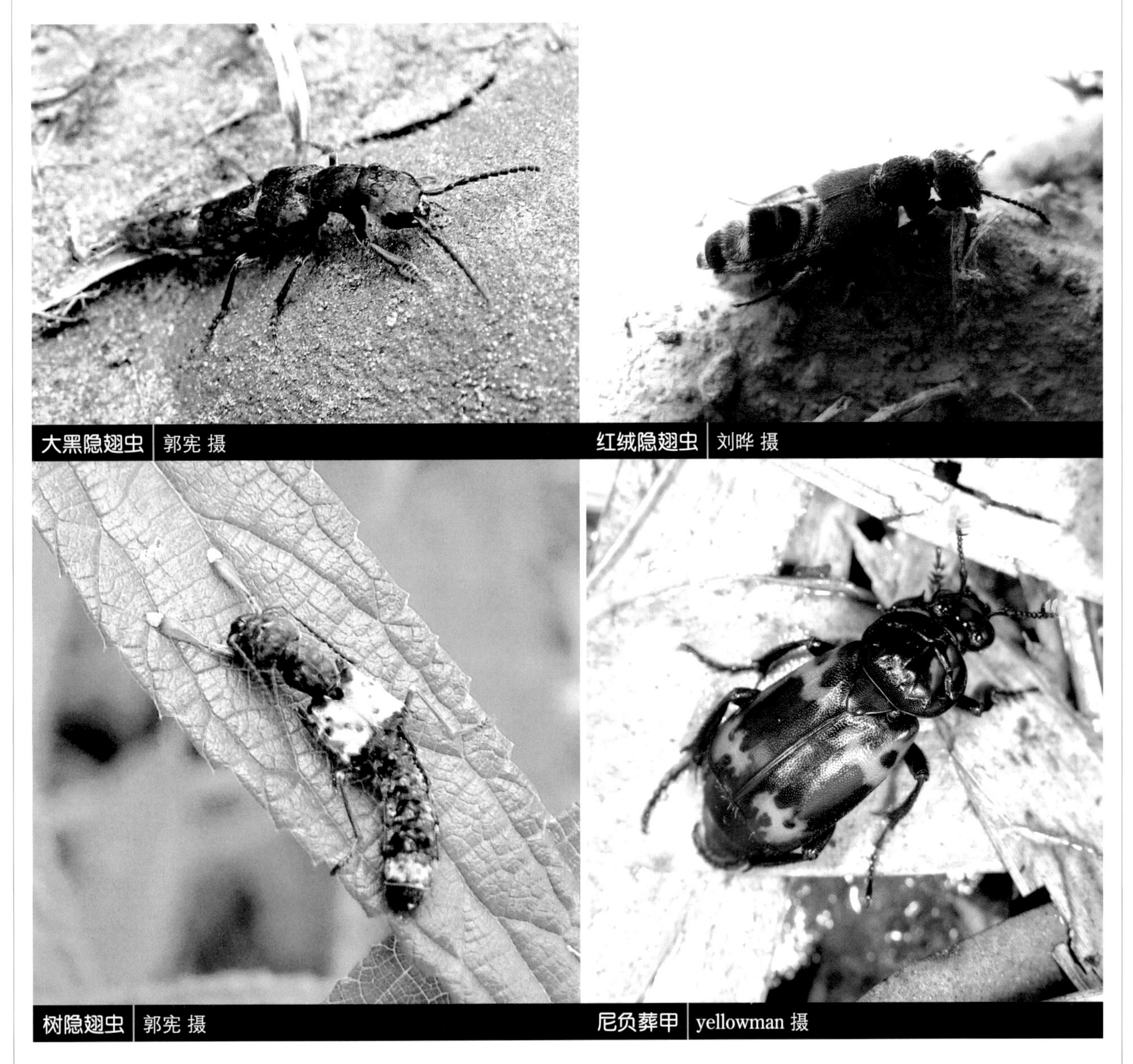

大黑隐翅虫 郭宪 摄

红绒隐翅虫 刘晔 摄

树隐翅虫 郭宪 摄

尼负葬甲 yellowman 摄

日本负葬甲 | 刘晔 摄

日本负葬甲 *Nicrophorus japonicus* Harold（埋葬甲科 Silphidae）

【识别要点】体长约23 mm。与尼负葬甲很相似，但体型略大，前胸背板的横向凹痕偏前，鞘翅橙斑内无黑点，且橙斑边缘较光滑。【习性】以动物尸体为食。【分布】我国北方；日本、朝鲜、蒙古。

黄角尸葬甲 *Necrodes littoralis* (Linnaeus)（埋葬甲科 Silphidae）

【识别要点】体长15 ~ 23 mm。体黑色，有时未发育完全的个体为棕黄色，触角末端3节黄色。体长形，略扁平；头较大，复眼突出，触角端部略膨大；前胸背板盾状，光滑无凹痕；鞘翅较柔软，方形，后端略宽，具3条平行的脊，其中第2条脊于后部呈锥状突起；足细长，雄性后足腿节膨大。【习性】有趋光性。【分布】我国大部分地区；东亚、东南亚、俄罗斯、欧洲。

双斑葬甲 *Ptomascopus plagiatus* (Menetries)（埋葬甲科 Silphidae）

【识别要点】体长约14 mm。体黑色，触角全黑色，鞘翅中部靠前具方形大橙色斑，斑到达翅缘但不在翅缝处相连，斑在侧缘处向前延伸，到达肩部。前胸背板盾形，无凹痕；鞘翅方形，末端平截，露出腹部背板3节；腹部背板及鞘翅末端具白色绒毛。【习性】在北京见于水库边，以鱼或蚌类的尸体为食。【分布】辽宁、吉林、北京、河北、甘肃、江苏、浙江；日本、俄罗斯。

黄角尸葬甲 | 刘晔 摄

双斑葬甲 | 刘晔 摄

双色葬甲 | 唐志远 摄

盾葬甲 | 刘晔 摄

弯翅亡葬甲 | 刘晔 摄

皱翅亡葬甲 | 刘晔 摄

双色葬甲 *Oiceoptoma thoracica* (Linnaeus)（埋葬甲科 Silphidae）

【识别要点】体长约13 mm。体黑色，前胸背板橙色，鞘翅略带蓝色光泽。体扁平，卵圆形；头小，触角端部略膨大；前胸背板宽大，侧缘扩展，盘区凹凸不平；鞘翅卵圆形，基部略窄于前胸背板，端部较尖；鞘翅具3条近平行的纵脊，在第2，3脊之间于后部突起。【习性】以动物尸体为食。【分布】华北、东北；日本、朝鲜、蒙古国、俄罗斯、欧洲。

盾葬甲 *Aclypea daurica* (Gebler)（埋葬甲科 Silphidae）

【识别要点】体长约16 mm，体色较灰暗。体扁平，卵圆形；头略大，触角端部略膨大；前胸背板宽大，侧缘扩展，盘区具4个较光亮的小点；鞘翅卵圆形，基部收狭，略窄于前胸背板，端部圆钝；鞘翅具3条近平行的纵脊，脊较弱，在第2，3脊之间于后部突起。【分布】华北。

弯翅亡葬甲 *Thanatophilus sinuatus* (Fabricius)（埋葬甲科 Silphidae）

【识别要点】体长约11 mm，体黑色。体扁平，长卵圆形；触角端部略膨大；前胸背板宽大，侧缘扩展，盘区具多个不规则的光滑凸起；鞘翅卵圆形，基部略收狭，端部向内凹入，靠近翅缝处突出；鞘翅具3条近平行的纵脊，脊于鞘翅近端部向内侧弯曲。【习性】以动物尸体为食，有时也会在垃圾堆见到。【分布】我国北方大部分地区；日本、朝鲜、俄罗斯、中亚、欧洲、北美洲。

皱翅亡葬甲 *Thanatophilus rugosus* (Linnaeus)（埋葬甲科 Silphidae）

【识别要点】体长约10 mm，体黑色。体扁平，卵圆形；触角端部略膨大；前胸背板宽大，侧缘扩展，盘区具不规则皱纹，皱纹粗、平；鞘翅卵圆形，基部略收狭，端部圆；鞘翅纵脊弱，脊间具较弱的瘤突，使得鞘翅显得比较皱。【习性】以动物尸体为食。【分布】我国北方大部分地区；日本、朝鲜、俄罗斯、中亚、欧洲。

环锹甲 张巍巍 摄
韦氏环锹甲 张巍巍 摄
广东肥角锹甲 李元胜 摄

环锹甲 *Cyclommatus scutellaris elsae* Kriesche（锹甲科 Lucanidae）

【识别要点】体色黄褐色至褐色，所有足的胫节光滑无刺，头部两侧有平行的褶皱。本种近似*Cyclommatus asahinai* Kurosawa，但雄虫前足胫节内侧的黄色毛刷区域较长，雌虫鞘翅上没有纵贯鞘翅的黑色条纹。【习性】成虫多于7—9月出现，有明显的趋光性。幼虫主要发现于森林地面上的朽木内。【分布】广东、福建、广西、贵州、云南、重庆、湖北、四川等地。

韦氏环锹甲 *Cyclommatus vitalisi* Pouillaude（锹甲科 Lucanidae）

【识别要点】体色黄褐色至褐色，所有足的胫节光滑无刺。本种近似*Cyclommatus asahinai* Kurosawa和*Cyclommatus scutellaris* Mollenkamp，并与该两种分布区重叠，但雄虫大颚前端较少弯曲，头部前端多有较明显的凹陷区域，头部两侧的平行褶皱较不明显乃至退化不见。【习性】成虫多于7—9月出现，有明显的趋光性。幼虫主要发现于森林地面上的朽木内。【分布】广东、福建、广西、贵州、云南等地。

广东肥角锹甲 *Aegus kuangtungensis* Nagel（锹甲科 Lucanidae）

【识别要点】充分发育个体体型较大，前胸背板上侧角有缺刻；大颚基部内突呈三角形但不细长尖锐；大颚内齿明显。非常近似*Aegus augustus* Bomans，但其大颚内齿一般在大颚尖端和基突的中点或更靠近基突的位置上。【习性】成虫多于6—9月出现，喜欢吸食树汁，常躲在流汁树的树皮下。有时也能在腐烂的毛竹内找到。成虫有明显的趋光性。【分布】广东、福建、浙江、广西、湖南、重庆等地。

安达扁锹甲 *Dorcus antaeus* (Hope)（锹甲科 Lucanidae）

【识别要点】体型较宽扁，体色黑色多光泽；前足胫节外端有较多的刺状突起；雄虫的大颚在中段弯曲，具粗壮的内齿。与同地分布的中国大锹*Dorcus hopei*近似，但头较为宽短，牙前端较直。【习性】成虫常于枯木或流汁树上发现，有趋光性。【分布】海南、广东、广西、云南、西藏等地。

细齿扁锹甲 *Dorcus consentaneus* Albers（锹甲科 Lucanidae）

【识别要点】近似扁锹*Dorcus titanus*，但体型多较小，雄虫大颚外侧边缘更为均匀弯曲，头盾不明显分裂为两部分。【习性】成虫常于流汁树上发现，雄虫几乎不趋光。【分布】辽宁、吉林、河北、山东、湖北、浙江、江苏等地。

毛颚扁锹甲 *Dorcus hirticornis* (Jakowlew)（锹甲科 Lucanidae）

【识别要点】近似*Dorcus reichei*和*Dorcus tityus*，但雄虫大颚腹面从基部到内齿有明显的一列毛。本种有多种牙型，有的牙型间区分很大。【习性】成虫常于流汁树上发现，雄虫几乎不趋光。【分布】湖北、四川、重庆、湖南、浙江、福建、广东、广西、贵州。

中华大锹甲 *Dorcus hopei* Saunders（锹甲科 Lucanidae）

【识别要点】和扁锹甲同为最常见的*Dorcus*属种类，体型大，大颚内齿发达，大颚内侧无锯齿区。近似安达扁锹甲，但头较长，大颚较长，且大颚前端较为弯曲。【习性】成虫常于流汁树上发现，有趋光性。【分布】华南。

安达扁锹甲 | 张巍巍 摄

细齿扁锹甲 | 周纯国 摄

毛颚扁锹甲 | 钟茗 摄

中华大锹甲 | 周纯国 摄

三叉刀锹甲 张巍巍 摄

黄毛刀锹甲 寒枫 摄

中华刀锹甲 谌安明 摄

三叉刀锹甲 *Dorcus seguyi* De Lisle（锹甲科 Lucanidae）

【识别要点】图中为小牙型个体，本种雄虫大牙型的大颚末端呈三叉状，易与近缘种区分；本种小牙型的大颚较为特殊，其内齿连续成对，易与小刀锹甲*Dorcus itoi* (Bomans)区分。【习性】成虫具趋光性。【分布】云南、广西、广东、福建、浙江、贵州等地。

黄毛刀锹甲 *Dorcus mellianus* (Kriesche)（锹甲科 Lucanidae）

【识别要点】体型较小，体色多为红褐色，雄虫大颚内侧有密集的黄色毛区，易与其他种类区分。【习性】成虫具趋光性。【分布】福建、广东、广西、贵州、云南等地。

中华刀锹甲 *Dorcus sinensis concolor* (Bomans)（锹甲科 Lucanidae）

【识别要点】雄虫体型较细长，体色黑色，大颚内齿宽短且具两个角，前胸背板外侧呈圆弧状，不具尖锐的突起，鞘翅较为光亮。【习性】成虫常见于柳树上，喜吸食树汁；雄虫几乎不趋光，雌虫有趋光性。【分布】四川、贵州、重庆、云南等地。

扁锹甲 周纯国 摄

提扁锹甲 李元胜 摄

瑞奇大锹甲 张巍巍 摄

扁锹甲

Dorcus titanus platymelus (Saunders)

（锹甲科 Lucanidae）

【识别要点】为最常见的锹甲，身体较宽扁，雄虫大颚发达且内侧具较长的锯齿状区域。【习性】成虫常见于流汁树上；雄虫较少趋光，雌虫有趋光性。【分布】华北、东北、华南、台湾。

提扁锹甲

Dorcus tityus Hope

（锹甲科 Lucanidae）

【识别要点】非常近似*Dorcus reichei*，但充分发育的雄虫大颚内齿的两个角突距离略远，且雄虫个体一般较大。也非常近似毛颚扁锹甲，但雄虫大颚腹面无毛区。【习性】成虫常见于流汁树上；雄虫较少趋光，雌虫有趋光性。【分布】云南、西藏、四川等地。

瑞奇大锹甲

Dorcus reichei (Hope)

（锹甲科 Lucanidae）

【识别要点】雄虫充分发育个体的大颚近端部一般有连续的2枚内齿向内侧突出，大颚腹面自基部至内齿无连续的毛区。雌虫鞘翅从中缝向两侧第4棱线和第7棱线在鞘翅近末端相聚并连成回路，易与近似种区分。【分布】云南、四川、广西、贵州；印度、缅甸、中南半岛、泰国。

云南红背刀锹甲 | 张巍巍 摄

云南红背刀锹甲 *Dorcus arrowi* (Boileau)（锹甲科 Lucanidae）

【识别要点】雄虫鞘翅红色，易于识别。与近缘的福建红背刀锹（*Dorcus haitschunus*）区分点在于：大颚主内齿较短，其后方无显著的小齿。【分布】云南；印度、缅甸、中南半岛、泰国。

端锯刀锹甲 *Dorcus bisignatus* (Parry)（锹甲科 Lucanidae）

【识别要点】雄虫大颚近端部有向内突出的齿区，易于与大多数刀锹种类区分。与近缘种皮氏刀锹（*Dorcus pieli*）、包氏刀锹（*Dorcus bomansi*）等的区分在于鞘翅较为光亮，且多在末端有两枚黄斑。【分布】云南、西藏东南；缅甸、印度、中南半岛。

缅六节锹甲 *Hexarthrius aduncus* Jordan（锹甲科 Lucanidae）

【识别要点】外观较为近似前锹属种类，但触角末端有6节腮片突起明显，易于区分。【习性】成虫有趋光性。【分布】云南独龙江地区。

端锯刀锹甲 | 张巍巍 摄

缅六节锹甲 | 刘晔 摄

弗瑞深山锹甲 *Lucanus fryi* Boileau（锹甲科 Lucanidae）

【识别要点】鞘翅表面光滑，无显著的毛被；头盾发达较长，端部有凹陷；头侧棱均匀圆弯；大鄂主内齿较短，大鄂内侧基半部无显著的小齿。与康深山锹甲*Lucanus thibetanus*较为接近，但鞘翅表面无显著毛被可与之区分。【分布】云南西部、西藏东南部；缅甸、印度、泰国。

大卫深山锹甲 *Lucanus davidis* (Deyrolle)（锹甲科 Lucanidae）

【识别要点】中足胫节外侧的刺多于一个，易与其他属的锹甲区分。体型纤细，体色黑色，雄虫大颚短而呈直角弯曲，为深山锹甲中大颚最短的种类，易于识别。【习性】成虫有趋光性，多于6—8月出现。【分布】四川、甘肃、重庆。

橙深山锹甲 *Lucanus cyclommatoides* Didier（锹甲科 Lucanidae）

【识别要点】本种深山锹甲鞘翅略呈橙棕色，被有橙色短毛，大颚内齿较长，微齿大小均匀且较连续，头部侧棱圆润。【习性】成虫趋光。【分布】云南南部。

黄背深山锹甲 *Lucanus laetus* Arrow（锹甲科 Lucanidae）

【识别要点】本种鞘翅黄色或黄褐色，最近似帕氏深山，但雄虫个体较大，头较为宽阔，大颚更为发达，两者分布区不重叠，易于区分。【习性】成虫有趋光性；曾于白天在壳斗科植物上发现。【分布】四川、贵州、重庆、湖北、河南。

弗瑞深山锹甲 | 张巍巍 摄

大卫深山锹甲 | 张巍巍 摄

橙深山锹甲 | 周纯国 摄

黄背深山锹甲 | 周纯国 摄

毛列深山锹甲 *Lucanus victorius* Zilioli（锹甲科 Lucanidae）

【识别要点】本种鞘翅背面有纵向的毛列，易与其他种类的深山锹甲区分。雄虫大颚较直，其充分发育个体的大颚内齿较为退化，头盾前端分叉明显且两端距离较远。【习性】成虫有趋光性。【分布】本种发表的时候记载产于四川西部，但其模式标本是其作者从虫商手中转手购得；现据考证本种并不分布于四川，目前仅知分布于云南西南部。

黄边新锹甲 *Neolucanus marginatus dohertyi* Houlbert（锹甲科 Lucanidae）

【识别要点】体型较短，雄虫大颚较短，前足胫节外具齿但中后足胫节光滑，易与其他属种类区分。本种近似于帕氏新锹甲，但体型较细长，头较狭窄，分布区靠近滇缅边境。【习性】成虫有明显趋光现象，多于6—8月出现。【分布】云南。

大新锹甲 *Neolucanus maximus* Houlbert（锹甲科 Lucanidae）

【识别要点】本种体型较大，易与其他新锹属种类区分。近似于*Neolucanus perarmatus* Didier，但雄虫大颚上端近基部有明显的突起，前胸背板后角突起不呈针状。【习性】成虫有趋光性，也常于白天见其爬行于林间小路。【分布】福建、广东、广西、贵州、云南、台湾。

中华新锹甲 *Neolucanus sinicus* (Saunders)（锹甲科 Lucanidae）

【识别要点】本种体型较小，且鞘翅表面呈磨砂状，完全不反光，易与其他种类区分。体色黑色或褐色，也有呈鲜亮的黄褐色个体。【习性】成虫不趋光，多于白日里飞行或爬行于林间开阔地带。【分布】华南、台湾。

毛列深山锹甲 | 张巍巍 摄

黄边新锹甲 | 张巍巍 摄

大新锹甲 | 刘晔 摄

中华新锹甲 | 周纯国 摄

葫芦锹甲 | 刘晔 摄

小奥锹甲 | 张巍巍 摄

大卫鬼锹甲 | 刘晔 摄

褐黄前锹甲 | 倪一农 摄

葫芦锹甲 *Nigidionus parryi* (Bates)（锹甲科 Lucanidae）

【识别要点】体型较小，雌雄差异极小，前胸背板较大且光亮，中间有纵向的刻点区域，前胸背板近前角的外侧缘由耳状突起，易于识别，与角葫芦属的种类区别在于其大颚上端无突起。【习性】成虫较少趋光，多于朽木内发现休眠期个体。偶有成虫在白天爬行于路面。【分布】华南、台湾。

小奥锹甲 *Odontolabis platynota* (Hope & Westwood)（锹甲科 Lucanidae）

【识别要点】体型较小，头部眼后侧边具明显的突起，易于识别。本种为奥锹属种类，中足胫节外侧光滑无刺，易与外观近似的欧文锯锹区分。【习性】成虫具趋光性，白天偶见于路边。【分布】华南。

大卫鬼锹甲 *Prismognathus davidis davidis* Deyrolle（锹甲科 Lucanidae）

【识别要点】体型狭长，雄虫眼的前缘具有角状突起，大颚上弯幅度较大，内侧有细齿区，中足外侧具一刺突，易于识别。【习性】成虫具趋光性。【分布】河北、河南、陕西、甘肃、四川、台湾。

褐黄前锹甲 *Prosopocoilus astacoides blanchardi* (Parry)（锹甲科 Lucanidae）

【识别要点】两性体色都呈黄褐色或红褐色，雄虫体型细长，个体较大，大颚发达，头部近前缘有一对角状突起，易于识别。本种产于云南和贵州南部的亚种多为红褐色，而其他产地多为黄褐色。【习性】白天常见于流汁树上，成虫有明显趋光性。【分布】华北、华南、西南、台湾。

狭长前锹甲 | 郭宪 摄
孔子前锹甲 | 张巍巍 摄
大黑蜣 | 张巍巍 摄

狭长前锹甲 *Prosopocoilus gracilis* (Saunders)（锹甲科 Lucanidae）

【识别要点】体型中小型，雄虫大颚发达，常具一内齿，并有较长的齿区，大颚前端较为弯曲，易于识别。【习性】成虫趋光。【分布】华南。

孔子前锹甲 *Prosopocoilus confucius* (Hope)（锹甲科 Lucanidae）

【识别要点】体色呈光亮的黑色，体型较大，雄虫大颚发达，其基部内齿左右对称，易于识别。【习性】成虫趋光。【分布】华南、海南。

大黑蜣 *Aceraius grandis hirsutus* Kwert（黑蜣科 Passalidae）

【识别要点】体亮黑色，触角鳃片状，头部具一突起的小角。体略扁，前胸背板与鞘翅分界明显，鞘翅具有明显条沟，体长40 ~ 50 mm。【习性】幼虫取食朽木，成虫常在朽木上发现。【分布】广东、广西、海南、福建、台湾、香港。

三叉黑蜣 | 寒枫 摄　华武粪金龟 | 周纯国 摄　多型蜉金龟 | 刘晔 摄

三叉黑蜣 *Ceracupes arrowi* Heller（黑蜣科 Passalidae）

【识别要点】体亮黑色，触角鳃片状，头部具3个突起的角。体圆筒状，前胸背板与鞘翅分界明显，鞘翅具有明显条沟，体长28～35 mm。【习性】幼虫取食朽木，成虫常在朽木上发现。【分布】中国南方大部分地区。

华武粪金龟 *Enoplotrupes sinensis* Lucas（粪金龟科 Geotrupidae）

【识别要点】体亮黑色带蓝绿色，蓝色或紫色金属光泽，触角鳃片状，头部具一突起向后弯曲的角，前胸背板具向前突生的两角。体圆，前胸背板宽，小盾片发达，鞘翅条沟不明显，具刻点，体长25～35 mm。【习性】取食粪便。【分布】中国南方大部分地区。

多型蜉金龟 *Aphodius variabilis* Waterhouse（金龟科 Scarabaeidae　蜉金龟亚科 Aphodiinae）

【识别要点】体长5～6 mm，小型，体除鞘翅外黑色，鞘翅主要浅黄色半透明，每翅中部有三角形状黑色斑纹，斑纹变化较大。体长卵圆形。触角鳃片状。鞘翅具有明显条沟。【习性】取食腐败物或粪便。【分布】中国大部分地区。

羯驼嗡蜣螂 *Onthophagus (Gibbonthophagus) taurinus* White（金龟科 Scarabaeidae　蜣螂亚科 Scarabaeinae ）

【识别要点】头部和前胸背板深褐色，鞘翅浅黄褐色，间隔刻点行间连续分布深褐色斑，背面观呈条纹状；头部无横脊，头部基部具直立角突，角突长度远长于头部宽度之半；前胸背板端半部中央具凹坑或凹槽，前胸背板凹坑大多具明显边缘。【分布】上海、湖北、福建、台湾、香港。

羯驼嗡蜣螂 | 刘晔 摄

日本司嗡蜣螂 *Onthophagus (Strandius) japonicus* Harold（金龟科 Scarabaeidae 蜣螂亚科 Scarabaeinae）

【识别要点】雄性前胸背板侧缘脊粗壮，从基部向前突然弯曲，明显波状；端半部不为屋顶状；雌虫前胸背板简单，前半部虚弱扩展。前胸背板不具粒突，两性头部简单，横脊虚弱，从不具角突，雄虫前足胫节略微扩展，基半部略弯曲，端部近扁平，外缘第2齿较大，齿缘近垂直。【分布】黑龙江、贵州；俄罗斯、朝鲜、日本。

翅驼嗡蜣螂

Onthophagus (Gibbonthophagus) atripennis Waterhouse（金龟科 Scarabaeidae 蜣螂亚科 Scarabaeinae）

【识别要点】身体黑色，头部中部具横脊，基部直立角突长度短于头部宽度之半，前胸背板端半部中央具V形凹槽。【分布】内蒙古、河北、北京、天津、山西、陕西、山东、福建、四川；俄罗斯、日本、朝鲜、韩国。

尖驼嗡蜣螂

Onthophagus (Gibbonthophagus) apicetinctus Orbigny（金龟科 Scarabaeidae 蜣螂亚科 Scarabaeinae）

【识别要点】头部基部横脊具小齿，前胸背板具2个临近的尖锐突起。【分布】贵州、台湾；日本。

沙氏亮嗡蜣螂

Onthophagus (Phanaeomorphus) schaefernai Balthasar（金龟科 Scarabaeidae 蜣螂亚科 Scarabaeinae）

【识别要点】黑色。雄虫头部具弱横脊，明显长大于宽；雌虫头部横脊更加微弱；唇基前缘圆弧状。前胸背板盘区隆起部分近三角形，前半部斜坡屋脊状，前角尖锐，雌虫前胸背板简单；密布均匀刻点，从不为颗粒状，基部无饰边。身体背面被倒伏短毛，雄虫前足胫节很少明显弯曲，外缘齿简单。【分布】北京、河北、广西、四川、云南。

日本司嗡蜣螂 | 刘晔 摄

翅驼嗡蜣螂 | 刘晔 摄

尖驼嗡蜣螂 | 刘晔 摄

沙氏亮嗡蜣螂 | 刘晔 摄

黑裸蜣螂 | 唐志远 摄

护利蜣螂 | 谌安明 摄

黑利蜣螂 | 谌安明 摄

孟加拉粪蜣螂 | 周纯国 摄

黑裸蜣螂 *Paragymnopleurus melanarius* (Harold)（金龟科 Scarabaeidae　蜣螂亚科 Scarabaeinae）

【识别要点】唇基前缘具2齿，头部不具横脊，前胸背板宽大，扁拱，基部无饰边。小盾片缺失。鞘翅通常连锁，肩后内弯，后胸后侧片背面观明显可见，飞行时鞘翅闭锁，可见7条刻点行。中胸短。前足腿节扁平且尖锐，具跗节，中足胫节具1枚端距。【分布】上海、江西、福建、台湾、香港、广西、四川、云南；越南、老挝、泰国、缅甸、印度、斯里兰卡、马来西亚。

护利蜣螂 *Liatongus medius* (Fairmaire)（金龟科 Scarabaeidae　蜣螂亚科 Scarabaeinae）

【识别要点】中小型，身体较窄长，扁平，黑色到黑褐色。雄虫头部角突背面观端部逐渐变细，角突腹面具细刻槽；唇基前缘具弱凹，触角8节，颏横阔。前胸背板中央具凹且两侧具角突，纵中线基部明显。小盾片可见。鞘翅端部无长毛，刻点行间扁拱，疏布细刻点。臀板无明显横脊。足较粗壮，前足胫节外缘具4个发达齿。【分布】贵州、甘肃、山东、四川、西藏。

黑利蜣螂 *Liatongus gagatinus* (Hope)（金龟科 Scarabaeidae　蜣螂亚科 Scarabaeinae）

【识别要点】强烈拱起，头部具2个齿状角突，通常具横脊。前胸背板遍布刻点，中部突起端部中央向前延伸为钝齿状，鞘翅行间刻点清晰且稠密。【分布】四川、贵州、云南、西藏；越南、老挝、缅甸、印度、尼泊尔。

孟加拉粪蜣螂 *Copris (s. str.) bengalensis* Gillet（金龟科 Scarabaeidae　蜣螂亚科 Scarabaeinae）

【识别要点】中到大型，较窄，强烈拱起，通常光裸无被毛。头部宽，近半圆形，唇基前缘中部具弱凹，触角9节。前胸背板横阔，前缘具1膜状须边，基缘附近具槽线，通常具复杂角突，纵中线明显；前胸背板布粗大刻点，纵中线刻点粗大。小盾片缺失。鞘翅较长，具9条刻点行，具1条侧隆脊；行间扁平。后胸腹板长。足较短，腿节粗壮，前足跗节非常短，向端部强烈扩展。中足基节长，近平行。中足胫节外缘无横脊，后足胫节外缘具1横脊，中后足跗节较短，第1节是第2节长度2倍及其以上。腹板非常短。雄虫前胸背板完全无角突。【分布】贵州、云南、西藏；缅甸、孟加拉国。

隆粪蜣螂 | 周纯国 摄
篷优丁蜣螂 | 刘晔 摄
黄优丁蜣螂 | 刘晔 摄
圣蜣螂 | 刘晔 摄

隆粪蜣螂

Copris (s. str.) carinicus Gillet

（金龟科 Scarabaeidae　蜣螂亚科 Scarabaeinae）

【识别要点】中型，头部角突简单或具微弱凹陷，唇基中部通常布清晰细刻点，两侧刻点变大，有时趋于皱纹状，唇基端缘尖锐凹入，齿圆钝。前胸背板近端缘具弯曲脊或端半部凹陷边缘弧形，前胸背板基半部疏布细小刻点，前胸背板除前面外密布粗糙刻点，盘区刻点趋于稀疏，前胸背板前角圆钝，前足胫节外缘具4齿。鞘翅光亮，刻点行清晰，基部稍不光亮。后足腿节遍布粗刻点，或者至少腿节端部刻点粗大。**【分布】**云南、西藏；印度。

篷优丁蜣螂

Euoniticellus pallipes (Fabricius)

（金龟科 Scarabaeidae　蜣螂亚科 Scarabaeinae）

【识别要点】中等体型，体长7 ~ 13 mm。体色为浅褐色到深褐色，拱起，两侧平行，背面光亮，明显被毛。唇基端缘无齿。前胸背板前角腹面无凹坑，头部具脊或结节。鞘翅具8条刻点行，刻点行虚弱，行间无刻点到布中等密度刻点，行间扁拱，缘折窄，肩部腹面具弱凹坑，背面被短毛，后缘具1列长毛。后翅发育正常。前足胫节外缘具4齿，中足基节平行，中、后足胫节具横脊，中足胫节端距2枚且长度不同，后足胫节端距长于第1跗节，后足第1跗节长度与其余4节长度之和略等。爪简单。腹部正常，臀板无沟槽。**【分布】**内蒙古、新疆；印度、巴基斯坦等中亚及欧洲各国。

黄优丁蜣螂

Euoniticellus fulvus (Goeze)

（金龟科 Scarabaeidae　蜣螂亚科 Scarabaeinae）

【识别要点】中等体型，体长7 ~ 13 mm。体色为浅褐色到深褐色，拱起，两侧平行，背面不光亮，光裸近无毛。唇基端缘无齿。前胸背板前角腹面无凹坑，头部具脊或结节。鞘翅具8条刻点行，刻点行虚弱，行间无刻点到布中等密度刻点，行间扁拱，缘折窄，肩部腹面具弱凹坑，背面被短毛，后缘具1列长毛。后翅发育正常。前足胫节外缘具4齿，中足基节平行，中、后足胫节具横脊，中足胫节端距2枚且长度不同，后足胫节端距长于第1跗节，后足第1跗节长度与其余4节长度之和略等。爪简单。腹部正常，臀板无沟槽。**【分布】**新疆；蒙古以及中亚和欧洲各国。

圣蜣螂

Scarabaeus (Scarabaeus) sacer Linnaeus

（金龟科 Scarabaeidae　蜣螂亚科 Scarabaeinae）

【识别要点】体型大而扁，偶尔为中小型；宽椭圆形，黑色或黑褐色。唇基前缘明显齿状，具6齿，颊部发达，前端尖齿状。前胸背板具细密刻点。前足胫节外缘明显具4个齿，前足胫节内缘具2锐齿，后足胫节弯曲。**【分布】**黑龙江、吉林、辽宁、内蒙古、河北、北京、天津、河南、湖北、新疆；印度及中亚、欧洲、北非等国。

鞭裸蜣螂 *Gymnopleurus flagellatus* (Fabricius)（金龟科 Scarabaeidae　蜣螂亚科 Scarabaeinae）

【识别要点】体中型扁圆，前胸背板和鞘翅光裸无毛，第1腹板背面靠近鞘翅肩后凹处仅具1个边缘，肉眼可见前胸背板和鞘翅遍布粗大颗粒突起和边缘模糊的粗大刻点。【分布】新疆；蒙古国、印度、巴基斯坦及中亚、欧洲、北非等国。

红巨嗡蜣螂 *Onthophagus (Macronthophagus) rubricollis* Hope（金龟科 Scarabaeidae　蜣螂亚科 Scarabaeinae）

【识别要点】体中型，黑色，前胸背板黄红色到血红色，边缘和角突趋于黑色。唇基延伸，端部尖锐，头部具横向皱纹，前胸背板端部1/3处具2角突，盘区疏布细刻点，近侧缘刻点趋于密和粗糙，且非常浅。【分布】云南、西藏；印度、缅甸、尼泊尔。

粒洁蜣螂 *Catharsius granulatus* Sharp（金龟科 Scarabaeidae　蜣螂亚科 Scarabaeinae）

【识别要点】触角鳃片部3节完全相同，被毛，颜色深，无光泽；背面观复眼附近无光裸无刻点区域；雄虫头部具细长角突，角突长度约为头部长度的2倍；前胸背板具1条侧隆脊，雄性前胸背板无连续横脊，但具2个齿突，雌虫前胸背板具2个微弱齿突或者无；鞘翅具2条侧隆脊。【分布】云南、西藏；印度、巴基斯坦、斯里兰卡。

鞭裸蜣螂 | 刘晔 摄

红巨嗡蜣螂 | 刘晔 摄

粒洁蜣螂 | 杰仔 摄

角蛀犀金龟泼儿亚种 | 刘晔 摄

葛奴蛀犀金龟 | 张巍巍 摄

蒙瘤犀金龟 | 郭宪 摄

角蛀犀金龟泼儿亚种 *Oryctes nasicornis przevalskyi* Semenov & Medvedev
（金龟科 Scarabaeidae　犀金龟亚科 Dynastinae）

【识别要点】雄虫体长44～60 mm。体棕红色，足腿节红色。头顶具一粗额角，在充分发育个体中十分粗长，基部1/3之后向背后方强烈弯曲。前胸背板稀疏散布小刻点，两侧具两对角突，向两侧突出，短且较粗壮。雌虫体型略小，头部及前胸背板无角突，前胸背板端部面凹陷。【习性】幼虫栖息于腐殖土内，成虫为灯光吸引。【分布】新疆、宁夏。

葛奴蛀犀金龟 *Oryctes gnu* Mohnike（金龟科 Scarabaeidae　犀金龟亚科 Dynastinae）

【识别要点】雄虫体长44～60 mm。体黑色。头顶具一粗额角，在充分发育个体中十分粗长，基部1/3之后向背后方强烈弯曲。前胸背板稀疏散布小刻点，前端强烈平凹。雌虫体型略小，头部及前胸背板无角突，前胸背板端部面凹陷。【习性】幼虫栖息于腐殖土内，成虫为灯光吸引。【分布】广西、海南。

蒙瘤犀金龟 *Trichogomphus mongol* Arrow（金龟科 Scarabaeidae　犀金龟亚科 Dynastinae）

【识别要点】雄虫体长44～60 mm。体亮黑色。头顶具一粗额角，在充分发育个体中十分粗长，基部1/3之后向背后方强烈弯曲。前胸背板布粗刻点，刻点连成横纹，顶部具2对角突，向前突出，短且较粗壮。雌虫体型略小，头部及前胸背板无角突，前胸背板端部具粗刻点。【习性】幼虫栖息于腐殖土内，成虫为灯光吸引。【分布】南方大部分地区。

双叉犀金龟 | 张巍巍 摄

橡胶木犀金龟 | 任川 摄

素吉尤犀金龟 | 张巍巍 摄

双叉犀金龟 *Allomyrina dichotoma* (Linnaeus)（金龟科 Scarabaeidae　犀金龟亚科 Dynastinae）

【识别要点】雄虫体长44 ~ 80 mm，雄虫头上面有1个强大双叉角突，分叉部缓缓向后上方弯指。前胸背板中央有1个短壮、端部有燕尾分叉的角突，角突端部指向前方。雌虫头上粗糙无角突，额顶横列3个（中高侧低）小立突。前胸背板中央前半有Y形洼纹。【习性】幼虫栖息于腐殖土内，成虫为灯光吸引。【分布】辽宁、山东、江苏、福建、浙江、安徽、河南、江西、湖北、湖南、广东、海南、四川、重庆、台湾。

橡胶木犀金龟 *Xylotrupes gideon* (Linnaeus)（金龟科 Scarabaeidae　犀金龟亚科 Dynastinae）

【识别要点】雄虫体长44 ~ 80 mm，雄虫头上面有1个双分叉角突。前胸背板中央有1个短壮、端部有燕尾分叉的角突，角突端部指向前方。雌虫头上粗糙无角突。【习性】幼虫栖息于腐殖土内，成虫为灯光吸引。【分布】广东、广西、云南。

素吉尤犀金龟 *Eupatorus sukkiti* Miyashita & Arnaud（金龟科 Scarabaeidae　犀金龟亚科 Dynastinae）

【识别要点】雄虫体长44 ~ 60 mm。体亮黑色，鞘翅黄褐色，中缝黑色。头顶具一细额角，在充分发育个体中十分细长，基部1/3之后向背后方强烈弯曲。前胸背板稀疏散布小刻点，具两对角：前胸前角位于前侧方，短且较粗壮；前胸背角位于盘区中部，在充分发育的个体中细且长，指向前方，略下弯，接近平行。雌虫体型略小，头部及前胸背板无角突。【习性】幼虫栖息于大型朽木之内，成虫为灯光吸引。【分布】云南西部；缅甸。

肥凹犀金龟 *Blabephorus pinguis* Fairmaire（金龟科 Scarabaeidae 犀金龟亚科 Dynastinae）

【识别要点】体长约30 mm，体棕红色至深褐色。前足胫节外缘4齿；唇基向前收狭；前臀板无发音结构。雄虫头面有1长弯角突；前胸背板强烈凹瘪，凹两侧呈现钝突。雌虫头顶无角突，前胸背板仅有中纵凹坑。【习性】较为少见，成虫为灯光吸引。【分布】台湾、广东、海南、云南；菲律宾、缅甸、印度、斯里兰卡。

阳彩臂金龟 *Cheirotonus jansoni* Jordan（金龟科 Scarabaeidae 臂金龟亚科 Euchirinae）

【识别要点】体长约60 mm，前胸背板金属绿色，盘区前半部具粗刻点，侧边向外侧强烈突伸。鞘翅黑褐色，肩部具2枚黄斑，鞘翅后2/3处沿翅缝至侧边半圈黄色。唇基半圆形。雄虫前足胫节极度延长，具2枚向内突出的刺；前刺垂直胫节向内突出，后刺位置较靠前，约在胫节1/3处之后。【习性】幼虫栖息于大型朽木之内，成虫为灯光吸引。【分布】浙江、江西、湖南、广西、福建、广东、海南、四川、重庆、贵州。

格彩臂金龟 *Cheirotonus gestroi* Pouillaude（金龟科 Scarabaeidae 臂金龟亚科 Euchirinae）

【识别要点】体长约60 mm，前胸背板铜色，盘区前半部具粗刻点。鞘翅黑褐色，有许多不规则小黄斑，黄斑倾向形成类似于一条带与一列黄斑相间的花纹。唇基长方形，具3个突起。雄虫前足胫节极度延长，具2枚向内突出的刺；前刺向斜前方伸出，后刺位置较靠后，约在胫节1/2处之后。【习性】幼虫栖息于大型朽木之内，成虫为灯光吸引。【分布】云南西部；缅甸、泰国、印度。

肥凹犀金龟 | 张巍巍 摄

阳彩臂金龟 | 张巍巍 摄

格彩臂金龟 | 张巍巍 摄

彩丽金龟 | 张宏伟 摄

中华弧丽金龟 | 张巍巍 摄

曲带弧丽金龟 | 周纯国 摄

彩丽金龟 *Mimela* sp.（金龟科 Scarabaeidae　丽金龟亚科 Rutelinae）

【识别要点】体金属绿色，腹面黑色带金属光泽色，触角鳃片状。体粗圆，前胸背板布细刻点，鞘翅具有规则刻点，体长25 ~ 30 mm。【习性】幼虫取食腐殖质，成虫趋光。【分布】中国南方大部分地区。

中华弧丽金龟 *Popillia quadriguttata* (Fabricius)（金龟科 Scarabaeidae　丽金龟亚科 Rutelinae）

【识别要点】体长7 ~ 12 mm，小型，长椭圆形，鞘翅基部稍后处最宽。除鞘翅外，体青铜色，带金属光泽。鞘翅黄褐色，略带金属绿色光泽。腹部第1—5节外侧有白毛。【习性】幼虫取食腐殖质，成虫白天访花。【分布】中国大部分地区。

曲带弧丽金龟 *Popillia pustulata* Fairmaire（金龟科 Scarabaeidae　丽金龟亚科 Rutelinae）

【识别要点】体长7 ~ 11 mm。小型，长椭圆形，鞘翅基部稍后处最宽。除鞘翅外，体深铜绿色，带金属光泽。鞘翅黑褐色，中部有黄色或褐色横带。腹部第1—5节外侧有白毛。【习性】幼虫取食腐殖质，成虫白天访花。【分布】中国大部分地区。

粗绿彩丽金龟 | 唐志远 摄

粗绿彩丽金龟 *Mimela holosericea* (Fabricius)（金龟科 Scarabaeidae 丽金龟亚科 Rutelinae）

【识别要点】体长12 ~ 14 mm，体中型，卵圆形。体色变异大，常见金属绿色。前胸背板后缘无边，鞘翅具明显脊，脊间鞘翅布细密颗粒。【习性】幼虫取食腐殖质，成虫白天访花。【分布】中国北方地区。

淡色牙丽金龟 *Kibakoganea dohertyi* (Ohaus)（金龟科 Scarabaeidae 丽金龟亚科 Rutelinae）

【识别要点】体长25 mm左右，头部、前胸、鞘翅和足淡黄色，带有少量红褐色斑点。上颚细长，弧形，非常突出，红色并有深褐色线条。【分布】云南；缅甸、老挝。

五指山牙丽金龟 *Kibakoganea fujiokai ushizanus* Nagai（金龟科 Scarabaeidae 丽金龟亚科 Rutelinae）

【识别要点】体长22 ~ 30 mm；头部、前胸、鞘翅黄绿色至翠绿色，带有少量红棕色斑点；上颚细长，弧形，非常突出，最长可向前伸展25 mm以上，红褐色至黑色；小盾片通常深色；足黑色。【分布】海南。

淡色牙丽金龟 | 张巍巍 摄

五指山牙丽金龟 | 任川 摄

弯角双头茎丽金龟 *Dicaulocephalus fruhstorferi* Felsche（金龟科 Scarabaeidae　丽金龟亚科 Rutelinae）

【识别要点】体长23 mm左右，身体及鞘翅黄色至红褐色，并有深浅不一的色块和斑点覆盖；头部黑色，上颚稍长，翘起，并向两侧弯曲，近似铲状，是其区别于其他近缘类群的主要特征。【分布】云南、广西、海南；越南、缅甸、老挝。

背角丽金龟 *Peperonota harringtoni* Westwood（金龟科 Scarabaeidae　丽金龟亚科 Rutelinae）

【识别要点】体长21 mm左右，头部黑色，前胸背板及鞘翅底色淡黄，但前胸背板大部分为深浅不一的红褐色覆盖，鞘翅则被大量深褐色斑点覆盖。背角金龟最突出的特征是前胸背板后缘向后延伸，形成一个长刺，极易与其他种类区别。【分布】云南；泰国、不丹、印度。

大云鳃金龟 *Polyphylla laticollis* Lewis（金龟科 Scarabaeidae　鳃金龟亚科 Melolonthinae）

【识别要点】体长31 ~ 38 mm，体栗色或黑褐色，体表被乳白色鳞片组成的云状花纹。长椭圆形，背面隆。头中等，唇基扩大。雄虫触角7节，十分宽长，向外弯曲，是胸部的1.25倍左右。雌虫触角短小，6节组成。【习性】幼虫取食腐殖质，成虫趋光。【分布】中国东部大部分地区。

黄粉鹿花金龟 *Dicronocephalus wallichii* Keychain（金龟科 Scarabaeidae　花金龟亚科 Cetoniinae）

【识别要点】体长23 ~ 26 mm，体中大型，略呈卵圆形。体黄色或棕黄色，体表被黄色或黄白色霉状层，常常腹面比背面厚。前胸背板中部有一对黑色光洁带。雄虫唇基发达，呈鹿角状。雌虫不发达。【习性】成虫取食树汁。【分布】中国大部分地区。

弯角双头茎丽金龟 | 范毅 摄

背角丽金龟 | 张巍巍 摄

大云鳃金龟 | 周纯国 摄

黄粉鹿花金龟 | 郭宪 摄

赭翅臀花金龟 | 唐志远 摄

白斑跗花金龟 | 刘晔 摄

长角绒毛金龟 | 李元胜 摄

赭翅臀花金龟 *Campsiura mirabilis* Faldermann（金龟科 Scarabaeidae　花金龟亚科 Cetoniinae）

【识别要点】体长18～20 mm，体中型，黄黑色，有光泽。唇基除基部中央和侧边黑褐色外，其余乳白色。前胸背板中央黑色，侧边乳白色。鞘翅除侧边和端部黑色外其余为棕黄色。【习性】幼虫生活在腐殖质中，成虫取食蚜虫。【分布】中国东、南部大部分地区。

白斑跗花金龟 *Clinterocera mandarina* (Westwood)（金龟科 Scarabaeidae　花金龟亚科 Cetoniinae）

【识别要点】体长12～13.5 mm，体中小型，长卵圆形，扁。体黑色，每鞘翅具2个横宽白斑。体被刻点。触角10节，鳃片部3节，柄节特化为猪耳状。前足胫节外缘具2齿，爪成对简单。【习性】成虫常发现于蚂蚁窝中。【分布】中国东、南部大部分地区。

长角绒毛金龟 *Amphicoma* sp.（绒毛金龟科 Glaphyridae）

【识别要点】体长11.3～13 mm，体中型，狭长，体金属绿色或蓝色。腹部及足褐色。体多毛，背面被黄褐色短毛，胸下被灰白色细长毛，腹部密被黄褐色细卧毛。头部狭于前胸，复眼大。触角10节。鞘翅拱，无条脊及沟。【习性】幼虫取食朽木，成虫常在朽木上发现。【分布】重庆。

凹头叩甲 *Ceropectus messi* (Candeze)（叩甲科 Elateridae）

【**识别要点**】体长28 ~ 31 mm。长卵圆形，较扁平；体黑色，鞘翅红色至红褐色，体被白色或黄色毛，在前胸及鞘翅上形成不规则毛斑。头中部凹陷，触角雄性12节，长于体长之半，自第3节起强栉状，雌虫触角较短，自第3节起锯齿状；前胸背板向前渐狭，后角向后突出。【**习性**】成虫5月份见，有趋光性。【**分布**】福建、广东、广西；越南。

丽叩甲 *Campsosternus auratus* (Drury)（叩甲科 Elateridae）

【**识别要点**】体长38 ~ 43 mm。体金属绿色至蓝绿色，带铜色光泽，极其光亮，触角、跗节黑色，爪暗褐色。头宽，额具三角形凹陷，触角扁平，第4—10节略呈锯齿状，到达前胸基部。前胸背板长宽近等，表面不突起，后缘略凹。鞘翅肩部凹陷，末端尖锐，表面有刻点及细皱纹。跗节腹面具绒毛。【**习性**】成虫6—8月发生，见于树干上。【**分布**】浙江、湖北、江西、湖南、福建、台湾、广东、广西、海南、四川、云南、贵州；越南、老挝、柬埔寨、日本。

朱肩丽叩甲 *Campsosternus gemma* Candeze（叩甲科 Elateridae）

【**识别要点**】体长36 mm。体金属绿色，带铜色光泽，前胸背板两侧（后角除外）、前胸侧板、腹部两侧及最后两节间膜红色，上颚、口须、触角、跗节黑色。头顶凹陷，触角不到达前胸基部。前胸背板宽大于长，表面具细刻点，后角宽，端部下弯。鞘翅侧缘上卷，表面具细刻点及弱条痕。【**习性**】成虫发生期6—8月，多见于林区，有趋光性。【**分布**】江苏、安徽、浙江、湖北、江西、湖南、福建、台湾、四川、贵州。

丽叩甲 张宏伟 摄

凹头叩甲 杰仔 摄

朱肩丽叩甲 李元胜 摄

泥红槽缝叩甲 | 李元胜 摄
巨四叶叩甲 | 张巍巍 摄
眼纹斑叩甲 | 唐志远 摄
木棉梳角叩甲 | 唐志远 摄

泥红槽缝叩甲

Agrypnus argillaceus (Solsky)

（叩甲科 Elateridae）

【识别要点】体长15 mm，体型狭长。前胸背板底色黑色，鞘翅底色红褐色，因全身密被红色鳞片短毛而呈现朱红色或红褐色，足、触角、腹面黑色。额前缘拱出，触角不到达前胸基部，自第4节起锯齿状，末节近端部凹缩。前胸背板中间具纵凹，侧缘后部细齿状，后角向外。鞘翅自后1/3变窄，表面有成行粗刻点。【习性】寄主为华山松、核桃。【分布】吉林、辽宁、内蒙古、甘肃、湖北、台湾、广西、重庆、四川、云南、贵州、西藏；越南、柬埔寨、朝鲜、蒙古国、俄罗斯。

巨四叶叩甲

Tetralobus perroti Fleutiaux

（叩甲科 Elateridae）

【识别要点】体长43～54 mm，体型十分粗大且厚。黑色，略光亮，被棕色细毛，跗节叶片及触角第4—11节橙色。额凹陷，前缘突出，触角短，自第4节起明显栉状，着生紧密。前胸背板宽大于长，背面隆起，具粗糙刻点，后角上翘。小盾片三角形。鞘翅无条纹，具细密刻点。【习性】成虫多见于5—8月，有趋光性。【分布】浙江、湖北、江西、福建、广西、四川、海南；越南。

眼纹斑叩甲

Cryptalaus larvatus (Candeze)

（叩甲科 Elateridae）

【识别要点】体长27 mm，体型狭长，近长方形。灰褐色，密被有灰白、黑色、淡黄色的鳞片扁毛形成的斑纹。前胸背板中央偏前具2深色小斑，鞘翅中部外侧具2长方形深色眼斑。触角前脊突出，触角略呈齿状。前胸背板长大于宽，中部有纵脊。小盾片五边形。鞘翅肩部凹凸不平，端部斜截，表面具条纹。【习性】成虫有趋光性，幼虫于树干或朽木中捕食其他甲虫幼虫。【分布】江苏、浙江、江西、湖南、福建、台湾、广东、广西、海南、四川；越南、老挝。

木棉梳角叩甲

Pectocera fortunei Candeze

（叩甲科 Elateridae）

【识别要点】体长24～28 mm，体型狭长，扁平，翅端尖锐。赤褐色，被灰黄色绒毛，鞘翅具灰白色毛斑；头具三角形凹陷。雌性触角略锯齿状，雄性第3—10节强栉状。前胸背板中央纵向隆起，两侧低凹，具刻点，后角尖锐。鞘翅宽于前胸，具9条凹纹。【习性】成虫5—6月出现，有趋光性，寄主木棉。【分布】江苏、浙江、湖北、江西、福建、台湾、海南、四川；日本、越南。

黑足球胸叩甲 | 偷米 摄

黑胸红翅红萤 | 唐志远 摄

黑足球胸叩甲 *Hemiops nigripes* Castelnau（叩甲科 Elateridae）

【识别要点】体长20 mm，体型狭长，背面隆起。鲜黄色至棕黄色，密被黄色毛，头、胸毛被较长，触角、足黑色。头顶平，具粗刻点，触角超过鞘翅肩部，第4—10节锯齿状。前胸背板短宽，显著隆起，呈球形，基缘具凹缺。小盾片长舌状。鞘翅刻点及沟纹深。【习性】成虫4—5月出现，见于杂灌丛。【分布】江苏、浙江、湖北、江西、湖南、福建、广西、海南、四川、西藏；越南。

黑胸红翅红萤 *Xylobanellus* sp.（红萤科 Lycidae）

【识别要点】体长10 ~ 15 mm，体锥形，略扁。鞘翅多为大红色，故名红萤。头小，触角锯齿状或线状，前胸背板小。鞘翅极其柔软。腹部无发光器。【习性】幼虫取食软体动物。【分布】中国大部分地区。

糙翅钩花萤 *Lycocerus asperipennis* (Fairmaire)（花萤科 Cantharidae）

【识别要点】体长13 ~ 16 mm，宽3 ~ 4 mm。头黑色，额部橙色，前胸背板橙色，具1倒三角形大黑斑，鞘翅黑色，外侧缘基半部淡色，足黑色，腿节基部橙色。触角丝状。前胸背板雌虫宽于雄虫；雄虫跗爪简单，雌虫前、中跗爪外侧爪各具1基齿。图所示雌虫。【习性】成虫发生期5—7月。【分布】甘肃、陕西、湖北、四川、重庆。

糙翅钩花萤 | 郭宪 摄

黑胸钩花萤 *Lycocerus nigricollis* Wittmer（花萤科 Cantharidae）

【识别要点】体长10～13 mm，宽3～4 mm。体黑色，鞘翅红色。触角锯齿状，雌虫较雄虫的稍宽。鞘翅盘区具2条明显纵肋，两侧缘向后稍加宽。雄虫跗爪简单，雌虫前、中跗爪外侧爪各具1基齿。图所示雌雄交配状态，雌虫下位，雄虫上位。【习性】成虫发生期4—6月。【分布】台湾。

突胸钩花萤 *Lycocerus rugulicollis* (Fairmaire)（花萤科 Cantharidae）

【识别要点】体长12～14 mm，宽3～4 mm。头橙色，头顶具1三角形黑斑，前胸背板橙色，基半部具不规则黑斑，鞘翅棕色，足黑色，腿节内、外侧棕色。触角丝状。前胸背板雌虫较雄虫宽。雄虫跗爪简单，雌虫前、中跗爪外侧爪各具1基齿。图所示雄虫。【习性】成虫发生期4—6月。【分布】江苏、浙江、江西、湖南、福建。

双带钩花萤 *Lycocerus bilineatus* (Wittmer)（花萤科 Cantharidae）

【识别要点】体长约8～9 mm，宽1～2 mm。头、前胸背板和足橙色，鞘翅黑色，内、外侧缘淡色。触角丝状。前胸背板长大于宽。雄虫跗爪简单，雌虫前、中跗爪外侧爪各具1基齿。图所示雄虫。【习性】成虫发生期4—6月。【分布】浙江、湖北、江西、上海。

地下丽花萤 *Themus hypopelius* (Fairmaire)（花萤科 Cantharidae）

【识别要点】体长12～18 mm，宽3～5 mm。头和鞘翅金属绿色，触角橙色，前胸背板橙色，盘区中央具1金属蓝色大斑，中、后胸腹板金属绿色，腹部橙色，足黑色，腿节基部橙色；触角丝状；前胸背板长大于宽；雄虫跗爪简单，雌虫前、中跗爪外侧爪各具1基齿。图所示雌雄交配状态，雌虫下位，雄虫上位。【习性】成虫发生期4—6月。【分布】福建。

黑胸钩花萤 | 林义祥 摄

突胸钩花萤 | 郭宪 摄

双带钩花萤 | 郭宪 摄

地下丽花萤 | 任川 摄

利氏丽花萤 | 杰仔 摄

华丽花萤 | 郭宪 摄

喀氏丽花萤 | 周纯国 摄

利氏丽花萤 *Themus leechianus* (Gorharm)（花萤科 Cantharidae）

【识别要点】体长15～20 mm，宽4～5 mm。头金属绿色，额部橙色，触角橙色，前胸背板橙色，盘区中央具1大黑斑，鞘翅金属绿色，足黑色，腿节基部、胫节端部和跗节橙色，体腹面完全橙色。触角丝状，雄虫中央节具光滑细纵凹陷，雌虫无。雌、雄跗爪均简单。图所示雌雄交配状态，下位雌虫，上位雄虫。【习性】成虫发生期5—7月。【分布】浙江、江西、福建、广东。

华丽花萤 *Themus imperialis* (Gorharm)（花萤科 Cantharidae）

【识别要点】体长15～22 mm，宽4～6 mm。头、鞘翅和足金属蓝色，触角黑色，第8—10节橙色，前胸背板橙色，盘区中央具1大黑斑。中、后胸腹板金属蓝色，腹部黑色，各腹节后缘橙色。触角丝状，雄虫中央节具光滑细纵凹陷，雌虫无。雌、雄跗爪均简单。图所示雌虫。【习性】成虫发生期4—6月。【分布】甘肃、陕西、江苏、江西、福建、广西、四川、云南；越南。

喀氏丽花萤 *Themus cavaleriei* (Pic)（花萤科 Cantharidae）

【识别要点】体长11～14 mm，宽3～4 mm。头和前胸背板橙色，触角橙色，端部2节黑色，鞘翅金属绿色，体腹面橙色，足橙色，跗节黑色。触角丝状，雄虫中央节具光滑细纵凹陷，雌虫无。鞘翅中部被深刻点，基部和端部光滑。雌、雄跗爪均简单。图所示雄虫。【习性】成虫发生期5—7月。【分布】湖北、贵州。

黑斑丽花萤 | 唐志远 摄

天花吉丁 | 刘晔 摄

烟吉丁 | 达玛西 摄

针斑吉丁 | 唐志远 摄

黑斑丽花萤 *Themus stigmaticus* (Fairmaire)（花萤科 Cantharidae）

【识别要点】体长11～17 mm，宽3～5 mm。头、足和鞘翅金属绿色，触角黑色，前胸背板橙色，盘区两侧各具1黑斑。中、后胸腹板金属绿色，腹部橙色，腹节两侧各具1圆形黑斑。触角丝状，雄虫中央节具光滑细纵凹陷，雌虫无。雌雄跗爪均简单。图所示雌雄交配状态，下位雌虫，上位雄虫。【习性】成虫发生期5—7月。【分布】内蒙古、甘肃、青海、北京、河北、陕西、江苏、香港、四川、西藏。

天花吉丁 *Julodis faldermanni* Mannerheim（吉丁虫科 Buprestidae）

【识别要点】体长20～25 mm，体梭形，强烈隆起。体背暗绿色，前胸及头部被黄色鳞毛及白色长绒毛。鞘翅具5列由黄色鳞毛组成的大圆斑，圆斑列之间散布一些黄色小斑。腹部具白色毛被。触角短，足短粗，跗节很宽。【习性】在新疆危害梭梭，发生期数量很大。【分布】新疆；中亚。

烟吉丁 *Capnodis cariosa* Pallas（吉丁虫科 Buprestidae）

【识别要点】体长20～25 mm，体深褐色至黑色。前胸背板两侧圆弧，中央具一条光洁的纵脊，两侧具4枚光洁的圆斑，除光洁区域外，不同程度被灰白色鳞毛。鞘翅宽阔，具纵向条脊，具由灰白色鳞毛形成的云状斑纹。【习性】寄主广泛，在新疆危害多种果树，在西亚地区是开心果树的主要害虫。【分布】新疆；国外广泛分布于中亚、西亚地区。

针斑吉丁 *Lamprodila* sp.（吉丁虫科 Buprestidae）

【识别要点】体长约15 mm，体金绿色，前胸背板及鞘翅两侧具1条紫红色纵带；前胸背板具3条黑色纵纹，中间一条细而清晰；鞘翅具大小不一的成列黑色斑块。体梭形，略隆起；头短，复眼大，触角短；前胸背板向后渐宽，鞘翅基部宽于前胸背板，鞘翅向后渐窄，末端平钝。【习性】幼虫潜于树皮之下蛀食，危害桃、李等果树。【分布】四川。

云南脊吉丁

Chalcophora yunnana Fairmaire

（吉丁虫科 Buprestidae）

【识别要点】体长约30 mm。体黑褐色或铜褐色，前胸背板及鞘翅上具突起发亮的脊纹，脊纹之间的区域被满灰白色的鳞毛。前胸背板具5条纵脊纹，鞘翅具8条纵脊纹，鞘翅脊纹在中部有些中断；鞘翅侧后部具明显锯齿。【习性】寄主为各种松类，主要危害大龄马尾松。【分布】湖北、江西、湖南、福建、广西、四川、重庆、云南、贵州；日本。

日本脊吉丁

Chalcophora japonica (Gory)

（吉丁虫科 Buprestidae）

【识别要点】体长约30 mm，与云南脊吉丁非常相似，区别在于：日本脊吉丁小盾片不可见，鞘翅末端平截，缝角较钝；云南脊吉丁小盾片很小但可见，鞘翅末端凹弧，缝角尖锐。【习性】与云南脊吉丁一同危害马尾松，发生量较云南脊吉丁少。【分布】江西、湖南、福建、云南；日本。

四斑黄吉丁

Ptosima chinensis Marseul

（吉丁虫科 Buprestidae）

【识别要点】体长约11 mm，长筒形，全体漆黑发亮，略带蓝色，鞘翅近末端具2条横形鲜黄色斑。头与身体垂直，触角略呈锯齿状；前胸背板方形；鞘翅狭长，翅端圆弧状，具不规则的细缘齿。【习性】寄主为桃树、李树等。【分布】山东、陕西、湖南、江西、福建、四川、贵州；日本。

蓝尖翅吉丁

Sphenoptera sp.1

（吉丁虫科 Buprestidae）

【识别要点】体长15 mm，体全蓝紫色。体粗壮，梭形，强烈隆起，前胸背板宽圆，后缘波浪状，中线靠后处具一深凹；鞘翅后端渐尖，表面具皱纹及不清晰的脊线。【分布】新疆。

云南脊吉丁 | 李元胜 摄

日本脊吉丁 | 一念 摄

四斑黄吉丁 | 李元胜 摄

蓝尖翅吉丁 | 刘晔 摄

绿尖翅吉丁 | 刘晔 摄

绒绿细纹吉丁 | 周纯国 摄

绿尖翅吉丁 *Sphenoptera* sp.2（吉丁虫科 Buprestidae）

【识别要点】体长10 mm，与蓝尖翅吉丁很相似，但身体为金属绿色，体型较小。【分布】新疆。

绒绿细纹吉丁 *Anthaxia proteus* Saunders（吉丁虫科 Buprestidae）

【识别要点】体长3～4 mm，体墨绿色具铜色光泽，体表具天鹅绒样质感，鞘翅基部、前胸背板前缘及基部两侧绿色较鲜艳。头顶具1条细纵脊；前胸背板横宽；鞘翅末端圆弧状。【分布】福建、江西、四川；日本、朝鲜、俄罗斯。

弓胫吉丁 *Toxoscelus* sp.（吉丁虫科 Buprestidae）

【识别要点】体长约7 mm，灰绿色，鞘翅具暗绿色及由灰白色绒毛组成的花纹。体长形，鞘翅末端渐尖；头顶平，额具深凹，触角锯齿状；前胸背板皱而高低不平，两侧弧形；鞘翅侧边凹弧，顶端圆弧状，具规则缘齿；足胫节弯曲。【分布】四川。

窄吉丁 *Agrilus* sp.（吉丁虫科 Buprestidae）

【识别要点】体长约8 mm，前胸背板及头红铜色有光泽，鞘翅灰蓝色；体细长，鞘翅末端渐尖。窄吉丁属种类很多，广泛分布于我国各地，可通过细长的体型识别它们；多数种类鞘翅没有花纹，少数种类有4～8个白色小斑。【习性】常见于枯木表面或灌木叶片上，善飞行。【分布】重庆。

弓胫吉丁 | 张巍巍 摄

窄吉丁 | 寒枫 摄

纹吉丁 *Coraebus* sp.（吉丁虫科 Buprestidae）

【识别要点】纹吉丁属同样也是种类很多的属，不同种类不易区别。体长一般在6～12 mm，体型较窄吉丁粗壮，鞘翅后部更显宽圆，体色一般为金属蓝绿色或铜绿色，大多数种类在鞘翅中后部有数目不等的波浪状带纹，带纹由灰白色鳞毛形成。【习性】常见于枯木表面或灌木叶片上，善飞行。【分布】重庆。

潜吉丁 *Trachys* sp.（吉丁虫科 Buprestidae）

【识别要点】体长约3 mm。体黑色略具铜色金属光泽，前胸背板具1条横带及3条短纵带，鞘翅具一些波浪状横纹，带纹均由白色短毛组成。体短小，近三角形，略隆起；头短；前胸背板短宽，后缘波浪状；鞘翅三角形，向后变窄，末端圆钝；足短。【习性】常见于灌木、杂草的叶片上，受惊扰时假死。【分布】四川、重庆。

钝扁泥甲 *Mataeopsephus* sp.（扁泥甲科 Psephenidae）

【识别要点】较大型的扁泥甲，体近黑色，表面具细绒毛，体壁较柔软，长约6 mm。体扁平；头小，通常隐藏于前胸背板之下，触角丝状，到达前胸背板；前胸背板半圆形；腹部雄性可见7节腹板，雌虫可见6节腹板；跗节5—5—5。【习性】偶尔可以在小溪边的石头上面见到。【分布】台湾。

红真扁泥甲 *Eubrianax* sp.1（扁泥甲科 Psephenidae）

【识别要点】体长约4 mm。体红色，触角黑色。体卵圆形，扁平；头部略露出前胸背板，触角雄虫明显栉状，雌虫丝状；鞘翅表面具密刻点及绒毛，条沟浅但明显；腹部可见5节。【分布】台湾。

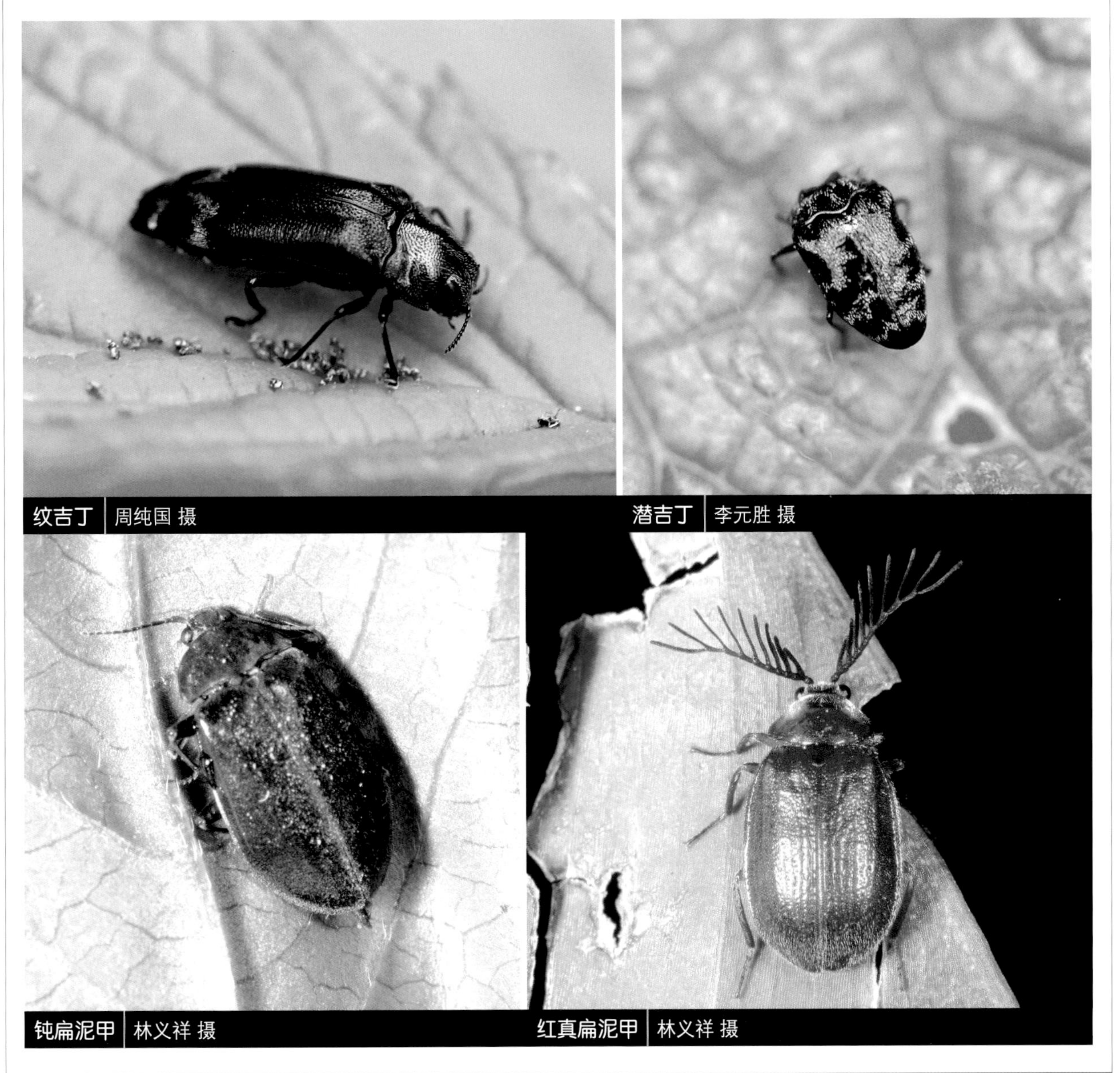

纹吉丁 | 周纯国 摄

潜吉丁 | 李元胜 摄

钝扁泥甲 | 林义祥 摄

红真扁泥甲 | 林义祥 摄

黑真扁泥甲 *Eubrianax* sp.2（扁泥甲科 Psephenidae）

【识别要点】与红真扁泥甲形态相似，但体色不同：前胸背板黄色，鞘翅、触角及足黑色。【分布】台湾。

肖扁泥甲 *Psephenoides* sp.（扁泥甲科 Psephenidae）

【识别要点】体长2～3 mm。体灰色，前胸背板颜色略淡。体扁平，头部短而宽，复眼较大，触角雄虫栉状，分枝极长，雌虫分枝短；前胸背板较短；鞘翅柔软，方形，表面无刻点；腹部可见5节。【习性】生活于流水之中。【分布】台湾。

粗扁泥甲 *Cophaesthetus* sp.（扁泥甲科 Psephenidae）

【识别要点】体长约4 mm。体卵圆形，略隆起；体棕褐色，前胸背板颜色略深，触角黑色。头部小，藏于前胸背板之下，触角雄虫栉状，雌虫丝状；前胸背板隆起，前角圆；鞘翅表面具绒毛，条沟不明显；腹部可见5节。【习性】幼虫扁平，生活于溪流里的石头上。【分布】重庆。

毛泥甲 *Epilichas* sp.（毛泥甲科 Ptilodactylidae）

【识别要点】体长约10 mm。棕褐色。毛泥甲科昆虫多数体型类似叩甲，但头部强烈向下弯曲，藏于前胸背板之下，体壁较为柔软，体表被短绒毛，触角较长，栉状，雄虫尤其明显。【习性】成虫栖息于山中流水附近的植物之上，有趋光性，幼虫水生。【分布】重庆。

黑真扁泥甲 | 林义祥 摄

肖扁泥甲 | 林义祥 摄

粗扁泥甲 | 周纯国 摄

毛泥甲 | 周纯国 摄

掣爪泥甲 | 李若行 摄　　狭溪泥甲 | 林义祥 摄

缩头甲 | 林义祥 摄　　中华毛郭公 | 郭宪 摄

掣爪泥甲 *Eulichas* sp.（掣爪泥甲科 Eulichadidae）

【识别要点】体长20～35 mm。体灰褐色至黑褐色，鞘翅表面通常带有灰白色毛被形成的花纹。体长形；头较小，雌虫触角丝状，雄虫触角略栉状至较明显的栉状，触角末节有时宽扁；前胸背板梯形；鞘翅长，末端渐尖；跗节5—5—5，末跗节长于前4节之和。掣爪泥甲通常被误认为叩甲，但可通过前胸腹板与中胸腹板之间无榫状结构的叩器，且体型不似叩甲扁平、紧凑而区别。【习性】幼虫水生，发现于溪流中的落叶之中；成虫栖息于水边，有趋光性，有时数量很大。【分布】重庆。

狭溪泥甲 *Stenelmis* sp.（溪泥甲科 Elmidae）

【识别要点】体长约3 mm。体长形，棕褐色。头小，弯折于前胸背板之下，触角丝状，接近到达前胸背板后缘；前胸背板具3条纵脊；鞘翅具成列的粗大刻点；足细长，跗节5—5—5，末跗节长于前4节之和。【习性】生活于清澈流水中，有趋光性。【分布】台湾。

缩头甲 *Pseudochelonarium* sp.（缩头甲科 Chelonariidae）

【识别要点】体长约6 mm。体深褐色，鞘翅具一些白色鳞毛簇。体卵圆形，强烈隆起；头小，可弯折于前胸背板之下的凹槽内，于背面不可见；触角短，可收纳于前胸腹板的纵沟内，1，2两节粗壮，复眼大；前胸背板隆起；腿短，通常折叠于腹面，腿节片状，第3跗节双叶状，第4节很小。【习性】幼虫生活于腐殖质中或树皮下，成虫有趋光性。【分布】台湾。

中华毛郭公 *Trichodes sinae* Chevrolat（郭公虫科 Cleridae　郭公亚科 Clerinae）

【识别要点】体长9～18 mm。体蓝黑色，下唇须、下颚须和触角基部黄褐色；鞘翅红色，每个鞘翅基部邻着小盾片有1个半圆形小黑斑；鞘翅中部前、后和鞘翅端部各有1条黑带；黑带变异大，第1条和第2条黑带可能变成不连续的左右黑斑，川西的个体第1条和第2条黑带都变成黑斑。体表密被直立毛，头、前胸和鞘翅黑带处的毛黑色，鞘翅红色处的毛白色。腹部和足上密被黄白毛。下唇须和下颚须的末节斧状，小眼面细，触角锤状，锤部3节紧密。跗节5—5—5，第1跗节很小，从背面不可见。【习性】成虫在北京见于6—8月，在花上捕食和交配。报道过在西鄂尔多斯地区，成虫把卵产在火红拟孔蜂巢穴附近的土缝里，卵孵化后，一龄幼虫寻找并钻入火红拟孔蜂巢穴，取食火红拟孔蜂幼虫，直至化蛹、羽化为成虫飞出。【分布】吉林、内蒙古、河北、北京、陕西、甘肃、新疆、青海、河南、江苏、浙江、湖北、江西、湖南、四川、西藏；蒙古国、俄罗斯、韩国。

大卫毛郭公 *Trichodes davidis* Deyrolle（郭公虫科 Cleridae　郭公亚科 Clerinae）

【识别要点】体长15 ~ 25 mm。体褐黑色，下唇须和下颚须黄褐色，鞘翅红色，每鞘翅上有前后两个黑色大圆斑。体表密被直立长毛，头和前胸毛深棕色，鞘翅红色处的毛黄白色，鞘翅黑斑处的毛黑色。腹部和足上密被黄白毛。下唇须、下颚须和触角基部的末节斧状，小眼面细，触角锤状，锤部3节紧密。【习性】花上捕食，习性与中华毛郭公近似；此种为此属的唯一东洋区系种类。【分布】福建、江西、贵州、广东、广西。

连斑奥郭公 *Opilo communimacula* (Fairmaire)（郭公虫科 Cleridae　郭公亚科 Clerinae）

【识别要点】体长约8 mm。体黑色，触角黄褐色，鞘翅红色，鞘翅中缝近端缘处有1个大黑斑，黑斑略呈水滴状。下唇须和下颚须末节都为斧状，眼面粗糙，触角端部3节膨大；跗节5—5—5，第1跗节很小，从背面不可见。【习性】作者曾观察此郭公在小花扁担杆（椴树科植物）上捕食一种梨象*Pseudoaspidapion* sp.，还见过它停栖于被小蠹侵入的白皮松上，估计也捕食小蠹。【分布】北京、山西、宁夏；蒙古国。

绵奥郭公 *Opilo mollis* (Linnaeus)（郭公虫科 Cleridae　郭公亚科 Clerinae）

【识别要点】体长8 ~ 13 mm。体褐红色，下唇须、下颚须和腿节基部淡黄色；全身被金黄色毛。每鞘翅各具3组黄色斑纹：第1组倾斜，位置接近肩部；第2组略呈三角形，位于中部；第3组长形，自外角处倾斜延伸至缝角处。下唇须和下颚须末节都为斧状，眼面粗糙，触角端部3节稍膨大。【分布】华北、华东、华南、台湾；日本、韩国、欧洲。

大卫毛郭公 | 刘晔 摄

连斑奥郭公 | 唐志远 摄

绵奥郭公 | 林义祥 摄

中带番郭公 *Xenorthrius umbratus* Schenkling（郭公虫科 Cleridae　郭公亚科 Clerinae）

【识别要点】体长约8 mm，体型近圆筒形。体红褐色，鞘翅中部有1条W形淡黄纹，足基部淡黄色。全身密被黄褐色毛。仅下唇须末节斧状，下颚须末节棍状，触角线状，眼刻深。跗节5—5—5，第1跗节很小，从背面不可见，爪附齿式。【习性】在树枝叶间捕食。【分布】香港、台湾；日本。

斑马树郭公 *Omadius zebratus* Westwood（郭公虫科 Cleridae　郭公亚科 Clerinae）

【识别要点】体长12～14 mm。体黑棕色，下唇须和下颚须除末端外褐黄色，触角末节灰白色。身上密被伏毛，头、前胸和小盾片伏毛金黄色，鞘翅基部两个黑色小瘤突微隆起，随后银白色伏毛与深棕色伏毛相间，形成6行波纹。腹面的后胸和腹部红棕色。足的腿节和胫节黑白相间，密被棕色长毛，跗节红棕色。下唇须末节斧状，下颚须末节棍状，触角第7节开始逐渐膨大，但不形成棒部，眼刻深，眼面精细。前胸前有左右各有1个小凹。爪附齿式。【习性】常发现于树干上。【分布】云南、台湾；缅甸、印度、尼泊尔。

赤足腐郭公 *Necrobia rufipes* (DeGeer)（郭公虫科 Cleridae　隐跗郭公亚科 Korynetinae）

【识别要点】体长3.5～5.0 mm。长卵圆形，金属蓝色，有光泽。体被黑色近直立的毛，触角和足赤褐色，其余节色暗。触角棒状，端部3节膨大，鞘翅刻点行明显。跗节隐5节，第4节隐于第3节的双叶体中，爪附齿式。【习性】野外见于腐肉上，以腐肉或其他昆虫为食；为重要的仓储害虫，危害腊肉、火腿等动物性制品。【分布】内蒙古、甘肃、新疆、山西、陕西、山东、安徽、浙江、湖北、湖南、福建、海南、广西、四川、贵州、云南；世界广布。

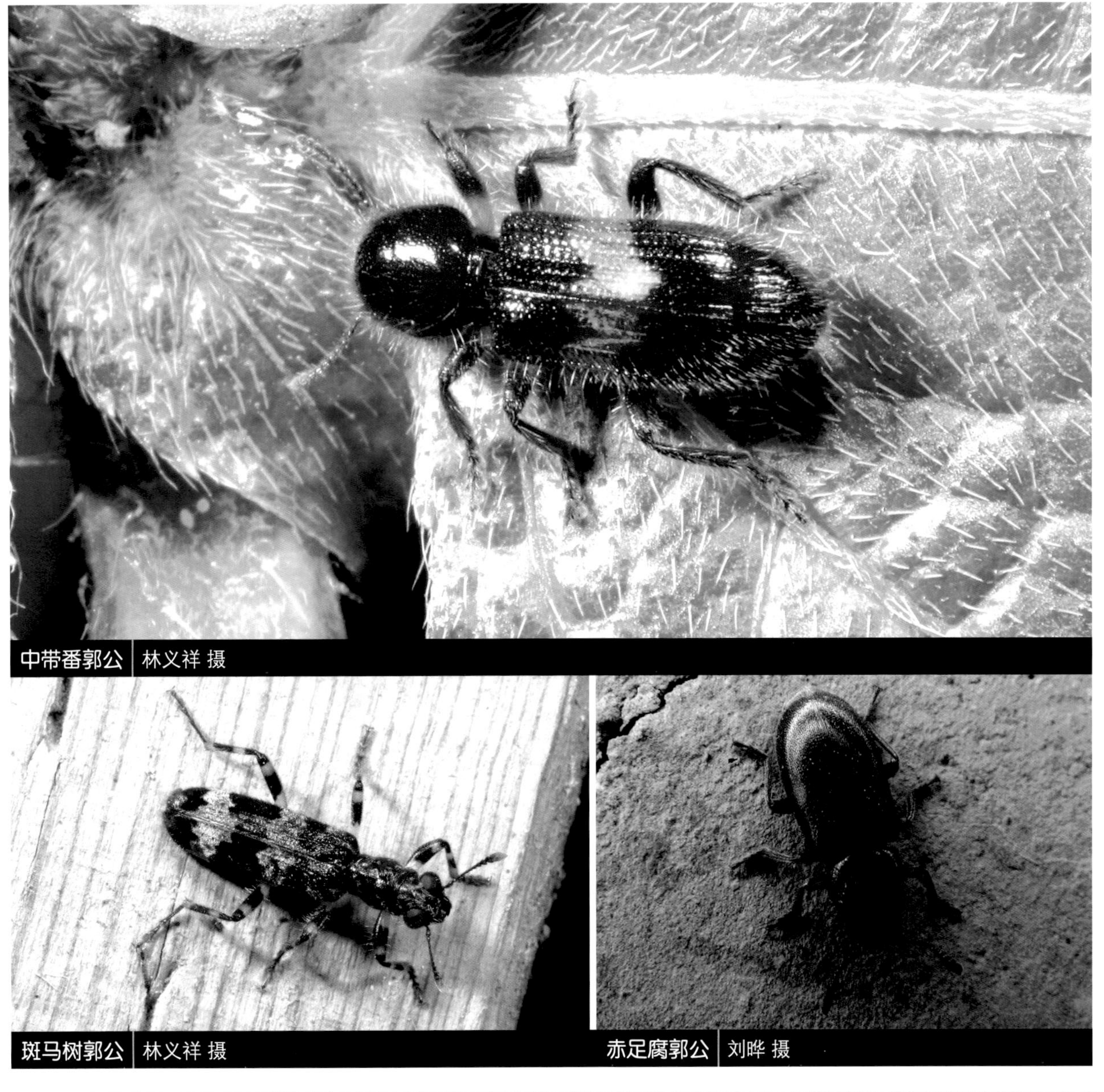

中带番郭公　林义祥 摄

斑马树郭公　林义祥 摄

赤足腐郭公　刘晔 摄

赤颈腐郭公 | 杰仔 摄

枝角郭公 | 林义祥 摄

台湾纤丽郭公 | 林义祥 摄

白水新叶郭公 | 林义祥 摄

赤颈腐郭公

Necrobia ruficollis (Fabricius)

（郭公虫科 Cleridae 隐跗郭公亚科 Korynetinae）

【识别要点】体长4～6 mm。体型与前种相似，但体色不同，前胸背板、鞘翅基部1/4、胸部腹板及足赤褐色，头的背面大部分及鞘翅端部3/4蓝绿色；全身被褐色长毛。【习性】野外见于腐肉上，以腐肉或其他昆虫为食；为重要的仓储害虫，为害腊肉、火腿等动物性制品。【分布】黑龙江、甘肃、陕西、山东、安徽、上海、江苏、浙江、湖北、湖南、福建、台湾、广东、海南、四川、贵州、云南；世界广布。

枝角郭公

Cladiscus sp.

（郭公虫科 Cleridae 细郭公亚科 Tillinae）

【识别要点】体长6～7 mm。体型火柴棍状，头、前胸和中胸红色，触角深褐色，后胸、腹部、鞘翅和足黑色。全身被棕色毛。触角锯齿状，眼面粗糙，前足基节窝封闭。前胸前1/3处微缢缩，后1/3处强烈缢缩。鞘翅刻点行清晰，终止于距鞘翅末端1/4处。跗节第1节几乎与第2节等长。【习性】在树叶间捕食。【分布】台湾。

台湾纤丽郭公

Stenocallimerus taiwanus Miyatake

（郭公虫科 Cleridae 叶郭公亚科 Hydnocerinae）

【识别要点】雄虫体长约8 mm，雌虫体长9～10 mm。体瘦长，墨绿色，带金属光泽，除直立细毛外，身上还被满白色鳞毛。口器除上颚末端褐色外，为淡黄色。雄虫足大部分为淡黄色，仅中后足跗节褐黄色；雌虫的腿节外缘颜色多少有点加深，胫节外缘和跗节背面明显褐色。下颚须末节棍棒状，下唇须末节斧状，眼睛很大，触角较短，末3节膨大，眼刻极浅，前足基节窝开放，胫节端部无距无刺。雄虫末腹板高度特化，分成两叶，这个特征在此属中少见。【习性】在树枝叶间捕食。【分布】台湾。

白水新叶郭公

Neohydnus shirozui Miyatake

（郭公虫科 Cleridae 叶郭公亚科 Hydnocerinae）

【识别要点】体长3～5 mm，体型相对本属其他种类较为短粗。体黑，口器除上颚端部黑外为淡黄色，触角淡黄色，鞘翅基部到端部1/3处的盘区黄褐色，鞘翅两侧和端部1/3处黑色。足淡黄色。下颚须末节棍棒状，下唇须末节斧状，复眼很大，触角较短，末3节膨大，眼刻极浅，前足基节窝开放。鞘翅长宽比约2∶3，不完全盖住腹部。鞘翅盘区刻点小而稀疏，两侧和端部的刻点大而粗糙。雄虫末背板端缘中部有一齿。【习性】在树枝叶间捕食，特别在禾本科植物上。【分布】台湾。

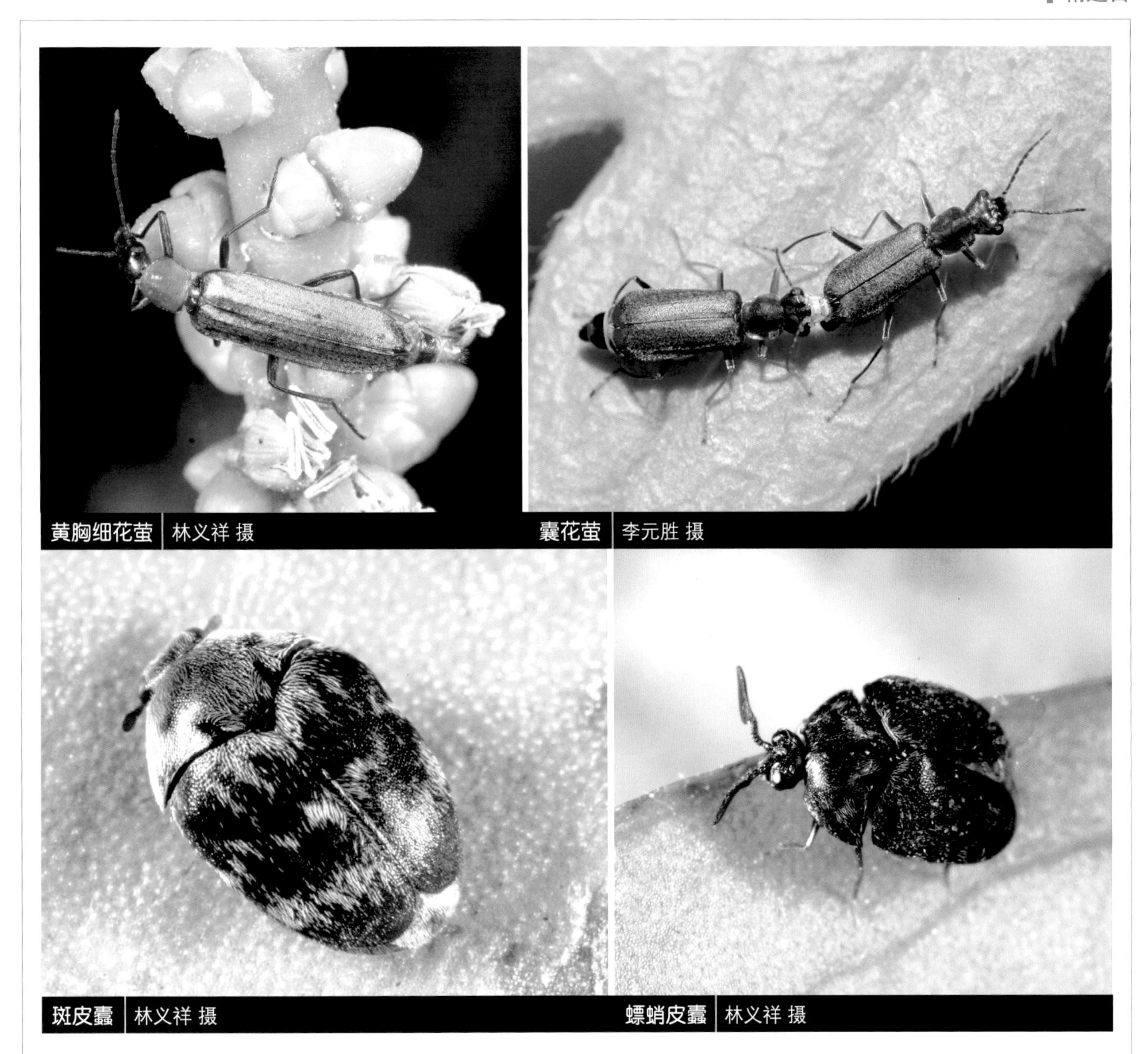
黄胸细花萤 | 林义祥 摄
囊花萤 | 李元胜 摄
斑皮蠹 | 林义祥 摄
螵蛸皮蠹 | 林义祥 摄

黄胸细花萤 *Idgia flavicollis* Redtenbacher（细花萤科 Prionoceridae）

【识别要点】体长7.5～10 mm。头、鞘翅蓝绿色带金属光泽，前胸黄色，触角棕黄色，足黑色；体型细长，扁平，体壁柔软。复眼大而突出，内缘略凹，触角丝状，长于体长之半；前胸背板方形，平坦；鞘翅向后端略变窄，侧缘具黑色刚毛；前足胫节端具1距。【习性】成虫早春出现，访花。【分布】台湾、香港；日本。

囊花萤 *Malachius* sp.（拟花萤科 Melyridae）

【识别要点】体长5～6 mm。体黑色，鞘翅金属蓝绿色，前胸背板侧缘、鞘翅末端橙红色，前足、中足除腿节前缘黄色。体型较扁，体壁柔软；头三角形，复眼突出，触角丝状，到达前胸基部；前胸背板方形，表面凹陷，后角圆；鞘翅长方形，被直立的细毛；腹部两侧具可翻缩的囊体。【习性】成虫早春出现，访花。【分布】重庆。

斑皮蠹 *Trogoderma* sp.（皮蠹科 Dermestidae）

【识别要点】体长2～3 mm。体长圆形，较拱隆；体黑色，前胸背板及头密被灰白色鳞毛，鞘翅具由灰白色鳞毛组成的3条带状条纹。头部小而宽，头顶具1个单眼，触角棒状部分4～5节，末节十分宽扁；前胸背板梯形，后缘中央突出；鞘翅较短，末端渐窄；后足跗节第1节与第2节等长。【习性】幼虫为害动物性储藏物。【分布】台湾。

螵蛸皮蠹 *Thaumaglossa* sp.（皮蠹科 Dermestidae）

【识别要点】体长3～4 mm。体圆形，强烈拱隆；体深褐色，前胸背板具由污黄色鳞毛形成的较模糊的斑纹。头小，接近圆形，头顶具1个单眼，触角棒状部分1节，雄虫触角末节膨大且延长呈三角形，长于其余节数之和；前胸背板梯形，鞘翅短宽，不覆盖腹部末端；腹面具灰白色鳞毛。【习性】幼虫取食螳螂卵块。【分布】台湾。

日本圆皮蠹 *Anthrenus nipponensis* Kalik & Ohbayashi（皮蠹科 Dermestidae）

【识别要点】体长3～4 mm。体椭圆形，较拱隆；体深褐色，具棕褐色斑纹，鞘翅中部具由灰白色鳞片形成的较宽的H形横带。头部小，复眼内缘深凹，头顶具1个单眼，触角11节，棒状部3节，末节长度等于前2节之和；前胸背板梯形，后缘中央突出（图中体大者）。【习性】成虫春季见于花上，取食花粉及花蜜；幼虫栖息于鸟巢或储藏物中，严重为害皮毛、动物标本等。【分布】东北、华北；日本、朝鲜。

拟裸蛛甲 *Gibbium aequinoctiale* Boieldieu（蛛甲科 Ptinidae）

【识别要点】体长2～3 mm。棕红色有强烈光泽；体背强烈隆起呈球形。头小且下垂，触角丝状，11节，约等于体长；前胸背板小且光滑；鞘翅无刻点，两鞘翅愈合，向两侧扩展包围腹部；腹部可见4节腹板；跗节5—5—5。【习性】见于室内，主要为害粮食类储藏物；成虫行动迟缓，有假死习性。【分布】国内各省区均有分布；世界广泛分布于热带亚热带地区。

棕蛛甲 *Ptinus clavipes* Panzer（蛛甲科 Ptinidae）

【识别要点】体长2～3 mm。体棕褐色至黑色，被黄褐色毛；雌虫鞘翅卵圆形，雄虫鞘翅两侧近平行。头部小，触角长；前胸背板在近基部处缢缩，小盾片显著；鞘翅刻点列明显，行距间具直立的黄褐色毛。【习性】为害谷物、干果等储藏物。【分布】我国西北地区；欧洲、北美、日本。

斑翅长蠹 *Lichenophanes carinipennis* Lesne（长蠹科 Bostrychidae）

【识别要点】体长8～16 mm。长筒形；体色棕褐色略带光泽，鞘翅表面具成列的黄色斑块，斑块由黄色毛被形成。头小且下垂，触角较短，棒状；前胸背板粗糙，前端具瘤状突起；鞘翅狭长；后足跗节接近等于胫节长度。【习性】幼虫蛀食枯枝。【分布】台湾；日本。

日本圆皮蠹｜刘晔 摄　拟裸蛛甲｜刘晔 摄

棕蛛甲｜林义祥 摄　斑翅长蠹｜林义祥 摄

锯谷盗 林义祥 摄

齿缘扁甲 张巍巍 摄

锯谷盗 *Oryzaephilus surinamensis* Linnaeus（锯谷盗科 Silvanidae）

【识别要点】体长约2 ~ 3 mm，体全黄褐色。体长形，扁平；头部较大，颊于复眼之后侧向突出，密被粗刻点，复眼小，触角念珠状；前胸背板两侧具6枚大锯齿，背面具3条纵脊；鞘翅两侧平行，具纵脊；跗节5—5—5，第3跗节双叶状。【习性】为重要仓储害虫，为害粮食等储藏物。【分布】广布全国各地及全世界。

齿缘扁甲 *Uleiota* sp.（锯谷盗科 Silvanidae）

【识别要点】体长约8 mm。长形，身体十分扁平；黄褐色，前胸背板及头部颜色略深。头顶平坦，复眼较小，触角丝状，长于体长；前胸背板长宽近等，侧缘锯齿状；鞘翅两侧平行，表面具刻点列；前足基节窝开放；跗节式雄性5—5—4，雌性5—5—5。该属曾归入扁甲科。【习性】栖息于朽木树皮下，捕食其他昆虫。【分布】云南。

扁露尾甲 *Soronia* sp.（露尾甲科 Nitidulidae）

【识别要点】体长约8 mm。棕褐色，鞘翅颜色略深；体椭圆形，十分扁平，体背稀疏被毛。头部小，触角短，端部球棒状；前胸背板侧边宽，前角向前延伸；鞘翅完全覆盖腹部，肩部方形，具延伸的侧边。【习性】见于树干上，取食树干伤口流出的发酵汁液。【分布】重庆。

毛跗露尾甲 *Lasiodactylus* sp.（露尾甲科 Nitidulidae）

【识别要点】体长约7 mm；棕褐色，鞘翅具黄色斑纹及纵向排列的斑点；体椭圆形，十分扁平。头部小，复眼突出，触角短，端部球棒状；前胸背板侧边较宽；鞘翅完全覆盖腹部；跗节5—5—5，第4节很小。【习性】成虫有趋光性。【分布】海南。

扁露尾甲 寒枫 摄

毛跗露尾甲 李元胜 摄

黄斑小露尾甲 | 林义祥 摄

四斑露尾甲 | 李元胜 摄

安拟叩甲 | 郭宪 摄

四拟叩甲 | 周纯国 摄

黄斑小露尾甲 *Carpophilus* sp.（露尾甲科 Nitidulidae）

【识别要点】体长约3 mm。深棕褐色，鞘翅具方形黄色大斑；体长方形，略扁平。头部宽阔，触角端部3节形成端锤，上颚较发达；前胸背板长方形；鞘翅方形，末端平截，露出2节腹背板。【习性】取食腐烂的水果、尸体等。【分布】台湾。

四斑露尾甲 *Librodor japonicus* (Motschulsky)（露尾甲科 Nitidulidae）

【识别要点】体长8～14 mm。黑色具光泽，每鞘翅各具2个黄色至红色的锯齿状斑纹；体长椭圆形，较扁平。头部较大，雄虫上颚十分发达，触角第1节延长，端部形成端锤；前胸背板横长；鞘翅具细刻点列，端部圆弧，露出1节腹背板。【习性】见于树干上，取食树干伤口流出的发酵汁液。【分布】东北、华北及中国南方大部分地区；日本、韩国。

安拟叩甲 *Anadastus* sp.（拟叩甲科 Languriidae）

【识别要点】体长约6 mm。橙红色，触角及足黑色。触角较短，端部4节逐渐膨大形成较疏松的棒状；前胸背板圆形，表面隆起且光洁；鞘翅向后逐渐变窄，端部平截，表面具细刻点组成的条沟；跗节第1—3节加宽成双叶状。【习性】成虫栖息于植物上。【分布】重庆。

四拟叩甲 *Tetralanguria* sp.（拟叩甲科 Languriidae）

【识别要点】体长约15 mm。体蓝黑色，前胸背板橙红色，基缘及前缘中部具黑色斑纹，盘区中部及前角附近各具2枚圆形黑斑。触角较粗，端部4节强烈膨大，形成明显的宽扁的端锤；前胸背板圆形，表面隆起且光洁；鞘翅向后略变窄，端部锯齿状；足较强壮，跗节1—3节加宽成双叶状。【习性】成虫栖息于植物上。【分布】重庆。

红斑蕈甲 *Episcapha* sp.1（大蕈甲科 Erotylidae）

【识别要点】体长约12 mm。体长卵圆形，体背较拱隆；黑色具光泽，鞘翅具2组橙红色锯齿状斑纹。头部较小，触角到达前胸背板基部，末端3节扩大成扁平状；前胸背板横长，前角突出，基缘中部突出；鞘翅末端圆弧，表面细刻点列略可见；跗节略加宽。【习性】成虫及幼虫均取食真菌。【分布】台湾。

蓝斑蕈甲 *Episcapha* sp.2（大蕈甲科 Erotylidae）

【识别要点】体型与红斑蕈甲相似，但鞘翅上的锯齿状斑纹为亮蓝色，死后斑纹变为浅黄绿色。【习性】成虫及幼虫均取食真菌。【分布】海南。

无斑蕈甲 *Megalodacne* sp.（大蕈甲科 Erotylidae）

【识别要点】体长约10 mm。体黑色，具光泽，鞘翅无色斑，胫节端部略带褐色。触角略到达前胸背板基部，端部3节膨大形成较小的扁平端锤；前胸背板横长，侧边上翘；鞘翅表面具细刻点列；跗节加宽，腹面具金黄色毛。【习性】成虫及幼虫均取食真菌。【分布】台湾。

红斑蕈甲 | 林义祥 摄

蓝斑蕈甲 | 张巍巍 摄

无斑蕈甲 | 林义祥 摄

橙红蕈甲 *Neotriplax* sp.（大蕈甲科 Erotylidae）

【识别要点】体长约6 mm。体卵圆形；橙红色，具光泽，足及触角黑色，腹面橙红色。头部较宽，触角端部3节形成宽扁的端锤；前胸背板横长，前角不突出；鞘翅向后渐收狭，表面具细刻点列。【习性】成虫及幼虫均取食真菌。【分布】云南。

六斑异瓢虫 *Aiolocaria hexaspilota* (Hope)（瓢虫科 Coccinellidae　瓢虫亚科 Coccinellinae）

【识别要点】体长8～12 mm，体宽7～9 mm。体宽卵形，中度拱起，无毛。前胸背板黑色，两侧具白色或浅黄色大斑。小盾片黑色，三角形。鞘翅具红、黑两色，斑纹变化多。鞘翅的外缘和鞘缝总呈黑色，鞘翅的中、后部有一条黑色的横带，或者横带分裂成两个部分，此外在翅的基部及近端部各有1个黑斑，常与翅中的横斑相连，有时端斑不明显。【习性】常见于漆树等多种阔叶树。取食赤杨叶甲、漆树叶甲和核桃扁叶甲的卵和幼虫、蚜虫等。【分布】中国广泛分布；俄罗斯、韩国、日本、印度、尼泊尔、缅甸。

华裸瓢虫 *Calvia chinensis* (Mulsant)（瓢虫科 Coccinellidae　瓢虫亚科 Coccinellinae）

【识别要点】体长6～8 mm，体宽4～5 mm。体长椭圆形，弧形拱起，鞘翅末端收窄；表面光滑，不被绒毛。前胸背板肩角部分有浅黄色斑，中央有黄色纵纹。小盾片正三角形。鞘翅各具有5个浅黄色斑点，成2，2，1排列。鞘翅缘折内侧黄色，形成腹面浅色的边缘。【习性】见于云南松、华山松上。取食蚜虫。【分布】云南、江苏、浙江、湖南、福建、广东、广西、海南、四川、陕西。

七星瓢虫 *Coccinella septempunctata* Linnaeus（瓢虫科 Coccinellidae　瓢虫亚科 Coccinellinae）

【识别要点】体长5～7 mm，体宽4～6 mm。体周缘卵形，背面强度拱起，无毛。前胸背板黑色，两侧前半部具近方形的黄色斑纹。鞘翅鲜红色，具7个黑斑，其中位于小盾片下方的小盾斑为鞘缝分割成每边一半，其余每一鞘翅上各有3个黑斑。小盾斑前侧各具1个灰白色三角形斑。【习性】见于草地及农地，也见于树林及灌木。取食大豆蚜、棉蚜、玉米蚜等。【分布】中国、东南亚、印度、新西兰、北美（引入）。

橙红蕈甲 | 张宏伟 摄

六斑异瓢虫 | 李元胜 摄

华裸瓢虫 | 林义祥 摄

七星瓢虫 | 张宏伟 摄

狭臀瓢虫

Coccinella transversalis Fabricius

（瓢虫科 Coccinellidae　瓢虫亚科 Coccinellinae）

【识别要点】体长5～7 mm，体宽4～5 mm。体卵形，后端狭缩尖出，背面拱起显著，无毛。前胸背板黑色，前角各具1近方形橘红色斑。小盾片黑色。鞘翅基色为红黄色而有黑色的斑纹，鞘缝自小盾片两侧延至末端之前为黑色，在小盾片下黑色部分向两侧扩展成长圆形斑，在末端向外扩展成三角形斑，每一鞘翅上各有3列黑色斑纹。【习性】取食蚜虫；东洋甘蔗白轮盾蚧；合欢异木虱；粉蚧。【分布】台湾、福建、广东、海南、广西、贵州、云南、西藏；东南亚至澳大利亚。

狭臀瓢虫 张宏伟 摄

异色瓢虫

Harmonia axyridis (Pallas)

（瓢虫科 Coccinellidae　瓢虫亚科 Coccinellinae）

【识别要点】体长5～8 mm，体宽3～6 mm。体卵形，体背强烈拱起，无毛。浅色前胸背板上有M形黑斑，常变化。小盾片橙黄色至黑色。鞘翅上色斑常变化，近末端7，8处有1明显的横脊痕，鉴定该种的重要特征。【习性】取食多种蚜虫、介壳虫、木虱等。【分布】中国广泛分布；日本、韩国、俄罗斯、蒙古国、越南、法国、北美（引入）。

异色瓢虫 周纯国 摄

红肩瓢虫

Harmonia dimidiata (Fabricius)

（瓢虫科 Coccinellidae　瓢虫亚科 Coccinellinae）

【识别要点】体长7～10 mm，体宽7～10 mm。体近圆形，背面强烈拱起，无毛。前胸背板中线基部两侧各有1个黑斑，两者彼此相连。小盾片黑色。鞘翅上的斑纹有两类明显的变异，黄色型每一鞘翅上各有7个黑斑，呈1，3，2，1排列；红色型鞘翅后半部的黑斑相互融合，黑色部分占鞘翅的一半以上，仅留红色的肩部，有时肩部还有1小黑斑。【习性】见于农田。取食麦蚜、伪菜蚜等。【分布】台湾、四川、湖南、福建、广东、广西、贵州、云南、西藏；尼泊尔、印度、印度尼西亚、美国（引入）。

红肩瓢虫 张宏伟 摄

八斑和瓢虫

Harmonia octomaculata (Fabricius)

（瓢虫科 Coccinellidae　瓢虫亚科 Coccinellinae）

【识别要点】体长5～8 mm，体宽4～6 mm。体卵形背面中度拱起，无毛。前胸背板黄褐色，具黑斑，黑斑的大小数量不一，有1～5个大黑斑。小盾片黑色或浅色。鞘翅上的黑斑常有变异：黑色的横带常中断而形成不规则的斑点，或部分黑斑消失，以至鞘翅全为黄色。【习性】农田包括水稻田、柑橘、黄花菜。取食高粱蚜、甘蔗粉角蚜、棉蚜等蚜虫；褐飞虱、合欢异木虱，绵蚧属，粉蚧属，球蚧属，等等。【分布】中国广泛分布；日本、印度、东南亚至澳大利亚。

八斑和瓢虫 张宏伟 摄

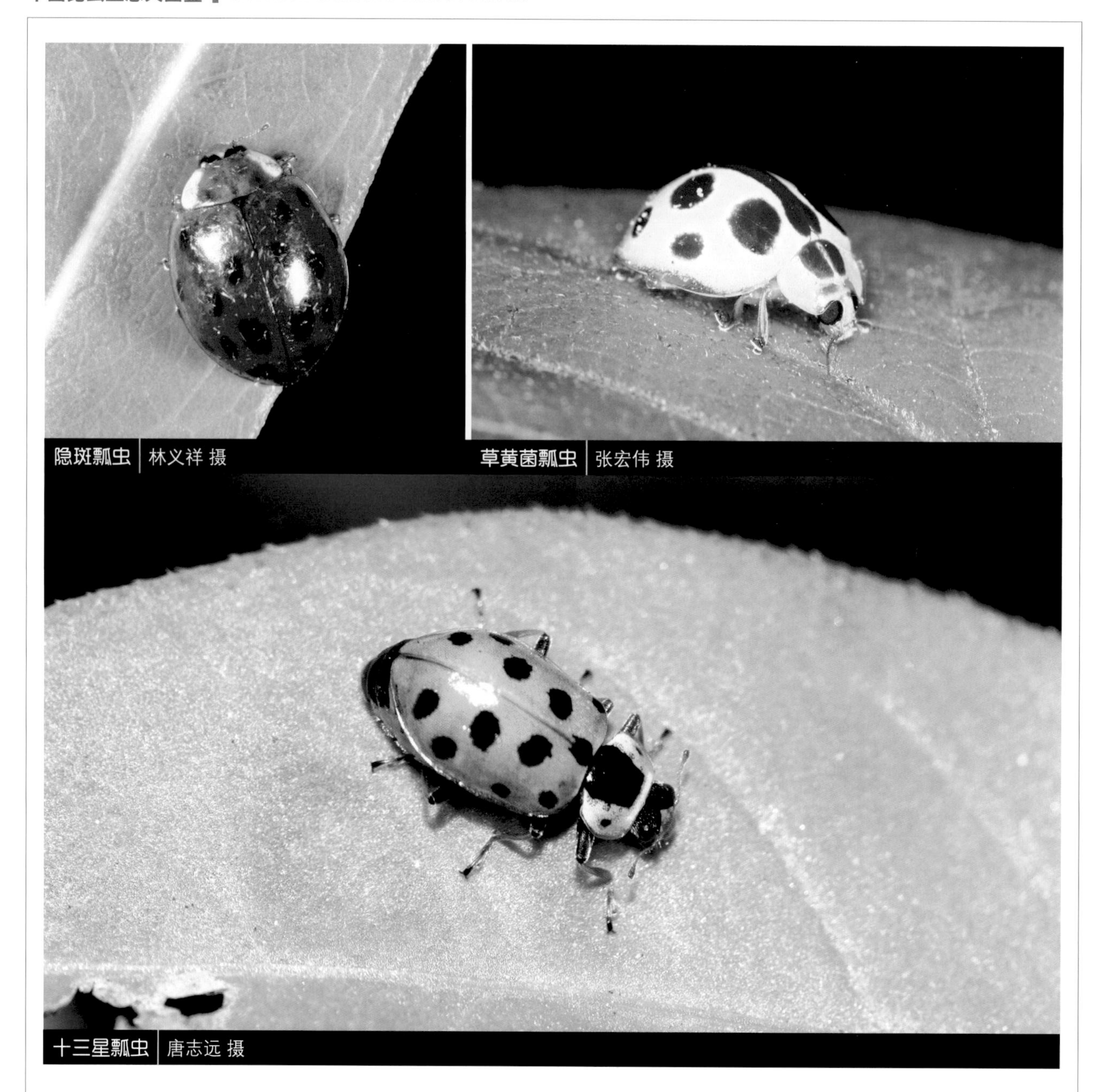
隐斑瓢虫 | 林义祥 摄
草黄菌瓢虫 | 张宏伟 摄
十三星瓢虫 | 唐志远 摄

隐斑瓢虫 *Harmonia yedoensis* (Takizawa)（瓢虫科 Coccinellidae　瓢虫亚科 Coccinellinae）

【识别要点】体长5～8 mm，体宽4～6 mm。体卵形，背面中度拱起，无毛。前胸背板中央褐色梯形大斑的两侧为白色或黄色。小盾片褐色或深褐色。鞘翅颜色多变，色斑变化18个黑色斑，或12个黄色斑，或无。【习性】栖于多种植物。取食蚜虫、蚧虫。【分布】中国广泛分布；日本、韩国、越南。

草黄菌瓢虫 *Halyzia straminea* (Hope)（瓢虫科 Coccinellidae　瓢虫亚科 Coccinellinae）

【识别要点】体长6～8 mm，体宽5～7 mm。体宽卵形，呈半圆形拱起，无毛。前胸背板硫黄色。后缘中线两侧各有1个近于半圆形褐色斑点。小盾片硫黄色。鞘翅基色硫黄色，除自小盾片下沿鞘缝向后至端末红褐色条纹外，每个鞘翅各有4个红褐色斑点；鞘翅侧缘外伸宽阔，同拱起部分分界不明。【习性】取食白粉菌的菌丝和孢子等真菌类。【分布】云南；印度、尼泊尔、印度。

十三星瓢虫 *Hippodamia tredecimpunctata* (Linnaeus)（瓢虫科 Coccinellidae　瓢虫亚科 Coccinellinae）

【识别要点】体长4～7 mm，体宽 2～4 mm。体长卵形，无毛。前胸背板中部为近梯形的大型黑斑，在其两侧各有1个小圆形黑斑。鞘翅上除小盾斑外各有6个黑斑，斑点独立或有时相互连接。无后基线。【习性】取食棉蚜、槐蚜、麦二叉蚜、豆长管蚜、荷缢管蚜等各种蚜虫及褐飞虱、灰飞虱等。【分布】北京、吉林、新疆、甘肃、宁夏、陕西、河北、山东、河南、江苏、浙江；伊朗、阿富汗、哈萨克斯坦、蒙古国、俄罗斯、日本、朝鲜、欧洲等。

双带盘瓢虫 *Lemnia biplagiata* (Swartz)（瓢虫科 Coccinellidae 瓢虫亚科 Coccinellinae）

【识别要点】体长5～7 mm，体宽4～6 mm。体半球形，体背强度拱起，无毛。前胸背板黑色，侧缘的前3/5浅黄色。小盾片黑色。鞘翅黑色，其中央在外线与中线间，形成椭圆形而在后缘稍凹入的肾形斑。【习性】取食多种蚜虫（包括甘蔗棉蚜、朴绵蚜、柳蚜、棉蚜、桔二叉蚜、麦二叉蚜、萝卜蚜、桃蚜、麦长管蚜等）及木虱；叶蝉；飞虱。【分布】中国南方；印度、斯里兰卡、越南、菲律宾、朝鲜、日本、马来西亚、印度尼西亚。

黄斑盘瓢虫 *Lemnia saucia* (Mulsant)（瓢虫科 Coccinellidae 瓢虫亚科 Coccinellinae）

【识别要点】体长5～7 mm，体宽4～6 mm。体半球形，体背强烈拱起，无毛。体基色为黑色。前胸背板前缘色浅，很窄，中部黑色，两侧具黄白色大斑。小盾片黑色。鞘翅黑色，其中央在外线与中线间形成椭圆形，而在后缘稍凹入的肾形斑。【习性】取食小麦、柑橘、竹子、番石榴等上面的蚧虫、飞虱。【分布】中国南部广泛分布；日本、菲律宾、印度、尼泊尔、泰国。

白条菌瓢虫 *Macroilleis hauseri* (Mader)（瓢虫科 Coccinellidae 瓢虫亚科 Coccinellinae）

【识别要点】体长5～7 mm，体宽4～6 mm。体椭圆形，体背中度拱起，无毛。前胸背板黄褐色，有1个M形斑，或具3个斑，或者无斑纹。小盾片褐黄色。鞘翅各有4条白色纵带，靠近外缘和鞘翅的两条最宽，中间两条细，第1条和第2条、第3条和第4条分别在末端愈合。【习性】栖于阔叶树。取食白粉菌和蚜虫。【分布】中国广泛分布；越南。

十斑大瓢虫 *Megalocaria dilatata* (Fabricius)（瓢虫科 Coccinellidae 瓢虫亚科 Coccinellinae）

【识别要点】体长9～10 mm，体宽8～12 mm。体圆形，无毛。体基色为橙黄色至橘黄色。前胸背板两侧近基部各有1个黑斑。小盾片黑色。鞘翅末端上各有5个大小相似的黑斑，黑斑成1，2，2排列。鞘翅外缘有黑色的细边。腹面黄褐色，鞘翅缘折中部内侧有1个黑斑。【习性】取食竹蚜、甘蔗绵蚜及其他蚜虫。【分布】云南、四川、福建、广东、广西；印度、印度尼西亚。

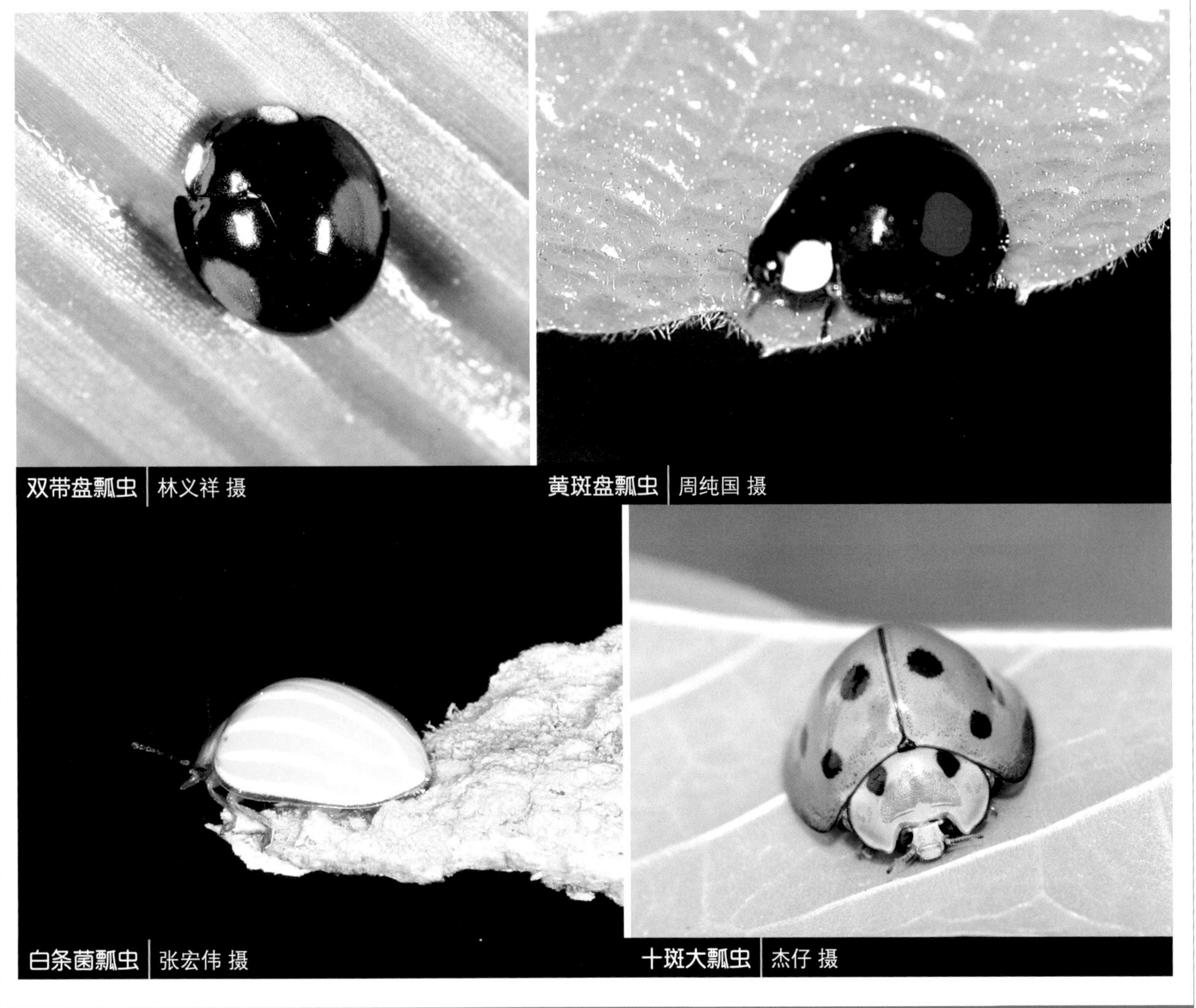

双带盘瓢虫 | 林义祥 摄

黄斑盘瓢虫 | 周纯国 摄

白条菌瓢虫 | 张宏伟 摄

十斑大瓢虫 | 杰仔 摄

六斑月瓢虫 | 李元胜 摄

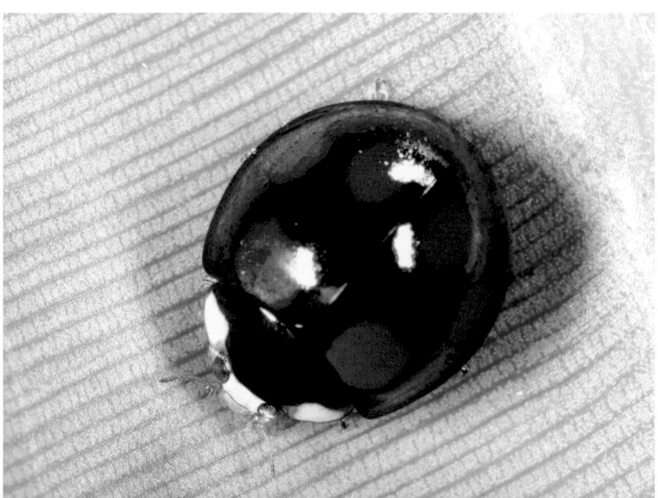
台湾巧瓢虫 | 林义祥 摄

六斑月瓢虫 *Menochilus sexmaculatus* (Fabricius)（瓢虫科 Coccinellidae 瓢虫亚科 Coccinellinae）

【识别要点】体长4～7 mm，体宽4～7 mm。体近圆形，背稍拱起。前胸背板黑色，前缘和前角及侧缘黄色，缘折大部褐色。小盾片及鞘翅黑色，鞘翅共具4个或6个单色斑。后基线分叉，主支斜伸至腹板后缘附近，向外伸达侧缘。【习性】常见于农田、森林、庭院及杂草。取食多种蚜虫，包括豆蚜、甘蔗粉角蚜、桔蚜、桔二叉蚜、麦二叉蚜、豌豆蚜及木虱；蚧虫等。【分布】云南、福建、广东、广西、台湾；印度、日本、斯里兰卡、菲律宾、印度尼西亚。

台湾巧瓢虫 *Oenopia formosana* (Miyatake)（瓢虫科 Coccinellidae 瓢虫亚科 Coccinellinae）

【识别要点】体长3～4 mm，体宽3～4 mm。体短卵圆形，拱起，光滑。前胸背板黑色，两侧各有1个黄色宽卵形斑。鞘翅黑色，每一鞘翅各具3个黄色卵形斑。可从本种鞘翅上刻点粗而稀，以及雄虫第6腹板后缘平直与粗网巧瓢虫区分。【习性】栖于农田及果树。取食蚜虫及木虱。【分布】台湾。

黄缘巧瓢虫 *Oenopia sauzeti* Mulsant（瓢虫科 Coccinellidae 瓢虫亚科 Coccinellinae）

【识别要点】体长3～5 mm，体宽2～4 mm。体椭圆形，体背中度拱起，无毛。前胸背板黑色，前角上各有1个四边形黄白斑，沿外缘伸达后角。小盾片黑色。鞘翅黑色，基缘及周边狭窄，呈黑色或褐黑色，鞘缝黑色，在中央部分扩展成横椭圆形黑斑，近端末膨大为横四边形的黑斑。【习性】取食蚜虫。【分布】台湾、陕西、甘肃、河南、四川、广东、广西、贵州、云南、西藏；缅甸、印度、越南。

龟纹瓢虫 *Propylea japonica* (Thunberg)（瓢虫科 Coccinellidae 瓢虫亚科 Coccinellinae）

【识别要点】体长3～5 mm，2～4 mm。体长圆形，背面轻度拱起，表面光滑，不被细毛。前胸背板浅黄色，具1个大黑斑，横向，黑斑的基半部向后收缩。小盾片黑色。鞘翅基色黄色而带有龟纹状黑色斑纹，但其黑斑常有变异：黑斑扩大相连或黑斑缩小而成独立的斑点，有时甚至黑斑消失。【习性】常见于农田杂草，以及果园和灌木。取食大豆蚜、棉蚜、桃蚜等。【分布】中国广泛分布；西伯利亚、日本、朝鲜半岛、越南、印度、不丹。

黄缘巧瓢虫 | 张宏伟 摄

龟纹瓢虫 | 周纯国 摄

黄室龟瓢虫 周纯国 摄　　阿里山崎齿瓢虫 林义祥 摄

菱斑食植瓢虫 唐志远 摄

黄室龟瓢虫 *Propylea luteopustulata* (Mulsant)（瓢虫科 Coccinellidae　瓢虫亚科 Coccinellinae）

【识别要点】体长4～6 mm，体宽3～5 mm。体椭圆形，明显拱起，无毛。前胸背板黑色，前缘呈梯形内凹，两前角各有1个黄褐色斑与前缘黄褐色带相连。小盾片黑色，底边大于斜边。鞘翅颜色和斑纹变化较大。鞘翅黑色，每个鞘翅或具5个黄斑，或4个黄斑，或前面2个黄斑相连形成2条黄色横带，或前后横带相连。鞘翅黄褐色者，每个鞘翅上有5个黑斑呈3，2排列。【习性】取食蚜虫。【分布】云南、四川。

阿里山崎齿瓢虫 *Afissula arisana* (Li)（瓢虫科 Coccinellidae　食植瓢虫亚科 Epilachninae）

【识别要点】体长3～5 mm，体宽2～4 mm。体卵形，背面强烈拱起，被毛。体背黄褐色。头部无斑，或有时有黑色的区域。前胸背板中部有以横向的黑斑，稍近于前缘，斑的大小不一。每一鞘翅有5个黑斑，形状大小各异，成2，2，1排列；或消失。【分布】台湾。

菱斑食植瓢虫 *Epilachna insignis* Gorham（瓢虫科 Coccinellidae　食植瓢虫亚科 Epilachninae）

【识别要点】体长9～11 mm，体宽8～10 mm。体近于心形，背面明显拱起，被毛。前胸背板上有1个黑色的中斑。小盾片浅色。鞘翅上有7个黑色斑点，各斑独立且有明显菱角，1，5两斑常构成缝斑。【习性】见于路旁草丛。寄主为龙葵、茄等茄科植物。【分布】云南、四川、陕西、安徽、福建。

瓜茄瓢虫 *Epilachna admirabilis* Crotch（瓢虫科 Coccinellidae　食植瓢虫亚科 Epilachninae）

【识别要点】体长6～9 mm，体宽5～7 mm。体卵形，背面强烈拱起，被毛。背面褐色、褐红色或褐黄色。前胸背板无斑或有1个中央斑。每一鞘翅上有6个斑，其中1斑和5斑位于鞘缝，与另一鞘翅的对应斑相接；或鞘翅上6个斑多变化，相连或消失。【习性】常绿阔叶林内空旷地，路旁草丛、菜地。寄主为茄、龙葵、苦瓜、南瓜、冬瓜等。【分布】台湾、广东、湖北、四川、江苏、浙江、云南；日本、越南、缅甸。

长管食植瓢虫 *Epilachna longissima* (Dieke)（瓢虫科 Coccinellidae　食植瓢虫亚科 Epilachninae）

【识别要点】体长6～7 mm，体宽5～6 mm。体卵形，背面强烈拱起，被毛。背面浅褐红色。前胸背板无斑或有1个中央黑斑。每一鞘翅上有5个斑，1斑和3斑靠近鞘缝，3斑和4斑相连组成一条横带。有时3斑和4斑独立。【分布】台湾。

艾菊瓢虫 *Epilachna plicata* Weise（瓢虫科 Coccinellidae　食植瓢虫亚科 Epilachninae）

【识别要点】体长5～6 mm，体宽3～4 mm。背面黄棕色，被毛。前胸背板上有1个黑色的横斑；在浅色个体中，黑斑可分割成7个不明显的小斑。小盾片与鞘翅的基色相同。鞘翅上的斑纹由5斑连接而成，1＋2形成前缘弧形弯曲的横带，第3、第4斑均横置，或连成3＋4的横带，第5斑亦为横带，各横带均不连鞘翅，成为各鞘翅上的独立横带。【习性】沟谷雨林内、林间灌丛。寄主为野艾。【分布】云南、陕西、甘肃、四川。

马铃薯瓢虫

Henosepilachna vigintioctomaculata (Motschulsky)（瓢虫科 Coccinellidae　食植瓢虫亚科 Epilachninae）

【识别要点】体长6～9 mm，体宽5～7 mm。体周缘近于卵形或心形，背面强烈拱起，被毛。前胸背板的3斑、4斑和7斑相连成1个近似三角板的黑斑，1斑和5斑、2斑和6斑连合或独立。每一鞘翅有14个斑，变斑常小于或近似基斑的大小。某些斑纹常出现相连。鞘翅端角无角状突出。【习性】路旁灌草丛、农田、菜地。中国已记录13科30种寄主植物，主要有葫芦科（黄瓜、西葫芦、南瓜）、茄科（马铃薯、茄、蕃茄、龙葵、枸杞）等。【分布】中国广泛分布；日本、朝鲜、西伯利亚、越南。

瓜茄瓢虫 | 林义祥 摄　长管食植瓢虫 | 林义祥 摄　艾菊瓢虫 | 郭宪 摄

马铃薯瓢虫 | 王江 摄

茄二十八星瓢虫 *Henosepilachna vigintioctopunctata* (Fabricius)
(瓢虫科 Coccinellidae 食植瓢虫亚科 Epilachninae)

【识别要点】体长5～8 mm，体宽4～7 mm。体宽卵形，背面强烈拱起，被毛。前胸背板斑纹从无斑到7个斑，其中3斑和4斑常相连。鞘翅上的斑纹多变，每一鞘翅有6个基斑和1～8个变斑，斑纹相连或独立。多数个体每一鞘翅上有14个斑纹。本种与马铃薯瓢虫的区别在于鞘翅端角内缘与鞘缝的连接处呈角状突。【习性】多见于山坡灌丛、菜地。寄主为茄科，葫芦科、豆科等科的多种植物。【分布】中国南方广泛分布；印度至东南亚一带到澳大利亚。

台湾三色花瓢虫 *Amida tricolor formosana* Kurisaki（瓢虫科 Coccinellidae 小毛瓢虫亚科 Scymninae）

【识别要点】体长3～5 mm，体宽3～4 mm。体卵圆形，强烈拱起，被毛。前胸背板橘红色中部有1个黑色斑，有时黑斑色淡。鞘翅斑纹3色，每一鞘翅具2个大黄斑，3个小黑斑位于黄斑上下边缘，其中中间黑斑压住两黄斑边缘。其余部分均为橘红色。【习性】树林。寄主未知。【分布】台湾。

孟氏隐唇瓢虫 *Cryptolaemus montrouzieri* Mulsant（瓢虫科 Coccinellidae 小毛瓢虫亚科 Scymninae）

【识别要点】体长3～5 mm，体宽2～4 mm。头及前胸红黄色，鞘翅黑色而末端红黄色，每一鞘翅上的浅色区前缘弧形突出。因其为粉蚧的重要天敌而引入。【习性】果树及林地。取食各种粉蚧、蚜虫。【分布】台湾、广东；澳大利亚、印度、泰国、西印度群岛、美国、中美洲、欧洲南部、南非等。

五斑方瓢虫 *Pseudoscymnus quinquepunctatus* (Weise)（瓢虫科 Coccinellidae 小毛瓢虫亚科 Scymninae）

【识别要点】体长1～3 mm，体宽1～2 mm。小型种类，底色为黄褐色，前胸背板中部有1个黑斑，有时黑斑消失。两鞘翅上共有5个斑点，其中2个位于肩角出，1个位于鞘翅的中央，另2个位于鞘翅的后侧方。【习性】见于林地。【分布】台湾；日本。

茄二十八星瓢虫 | 张宏伟 摄

台湾三色花瓢虫 | 林义祥 摄

孟氏隐唇瓢虫 | 林义祥 摄

五斑方瓢虫 | 林义祥 摄

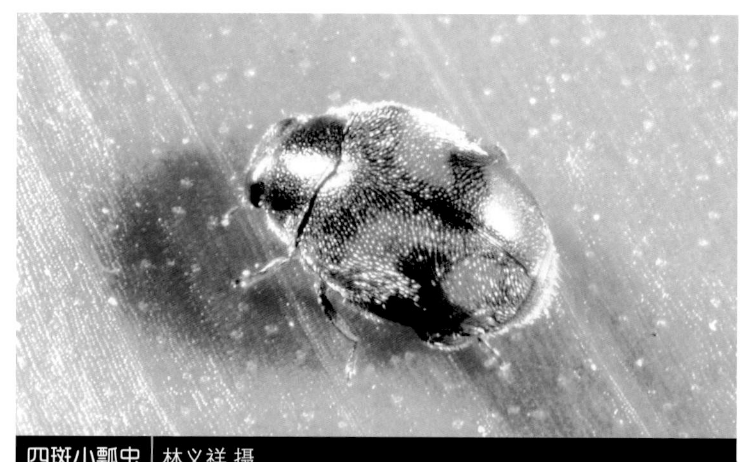
四斑小瓢虫 | 林义祥 摄

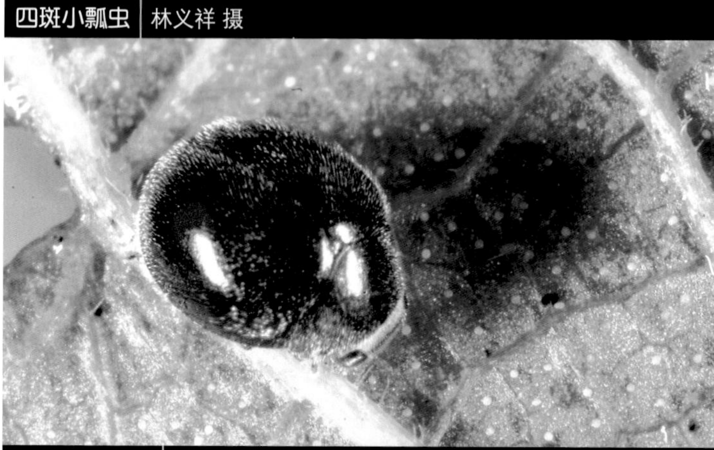
台湾隐势瓢虫 | 林义祥 摄

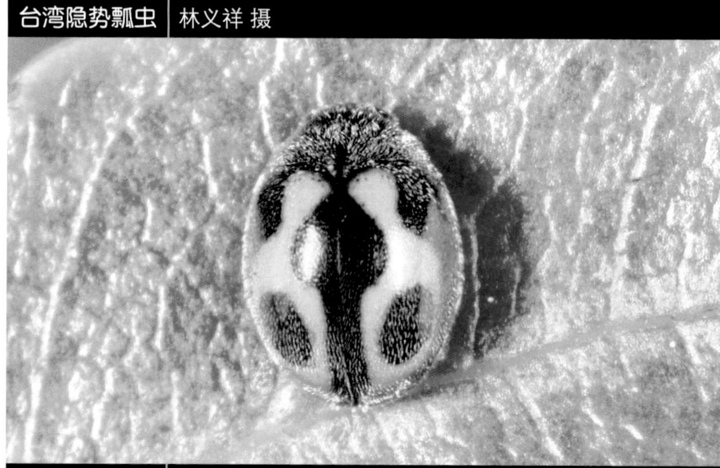
黑泽隐势瓢虫 | 林义祥 摄

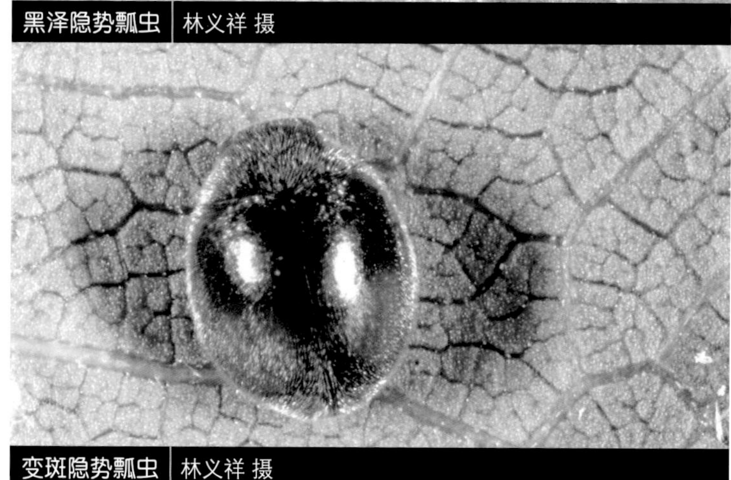
变斑隐势瓢虫 | 林义祥 摄

四斑小瓢虫

Scymnus (Pullus) quadrillus Motschulsky

（瓢虫科 Coccinellidae）

（小毛瓢虫亚科 Scymninae）

【识别要点】体长1～2 mm，体宽1～2 mm。小型黑色而鞘翅上有浅色斑的种类，前胸背板全黑色或前缘及侧缘褐色，鞘翅黑色，每一鞘翅有1对斜的卵形斑，斑的大小多变，有时前后斑相连，翅端亦褐色。【习性】栖于林地和农地。取食桃蚜、棉蚜、大桔蚜等。【分布】台湾、广东、广西、福建、浙江；斯里兰卡、印度、菲律宾、越南、日本。

台湾隐势瓢虫

Cryptogonus horishanus (Ohta)

（瓢虫科 Coccinellidae）

（隐胫瓢虫亚科 Aspidimerinae）

【识别要点】体长1～3 mm，体宽1～2 mm。体短卵形，拱起。前胸背板黑色。小盾片黑色。鞘翅黑色，鞘翅上各有1个黄褐色至橙黄色的斑点，斑点常为横卵形，位于中部稍后。【习性】取食桃蚜及桔蚜。【分布】浙江、台湾、福建、广东；日本。

黑泽隐势瓢虫

Cryptogonus kurosawai Sasaji

（瓢虫科 Coccinellidae）

（隐胫瓢虫亚科 Aspidimerinae）

【识别要点】体长2～3 mm，体宽2～3 mm。体短卵形，强烈拱起，被毛。前胸背板黑色，仅前角褐色，长度不超过前胸背板长的1/2；鞘翅黑色，中部有一纵向的红褐色斑，在左鞘翅的形状为6字形，浅色区围绕的卵形黑斑不与黑色的鞘缝或侧缘相接。【分布】台湾。

变斑隐势瓢虫

Cryptogonus orbiculus (Gyllenhal)

（瓢虫科 Coccinellidae）

（隐胫瓢虫亚科 Aspidimerinae）

【识别要点】体长2～3 mm，体宽1～3 mm。体半球形，被毛。前胸背板黑色，前缘红色，很窄。小盾片黑色。鞘翅黑色，有一个小红斑，常位于鞘翅中部稍后，此斑可变小、消失，或扩大。【习性】取食多种蚜虫。【分布】中国广泛分布；日本、南亚至东南亚一带到密克罗尼西亚。

红点唇瓢虫 | 林义祥 摄

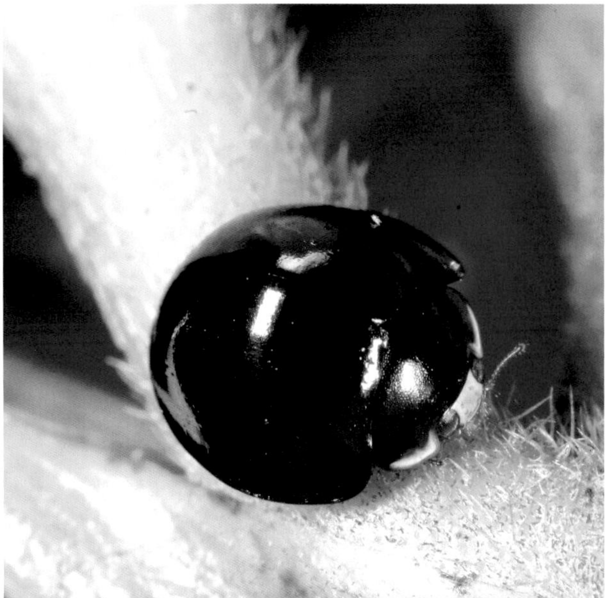

黑背唇瓢虫 | 林义祥 摄

狭跗伪瓢虫 | 林义祥 摄

红点唇瓢虫 *Chilocorus kuwanae* Silvestri（瓢虫科 Coccinellidae　盔唇瓢虫亚科 Chilocorinae）

【识别要点】体长3～5 mm，体宽2～5 mm。体半球形，体背拱起，无毛。体基色为黑色。前胸背板黑色。小盾片黑色。鞘翅黑色，在中央之前各有1个橙红色斑，长形横置或近圆形，其宽度相当于鞘翅宽度的2/7～3/7。【习性】取食桃球蚧、桑白蚧、洋槐上的东方盔蚧、褐圆蚧、松突圆蚧及其他盾蚧科的一些种。【分布】云南、北京、黑龙江、河南、上海、江西、福建、广东；日本、美国（引入）、意大利、印度。

黑背唇瓢虫 *Chilocorus gressitti* Miyatake（瓢虫科 Coccinellidae　盔唇瓢虫亚科 Chilocorinae）

【识别要点】体长3～4 mm，体宽3～4 mm。体近圆形，背面拱起，有光泽。前胸背板黑色，但其前缘及两侧红黄色，或仅前角有细窄的黄褐色边缘，其后角内侧斜脊明显。小盾片及鞘翅均为黑色。【习性】取食褐圆蚧、椰圆蚧及其他盾蚧科种类。【分布】云南、福建、广东、海南、广西。

狭跗伪瓢虫 *Stenotarsus* sp.（伪瓢虫科 Endomychidae）

【识别要点】体长约4～5 mm。足、头、触角、前胸背板黑色，鞘翅红色至红褐色，肩部带黄色斑纹。体略扁平，密被绒毛；头小，触角约过体长之半，末3节略膨大，形成稀疏端锤，最末节最为膨大；前胸背板半圆形，侧边很宽；鞘翅长圆形，具成列的细刻点；第2跗节双叶状并强烈延长。【分布】台湾。

菌伪瓢虫 *Mycetina* sp.（伪瓢虫科 Endomychidae）

【识别要点】体长约5 mm。足、头、触角、前胸背板黑色，鞘翅砖红色，每鞘翅侧面各具2个小黑斑。体长卵圆形，被毛不明显；头小，触角末3节略膨大；前胸背板半圆形，前缘中部具膜质发声构造；鞘翅光洁，刻点不明显；第2跗节双叶状并强烈延长。【习性】生活于朽木树皮下。【分布】北京。

四斑伪瓢虫 *Ancylopus pictus* Wiedemann（伪瓢虫科 Endomychidae）

【识别要点】体长约5 mm。头、触角、足黑色，前胸背板、鞘翅橙红色，鞘翅沿基部及翅缝处具T字形黑斑，后部具4个大型黑斑。体扁平，略狭长；触角第3节是第4节长度的2倍以上，端部棒状不明显；前胸背板方形，前胸背板中后部具向后弯折的深沟；鞘翅具不成列的细刻点；雄虫前足胫节中央具齿突。【习性】白天可在潮湿的稻草下面见到，夜间有趋光性。【分布】我国南方大部分地区。

印伪瓢虫 *Indalmus* sp.（伪瓢虫科 Endomychidae）

【识别要点】体长约7 mm。体黑色具光泽，鞘翅具4枚大型白斑，白斑四周具橙红色晕纹。体略狭长；触角端部端锤由3节组成，膨大不明显；前胸背板平坦，侧缘中部钝角状突出。【分布】云南。

黄星伪瓢虫 *Cymbachus* sp.（伪瓢虫科 Endomychidae）

【识别要点】体长约10 mm。体棕褐色，略带紫色，触角、足接近全黑，鞘翅具4个小黄斑，黄斑处明显凸出。体卵圆形，触角长，端部3节明显膨大；前胸背板方形，前角向前突出；鞘翅强烈隆起。【分布】广东、海南。

菌伪瓢虫 | 史宏亮 摄

四斑伪瓢虫 | 周纯国 摄

印伪瓢虫 | 张宏伟 摄

黄星伪瓢虫 | 张巍巍 摄

黄斑伪瓢虫 张宏伟 摄

黄纹真伪瓢虫 郭宪 摄

黄斑伪瓢虫 *Eucteanus* sp.（伪瓢虫科 Endomychidae）

【识别要点】体长约10 mm。体黑色，鞘翅具4个大型黄斑，占据鞘翅大部分区域。体圆形，触角长，末端2节强烈膨大，形成侧扁的端锤；前胸背板平坦，方形；鞘翅圆形，明显隆起；第2跗节强双叶状。【分布】云南。

黄纹真伪瓢虫 *Eumorphus* sp.1（伪瓢虫科 Endomychidae）

【识别要点】体长约12 mm。黑色略带紫色光泽，每鞘翅具前后2组黄斑，前部的黄斑由2个小斑组成，后部为相连的波浪状斑纹。体长卵圆形，触角长，末端3节强烈膨大；前胸背板平坦，前缘中部具膜质发声构造；鞘翅强烈隆起，表面具细密刻点。【分布】重庆。

红腿真伪瓢虫 *Eumorphus* sp.2（伪瓢虫科 Endomychidae）

【识别要点】体长约10 mm。黑色具光泽，各足腿节粉红色，鞘翅具4个黄斑，前端的黄斑略呈波浪状。体长卵圆形，触角长，末端3节膨大形成侧扁的端锤；前胸背板平坦，前缘中部具膜质发声构造；鞘翅隆起。【习性】生活于朽木中，以真菌为食。受惊吓时从腿节末端分泌粉红色液体。【分布】广泛分布于我国南方。

红腿真伪瓢虫 林义祥 摄

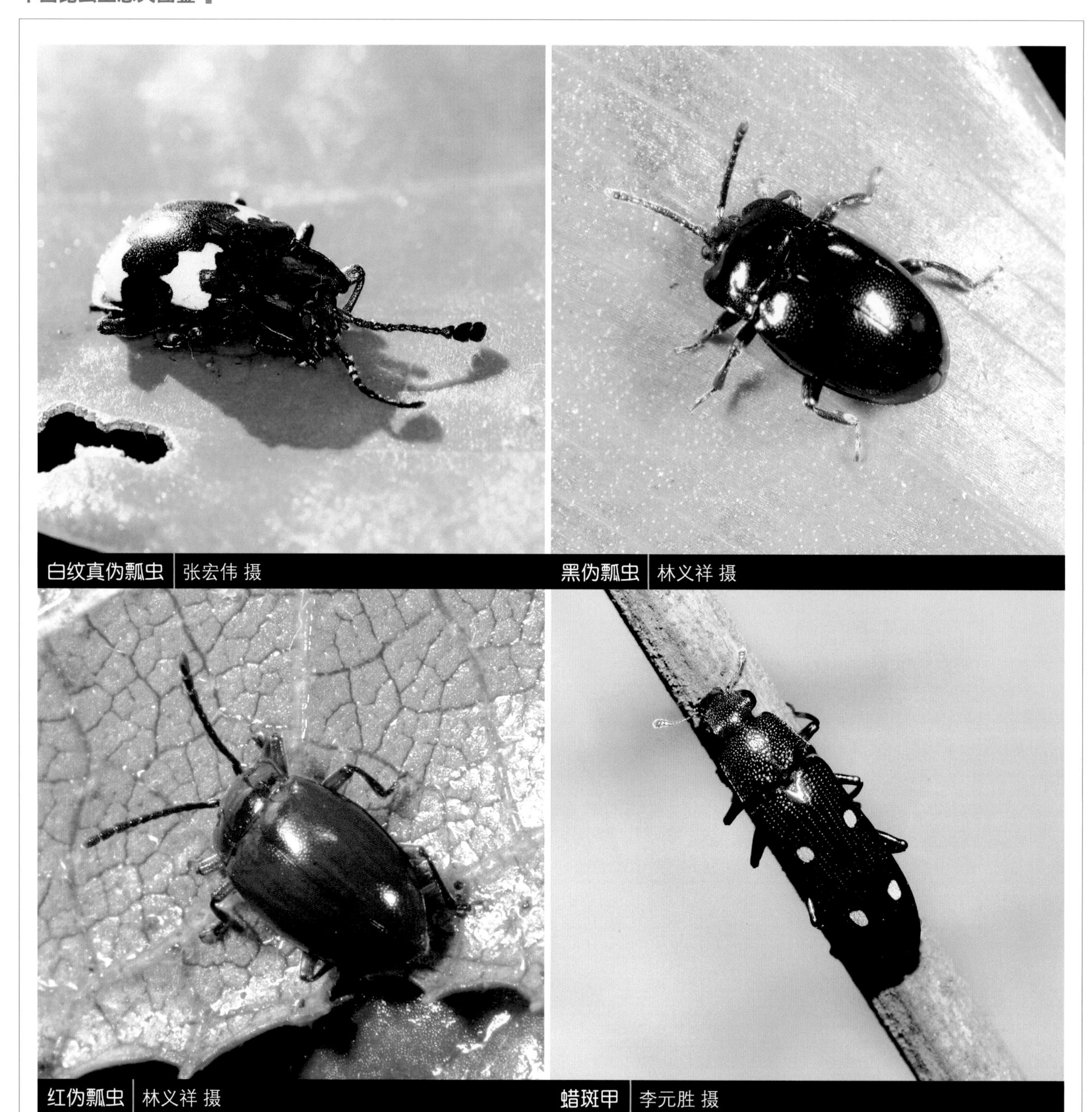

白纹真伪瓢虫 | 张宏伟 摄
黑伪瓢虫 | 林义祥 摄
红伪瓢虫 | 林义祥 摄
蜡斑甲 | 李元胜 摄

白纹真伪瓢虫 *Eumorphus* sp.3（伪瓢虫科 Endomychidae）

【识别要点】体长约10 mm。与黄纹真伪瓢虫很相似，但鞘翅的斑纹为2组白色宽波浪状纹。【分布】云南。

黑伪瓢虫 *Endomychus* sp.1（伪瓢虫科 Endomychidae）

【识别要点】体长约4.5 mm。体黑色有光泽，鞘翅后部具2个黄斑，黄斑大小变化较大。体长卵圆形，触角不达体长一半，端部膨大不明显；前胸背板方形，侧边略翘起，前缘中央无膜质发声构造；鞘翅具细刻点；第2跗节双叶状。【分布】台湾。

红伪瓢虫 *Endomychus* sp.2（伪瓢虫科 Endomychidae）

【识别要点】体长约5 mm。与黑伪瓢虫很相似，但体背橙红色，触角、胫节、跗节黑色。【分布】台湾。

蜡斑甲 *Neohelota* sp.（蜡斑甲科 Helotidae）

【识别要点】体长约8 mm。紫铜色具金属光泽，部分区域带绿色光泽，腿节基部及胫节端部黄色；头及前胸背板具细刻点，鞘翅具成行细刻点并具4个蜡黄色圆斑。体扁平，长椭圆形；头小，复眼较为突出，触角较短，端部棒状；前胸背板基部宽阔，后角突出；跗节5—5—5。【习性】多见于较高阔叶植物的花上和细枝干上，也见于草丛中。【分布】重庆。

中华漠王 *Platyope proctoleuca chinensis* Kaszab（拟步甲科 Tenebrionidae）

【识别要点】体长12～13 mm；体型扁圆。灰黑色，腹面、头顶及各足灰白色，鞘翅具由灰白色伏毛形成的斑点列，斑点在鞘翅端部融合成带。前胸背板横宽，中部凹陷，基部有大片隆起的粗颗粒；鞘翅在肩部隆起；前足胫节外侧具尖齿。【习性】生活于干旱沙地地表。【分布】新疆。

阿苇长足甲 *Adesmia aweiensis* Ren & Wang（拟步甲科 Tenebrionidae）

【识别要点】体长12～13 mm。体暗黑色，触角、足、腹面具光泽；头顶平坦，触角到达前胸背板基部，第3节最长，端部2节略膨大形成端锤；前胸背板横宽；鞘翅肩部窄，最宽处在中部，端1/3形成陡坡，表面具大型扁平突起；足细长，中足胫节略弯曲。【习性】生活于干旱沙地地表。【分布】新疆。

呆舌甲 *Derispia* sp.（拟步甲科 Tenebrionidae）

【识别要点】体长约3 mm。身体圆形，十分拱隆，足及触角通常缩在身下；体黄褐色，鞘翅黄色，具大型黑色斑块。这类拟步甲体型和瓢虫十分接近，但触角为丝状，跗节式为5—5—4。（瓢虫触角棒状，跗节为伪3—3—3）【习性】栖息于枯枝条或树皮上，菌食性。【分布】四川。

菌甲 *Diaperis* sp.（拟步甲科 Tenebrionidae）

【识别要点】体长约7 mm。体黑色，鞘翅大部红色，中部具一横排长形黑斑，黑斑不相连，端部黑斑相连，翅缝处黑色。身体长圆形，十分拱隆，足较短；触角短，双锯齿状；鞘翅具细刻点列。【习性】见于真菌上，成虫有趋光性。【分布】台湾。

中华漠王 | 刘晔 摄

阿苇长足甲 | 刘晔 摄

呆舌甲 | 张巍巍 摄

菌甲 | 林义祥 摄

邻烁甲 | 周纯国 摄

拱轴甲 | yellowman 摄

树甲 | 张巍巍 摄

朽木甲 | 周纯国 摄

树甲 *Strongylium* sp.（拟步甲科 Tenebrionidae）

【识别要点】体长18 ~ 22 mm。身体瘦长，最宽处在鞘翅基部，足十分细长；体黑色，略具铜色金属光泽，腿节棕红色。复眼较大，触角细长，长于体长之半；前胸背板梯形，具密刻点；鞘翅细长，端部渐窄，具粗大刻点列，刻点在鞘翅端部逐渐变细。【习性】成虫见于朽木或树干上，幼虫蛀木。【分布】海南。

邻烁甲 *Plesiophthalmus* sp.（拟步甲科 Tenebrionidae）

【识别要点】体长约13 mm。卵圆形且拱隆；体黑色具强烈光泽，各足腿节鲜黄色。头顶光洁，触角细长，长于体长一半，口须末节膨大；前胸背板较平坦；鞘翅光洁，肩部宽，末端尖圆，具细刻点列；各足细长。【分布】四川。

拱轴甲 *Campsiomorpha* sp.（拟步甲科 Tenebrionidae）

【识别要点】体长24 ~ 28 mm。体黑色，具强烈铜色金属光泽。头顶宽，具密刻点，触角短于体长之半，末4节略加粗；前胸背板梯形，中线浅，具细密刻点；鞘翅宽于前胸背板基部；末端尖，条沟底具细密刻点，行距间隆起且光洁，于鞘翅末端光洁行距逐渐变窄；各足细长。【习性】成虫见于树干上，夜间趋光，幼虫蛀木。【分布】广东。

朽木甲 *Cteniopinus* sp.（拟步甲科 Tenebrionidae）

【识别要点】体长11 ~ 14 mm。体鲜黄色，触角、各足腿节末端、胫节、跗节黑色；体壁较软。头部长，复眼小而圆，触角丝状，长于体长之半；前胸背板盾形；鞘翅长形，隆起，具纵条沟，表面具细绒毛；各足细长，爪具齿。【习性】成虫栖息于植物上。【分布】四川。

黑胸伪叶甲

Lagria nigircollis Hope

（拟步甲科 Tenebrionidae）

【识别要点】体长6.5 ~ 9 mm。具较强的光泽，亮黑色，鞘翅褐黄色；密被长的黄色绒毛，头及前胸的毛更长。鞘翅缘折窄于后胸侧片的3倍宽，雄虫后足胫节无细齿，雄虫触角丝状，端节与其前5节之和等长。【习性】较常见的伪叶甲，寄主广泛，成虫出现于3月至8月。【分布】辽宁、新疆、河南、福建、湖北、湖南、四川；日本、俄罗斯、朝鲜。

四斑角伪叶甲

Cerogria quadrimaculata (Hope)

（拟步甲科 Tenebrionidae）

【识别要点】体长8 ~ 10 mm。褐色，腹部颜色较浅，膝、胫节、跗节、触角多为黑色，鞘翅中部具1个圆形黑斑，端部靠近边缘处具斜向黑斑；密被较长的白色绒毛；雄虫触角第9节末端向内侧膨大，端节稍长于前2节之和。【习性】成虫有趋光性，出现于5—10月。【分布】福建、四川、广西、云南；巴基斯坦、尼泊尔、泰国、越南。

足彩伪叶甲

Mimoborchmannia coloirpes (Pic)

（拟步甲科 Tenebrionidae）

【识别要点】体长8 ~ 9 mm。略具光泽，体表无被毛；前胸背板、鞘翅、腿节、胫节基部红褐色，触角端节褐色，鞘翅末端、小盾片、触角、足、头和腹面黑色。头部延长，触角较粗，中后足腿节纵向扁平。【习性】成虫有趋光性，出现于5—10月。【分布】广西；越南。

黄斑长朽木甲

Dircaeomorpha sp.

（长朽木甲科 Melandryidae）

【识别要点】体长9 ~ 12 mm。体型接近叩甲；体黑色，鞘翅具2组黄色锯齿状斑纹。头部小且下垂，触角端部略膨大，到达前胸背板基部；前胸背板梯形，后缘最宽；鞘翅细长，向后端逐渐变窄；各足跗节细长，跗节式5—5—4。【习性】幼虫蛀食朽木，成虫有趋光性。【分布】重庆。

黑胸伪叶甲 寒枫 摄

四斑角伪叶甲 张巍巍 摄

足彩伪叶甲 寒枫 摄

黄斑长朽木甲 寒枫 摄

大褐花蚤 *Higehananomia palpalis* Kono（花蚤科 Mordellidae）

【识别要点】体长10～15 mm。体棕褐色，被白色细毛；体流线形，头部下弯，背面显著凸起，尾端尖；头三角形，复眼大，触角略呈锯齿状；鞘翅三角形，末端尖锐；腹部略延长。该种以较大的体型、特殊的触角、全褐色的颜色可容易地与其他花蚤相区别。【习性】成虫夜间活动，有趋光性。【分布】我国南方大部分地区；日本、东南亚。

吉良星花蚤 *Hoshihananomia kirai* Nakane & Nomura（花蚤科 Mordellidae）

【识别要点】体长8～10 mm。体黑色，前胸背板基缘白色，中部偏前具2条白色波纹，鞘翅具6个白色星斑，中部2个间距较近，白色斑纹均由鳞毛形成。体流线形；头部半圆形；腹部末端露出鞘翅且十分延长呈针状。【习性】成虫见于花上。【分布】台湾；日本。

带花蚤 *Glipa* sp.（花蚤科 Mordellidae）

【识别要点】体长7～15 mm；体壁通常为黑色，表面具由灰白色、金黄色绒毛组成的花纹，鞘翅通常具灰白色波浪状条带，前胸背板多呈金黄色；体流线形，背面凸起；头部半圆形；前胸背板基部略宽于鞘翅；腹部末端延长，但不似星花蚤属呈针状。【习性】成虫见于花上。【分布】云南。

大褐花蚤 | 林义祥 摄

吉良星花蚤 | 林义祥 摄

带花蚤 | 张巍巍 摄

眼斑芫菁 ▏王锋 摄

大斑芫菁 ▏偷米 摄

四点斑芫菁 ▏达玛西 摄

眼斑芫菁 *Mylabris cichorii* (Linnaeus)（芫菁科 Meloidae）

【识别要点】体长10～20 mm。体黑色，鞘翅具粉红色至橙红色斑：基部靠近翅缝处及肩部各具1小圆斑，前1/3及端部1/3处各具略呈波浪状的宽横纹。体壁柔软，体多毛；头部圆，颈部明显，触角端部膨大呈棒状；前胸背板窄于鞘翅；鞘翅向后逐渐加宽。【习性】成虫见于植物上，被捉到时从腿部关节分泌有毒的斑蝥素，斑蝥素可用于制药。【分布】河北、湖北、浙江、福建、江西、广东、海南、四川、云南、台湾；越南、印度。

大斑芫菁 *Mylabris phalerata* (Pallas)（芫菁科 Meloidae）

【识别要点】该种体型与斑纹与眼斑芫菁十分近似，但可通过以下特征与其区分：触角第11节基部窄于第10节；鞘翅黄斑上被黑色绒毛，无淡色毛；鞘翅基部靠近翅缝的黄斑较大，形状不规则；鞘翅中部黄带前缘明显呈波浪形。【习性】与眼斑芫菁近似。【分布】湖北、浙江、福建、广东、海南、贵州、云南、台湾；印度。

四点斑芫菁 *Mylabris quadripunctata* (Linnaeus)（芫菁科 Meloidae）

【识别要点】体长10～20 mm。体黑色，鞘翅橙红色，每鞘翅1/3及2/3处各具2个黑斑，中部靠近外侧的黑斑较大，鞘翅端部黑色；体壁柔软，被黑色绒毛。【习性】成虫聚集咬食植物的花、嫩芽；幼虫取食蝗虫卵块。【分布】新疆；俄罗斯。

豆芫菁 | 西叶 摄

豆芫菁 *Epicauta* sp.（芫菁科 Meloidae）

【识别要点】体长10～20 mm。体黑色，头部通常橙红色，一些种类鞘翅具白色纵条纹；体壁柔软，无长毛；触角及胫节有时具毛；触角丝状、念珠状或锯齿状。【习性】成虫有时大量聚集，主要取食豆科植物；幼虫取食蝗虫卵块。【分布】重庆。

绿芫菁 *Lytta caraganae* Pallas（芫菁科 Meloidae）

【识别要点】体长10～20 mm。体金属绿色，有时具铜色或紫色光泽；体壁柔软，无明显毛被；头部圆且扁平，复眼之间具橙色斑；触角5节以后念珠状；前胸背板三角形；鞘翅具细皱纹。【习性】干旱地区较为常见，成虫大量聚集于豆科植物上，幼虫捕食金龟子幼虫。【分布】我国北方各省区；日本、朝鲜、俄罗斯。

地胆芫菁 *Meloe* sp.（芫菁科 Meloidae）

【识别要点】体长10～30 mm。体深蓝色至黑色，具金属光泽；体壁柔软，无毛；腹部通常十分膨大，鞘翅短，仅盖住腹部部分，后翅退化；雌虫触角念珠状，雄虫触角与雌虫相同或在中部5—7节特化。【习性】成虫偶见于地面，幼虫寄生于蜂类。初孵幼虫善爬，进入花间，待蜂访花时附于蜂体，带入蜂巢，进行寄生。【分布】重庆。

绿芫菁 | 史宏亮 摄　　地胆芫菁 | 郭宪 摄

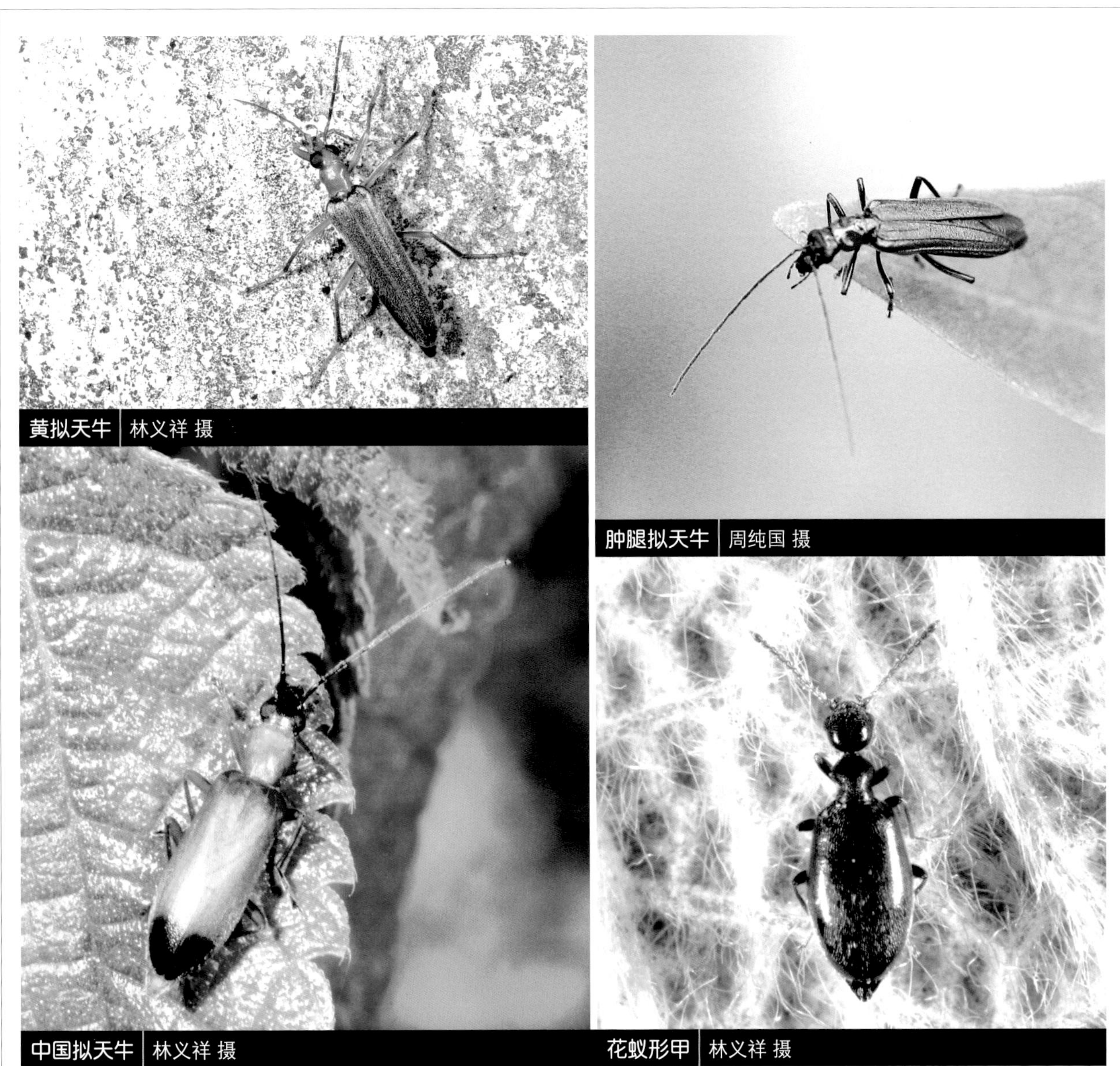

黄拟天牛 | 林义祥 摄

肿腿拟天牛 | 周纯国 摄

中国拟天牛 | 林义祥 摄

花蚁形甲 | 林义祥 摄

黄拟天牛 *Xanthochroa* sp.（拟天牛科 Oedemeridae）

【识别要点】体长约12 mm。体黄色，鞘翅金属黄绿色，带灰白色细绒毛；复眼很大，复眼间距小于触角间距，触角12节，长于体长之半；鞘翅长形，向后逐渐变窄，肩部方形；前足胫节具1枚端距。【习性】成虫见于花上，夜间有趋光性。【分布】台湾。

中国拟天牛 *Eobia chinensis* (Hope)（拟天牛科 Oedemeridae）

【识别要点】体长6 ~ 10 mm。体黄色，头、鞘翅末端黑色，各足胫节暗褐色，跗节黑褐色。头部略延长，复眼突出，口须末节斧状，触角细长；前胸背板略宽；鞘翅两侧平行，表面具明显隆起的纵脊；前足胫节具2枚端距。【分布】我国南方；日本。

肿腿拟天牛 *Oedemeronia* sp.（拟天牛科 Oedemeridae）

【识别要点】体长6 ~ 12 mm。体色多样，通常以青蓝色为主，鞘翅带明显金属光泽，有时前胸背板、后足腿节为黄色；体表柔软。头方形，复眼大且突出，口须末节不膨大，触角长于体长之半；前胸背板方形；鞘翅向后渐窄，具纵脊；雄虫后足腿节明显膨大；前足胫节具2枚端距。【习性】成虫见于花上。【分布】重庆。

花蚁形甲 *Anthicus* sp.（蚁形甲科 Anthicidae）

【识别要点】体长约3 mm。体全黑色，略带光泽，鞘翅表面被细绒毛。头部大而圆，与前胸背板连接处很细，触角丝状，约为体长之半；前胸背板圆形；鞘翅长卵形，肩部圆，不明显收狭；各足腿节细。【习性】成虫见于花上。【分布】台湾。

四斑蚁形甲 *Sapintus* sp.（蚁形甲科 Anthicidae）

【识别要点】体长约3 mm。体棕褐色，鞘翅具4个棕黄色近方形斑；鞘翅表面被细绒毛，鞘翅后半部被毛长且直立。头部大而圆，触角丝状，到达前胸基部；前胸背板圆形，前缘很窄，近基部收狭；鞘翅长卵形，肩部较宽；各足腿节细。【分布】台湾。

二色蚁形甲 *Formicomus* sp.1（蚁形甲科 Anthicidae）

【识别要点】体长约4 mm。体红棕色，鞘翅端部2/3黑色，基部具金黄色斑纹；体型和蚂蚁很类似；头部大而圆，复眼较小，触角到达前胸基部；前胸背板长圆形，端部很窄；鞘翅卵圆形，基部略收狭，被白色细毛，具后翅；各足腿节膨大。【分布】台湾。

黑蚁形甲 *Formicomus* sp.2（蚁形甲科 Anthicidae）

【识别要点】体长约4 mm。体型和前种近似，但身体全为黑色。【分布】云南。

灰斑长蚁形甲 *Macratria griseosellata* Fairmaire（蚁形甲科 Anthicidae）

【识别要点】体长约4 mm。灰褐色，触角除端部外，前、中足红棕色，前胸背板基部、鞘翅近基部具由灰白色绒毛组成的斑。头大而圆，复眼较大，触角短，端部略膨大；前胸背板长圆形，颈部细；鞘翅狭长，肩部宽阔，方形；后足基节相互靠近。【分布】台湾。

四斑蚁形甲 | 林义祥 摄

二色蚁形甲 | 林义祥 摄

黑蚁形甲 | 张宏伟 摄

灰斑长蚁形甲 | 林义祥 摄

长蚁形甲 | 林义祥 摄
赤翅甲 | 刘晔 摄
丽距甲 | 任川 摄
海南异胸天牛 | 张巍巍 摄

长蚁形甲 *Macratria* sp.（蚁形甲科 Anthicidae）

【识别要点】体长约4 mm。体型与前种近似，体色为黑色，无斑纹，跗节棕黄色，鞘翅表面具白色绒毛。【分布】台湾。

赤翅甲 *Pseudopyrochroa* sp.（赤翅甲科 Pyrochroidae）

【识别要点】体长约10 mm。体黑色，头、前胸背板、鞘翅大红色，鞘翅被细绒毛；体型扁平，体表柔软；头圆，触角栉状；前胸背板盘状；鞘翅后端略加宽。赤翅甲与红萤易混淆，但前者头于眼后形成变窄的颈部，前胸基部明显窄于鞘翅，跗节式5—5—4，可以与之区别。【习性】幼虫生活于朽木树皮下，捕食其他昆虫。【分布】重庆。

丽距甲 *Poecilomorpha pretiosa* Reineck（距甲科 Megalopodidae）

【识别要点】体长6～9 mm。体长方形，全身被毛；触角较短，自第5节起膨宽呈锯齿形；前胸背板具2条横沟；后足腿节膨大，雄虫后腿节下缘中部偏后有一端部尖锐朝后的齿；胫节略弯曲。头、前胸、体腹面和足黄色，鞘翅蓝紫具金属光泽，触角及跗节黑色；头顶、前胸背板中央及两侧、前、中、后胸腹板两侧以及中、后足腿节外侧中部均有黑斑。【分布】浙江、福建、湖北、江西、广东、海南、广西、云南。

海南异胸天牛 *Anomophysis hainana* (Gressitt)（天牛科 Cerambycidae 锯天牛亚科 Prioninae）

【识别要点】体长32 mm。略扁平，近长方形，暗红褐色。前胸横宽，宽约为长之一倍半，两侧缘各具一列尖锐小锯齿，后缘两端各具3，4个小齿；背面密布较粗的网状刻点，中央之前具一横形凹陷，在其两侧端各具一较大的光滑隆起，其外侧各有一很小的光滑区，后缘中央两侧各具一较小而中央相连的光滑隆起，在后缘中线有一纵形浅凹。每鞘翅各具4条明显的纵脊。【寄主】橡胶。【分布】海南、台湾。

赤梗天牛 | 寒枫 摄

锥天牛 | 郭宪 摄

曲纹花天牛 | 唐志远 摄

赤梗天牛 *Arhopalus unicolor* (Gahan)（天牛科 Cerambycidae 椎天牛亚科 Spondylidinae）

【识别要点】体长13 ~ 19 mm。体较狭窄，赤褐，体被灰黄色短绒毛。头部额区有1个“Y”字形凹沟。前胸背板长略胜于宽，两侧缘微圆弧；胸面中央有1个浅纵凹洼。鞘翅具细密皱纹刻点，基部有细粒状刻点；每个鞘翅显现3条纵脊线，缝角细刺状。雄虫触角稍超过体长，柄节较长，伸至复眼后缘，雌虫则伸至鞘翅中部之后，柄节稍短，不达复眼后缘。【寄主】岛松。【分布】上海、浙江、福建、广东、云南。

锥天牛 *Spondylis buprestoides* (Linnaeus)（天牛科 Cerambycidae 椎天牛亚科 Spondylidinae）

【识别要点】体长15 ~ 25 mm，略呈圆柱形，完全黑色。体腹面及足有时部分黑褐色。上颚强大，雄虫较尖锐，基端阔，末端狭，呈镰刀状；雌虫较扁阔。触角短，雌虫约达前胸的2/3；雄虫约达前胸后缘；雄虫翅面具细小的刻点及大而深的圆点，各鞘翅具两条隆起的纵脊纹；雌虫翅面刻点密集，呈波状，脊纹不明显。腿短。【寄主】马尾松、日本赤松、柳杉、日本扁柏、冷杉及云杉。【分布】内蒙古、东北、河北、北京、江苏、安徽、浙江、福建、广东、云南、台湾。

曲纹花天牛 *Leptura arcuata* Panzer（天牛科 Cerambycidae 花天牛亚科 Lepturinae）

【识别要点】体长12 ~ 17 mm。体黑色，密被金黄色有光泽的绒毛；鞘翅底色黑色，具4条黄色横纹。触角约为体长的5/6，雄虫触角第1—5节黑褐色，雌虫亦褐色；第6—11节黄褐色。前胸前端紧缩，后端阔；前胸背板后缘弯曲，后端角突出；鞘翅基端阔，末端狭；基端第1条黄横纹呈横S形弯曲；第2，3，4条黄横纹直；雄虫后足胫节弯曲，基部较细，末端较粗。【寄主】云杉、冷杉、松、雪松。【分布】黑龙江、吉林、山东。

橡黑花天牛 ｜ 唐志远 摄

黑角散花天牛 ｜ 唐志远 摄

橡黑花天牛 *Leptura aethiops* Poda（天牛科 Cerambycidae　花天牛亚科 Lepturinae）

【识别要点】体长11～16 mm。身体完全黑色，密被黑色绒毛，体腹面毛为灰色。前胸前端紧缩，后端阔；前胸背板后缘弯曲形，后端角突出，尖锐。鞘翅基端阔，末端较狭。雌虫触角较短，约为体长的3/4；雄虫触角与身体等长或略短。雄虫后足胫节弯曲，内侧凹，左右各具1条纵脊纹。【寄主】橡树、椿树、柞树、白柞、榛树。【分布】东北、华北。

黑角散花天牛 *Corymbia succedanea* (Lewis)（天牛科 Cerambycidae　花天牛亚科 Lepturinae）

【识别要点】体长12～20 mm。体黑色，前胸背板，鞘翅红色。前胸背板宽胜于长，前端狭小，侧缘弧圆，后缘浅波形，中央向后稍突，后侧角尖短，背面较平宽缓隆，在后缘前下陷成宽深横沟。小盾片三角形，较宽，密被灰黄毛。鞘翅两侧向后渐狭，缘角尖锐。【分布】黑龙江、吉林、河北、陕西、浙江、安徽、湖北、江西、福建、四川。

短翅眼花天牛 *Acmaeops brachyptera* Daniel（天牛科 Cerambycidae　花天牛亚科 Lepturinae）

【识别要点】体长8～11 mm。体黑色，触角端部有时棕色或棕红色。体背面毛灰绿色，体腹面毛几乎灰色，毛细短，前胸背板上立毛较体毛长。头顶具密皱刻点。前胸背板长略胜于基部宽，侧刺突粗壮而圆钝，胸面拱凸，具深纵沟，密布刻点。前翅短宽，长为肩宽的1.25倍，翅端平截，缝角尖锐。鞘翅刻点大而密，刻点间距小于刻点本身。雄虫触角达前翅中部，雌虫不达。【寄主】云杉。【分布】新疆。

短翅眼花天牛 ｜ 刘晔 摄

蚤瘦花天牛 | 倪一农 摄
多带天牛 | 唐志远 摄
脊胸天牛 | 任川 摄
红缘亚天牛 | 刘晔 摄

蚤瘦花天牛

Strangalia fortunei Pascoe

（天牛科 Cerambycidae 花天牛亚科 Lepturinae）

【识别要点】体长11～15 mm。体侧较扁，略呈弧状，背面显著凸起，尾端尖，延伸于鞘翅之外。体橙黄色，复眼，触角黑色；鞘翅基部棕褐，其余部分黑色。前胸背板前端窄，后端阔，后角尖锐，覆盖在鞘翅肩上。鞘翅肩后逐渐收窄，至端部狭长，外端角较尖锐。雄虫触角长达鞘翅端部，雌虫则稍短。【分布】北京、上海、安徽、浙江、湖北、江西、福建、广东。

多带天牛

Polyzonus fasciatus (Fabricius)

（天牛科 Cerambycidae 天牛亚科 Cerambycinae）

【识别要点】体长11～17 mm。体色和斑纹变化很大：头胸部深绿、蓝绿、深蓝或蓝黑色；有光泽；鞘翅蓝黑、蓝紫、蓝绿或绿色，基部往往具有光泽，中央有两条淡黄色横带。触角蓝黑色，足亦呈蓝黑色，但有光泽。鞘翅上被有白色短毛，表面有刻点。雄虫腹部腹面可见6节，第5节后缘凹陷，雌虫腹部腹面只见5节，第5节后缘拱凸呈圆形。【寄主】柳属、菊科植物。【分布】东北、内蒙古、山西、河北、山东、浙江、江苏、江西、福建、广东、香港。

脊胸天牛

Rhytidodera bowringi White

（天牛科 Cerambycidae 天牛亚科 Cerambycinae）

【识别要点】体长33 mm。体狭长，两侧平行，栗色到栗黑色。前胸前端较狭于后端，前胸背板前后端具横脊，中间具19条隆起的纵脊。小盾片较大，被金色密毛。鞘翅基端阔，末端较狭，内缘角突出，刺状；翅面刻点密布，基端刻点较粗密呈波状，除具灰白色短毛外，还有由金黄色毛组成的斑纹，排列成五纵行。雄虫触角约为体长的3/4，稍长于雌虫。【寄主】人面子、朴树。【分布】广东、广西、香港、海南。

红缘亚天牛

Anoplistes halodendri (Pallas)

（天牛科 Cerambycidae 天牛亚科 Cerambycinae）

【识别要点】体长11～20 mm。体狭长，黑色，鞘翅基部有1对朱红色斑，外缘自前至后有1朱红色窄条。前胸宽度稍大于长，两侧缘突短钝，有时不甚明显。小盾片呈等边三角形。鞘翅窄而扁，两侧缘平行，末端圆钝。腿细长，后退第1跗节长于第2，3跗节的总长。雌虫触角约与体等长，雄虫的约为体长的2倍。【寄主】梨、枣、苹果、葡萄、小叶榆。【分布】东北、内蒙古、河北、甘肃、山东、山西、江苏、浙江。

中华闪光天牛 *Aeolesthes sinensis* Gahan（天牛科 Cerambycidae　天牛亚科 Cerambycinae）

【识别要点】体长25～30 mm。体暗褐色到黑褐色，密被灰褐色带紫色光泽的绒毛。前胸两侧弧形。前胸背板后端中央的长方形区域上，具有很深的褶皱，在它的中央有一纵沟将它纵分为二。鞘翅颜色较深。触角第3—6节末端膨大。【寄主】柑橘、香椿、柿。【分布】福建、四川、广东、香港、云南、海南、台湾。

桔褐天牛 *Nadezhdiella cantori* (Hope)（天牛科 Cerambycidae　天牛亚科 Cerambycinae）

【识别要点】体长26～51 mm。体黑褐色到黑色，有光泽，被灰色或灰黄色短绒毛。头顶两眼之间有一极深的中央纵沟。触角基瘤隆起，其上方有一小瘤突。前胸宽胜于长，被有较密的灰黄色绒毛，侧刺突尖锐。背板上密生不规则的瘤状褶皱，有时呈现为两条横脊。鞘翅基部隆起，翅面刻点细密。雄虫触角超过体长为1/2～2/3；雌虫触角较体略短。【寄主】柑橘、黎檬、柚、红橘、甜橙、葡萄。【分布】河南、江西、湖南、四川、江苏、浙江、广西、云南、广东、海南、台湾、香港。

栗山天牛 *Mallambyx raddei* (Blessig & Solsky)（天牛科 Cerambycidae　天牛亚科 Cerambycinae）

【识别要点】体长40～48 mm。灰棕色或灰黑色，鞘翅及全身被有棕黄色短绒毛。触角和两复眼间的中央有深沟。触角近黑色，长约为身体的1.5倍。前胸背面着生不规则横皱纹，两侧较圆有皱纹，但无侧刺突。翅鞘后缘呈圆弧形，内缘角生尖刺。【寄主】锯栗、麻栎、桑、栎树。【分布】吉林、河北、山东、浙江、福建、四川、台湾。

拟蜡天牛 *Stenygrinum quadrinotatum* Bates（天牛科 Cerambycidae　天牛亚科 Cerambycinae）

【识别要点】体长8～13 mm。体深红色或赤褐色，头与前胸深暗；鞘翅有光泽，中间1/3呈黑色或棕黑色，此深色区域有前后2个黄色椭圆形斑纹。前胸略呈圆筒形，中间稍宽，中域中央具短而微突的平滑纵纹。小盾片密披灰色绒毛。鞘翅有微毛及疏稀竖毛，鞘翅末端呈锐圆形。雄虫触角与体等长或稍长，雌虫较体短。【寄主】栎属与栗属。【分布】东北、河北、江西、江苏、浙江、四川、云南、广西、台湾。

中华闪光天牛 | 张巍巍 摄

栗山天牛 | 任川 摄

桔褐天牛 | 任川 摄

拟蜡天牛 | 李元胜 摄

黄点棱天牛 | 张巍巍 摄

榕指角天牛 | 张巍巍 摄

杉棕天牛 | 郭宪 摄

粗鞘双条杉天牛 | 郭宪 摄

黄点棱天牛 *Xoanodera maculata* Schwarzer（天牛科 Cerambycidae　天牛亚科 Cerambycinae）

【识别要点】体长21 mm。近圆筒形。全体红褐色。前胸背板色泽暗红有光泽，光滑无毛。小盾片厚被赤金色短毛。鞘翅表具鲜明的赤金色小毛斑，大小不一致，略排成5纵行，基半部较稀疏，有6～7斑，成3纵行，端半部较密，有15～20斑，小斑常愈合，纵列成5行。前胸背板长略胜于宽，两侧膨大，表面光滑无毛，有整齐的纵棱脊，背中区棱脊6条。鞘翅基半部密布极粗深的网状刻纹。【分布】台湾、四川、云南。

榕指角天牛 *Imantocera penicillata* (Hope)（天牛科 Cerambycidae　天牛亚科 Cerambycinae）

【识别要点】体长11～20 mm。黑色，体背面被黑色、黄色、棕褐色及灰色相互嵌镶绒毛；前胸背板两侧各有一个较小的长形黄色绒毛斑纹，小盾片被黄色绒毛；每个鞘翅端末有一个黄色或黄褐色绒毛眼状斑纹。触角第4节下沿端部1/2处具毛刷状簇毛。前胸背板侧刺突圆锥形，中部有1条细纵凹，胸腹面中区有6个瘤突。鞘翅基部中央有颗粒状纵脊隆突，肩及基部分布有颗粒。【寄主】思维树。【分布】贵州、云南。

杉棕天牛 *Palaeocallidium villosulum* (Fairmaire)（天牛科 Cerambycidae　天牛亚科 Cerambycinae）

【识别要点】体长7～13 mm。体栗棕色，鞘翅淡棕黄色，具光泽，全身被稀疏灰色竖毛。头部较短，具细刻点。前胸背板宽略大于长，两侧缘圆弧，无侧刺突。鞘翅末端圆形，基部密生粗大刻点，向端部逐渐稀小。足中等长，腿节膨大。雄虫触角略超过体长，雌虫短于体长。【寄主】杉。【分布】河南、江苏、安徽、浙江、湖北、江西、湖南、福建、广东、广西、四川、贵州。

粗鞘双条杉天牛 *Semanotus sinoauster* Gressitt（天牛科 Cerambycidae　天牛亚科 Cerambycinae）

【识别要点】体长10～25 mm。体扁平，头和前胸黑色，前胸具浓密淡黄色绒毛。触角和足黑褐色，鞘翅棕黄色，每翅中部和末端各有1个大黑斑，有时中部黑斑不接触中缝。体腹面棕色。前胸背板有5个光滑瘤突，排列成梅花形。鞘翅末端圆形，基部刻点粗大，略显皱痕，其余翅面刻点较小。触角较短，雄虫触角不超过体长，雌虫仅达体长的一半。【寄主】杉、柳杉、松。【分布】安徽、江苏、浙江、江西、河南、湖北、湖南、广东、广西、福建、台湾、四川、贵州。

白角纹虎天牛 李元胜 摄

核桃脊虎天牛 郭宪 摄

竹绿虎天牛 偷米 摄

桃红颈天牛 唐志远 摄

白角纹虎天牛 *Anaglyptus apicicornis* (Gressit)（天牛科 Cerambycidae 天牛亚科 Cerambycinae）

【识别要点】体长11～15 mm。体较小，较粗壮，黑色，鞘翅有白色或黄色绒毛斑纹：第1横斑不规则，位于基缘；第2短斜斑，位于基部，从小盾片之后的中缝为起点，向外倾斜至鞘翅宽度的1/2处终止；第3短横斑，靠近中部之前的侧缘；第4短横斑，位于中部，靠近中缝；第5波状横带，紧接第4斑之后；第6端部较宽斑纹。雄虫触角长达鞘翅端部，雌虫触角稍短，伸至鞘翅中部略后。【分布】广西、四川。

竹绿虎天牛 *Chlorophorus annularis* (Fabricius)（天牛科 Cerambycidae 天牛亚科 Cerambycinae）

【识别要点】体长9～17 mm。体型狭长，棕色或棕黑色，头部及背面密被黄色绒毛。前胸背板具4条长形黑斑，中央2个至前端合并；鞘翅基部1卵圆形黑环，中央1黑色横条，其外侧与黑环相接触，端部1个圆形黑斑。前胸背板球形，表面黑斑部分很粗糙。鞘翅狭长，两边几近平行。触角约体长之半，或稍长。【寄主】竹、棉、苹果、枫、柚木。【分布】东北、河北、陕西、四川、贵州、云南、江苏、浙江、福建、广东、广西、台湾、海南。

核桃脊虎天牛 *Xylotrechus incurvatus contortus* Gahan（天牛科 Cerambycidae 天牛亚科 Cerambycinae）

【识别要点】体长11～15 mm。体黑色，全身被覆浓密黄色绒毛，体背面不着生黄色绒毛处，形成黑色斑纹。前胸背板中央有1个隆起黑纵斑，两侧各有1个黑斑，侧缘中部各有1个小黑点。小盾片半圆形。每个鞘翅有4条横带，前2条横带弯曲，第2条横带向下深弯曲，第4条横带外端向下，沿侧缘延伸。雄虫触角长达鞘翅中部，雌虫触角则达鞘翅基部。【寄主】胡桃、杜鹃花属。【分布】福建、台湾、广西、四川、云南。

桃红颈天牛 *Aromia bungii* Faldermann（天牛科 Cerambycidae 天牛亚科 Cerambycinae）

【识别要点】体长28～37 mm。体亮黑色，胸部棕红色，有光泽。触角及足黑蓝紫色，头黑色。前胸有不明显的粗糙刻点，侧刺突明显，尖端锐。前胸面有4个有光泽的光滑瘤突。小盾片黑色略向下凹而表面平滑。鞘翅基部宽过胸部，后端狭窄，表面十分光滑，具2条不清晰的纵纹。雄虫触角比身体长，雌虫触角与体长约等。【寄主】桃、杏、樱桃、郁李、梅、清水樱、柳。【分布】河北、山东、内蒙古、浙江、福建、陕西、湖北、江苏、甘肃、山西、四川、广东、广西、香港。

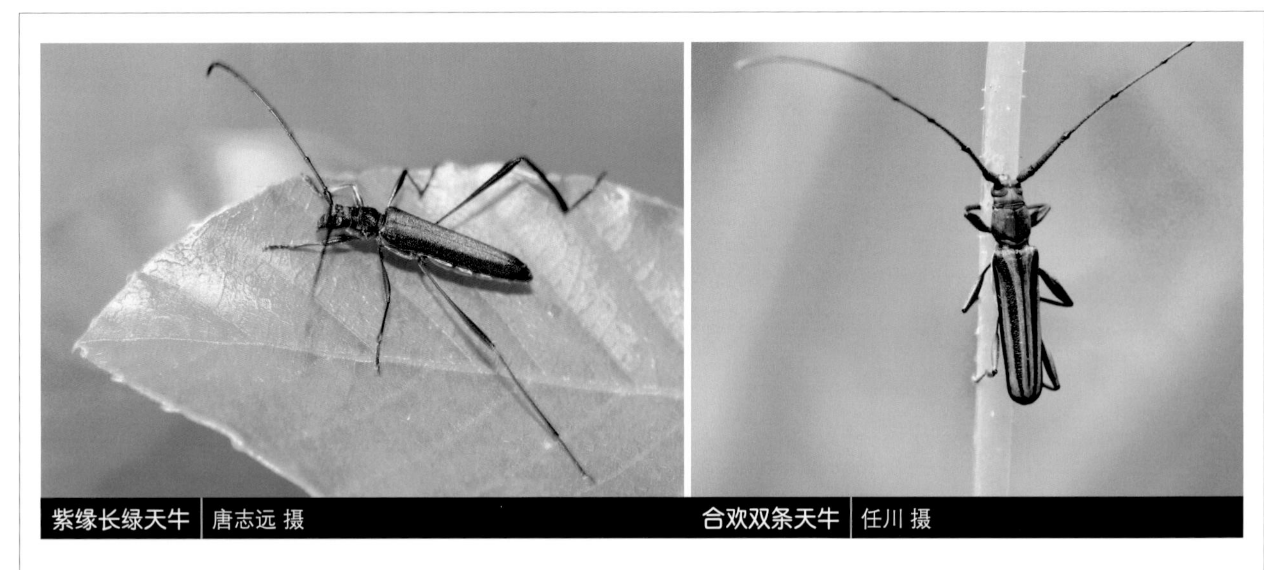

紫缘长绿天牛 唐志远 摄　合欢双条天牛 任川 摄

紫缘长绿天牛 *Chloridolum lameerei* (Pic)（天牛科 Cerambycidae　天牛亚科 Cerambycinae）

【识别要点】体长10～17 mm。狭长，头金属绿或带蓝色；前胸背板红铜色，两侧缘金属绿或蓝色。小盾片蓝黑带紫红色光泽。鞘翅绿色或蓝色，两侧红铜色。触角及足紫蓝色。前胸背板长略胜于宽，两侧缘刺突较小。小盾片光滑，边缘有少许刻点。鞘翅刻点稠密，基部稍有皱纹。后足细长，后足腿节超过鞘翅末端。【分布】上海、浙江、湖北、福建、台湾。

合欢双条天牛 *Xystrocera globosa* (Olivier)（天牛科 Cerambycidae　天牛亚科 Cerambycinae）

【识别要点】体长13～32 mm。体呈红棕色到棕黄色；前胸背板前、后缘，中央一狭纵条，左右各一较宽的直条，均呈金属蓝色或绿色；雄虫的两旁直条由胸部前缘两侧向后斜伸至后缘中央，雌虫则直伸向后方。鞘翅棕黄，每翅中央一纵条，其前方斜向肩部，此纵条及鞘翅的外缘和后缘均呈金属蓝或绿色。前胸背板呈颗粒状。鞘翅刻点粗密，每翅有3条微隆起的纵纹。【寄主】合欢、楹树、槐、桑、海红豆、桃、木棉等。【分布】东北、河北、山东、江苏、浙江、四川、广东、广西、台湾。

咖啡双条天牛 *Xystrocera festiva* Thomson（天牛科 Cerambycidae　天牛亚科 Cerambycinae）

【识别要点】体长26～40 mm。长形，红棕色至棕黄色。前胸背板为金蓝色或绿色，中区呈棕黄色或棕红色。鞘翅棕黄色，从翅基中部外侧端缘有一金蓝色或绿色纵带。触角黑色，足棕红。前胸背板宽显胜于长，两侧缘弧形。小盾片舌状，微凹。鞘翅表面密布中等大小刻点，翅面有2条纵脊纹，近中缝1条较短，在中部之后即消失。雄虫触角长度约为体长2倍，雌虫触角略超过鞘翅。【寄主】咖啡、可可、南洋楹、楹树、阔叶合欢。【分布】云南。

咖啡双条天牛 李元胜 摄

竹紫天牛

Purpuricenus temminckii (Guérin-Méneville)

（天牛科 Cerambycidae 天牛亚科 Cerambycinae）

【识别要点】体长11～18 mm。体扁，略呈长形。头、触角、腿及小盾片黑色；前胸背板及鞘翅朱红色。前胸背板有5个黑斑。头短，前部紧缩。前胸宽，两侧缘有1对显著的瘤状侧刺突，后部有1个极显著的中瘤。小盾片细小，呈锐三角形。鞘翅两侧缘平行，后缘圆形，翅面密布刻点。触角雌虫较短，接近鞘翅后缘，雄虫长约为体长的1.5倍。【寄主】竹、枣。【分布】辽宁、河北、江苏、浙江、福建、江西、广东、湖北、四川、台湾。

竹紫天牛 | 李元胜 摄

弧斑红天牛

Erythrus fortunei White

（天牛科 Cerambycidae 天牛亚科 Cerambycinae）

【识别要点】体长15～20 mm。体较狭。头、触角、小盾片、体腹面及足黑色，前胸背板及鞘翅红色。前胸前端狭、后端阔；前胸背板中央有1对黑色圆形的瘤，瘤的外侧各有1个黑色弧形斑纹，两侧对称呈括弧状；近基部中央有3个黑斑点，中间的较小，两侧的较大。背板两侧各有1个或2个黑斑点。鞘翅面具隆起纵纹2条，一长一短。雌虫触角短，达身体的中部，雄虫较长，约为体长的3/4。【寄主】葡萄树。【分布】江苏、浙江、福建、四川、广东、广西、香港、台湾。

弧斑红天牛 | yellowman 摄

油茶红天牛

Erythrus blairi Gressitt

（天牛科 Cerambycidae 天牛亚科 Cerambycinae）

【识别要点】体长11～17 mm。前胸背板及鞘翅红色，前者中区有1对圆形瘤状黑色毛斑。前胸背板长，宽近于相等，无侧刺突；胸面具皱纹刻点，被灰黄细短绒毛，近后端中央有一个纵隆起。小盾片着生黑色绒毛。鞘翅前端窄，后端稍阔，端缘圆形翅面具细密刻点，每翅有2条纵隆脊线，中央1条较长而显著，近中缝1条较短，不甚明显。【寄主】茶、油茶。【分布】陕西、江苏、浙江、江西、福建、广东、广西。

油茶红天牛 | 陈尽 摄

榆茶色天牛

Oplatocera oberthuri Gahan

（天牛科 Cerambycidae 天牛亚科 Cerambycinae）

【识别要点】体长26～31 mm。较宽扁，棕色至棕褐色。触角红棕色。前胸背板烟褐色，背中区有1个较大的钝三角形黑色绒毛斑，两侧刺突内侧各1个较狭长的黑斑。小盾片边缘黑色。鞘翅色较淡，中部前后各有1条不整齐的斜行褐横带。前胸背板宽胜于长，背中区隆起，侧刺突短而尖。小盾片正三角形。鞘翅薄，翅表有不很明显的纵脊3条。【寄主】榆。【分布】陕西、四川。

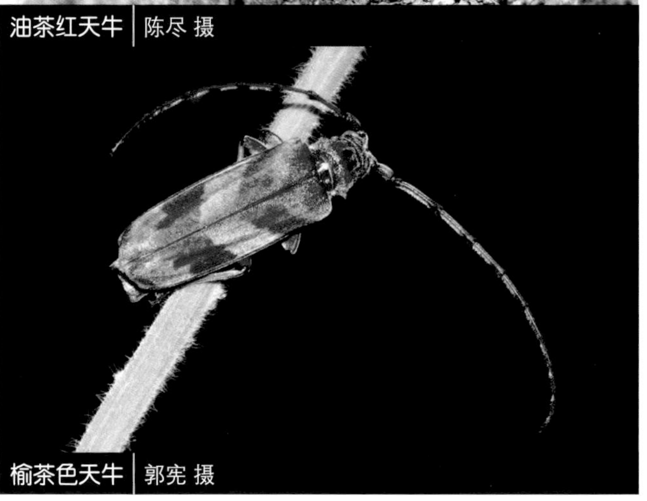

榆茶色天牛 | 郭宪 摄

麻点象天牛 *Coptops leucostictica leucostictica* White（天牛科 Cerambycidae 沟胫天牛亚科 Lamiinae）

【识别要点】体长16～21 mm。长椭圆形，较扁阔，基底黑色，全身密被淡黄褐色及灰白色绒毛相间组成的细斑纹，鞘翅无绒毛处，形成黑色圆斑点。前胸背板宽远胜于长，两侧近前端各有1个小瘤突，中央有1条短而细的凹沟，胸面除有3个瘤突外，两侧尚有高低不平的瘤突。小盾片梯形。足较粗短。雄虫触角超过体长的1/2，雌虫触角则达鞘翅末端。【寄主】大叶羊蹄甲、娑罗双树、印度乳香、吉纳、香须树、合欢属、榄仁树属、野桐属等。【分布】贵州、云南、西藏。

橡胶象天牛 *Coptops leucostictica rustica* Gressitt（天牛科 Cerambycidae 沟胫天牛亚科 Lamiinae）

【识别要点】体长20～23 mm。体较宽阔，长椭圆形，基底黑色，全身密被金黄与淡黄绒毛相间组成的细斑纹，鞘翅无绒毛着生处，形成黑色小圆点，每翅有两条暗黑色横带，分别位于基部及中部之后。触角自第3节起的各节基部被淡褐色绒毛。前胸背板宽显胜于长，两侧近前端各有1个小瘤突，中央有1条短纵细沟，胸面有3个瘤突。鞘翅较粗短，端缘圆形，基部颗粒刻点显著。【寄主】橡胶树。【分布】广东。

杂斑角象天牛 *Mesocacia multimaculata* (Pic)（天牛科 Cerambycidae 沟胫天牛亚科 Lamiinae）

【识别要点】体长14～16 mm。基底黑色，密被淡黄色至黄褐色，灰褐色及黑色绒毛相间组成的斑纹。头部有3条较宽的淡黄纵纹。前胸背板中央有1个较宽的淡黄色纵条纹，两侧有几个淡黄斑点。小盾片被黄色绒毛。鞘翅散布许多黑色，黄褐色及灰褐色相互嵌镶的小斑点，以黑色斑点最为明显。触角黑色，第3节以下的各节基部被白色毛环。雄虫触角约为体长的2倍。【寄主】娑罗双树、羯布罗香属。【分布】广东、云南。

四点象天牛 *Mesosa myops* (Dalman)（天牛科 Cerambycidae 沟胫天牛亚科 Lamiinae）

【识别要点】体长8～15 mm。体黑色，全身被灰色短绒毛，并杂有许多火黄色或金黄色的毛斑。前胸背板中区具4个斑纹，每边2个，前后各一，排成直行；每个黑斑的左右两边都镶有相当阔的火黄色或金黄色毛斑。鞘翅饰有许多黄色和黑色斑点，每翅中段淡色毛区的上缘和下缘中央，各具1个较大的不规则形的黑斑。雄虫触角超过体长的1/3，雌虫与体等长。【寄主】苹果、漆树、赤杨、槲榆。【分布】东北、内蒙古、河北、北京、安徽、四川、台湾、广东。

麻点象天牛 | 任川 摄

橡胶象天牛 | 张巍巍 摄

杂斑角象天牛 | 李元胜 摄

四点象天牛 | 单子龙 摄

毛簇天牛 | 张宏伟 摄

橙斑白条天牛 | 任川 摄

云斑白条天牛 | 郭宪 摄

毛簇天牛 *Aristobia horridula* (Hope)（天牛科 Cerambycidae 沟胫天牛亚科 Lamiinae）

【识别要点】体长23～34 mm。体粗大，基底黑色，全身被棕褐色至棕红色绒毛。头、胸、鞘翅、腿节及体腹面夹杂有白色绒毛小点。触角黄褐色被棕红色或金黄色绒毛，第3节端部1/2的范围着生浓密丛毛，相似于试管毛刷。小盾片被棕褐色毛。每个鞘翅有很多呈束状黑色长竖毛，类似刺状。前胸背板宽胜于长，侧刺突较粗大，中区有几个瘤状突起。雄虫触角稍长于鞘翅，雌虫触角则达鞘翅末端。**【寄主】**钝叶黄檀、秧青。**【分布】**四川、云南。

橙斑白条天牛 *Batocera davidis* Fairmaire（天牛科 Cerambycidae 沟胫天牛亚科 Lamiinae）

【识别要点】体长51～68 mm。黑褐色至黑色，被较稀疏的青棕灰色细毛。前胸背板中央有1对橙黄色或乳黄色肾形斑。小盾片密生白毛。每个鞘翅有几个大小不同的近圆形橙黄色或乳黄色斑纹；每翅大约有5个或6个主要斑纹，另外尚有几个不规则小斑点，分布在一些主要斑的周围。体腹面两侧由复眼之后至腹部端末，各有一条相当宽的白色纵条纹。雄虫触角超出体长的1/3，雌虫触角较体略长。**【寄主】**油桐、苹果。**【分布】**陕西、河南、浙江、江西、湖南、福建、台湾、广东、四川、云南。

云斑白条天牛 *Batocera lineolata* Chevrolat （天牛科 Cerambycidae 沟胫天牛亚科 Lamiinae）

【识别要点】体长32～65 mm。体黑色或黑褐色，密被灰色被毛。前胸背板中央有1对臂形白色毛斑。鞘翅白斑形状不规则，一般排成2，3纵行，由2，3个斑点所组成；白斑变异很大，有时翅中部前有许多小圆斑，有时斑点扩大，呈云片状。体腹面两侧各有白色直条纹一道，从眼后到尾部。触角雌虫较身体略长，雄虫超出体长3～4节。**【寄主】**桑、柳、栗、栎、榕、榆、枇杷、山麻黄、乌桕、女贞、泡桐、橙木、山毛榉、胡桃等。**【分布】**河北、北京、江苏、浙江、福建、安徽、江西、湖北、湖南、台湾、广东、广西、四川、云南。

石梓蓑天牛 | 任川 摄
斜翅粉天牛 | 唐志远 摄
黑点粉天牛 | 寒枫 摄

石梓蓑天牛 *Xylorhiza adusta* (Wiedemann)（天牛科 Cerambycidae　沟胫天牛亚科 Lamiinae）

【识别要点】体长31～38 mm。基底黑色至黑褐色，全身密布浓厚长绒毛。鞘翅绒毛浅黄色、金黄色、棕褐色及黑褐色，组成不同程度深、浅色泽相间的细纵条纹，基部色泽较暗呈棕红色、黑褐色，略带丝光，翅后缘具长缨毛。头、胸绒毛黑褐色、棕红色具光泽，中央有1条浅黄色绒毛纵条纹，由额前缘至前胸背板后缘。雌、雄虫触角长短差异不大，均短于身体。【寄主】海南石梓。【分布】福建、台湾、广东、广西、四川、贵州、云南。

斜翅粉天牛 *Olenecamptus subobliteratus* Pic（天牛科 Cerambycidae　沟胫天牛亚科 Lamiinae）

【识别要点】体长13～20 mm。黑色，密被白色鳞毛；触角及足橙黄色，每鞘翅有3个黑点。【寄主】桑、桃。【分布】华北、山西、湖北、江苏、浙江、福建、台湾、湖南、贵州、云南。

黑点粉天牛 *Olenecamptus clarus* Pascoe（天牛科 Cerambycidae　沟胫天牛亚科 Lamiinae）

【识别要点】体长8～17 mm。体褐黑色，触角及足棕黄色或棕红色。体密被白色或灰色粉毛，头顶后缘有3个长形黑斑；前胸两侧各有2个卵形小黑斑，背板中央有1个小黑斑；通常鞘翅每翅上有4个斑点，其中1个长形处于肩上，2个圆形在翅中央，前后排成直线，第4个卵形，接近翅端外缘；触角与体长比约为1:2(♀)—2.5(♂)。【寄主】幼虫蛀食桑枝。【分布】东北、陕西、江苏、浙江、四川、湖南、台湾。

海南粉天牛 *Cylindrepomus fouqueti hainanensis* (Hua)（天牛科 Cerambycidae 沟胫天牛亚科 Lamiinae）

【识别要点】体长15~19 mm。淡黄褐色，被密灰色毛；前胸背板中央两侧各具1个外缘凹陷的淡黄色肾形斑；鞘翅具3个大小不等的白斑，约等距离排成纵列，肩后及中点之后各具1个微小斑点，后半部近鞘缝处具2个较小的斑点。【分布】海南。

绿绒星天牛 *Anoplophora beryllina* (Hope)（天牛科 Cerambycidae 沟胫天牛亚科 Lamiinae）

【识别要点】体长13~20 mm。基底黑色，被覆淡蓝色或淡绿色绒毛。触角自第3节起的各节端部黑色。前胸背板有3个黑斑位于一横排上，中央1个为纵斑，两侧各一为小斑点；每个鞘翅有许多小黑斑点，横排成6行或7行。前胸背板显著横阔，侧刺突较长。小盾片舌形。鞘翅基部颗粒较大，稀疏。雄虫触角超过体长的1/2，雌虫触角稍短。【寄主】栎属。【分布】台湾、广西、云南。

蓝斑星天牛 *Anoplophora davidis* (Fairmaire)（天牛科 Cerambycidae 沟胫天牛亚科 Lamiinae）

【识别要点】体长24~37 mm。前胸背板具2个毛斑，鞘翅斑点较大而整齐。毛斑呈淡蓝色或淡绿色，体底色也通常黑中带蓝或绿。鞘翅第2行中斑常常连接或合并，第3，4行斑点一部分接合呈弩状；鞘翅基部颗粒较稀，表面竖毛较长而密，极为显著。【分布】云南。

华星天牛 *Anoplophora chinensis* (Forster)（天牛科 Cerambycidae 沟胫天牛亚科 Lamiinae）

【识别要点】体长19~39 mm。体色漆黑，有时略带金属光泽，具小白斑点。触角第2—11节每节基部有淡蓝色毛环。前胸背板无明显毛斑。小盾片一般具不显著的灰色毛。鞘翅具小形白色毛斑，排列成不整齐的5横行。斑点变异很大，有时消失、合并等。前胸背板侧刺突粗壮。鞘翅基部具大小不等的致密颗粒。雌虫触角超出身体1~2节，雄虫超出4~5节。【寄主】柑橘、苹果、梨、无花果、樱桃、枇杷、柳、白杨、桑、苦楝、柳豆、树豆、洋槐等。【分布】河北、北京、山东、江苏、浙江、山西、陕西、甘肃、湖北、湖南、四川、贵州、福建、广东、香港、海南、广西。

海南粉天牛 | 张巍巍 摄

绿绒星天牛 | 张宏伟 摄

蓝斑星天牛 | 刘晔 摄

华星天牛 | 寒枫 摄

光肩星天牛 刘晔 摄
桑黄星天牛 郭宪 摄
眼斑齿胫天牛 李元胜 摄
云纹灰天牛 李元胜 摄

光肩星天牛

Anoplophora glabripennis (Motschulsky)

（天牛科 Cerambycidae　沟胫天牛亚科 Lamiinae）

【识别要点】体长17～39 mm。体色漆黑，常于黑中带紫铜色，有时略带绿色。鞘翅基部光滑，无瘤状颗粒。鞘翅面具不规则的白色毛斑，且有时较不清晰。前胸背板无毛斑，侧刺突尖锐，不弯曲。触角较星天牛略长。**【寄主】**苹果、梨、李、樱桃、樱花、柳、杨、榆等。**【分布】**东北、河北、北京、江苏、浙江、安徽、四川、湖北、广西。

桑黄星天牛

Psacothea hilaris (Pascoe)

（天牛科 Cerambycidae　沟胫天牛亚科 Lamiinae）

【识别要点】体长16～30 mm。基色黑，全身密被深灰色或灰绿色绒毛，并饰有杏仁黄或麦秆黄色的绒毛斑纹。头顶中央具直纹1条，头顶两侧各一，常为小型斑点。前胸背板两侧各有长形毛斑2个，前后排成一直行。鞘翅斑点颇多变异，一般具相当多的小型圆斑点，较大的每翅约5个，排成微弯的直行；此外，另有许多小斑，不规则地散布其间。雄虫体与触角长比约为1：2.5，雌虫约为1：1.8。**【寄主】**桑、无花果、面包果、油桐。**【分布】**河北、北京、江苏、浙江、安徽、江西、四川、云南、台湾。

眼斑齿胫天牛

Paraleprodera diophthalma (Pascoe)

（天牛科 Cerambycidae　沟胫天牛亚科 Lamiinae）

【识别要点】体长17～27 mm。全身密被灰黄色绒毛，头，胸绒毛稍带红褐色。后头至前胸背板的两侧各有1条黑色纵纹，小盾片被灰黄绒毛，中央有1条无毛区域。每个鞘翅基部中央有1个眼状斑纹，眼斑周缘为一圈黑褐色绒毛，圈内有几个粒状刻点及被覆淡黄褐色绒毛，中部外侧有1个大型近半圆形或略呈三角形深咖啡色斑纹，斑纹边缘黑色。雄虫触角为体长的1.5倍多，雌虫触角长度超过鞘翅端末。**【寄主】**板栗。**【分布】**河北、陕西、浙江、江苏、福建、四川、贵州。

云纹灰天牛

Blepephaeus infelix (Pascoe)

（天牛科 Cerambycidae　沟胫天牛亚科 Lamiinae）

【识别要点】体长15～20 mm。黑色，被覆灰褐色绒毛，略有光泽。每鞘翅有2条波浪状淡灰色绒毛横纹，两横纹之间黑色，第2横纹后有1条窄黑横纹。触角自第3节起，各节基部被淡灰色绒毛。头正中有一光滑无毛细凹沟。前胸宽胜于长，侧刺突粗短。鞘翅基部密布刻点，较前胸背板粗深，至端部刻点逐渐细稀。雄虫触角2倍于体长，雌虫触角超过体长1/4。**【分布】**江西、广东、广西、四川。

栗灰锦天牛 ｜张巍巍 摄

三棱草天牛 ｜吴卫 摄

松墨天牛 ｜杰仔 摄

栗灰锦天牛 *Acalolepta degener* (Bates)（天牛科 Cerambycidae　沟胫天牛亚科 Lamiinae）

【识别要点】体长10～16 mm。体较小，红褐色至暗褐色，全身密被红褐和灰色绒毛，彼此呈不规则嵌镶，小盾片被淡黄色绒毛，触角第3节以后各节基部大部分被淡灰色绒毛。前胸背板宽稍胜于长，侧刺突短钝。鞘翅肩部较宽，后端稍窄，端缘圆形。足较短而粗壮，腿节较粗大。雄虫触角为体长1.5倍。【分布】黑龙江、吉林、山东、江苏、浙江、湖北、江西、湖南、福建、台湾、广东、四川、贵州、云南。

三棱草天牛 *Eodorcadion egregium* (Reitter)（天牛科 Cerambycidae　沟胫天牛亚科 Lamiinae）

【识别要点】体长13～22 mm。长椭圆形，鞘翅拱凸。体黑色。前胸背板靠近纵沟两侧有1对平行的条纹；另外，在平行条纹两侧的前端，有1对平行而略呈“八”字形的浓密绒毛条纹。每个鞘翅有十分清楚的白色绒毛条纹，一般外侧缘条纹在中央绒毛稀少，有时中断。每翅在白条纹之间有1条纵隆脊，共有3条。雄虫触角超出鞘翅末端2～3节，雌虫触角约达鞘翅的3/4。【寄主】大戟等草本植物。【分布】新疆。

松墨天牛 *Monochamus altarnatus* Hope（天牛科 Cerambycidae　沟胫天牛亚科 Lamiinae）

【识别要点】体长15～28 mm。橙黄色到赤褐色，鞘翅上饰有黑色与灰白色斑点。前胸背板有2条相当宽的橙黄色纵纹，与3条黑色纵纹相间。小盾片密被橙黄色绒毛。每一鞘翅具5条纵纹，由方形或长方形的黑色及灰白色微毛斑点相间组成。前胸宽胜于长，侧刺突较大。鞘翅基部具颗粒和粗大刻点。触角雄虫超过体长1倍多，雌虫约超出1/3。【寄主】马尾松、冷杉、云杉、雪松、落叶松。【分布】河北、北京、江苏、浙江、福建、湖南、台湾、广东、广西、四川、香港、西藏。

桔斑簇天牛 *Aristobia approximator* (Thomson)（天牛科 Cerambycidae 沟胫天牛亚科 Lamiinae）

【识别要点】体长20 ~ 34 mm。触角柄节及第2节黑色，其余节棕褐色被橙黄色短绒毛，第3节端部约1/3处具浓密黑色毛刷。前胸背板橘红或棕红色绒毛，中区两侧各有1条较宽黑纵纹；侧刺突黑色，短钝。小盾片阔舌形，被浓密橘红或棕红绒毛。鞘翅底色棕褐，被黑色绒毛，每翅有许多大小不等的橘红或棕红色斑点。雄虫触角略长于鞘翅，雌虫则伸至鞘翅端部。【寄主】柚木、大花紫薇、番荔枝属、腊肠树、木槿属、盾蛀木属、帽柱木属等。【分布】云南。

龟背簇天牛 *Aristobia testudo* (Voet)（天牛科 Cerambycidae 沟胫天牛亚科 Lamiinae）

【识别要点】体长20 ~ 35 mm。基色黑，体背面被黑色和虎皮黄色的绒毛斑纹。触角自第3节起呈火黄色，比体面黄斑色彩稍深，第3，4节端部具黑色的簇毛。前胸背板被黄毛，中域两侧各有黑色纵纹1条。小盾片有黄毛。鞘翅呈黄黑两色斑纹，黑色条把黄色斑圈成龟块花纹，一般排成3直行。触角较短，雄虫超过翅端2 ~ 3节，雌虫与翅约等长。【寄主】荔枝、龙眼、番荔枝。【分布】福建、广西、广东、海南、云南。

双簇污天牛 *Moechotypa diphysis* (Pascoe)（天牛科 Cerambycidae 沟胫天牛亚科 Lamiinae）

【识别要点】体长16 ~ 24 mm。体阔，黑色，前胸背板和鞘翅多瘤状突起，鞘翅基部1/5处各有1簇黑色长毛，极为显著。体被黑色、灰色、灰黄色及火黄色绒毛；鞘翅瘤突上一般被黑绒毛，淡色绒毛在瘤突间，围成不规则的格子。触角自第3节起各节基部都有一淡色毛环。雄虫触角较体略长，雌虫较体稍短。【寄主】栎属。【分布】东北、内蒙古、河北、北京、安徽、浙江、广西。

桔斑簇天牛 | 任川 摄

龟背簇天牛 | 钟茗 摄

双簇污天牛 | 唐志远 摄

中华棒角天牛 | 郭宪 摄
橄榄梯天牛 | 任川 摄
柱角天牛 | 寒枫 摄

树纹污天牛 *Moechotypa delicatula* (White)
(天牛科 Cerambycidae 沟胫天牛亚科 Lamiinae)

【识别要点】体长19～27 mm。体黑色被灰色绒毛。前胸背板隐约可见3条烟褐色纵纹。小盾片被烟褐色绒毛，两侧绒毛灰黄，鞘翅基部1/5被烟褐色绒毛，翅中部及端部1/4处，各有1条烟褐色弯曲横纹；每翅基部有4条红色绒毛纵纹，端区显现出1对分枝红色条纹。触角深褐，柄节前，后端及第3，4节基部被红色绒毛，以下各节基部被灰色绒毛。雄虫触角超过体长；雌虫与体约等长或稍短。【分布】台湾、广东、广西、四川、云南。

树纹污天牛 | 张巍巍 摄

中华棒角天牛 *Rhodopina sinica* (Pic)（天牛科 Cerambycidae 沟胫天牛亚科 Lamiinae）

【识别要点】体长13～15 mm。淡棕黑色，被暗栗褐色毛；前胸背板具3条纵线；鞘翅在中部稍后及端部各有一模糊的淡白色淡纹。【分布】江苏、江西、福建、广东、湖南、四川。

橄榄梯天牛 *Pharsalia subgemmata* (Thomson)（天牛科 Cerambycidae 沟胫天牛亚科 Lamiinae）

【识别要点】体长20～28 mm。体黑色，全身分布有锈褐色绒毛斑纹。触角自第3节起各节端部黑褐色，其余部分被赤褐色绒毛。头顶有两条锈褐色纵纹。前胸背板有4条锈褐色纵纹，中央2条彼此靠近。鞘翅散生有大小不一的锈褐色纵斑和斑点，端区多为纵形斑纹，基部1/3及端部1/3处，均分布有黑色绒毛斑点。雄虫触角远长于身体，雌虫则稍长于身体。【寄主】橄榄属、榄仁树属等植物。【分布】广东、云南。

柱角天牛 *Paragnia fulvomaculata* Gahan（天牛科 Cerambycidae 沟胫天牛亚科 Lamiinae）

【识别要点】体长13～17 mm。红棕色，前胸背板暗红棕色；鞘翅上有7～9个黄色毛斑，翅端被黄毛。【分布】贵州、云南。

大麻多节天牛 *Agapanthia daurica* Ganglbauer（天牛科 Cerambycidae 沟胫天牛亚科 Lamiinae）

【识别要点】体长11～18 mm。黑色或金属铅色。前胸背板有3条淡黄色或金黄色绒毛纵纹，位于中央及两侧各一，其余部分有稀少短黄毛。小盾片密布淡黄色或金黄色绒毛。鞘翅散生淡黄色、灰黄色或淡灰色绒毛，各处绒毛稠、稀分布不一致，形成不规则细绒毛花纹。雌、雄虫触角均长于身体，雌虫触角稍短。【寄主】大麻、山杨。【分布】黑龙江、吉林、辽宁、内蒙古。

苎麻双脊天牛 *Paraglenea fortunei* (Saunders)（天牛科 Cerambycidae 沟胫天牛亚科 Lamiinae）

【识别要点】体长9～17 mm。体被极厚密的淡色绒毛，从淡草绿色到淡蓝色，并饰有黑色斑纹。由体底色和黑绒毛所组成。前胸背板淡色，中区两侧各有1个圆形黑斑。鞘翅花斑变异极大，基本类型为每一鞘翅上有3个大黑斑，第1个处于基部外侧；第2个稍下，处于中部之前；第3个处于端部1/3处，通常由2个斑点合并组成，中间常留出淡色小斑。触角较体略长，雌雄差异不大。【寄主】苎麻、木槿、桑。【分布】河北、江苏、浙江、安徽、江西、湖南、四川、福建、广西、广东。

红多脊天牛 *Stibara rufina* (Pascoe)（天牛科 Cerambycidae 沟胫天牛亚科 Lamiinae）

【识别要点】体长15～20 mm。体长约为宽的3倍。头与前胸等宽，复眼深凹缘。复眼下叶小于或等于颊长的一半。前胸宽大于长，无侧瘤突，但在基部前收缩。鞘翅向末端逐渐收缩，具侧脊，翅面具细小刻点，形成较浅刻点列。触角短于体长，柄节较粗大，无脊，第3节长于等于第4节或柄节。第1跗节短于2，3节之和。雄虫爪具附齿，雌虫简单。【分布】青海、广西、云南。

大麻多节天牛 唐志远 摄

苎麻双脊天牛 郭宪 摄

红多脊天牛 任川 摄

眉斑并脊天牛 | 一念 摄

眉斑并脊天牛 *Glenea cantor* (Fabricius)（天牛科 Cerambycidae 沟胫天牛亚科 Lamiinae）

【识别要点】体长10～17 mm。体黑色；鞘翅淡黄褐，肩角黑色；每个鞘翅端区有2个小黑斑，被1条灰白色绒毛斜线分开，端缘及中缝末端被灰白色绒毛，3条灰白绒毛组成1个三角形，包围最后1个黑斑，其余翅面被淡黄色短绒毛。前胸背板共有12个黑斑，分别位于2横排上，前后各6个。小盾片黑色。鞘翅肩部较宽，向端部逐渐减窄。雄虫触角稍超过体长，雌虫触角与体约等长。【寄主】吉贝属、木棉。【分布】广东、广西、云南。

榆并脊天牛 *Glenea relicta* Pascoe（天牛科 Cerambycidae 沟胫天牛亚科 Lamiinae）

【识别要点】体长7～14 mm。头、胸及腹面黑色或棕黑色；触角棕红色到棕黑色；鞘翅及足棕红色。头顶中部有时形成2条纵纹；前胸背板上3条纵纹，中央1条，两侧各一。小盾片全部白色，但基缘往往黑色。每一鞘翅上有5个白斑点，排成一曲折的纵行，第1，2个在中部之前，较小，最后一个在末端，较大。触角长短雌雄差异不大，一般超过体长1/3左右。【分布】江苏、浙江、安徽、福建、江西、湖北、四川、台湾、广西、海南。

麻竖毛天牛 *Thyestilla gebleri* (Faldermann)（天牛科 Cerambycidae 沟胫天牛亚科 Lamiinae）

【识别要点】体长8～16 mm。体黑色，被厚密绒毛及竖毛。前胸背板具3条灰白色绒毛狭直纹；鞘翅沿中缝及自肩部而下各有1条灰白色纵条纹。体背面其余各处绒毛颜色变化较大。头顶中区有时具1条灰白色的直纹，触角下沿灰色，上沿自第2节起每节基部淡灰色，雄虫触角最长略超过翅端，雌虫略短。【寄主】大麻、苎麻、棉花、蓟。【分布】东北、内蒙古、河北、山东、山西、陕西、江苏、浙江、安徽、湖北、四川、台湾、福建、广东。

榆并脊天牛 | 张巍巍 摄

麻竖毛天牛 | 唐志远 摄

菊小筒天牛 | 李元胜 摄
短足筒天牛 | 一念 摄
脊筒天牛 | 谌安明 摄
山茶连突天牛 | 郭宪 摄

菊小筒天牛 *Phytoecia rufiventris* Gautier（天牛科 Cerambycidae　沟胫天牛亚科 Lamiinae）

【识别要点】体长6～11 mm。体小，圆筒形，黑色，被灰色绒毛，但不厚密，不遮盖底色。前胸背板中区有相当大的略带卵圆形的三角形红色斑点。前胸背板宽胜于长，红斑内中央有一长卵形无刻点区，且此处特别拱凸。鞘翅刻点极密而乱，绒毛均匀，不形成斑点。触角与体近于等长，雄虫稍长。【寄主】菊花。【分布】东北、内蒙古、河北、山东、山西、湖北、江苏、浙江、安徽、江西、四川、福建、台湾、广东、广西。

短足筒天牛 *Oberea ferruginea* (Thunberg)（天牛科 Cerambycidae　沟胫天牛亚科 Lamiinae）

【识别要点】体长16～22 mm。体狭长，头稍宽于前胸，同鞘翅肩部近于等宽，红褐色至棕红色。鞘翅肩后两侧及端部略带暗黑褐色，触角黑色。前胸背板长稍胜于宽或长，宽近于相等，两侧缘微圆弧，近前、后缘各有1条微横凹沟；胸面中区有细致横皱脊纹，两侧有少数刻点。小盾片小，近梯形。鞘翅肩宽，肩以后逐渐狭窄。雄虫触角稍超过体长，雌虫触角与体等长。【分布】广东、广西、云南。

脊筒天牛 *Nupserha* sp.（天牛科 Cerambycidae　沟胫天牛亚科 Lamiinae）

【识别要点】体长形，较窄，小至中等大小。头稍宽于前胸。前胸背板宽胜于长，两侧缘弧形，无侧刺突。鞘翅两侧近于平行，有的端部稍窄，端缘斜切或微凹缘，外端角钝；肩以下侧缘有1条不甚明显的纵脊线。触角较细，雌、雄虫触角长短差异不大，均超过体长。【分布】云南。

山茶连突天牛 *Anastathes parva* Gressitt（天牛科 Cerambycidae　沟胫天牛亚科 Lamiinae）

【识别要点】体长7～11 mm。体较宽短，背腹扁平；黄褐色，体背面密被金黄色短绒毛，腹面绒毛黄白色。触角略如体长。前胸宽胜于长，背中央隆起，前端及后端狭缩，近后缘具一较深的横沟。小盾片短，末端钝圆。鞘翅比前胸宽，近端部处最宽，末端圆；翅面各具12列稍规则的较大刻点。足粗短。【寄主】山茶。【分布】广东、广西、福建。

苏铁负泥虫 *Lilioceris consentanea* Lacordaire（负泥虫科 Crioceridae　负泥虫亚科 Criocerinae）

【识别要点】体长8～9 mm。体型粗壮；下口式，复眼小而突出，头顶有X形深沟，后头隘缩成颈部；前胸背板筒状，无侧边；鞘翅宽于前胸背板；爪基部分开。背面红色具光泽，触角、足及胸部腹面黑色，腹部红褐色。触角短粗，不达体长一半；前胸背板前部宽度等于或大于长度；鞘翅较平坦，刻点稀少。【习性】寄主苏铁，为害严重时可将叶片吃光，幼虫黄色，将粪便堆积于体背。【分布】海南、云南；越南、老挝、泰国。

脊负泥虫 *Lilioceris subcostata* (Pic)（负泥虫科 Crioceridae　负泥虫亚科 Criocerinae）

【识别要点】体长7～10 mm。爪基部分开。体全红褐色。触角粗，第5节起加宽；小盾片光洁无毛；鞘翅刻点清楚，具10行，第1及外侧两行距于鞘翅端部隆起；腹部被横列毛。【习性】取食菝葜属植物。【分布】河北、湖北、福建、广东、海南、广西、四川、云南、贵州；越南北部、老挝、泰国、印度北部。

大负泥虫 *Lilioceris major* (Pic)（负泥虫科 Crioceridae　负泥虫亚科 Criocerinae）

【识别要点】体长8～12 mm。体型粗壮，爪基部分开。背腹面棕褐色或酱色，鞘翅肩内有1个黄色大斑，斑外侧不达缘折。触角短粗，第5节起略加宽；前胸背板接近方形，前部稍狭；鞘翅刻点细，仅内侧3行及最外侧1行刻点可见。【分布】湖北、广东、海南、广西、贵州、云南；越南。

分爪负泥虫 *Lilioceris* sp.（负泥虫科 Crioceridae　负泥虫亚科 Criocerinae）

【识别要点】体长约9 mm，与苏铁负泥虫相近。但头部黑色，触角略长，前胸背板后角向外侧突出，鞘翅具成列清晰刻点。【分布】广东。

苏铁负泥虫 | 张巍巍 摄

脊负泥虫 | 张宏伟 摄

大负泥虫 | 张宏伟 摄

分爪负泥虫 | yellowman 摄

枸杞负泥虫 | 刘晔 摄
合爪负泥虫 | 郭宪 摄
横胸水叶甲 | 胡平华 摄
长角水叶甲 | 张宏伟 摄

枸杞负泥虫 *Lema decempunctata* Gebler（负泥虫科 Crioceridae 负泥虫亚科 Criocerinae）

【识别要点】体长约5 mm。头、触角、前胸背板、腹面、小盾片蓝黑色；鞘翅黄褐色，每翅有5个近圆形黑斑，黑斑大小变异较大。爪基半部合生，鞘翅刻点粗大，小盾片行有刻点4～6个。【习性】成虫、幼虫均为害枸杞叶片。【分布】内蒙古、宁夏、甘肃、青海、新疆、北京、河北、山西、陕西、山东、江苏、浙江、江西、湖南、福建、四川、西藏；朝鲜、日本、俄罗斯。

合爪负泥虫 *Lema* sp.（负泥虫科 Crioceridae 负泥虫亚科 Criocerinae）

【识别要点】体长约5 mm。头、触角基部4节、前胸背板、鞘翅、前足腿节黄色；触角末端、足大部、体腹面黑色被少许白色绒毛。爪基半部合生，鞘翅刻点粗大且排列规则。【分布】四川。

横胸水叶甲 *Donacia transversicollis* Fairmaire（负泥虫科 Crioceridae 水叶甲亚科 Donaciinae）

【识别要点】体长约7 mm。青铜色或铜绿色；触角和足被毛，头部毛稀短，体腹面被厚密银白色毛。前胸背板宽大于长，表面无明显瘤突；前胸侧板毛较密；头顶沟中央无纵凹，沿沟隆起；前胸背板中纵沟较深；刻点和皱褶较粗。【习性】取食水稻。【分布】云南、四川；越南。

长角水叶甲 *Sominella longicornis* (Jacoby)（负泥虫科 Crioceridae 水叶甲亚科 Donaciinae）

【识别要点】体长8～10 mm。青铜色、铜绿色或蓝紫色；体腹面被厚密银白色毛；腹部第1节短于第2—5节之和；前胸背板长大于宽，表面布满皱褶，无明显刻点；鞘翅基半部两侧近于平行，缝角无刺；后足胫节具齿，雄性后足腿节发达。【分布】浙江、福建、湖北、贵州、四川；越南。

紫茎甲

Sagra femorata purpurea Lichtenstein

（负泥虫科 Crioceridae 茎甲亚科 Sagrinae）

【识别要点】体长8～22 mm，体粗壮。体表光泽，体色多变，以紫色居多，亦有偏红偏绿或黑色的个体出现。头部刻点细密，前胸背板及鞘翅光洁无刻点，前胸背板方形，鞘翅宽大；后足腿节发达，雌雄差异较大，雄虫后腿节末端远超过鞘翅末端，端部腹面具2齿，外齿较大；后胫节弯曲，外缘凹口较深。【习性】幼虫于植株茎内取食及生长，其所在部位膨大成虫瘿，寄主为多种豆科植物及甘蔗等。【分布】安徽、浙江、江西、湖北、湖南、福建、广东、海南、广西、四川、云南；越南、老挝、印度、斯里兰卡、印度尼西亚。

紫茎甲 | 周纯国 摄

长足茎甲

Sagra longipes Baly

（负泥虫科 Crioceridae 茎甲亚科 Sagrinae）

【识别要点】体长13～17 mm。体色变异较大，有深蓝、蓝紫、绿色、铜绿、红铜等色，一般具光泽；沿翅缝色明显深，一般绿色，背腹面和附肢同色。触角约为体长一半，前胸背板无刻点。雄虫中足腿节腹缘突出呈角状；后腿节分狭长形与短粗形，腿节末端里面均有绒毛，下缘具2～3齿；后胫节细长，在基部略弯，端部具凹口。雌虫后腿节简单。【习性】与紫茎甲类似。【分布】四川、云南；缅甸。

长足茎甲 | 张宏伟 摄

耀茎甲蓝色亚种

Sagra fulgida janthina Chen

（负泥虫科 Crioceridae 茎甲亚科 Sagrinae）

【识别要点】体长7～14 mm。体深蓝色略带紫色，具光泽。前胸背板及鞘翅均被稀疏刻点；中胸腹板末端不为马蹄形；雄虫后腿节下缘里面被密毛丛，端部下缘有3个小齿，后胫节端部极度弯曲，外缘中部具1长齿，里缘具1小齿；雌虫腿节下缘具小锯齿，后胫节末端简单。【习性】与紫茎甲类似。【分布】湖北、广东、广西、四川、贵州。

耀茎甲蓝色亚种 | 王锋 摄

耀茎甲紫红亚种

Sagra fulgida minuta Pic

（负泥虫科 Crioceridae 茎甲亚科 Sagrinae）

【识别要点】体长7～12 mm。形态特征与耀茎甲蓝色亚种相似；但鞘翅较狭，紫红或紫铜色，边缘深蓝光泽较暗，身体其他部分蓝黑色；鞘翅刻点较粗密，点间多皱。我国福建、江西等地还分布有耀茎甲指名亚种，与紫红亚种近似，但鞘翅为金绿色，多少带红色光泽。【习性】与紫茎甲类似。【分布】云南、四川、西藏。

耀茎甲紫红亚种 | 张巍巍 摄

绿豆象 ｜寒枫 摄　　白纹豆象 ｜刘晔 摄

绿豆象 *Callosobruchus chinensis* Linnaeus（负泥虫科 Crioceridae 豆象亚科 Bruchinae）

【识别要点】体长2～3 mm。体色变化较大，通常背面红褐色，前胸背板基部中央具1浅色斑，鞘翅具一些横向白纹；体略扁平，头小，鞘翅方形；触角雄虫端部数节栉状，雌虫丝状；前胸背板侧缘中央无齿突。【习性】为著名的仓储害虫，为害绿豆等多种储藏物。【分布】世界各地。

白纹豆象 *Bruchidius* sp.（负泥虫科 Crioceridae 豆象亚科 Bruchinae）

【识别要点】体长约3 mm。体背面黑褐色，前胸背板基部中央具1浅色斑，鞘翅中央具浅色斑纹，体腹面被灰白色鳞毛；触角栉状。【习性】常见于花序或果序上，成虫取食花和叶，幼虫蛀食种子。【分布】北京。

锚阿波萤叶甲 *Aplosonyx ancorus ancorus* Laboissière（叶甲科 Chrysomelidae 萤叶甲亚科 Galerucinae）

【识别要点】体背、触角、足黄褐色，前胸背板具2个黑斑，小盾片黑褐色，鞘翅基部在肩角内侧黑色，中缝黑色直达中部，中部有1条较宽的蓝黑色横带；身体腹面两侧黑色，中部黄褐色；后足腿节中部具黑斑。体大型，体长超过10 mm。【习性】取食海芋，取食前将叶片画成规则的圆圈，然后取食圆圈内的叶片部分。【分布】福建、广东、广西、云南；越南。

锚阿波萤叶甲 ｜张巍巍 摄

斑角拟守瓜 *Paridea (Paridea) angulicollis* (Motschulsky)（叶甲科 Chrysomelidae 萤叶甲亚科 Galerucinae）

【识别要点】体长4 ~ 5 mm，体宽2 ~ 3 mm。雄虫头、前胸背板、鞘翅、前胸腹板、腹部腹面及足的腿、胫节黄色，前胸背板有时呈橘黄色；触角褐色，基部3节腹面颜色较浅；整个鞘翅具3个黑斑；小盾片下及每个鞘翅端部1/3处各1黑斑，有的个体小盾片下的斑消失；缘折基部1/3的内、外缘、中、后胸腹、侧板及足的跗节黑色。雌虫小盾片下无凹窝或具极浅的纵洼；腹部末端呈倒“山”字形缺刻。【习性】取食葫芦科。【分布】黑龙江、吉林、甘肃、河北、山西、江苏、浙江、湖南、福建、台湾、海南、广西；日本。

褐背小萤叶甲 *Galerucella grisescens* (Joannis)（叶甲科 Chrysomelidae 萤叶甲亚科 Galerucinae）

【识别要点】体长3 ~ 6 mm，体宽2 ~ 3 mm。头部、前胸及鞘翅红褐色，触角及小盾片黑褐色或黑色；腹部及足黑色，腹部末端1—2节红褐色。前胸背板宽大于长，两侧具细的边框，中部之前膨阔，基缘中部向内深凹；盘区刻点粗密，中部有一大块倒三角形无毛区，在前缘伸达两侧；中部两侧各具一明显的宽凹。小盾片三角形，末端钝圆。鞘翅基部宽于前胸背板，肩角突出，翅面刻点稠密、粗大。足较粗壮。【习性】取食蔷薇科草莓属、蓼属、酸模属、珍珠梅属等植物。【分布】黑龙江、吉林、辽宁、内蒙古、新疆、甘肃、河北、山西、山东、河南、江苏、安徽、浙江、湖北、江西、湖南、福建、台湾、广东、海南、广西、四川、贵州、云南、西藏；俄罗斯（西伯利亚）、朝鲜、日本、越南、老挝、泰国、印度、尼泊尔、印度尼西亚、阿富汗。

凹翅长跗萤叶甲 *Monolepta bicavipennis* Chen（叶甲科 Chrysomelidae 萤叶甲亚科 Galerucinae）

【识别要点】体长4 ~ 5 mm，体宽2 ~ 3 mm，体长形。头、触角、前胸、足胫节及跗节红色至红褐色，鞘翅红色，腹面及足腿节黄褐色。头部额区近三角形微突，额瘤较小。前胸背板宽约为长的2倍，两侧缘和前缘较平直，基缘向后拱凸；雄虫每翅基部1/3近中缝处有短横凹，颇深，凹内端缝处具一瘤突，凸上具短毛。雄虫腹部末节三叶状，中叶宽略大于长，表面微凹洼。后足第1跗节特别长，约为其余3节之和的2倍。【习性】本种危害核桃严重，常将顶端叶片吃成缺刻。【分布】甘肃、山西、陕西、河南、安徽、浙江、湖北、江西、湖南、广西、云南。

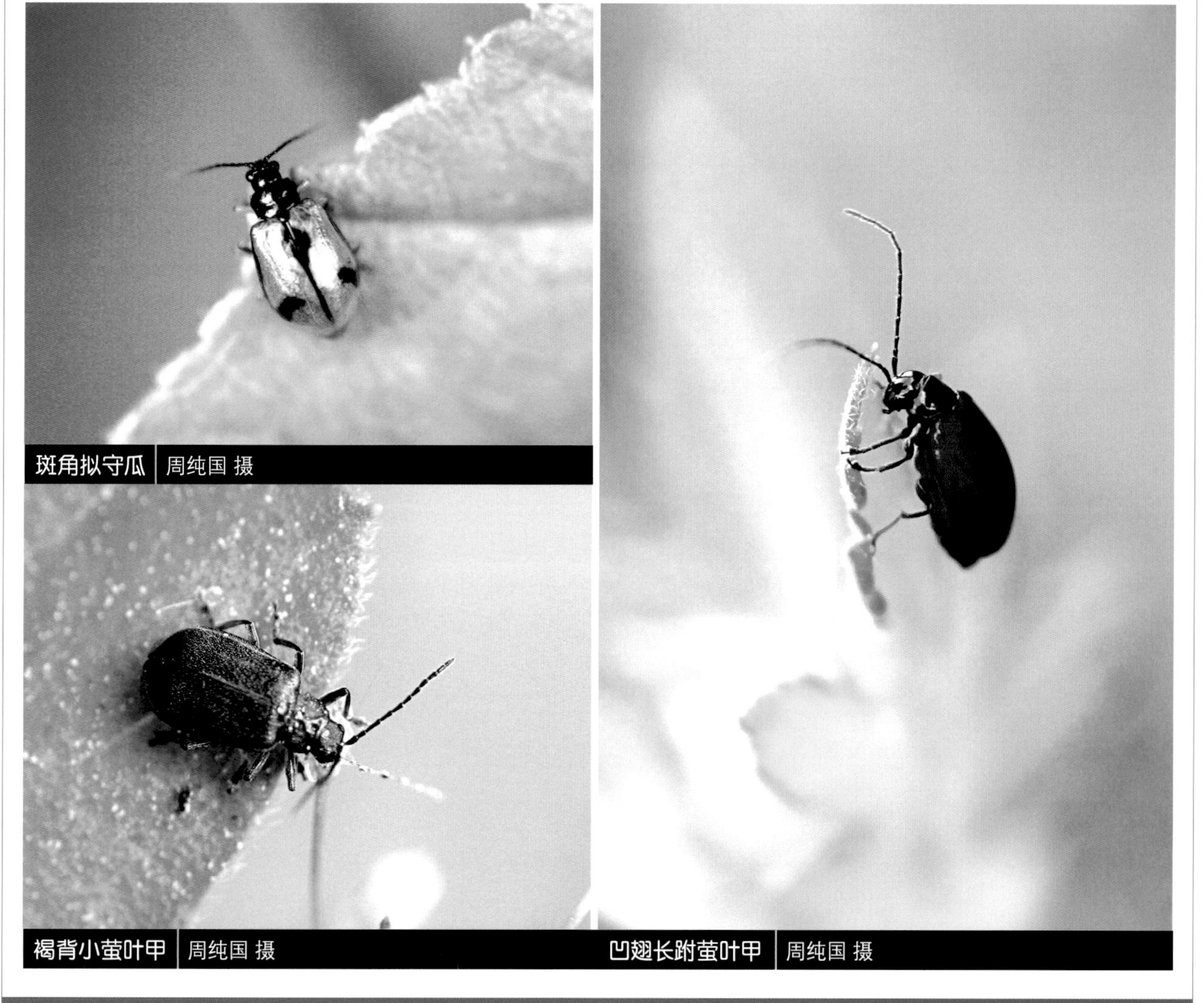

斑角拟守瓜 周纯国 摄

褐背小萤叶甲 周纯国 摄

凹翅长跗萤叶甲 周纯国 摄

日榕萤叶甲 *Morphosphaera japonica* (Hornstedt)（叶甲科 Chrysomelidae 萤叶甲亚科 Galerucinae）

【识别要点】体长7～9 mm，体宽5～6 mm。体色变化较大，鞘翅呈3种颜色：蓝绿色、绿黑色及褐色。腹面或全部黄褐色，或胸部腹面黑褐色。头部颜色变化为：头部或为黑色（鞘翅呈蓝黑色）；或为褐色，头顶为一黑斑（鞘翅绿黑色）；或为黄褐色，后头在头顶两侧黑色（鞘翅褐色）；触角黑褐色。足的颜色为两种：全部黑褐色（鞘翅呈蓝黑或褐色），或仅胫节、跗节黑色（鞘翅绿黑色）。腹部腹面每节具1对不规则的黑斑，位于腹部两侧；前足基节窝开放，爪附齿式。雄虫腹部末端三叶状，雌虫完整。【习性】取食榕树、桑树。【分布】浙江、江西、湖南、福建、台湾、广西、西川、贵州、云南；俄罗斯（西伯利亚）、日本、越南、印度、尼泊尔。

黄肩柱萤叶甲 *Gallerucida singularis* Harold（叶甲科 Chrysomelidae 萤叶甲亚科 Galerucinae）

【识别要点】体长8～11 mm，体宽5～7 mm。体红褐色；触角黑褐色，腿节端部、胫节及跗节黑色。鞘翅肩瘤处及末端黄色，在肩瘤内、外侧、鞘翅末端分别具2个黑斑。鞘翅在有的个体中黄褐色，头部额唇基区、额瘤黑色，肩瘤及鞘翅末端无黄色区。触角长达鞘翅中部。前胸背板盘区中部两侧各具1圆形小凹窝。【习性】取食蓼科植物。【分布】福建、台湾、广东、海南、广西、四川、云南；越南、缅甸、印度、不丹。

黄缘米萤叶甲 *Mimastra limbata* Baly（叶甲科 Chrysomelidae 萤叶甲亚科 Galerucinae）

【识别要点】体黄褐色；触角（基部第3—4节除外）、足胫节（前足淡）、跗节黑褐色。头顶及前胸背板具不规则的黑斑，其斑纹有时减小，有时模糊不清，有时完全消失。鞘翅具蓝黑色宽纵带，仅侧缘和翅缝单色，但黑带变化较大，有时增宽，有时缩狭，有时仅翅端黑色，有时完全消失。中、后胸及腹部蓝黑色。腹面和足被较长密毛。雄虫前足第1跗节膨宽、增厚，内侧凹洼，腹面具1个长形凹和1个圆形凹。【习性】此虫发生普遍，成虫活泼，易飞，数量多，将植物叶片食成缺刻或孔洞。取食榆科植物、苹果、梨、羊齿植物等。【分布】甘肃、陕西、浙江、湖北、湖南、福建、广西、西川、贵州、云南；印度、尼泊尔。

日榕萤叶甲 | 周纯国 摄

黄肩柱萤叶甲 | 周纯国 摄

黄缘米萤叶甲 | 周纯国 摄

蓝翅瓢萤叶甲 | 周纯国 摄

红角榕萤叶甲 | 周纯国 摄

二纹柱萤叶甲 | 郭宪 摄

蓝翅瓢萤叶甲 *Oides bowringii* (Baly)（叶甲科 Chrysomelidae　萤叶甲亚科 Galerucinae）

【**识别要点**】体长10～15 mm，体宽7～9 mm。体卵圆形，似瓢虫，体背隆突强烈。黄褐色，触角末端4节黑色，有时胫节端部和跗节黑褐色。鞘翅金属蓝或绿色，周缘（除基部外）黄褐色，有时翅缝完全金属色。雄虫腹部末端顶端分三叶，中叶横宽，表面较凹洼；雌虫末节顶端中央为深的凹缺。【**习性**】取食五味子、山葡萄。【**分布**】浙江、湖北、江西、湖南、福建、广东、广西、四川、贵州、云南；朝鲜、日本。

红角榕萤叶甲 *Morphosphaera cavaleriei* Laboissière（叶甲科 Chrysomelidae　萤叶甲亚科 Galerucinae）

【**识别要点**】体长7～9 mm，体宽5～6 mm。头部及触角黑褐色。前胸背板黄色，具5个黑色斑点，4个一排，下面中部1个。小盾片、鞘翅及胸部腹面褐色。腹部腹面黄褐色，每节腹板1对黑斑，位于中部两侧。足黑褐色，胫节端及跗节黑色。腹部末端浅三叶状，前足基节窝开放，爪附齿式。【**习性**】取食榕属植物。【**分布**】广西、四川；越南。

二纹柱萤叶甲 *Gallerucida bifasciata* Motschulsky（叶甲科 Chrysomelidae　萤叶甲亚科 Galerucinae）

【**识别要点**】体长7～9 mm，体宽4～6 mm。体黑褐至黑色，触角有时红褐色。鞘翅黄色、黄褐色或橘红色，具黑色斑纹：基部有2个斑点，中部之前具不规则的横带，未达翅缝和外缘，有时伸达翅缝，侧缘另具1小斑；中部之后1横排有3个长形斑；末端具1个近圆形斑。中足之间后胸腹板突较小。足较粗壮，爪附齿式。【**习性**】取食荞麦、桃、酸模、蓼、大黄等。【**分布**】黑龙江、吉林、辽宁、甘肃、河北、山西、河南、江苏、浙江、湖北、江西、湖南、福建、台湾、广西、四川、贵州、云南。

印度黄守瓜 | 张宏伟 摄

四斑拟守瓜 | 周纯国 摄

脊纹萤叶甲 | 刘晔 摄

四斑拟守瓜 *Paridea quadriplagiata* (Baly)（叶甲科 Chrysomelidae　萤叶甲亚科 Galerucinae）

【识别要点】体长5～6 mm，体宽2～3 mm。头、前胸背板、鞘翅、腹部腹面及足黄色；唇基、触角第1—4节背面、第5—11节、鞘翅的斑及中后胸腹面黑色；足的胫节端部及跗节褐色。每个鞘翅的基部1/4及端部不远（紧靠中部）各1斑，斑的四周皆黄色包围；盘区刻点密集，基本成行；缘折基部宽，到端部逐渐变窄。爪附齿式。【习性】未知。【分布】安徽、浙江、江西、湖南、福建、广东、四川、贵州、云南；日本、印度。

印度黄守瓜 *Aulacophora indica* (Gmelin)（叶甲科 Chrysomelidae　萤叶甲亚科 Galerucinae）

【识别要点】体长6～8 mm，体宽3～4 mm。体橙黄色或橙红色，有时较深，带棕色；上唇或多或少栗黑色；后胸腹面及腹节黑色，腹部末节大部分橙黄色。雄虫腹部末端中叶上具一大深凹；雄虫腹部末端呈“V”形或“U”形凹刻。有的个体中、后足颜色较深，从褐色到黑色，有时前足胫节及跗节颜色亦深。【习性】本种是瓜类作物的重要害虫，在我国北方一年发生一代，南方三代左右。以成虫在背风向阳的杂草、落叶及土缝间越冬。成虫食性广，几乎危害各种瓜类，但以西瓜、南瓜、黄瓜、甜瓜等危害最甚。【分布】河北、陕西、山东、江苏、浙江、湖北、江西、湖南、福建、台湾、广东、广西、四川、贵州、云南、西藏；朝鲜、日本、俄罗斯（西伯利亚）、印度、斯里兰卡、缅甸、尼泊尔、不丹、泰国、柬埔寨、老挝、越南、菲律宾、巴布新几内亚、斐济。

脊纹萤叶甲 *Theone silphoides* (Dalman)（叶甲科 Chrysomelidae　萤叶甲亚科 Galerucinae）

【识别要点】头、触角、小盾片、腹面及足黑褐色，前胸背、腹板以及鞘翅棕黄色。前胸背板盘区具一宽的横凹，刻点集中于凹内。雄虫前、中足跗节腹面中部为一光滑区。雄虫腹端缺刻状，雌虫完整。【分布】新疆、四川、欧洲及中亚地区。

茶殊角萤叶甲 *Agetocera mirabilis* Hope（叶甲科 Chrysomelidae　萤叶甲亚科 Galerucinae）

【识别要点】体长13 ~ 18 mm，体宽7 ~ 9 mm。体黄褐色；触角端部2节、前中足胫节端半部、后足胫节端部以及跗节全部黑色；鞘翅紫色。雄虫触角第2—7节每节基部狭窄，端部膨阔，其中第4节较长，内侧凹洼较深；第8节粗大，较长，约为第5—7节长的总和，在具端部不远有一椭圆形突起，突起表面为一大刻点；第9节明显短于第8节，外侧凹洼颇深，如肾形；第10—11节细长，约与第8节等长。【习性】取食茶、油瓜。【分布】江苏、安徽、浙江、台湾、广东、海南、广西、云南；尼泊尔、印度、不丹、缅甸、老挝、越南。

阔胫萤叶甲 *Pallasiola absinthii* (Pallas)（叶甲科 Chrysomelidae　萤叶甲亚科 Galerucinae）

【识别要点】体长6 ~ 8 mm，体宽3 ~ 4 mm。体全身被毛，黄褐色；头的后半部、触角、中后胸腹板和腹部两侧、小盾片及翅缝黑色，前胸背板中央为一黑色横斑，鞘翅上的脊黑色，足大部分黄褐色，腿节、胫节端部及跗节黑色。鞘翅肩角瘤状突起，每翅3条纵脊，外侧和中部的脊在端部相连，翅面刻点粗密。足粗壮，胫节端半部明显粗大。【习性】取食榆、蒿、山樱桃、假木贼。【分布】黑龙江、吉林、辽宁、内蒙古、甘肃、新疆、河北、山西、陕西、四川、云南、西藏；蒙古国、吉尔吉斯斯坦、俄罗斯（西伯利亚）。

宽缘瓢萤叶甲 *Oides maculatus* (Olivier)（叶甲科 Chrysomelidae　萤叶甲亚科 Galerucinae）

【识别要点】体长9 ~ 13 mm，体宽8 ~ 11 mm。体卵形，黄褐色，触角末端4节黑褐色；前胸背板具不规则的褐色斑纹，有时消失；每个鞘翅具1条较宽的黑色纵带，其宽度略宽于翅面最宽处的1/2，有时鞘翅完全淡色；后胸腹板和腹部黑褐色。雄虫腹部末节三叶状，中叶略近方形，端缘平直。【习性】取食葡萄。【分布】陕西、江苏、安徽、浙江、湖北、江西、湖南、福建、台湾、广东、广西、四川、贵州、云南；尼泊尔、印度、缅甸、泰国、老挝、越南、柬埔寨、马来西亚、印度尼西亚。

阔径萤叶甲 | 刘晔 摄

茶殊角萤叶甲 | 任川 摄

宽缘瓢萤叶甲 | 寒枫 摄

竹长跗萤叶甲 | 寒枫 摄

黑足守瓜 | 郭宪 摄

十星瓢萤叶甲 | 杰仔 摄

双斑长跗萤叶甲 | 张宏伟 摄

竹长跗萤叶甲

Monolepta pallidula (Baly)

（叶甲科 Chrysomelidae　萤叶甲亚科 Galerucinae）

【识别要点】体长卵形，黄褐色，有时稍淡或略深，后足第1跗节基部黑色。体色变化较大，有时胫节和跗节完全黑色；有时头和胸红色；有时鞘翅完全红色或黄色，或基部红色；有时中、后胸腹板红色或黄色，但在一些情况下呈黑色。后足第1跗节远长于其余3节之和。雄虫腹部末端三叶状，中叶近方形，雌虫腹部末节端部圆锥形。【习性】取食安息香、竹、胡杨。【分布】河南、安徽、湖北、江西、湖南、福建、台湾、广东、海南、四川、贵州、云南；日本、朝鲜。

黑足守瓜

Aulacophora nigripennis Motschulsky

（叶甲科 Chrysomelidae　萤叶甲亚科 Galerucinae）

【识别要点】体长6～7 mm，体宽3～4 mm。体光亮；头、前胸及腹部橙黄或橙红色，上唇、鞘翅、中、后胸腹板、侧板以及各足均黑色，小盾片栗黑色。前胸背板盘区具一直行横沟，几无刻点。雄虫腹部末端中叶长方形，雌虫腹部末端呈弧形凹缺。【习性】取食葫芦科。【分布】黑龙江、河北、山西、陕西、山东、江苏、浙江、江西、福建、台湾、四川；日本、越南。

十星瓢萤叶甲

Oides decempunctatus (Billberg)

（叶甲科 Chrysomelidae　萤叶甲亚科 Galerucinae）

【识别要点】体长9～14 mm，体宽7～10 mm。体卵形，似瓢虫。黄褐色，触角末端3—4节黑褐色，每个鞘翅具5个近圆形黑斑，排列顺序为2—2—1；后胸腹板外侧，腹部每节两侧各具1黑斑，有时消失。雄虫腹部末节顶端三叶状，中叶横宽；雌虫末节顶端微凹。【习性】本种是葡萄的重要害虫之一，在我国大部分地区一年发生一代，少数地区一年发生三代，以卵在枯枝落叶下越冬。【分布】吉林、甘肃、河北、山西、陕西、山东、河南、江苏、浙江、安徽、湖北、江西、湖南、福建、台湾、广东、海南、广西、四川、贵州；朝鲜、越南。

双斑长跗萤叶甲

Monolepta hieroglyphica hieroglyphica (Motschulsky)

（叶甲科 Chrysomelidae　萤叶甲亚科 Galerucinae）

【识别要点】体长3～5 mm，体宽2～3 mm。体长卵形，棕黄色；头及前胸背板色较深，有时橙红色；上唇、触角（基部第1—3节黄色）、足胫节、跗节黑褐色，中、后胸腹板黑色；每个鞘翅基半部有一个近圆形的淡黄色斑，周缘黑色，后缘黑色部分常向后伸突成角状，翅后半部淡黄色。【习性】此虫主要是成虫期造成危害，主要取食禾本科和十字花科植物，但也危害杨柳科植物。【分布】黑龙江、吉林、辽宁、内蒙古、河北、山西、浙江、湖北、湖南、福建、台湾、四川、贵州；俄罗斯（西伯利亚）、朝鲜、日本、印度、越南、菲律宾、马来西亚、印度尼西亚、新加坡。

蒿金叶甲 | 周纯国 摄

蒿金叶甲 *Chrysolina aeruginosa* (Faldermann)（叶甲科 Chrysomelidae 叶甲亚科 Chrysomelinae）

【识别要点】背面通常青铜色或蓝色，有时紫蓝色；腹面蓝色或紫色。触角第1，2节端部和腹面棕黄。头顶刻点较稀，额唇基较密。前胸背板横宽，表面刻点很深密，粗刻点间有极细刻点。鞘翅刻点较前胸背板的更粗、更深，排列一般不规则，有时略呈纵行趋势，粗刻点间有细刻点。**【分布】**黑龙江、吉林、辽宁、新疆、甘肃、北京、河北、山东、陕西、河南、安徽、浙江、湖北、湖南、福建、台湾、广西、四川、贵州、云南；俄罗斯（西伯利亚）、朝鲜、日本、越南、缅甸。

杨叶甲 *Chrysomela populi* Linnaeus（叶甲科 Chrysomelidae 叶甲亚科 Chrysomelinae）

【识别要点】长椭形。头、前胸背板蓝色或蓝黑色、蓝绿色，具铜绿光泽；鞘翅棕黄色至棕红色，中缝顶端常有1小黑斑；腹面黑色至蓝黑色；腹部末3节两侧棕黄色。**【习性】**杨柳科植物的重要害虫，以苗期危害最烈。成虫幼虫啃食叶肉，仅留叶脉，使成网状干枯。**【分布】**黑龙江、吉林、辽宁、内蒙古、宁夏、甘肃、青海、新疆、北京、河北、山西、陕西、山东、江苏、安徽、浙江、湖北、江西、湖南、福建、广西、四川、贵州、云南、西藏；俄罗斯（西伯利亚）、日本、朝鲜、印度、亚洲（西部、北部）、欧洲、非洲北部。

钳叶甲 *Labidostomis* sp.（肖叶甲科 Eumolpidae）

【识别要点】体长10 mm，体卵圆形。鞘翅多为黄色，各肩部有黑色斑点。触角锯齿状或线状，头大，下口式。前胸背板被白毛。雄虫前足腿节胫节发达，较长，适于抱窝枝条，类似钳子，故称钳叶甲。**【习性】**取食多种植物。**【分布】**中国北方地区。

杨叶甲 | 张巍巍 摄

钳叶甲 | 刘晔 摄

梨光叶甲 *Smaragdina semiaurantiaca* (Fairmaire)（肖叶甲科 Eumolpidae）

【识别要点】体长10 mm。体卵圆形。胸部黄色，鞘翅金属绿色，腹面黄色。触角锯齿状或线状，眼突，下口式。【分布】中国北方地区。

瘤叶甲 *Chlamisus* sp.（肖叶甲科 Eumolpidae）

【识别要点】体长5 mm。体卵圆形，形如鳞翅目粪便颗粒。体常黑色或墨绿色。触角锯齿状或线状，下口式。【分布】中国南方地区。

皱腹潜甲 *Anisodera rugulosa* Chen & Yu（铁甲科 Hispidae 潜甲亚科 Anisoderinae）

【识别要点】成虫体长约15 mm。体长形，红褐色，触角，足及腹面黑色。前胸背板略窄于鞘翅，侧缘具锯齿，侧缘中部明显突出，中区基部明显凹入；鞘翅两侧平行，具5条纵向脊线，脊线间具成行刻点。【习性】潜甲亚科是铁甲科中比较原始的类群，幼虫潜叶或潜芽为生，寄主主要为各种单子叶植物。【分布】云南。

洼胸断脊甲 *Sinagonia foveicollis* (Chen & Tan)（铁甲科 Hispidae 潜甲亚科 Anisoderinae）

【识别要点】成虫体长4～5 mm。体长形，黑色，鞘翅盘区及端部具黄斑，盘区黄斑数目及端部黄斑大小变异均较大，触角端部数节黄色。前胸背板方形，两侧略呈弧形；鞘翅两侧近平行，端部略宽，鞘翅上具3条纵向脊线，外侧2条中部中断，鞘翅端部具细锯齿。【分布】福建、广东、广西、云南。

梨光叶甲 | 刘晔 摄

瘤叶甲 | 寒枫 摄

皱腹潜甲 | 张宏伟 摄

洼胸断脊甲 | 张宏伟 摄

趾铁甲 | 张宏伟 摄

狭叶掌铁甲 | 寒枫 摄　竹丽甲 | 郭宪 摄　缺窗瘤龟甲 | 张宏伟 摄

趾铁甲 *Dactylispa* sp.（铁甲科 Hispidae　铁甲亚科 Hisplinae）

【识别要点】成虫体长通常4～6 mm。体色黄褐色至黑色，或棕黄色与黑色相杂；体型一般长方形；触角无刺及纵纹，其间具纵脊；前胸横宽，狭于鞘翅，前缘及侧缘具多个刺；鞘翅具刻点，刺较钝至细长，侧缘具刺列。【习性】寄主多为单子叶植物。【分布】云南。

狭叶掌铁甲 *Platypria alces* Gressitt（铁甲科 Hispidae　铁甲亚科 Hisplinae）

【识别要点】成虫体长约5 mm。底色淡棕黄色，背面大部分黑色；前胸背板侧叶黄色，侧叶端部黑色；鞘翅背刺及前后叶大部分黑色，前后叶之间的敞边黄色。前胸背板侧叶狭长，具5刺，最靠后1刺较小；鞘翅前叶5刺，后叶3刺。【分布】海南、四川、云南；越南。

竹丽甲 *Callispa bowringi* Baly（铁甲科 Hispidae　丽甲亚科 Callispinae）

【识别要点】成虫体长约5 mm。体金属蓝色，触角及胸部腹面黑色，腹部棕黄色，足黄色至黑褐色。体卵圆形，前端较窄，鞘翅略宽于前胸背板基部，鞘翅具成行刻点。与蓝丽甲*C. cyanea*很近似，但本种头顶端部较窄。【习性】取食各种竹类。【分布】江苏、湖北、江西、四川、福建、广东、海南、广西、云南。

缺窗瘤龟甲 *Notosacantha sauteri* (Spaeth)（铁甲科 Hispidae　龟甲亚科 Cassidinae）

【识别要点】成虫体长约5 mm，体椭圆形。红褐色，敞边及触角淡红色；沿鞘翅盘区有白色环状纹。触角末5节加粗，形成棒状；头部在复眼前突出；前胸背板前缘深凹入，包围头部；鞘翅敞边平，刻点粗大，盘区隆起，具瘤突。同属其他种鞘翅敞边多有透明窗斑，此种因无此窗斑而得名。【习性】瘤龟甲均比较罕见，本种分布相对较广。寄主为杜鹃花科的地檀香和南烛，成虫鞘翅上的环状白色斑纹以拟态地檀香叶表面的病斑。【分布】福建、台湾、广东、云南；越南。

石梓翠龟甲 | 唐志远 摄

北锯龟甲 | 周纯国 摄

准杞龟甲 | 刘晔 摄

石梓翠龟甲 *Craspedonta leayana* (Latreille)（铁甲科 Hispidae 龟甲亚科 Cassidinae）

【识别要点】成虫体长11～14 mm，体长椭圆形。前胸背板棕黄色至棕褐色，鞘翅铜色至深蓝色，多少带金属光泽；触角第2—11节、跗节、腿节基半部黑色；足的其他部分及腹面棕黄色。前胸背板长方形，具明显边框；鞘翅粗糙，具条脊和大刻点。除指名亚种之外，我国还分布有海南亚种*Craspedonta leayana insulana* (Gressitt)。与指名亚种在颜色上有所区别：鞘翅绿色，具强烈光泽；触角仅端部第4—5节黑色；触角基部，前胸背板，腹面，鲜黄色。【习性】典型的热带种类，发生期较为常见，取食石梓属植物。【分布】云南、海南；老挝、泰国、缅甸、印度、越南。

北锯龟甲 *Basiprionota bisignata* (Boheman)（铁甲科 Hispidae 龟甲亚科 Cassidinae）

【识别要点】成虫体长约12 mm，体椭圆形。黄绿色，前胸背板及鞘翅敞边处颜色较浅；鞘翅敞边中后部具黑斑，黑斑大小变异较大，偶尔完全消失；触角黄色，末端至少自3，4节起带黑色，最后2节全黑。前胸背板前缘具凹口，后缘锯齿状；鞘翅基部与前胸背板等宽，鞘翅最宽处在后部。【习性】为我国较为常见的锯龟甲，发生期数量较大，寄主植物有：泡桐、梓树、楸树、白杨、柑橘。【分布】甘肃、河北、北京、山西、陕西、山东、河南、江苏、浙江、湖北、湖南、广西、贵州、云南。

准杞龟甲 *Cassida virguncula* Weise（铁甲科 Hispidae 龟甲亚科 Cassidinae）

【识别要点】成虫体长约5 mm，卵圆形。活虫体翠绿色，死后颜色变为棕黄色；鞘翅有时具血红色斑有时缺，红斑位于鞘翅盘区小盾片附近，并沿鞘翅缝延伸到近端部。鞘翅具较规则的刻点，敞边很窄。此种在颜色形状上与枸杞龟甲很相似，但可依前胸背板无粗皱纹与之区分。【习性】为枸杞的重要害虫。【分布】宁夏、甘肃、青海、新疆、河北、山西、陕西、江苏、江西、河南。

甘薯台龟甲 *Taiwania circumdata* (Herbst)（铁甲科 Hispidae　龟甲亚科 Cassidinae）

【识别要点】成虫体长约5 mm，体圆形，背面强烈拱隆。活体绿色至黄绿色带金属光泽，死后逐渐变黄；前胸背板中部具黑斑，鞘翅沿盘区一圈具U形黑斑，沿小盾片向后至鞘翅中部具长形黑斑。黑斑变异较大：有时鞘翅中部斑与U形斑相连，或中部长斑近消失，同时前胸黑斑也近似消失。【习性】甘薯和空心菜的重要害虫，同时也为害梨、桑、柑橘、荔枝、龙眼、芭蕉等多种经济作物。【分布】江苏、浙江、湖北、江西、湖南、福建、台湾、广东、海南、广西、四川、贵州、云南；日本、东南亚、印度。

台龟甲 *Taiwania* sp.（铁甲科 Hispidae　龟甲亚科 Cassidinae）

【识别要点】成虫体长约5 mm，体圆形，背面强烈拱隆。体灰黄色，前胸背板及鞘翅敞边透明，前胸背板盘区具黑色斑纹，鞘翅盘区黑色，其间隆起不规则的脊黄褐色。【分布】云南。

山楂肋龟甲 *Alledoya vespertina* (Boheman)（铁甲科 Hispidae　龟甲亚科 Cassidinae）

【识别要点】成虫体长5 ~ 7 mm，近五角形。体色较幽暗；前胸背板淡棕褐色；鞘翅具“工”形大黑斑，覆盖鞘翅大部，仅留下敞边中部区域及近端缝处，淡黄色略透明。鞘翅具突起的网状粗纹，敞边中等程度宽阔。【习性】北方较为常见的龟甲，寄主有山楂、悬钩子属、铁线莲属、白敛属、打碗花属。【分布】黑龙江、内蒙古、甘肃、河北、北京、陕西、江苏、浙江、湖北、湖南、福建、台湾、广东、广西、四川、贵州。

三带椭龟甲 *Glyphocassis triliniata* Hope（铁甲科 Hispidae　龟甲亚科 Cassidinae）

【识别要点】成虫体长5 ~ 6 mm，长椭圆形，两侧平行，敞边窄。体金黄色，具强烈光泽；前胸背板基半部具大型黑斑；每鞘翅具两条斜向黑带，另有黑带位于鞘翅翅缝。鞘翅表面刻点粗大。另有四川亚种分布于四川、湖北，与指名亚种相比，背面黑色区域较大。【习性】取食甘薯、蕹菜等旋花科植物。【分布】广西、云南、甘肃、四川、湖北。

甘薯台龟甲 | 张宏伟 摄

台龟甲 | 张宏伟 摄

山楂肋龟甲 | 周纯国 摄

三带椭龟甲 | 张宏伟 摄

条点沟龟甲 yellowman 摄

甘薯腊龟甲 唐志远 摄

条点沟龟甲 *Chiridopsis bowringi* (Boheman)（铁甲科 Hispidae 龟甲亚科 Cassidinae）

【识别要点】成虫体长6 ~ 7 mm。活虫体黄绿色至蓝绿色，死后颜色逐渐变黄；敞边金黄色，透明；前胸背板盘区及小盾片鲜红色；每鞘翅具3个黑色大斑，中缝黑色；鞘翅具粗大黑色刻点。与六点沟龟甲*Ch. bistrimaculata* 相似，但后者前胸背板为淡棕黄色。【习性】很美丽但并不常见的龟甲，寄主不明。【分布】广东、海南、广西、云南；越南、缅甸。

甘薯蜡龟甲 *Laccoptera quadrimaculata* (Thunberg)（铁甲科 Hispidae 龟甲亚科 Cassidinae）

【识别要点】成虫体长约8 mm，体近三角形。蜡黄色至棕褐色，前胸背板中部通常有2个小黑斑，鞘翅盘区有数个黑斑，敞边近肩角处及中后部及后部翅缝处各具黑斑。鞘翅基部远宽于前胸背板；肩角强烈向前延长，到达前胸背板中部；敞边较宽；鞘翅中部强烈隆起。【习性】我国一种重要的甘薯害虫，除甘薯外还为害旋花科的牵牛花等植物。【分布】广泛分布我国华北、华中、华南、西南地区；国外分布于东南亚、印度等地区。

星斑梳龟甲 *Aspidomorpha miliaris* (Fabricius)（铁甲科 Hispidae 龟甲亚科 Cassidinae）

【识别要点】成虫体长10 ~ 15 mm，体圆形。金黄色；鞘翅盘区约有10个小黑斑，前侧部和后侧部及翅缝末端具黑色斑；黑斑大小变异极大，有时斑极小成星点状甚至近似消失；触角末3节黑色。鞘翅基部宽于前胸背板，敞边很宽；盘区中部不隆起。【习性】在南方较为常见，取食旋花科的多种植物。【分布】广东、海南、广西、云南；东南亚、印度。

星斑梳龟甲 任川 摄

金梳龟甲 | 任川 摄

褐刻梳龟甲 | 张巍巍 摄

印度梳龟甲 | 寒枫 摄

金梳龟甲 *Aspidomorpha dorsata* (Fabricius)（铁甲科 Hispidae 龟甲亚科 Cassidinae）

【识别要点】成虫体长10～16 mm，圆形。活虫金黄色具强烈闪光，死后闪光退去，变为黄色至棕褐色；敞边极宽，透明；鞘翅敞边基部及中后部通常都有深色斑，基部一个斑较大从不消失，到达鞘翅侧缘，中后部的斑有时退化甚至完全消失。鞘翅盘区高低不平，具很多不规则的凹坑；驼顶强烈隆起，成圆锥状。**【习性】**本种数量较多，变异也较大；寄主番薯属、柚木属。**【分布】**湖南、福建、广东、海南、广西、四川、云南；东南亚、印度。

褐刻梳龟甲 *Aspidomorpha fuscopunctata* Boheman（铁甲科 Hispidae 龟甲亚科 Cassidinae）

【识别要点】成虫体长8～10 mm。圆形，体最阔处在鞘翅中部，鞘翅驼顶尖。体金黄色带绿色光泽，敞边极宽，透明；鞘翅敞边仅基部具深色斑，斑纹有时缩小甚至消失，但绝不到达侧缘；触角端部2节黑色。与阔边梳龟甲*A. dorsata*极为相似，但后者敞边基部深色斑到达侧缘。**【习性】**取食番薯属植物。**【分布】**海南、广西、云南；东南亚、孟加拉国、斯里兰卡。

印度梳龟甲 *Aspidomorpha indica* Boheman（铁甲科 Hispidae 龟甲亚科 Cassidinae）

【识别要点】成虫体长6～8 mm。体卵圆形，最宽处在肩角后。活虫金黄色具强烈闪光，死后变为棕黄色无闪光；敞边肩部及中后部具褐色斑；腹面和足及触角全部棕黄色，触角末节有时深色。鞘翅盘区隆起，刻点不大。**【习性】**取食番薯属，旋花属，打碗花属。**【分布】**台湾、四川、云南、西藏；越南、印度。

甘薯蚁象 *Cylas formicarius* (Fabricius)（三锥象科 Brentidae）

【识别要点】体长约6～7 mm。头、前胸背板前端黑色，前胸背板大部、足橙红色，鞘翅深蓝色。体型特拱隆，类似蚂蚁；前胸背板近球形，喙较发达，触角较短，端部膨大；前足基节相接，爪基部融合。【习性】为重要的甘薯类害虫。【分布】全世界热带地区广布。

宽喙锥象 *Baryrhynchus poweri* Roelofs（三锥象科 Brentidae）

【识别要点】体长10～23 mm。体红棕色，鞘翅棕黑色具鲜黄色斑纹；体略扁平；雄性喙短宽，上颚发达，雌虫喙细长；触角丝状，较粗，约为体长1/3；前胸背板光滑；鞘翅具粗大刻点。【习性】栖息于阔叶树枯木的树皮下，夜晚具趋光性。【分布】我国南方；日本、东南亚。

扁锥象 *Cerobates* sp.（三锥象科 Brentidae）

【识别要点】体长约5 mm。体棕红色，鞘翅颜色略浅，膝部黑色。身体特扁平；头圆，喙略突出，触角丝状，约为体长之半；前胸背板椭圆形；鞘翅长，每翅具2条纵向沟纹，沟纹于中部向翅缝处弯曲；前足胫节端部具较大凹缺。【习性】栖息于倒木的树皮下。【分布】重庆。

颈锥象 *Trachelizus* sp.（三锥象科 Brentidae）

【识别要点】体长约11 mm。棕红色，触角颜色略深，鞘翅后部具2个模糊的黑斑。体长形，略扁平；喙较发达，头顶具纵向深沟，触角较短，念珠状；前胸背板圆筒形，中央具纵向深沟；鞘翅具纵脊及刻点，靠近翅缝处的刻点明显粗大。【习性】栖息于倒木的树皮下。【分布】重庆。

甘薯蚁象 | 林义祥 摄　　宽喙锥象 | 林义祥 摄

扁锥象 | 周纯国 摄　　颈锥象 | 周纯国 摄

长腿锥象 *Cyphagogus* sp.（三锥象科 Brentidae）

【识别要点】体长约5 mm。棕黄色，体型细长；头部略长，触角端部略增粗，未到达前胸基部；前胸背板基部膨大成球形；鞘翅细长，两侧平行；后足形态特化，腿节延长且端部扩大，长于鞘翅末端，胫节宽扁。【习性】栖息于倒木的树皮下，成虫有趋光性。【分布】海南。

长臂卷象 *Phialodes* sp.（卷象科 Attelabidae）

【识别要点】体长约7 mm，头、触角、足、腹面黑色，前胸背板、鞘翅橙红色。头窄，长方形，喙不突出，触角短，端部膨大；前胸背板球形；各足腿节前缘具1齿；雄性前足胫节延长，向内侧弯曲。【分布】重庆。

圆斑卷象 *Paroplapoderus* sp.（卷象科 Attelabidae）

【识别要点】体长约8 mm。体橙黄色，头及前胸背板具黑色斑纹，鞘翅具黑色圆斑，圆斑处略突起；头短且圆，喙不突出，触角短，端部膨大，鞘翅肩部隆起。【分布】华北、东北。

刺斑卷象 *Paroplapoderus* sp.（卷象科 Attelabidae）

【识别要点】体长约8 mm。体橙黄色，足颜色略浅，触角黑色端部橙红色，头顶及前胸具黑色斑点及条纹，鞘翅除具黑色的圆斑之外还具黑色的刺突，每翅具4个较大的刺突，此外在一些圆斑处也呈较小的刺突。【分布】云南。

黄纹卷象 *Apoderus* sp.（卷象科 Attelabidae）

【识别要点】体长约9 mm。体红褐色，鞘翅具隆起的黄色条纹；雌虫头部略延长，向颈部逐渐变窄，触角约与头长相等，端部膨大；雄虫头部略长于雌虫，触角也略长，前足胫节延长且弯曲。【分布】云南。

长腿锥象 | 李元胜 摄　　长臂卷象 | 郭宪 摄　　圆斑卷象 | 倪一农 摄

刺斑卷象 | 张宏伟 摄　　黄纹卷象 | 张宏伟 摄

瘤卷象 | 周纯国 摄
榆卷象 | 唐志远 摄
金绿卷象 | 李元胜 摄
宽跗长角象 | 郭宪 摄

瘤卷象 *Phymatapoderus* sp.（卷象科 Attelabidae）

【**识别要点**】体长约5 mm。头、足、腹部黄色，前胸背板、鞘翅、胸部腹面蓝黑色。头短且圆，触角很短，端部略膨大，鞘翅肩部隆起，表面略凹凸不平。【**分布**】重庆。

榆卷象 *Tomapoderus ruficollis* Fabricius（卷象科 Attelabidae）

【**识别要点**】体长约8 mm。体黄色，鞘翅深绿色，雄虫头部均为黄色，雌虫头顶具1黑斑。头部圆，喙短，触角约与头等长，端部略膨大；鞘翅肩部隆起，表面具成列的细刻点。【**习性**】取食榆树。【**分布**】中国北方；韩国、蒙古国、俄罗斯。

金绿卷象 *Byctiscus* sp.（卷象科 Attelabidae）

【**识别要点**】体长约7 mm。体金属绿色，具强烈光泽。喙短于前胸，触角较短，端部3节膨大；前胸背板前端变窄，雄虫前角处具刺突；鞘翅方形，长宽近等，宽于前胸基部。【**分布**】重庆。

宽跗长角象 *Rawasia* sp.（长角象科 Anthribidae）

【**识别要点**】体长约10 mm。深灰色，体表具不规则棕黄色斑纹，足、触角灰色被白色绒毛，触角端部3节黑色。触角棒状，约为体长的1/2，棒部由4节构成；喙较短；前胸背板筒状；第3跗节强烈加宽成叶状，第2跗节也扩大成三角形。【**分布**】重庆。

木长角象 张巍巍 摄

长角象 杰仔 摄

木长角象 *Xylinada* sp.（长角象科 Anthribidae）

【识别要点】体长约12 mm。黑色，体表具不规则红褐色斑纹，足黑色，中、后足胫节具红褐色斑纹，触角黑色，端部2节浅色。体型较长；触角念珠状，约为体长的1/3，端部3节略膨大形成端锤；喙短宽；前胸背板具粗刻点及皱纹；鞘翅刻点粗大。【习性】栖息于树皮之下。【分布】海南。

长角象 *Apolecta* sp.（长角象科 Anthribidae）

【识别要点】体长约9 mm。灰白色，体表具少许黑色斑纹，鞘翅中部具黑色宽横带，触角除第3节之后黑色。喙短宽，触角丝状，着生于喙的背面。雄虫触角极度延长，约为体长的4～5倍，雌虫触角约为体长的1～1.5倍。【习性】幼虫生活于枯死的阔叶树干之中。【分布】广东。

松瘤象 *Sipalinus gigas* (Fabricius)（象甲科 Curculionidae）

【识别要点】体长15～25 mm。体黑色，但密被灰白色鳞毛因此通常呈灰色。体壁十分坚硬；喙较发达，触角短，最末1节膨大，末节具黑色及白色环纹；前胸背板具粗大瘤突，中线附近较光滑；鞘翅具略小的瘤突及刻点。【习性】幼虫蛀食多种阔叶及针叶树的枯木。【分布】中国南方各地；日本、朝鲜、东南亚、印度。

松瘤象 偷米 摄

隐皮象 *Cryptoderma fortunei* (Waterhouse)（象甲科 Curculionidae）

【识别要点】体长9 ~ 15 mm。体灰褐色，喙及触角端部黑色，前胸背板前半部具3条白色纵纹，鞘翅具X形白纹；体表坚硬；喙较发达，触角短，触角第1节较短；前胸具刻点；鞘翅刻点粗大，略成行。【分布】中国南方各地；日本。

沟眶象 *Eucryptorrhynchus chinensis* (Olivier)（象甲科 Curculionidae）

【识别要点】体长15 ~ 18 mm。体长卵形，十分隆起；体壁黑色，略带光泽，触角暗褐色，前胸背板白色，鞘翅具由乳白、黑色和褐色鳞片组成的斑纹。喙长于前胸，中隆线两侧有沟；前胸背板宽大于长，小盾片圆形；鞘翅肩部最宽，以后逐渐变窄，刻点非常大，呈方形，奇数行距较隆起；腿节具1齿。【习性】为臭椿的重要害虫，于木质部与韧皮部之间蛀食。【分布】北京、天津、山东、陕西、山西、上海、湖北、四川。

大竹象 *Cyrtotrachelus longimanus* Fabricius（象甲科 Curculionidae）

【识别要点】体长20 ~ 34 mm。体棕黄色，头部、触角、跗节、腿节端部黑色，前胸背板基部具黑色不规则圆形斑，鞘翅基部及端部黑色。体型大且粗壮，雄虫体型较大，前足腿节及胫节延长，且胫节内沿具毛列；喙长且粗壮，触角端节扩大成三角形；前胸背板隆起；鞘翅表面平坦，具纵沟；跗节较细长。【习性】幼虫蛀食嫩竹，成虫见于竹林中。【分布】上海、浙江、福建、台湾、江西等地。

隐皮象 | 李元胜 摄

沟眶象 | 唐志远 摄

大竹象 | 钟茗 摄

毛束象 郭宪 摄

癞象 郭宪 摄

筒喙象 唐志远 摄

毛束象 *Desmidophorus hebes* Fabricius（象甲科 Curculionidae）

【识别要点】体长11 mm。体型短粗，隆起；体壁黑色，被黑色毛，具黑色毛束，鞘翅基部两侧和端部黄色。喙短而粗，触角端棒卵形；前胸背板宽大于长，前端变窄，密布粗大刻点，两侧和腹面密被黄色鳞片；鞘翅肩部宽，向后紧缩，刻点大，方形，行距间散布大毛束。**【习性】**取食木槿、木芙蓉。**【分布】**上海、江苏、浙江、江西、湖北、湖南、广东、广西、四川、云南；南亚、东南亚、菲律宾。

癞象 *Episomus* sp.（象甲科 Curculionidae）

【识别要点】体长10～20 mm。褐色至深褐色，两侧白色。喙基部两侧具横沟，触角位于头背面，柄节长达眼后缘；前胸背板具粗皱纹，中线深；鞘翅背面很隆，翅坡陡，鞘翅表面通常具少量的大瘤突。**【习性】**成虫行动缓慢，生活于草本植物和矮灌木上。**【分布】**重庆。

筒喙象 *Lixus* sp.（象甲科 Curculionidae）

【识别要点】体长7～15 mm。体壁棕褐色至黑色，身体被细毛和黄色、红褐色或灰色的粉末。喙通常圆筒形，触角沟位于喙的中间或之前，复眼长椭圆形；前胸筒状，两侧前缘的纤毛位于下面；鞘翅细长，略呈圆筒状。**【习性】**成虫幼虫多食性，常见于各类草本植物上。**【分布】**北京。

实象 | 唐志远 摄

红脂大小蠹 | 刘晔 摄

实象 *Curculio* sp.（象甲科 Curculionidae）

【识别要点】体长5～10 mm。体色通常棕褐色、灰褐色或黑色，体表具灰白色鳞毛形成的花纹。体卵圆形；头部小而圆；雌虫喙细长而弯曲，触角位于喙的中部，雄虫喙较短粗，触角接近喙的端部；鞘翅较短宽，肩部方，末端尖；腿节棒状。【习性】幼虫蛀食壳斗科的多种植物以及榛、油茶等植物的坚果，雌虫用细长的喙在坚果上打孔产卵。【分布】北京。

红脂大小蠹 *Dendroctonus valens* Le Conte（小蠹科 Scolytidae）

【识别要点】体长6～10 mm。淡褐色至红褐色，体圆柱形。雄虫额具不规则凸起；前胸背板宽，具粗的刻点，向头部两侧渐窄；虫体稀被排列不整齐的长毛。雌虫与雄虫相似，但眼线上部中额隆起明显，前胸刻点较大，鞘翅端部粗糙，颗粒稍大。【习性】在我国严重危害油松，为著名入侵害虫。【分布】原产中北美洲，在我国为入侵种，现分布于山西、陕西、河南、河北等地。

Order Diptera

双翅目

蚊蠓虻蝇双翅目，后翅平衡五节跗；
口器刺吸或舐吸，幼虫无足头有无。

双翅目包括蚊、蝇、蠓、蚋、虻等，分为长角亚目、短角亚目和环裂亚目，共75科。它们适应性强，个体和种类的数量多，全球性分布。目前，全世界已知12万种，中国已知5 000余种。

双翅目昆虫为全变态。生活周期短，年发生数代，部分种类生活周期最少10天，多到1年，少数种类需2年才能完成一代。绝大多数两性繁殖，多数为卵生，也有卵胎生，少数孤雌生殖或幼体生殖。幼虫大部分为陆栖，少部分为水栖，多生活于淡水中。蛹为离蛹、被蛹或围蛹。成虫极善飞翔，是昆虫中飞行最敏捷的类群之一，常白天活动，少数种类黄昏或夜间活动。

双翅目昆虫不少种类是传播细菌、寄生虫等病原体的媒介昆虫；部分种类幼虫蛀食根、茎、叶、花、果实、种子或引起虫瘿，是重要的农林害虫；部分种类幼虫取食腐败的有机质，在降解有机质中起重要作用；有些幼虫具捕食性，如食蚜蝇取食蚜虫；有些幼虫寄生在其他昆虫体内，是重要的寄生性天敌。

黑胸比栉大蚊 | 李元胜 摄
粗壮比栉大蚊 | 唐志远 摄
雅大蚊 | 寒枫 摄
双色丽大蚊 | 张巍巍 摄

黑胸比栉大蚊 *Pselliophora* sp.1 （大蚊科 Tipulidae）

【识别要点】体中型，黄色与绒黑色相间。触角雌雄异形，雄蚊栉状，第1鞭节无侧支、端部具一钝突，第2—10鞭节基部和端部各具1对侧支，上下侧支大致等长；雌蚊类似念珠状。胸部很发达，较隆起，中胸背板具明显黑斑。【习性】成虫发生期6月。【分布】重庆。

粗壮比栉大蚊 *Pselliophora* sp.2 （大蚊科 Tipulidae）

【识别要点】与前种近似，但身体明显较粗壮。全体以棕红色为主，翅与足均为棕红色。【习性】成虫发生期6月。【分布】北京。

雅大蚊 *Tipula (Yamatotipula)* sp. （大蚊科 Tipulidae）

【识别要点】体长11 ~ 13 mm，翅长13 ~ 15 mm。体淡褐色，中胸背板有数条不明显纵纹，中央纵纹较明显。翅灰色透明，前缘区具褐色粗条纹。足黄褐色。【习性】成虫发生期4—10月，活动于低海拔及中海拔地区。【分布】重庆。

双色丽大蚊 *Tipula (Formotipula)* sp.1 （大蚊科 Tipulidae）

【识别要点】体长15 ~ 17 mm，翅长15 ~ 16 mm。体色鲜明，绒黑色或绒橙色或两色相间，触角呈简单丝状。翅黑色或白色，透明，足黑色细长无白色环纹。【习性】成虫发生期4—10月，活动于低海拔及中海拔山区，常在较干的土中产卵。【分布】江苏、浙江、福建、台湾、贵州、云南、四川。

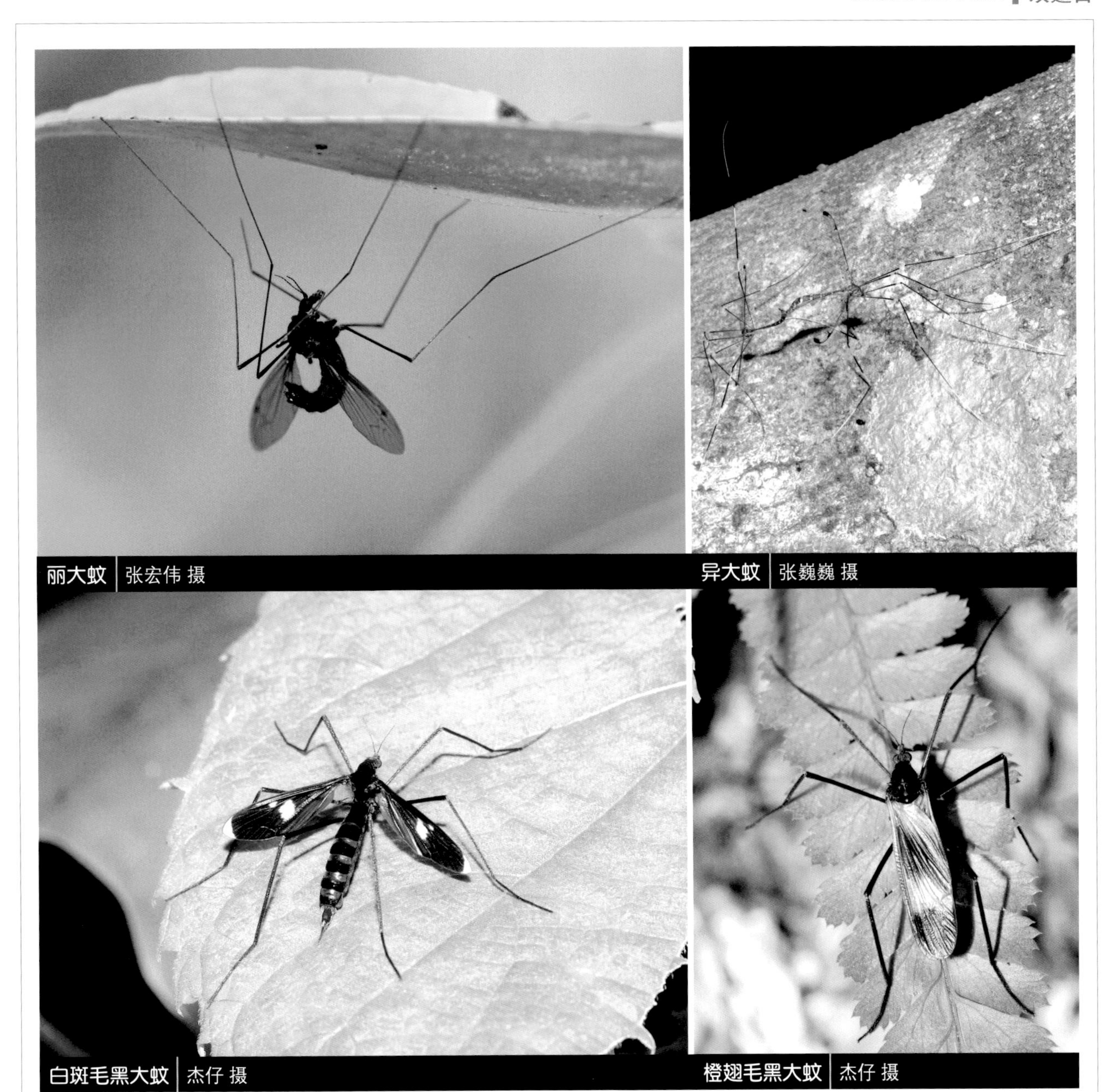

丽大蚊 | 张宏伟 摄

异大蚊 | 张巍巍 摄

白斑毛黑大蚊 | 杰仔 摄

橙翅毛黑大蚊 | 杰仔 摄

丽大蚊 *Tipula (Formotipula)* sp.2 （大蚊科 Tipulidae）

【识别要点】体色鲜明，绒黑色或绒橙色或两色相间，触角呈简单丝状。翅黑色或白色，透明。【习性】成虫发生期4—10月，活动于低海拔及中海拔山区，常在较干的土中产卵。【分布】江苏、浙江、福建、台湾、贵州、云南、四川。

异大蚊 *Tipulodina* sp. （大蚊科 Tipulidae）

【识别要点】体长15～17 mm，翅长15～16 mm。体棕褐色，背部黑褐色。翅透明，翅痣黑色，翅斑后方具1个白色斑。足长有白色环纹。【习性】成虫发生期4—10月，活动于低海拔及中海拔地区，幼虫常见于树洞积水中。【分布】海南。

白斑毛黑大蚊 *Hexatoma (Eriocera)* sp.1 （大蚊科 Tipulidae）

【识别要点】体长15～17 mm。体黑色具光泽，前胸背板红黑色，具3块隆起的区域；腹部有蓝色的环斑，末端橙色。翅长12～16 mm，黑色具白色斑块，有翅中室，同时有2～3中脉伸达翅，足黑色。【习性】成虫在7月左右见于中海拔山区溪流边树林，雄蚊有时会成群上下飞舞吸引雌蚊前来交尾。毛黑大蚊幼虫水生捕食性。【分布】广东。

橙翅毛黑大蚊 *Hexatoma (Eriocera)* sp.2 （大蚊科 Tipulidae）

【识别要点】与前种相近。前胸背板黑色，翅长12～16 mm。翅橙色与黑色相间。【习性】成虫多在4—10月见于中海拔山区溪流边树林，雄蚊有时会成群上下飞舞吸引雌蚊前来交尾。毛黑大蚊幼虫水生捕食性。【分布】广东。

裸大蚊 | 张宏伟 摄　广东短柄大蚊 | 偷米 摄

云南短柄大蚊 | 张宏伟 摄

裸大蚊 *Angarotipula* sp. （大蚊科 Tipulidae）

【识别要点】体长13～15 mm，翅长12～13 mm。触角光裸无毛，鞭节各节基部有明显结节状突。体黄色或灰黄色，中胸背板无明显纵斑。翅透明前缘褐色。腹部背板中央有明显的黑色纵带。足褐色。【习性】成虫发生期4—10月，活动于低海拔及中海拔地区。【分布】云南。

广东短柄大蚊 *Nephrotoma* sp.1 （大蚊科 Tipulidae）

【识别要点】体长13～15 mm，翅长12～13 mm。体色橘黄色，中胸背板具黑色或褐色带状斑，腹部有时也有横纹。翅经分脉R_S很短，R_{1+2}很短或完全萎缩。【习性】成虫发生期4—10月，部分短柄大蚊种类为害作物和牧草。【分布】广东。

云南短柄大蚊 *Nephrotoma* sp.2 （大蚊科 Tipulidae）

【识别要点】体长10～15 mm，翅长11～17 mm。体中型，黄色具黑色斑纹；触角雌雄异型，雄蚊鞭节基部和端部明显突起，基部具明显触角毛轮。雌蚊触角线状无突起。中胸背板有明显黑色纵纹。【习性】成虫发生期4—10月。【分布】云南。

美刺亮大蚊 *Limonia (Euglochina)* sp. （沼大蚊科 Limoniidae）

【识别要点】体黑褐色。翅狭长，翅基部连接胸部处几乎形成柄翅脉简化，同时所有翅脉分支均迁移至翅端部1/5处。翅透明无斑足细长，具有白色环节。【习性】成虫发生期5—8月，活动于低海拔及中海拔山区，常见栖息于蜘蛛网上。【分布】云南。

鸟羽亮大蚊 *Geranomyia* sp. （沼大蚊科 Limoniidae）

【识别要点】体长8 ~ 10 mm，翅长9 ~ 10 mm。前胸背板黑色略呈圆形，光亮斑纹，中胸背板黑色，两侧具瘤突。翅透明或具斑纹。口器很长，为头长的4 ~ 5倍。足细长，股节较胫节色深。【习性】成虫发生期4—10月，有群集性，偶尔吸食花蜜。幼虫生长于青苔绿藻中。【分布】云南。

裸沼大蚊 *Gymnastes* sp. （沼大蚊科 Limoniidae）

【识别要点】体蓝色和黑色相间。各足细长，后足最长，腿节及胫节具有黄白色环节；腿节端部膨大。翅透明并具3条黑色宽横带，全透明处并有蓝紫色金属光泽。【习性】成虫通常喜欢停留于中低海拔的林缘地带。【分布】重庆。

光大蚊 *Helius* sp. （沼大蚊科 Limoniidae）

【识别要点】体黑褐色。口器较长，通常是头长的2 ~ 3倍。足细长，具白色环节。翅透明具斑纹，分布于翅脉与翅室。【习性】成虫发生期4—11月。幼虫水生栖息于水底泥沼地。成虫通常喜欢停留于水边矮林间。【分布】广东。

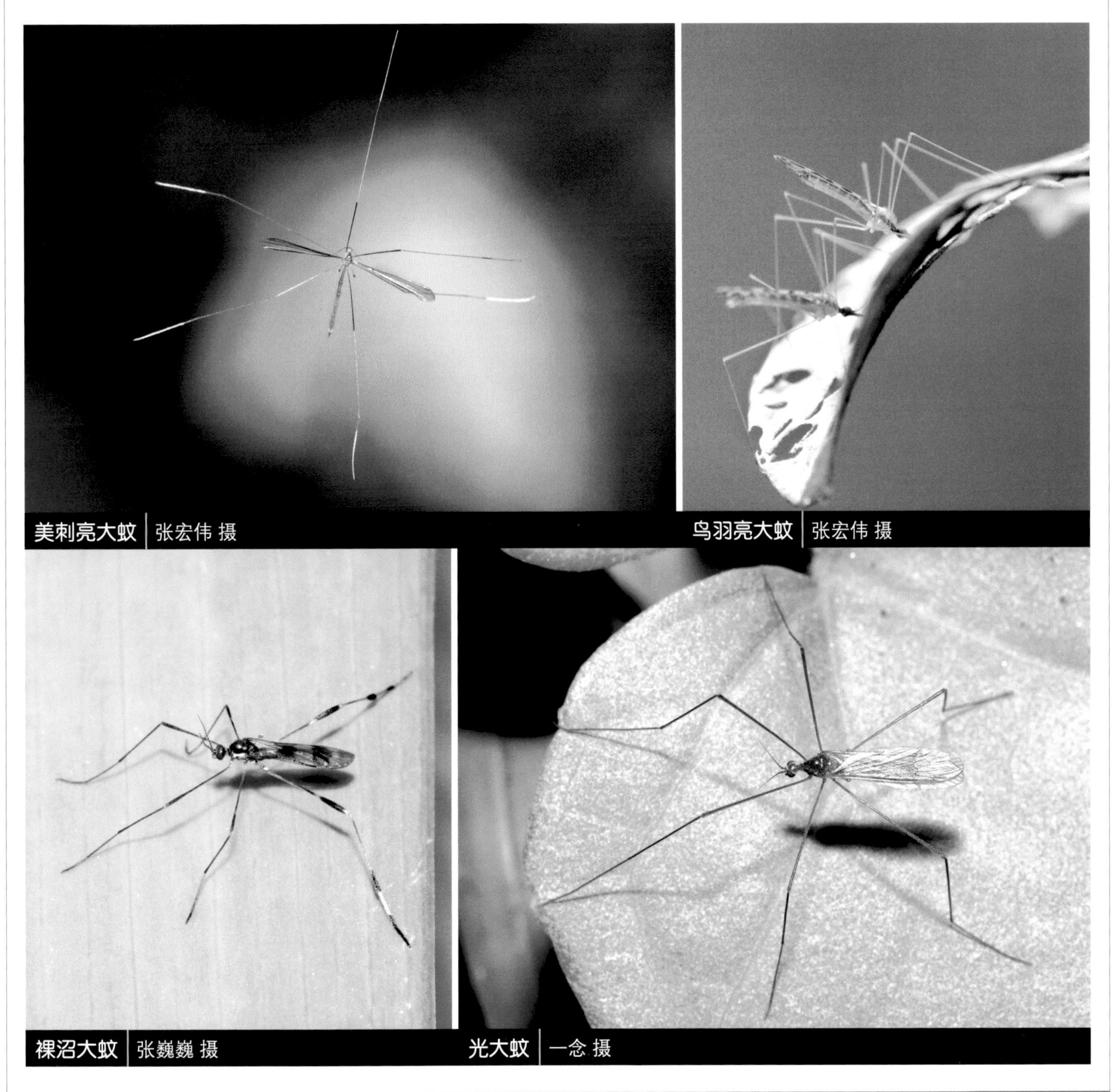

美刺亮大蚊 | 张宏伟 摄

鸟羽亮大蚊 | 张宏伟 摄

裸沼大蚊 | 张巍巍 摄

光大蚊 | 一念 摄

蜀褶蚊 | 钟茗 摄

幻褶蚊 | 寒枫 摄

细足叉毛蚊 | 偷米 摄

哈氏襀毛蚊 | 张巍巍 摄

蜀褶蚊 *Ptychopthera* sp. （褶蚊科 Ptychopteridae）

【识别要点】中型细长。头小，复眼大而远离。胸部粗壮隆凸，足细长，腹部细长端部渐粗大。成虫体型似大蚊，只有1条A脉，经脉R与中脉M之间、肘脉Cu与臀脉A之间各有1条伪脉。平衡棒基部另有一小棒状被称为“前平衡棒”的附属物。【习性】成虫发生期4—10月。幼虫水生半水生，栖息在富含腐殖质的静水或缓流的岸边的湿泥土中。【分布】四川。

幻褶蚊 *Bittacomorphella* sp. （褶蚊科 Ptychopteridae）

【识别要点】外观上非常接近纤细的大蚊种类，最突出的特点是足的跗节白色且略显膨大、细长。幻褶蚊亚科在我国尚无正式记载，但是在云南、重庆、海南等地已经发现有分布。【习性】成虫发生期4—10月。幼虫水生半水生，成虫在溪流边的草丛中随风低飞，可以明显感觉到其伸展的6足白色的跗节不停地漂移。【分布】重庆。

细足叉毛蚊 *Penthetria simplioipes* Brunetti （毛蚊科 Bibionidae）

【识别要点】体较粗壮，头黑色，触角11节，黑色，鞭节第1节长比宽稍长，末节长为宽的2倍，可能为2节愈合而成。复眼黑色，有极短而稀的毛；单眼突起明显。胸部中胸背板全为赤黄色，疏生黑色刚毛，小盾片赤黄色，肩胛黑棕色。足黑色，多毛；后足胫节和附节全不膨大，基附节长为宽的3倍。翅浅棕色，前缘色深；平衡棒黑色。腹部黑色多毛。【习性】成虫发生期3—11月，其中以5—8月数量较多。【分布】西藏、广东。

哈氏襀毛蚊 *Piecia hardyi* Yang & Luo （毛蚊科 Bibionidae）

【识别要点】体长5～8 mm。头部及体黑色。头部触角10节，全黑，鞭节第1节长为宽的1.5倍，末节长为宽的1.2倍，须5节，长度超过触角。复眼黑色，单眼浅黄色。胸部：有少量短黑毛，肩胛带些棕色，中盾沟不明显。足棕色，腿节自中部后有些膨大，附节较粗短。翅长5～7 mm，烟棕色，前缘色深。平衡棒棕色。腹部较粗短，长约等于头胸之和。【习性】成虫发生期3—11月，其中以5—8月数量较多。【分布】北京、重庆。

长角菌蚊

Macrocera sp.

（扁角菌蚊科 Keroplatidae）

【识别要点】头部红色，复眼黑色，单眼存在；触角细，远长于体长；胸部橘红色，并带有两条黑色纵纹；足细长；腹部黑色，每节末端为黄色；胫节细刚毛排列不规则；Sc脉终于C脉。【习性】多见于潮湿林地。成虫可在树叶及花瓣上停留，栖息时翅展开，约与身体呈45° 角。【分布】重庆。

长角菌蚊 | 张巍巍 摄

基刺长足虻

Plagiozopelma sp.

（长足虻科 Dolichopodidae）

【识别要点】额光亮。雌虫顶鬃发达，而雄虫顶鬃缺失或弱的毛状。雄虫触角第1节常膨大为花瓶状；触角芒常特化，端部膨大或加粗。雌虫的触角第3节近四边形，具端背位或背位触角芒。前足腿节及胫节无明显的鬃。腹部第8背板和腹板发达。尾须常深裂。【习性】成虫发生期5—8月，多见于各种水生环境。【分布】重庆。

基刺长足虻 | 张巍巍 摄

丽长足虻

Sciapus sp.

（长足虻科 Dolichopodidae）

【识别要点】头顶微凹。雄头宽短于头高。顶鬃强（雌虫顶鬃明显强于雄虫）。触角第1节多延长；触角芒背位，与头宽近等长。后足腿节具明显的端前鬃。雄虫足常特化：前足端跗节，有时中足端跗节扁平，中足胫节及基跗节延长。雌虫前足腿节基部1/3具1排3～6根强腹鬃，每根鬃均从瘤突上伸出。【习性】成虫发生期5—8月，多见于各种水生环境。【分布】重庆。

丽长足虻 | 寒枫 摄

毛瘤长足虻

Condylostylus sp.

（长足虻科 Dolichopodidae）

【识别要点】1根顶鬃位于头顶明显的毛瘤上。触角芒背位，有时端背位。2～3 对长中鬃，5根强背中鬃，2对强小盾鬃。前足基节端部具3根黑色前鬃，前足胫节多无强鬃，中足胫节具明显的前背鬃和后背鬃，雄虫中足胫节端半部及跗节多有钩状毛。翅多为棕色，后部色淡。腹部第7背板发达，但第7腹板退化为膜质。尾须简单，多为延长的线状，少有分叉的或膨大的。【习性】成虫发生期5—8月，多见于各种水生环境。【分布】广东。

毛瘤长足虻 | 杰仔 摄

小异长足虻

Chrysotus sp.

（长足虻科 Dolichopodidae）

【识别要点】体小型，金绿色。头顶没有凹或只有浅的凹。小盾片长宽不等。M脉没有发育成分的分叉。中后腿节在前到前背表面没有明显的端前鬃，前胸侧片上部光裸或只有极少的鬃。中胸背板均匀突起或在小盾片之前大部分弱的平展。触角第1节光裸。腹部第1腹板光裸无毛，颜面下变窄或两侧平行，雄虫触角第3节短小，触角芒亚端位。【习性】成虫发生期5—8月，幼虫多见于各种水边的泥土内。【分布】云南。

小异长足虻 | 张宏伟 摄

雅长足虻 | 寒枫 摄

岩蜂虻 | 张巍巍 摄

驼蜂虻 | 陈尽 摄

雏蜂虻 | 唐志远 摄

雅长足虻

Amblypsilopus sp.

（长足虻科 Dolichopodidae）

【识别要点】体细弱，足长。头顶深凹。雄虫顶鬃常退化，或头顶的斜坡具浓密的鬃；雌虫的顶鬃强。雄虫唇基窄，与复眼不相接；雌虫的唇基与复眼相接。触角第2节常具短的背鬃和腹鬃；第3节多为四边形或三角形。无雌雄二型现象。翅多透明，偶尔翅端具翅斑。M-Cu与M呈直角相交。尾须各异。**【习性】**成虫发生期5—8月，多见于各种水生环境。**【分布】**重庆。

岩蜂虻

Anthrax sp.

（蜂虻科 Bombyliidae）

【识别要点】体中到大型，体长20～40 mm。胸部前部稍窄，最宽处在胸部后半段，翅大且长，有时基部宽且有一很宽的翅瓣，翅一般有黑斑及透明，体被绒毛。**【习性】**成虫盛发期6—8月。常出没于阳光充裕的地面或岩石上。**【分布】**重庆。

驼蜂虻

Geron sp.

（蜂虻科 Bombyliidae）

【识别要点】体绿色有金属光泽，中型，头部颊很狭窄，复眼雄虫为接眼式，雌虫为离眼式，触角第二节最短，第3节很长、渐向末端缩小；胸部明显隆凸，翅有3个后室，R_{4+5}分为2支；腹部略侧扁，末端缩小近锥形。**【习性】**成虫出没于上午10点至下午3点。常出没于阳光充裕的草丛之中。**【分布】**北京。

雏蜂虻

Anastoechus sp.

（蜂虻科 Bombyliidae）

【识别要点】通体被浓密的长绒毛及鬃。头：雄虫的复眼仅相距单眼突的宽度；雌虫复眼相距较远，头较胸窄。除复眼外，头部的其余部分均有浓密的长绒毛及鬃着生。触角相距较近；第1节上着生浅色或深色长毛。**【习性】**成虫盛发期6—8月。出没于阳光充裕的草丛之中或者地面。**【分布】**北京。

丽蜂虻 | 杰仔 摄

小亚细亚丽蜂虻 | 倪一农 摄

戴云姬蜂虻 | 郭宪 摄

箭尾姬蜂虻 | 郭宪 摄

丽蜂虻 *Ligyra* sp. （蜂虻科 Bombyliidae）

【识别要点】头从前面观看中部膨胀，中胸中部几乎无鳞片。翅通常有翅瓣，翅有4个亚缘室。爪通常有基突，鞭节顶部有明显的分节刺突。鞭节顶部有1节或者2节刺突，无端鬃或者毛，体被毛。爪基部有爪垫。【习性】成虫盛发期6—8月。出没于阳光充裕的草丛之中或者地面。【分布】广东。

小亚细亚丽蜂虻 *Ligyra tantalus* (Fabricus) （蜂虻科 Bombyliidae）

【识别要点】与前种相近。翅整个着色，从基部到翅缘由黑褐色到亮褐色。腹部背面除了第3，7节有白色鳞片以外，其他的被黑色鳞片，第2，6节侧面有一小部分被白色鳞片。【习性】成虫盛发期6—8月。出没于阳光充裕的草丛之中或者地面。【分布】广西。

戴云姬蜂虻
Systropus daiyunshanus Yang & Du （蜂虻科 Bombyliidae）

【识别要点】触角除柄节基部黄色外其余黑色；中胸背板两侧有3个独立的黄斑；小盾片后缘黄色；后胸腹板黄色，两侧各有2个黑色斑，前斑长条形，后斑椭圆形；后足胫节2/3到末端为黄色，跗节全黑色。【分布】福建、贵州、北京、重庆。

箭尾姬蜂虻 *Systropus oestrus* Du & Yang （蜂虻科 Bombyliidae）

【识别要点】触角全黑色；中胸背板两侧各有两个独立的黄斑，没有中斑；小盾片暗黑色；后胸腹板蓝黑色；后足胫节6/7处到端部及跗节第1节基半部黄色，余皆黑色。【分布】浙江、北京、重庆。

北京姬蜂虻 *Systropus beijinganus* Du & Yang （蜂虻科 Bombyliidae）

【识别要点】触角柄节和梗节黄色，鞭节黑色；中胸背板黑色，其上有3个相互独立的黄斑；后胸腹板黄色，左右各1条黑色宽带；小盾片黑色后缘黄色；后足黑色，前下区域黄色，转节黑色，腿节黄褐色，中部有一黄色斑纹。腹部黄色；第2—5节腹板中间有褐色长条带；第6背板外侧暗褐色。腹柄由第2—4腹节及第5腹节的前半部组成；第5—8腹节膨胀成卵形。【习性】成虫盛发期6—8月。出没于阳光充裕的树枝、草丛之中。【分布】北京、山东。

北京姬蜂虻 | 唐志远 摄

弯斑姬蜂虻 | 倪一农 摄　　姬蜂虻 | 张宏伟 摄

绒蜂虻 | 张巍巍 摄　　亮斑扁角水虻 | 偷米 摄

弯斑姬蜂虻 *Systropus curvittatus* Du & Yang （蜂虻科 Bombyliidae）

【识别要点】触角柄节、梗节黄色，有较密的黄色短刺毛，鞭节扁平无毛，黑色。中胸背板两侧有3个黄色斑，前斑和中斑较大，呈三角状，前斑与中斑以1条细黄带相连，后斑较小，呈长三角状，与中斑稍有相连，后斑有黄褐色的纵向延伸，形成一条褐色横带；小盾片黑色，后缘黄色；后胸腹板蓝黑色，后缘有一黄色v形区域。翅淡烟色，近前缘及基部色略深。腹部侧扁，棕色；第1背板黑色，前缘宽于小盾片，呈倒三角形；腹柄由第2—4腹节及第5腹节的前半部构成，腹背板背面色略深，为棕褐色。【习性】成虫盛发期6—8月。出没于阳光充裕的树枝、草丛之中。【分布】北京、四川。

姬蜂虻 *Systropus* sp. （蜂虻科 Bombyliidae）

【识别要点】与前种近似。看上去颇像某些体型细长的姬蜂或胡蜂。体细长，色彩鲜艳。体通常不被长绒毛，仅有极短的绒毛。【习性】成虫盛发期6—8月。出没于阳光充裕的树枝、草丛之中。【分布】云南。

绒蜂虻 *Villa* sp. （蜂虻科 Bombyliidae）

【识别要点】头近圆形，颜面完全圆形，在触角之下后缩或略向前突出。喙短，不超出口窝。颜面上下距离较大。触角相互距离较远，第3节鳞茎状或锥状，针状部分细长，后天极发达，上下均较长。复眼后缘的中间有一缺刻。胸部底色一般黑色，较短平。常有浓密的绒毛着生，尤其前缘和两侧，其绒毛更长更密。翅一般透明，仅前缘室略淡棕色。2个亚缘室，4个后室。【习性】成虫盛发期6—8月。出没于阳光充裕草丛之中或者地面。【分布】广东。

亮斑扁角水虻 *Hermetia illucens* Linnaeus （水虻科 Stratiomyidae）

【识别要点】体长12 mm左右。头部半球形黑色；触角鞭节由8小节组成，最后1节相当长且扁平；复眼分离，无毛；身体黑色，平衡棒白色，各足跗节和后足胫节前半部白色；平衡棒乳白色；腹部第2节白色，背面有1个中纵黑斑，侧缘也为黑色；小盾片后缘光滑无刺突；翅浅黑褐色，无斑，中室五边形。【习性】幼虫陆生，腐食性，以动物粪便为食；成虫访花，以植物汁液和甘露为食，栖息于有矮灌木的绿地。华南地区一年9～10代，一般35天1代，以末龄幼虫越冬，3月开始羽化至12月下旬都可见成虫产卵。幼虫乳白色，6龄期，6龄后进入预蛹期，身体也变成黑褐色。【分布】全国各地。

脉水虻 | 寒枫 摄

红斑瘦腹水虻 | 偷米 摄

脉水虻 *Oplodontha* sp. （水虻科 Stratiomyidae）

【识别要点】体长4～7 mm。头部的颜突起，复眼无毛，雄虫复眼相接，上2/3部分小眼面显著大于下1/3小眼面，分界很明显，雌虫复眼分离；触角明显短于头，柄节与梗节等长或长于梗节，鞭节由5小节组成；喙发达，膝状；翅中室很小，小盾片后缘有1对刺。【习性】成虫多见于水边草丛、森林边的灌木丛中，6—8月可见。【分布】重庆。

红斑瘦腹水虻 *Sargus mactans* Walker （水虻科 Stratiomyidae）

【识别要点】体长7～11 mm。头半球形黑色，触角和喙黄色，触角梗节内侧端缘平直，呈弧形，鞭节由基部4小节和亚顶端的触角芒组成；复眼分离，无毛；泡状下额白色，头后缘有一圈向后的直立绿毛；胸部绿色，具金属光泽，足黄色，但后足基节和后足胫节基部1/3～1/2黑褐色，后足第2—5跗节黄褐色；小盾片后缘光滑无刺突；腹部棒状，褐色或紫色，具金属光泽。翅均匀透明，无斑，仅翅痣颜色较深，中室五边形。【习性】成虫多见于森林边的灌木丛中，成虫发生期5—11月。【分布】甘肃、四川、云南、浙江、湖南、天津、山东、河南、湖北、山西、辽宁、吉林、北京、河北、陕西、江西、福建、广西、广东、贵州、西藏。

黄腹小丽水虻 *Microchrysa flaviventris* (Wiedemann) （水虻科 Stratiomyidae）

【识别要点】体长约4 mm。头几乎圆球形；触角黄色，雄性鞭节1—2节，雌性鞭节3—4节，端缘均具长毛；复眼无毛，雄虫复眼并接，上2/3部分小眼面显著大于下1/3小眼面，分界很明显；雌虫复眼分离，小眼面没有明显区别，复眼无毛；胸部绿色，具金属光泽，足黄色，后足股节中部有一黑斑，后足胫节后1/3具深棕色斑；腹部黄棕色，尾端颜色较深；小盾片后缘光滑无刺突；翅均匀透明，无斑，中室五边形。【习性】成虫多见于水边草丛灌木丛中，成虫发生期6—8月。【分布】贵州、安徽、重庆、四川、云南、浙江、江苏、台湾、广东。

金黄指突水虻 *Ptecticus aurifer* (Walker) （水虻科 Stratiomyidae）

【识别要点】体长15～20 mm。头部半球形黄色，复眼分离，无毛；下额泡状突起；触角梗节内侧端缘明显向前突起，呈指状，鞭节由基部4小节和亚顶端的触角芒组成；身体黄褐色，腹部通常第3节往后（包括第3节）具有大面积黑斑；小盾片后缘光滑无刺突；翅棕黄色，端部具有深色斑块，中室五边形。【习性】幼虫腐食性，成虫常见于有垃圾或腐烂动植物的草丛、灌木丛中。成虫发生期5—9月。【分布】湖南、贵州、重庆、北京、陕西、安徽、江苏、浙江、四川、吉林、内蒙古、河北、山西、江西、湖北、福建、云南、广西、广东、西藏、台湾。

黄腹小丽水虻 | 一念 摄

金黄指突水虻 | 偷米 摄

南方指突水虻 | 寒枫 摄
驼舞虻 | 寒枫 摄
裸螳舞虻 | 张巍巍 摄

南方指突水虻 *Ptecticus australis* Schiner （水虻科 Stratiomyidae）

【识别要点】体长8～12 mm。体型比金黄指突水虻小，腹部呈棒状；头部泡状下额乳白色，上额、头顶及后头黑色，触角和喙黄色；触角梗节内侧端缘明显向前突起，呈指状，鞭节由基部4小节和亚顶端的触角芒组成；复眼分离，无毛；身体黄棕色，后足胫节和第1跗节上半部深褐色；腹部背面各节均具黑色横斑，微微发紫；小盾片后缘光滑无刺突；翅均匀透明，无斑，仅翅痣颜色较深，中室五边形。【习性】成虫多见于水边的灌木丛、草丛中，成虫发生期5—8月。【分布】北京、河北、陕西、浙江、云南、重庆、广西、台湾。

驼舞虻 *Hybos* sp. （舞虻科 Empididae）

【识别要点】雌雄复眼均为接眼式，在额区长距离相接；复眼背部小眼面通常扩大。单眼瘤明显，有1对单眼鬃。面较窄。触角基部3节较短小；第1节和第2节较短，第1节无背鬃，第2节有一圈端鬃；第3节较长，近卵圆形，通常有1～2根背鬃或腹鬃。触角芒2节（基节很短），长丝状，长至少为基部3节的2倍，通常有微毛且细的端部无毛。喙刺状，水平前伸；须细长，与喙等长，有数根腹鬃。胸部明显，隆突；中胸背板中后区稍平。小盾片有2对小盾鬃。雄性外生殖器较膨大。【习性】成虫盛发期5—8月。【分布】重庆。

裸螳舞虻 *Chelifera* sp. （舞虻科 Empididae）

【识别要点】复眼离眼式，前部小眼面扩大。颜面比额窄，两侧位于复眼内缘各有1排毛。单眼瘤弱，有1对单眼鬃；1对头顶鬃，长于单眼鬃。触角第1节较短，有背鬃；第2节有1圈端鬃；第3节较粗大，长锥状；触角芒较短，仅1节。喙较短，向下伸；须短小。胸鬃不发达，1根背侧鬃，1根翅后鬃；小盾片有2对鬃位于端缘中段。前足捕捉式；前足基节细长，几乎与腿节等长，腿节明显加粗。【习性】成虫发生于5月。【分布】贵州。

缺脉喜舞虻 *Empis* sp. （舞虻科 Empididae）

【识别要点】中到大型舞虻，体长接近10 mm，被绒毛和长鬃。雄虫复眼分离，复眼在单眼上方变大。触角基部两节有明显的鬃。雄虫腹部被绒毛，腹部后缘鬃发达。【习性】成虫盛发期5—8月。成虫飞行能力强，飞行距离远，捕食一切可以捕食的昆虫；成虫具有访花习性。【分布】贵州。

鹬虻 *Rhagio* sp. （鹬虻科 Rhagionidae）

【识别要点】雄虫复眼在额区相接，但有时窄的分开；雌虫复眼宽的分开。唇基发达，隆突。触角柄节和梗节大小略相等，鞭节近锥状，有一细长的芒。须细长，仅1节。中胸背板明显隆突；后侧片前隆突部被毛。前足基节较长，中后足基节较短；中足基节具一内垫，后足基节有一腹瘤突。翅有较发达的翅瓣。红棕色，胸部有较深的斑纹，腹部黑色和红棕色相间。【习性】生活在潮湿的林缘地带。【分布】重庆。

异斑虻 *Chrysops dispar* (Fabricius) （虻科 Tabanidae）

【识别要点】体长10 mm左右，黄色种类。触角黄棕色；胸部背板及小盾片黑色，有2条纵条纹，有金黄色毛；翅透明，翅斑棕色，横带斑外缘平直，到达翅后缘；腹部背板黄色，具棕色斑纹。【分布】广东、海南、广西、云南、福建、台湾。

绿花斑虻 *Chrysops* sp. （虻科 Tabanidae）

【识别要点】体长10 mm左右。眼光裸，黄绿色并有黑斑；触角远长于头；胸褐色，但背面具宽的黄绿色斑，小盾片黄绿色；翅具斑；足细长；腹黄褐色，具两黑色条带。【分布】重庆。

广虻 *Tabanus* sp. （虻科 Tabanidae）

【识别要点】体长16 mm左右。头顶无单眼和单眼瘤，活的时候复眼泛绿光，触角基节和梗节短；翅透明，无斑；腹背各节中央具宽的白色三角形。【分布】重庆。

缺脉喜舞虻 | 张巍巍 摄　鹬虻 | 张巍巍 摄　异斑虻 | 张巍巍 摄

绿花斑虻 | 张巍巍 摄　广虻 | 张巍巍 摄

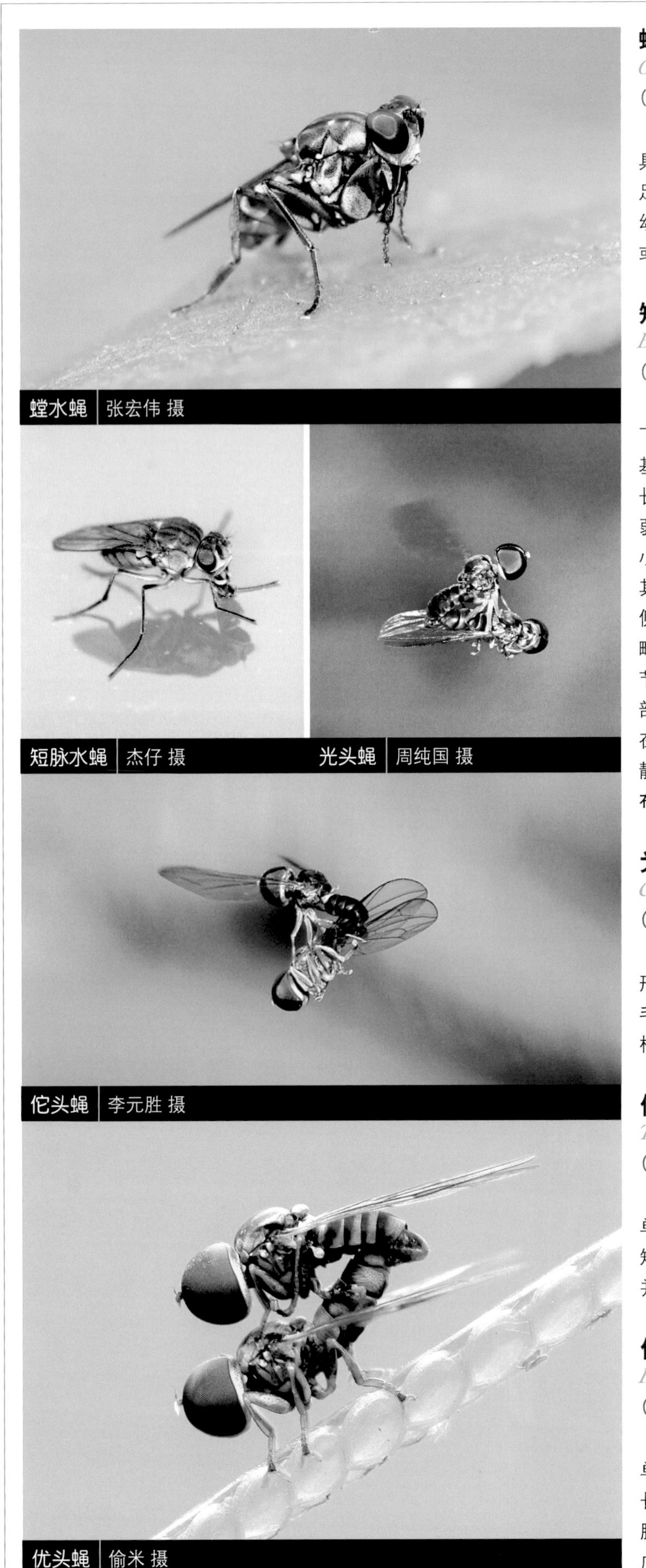

蝗水蝇 张宏伟 摄

短脉水蝇 杰仔 摄

光头蝇 周纯国 摄

佗头蝇 李元胜 摄

优头蝇 偷米 摄

蝗水蝇

Ochthera sp.

（水蝇科 Ephydridae）

【识别要点】颜隆起，一般具明显的颜脊，具中瘤。唇基呈三角形或阔圆形。前足为捕捉足，呈铲状。【习性】成虫和幼虫均为捕食性，幼虫生活在泥潭或沙滩上，成虫捕食小型的水生或半水生的昆虫。【分布】云南。

短脉水蝇

Brachydeutera sp.

（水蝇科 Ephydridae）

【识别要点】颜中间有一条鼻状的隆线；颜下部强烈突出。口缘的前端部前伸，使锥状的唇基外露。触角第2节背端部无鬃，与第3节一样长。触角芒栉形，具6～12根长毛。颊鬃缺少或弱小。中胸背板毛序发育较弱，主要几列鬃弱小。后侧的背中鬃、翅上鬃、盾前中鬃较大，其他的鬃退化。2对小盾鬃；2根背侧鬃，前背侧鬃较弱。足较细长；前足基跗节与其他跗节略等；中足、后足的基跗节加长，约为其他跗节的2倍。爪垫不发达。翅前缘脉仅达R_{4+5}脉端部；前缘脉的第3部分是第2部分的几倍长；M脉在后横脉之后的部分退化。【习性】成虫喜欢在静水环境活动，不善于飞翔，沿水面滑动。【分布】广东。

光头蝇

Cephalops sp.

（头蝇科 Pipunculidae）

【识别要点】体长约4 mm。头特大，近球形，复眼红色，额白色突出；中胸背板大部分无毛；具翅痣，前缘脉第3段与第4段大致等长；足棕黄色。【习性】幼虫寄生性。【分布】重庆。

佗头蝇

Tomosvaryella sp.

（头蝇科 Pipunculidae）

【识别要点】头球形，大部分被复眼占据，无单眼鬃，后头突出，体毛稀，无翅痣，第3前缘脉短于第4前缘脉，横脉位于中室中部，雄虫复眼合并。【习性】幼虫寄生性。【分布】重庆。

优头蝇

Eudorylas sp.

（头蝇科 Pipunculidae）

【识别要点】头球形，大部分被复眼占据，无单眼鬃，后头突出，体毛稀，有翅痣，第3前缘脉长于或等于第4前缘脉，M_{1+2}在横脉后无分支，前胸侧板无毛扇。【习性】幼虫寄生性。【分布】广东。

凹曲突眼蝇 *Cyrtodiopsis concava* Yang & Chen （突眼蝇科 Diopsidae）

【识别要点】雄体长4～8 mm，头部宽5～13 mm，翅长4～6 mm；雌体长4～8 mm，头部宽4～7 mm，翅长4～6 mm。头部和眼柄均呈红褐色，眼柄细长，特别是雄虫长度变化很大，向两边伸展可超过体长；内眼眶与外眼眶均发达。胸部红褐色，有2对刺突，侧背刺短小；小盾片黄褐色，小盾刺黑褐色，大而弯曲，其内侧具长毛，端鬃较短，翅有明显的褐带斑，中横带与外横带均宽大，由完整的透明带隔开，翅端褐斑很小而透明部分宽大。足红褐色，前足胫节黑色，雄前足股节腹缘近端部向内凹缺，与胫节基部的小突起相嵌合。腹部红褐色，末端黑色；呈卵圆形；第4背板两侧各有1灰白色亮斑。体被淡色细长的毛。【习性】成虫盛发期5—8月，一般生活在潮湿的环境中。【分布】云南、重庆。

拟突眼蝇 *Pseudodiopsis detrahens* Walker （突眼蝇科 Diopsidae）

【识别要点】头部眼眶柄，有外眶鬃，缺内眶鬃。胸部有侧背刺，小盾片的刺突短而钝，其端鬃很发达、长于刺的长度。翅有翅瓣及A脉，后中脉（M_{3+4}）不伸出中横脉（M）之外。前足股节粗壮，腹缘具长列刺。【习性】成虫盛发期5—8月，一般生活在潮湿的环境中。【分布】台湾、海南、云南。

泰突眼蝇 *Teleopsis* sp. （突眼蝇科 Diopsidae）

【识别要点】头部眼柄极长或较短，外眶鬃与内眶鬃均发达。胸部有3对刺突，翅上刺发达，小盾刺长而略弯，具端鬃。翅多褐斑。前足股节腹面具长列刺。腹部后端显然膨大。体表生竖立的长毛。【习性】成虫盛发期5—8月，一般生活在潮湿的环境中。【分布】云南。

四斑泰突眼蝇 *Teleopsis quadriguttata* (Walker) （突眼蝇科 Diopsidae）

【识别要点】与前种近似。突出的特点为：翅狭长而端圆，有3条烟褐色横带斑，外斑弧弯，内侧中部与中斑相连，致使翅面呈现4个透明斑。【习性】成虫盛发期5—8月，一般生活在潮湿的环境中。【分布】重庆。

凹曲突眼蝇 | 李元胜 摄

拟突眼蝇 | 李元胜 摄

泰突眼蝇 | 张巍巍 摄

四斑泰突眼蝇 | 寒枫 摄

同脉缟蝇 *Homoneura* sp.1 （缟蝇科 Lauxaniidae）

【识别要点】体黄色至褐色，常有粉被。头部额区有2对额侧鬃，单眼后鬃会聚或交叉；颜扁平或轻微突起，有时具斑或线纹；颊窄，口缘无髭。中胸背板常具斑纹，背中鬃0+3或1+2，中鬃2～10排；翅透明或具斑，前缘脉的小鬃常直达R_{4+5}末端，有时接近或稍微超过R_{4+5}端部；前足腿节有栉状鬃，多数种类后足胫节具端前背鬃。腹部常具斑，雄性外生殖器多数外露。【习性】成虫盛发期5—8月。【分布】云南。

斑翅同脉缟蝇 *Homoneura* sp.2 （缟蝇科 Lauxaniidae）

【识别要点】与前种近似。体黑褐色。头部额区有2对额侧鬃，单眼后鬃会聚或交叉；颜扁平或轻微突起，有时具斑或线纹；颊窄，口缘无髭。中胸背板常具斑纹；翅透明并具斑，前缘脉的小鬃常直达R_{4+5}末端，有时接近或稍微超过R_{4+5}端部；前足腿节有栉状鬃，多数种类后足胫节具端前背鬃。腹部常具斑，雄虫外生殖器多数外露。【习性】成虫盛发期5—8月。【分布】重庆。

斑翅蚜蝇 *Dideopsis aegrotus* Fabricius （蚜蝇科 Syrphidae）

【识别要点】眼裸；颜面微凹入，淡黄色，有白色粉被和宽中条纹，口喙长2.5倍于宽；触角第3节细，略呈卵形，长1.3倍于第1，3节之和，或明显肿大，顶端微呈圆锥状。中胸背板亮黑色，有时有明显的黄白色粉被，小盾片黄色；侧板暗褐色至黑色，略闪亮，有密白粉被，中胸背板前缘有直立长毛。后足基节的后中顶角有1簇毛。翅有暗褐色带，横跨翅中部的1/3或多于1/3，翅基部暗褐色或基部2/3暗褐色。腹部卵形，不特别宽平，边明显，有宽黄带。【习性】成虫盛发期5—8月。【分布】全国各地。

长尾管蚜蝇 *Eristalis tenax* Linnaeus （蚜蝇科 Syrphidae）

【识别要点】头等于或略宽于胸，近半圆形；额微突出；雄虫眼合生，雌虫分开，均具毛，无斑点；颜面有明显的中突，口缘之上适当突出；触角正常，第3节卵形，背芒，芒裸或基半部有毛。胸部近方形，毛密或不明显，通常沿盾沟处具淡色粉被横带。腹部与胸部等宽，卵形、锥状或略大，有淡色斑纹。足简单。触角芒裸，眼被棕色短毛，中间具2条由棕色长毛紧密排列而成的纵条纹。腹部大部分棕色，具“I”字形黑斑。【习性】成虫盛发期5—8月。【分布】全国各地。

同脉缟蝇 | 张宏伟 摄

斑翅同脉缟蝇 | 郭宪 摄

斑翅蚜蝇 | 一念 摄

长尾管蚜蝇 | 张巍巍 摄

灰带管蚜蝇 | 陈尽 摄

短刺刺腿蚜蝇 | 杰仔 摄　　褐线黄斑蚜蝇 | 倪一农 摄　　黑带蚜蝇 | 张宏伟 摄

灰带管蚜蝇 *Eristalis cerealis* Fabricius　（蚜蝇科 Syrphidae）

【识别要点】头等于或略宽于胸，近半圆形；额微突出；雄虫眼合生，雌虫分开，均具毛，无斑点；颜面有明显的中突，口缘之上适当突出；触角正常，第3节卵形，背芒：芒裸或基半部有毛。胸部近方形，毛密或不明显，通常沿盾沟处具淡色粉被横带。腹部与胸部等宽，卵形、锥状或略大，有淡色斑纹。足简单。中胸背板前部正中具灰白粉被纵条，沿盾沟处具淡色粉，被横带。【习性】成虫盛发期5—8月。【分布】全国各地。

Ischiodon scutellaris Fabricius　（蚜蝇科 Syrphidae）

艮裸；颜面黄色，无粉被；触角第2节非常短，第3节长2倍于宽，圆锥状至顶端尖圆。中胸背板亮黑色，有明
的侧缘；小盾片黄色，盘面带褐色，侧板大多亮黑色，后面1/3和腹侧片上缘具淡黄和白色粉被，腹侧片
、下毛斑后部较宽，分开；后胸腹板裸。雄虫后足转节有一细或适当粗的圆柱状、顶端尖的突起。腹部
，边明显，具宽黄带，雄虫尾器大而突出。【习性】成虫盛发期5—8月。【分布】全国各地。

ogramma coreanum Shiraki　（蚜蝇科 Syrphidae）

要点】复眼裸或有明显短毛；颜面鲜黄色，适当凹入，上部较下部宽，中突明显但不突出。小盾片基半部黑色，其余为鲜黄色，侧板黑色中胸前侧片上有鲜黄斑；两横带后缘正中呈角行凹入，第3节横带宽，第4节横带窄，有时正中几乎中断。【习性】成虫盛发期5—8月。【分布】全国各地。

黑带蚜蝇 *Episyrphus balteatus* De Geer　（蚜蝇科 Syrphidae）

【识别要点】眼裸；颜污黄色，除中突外具密污黄或白色粉被。中胸背板黑色，小盾片污黄色，很少有暗色宽而透明的端前带；侧板黑色，有黄色或灰色或略亮的粉被，后小盾片下面毛长而密；腹侧片上、下毛斑等长，分开；下后侧片有长的毛簇；后胸腹板有毛。翅后缘有1列小的黑色骨化点。腹部无边，两侧平行，基部略收缩或狭卵形，第2节有黄色带，第3，4节黄色，有黑带。【习性】成虫盛发期5—8月。【分布】全国各地。

黑股条胸蚜蝇

Helophilus affinis Wahlberg

（蚜蝇科 Syrphidae）

【识别要点】颜面自触角之下后倾，具中突，且口缘之上略突起或明显突起；复眼裸，雄虫两眼略分开；触角芒裸。胸部黑色，有明显黄色纵条纹。腹部黑色，有黄色横纹或斑点。足粗壮，后足股节粗，无齿或下侧有明显的刺，后足胫节弯曲。所有腹节背板后缘和尾器黑色。后足股节全黑色。【习性】成虫盛发期5—8月。【分布】全国。

黄腹狭口蚜蝇

Asarkina porcina Coquillett

（蚜蝇科 Syrphidae）

【识别要点】中胸背板亮黑色，无明显黄色侧条纹，前缘有1排长竖毛；小盾片淡黄色至橙黄色，透明；后胸腹板有许多淡毛。腹部宽卵形，很平，通常有边，淡黄色到橙色，到达侧缘为黑色狭带。腹部棕黄色，第1—5背板后缘及第2—5背板前缘具狭黑带，第2背板正中有时具短黑纵条。胸部盾片黑色，侧缘棕黄，小盾片黄色。【习性】成虫盛发期5—8月。【分布】全国。

宽盾蚜蝇

Phytomia sp.

（蚜蝇科 Syrphidae）

【识别要点】头半球形，大，头、胸、腹几乎等宽，体密被刻点。颜面密毛，在触角基部下方凹入，中突低而长，无额突，额端部具小的褶皱区，雌虫额宽；复眼裸，雄虫合眼，两眼长距离相接，上部小眼较下部大；触角短，第3节椭圆形或卵圆形，芒裸或基部具羽毛。中胸粗壮，背板宽大于长，小盾片宽大。腹部粗短，等于或略长于胸，圆锥形或顶端圆。【习性】成虫盛发期5—8月。【分布】海南。

宽跗蚜蝇

Platycheirus sp.

（蚜蝇科 Syrphidae）

【识别要点】复眼裸；颜面黑色，有时或多或少污色，无任何黄色痕迹；触角黑色，第3节下侧淡，芒裸。胸和小盾片无黄色斑点，有软毛。腹部两侧几乎平行，有3对或4对黄斑，偶尔有蓝色斑点。雄虫前足跗节的基部扩大，3对足的各节常有各种特殊的特征；雌虫足简单，但前足跗节略扩大。翅瓣和腋瓣正常大小。【习性】成虫盛发期5—8月。【分布】重庆。

黑股条胸蚜蝇 杰仔 摄

黄腹狭口蚜蝇 一念 摄

宽盾蚜蝇 钟茗 摄

宽跗蚜蝇 任川 摄

墨蚜蝇 *Melanostoma* sp. （蚜蝇科 Syrphidae）

【识别要点】体较小，颜面、中胸背板和小盾片全黑色，具金属光泽，体裸。头部半圆形，与胸部等宽或略宽。颜面宽，具小中突。复眼裸，雄虫接眼。触角较头短，前伸，第3节卵形或长卵形，约等于基部2节之和，背芒裸。后胸腹板退化为中、后足基节之间的矛状骨片。腹部长卵形或两侧平行，具黄斑。足简单，翅大。【习性】成虫盛发期5—8月。【分布】重庆。

双色小蚜蝇 *Paragus bicolor* Latreille （蚜蝇科 Syrphidae）

【识别要点】体小，粗壮，头宽于胸，颜面在触角基部之下不凹入，中突大，颜面部分或全部黄色。复眼被毛，雄虫接眼。触角较长，前伸，背芒裸，着生在第3节近基部。中胸背板近方形，小盾片大，端缘具或无齿。背板及小盾片无鬃，腹部与胸部等宽，各节约等长，足简单，r-m在中室中部之前，端横脉呈波状，不与翅缘平行。【习性】成虫盛发期5—8月。【分布】全国各地。

细腹食蚜蝇 *Sphaerophoria* sp. （蚜蝇科 Syrphidae）

【识别要点】体小至中等，头、胸、腹具亮黄色斑。复眼裸，颜面黄色，具明显黑色中条，口孔长为宽的2倍。中胸背板黑色，具亮黄色侧条，小盾片亮黄色，侧斑具黄斑，腹侧片上、下毛斑明显分离，后胸腹板具少许毛。腹部细，无边框，雄虫两侧平行，雄虫露腹节极膨大，雌虫椭圆形，黑色，具黄斑。【习性】成虫盛发期5—8月。【分布】四川。

腰角蚜蝇 *Sphiximorpha* sp. （蚜蝇科 Syrphidae）

【识别要点】头比前胸宽，眼裸；触角柄不及第1触角节长的一半，触角前伸，延长，端芒裸。翅前半部变褐色，顶端有或无悬脉。腹部基部收缩成柄状。雄虫生殖器背腹叶发达，腹叶发达，腹叶前缘向外折成边，上叶发达。【习性】成虫盛发期5—8月。【分布】广西。

墨蚜蝇 | 郭宪 摄

双色小蚜蝇 | 偷米 摄

细腹食蚜蝇 | 张巍巍 摄

腰角蚜蝇 | 任川 摄

羽芒宽盾蚜蝇 | 张巍巍 摄

紫额异巴蚜蝇 | 杰仔 摄

棕腿斑眼蚜蝇 | 杰仔 摄

羽芒宽盾蚜蝇 *Phytomia zonata* Fabricius （蚜蝇科 Syrphidae）

【识别要点】头半球形，大，头、胸、腹几乎等宽，体密被刻点。颜面密毛，在触角基部下方凹入，中突低而长，无额突，额端部具小的褶皱区，雌虫额宽；复眼裸，雄虫合眼，两眼长距离相接，上部小眼较下部大；触角短，第3节椭圆形或卵圆形，芒裸或基部具羽毛。中胸粗壮，背板宽大于长，小盾片宽大。腹部粗短，等于或略长于胸，圆锥形或顶端圆。**【习性】**成虫盛发期5—8月。**【分布】**全国各地。

紫额异巴蚜蝇 *Allobaccha apicalis* Loew （蚜蝇科 Syrphidae）

【识别要点】头大，半球形，宽于胸部。额略突出，颜面中突明显或不明显。触角短，第3节宽大于长，背芒裸。复眼裸，雄虫合眼，复眼接缝长，雌虫两眼狭地分开。中胸背板和小盾片黑色，肩胛后部有一排竖立长毛或肩胛后半部被毛。腹部细长，约3～4倍于胸长，第2，3节甚狭长，其后迅速加宽。足细长，简单。**【习性】**成虫盛发期5—8月。**【分布】**全国各地。

棕腿斑眼蚜蝇 *Eristalinus arvorum* Fabricius （蚜蝇科 Syrphidae）

【识别要点】体中型至大型，近乎裸，大多具金属光泽。头大，半球形，略宽于胸；额微突出；雄虫眼绝大多数种类合生，雌虫分开，具毛和暗色斑点或纵条纹；颜面具明显中突；触角芒裸。胸部近方形，黑色，有些种类有灰黄色粉被纵条纹。腹部卵形或长椭圆形，有淡色斑纹。**【习性】**成虫盛发期5—8月。**【分布】**全国各地。

黑蜂蚜蝇 | 郭宪 摄

黑蜂蚜蝇 *Volucella nigricans* Coquillett （蚜蝇科 Syrphidae）

【识别要点】头等于或小于胸；额略突出，雄虫眼合生，有毛，雌虫分开，无毛；颜面在触角之下凹入，中突大而明显，中突之下略凹入，口缘之上更明显突出；触角第3节长，芒羽状。胸部方形，具长或短密毛，具黑鬃。腹部短卵形，宽于胸，具软毛。足简单。腹部第2，3节背板具黑色宽横带。【习性】成虫盛发期5—8月。【分布】全国各地。

长角沼蝇 *Sepedon* sp. （沼蝇科 Sciomyzidae）

【识别要点】触角细长，前伸第2触角节呈杆状，部分鬃退化。中额条被额区中央的凹陷所代替。无前眶鬃和单眼鬃及翅下鬃。翅相对窄。后足腿节无任何背鬃，但有短粗的腹刺。雄虫尾须常长而突出，腹稍前节和下生殖板对称。生殖刺突相对短小，端部圆。【习性】成虫发生期主要在6—8月。【分布】云南。

具刺长角沼蝇 *Sepedon spinipes* Scopoli （沼蝇科 Sciomyzidae）

【识别要点】触角细长，前伸第2触角节呈杆状，部分鬃退化。中额条被额区中央的凹陷所代替。无前眶鬃和单眼鬃及翅下鬃。翅相对窄。后足腿节无任何背鬃，但有短粗的腹刺。雄虫尾须常长而突出，腹稍前节和下生殖板对称。生殖刺突相对短小，端部圆。额区有1对复眼-触角斑或眼眶斑。【习性】成虫发生期主要在6—8月。【分布】全国各地。

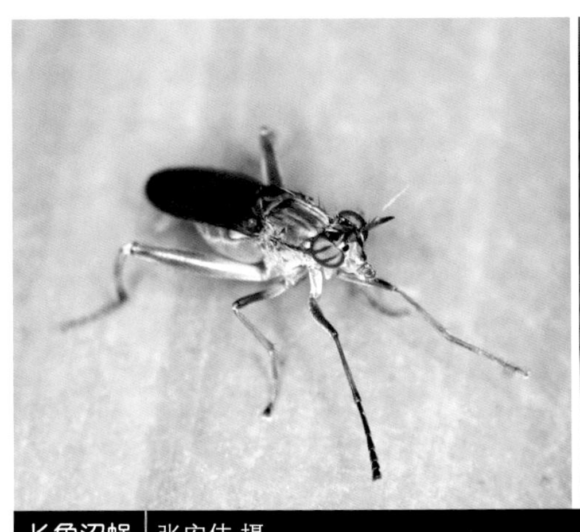
长角沼蝇 | 张宏伟 摄

具刺长角沼蝇 | 杰仔 摄

艳足长角沼蝇 | 偷米 摄

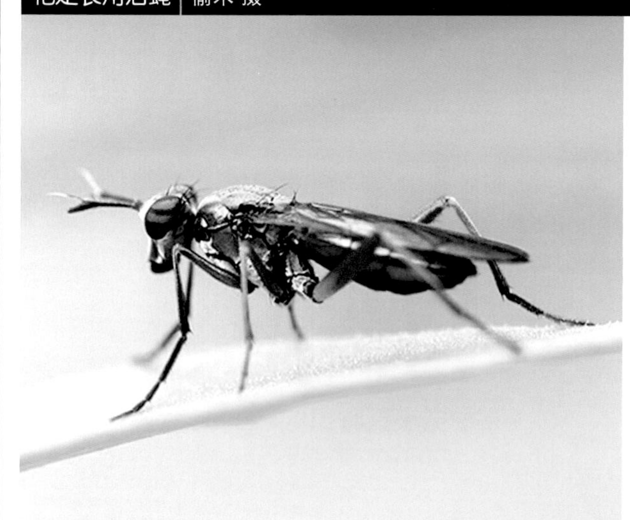
铜色长角沼蝇 | 杰仔 摄

狭颊寄蝇 | 胡平华 摄

艳足长角沼蝇

Sepedon hispanica Loew

（沼蝇科 Sciomyzidae）

【**识别要点**】触角细长，前伸第2触角节呈杆状，部分鬃退化。中额条被额区中央的凹陷所代替。无前眶鬃和单眼鬃及翅下鬃。翅相对窄。后足腿节无任何背鬃，但有短粗的腹刺。雄虫尾须常长而突出，腹稍前节和下生殖板对称。额区没有复眼-触角斑，颜斑长而大，雄虫外生殖器没有螺旋形泡囊。【**习性**】成虫发生期主要在6—8月。【**分布**】全国各地。

铜色长角沼蝇

Sepedon annescens Wiedemann

（沼蝇科 Sciomyzidae）

【**识别要点**】触角细长，前伸第2触角节呈杆状，部分鬃退化。中额条被额区中央的凹陷所代替。无前眶鬃和单眼鬃及翅下鬃。翅相对窄。后足腿节无任何背鬃，但有短粗的腹刺。雄虫尾须常长而突出，腹稍前节和下生殖板对称。生殖刺突相对短小，端部圆。第1触角节黄到浅。【**习性**】成虫发生期主要在6—8月。【**分布**】全国各地。

狭颊寄蝇

Carcelia sp.

（寄蝇科 Tachinidae）

【**识别要点**】复眼被毛，颊狭，窄于触角基部至复眼的距离，腹侧片鬃1+1。前胸腹片被毛，翅前鬃大于第1根沟后背中鬃。前胸侧片裸，中鬃3+3，翅上鬃3根、肩后鬃2根。翅薄透明，翅肩鳞黑色，前缘刺退化，前缘脉第2脉段腹面裸，中脉心角在翅缘或大或小开放。侧颜裸，触角第3节长于第2节，触角芒第2节不延长、裸，其基部加粗不超过全长的1/2，下颚须黄色，无前顶鬃，后足胫节具前背鬃梳。【**习性**】成虫发生最适温度为25～28 ℃，该虫常于植物的顶端活动或树干的向阳面取暖。【**分布**】云南。

异长足寄蝇 *Dexia divergens* Walker （寄蝇科 Tachinidae）

【识别要点】腹部第2背板中央凹陷达后缘，无中心鬃，小盾端鬃交叉排列，触角芒羽状，前缘脉第2段腹面具毛，肩鬃2～3根，颜脊明显，口缘向前不突出，触角第3节为第2节长的2～3倍，沟后背中鬃3根，雄虫腹部第3—5背板几乎总是具中心鬃，喙短。腹部第3，4节1/9～1/7以及第5节1/3被淡黄色的粉。【习性】成虫发生最适温度为25～28 ℃，该虫常于植物的顶端活动或树干的向阳面取暖。【分布】全国各地。

长足寄蝇 *Dexia* sp. （寄蝇科 Tachinidae）

【识别要点】腹部第二背板中央凹陷达后缘，无中心鬃，小盾端鬃交叉排列，触角芒羽状，前缘脉第2段腹面具毛，肩鬃2～3根，颜脊明显，口缘向前不突出，触角第3节为第2节长的2～3倍，沟后背中鬃3根，雄腹部第3—5背板几乎总是具中心鬃，喙短。【习性】成虫发生最适温度为25～28 ℃，该虫常于植物的顶端活动或树干的向阳面取暖。【分布】云南。

鹬寄蝇 *Eophyllophila* sp. （寄蝇科 Tachinidae）

【识别要点】复眼、颜堤、侧颜均裸，触角芒长羽状，每根羽状毛的长度相等，触角芒基部加粗部分小于1/2，颊窄，复眼下缘至口缘的距离远远小于眼高1/2。前胸侧片裸，中胸盾片在盾沟前具3个宽大的黑纵条，被2条侧缘平行的覆银白色粉的纵条所分隔，所有的纵条均达盾沟；前胫节后鬃1根；中胫节无腹鬃，沟前鬃位置正常，腹侧片鬃1+1或2+1，小盾侧鬃发达，大于基鬃，前胸腹板具1根或数根微毛或有时裸；腹部第2背板基部凹陷不达后缘，第3，4背板各具中心鬃1对。【习性】成虫发生最适温度为25～28℃，该虫常于植物的顶端活动或树干的向阳面取暖。【分布】云南。

长须寄蝇 *Peletina* sp. （寄蝇科 Tachinidae）

【识别要点】单眼鬃缺如，具侧颜鬃；侧尾叶端部细长、尖锐、急剧弯曲；肛尾叶总是很短的；侧颜被长毛，雌、雄均具外侧额鬃，喙常细长，前胸侧片上方和前胸腹板裸，翅前鬃不短于背中鬃，小盾片具多根钉状心鬃；中脉心角呈直角或小于直角，无赘脉，前缘刺不发达；后足胫节具3根端刺。【习性】成虫发生最适温度为25～28℃，该虫常活动于植物的顶端或树干的向阳面取暖。【分布】广东。

异长足寄蝇 偷米 摄

长足寄蝇 刘晔 摄

鹬寄蝇 张宏伟 摄

长须寄蝇 杰仔 摄

绒寄蝇 | 杰仔 摄

绒寄蝇 *Tachina* sp. （寄蝇科 Tachinidae）

【识别要点】复眼裸，口缘显著向前突出，下颚须细长，呈筒形，额与复眼横轴大致等长；侧颜被毛，颊高与复眼纵轴大致相等；触角第2节长于第3节，第3节宽，呈铲形；触角芒裸，第1，2节延长；侧额与眼后鬃之间具短毛；前雄虫腹片和侧片凹陷裸；翅端部灰色或暗黑色，基部黄色，前缘基鳞黄色，中脉心角具一褶痕，雌虫前足跗节加宽；腹部背板无中心鬃，第2背板基部凹陷达后缘。【习性】成虫发生最适温度为25～28 ℃，该虫活动于植物的顶端或树干的向阳面取暖。【分布】广东。

小黄粪蝇 *Scathophaga stercoraria* (Linnaeus) （粪蝇科 Scathophagidae）

【识别要点】体长3～12 mm，体型较细长，体色灰黄色至黑色。两性额均较宽，无交叉额鬃或间额鬃，触角第2节有明显且完整的纵裂缝；下侧片鬃缺，下腋瓣退化，常仅留线痕迹，小盾片下方裸；无前缘脉刺，后足胫节背面圆钝，无隆脊，有排列不规则的毛。【习性】粪蝇科幼虫大部分为植食性，成虫大部分为捕食性，捕食许多小蝇或其他昆虫类；部分成虫也为腐食性。【分布】全国各地。

小黄粪蝇 | 偷米 摄

川地禾蝇 | 张巍巍 摄

树创蝇 | 张巍巍 摄

甲蝇 | 偷米 摄

川地禾蝇 *Geomyza envirata* Vockroth （禾蝇科 Opomyzidae）

【**识别要点**】小型狭长的蝇类，长3.5 mm。体深褐色，头部黄褐色。翅淡烟黄色，端部具褐色端斑，翅脉黑色。【**习性**】幼虫为害禾本科植物的茎秆。【**分布**】四川、重庆。

树创蝇 *Schildomyia* sp. （树创蝇科 Odiniidae）

【**识别要点**】身体浅灰色，有深灰色及黑色斑点和线条；复眼红色；翅带有排列整齐的深灰色斑点。胫节有端前鬃；后顶鬃分离，侧额鬃2根后向，一根侧向。【**习性**】生活在有树汁流出的树干上。【**说明**】树创蝇科国内尚无正式记录。【**分布**】重庆。

甲蝇 *Celyphus* sp. （甲蝇科 Celyphidae）

【**识别要点**】体黄褐色。小盾片非常隆起，较宽，几乎和长相等；头顶后缘光滑无脊，后顶鬃细弱或不明显。腹部第1，2节背板愈合。【**分布**】广东。

狭须甲蝇 *Spaniocelyphus* sp. （甲蝇科 Celyphidae）

【识别要点】复眼红色，身体黑色，带有绿色光泽。小盾片狭长，卵形；头顶后缘有隆起；腹部第1—6节背板被背侧沟划分为一个背片两个侧片等3部分。【分布】广东。

华丛蝇 *Sinolochmostylia* sp. （丛蝇科 Ctenostylidae）

【识别要点】小型美丽的蝇类。身体呈红色，并有大块黑斑；触角第3节钝圆无角突，芒分为10余支；具短小的下颚须。足细长，前足胫节长于腿节，跗节长于胫节；后足胫节有凹缘。翅极宽，近卵形，大部分为黑色。【习性】丛蝇为极为稀少蝇类，有趋光性，偶尔可见于灯下。【分布】重庆。

狭须甲蝇 | 李元胜 摄

华丛蝇 | 李元胜 摄

Order Mecoptera

长翅目

头呈喙状长翅目，四翅狭长腹特殊；
蝎蛉雄虫如蝎尾，蚊蛉细长似蚊足。

长翅目昆虫由于成虫外形似蝎，通称为蝎蛉，雄虫休息时将尾上举，故又有举尾虫之称。

全世界分布，但地区性很强，甚至在同一山上，也因海拔高度的不同而种类各异，通常在1 400 ~ 4 000 m的高度。目前，全世界已知9科500种左右，中国已知3科150余种。

长翅目昆虫为全变态。卵为卵圆形，产于土中或地表，单产或聚产。幼虫型或蛴螬型，生活于树木茂密环境的苔藓、腐木、肥沃泥土和腐殖质中。幼虫生活于土壤中，食肉性，在土中化蛹。成虫活泼，但飞翔不远，在林区特别多，在森林植被遭到破坏的地区数量少而不常见。成虫杂食性，取食软体小昆虫、花蜜、花粉、花瓣、果实或苔藓类植物等，常捕食叶蜂、叶蝉、盲蝽、小蛾、蠡斯若虫等，在林区的生态平衡中具有一定的意义，是一类重要的生态指示昆虫。

新蝎蛉 *Neopanorpa* sp. （蝎蛉科 Panorpidae）

【识别要点】形态特殊的小型昆虫，口器向下延伸，翅膜质光泽，具黑色斑纹，雄虫腹部末端膨大并向背部弯曲如蝎形，雌虫腹部正常。【习性】喜栖息于未被破坏的林地，在荫庇处寻找食物。【分布】云南。

扁蚊蝎蛉 *Bittacus planus* Cheng （蚊蝎蛉科 Bittacidae）

【识别要点】体态近似大蚊，但拥有两对翅，口器向下延伸，后足特化具有捕捉功能，雄虫腹部末端稍膨大但不呈蝎形。体翅均为黄色。【习性】喜栖息于未破坏的林地中，在荫庇处缓慢飞行或悬挂在植物上。【分布】北京。

蚊蝎蛉 *Bittacus* sp. （蚊蝎蛉科 Bittacidae）

【识别要点】跟前种近似，但翅面具深色斑纹。【习性】雄蚊蝎蛉常把捕捉到的大蚊等昆虫，送给雌虫，以求得交配权利。【分布】重庆。

新蝎蛉 | 张宏伟 摄

扁蚊蝎蛉 | 吴超 摄

蚊蝎蛉 | 寒枫 摄

Order Trichoptera

毛翅目

石蛾似蛾毛翅目，四翅膜质被毛覆；
口器咀嚼足生距，幼虫水中筑小屋。

毛翅目因翅面具毛而得名，成虫通称石蛾，幼虫称为石蚕。世界性分布，全世界已知约1万种，中国已知850种。

毛翅目昆虫为全变态。通常1年1代，少数种类1年2代或2年1代，卵期很短，一生中大多数时间处于幼虫期。幼虫期一般6～7龄，蛹期2～3周，成虫寿命约1个月。卵块产在水中的石头、其他物体或悬于水面的枝条上。幼虫活泼，水生，幼虫结网捕食或保护其纤薄的体壁。这一习性在大多数种类中高度发达，从管状到卷曲的蜗牛状，形态各异。蛹为强颚离蛹，水生，靠幼虫鳃或皮肤呼吸，化蛹前幼虫结成茧，蛹具强大上颚，成熟后借此破茧而出，然后游到水面，爬上树干或石头，羽化为成虫。成虫常见于溪水边，主要在黄昏和晚间活动，白天隐藏于植物中，不取食固体食物，可吸食花蜜或水，趋光性强。

毛翅目昆虫喜在清洁的水中生活，它们对水中的溶解氧较为敏感，并且对某些有毒物质的忍受力较差，因而在研究流水带生物学，评估水质和人类活动对水生态系的影响以及在流水生态系的生物测定中有着很重要的作用，现被作为监测水质的指示种类之一。幼虫也是许多鱼类的主要食物，常吐丝把砂石或枯枝败叶等物做成筒状巢匿居其中，或仅吐丝做成锥形网，取食藻类或蚊、蚋等幼虫，是益虫。少数种类为害农作物，曾有为害水稻苗的记录。

角石蛾 *Stenopsyche* sp. （角石蛾科 Stenopsychidae）

【识别要点】体大型。复眼大，触角稍长于前翅，前翅通常具不规则黄褐色或黑褐色网纹状斑点。【习性】常栖息于清洁溪流旁的植物上。【分布】云南。

斑长角纹石蛾 *Macrostemum lautuam* (MacLacnlan) （纹石蛾科 Hydropsychidae）

【识别要点】前翅深褐色，具6块浅色斑，其中3块并列于前缘中段，构成近三角形，向后延伸至副中室。另3块斑并列于肘脉附近，肘脉近基部斑横条形，中部处斑为“Z”形（但常变异），端部处斑为近圆形。【习性】幼虫生活于流动的溪流水体中。成虫栖于溪流两边的植物丛中。【分布】海南、福建、广东、香港；日本。

长角纹石蛾 *Macrotemum* sp. （纹石蛾科 Hydropsychidae）

【识别要点】体褐色，触角长于体，前翅灰褐色，具纵、横黄色斑。【习性】生活于清洁的溪流。【分布】广东。

角石蛾 | 张巍巍 摄

斑长角纹石蛾 | 李元胜 摄

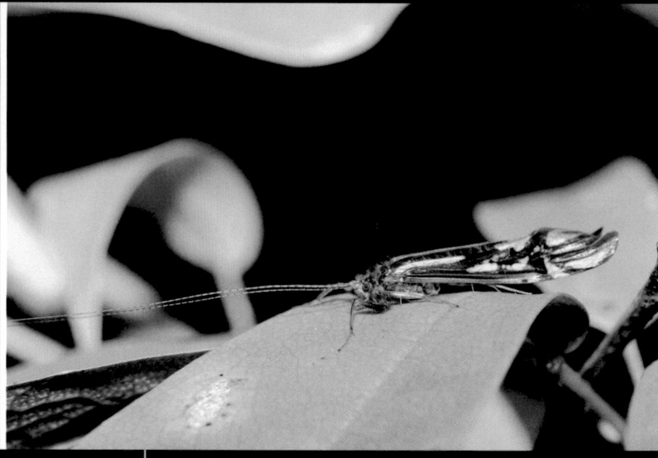

长角纹石蛾 | 杰仔 摄

横带长角纹石蛾 | 偷米 摄

单斑多形长角纹石蛾 | 李元胜 摄

畸距石蛾 | 张巍巍 摄

单斑多形长角纹石蛾 *Polymorphanisus unipunctus* Banks （纹石蛾科 Hydropsychidae）

【识别要点】体绿色，小盾片中央具一黑色圆形斑。【习性】生活于清洁溪流。【分布】云南、广西、海南。

横带长角纹石蛾 *Macrostemum fastosum* (Walker) （纹石蛾科 Hydropsychidae）

【识别要点】体及翅黄色。前翅中部和端部有两条深褐色横带，中带较窄，端带较宽，有时端带较模糊。【习性】幼虫生活于清洁溪流。【分布】福建、安徽、浙江、台湾、广东、香港、广西、云南、西藏；印度、菲律宾、泰国、马来西亚、斯里兰卡、印度尼西亚。

畸距石蛾 *Dipseudopsis* sp. （畸距石蛾科 Dipseudopsidae）

【识别要点】头与前胸红褐色，体其余部分近黑色，前翅基半部具1长条状白色斑，亚端部具1大型匙状白斑，后缘中央具1三角形白色斑。【习性】喜温，生活于清洁的水体中。【分布】海南。

瘤石蛾 | 郭宪 摄

瘤石蛾 *Goera* sp. （瘤石蛾科 Goeridae）

【识别要点】体粗壮，黄褐色至黑褐色，触角柄节较长。【习性】生活于清洁流水。【分布】重庆。

褐纹石蛾 *Eubasilissa* sp. （石蛾科 Phryganeidae）

【识别要点】体大型。头黑褐色；胸部背面黑褐色，其余红褐色；腿节红褐色，胫节和跗节黑褐色。前翅褐色，前缘散布橘黄色波浪形横纹。【习性】幼虫一般生活在高海拔，岸边植被良好的低温清洁溪流中。【分布】北京。

黑白趋石蛾 *Semblis melaleuca* (McLachlan) （石蛾科 Phryganeidae）

【识别要点】黑白色调的大型石蛾，头胸黑色，翅乳黄色，具黑色杂斑，体稍具光泽。【习性】山地溪水边，数量稀少。【分布】北京、黑龙江。

褐纹石蛾 | 陈尽 摄

黑白趋石蛾 | 吴超 摄

滇鳞石蛾 *Lepidostoma* sp.1 （鳞石蛾科 Lepidostomatidae）

【识别要点】体深褐色，具黑色毛，触角柄节长，具黑色鳞毛。【习性】生活于山地溪水边。【分布】云南。

粤鳞石蛾 *Lepidostoma* sp.2 （鳞石蛾科 Lepidostomatidae）

【识别要点】体棕褐色，具鳞毛。【习性】生活于山地溪水边。【分布】广东。

缺叉等翅石蛾 *Chimarra* sp. （等翅石蛾科 Philopotamidae）

【识别要点】体黑褐色，触角约于体等长。【习性】幼虫生活于清洁溪流。【分布】广东。

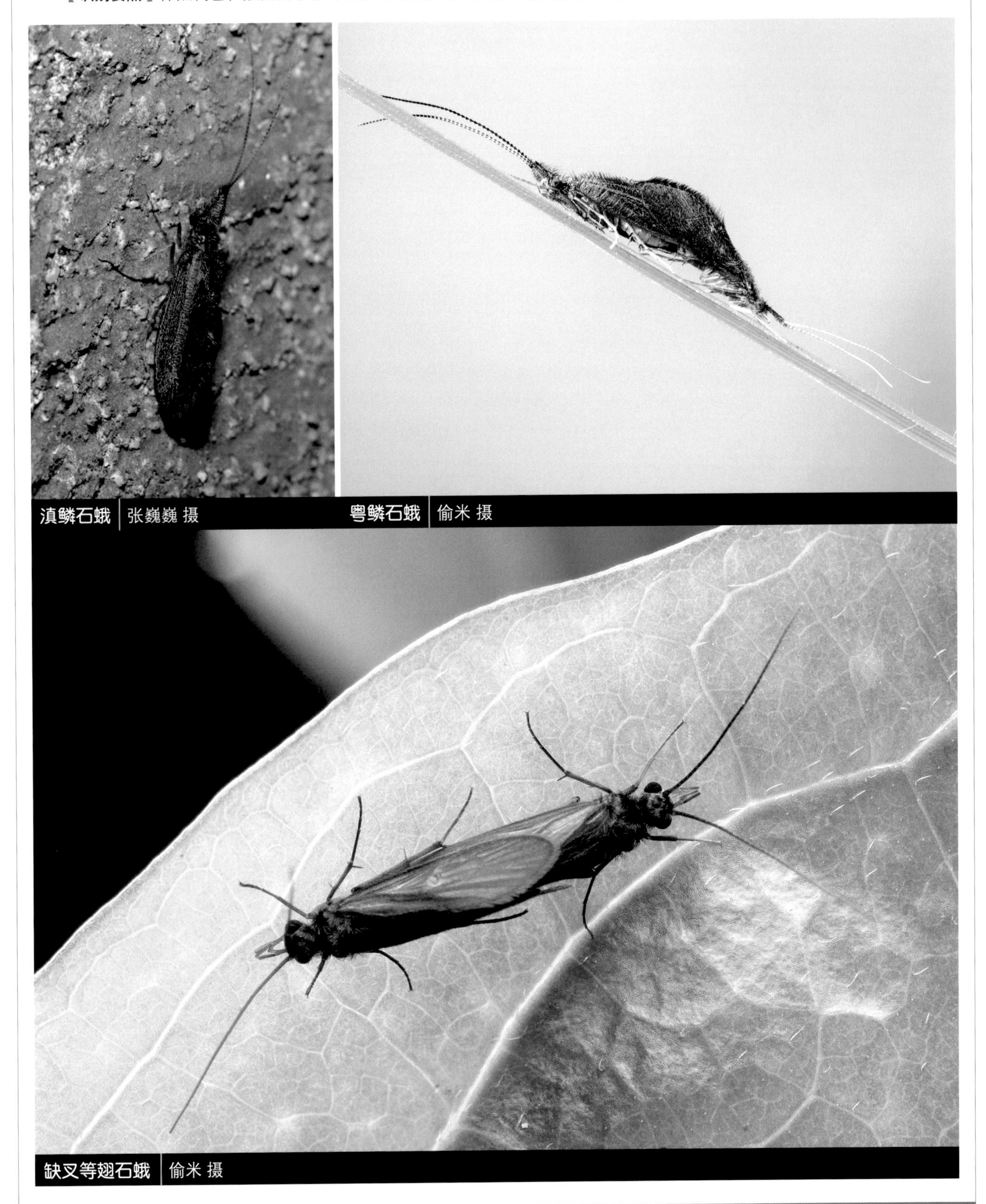

滇鳞石蛾 | 张巍巍 摄

粤鳞石蛾 | 偷米 摄

缺叉等翅石蛾 | 偷米 摄

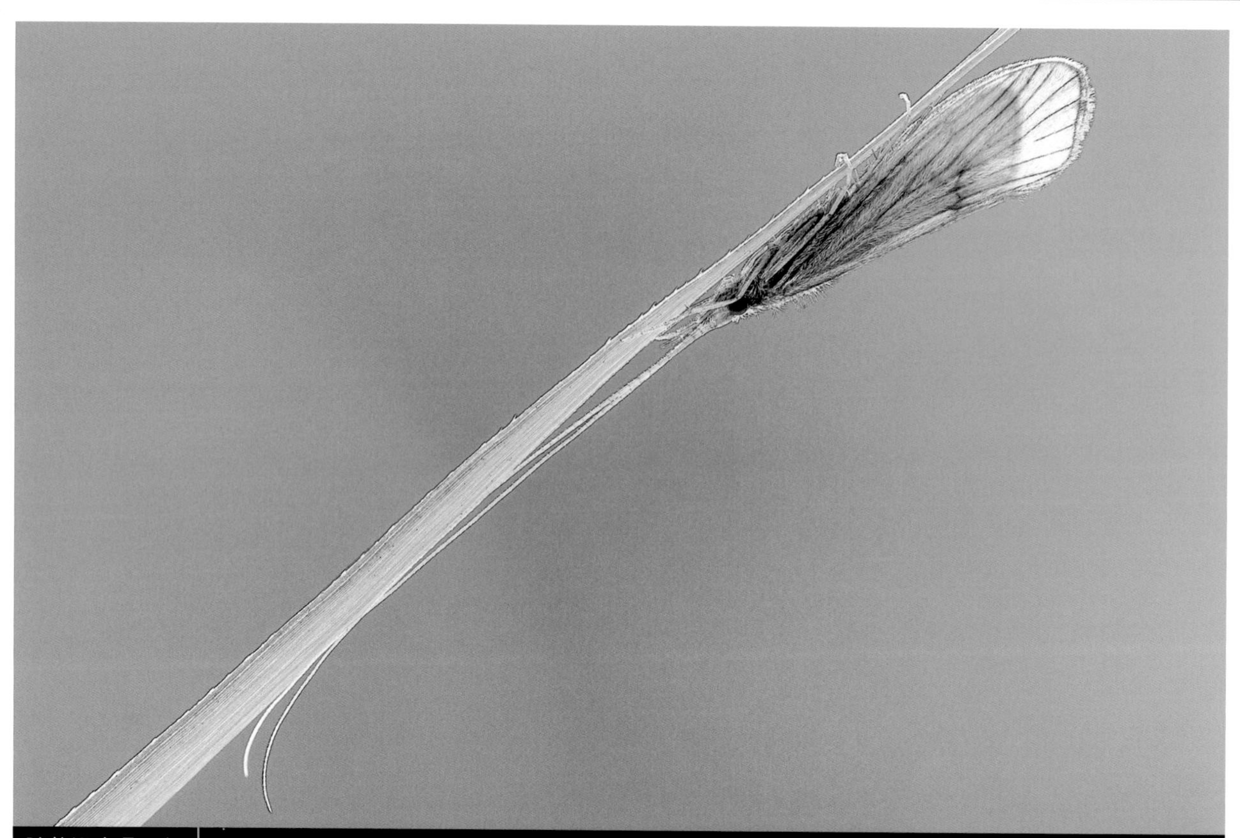

叶茎裸齿角石蛾 | 偷米 摄

叶茎裸齿角石蛾

Psilotreta lobopennis Hwang

（齿角石蛾科 Odontoceridae）

【识别要点】触角前伸，约为体长的2倍。翅面灰色，翅脉黑褐色。【习性】生活于清洁流水边。【分布】广东、福建、江西等。

黑长须长角石蛾

Mystacides elongatus Yamamoto & Ross

（长角石蛾科 Leptoceridae）

【识别要点】体及下颚须漆黑色，触角棕黄色，柄节粗壮，鞭节黄白相间。复眼红色。停息时翅亚端部明显宽于翅基部。【分布】福建、贵州、浙江、江西、四川、云南、广东。

多斑枝石蛾

Ganonema maculata (Ulmer)

（枝石蛾科 Calamoceratidae）

【识别要点】头胸部黄褐色。前翅棕褐色，端缘色浅，翅中部散生浅色斑纹。【习性】生活于山地溪水边。【分布】江西、广东、海南；日本。

黑长须长角石蛾 | 偷米 摄

多斑枝石蛾 | 张巍巍 摄

Order Lepidoptera

鳞翅目

虹吸口器鳞翅目，四翅膜质鳞片覆；
蝶舞花间蛾扑火，幼虫多足害植物。

鳞翅目是昆虫纲中仅次于鞘翅目的第二大目，包括蛾、蝶两类。关于鳞翅目的分类系统很多，20世纪80年代末以来，普遍认为可分为4个亚目：轭翅亚目Zeugloptera、无喙亚目Aglossata、异蛾亚目Heterobathmiina及有喙亚目Glossata。分布范围极广，以热带最为丰富，全世界已知约20万种，中国已知8 000余种。

鳞翅目昆虫为全变态。完成一个生活史通常1～2个月，多则2～3年。卵多为圆形、半球形或扁圆形等。幼虫蠋式，头部发达，口器咀嚼式或退化，身体各节密布刚毛或毛瘤、毛簇、枝刺等，胸部3节，具3对胸足，腹部10节，腹足2～5对，常5对，腹足具趾钩，趾钩的存在是鳞翅目幼虫区别于其他多足型幼虫的重要依据之一。蛹为被蛹。成虫蝶类白天活动，蛾类多在夜间活动，常有趋光性。有些成虫季节性远距离迁飞。

幼虫绝大多数植食性，食尽叶片或钻蛀枝干、钻入植物组织为害，有时还能引致虫瘿等，是农作物、果树、茶叶、蔬菜、花卉等的重要害虫；土壤中的幼虫咬食植物根部，是重要的地下害虫。部分种类幼虫为害仓储粮食、物品或皮毛，少数幼虫捕食蚜虫或介壳虫等，是重要的害虫天敌。成虫取食花蜜，对植物起传粉作用；家蚕、柞蚕、天蚕等是著名的产丝昆虫，部分种类是重要的观赏昆虫；虫草蝙蝠蛾幼虫被真菌寄生而形成的冬虫夏草是名贵的中草药。

大黄长角蛾 *Nemophora amurensis* Alpheraky（长角蛾科 Adelidae）

【识别要点】翅展为24 mm左右；雄蛾触角是翅长的4倍，雌蛾触角短，略长于前翅；前翅黄色，基半部有许多青灰色纵条；向外是一条很宽的黄色横带，横带两侧有青灰色带光泽的横带；端部约1/3有呈放射状向外排列的青灰色纵条。【分布】东北、江西、重庆。

菜蛾 *Plutella xylostella* Linnaeus（菜蛾科 Plutellidae）

【识别要点】翅展12～15 mm。唇须第2节有褐色长鳞毛，末节白色、细长、略向上弯曲；前翅灰黑色或灰白色，后翅从翅基至外缘有三度曲波状的淡黄色带，一般雄蛾比雌蛾鲜明；后翅银灰色，缘毛长。【习性】一年发生代数随地区不同。如我国东北，一年可发生6代，以蛹越冬。在南方则以成虫在残株落叶下越冬。为害十字花科蔬菜及其他野生十字花科植物。【分布】世界各地。

点带织蛾 *Ethmia lineatonotella* (Moore)（织蛾科 Oecophoridae）

【识别要点】翅展约41 mm。头及胸背乳白色，布有黑色斑点；腹部橙黄色；脚黑、白相间。前翅乳白色，前缘至中室有4条黑色平行线，亚端线位置在近顶角处有黑色斑点散布，另有黑色斑点沿外缘排列，缘毛淡黄白色。后翅茶褐色无斑纹，缘毛淡黄白色。【分布】台湾、海南；印度，缅甸。

长足织蛾 *Ashinaga* sp.（织蛾科 Oecophoridae）

【识别要点】翅展约43 mm。体黑褐色，触角黑褐色，末端1/3褐红色；后足特别长。前翅灰褐色，窄长形；外缘缘毛黑褐色，间杂褐红色斑列。后翅灰褐色，顶角尖狭，缘毛黑褐色。【分布】重庆。

大黄长角蛾 | 郭宪 摄

菜蛾 | 张巍巍 摄

点带织蛾 | 张巍巍 摄

长足织蛾 | 郭宪 摄

黄斑绢蛾 | 张宏伟 摄
豹蠹蛾 | 杰仔 摄
豹裳卷蛾 | 唐志远 摄
毛足透翅蛾 | 李元胜 摄

黄斑绢蛾 *Eretmocera impactella* (Walker)（绢蛾科 Scythrididae）

【识别要点】翅展11 mm左右。下唇须短，下垂，末端尖；前翅黑褐色，在基部1/3处有1淡黄色圆斑，在基部2/3处有2个淡黄色圆斑。【分布】云南、香港；印度、斯里兰卡、马来西亚、泰国。

豹蠹蛾 *Zeuzera* sp.（木蠹蛾科 Cossidae）

【识别要点】体长35 mm左右，翅展70 mm左右。全体白色，雄蛾触角基半部双栉形，栉齿长，黑色；胸部背面有6个黑色斑点；腹部有黑色横纹；前翅密布黑色斑点，前缘、外缘、后缘及中室的斑较粗，其余较窄；后翅除后缘区外均密布黑色斑点，外缘中部黑斑稍粗。【分布】广东。

豹裳卷蛾 *Cerace xanthocosma* Diakonoff（卷蛾科 Tortricidae）

【识别要点】成虫翅展33 ~ 59 mm。头部白色，胸部黑紫色，有白斑，腹部各节背面黄色和黑色各半。前翅紫黑色，带有许多白色斑点和短条纹，中间有一条锈红褐色带由基部通向外缘，在近外缘处扩大呈三角形橘黄色区域。【寄主】槭、槠、灰木、浸木、山茶、犬樟等。【分布】华东、西南；日本。

毛足透翅蛾 *Melittia* sp.（透翅蛾科 Sesiidae）

【识别要点】体长15 mm左右，展翅23 mm左右。体型粗壮，最为突出的特点是，后足胫节和第1，2跗节被长鳞，似毛刷状。腹部尾毛丛不发达。【习性】外观拟态蜂类，特别是后足的长毛在访花悬停的时候颇似熊蜂腹部晃动。白天活动。【分布】重庆。

准透翅蛾 | 陈尽 摄　　华西拖尾锦斑蛾 | 任川 摄

准透翅蛾 *Paranthrene* sp.（透翅蛾科 Sesiidae）

【**识别要点**】体长14 mm，展翅20 mm。体型瘦长，触角长，末节粗大，末端外弯渐尖；胸背板近基部具黄、黑相间的横带；背面中央有一条黑色纵纹，两侧为黄色纵向条状；腹背黑黄环纹相间，尾端有一丛黑色毛簇；前后翅于前缘脉及近翅端褐色或黑褐色外其余透明状。【**习性**】外观拟态蜂类，体色具黄、黑斑纹十分醒目。分布于低中海拔山区，白天活动。【**分布**】云南。

华西拖尾锦斑蛾 *Elcysma delavayi* Oberthür（斑蛾科 Zygaenidae）

【**识别要点**】成虫翅展70 mm左右。体黄白色半透明，头、胸部黑色；前后翅均淡黄，半透明，翅脉淡黄，外侧黑有光泽；后翅带有较长的尾突。【**习性**】一年发生一代，以幼虫潜藏老树皮下越冬。寄主为李、梅、苹果、樱桃等。【**分布**】云南、四川、重庆、福建。

重阳木斑蛾 *Histia flabellicornis* (Fabricius)（斑蛾科 Zygaenidae）

【**识别要点**】成虫体长17～24 mm，翅展47～70 mm。头小，红色，有黑斑。触角黑色，双栉齿状，雄蛾触角较雌蛾宽。前胸背面褐色，前、后端中央红色。中胸背黑褐色，前端红色；近后端有2个红色斑纹，连成“U”形。前翅黑色，后面基部有蓝光，后翅亦黑色；前后翅反面基斑红色。【**寄主**】主要为重阳木。【**分布**】江苏、湖北、四川、重庆、福建、广东、广西、云南、台湾、海南；日本、印度、缅甸、印度尼西亚、尼泊尔、越南、泰国、马来西亚、老挝。

重阳木斑蛾 | 任川 摄

云南旭锦斑蛾

Campylotes desgodinsi yunanensis Joicey & Talbot

（斑蛾科 Zygaenidae）

【识别要点】翅展72 mm。头、胸及腹蓝黑色，腹部下方有黄色带；前翅蓝黑色，前缘以下有2条红色长带，中室下侧有3条黄线，中室末端有1白点及6个白斑；后翅蓝黑色，沿前缘有1红带，中室内有2个红斑及4个红黄斑，中室以下有5个红黄斑。【习性】幼虫危害马尾松针叶。【分布】四川、云南、西藏；印度。

蝶形锦斑蛾

Cyclosia papilionaris (Drury)

（斑蛾科 Zygaenidae）

【识别要点】雌雄异形，成虫翅展雄虫41 mm，雌虫57 mm。雌蛾体蓝黑色，胸部有白斑，腹部有白环带，翅白色略淡黄，翅脉紫黑，前翅沿前缘蓝色。【寄主】茄科、芸香科植物。【分布】云南、广西、广东；印度、越南、缅甸。

蓝紫锦斑蛾

Cyclosia midamia (Herrich-Schaffer)

（斑蛾科 Zygaenidae）

【识别要点】翅展雄虫62 mm，雌虫77 mm。雌雄相似，触角及身体上侧蓝紫色有闪光，下部及两侧有白斑点。双翅褐黑色有多枚小白点，翅顶蓝色，雄蛾后翅经常有白条，雌蛾后翅很少有白条；前翅有时有条纹，腹部蓝褐色，腹节两侧及腹面有一对白斑。【分布】广西、云南；印度、越南、泰国、老挝、马来西亚、印度尼西亚。

黄基透翅锦斑蛾

Agalope livida Moore

（斑蛾科 Zygaenidae）

【识别要点】翅展49 mm。体黑褐色；前翅透明，淡黄色，翅脉黑褐色，翅边缘黑褐色，基部明显鲜黄色；后翅透明，淡黄色，翅脉黑褐色。【习性】成虫于5月份出现。【分布】四川、重庆。

华庆锦斑蛾

Erasmia pulchella chinensis Jordan

（斑蛾科 Zygaenidae）

【识别要点】翅展81～84 mm。头、触角及胸部金属蓝绿色有闪光；腹部背面白色并充满绿色，腹面黑色；前翅底色黑，翅基部金属蓝绿色，靠近翅基有一条宽阔橘红色不规则弯曲前中带，其外侧有一条比较窄的弯曲中带，闪耀金属蓝绿光，向外有一排弯曲不规则大白斑组成的阔带，边缘绿色。【习性】成虫于4，6，7月出现。【分布】四川、重庆、广东、广西、云南；缅甸。

云南旭锦斑蛾 李元胜 摄

蝶形锦斑蛾 张宏伟 摄

蓝紫锦斑蛾 张宏伟 摄

黄基透翅锦斑蛾 李元胜 摄

华庆锦斑蛾 郭宪 摄

四川锦斑蛾 郭宪 摄
绿脉锦斑蛾 陈尽 摄
黄点带锦斑蛾 陈尽 摄
黄翅眉锦斑蛾 郭宪 摄

四川锦斑蛾 *Chalcosia suffusa* Leech（斑蛾科 Zygaenidae）

【识别要点】翅展49～52 mm。前翅翅脉末端浅锈红色，中央有一白色斜宽带，内外两侧有黑点，翅顶有一行间断的白点；后翅白色，缘带黑色宽阔，内缘边缘蓝色界限模糊，翅纹黑色。成虫经常于6—7月出现。【习性】幼虫为害定地黄。【分布】四川、重庆、海南、云南。

绿脉锦斑蛾 *Chalcosia diana* Butler（斑蛾科 Zygaenidae）

【识别要点】翅展50～55 mm。头、颈皆朱红色；腹部背面绿色，两侧有黑点，腹面白色；前翅上侧有绿色闪光，翅底黑色，翅脉脉纹间孔雀绿色，中部有一白色阔带，边缘浅黄白色，有黑色阔带。【分布】云南、福建。

黄点带锦斑蛾 *Pidorus albifascia steleus* Jordan（斑蛾科 Zygaenidae）

【识别要点】翅展48 mm。体色黑色；前翅脉绿色，前缘有1个黄点，从翅前缘向外角斜伸1白带；后翅前缘靠近翅顶有1黄斑；翅反面蓝色。【分布】云南；印度、缅甸、越南。

黄翅眉锦斑蛾 *Rhodopsona* sp.（斑蛾科 Zygaenidae）

【识别要点】本种最为明显的特征为前翅有1明显的黄色弧形宽带。【分布】重庆。

竹小斑蛾 *Artona funeralis* Butler（斑蛾科 Zygaenidae）

【识别要点】翅展20 mm。体翅暗黑褐色，腹部稍紫有青蓝闪光；前翅灰黑无斑纹，从侧面看有紫色光泽；后翅中央略透明，缘毛灰褐色。【习性】幼虫为害竹叶，成虫白天活动，一年发生3代。【分布】华北、湖北、江苏、浙江、云南、广东、台湾；日本、朝鲜、印度。

黄条锦斑蛾 *Soritia* sp.（斑蛾科 Zygaenidae）

【识别要点】头、胸及腹部黑色，有时腹部带蓝色闪光，颈部朱红色，肩片黄色；前翅黑色，基部黄色大斑占翅大部分，3/4处有一黄点。【分布】重庆。

蓝宝烂斑蛾 *Clelea sapphirina* Walker（斑蛾科 Zygaenidae）

【识别要点】小型斑蛾，体翅均为黑色，并有蓝色斑纹；前翅前缘及外缘有一较细的蓝色线，从翅前缘1/3处向外角斜伸一蓝色带，外侧有3条不规则蓝色带。【分布】香港、广东、重庆。

透翅硕斑蛾 *Piarosoma hyalina* Leech（斑蛾科 Zygaenidae）

【识别要点】翅展38～40 mm。体纯墨色；腹部肥硕，除基部第1节略白外，其余多墨黑色有闪光；前翅黑色，有2个白色透明大斑，中室上下的1个被黑色粗翅脉划分的3透明区域各有1条黑脉，外侧1个透明白斑有5条黑脉；后翅透明玻璃状，沿翅顶部分黑色向翅后缘伸向翅面如锯齿状。【习性】成虫于5—7月出现。【分布】浙江、江西、四川、重庆。

黄条锦斑蛾 | 郭宪 摄

蓝宝烂斑蛾 | 张巍巍 摄

竹小斑蛾 | 张宏伟 摄

透翅硕斑蛾 | 郭宪 摄

黄刺蛾 | 张巍巍 摄
迹斑绿刺蛾 | 唐志远 摄
灰双线刺蛾 | 杰仔 摄
丽刺蛾 | 张巍巍 摄

黄刺蛾 *Monema flavescens* Walker（刺蛾科 Limacodidae）

【识别要点】翅展30～38 mm。前翅黄褐色，自顶角有1细斜条伸向中室下角，斜线内侧黄色，外侧棕色；在棕色部分有1条褐色细线自顶角伸至后缘中部；中室端部有1暗褐色圆点；后翅灰黄色。【分布】广布全国；日本、朝鲜、俄罗斯。

迹斑绿刺蛾 *Latoia pastoralis* (Butler)（刺蛾科 Limacodidae）

【识别要点】翅展35～43 mm。前翅基斑浅黄色，紧贴其外侧有一油迹状红褐斑伸达翅中央，黄斑上多少蒙有红褐色雾点，外缘黄带较宽，尤以前缘处显著。【寄主】樟树。【分布】吉林、浙江、江西、四川、云南；越南、印度、不丹、尼泊尔、巴基斯坦、印度尼西亚。

灰双线刺蛾 *Cania bilinea* (Walker)（刺蛾科 Limacodidae）

【识别要点】翅展23～48 mm。头和颈板赭黄色，胸背褐灰色，翅基片灰白色；腹褐黄色；前翅灰褐黄色，有2条外衬浅黄白边的暗褐色横线，在前缘近翅尖发出，以后互相平行，稍外曲，分别伸达后缘的1/3和2/3。【寄主】香蕉、柑橘、茶。【分布】江苏、浙江、江西、福建、台湾、广东、香港、四川、云南；越南、印度、马来西亚、印度尼西亚。

丽刺蛾 *Altha* sp.（刺蛾科 Limacodidae）

【识别要点】翅展25 mm左右。身体浅黄白色带褐色；前翅浅黄白色，有许多红褐色斑纹，大都清晰可分；后翅浅黄白色具丝质光泽。【分布】海南。

银纹刺蛾 *Miresa* sp.（刺蛾科 Limacodidae）

【识别要点】翅展35 mm左右。胸部淡黄色，腹部黄褐色。前翅黄褐色，有2条外暗褐色横线，在前缘4/6和5/6处发出，互相平行，稍外曲，分别伸达后缘的1/2和1/4。【分布】广东、香港、海南。

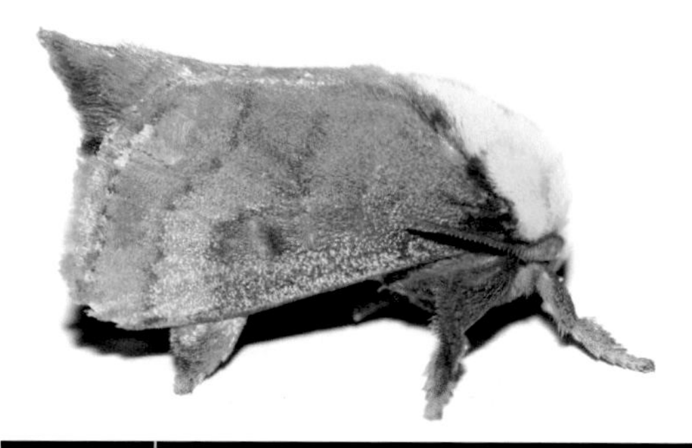

银纹刺蛾 | 杰仔 摄

艳刺蛾 *Demonarosa* sp.（刺蛾科 Limacodidae）

【识别要点】翅展25 mm左右。头和胸背浅黄色，胸背具黄褐色横纹；腹部橘红色，具浅黄色横线；前翅褐赭色，被一些浅黄色横线分割成许多带形或小斑，尤以后缘和前缘外半部较明显，横脉纹为一红褐色圆点；后翅橘红色。【分布】海南。

球须刺蛾 *Scopelodes* sp.（刺蛾科 Limacodidae）

【识别要点】翅展40 mm左右。下唇须端部毛簇浅黄褐色，末端红棕色，头和胸背褐色；前翅黄褐色。【分布】广东。

寄蛾 *Epipomponia oncotympana* Yang（寄蛾科 Epipyropidae）

【识别要点】雄蛾翅长6.5 ~ 7.0 mm，雌蛾翅长8.5 ~ 9.2 mm。身体黑色，略带黄褐色，胫部鳞毛较长，下唇须短小，几乎看不到，口器退化呈膜状泡；触角双栉状黑褐色，各节间有白色环。前翅外缘宽于后缘，前缘略呈黄褐色，翅上散布有呈条状的银灰色鳞片；后翅短小，斑纹不见，有翅缰。【习性】寄蛾一年发生一代，幼虫寄生在蚱蟟（*Oncotympana maculaticollis* (Motschulsky)，又名昼鸣蝉）体上，以卵过冬。【分布】北京。

艳刺蛾 | 张巍巍 摄

球须刺蛾 | 杰仔 摄

寄蛾 | 倪一农 摄

孔雀翼蛾 | 张巍巍 摄
黄褐羽蛾 | 杰仔 摄
鸟羽蛾 | 杰仔 摄
扁豆羽蛾 | 张宏伟 摄
金盏拱肩网蛾 | 任川 摄

孔雀翼蛾

Alucita spilodesma (Meyrick)
(翼蛾科 Alucitidae)

【识别要点】体长8 mm左右，翅展18 mm左右。体黄白色，复眼暗褐色，无单眼，触角长达前翅之半，丝状。翅深裂为6片，各呈羽毛状，翅黄白色，有橙黄色和黑褐色带斑，带斑深浅相间。**【分布】**重庆、香港、台湾；印度、尼泊尔、日本。

黄褐羽蛾

Deuterocopus socotranus Rebel
(羽蛾科 Pterophoridae)

【识别要点】翅展16 mm左右。触角淡黄褐色。前翅、后翅均为3裂。前翅土黄色，斑纹、后翅褐色。**【分布】**广东。

鸟羽蛾

Stenodacma pyrrhodes (Meyrick)
(羽蛾科 Pterophoridae)

【识别要点】展翅13 mm，体色黄色，复眼黄褐色，触角各节具白斑，胸部背板有3片羽毛状的鳞毛，翅端分叉呈羽状，基部有3～4枚白色的斑点，近翅端的外缘有褐色的斑点分布，腹部具腰，腹背板上有2条纵斑。**【习性】**生活于低海拔山区，白天活动，喜欢倒挂在叶尖端，姿态优美。**【分布】**广东、台湾。

扁豆羽蛾

Sphenarches anisodactylus (Walker)
(羽蛾科 Pterophoridae)

【识别要点】体长6～7 mm，翅展13～16 mm。浅褐色小蛾。前翅在中部分成2肢，前肢具4个不规则的深褐色或褐色斑块，后肢末端似笔尖状，具与前肢相对应的斑纹。后翅分为3肢。前、后翅缘毛中有几处夹有黑色长毛。腹部前3节明显细瘦，似姬蜂状，腹背中有明显的前尖后圆的黑斑。**【分布】**云南、香港；日本、菲律宾、斯里兰卡、所罗门群岛、澳大利亚、美国、科特迪瓦。

金盏拱肩网蛾

Camptochilus sinuosus Warren
(网蛾科 Thyrididae)

【识别要点】翅展33 mm左右。头黄褐色，触角齿形，黄褐色至灰褐色；身体褐色；前翅前缘肩形，前缘中部外侧有1三角形褐色斑。翅基褐色有4条弧线，中室下方至后缘有褐色晕斑，上有若干网纹；后翅基半部褐色，有金黄色花蕊形斑纹，外半部金黄色。**【寄主】**榛子、核桃。**【分布】**湖南、湖北、江西、福建、四川、重庆、广西、海南；印度。

红蝉网蛾（雄）| 郭宪 摄

红蝉网蛾（雌）| 李元胜 摄

一点斜线网蛾 | 张巍巍 摄

金黄螟 | 唐志远 摄

红蝉网蛾 *Glanycus insolitus* Walker（网蛾科 Thyrididae）

【识别要点】雄蛾翅展32 mm左右。头黑色，触角黑色，双栉多羽形，栉羽白色；身体背面黑色，胸部前缘、腹部第1节及末端有3条红色横带，胸部及腹部的侧板红色；足黑色；前翅完全黑色，有蓝光。中室有一近长方形透明斑；后翅黑色，中室下方有红晕条纹，中室上有较大的盾形透明斑。雌蛾翅展35 mm。形似蝉；前翅半棕半鲜红，中室端有一肾形透明斑，外带红色呈“工”字形，中带及内带黑色；后翅鲜红色，中室透明，外一黑色中带为透明斑下角切开，外边有3个小黑点；胸背鲜红，翅基片黑色发蓝光；腹部背面第1节黑红两色，其后各节黑色，节间灰红纹，中线红色。【寄主】板栗。【分布】四川、云南、广西、广东、重庆、福建、江西、云南、西藏。

一点斜线网蛾 *Striglina scitaria* Walker（网蛾科 Thyrididae）

【识别要点】翅展36 mm左右。头枯黄色，触角丝状，枯黄色，各节间有深色纹，内侧有白纤毛；身体枯黄色，第4腹节后缘有1条深棕色横带；前翅枯黄色，布满棕色网纹，自顶角内侧斜向后缘中部有1条棕色斜线，前细后粗，中室端有一灰棕色椭圆形斑；外缘弧形，缘毛枯黄色间有褐色鳞片；后翅底色比前翅稍淡，布满网纹。【分布】黑龙江、四川、广西、海南、台湾；日本、印度、斯里兰卡、缅甸、印度尼西亚、巴布亚新几内亚、斐济、澳大利亚。

金黄螟 *Pyralis regalis* Schiffermuller & Denis（螟蛾科 Pyralidae）

【识别要点】前翅中央有黄金色斑，因此取名。翅展22 mm。前翅中央金黄色，翅基部及外缘紫色，有2条浅色横线，后翅紫红色，有2条狭窄的横线。【习性】成虫于6—7月出现。【分布】黑龙江、吉林、河北、台湾、广东；朝鲜、日本、俄罗斯。

赤双纹螟 *Herculia pelasgalis* Walker（螟蛾科 Pyralidae）

【识别要点】种名取自希腊文，来源于希腊神话，因翅深红色而取名。翅展21 ~ 29 mm。头圆形混杂黄色及赤色鳞片，触角淡红色及黄色，下唇须向上倾斜，淡红色及黄色相间，胸腹部背面淡赤色，雌蛾腹部有黑色鳞，胸腹部腹面淡褐色。前翅及后翅皆深红色，各有2条黄色横线。【习性】成虫于6—8月大量出现，具强烈趋光性。【分布】江苏、浙江、湖北、福建、台湾、广东；朝鲜、日本。

桃蛀螟 *Dichocrocis punctiferalis* (Guenee)（草螟科 Crambidae）

【识别要点】成虫体长约12 mm，翅展22 ~ 25 mm。体、翅黄色。前翅、后翅和体背有黑色斑块。腹部末节被有黑色鳞片，但雌蛾极少。【习性】成虫有取食花蜜的习性。白天静止在叶背，傍晚产卵。【寄主】主要为桃，还有向日葵、玉米、梨、李、板栗、蓖麻、柿、石榴、枇杷、柑橘、无花果、樱桃、高粱、棉等。【分布】辽宁、河北、山西、山东、河南、陕西以及长江流域以南地区；大洋洲以及朝鲜、日本、印度、斯里兰卡、印度尼西亚等地。

黄杨绢野螟 *Diaphania perspectalis* Walker（草螟科 Crambidae）

【识别要点】成虫体长20 ~ 30 mm，翅展30 ~ 50 mm。头部暗褐色，头顶触角间鳞毛白色，触角褐色。前胸、前翅前缘、外缘、后翅外缘均有黑褐色宽带，前翅前缘黑褐色宽带在中室部位具2个白斑，近基部1个较小，近外缘白斑新月形，翅其余部分均为白色，半透明，并有紫色闪光。腹部白色，末端被黑褐色鳞毛。【寄主】黄杨木、瓜子黄杨、雀舌黄杨、冬青、卫矛。【分布】陕西、河北、江苏、浙江、山东、上海、湖北、湖南、广东、福建、江西、四川、贵州、西藏等地。

八目棘趾野螟 *Anania assimilis* Butler（草螟科 Crambidae）

【识别要点】成虫翅展23 ~ 26 mm。头部黑色混杂白鳞毛；额圆形向前突出，两侧有白条；触角微毛状；下唇须向上斜伸，末节下倾，下半白色上半黑色；颈板及肩板黄色；胸部背面黑色，腹面黄色；前、后翅浓黑，各有2枚椭圆形大白点。【分布】黑龙江；日本、朝鲜。

赤双纹螟 | 杰仔 摄

桃蛀螟 | 张宏伟 摄

黄杨绢野螟 | 周纯国 摄

八目棘趾野螟 | 王江 摄

伊锥歧角螟 *Cotachena histricalis* (Walker)（草螟科 Crambidae）

【识别要点】成虫翅展22 ~ 26 mm。下唇须黑色，下侧白色；胸及腹部黄色；前翅黄色，上面覆盖一层淡红色及暗褐色，内横线较暗，中室有一白色透明斑，中室外有一个黑边大形透明方斑，翅后缘有一大透明斑，向内缘有一条线，从前缘到M_2脉间有一边缘深色新月形透明斑，由此伸向Cu_1脉间有一条线；后翅浅橘黄色，有颜色较深的中室斑。【寄主】朴树。【分布】浙江、江苏、江西、四川、台湾、广东；日本、印度、斯里兰卡。

黄黑纹野螟 *Tyspanodes hypsalis* Warren（草螟科 Crambidae）

【识别要点】成虫翅展31 ~ 34 mm。头部茧黄色，触角柄节为淡茧黄色；胸部领片及翅基片橙黄色，翅基片外侧左右各有一烟棕色斑；腹部橙黄，中央烟棕色；前翅茉莉黄色，后翅暗灰色，中央有淡银灰色斑；双翅缘毛银灰色，有闪光。【分布】江苏、四川、台湾；朝鲜、日本、印度。

白斑黑野螟 *Pygospila tyres* Cramer（草螟科 Crambidae）

【识别要点】成虫翅展40 ~ 45 mm，黑色带紫色光泽。头部黑色，两侧白色；触角黑褐色，后方有黑白相间的鳞毛；下唇须下侧白色，其余黑褐色；胸腹部背面有4条黑白纵纹；前翅有2条斜亚基线。内横线分3个白斑，中室内有1白斑，中室以下有珍珠光泽的斑点，中室外有1带双齿的白斑，沿翅外缘有1对白斑及3个亚缘斑；后翅中室内外及下侧各有1个珍珠光泽的白斑，翅外缘有6个小白斑。【分布】广东、台湾、云南；越南、缅甸、印度尼西亚、菲律宾等。

橙黑纹野螟 *Tyspanodes striata* (Butler),（草螟科 Crambidae）

【识别要点】成虫翅展25 ~ 30 mm。头部黄色，头顶杏黄色；触角细长，暗灰色有闪光，下唇须细丝状淡黄色；胸部、腹部背面橙黄色；前翅深橙黄色，基部有1黑点，中室有2个黑点，各翅脉之间有8条黑色横条纹，沿翅后缘1条间断分成2条；后翅橙黄色，比前翅淡，外缘黑色，缘毛黑色。【分布】重庆、四川、江苏、云南、广东、江西、浙江、台湾；朝鲜、日本等。

伊锥歧角螟 | 张巍巍 摄

黄黑纹野螟 | 周纯国 摄

白斑黑野螟 | 张巍巍 摄

橙黑纹野螟 | 张巍巍 摄

小蜡绢须野螟 | 张宏伟 摄

黄纹银草螟 | 郭宪 摄

豆野螟 | 张巍巍 摄

甜菜白带野螟 | 张巍巍 摄

小蜡绢须野螟 *Palpita inusitata* (Butler)（草螟科 Crambidae）

【识别要点】成虫翅展18～23 mm。头部黄褐色，触角白色，胸部、腹部白色；前后翅白色，前缘黄褐色，有2～3个镶黑边的黄褐色斑；亚缘线有灰色弧形斑纹。后翅中室有1个小黑斑。**【寄主】**小蜡树。**【分布】**四川、广东、台湾。

黄纹银草螟 *Pseudargyria interruptella* (Walker)（草螟科 Crambidae）

【识别要点】翅银白色；前翅外缘棕色，外缘线黑色略呈波浪状；亚缘线灰黑色，较细；中线黄色，通过中点；中点黑色。前缘中点至顶角有黄色鳞片。**【分布】**上海、浙江、重庆、香港、广东。

豆野螟 *Maruca vitrata* (Fabricius)（草螟科 Crambidae）

【识别要点】翅展24～27 mm。触角褐色微毛状，胸部及腹部背面茶褐色，雌蛾略带黄色，胸部及腹部腹面颜色在雌雄个体间不同。雌蛾淡黄褐色，雄蛾深黄褐色，前翅浅黄色有黄色斑纹，中室中央有1个黑褐色斑，中室端脉有1条黑褐色横线，内横线深褐色比较短不甚弯曲，外横线深褐色弯曲呈锯齿状，前翅缘毛褐色，后翅颜色随性别而有所区分，雄蛾灰褐色，有1条黄色亚外缘线，雌蛾淡黄褐色，缘毛褐色。**【寄主】**豇豆、赤小豆、蜂斗叶。**【分布】**广布全球。

甜菜白带野螟 *Spoladea recurvalis* (Fabricius)（草螟科 Crambidae）

【识别要点】翅展21～24 mm。头白色，有黑褐色斑纹。触角黑褐色，有金属般银白色环纹。前翅黑褐色有金属闪光，中部有1白色横带，近顶角处有1长的白斑。后翅黑褐色，中部有1白色宽横带，后翅缘毛黑褐色和白色相间。**【习性】**幼虫取食叶片，只剩叶脉；具有吐丝卷曲叶片藏身的习性。成虫白天不活动，停留在叶片反面或者静伏在草丛间，受惊扰仅作短距离的起飞。**【寄主】**取食甜菜、甘蔗、苋菜、藜、茶等。**【分布】**广东、东北、华北、陕西、湖北、江西、湖南、福建、台湾、广西、四川、云南、西藏；朝鲜、日本、缅甸、印度、斯里兰卡、澳大利亚、非洲、北美洲。

白斑翅野螟 | 郭宪 摄

白斑翅野螟 *Bocchoris inspersalis* (Zeller)（草螟科 Crambidae）

【**识别要点**】小型，翅面黑色，前后翅密部大小不一的白斑，腹背黑色具3～4枚白色的横斑。【**习性**】白天停栖叶背，常被人从草丛中惊飞，颜色鲜明醒目。【**分布**】重庆、安徽、台湾、香港、浙江。

绿翅绢野螟 *Parotis suralis* (Lederer)（草螟科 Crambidae）

【**识别要点**】翅展40 mm左右。嫩绿色，触角细长丝状；胸部背面嫩绿色，腹面略白；双翅嫩绿色，前翅狭长，中室端脉有1小黑点，中室内有1较小的黑点，前翅前缘淡棕色，外缘毛深棕色，后缘浅绿，后翅中室有一黑斑。【**分布**】重庆、四川、广东、贵州、云南。

大白斑野螟 *Polythlipta liquidalis* Leech（草螟科 Crambidae）

【**识别要点**】翅展40 mm左右。头黑褐色，触角白色；胸背黑褐色；腹部第1—3节白色，第3节背面有1对黑斑，其他赭色；翅白色半透明，前翅基角黑褐色，由中室至翅后缘有1黑色大型斑纹，黑斑内有白色斑点；后翅外缘有1排小黑点。【**分布**】陕西、浙江、湖北、福建、海南、湖南、重庆、四川、贵州、广东、云南、广西。

绿翅绢野螟 | 郭宪 摄

大白斑野螟 | 郭宪 摄

茶须野螟 *Nosophora semitritalis* (Lederer)（草螟科 Crambidae）

【识别要点】前翅基半部土黄色，端半部灰黄色；中间1个大的椭圆形透明斑近前缘2/3处另有一小型透明斑；后翅黄色，但大部分被棕色斑点覆盖，也有1个前翅大小近似的透明斑。【分布】云南。

六斑蓝水螟 *Talanga sexpunctalis* Moore（草螟科 Crambidae）

【识别要点】翅展20～24 mm。头、胸及腹部浅褐色，下唇须及中胸前部肩角暗褐色，雄蛾腹部末端臀鳞黑色，前翅鲜黄色，前缘基部有1褐色横带，中室内及1A脉上侧有一银白色横带，1A脉上有一色泽稍深的斑纹，前翅前缘中部伸出一褐色三角形斑，上面有银蓝色中室端脉线，外缘有一条银白色带，前翅前缘及翅顶有褐斑，缘毛白色，后翅黄白色，外侧中央有一鲜黄色斑，下面又有2个中心具金属光泽的黑斑，边缘有金属小点，其外侧又有4个中心夹带白点的黑斑排列成1行，黑点附近缘毛赤铜褐色。【分布】台湾、广东、云南；马来西亚、印度、斯里兰卡、印度尼西亚、俾斯麦群岛、新赫布里底群岛。

豹尺蛾 *Dysphania militaris* Linnaeus（尺蛾科 Geometridae）

【识别要点】成虫前翅长38～41 mm。雄雌触角均双栉形。体粗壮，杏黄色；前胸有1长方形黑斑。前翅狭长，外缘极倾斜；端半部为蓝紫色，有2列半透明的圆形白斑；基半部杏黄色，有2横条紫蓝色，腹部杏黄色，节间横条紫蓝色。【习性】成虫白天飞行，行动缓慢，有气味，鸟类不食；幼虫黄色；蛹灰棕色，头部有眼形斑。【寄主】竹节树。【分布】广东、海南、云南；印度、泰国、印度尼西亚、马来西亚、越南、柬埔寨。

小蜻蜓尺蛾 *Cystidia couaggaria* Guenée（尺蛾科 Geometridae）

【识别要点】翅展48 mm左右。头顶和胸部背面中部黑褐色，两侧黄褐色；腹部细长，黄褐色有黑褐斑；翅白色，斑纹黑褐色；翅端部为1条褐色宽带，有时黑褐色斑纹扩展并占据大部分翅面，白底被切割为不规则碎块。【寄主】稠李、苹果、李、梅、樱桃、杏、梨等多种蔷薇科植物。【分布】东北、华北、甘肃、浙江、湖北、湖南、福建、台湾、四川、重庆、贵州；日本、韩国、俄罗斯远东、印度。

茶须野螟 | 张巍巍 摄

六斑蓝水螟 | 张巍巍 摄

豹尺蛾 | 偷米 摄

小蜻蜓尺蛾 | 郭宪 摄

琴纹尺蛾

Abraxaphantes perampla (Swinhoe)

（尺蛾科 Geometridae）

【识别要点】翅展70 mm左右，翅白色，斑纹浅褐色；前翅前缘部分的斑纹多而碎，前翅内带与后翅中带在停息时连成一条，后翅中带则与之平行。翅缘部分另有许多圆形斑点。【分布】广东；印度、缅甸、越南。

玻璃尺蛾

Krananda semihyalinata Moore

（尺蛾科 Geometridae）

【识别要点】焦枯色；前、后翅约有2/3翅面半透明，外缘呈锯齿形；后翅顶角下缺切。【分布】四川、重庆、云南；印度、越南、日本。

橄璃尺蛾

Krananda oliveomarginata Swinhoe

（尺蛾科 Geometridae）

【识别要点】前翅长雄虫20 mm，雌虫22 mm。体型较小，斑纹较重。前后翅基半部半透明但有薄层不均匀灰黄色鳞；中线黄褐色带状，完整，在前翅穿过中点，并形成1个大黑斑，黄色臀褶由黑斑内穿过。在后翅较近基部无黑斑，微小中点位于中线外侧；前翅内线两侧黑斑鲜明；前后翅外线黄褐色至暗褐色，亚缘线的浅色斑点十分模糊或消失；前翅顶角处有1浅色斑，后翅亚缘线外侧色较浅；前翅外缘不波曲；缘毛与其内侧翅面颜色相同。翅反面基半部黑斑和前翅内线消失，中线清晰；外线外侧斑纹色稍浅。【分布】湖南、四川、重庆。

黑带璃尺蛾

Krananda nepalensis Yazaki

（尺蛾科 Geometridae）

【识别要点】与玻璃尺蛾近似，但翅上的斑纹以黑色和棕红色为主，半透明斑略小。【分布】云南。

中国巨青尺蛾

Limbatochlamys rothorni Rothschild

（尺蛾科 Geometridae）

【识别要点】前翅长35~41 mm。前翅橄榄色，前缘枯褐色，在前中部每脉上有一小褐点；后翅灰褐色，横线锯齿形；翅反面淡灰色，前翅横线在反面较显著。【分布】陕西、甘肃、上海、江苏、浙江、湖北、江西、湖南、福建、广西、四川、重庆、云南。

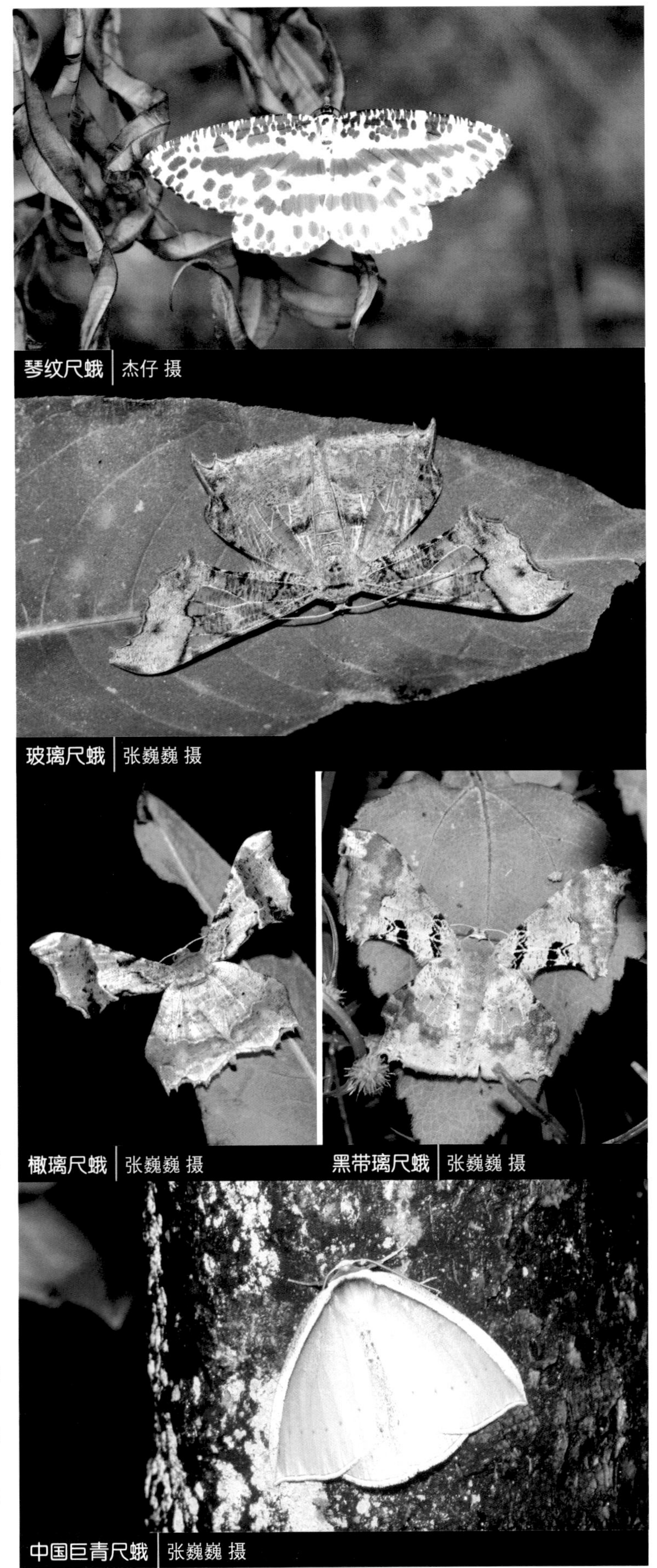

琴纹尺蛾 | 杰仔 摄

玻璃尺蛾 | 张巍巍 摄

橄璃尺蛾 | 张巍巍 摄

黑带璃尺蛾 | 张巍巍 摄

中国巨青尺蛾 | 张巍巍 摄

金星垂耳尺蛾 杰仔 摄

粉尺蛾 郭宪 摄

三岔绿尺蛾 刘晔、史宏亮 摄

四眼绿尺蛾 郭宪 摄

金星垂耳尺蛾 *Pachyodes amplificata* (Walker)（尺蛾科 Geometridae）

【识别要点】前翅长24～29 mm。粉白色有深灰色及金黄色斑点。颜部深褐色，头顶粉白色，雄虫触角双栉形，雌虫丝形；胸及腹部背面中央杏黄色，外侧灰色，脊突发达，杏黄色；前翅内线为灰色直条，外线由6～7个灰色圆斑排列成行，略外曲，翅臀角上有一大块金黄斑，上盖深灰条纹，后翅也相似。【分布】甘肃、安徽、浙江、湖北、江西、湖南、福建、广西、四川、重庆。

粉尺蛾 *Pingasa alba* Swinhoe（尺蛾科 Geometridae）

【识别要点】体色粉白间有褐色散点，亚端线白色锯齿形，外线黑色有刺突出，前翅内线三波形，外线外侧褐色点满布，相应的反面为浅黑色。【分布】浙江、湖北、江西、湖南、福建、广西、贵州、四川、重庆、云南；日本、印度。

三岔绿尺蛾 *Mxochlora vittata* (Moore)（尺蛾科 Geometridae）

【识别要点】前翅长17～19 mm。灰绿色，横带深绿；前翅外带斜直，中带分3岔，内带有时不是很清楚；后翅外带微向外曲，内带不分岔；胸部被绿毛，腹部灰黄色；翅反面微呈杏黄色。【分布】江苏、浙江、湖北、湖南、福建、台湾、广西、四川、云南；日本、印度、不丹、泰国、尼泊尔、菲律宾、马来西亚、印度尼西亚。

四眼绿尺蛾 *Chlorodontopera discospilata* (Moore)（尺蛾科 Geometridae）

【识别要点】前翅长22～23 mm。翅枯绿色，外缘紫棕线，中室上各有一紫棕斑，后翅比前翅略大，前翅外线暗紫色，前端呈齿状曲折，内线波状，后翅外线齿状，内线不显，中室前外方有一大片棕色碎点斑；翅反面较黄，外线清楚。【分布】重庆、广西、海南；印度、缅甸、越南、马来西亚、印度尼西亚、喜马拉雅山东北部。

青辐射尺蛾 | 张巍巍 摄

中国枯叶尺蛾 | 张巍巍 摄

青辐射尺蛾 *Iotaphora admirabilis* Oberthur（尺蛾科 Geometridae）

【识别要点】前翅长28 mm。全身青灰色，翅上有杏黄色及白色斑纹，外线曲度略异；颜灰白色，头顶粉白色，下唇须棕色。【习性】幼虫危害胡桃楸，幼虫绿色，体形如半个叶片，在地面乱叶中化蛹，翌年7—8月羽化。【分布】黑龙江、吉林、辽宁、北京、山西、河南、陕西、甘肃、浙江、湖北、江西、湖南、福建、广西、四川、重庆、云南；越南、俄罗斯。

中国枯叶尺蛾 *Gandaritis sinicaria* Leech（尺蛾科 Geometridae）

【识别要点】形似枯叶，后翅约2/3系白色，共有3条暗色曲纹，中线呈锯齿状，中线以内为白色。【分布】陕西、甘肃、安徽、浙江、湖北、湖南、江西、福建、台湾、广西、四川、重庆、云南；印度。

银瞳尺蛾 *Tasta micaceata* Walker（尺蛾科 Geometridae）

【识别要点】非常容易识别的种类，前后翅的绝大部分覆盖有银色的鳞片，前后翅外缘有一灰白色带，前翅灰白色带内有7个银色斑点组成外带，后翅灰白色带中间内侧有一大型黑色斑点，黑斑外侧为一圈黄色。胸腹部背面也被银色鳞毛所覆盖。【分布】海南、广西、广东；印度、泰国、马来西亚、印度尼西亚。

银瞳尺蛾 | 杰仔 摄

毛穿孔尺蛾 | 寒枫 摄

毛穿孔尺蛾 *Corymica arnearia* Walker（尺蛾科 Geometridae）

【识别要点】前翅长12 ~ 14 mm。下唇须、额和头顶白色。体和翅色较光穿孔尺蛾略暗，翅上碎纹较多。前后翅均有黑褐色小中点；前翅顶角处梯形斑色略深，翅反面散布数个中空的深灰褐色环斑以及深灰褐色散点；前翅顶角之下以及后缘端部的斑块深褐色。【分布】四川、湖南、台湾、福建、广东、海南、西藏；日本、朝鲜、印度、北部湾地区。

封尺蛾 *Hydatocapnia gemina* Yazaki（尺蛾科 Geometridae）

【识别要点】翅面黄褐色，前后翅于翅缘上具黑褐色框边，近前缘中央有一枚淡褐色的斑点。【分布】重庆、云南、香港、台湾。

封尺蛾 | 张巍巍 摄

红带大历尺蛾 *Macrohastina gemmifera* (Moore)（尺蛾科 Geometridae）

【识别要点】前翅11 ~ 12 mm。头和胸部背面深褐色，额与头顶之间有1条白色黄线。第1腹节前端黑色，腹部背面灰白色。前翅深褐色；翅中部有1条灰红色带；其外侧紧邻1条深色波状线。【分布】湖南、福建、云南；印度、尼泊尔。

双斑辉尺蛾 *Luxiaria mitorrhaphes* Prout（尺蛾科 Geometridae）

【识别要点】本种前翅淡褐色，外线在各脉上具小黑点排列成横带，近后缘处具1个大黑斑，但有些个体消失。【分布】北京、甘肃、江苏、湖北、湖南、福建、台湾、广东、广西、四川、重庆、贵州、云南、西藏；日本、印度、缅甸、不丹。

圆翅达尺蛾 *Dalima patularia* (Walker)（尺蛾科 Geometridae）

【识别要点】前后翅土黄色，遍布细小的棕色短线；外带隐约可见，每2条翅脉间有1个黑点，前翅内带3条，不平行，外部2条在翅后缘重合，中间1条内带近后缘的1/5为黑色；后翅内带两条。【分布】海南、福建、四川、云南、西藏；印度、尼泊尔。

红带大历尺蛾 | 张巍巍 摄

双斑辉尺蛾 | 郭宪 摄

圆翅达尺蛾 | 张巍巍 摄

雪尾尺蛾 | 郭宪 摄

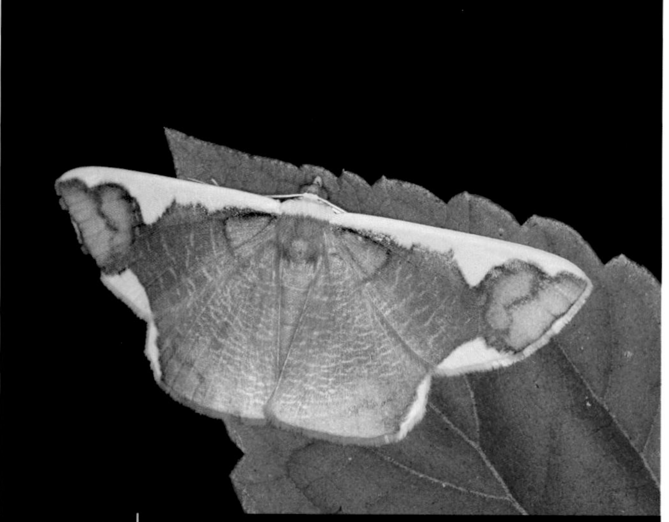

黄缘丸尺蛾 | 张宏伟 摄

丸尺蛾 | 杰仔 摄

玉臂黑尺蛾 | 刘晔 摄

雪尾尺蛾 *Ourapteryx nivea* Butler（尺蛾科 Geometridae）

【识别要点】翅白色，斜线浅褐色，有浅褐色散条纹，后翅外缘略突出，有2个赭色斑，外缘毛赭色，称为尾尺蛾，属名即此意。腹部后半浅褐色。【习性】幼虫为害朴、冬青、栓皮栎。【分布】甘肃、浙江、内蒙古、重庆、四川、湖南、香港；日本。

黄缘丸尺蛾 *Plutodes costatus* Butler（尺蛾科 Geometridae）

【识别要点】前翅前缘和外缘为不规则黄色带，其余部分红棕色并有很多细小的不规则黄色条纹，基部和近外缘处颜色较浅；后翅外缘同样为黄色带状，其余部分红棕色并有很多细小的不规则黄色条纹；胸部大部分及腹部为红棕色。【分布】湖北、湖南、江西、福建、海南、广西、四川、贵州、云南；印度、尼泊尔。

丸尺蛾 *Plutodes flavescens* Butler（尺蛾科 Geometridae）

【识别要点】特征极为突出的种类。翅黄绿色，每个翅的外侧均有一大型红褐色椭圆斑，每个椭圆斑中间为“之”字形线条，椭圆斑由一圈黑色线条和一圈银色线条所包围；4翅基部也为红褐色，同样由黑色和银色线条包围；胸部绝大部分及腹部均为红褐色。【分布】广东、香港。

玉臂黑尺蛾 *Xandrames dholaria* Moore（尺蛾科 Geometridae）

【识别要点】体色棕黑色；前翅及后翅外缘各有一玉色斑；雄蛾触角羽状，棕色。【分布】河南、陕西、甘肃、湖北、湖南、福建、四川、云南；日本、朝鲜。

光尺蛾 *Triphosa* sp.（尺蛾科 Geometridae）

【识别要点】前翅外线、中线、内线均为较粗的褐色带，每条带之间又因深浅不同而分成2只3条较细的不规则带状；端线褐色，较细；亚端线褐色，中间断开；后翅灰黄色。【习性】营洞穴生活。【分布】贵州。

金星尺蛾 *Abraxas* sp.（尺蛾科 Geometridae）

【识别要点】翅底银白色，淡灰色斑纹；前翅外缘有一行连续的淡灰纹，外线呈一行淡灰斑，下端有一大斑，呈红褐色，中线不成行，翅基有一深黄褐色花斑。翅斑在个体间略有变异。【分布】云南。

鹰尺蛾 *Biston* sp.（尺蛾科 Geometridae）

【识别要点】体色白色，布满灰黄色散条纹，前、后翅的内外2线粗而黑色，当展开时列成2条弧形，外线外侧灰黄色较浓，后足胫节上有前后两对距；雄蛾触角双栉形。【分布】云南。

灰沙黄蝶尺蛾 *Thinopteryx delectans* Butler（尺蛾科 Geometridae）

【识别要点】翅黄色；前翅前缘灰色带有极细小的密集黑点，外缘黄色，带有红褐色斑点，其余除翅中间有一大块条形黄斑外，密布红褐色点状斑；后翅外缘黄色，中间部分有一小型尾突，并带有1块三角形红褐色斑，其余部分色彩与前翅相仿。【分布】湖南、四川、重庆；韩国、日本。

白星绿尺蛾 *Berta chrysolineata* Walker（尺蛾科 Geometridae）

【识别要点】翅展大约20 mm。成虫绿色，有很多白斑。【分布】海南；马来西亚、泰国、澳大利亚。

光尺蛾 | 刘晔 摄

鹰尺蛾 | 张宏伟 摄

灰沙黄蝶尺蛾 | 张巍巍 摄

金星尺蛾 | 张巍巍 摄

白星绿尺蛾 | 张巍巍 摄

黑星白尺蛾 *Metapercnia* sp.（尺蛾科 Geometridae）

【识别要点】翅白色，前翅缘线、亚缘线、外线、中线、内线均由数量不一的1～2列稀疏的黑点组成；后翅黑点布局与前翅相仿。【分布】重庆。

海绿尺蛾 *Pelagodes antiquadraria* (Inoue)（尺蛾科 Geometridae）

【识别要点】前翅长16～18 mm。前翅顶角尖，后翅顶角略凸出，前后翅外缘浅光滑，后翅外缘中部极微弱凸突，后缘延长。翅面蓝绿色，散布白色碎纹，线纹纤细。前翅前缘黄色，内线向外倾斜，较直；外线直，几乎与后缘垂直，位于翅中部；缘毛黄白色。【分布】重庆、浙江、江西、福建、台湾、广西、云南；日本、尼泊尔、印度、不丹、泰国。

蚀尺蛾 *Hypochrosis* sp.（尺蛾科 Geometridae）

【识别要点】翅展32 mm左右。浅紫色，带有细小的黑灰色条纹；前翅从顶角和前缘中部到后缘1/3和2/3处各有1条红褐色斜线，外侧斜线在顶角处为一弧线；后翅斑纹及色彩与前翅近似。【分布】云南。

黑红蚀尺蛾 *Hypochrosis baenzigeri* Inoue（尺蛾科 Geometridae）

【识别要点】展翅36～42 mm。翅面暗灰褐色，前翅有一枚暗红紫色近似“Y”字形的斑纹，近前缘端分叉，后端不达后缘，近后缘有1个2分臀角的影斑，后翅中央也有1条影状的横带。【分布】重庆、湖南、台湾、海南、贵州；泰国、印度。

平眼尺蛾 *Problepsis vulgaris* Butler（尺蛾科 Geometridae）

【识别要点】翅白色；前翅缘线及亚缘线由浅灰色斑点组成，外线由2个大型不规则之土黄色斑纹组成，斑纹内有黑色和银色斑点各一圈，中间散布黑色斑点；后翅斑纹及色彩与前翅近似。【分布】香港、广东、海南、广西；印度、新加坡、马来西亚、北部湾地区。

黑星白尺蛾 | 郭宪 摄

蚀尺蛾 | 张巍巍 摄

黑红蚀尺蛾 | 郭宪 摄

海绿尺蛾 | 张巍巍 摄

平眼尺蛾 | 郭宪 摄

洋麻钩蛾 *Cyclidia substigmaria* (Hubner)（圆钩蛾科 Cyclidiidae）

【**识别要点**】翅展6 cm左右。前翅顶角微钩状，翅膀灰白色夹杂淡灰黑色斑纹是本种明显特征，尤其二分前翅顶角之斜纹将顶角区域截分成2个色调最为特别。后翅亚端线由黑褐色短线或斑点排列而成。【**习性**】幼虫以洋麻、八角枫为食。【**分布**】云南、台湾；日本、韩国、印度尼西亚、缅甸、印度。

中华豆斑钩蛾 *Auzata chinensis* Leech（钩蛾科 Drepanidae）

【**识别要点**】翅展40 mm左右。头灰白色；触角单栉形；胸部及腹部白色；前翅前缘有灰色斑，在中室端部下方有一黄褐色豆状斑纹，直达后缘中部，外缘有2条波状端线，在翅脉处为白色，缘毛褐色；后翅内线灰色弯曲，中带为2条灰色纹，内侧波浪形，外侧有一黄褐色斑，斑内有棕色点，外线及亚端线灰色，在翅脉处间断，外缘向外突出，呈弓形。【**分布**】湖南、四川、重庆、西藏。

三线钩蛾 *Pseudalbara parvula* (Leech)（钩蛾科 Drepanidae）

【**识别要点**】翅展26 mm左右。头紫褐色；触角黄褐色；身体较细，背面灰褐色；前翅灰紫色，有3条深褐色斜纹，中部1条最明显，内侧1条略细，外侧1条细而弯曲；中室端有2个灰白色小点，上面1个略大些；顶角尖，向外突出，端部有1个灰白色眼状斑。【**寄主**】核桃、栎树、化香树。【**分布**】北京、河北、四川、重庆、湖北、湖南、福建、广西、陕西、江西、浙江、黑龙江。

豆点丽钩蛾 张巍巍 摄

豆点丽钩蛾 *Callidrepana gemina* Watson（钩蛾科 Drepanidae）

【**识别要点**】翅展30 mm左右。头部棕褐色；触角黄褐色，双栉形；前翅黄色，内线褐色弯曲，明显可见，中室有一边缘不规则的近豆形褐色斑，内侧近前缘有黄褐色1块，顶角至后缘中部有橙黄色双行斜线；顶角下方内陷，边缘处褐色，斜线至外缘间有14个褐色小点；后翅色稍浅，中部横线双行，横线至外缘间有褐色小点并由细纹连贯。【**分布**】广东、广西、福建、浙江、湖北、四川、重庆、江西；印度。

费浩波纹蛾
Habrosyne fraterna Moore
（波纹蛾科 Thyatiridae）

【识别要点】翅展34～46 mm。翅型狭长，外缘弯曲；前翅有1条白色斜线将翅面分成2部分，白横线内侧灰绿色，外侧以茶色为主，有橙黄色区域，并带有白色边。【分布】江苏、浙江、湖北、重庆、湖南、福建、台湾。

大斑波纹蛾
Thyatira batis (Linnaeus)
（波纹蛾科 Thyatiridae）

【识别要点】翅展32～45 mm。体灰褐色，腹面黄白色，颈板和肩板有淡红色纹，腹部背面有一暗褐色毛丛，足黄白色；前翅暗浅黑棕色，有5个带白边的桃红色斑，斑上涂棕色，其中基部的斑最大，后缘中间有一近半圆形斑，内线、外线和亚端线纤细，浅黑色，波浪形。【寄主】幼虫为害草莓。【分布】河北、黑龙江、吉林、辽宁、浙江、江西、云南、四川、西藏；朝鲜、日本、缅甸、印度尼西亚、印度、欧洲。

大燕蛾
Lyssa zampa (Butler)
（燕蛾科 Uraniidae）

【识别要点】大型蛾类，翅长可达60 mm，体长28～30 mm。身体土褐色至灰褐色。头部赭黑色；触角丝状；胸部两侧有黄褐色长毛；腹部背面灰褐色，两侧污白色。前翅烟黑色，基部较外半部色深，中带污白色且自前缘直达后缘中部的稍外方；于前缘处有黑白相间的节状纹，中带及翅基间有棕色细散条纹。【寄主】木菠萝。【分布】广东、香港、海南、广西、云南、湖南、福建、重庆、贵州；泰国、老挝、越南。

棕线燕蛾
Acropteris sp.
（燕蛾科 Uraniidae）

【识别要点】翅展30 mm左右。粉白色，棕褐色斜纹，斜纹可分为5组，前后翅相通，中间为一斜白带相隔，在后翅上包括许多线纹；前翅顶角处有1个黄褐斑。【分布】广西。

费浩波纹蛾 | 周纯国 摄

大斑波纹蛾 | 郭宪 摄

大燕蛾 | 张巍巍 摄

棕线燕蛾 | 张巍巍 摄

浅翅凤蛾 | 李元胜 摄　　红头凤蛾 | 李元胜 摄

浅翅凤蛾 *Epicopeia hainesii* Holland（凤蛾科 Epicopeiidae）

【识别要点】成虫翅长约30 mm，雄虫翅展59～61 mm，雌虫58～67 mm。前翅鳞片薄，翅膜呈灰褐色，翅脉明显可见烟赭色；后翅基部至外缘内侧色较浅，翅脉黄褐色，明显可见；外缘至臀角烟黑色，尾带内侧沿外缘有4个红点，排在一个水平位置上，尾带上有些个体也有红斑。【寄主】山胡椒。【分布】福建、湖北、浙江、广西、重庆、四川。

红头凤蛾 *Epicopeia caroli* Janet（凤蛾科 Epicopeiidae）

【识别要点】成虫雄虫翅展约90 mm，雌虫翅展约105 mm。黑褐色，头红色，眼黑色；前翅中室及其内侧棕黑色，中室外侧至外缘棕黑色间灰褐色条纹，与翅脉平行，中室前方的前缘上有一鲜红斑，在反面则扩大变宽呈弧形带横贯中室；后翅棕黑色有蓝紫亮光，雄蛾显著；尾带雄蛾较雌蛾长，中带白色弯曲，此中带有的不明显，外缘曲折，下有月牙形鲜红斑纹。【分布】云南、重庆。

蚬蝶凤蛾 *Psychostrophia nymphidiaria* (Oberthür)（凤蛾科 Epicopeiidae）

【识别要点】翅白色，全翅外缘以及前翅前缘除4小块白斑外，均为黑色，极易分辨。与白蚬蝶(*Stiboges nymphidia*) 斑纹极其近似，以至于有人曾将其作为蚬蝶新种发表。【习性】白天活动，有时可见到上百只的集群，在潮湿的土地上吸水。【分布】重庆、四川。

蚬蝶凤蛾 | 张巍巍 摄

锚纹蛾 | 李元胜 摄

隐锚纹蛾 | 张宏伟 摄

赛纹枯叶蛾 | 张巍巍 摄

栗黄枯叶蛾 | 郭宪 摄

锚纹蛾 *Pterodecta felderi* (Bremer)（锚纹蛾科 Callidulidae）

【识别要点】成虫翅展30 mm左右，身体棕黑色，头顶有黄褐色毛。前翅棕褐色，脉纹黄色，中室外有1个橙黄色的锚形纹。翅的反面也有锚纹，但基部为橘红色三角形，上有2个小卵形斑。后翅反面橘黄色与橘红色相间，外缘颜色稍淡。**【习性】**成虫白天活动，外观酷似蝴蝶。**【分布】**东北、华北、湖北、重庆、四川、西藏、台湾。

隐锚纹蛾 *Tetraonus catamitus* (Geyer)（锚纹蛾科 Callidulidae）

【识别要点】成虫翅展30～36 mm。红棕色，前翅有一橘色斜带，雌宽雄窄，但有时不甚明显，只隐约可见；后翅一色，无明显外带，但在翅反面，底色橘黄，外缘有一暗褐色宽带，从前翅顶角至后缘中部有暗褐色斜线；后翅前缘中部到后缘中部也有一暗褐色斜线。**【分布】**广西、云南；印度尼西亚。

赛纹枯叶蛾 *Euthrix isocyma* (Hampson)（枯叶蛾科 Lasiocampidae）

【识别要点】翅展40～46 mm。体赤黄褐色，触角黄褐色。前翅外缘圆弧，由顶角内侧至后缘中部呈深赤褐色斜线；中室端斑点黑褐色，较大而明显，斑点表面布灰黄色鳞片；亚外缘斑列呈黑褐色的斜横线，内横线浅黄褐色，较明显；外缘常散布黑褐色鳞片。后翅呈长椭圆形，外半部色深，内半部色浅。**【分布】**重庆、福建、湖南、广东、广西、海南、四川、贵州、云南、西藏；印度、尼泊尔、越南。

栗黄枯叶蛾 *Trabala vishnou vishnou* (Lefebvre)（枯叶蛾科 Lasiocampidae）

【识别要点】雄虫翅展40～58 mm，雌虫翅展53～85 mm。全体绿色、黄绿色或者橙黄色；前翅三角形，斑纹黄褐色，后翅中部有2条明显的黄褐色横线纹，中室至内缘为1个大型黄褐色斑纹，前后翅缘毛褐色。图为雄蛾。**【分布】**江苏、浙江、安徽、福建、江西、湖北、湖南、广西、重庆、四川、云南、贵州、西藏；巴基斯坦、斯里兰卡、印度、尼泊尔、泰国、越南、马来西亚。

橘褐枯叶蛾 *Gastropacha pardale sinensis* Tams（枯叶蛾科 Lasiocampidae）

【识别要点】体翅淡赤褐色，略带红色，下唇须黑褐色向前突出，触角黄褐色或灰褐色。前翅不规则地散布黑色小点，翅脉黄褐色较明显，前缘2/5处呈弧形弯曲，外缘较长，略呈弧形，后缘较短，中室端黑点明显，顶角区呈2枚模糊的大黑点。后翅较狭长，后缘区淡黄褐色，肩角突出，前半部由4枚花瓣形组成一圆斑。【寄主】柑橘。【分布】浙江、福建、江西、湖南、湖北、广东、广西、海南、四川、云南。

细斑尖枯叶蛾 *Metanastria gemella* Lajonquiere（枯叶蛾科 Lasiocampidae）

【识别要点】雄蛾翅展40 ~ 50 mm，雌蛾翅展63 ~ 73 mm。体翅赤褐色，触角褐色，前半部羽枝较短，下唇须略向前突。前翅较狭长，中室上方有深咖啡色三角形斑，两侧被内横带和外横带所包围。内、外横带银灰色，各以白线纹为边。细长的新月状小白点位于三角形斑中间偏内侧很明显。亚外缘斑列黑褐色，诸斑点长形斜列。【寄主】鸡胗、柿。【分布】重庆、福建、广东、广西、海南、云南；印度、尼泊尔、越南、马来西亚、印度尼西亚。

棕线枯叶蛾 *Arguda insulindiana* Lajonquiere（枯叶蛾科 Lasiocampidae）

【识别要点】雄蛾翅展44 ~ 47 mm，雌蛾翅展63 ~ 66 mm。体及前翅淡黄褐色，前翅散布褐色鳞片，胸部背面中间有棕色直纹。下唇须黑褐色，向前伸。前翅由前缘至后缘呈3条褐色斜线，中、内2条内侧夹以淡黄褐色线纹，外缘和顶角区密布灰褐色鳞片，中室端黑点明显。后翅前半部色深，后半部浅赤褐色，无斑纹。【分布】云南、福建、海南；印度尼西亚。

细斑尖枯叶蛾 | 杰仔 摄

橘褐枯叶蛾 | 张巍巍 摄

棕线枯叶蛾 | 张巍巍 摄

红点枯叶蛾 | 张巍巍 摄

思茅松毛虫 | 张巍巍 摄

褐带蛾 | 李元胜 摄

灰褐带蛾 | 周纯国 摄

红点枯叶蛾 *Alompra roepkei* Tams（枯叶蛾科 Lasiocampidae）

【识别要点】全体红褐色，触角梗节黑褐色，羽枝黄褐色。翅面鳞片稀薄。前翅具红褐色的横线，前翅亚外缘呈1条浅红褐色长斑，中室端至翅顶角内侧呈纵行浅红褐色长斑，中室端有1个黑色大斑，不甚明显。中室中部到后缘呈1列4枚黑点，翅基和中室前缘各有1枚黑点。【分布】海南；印度、缅甸、泰国、越南、印度尼西亚、马来西亚。

思茅松毛虫 *Dendrolimus kikuchii* Matsumura（枯叶蛾科 Lasiocampidae）

【识别要点】雄蛾翅展53 ~ 54 mm，雌蛾翅展68 ~ 75 mm。成虫棕褐色到深褐色。最明显的特征是在亚外缘黑斑列的内侧有淡黄色斑，前翅中室末端的白点很明显，亚外缘斑列最后两点的连线约与翅顶角相交。雌蛾前翅前缘近末端1/3处开始有较强烈的弯曲；外缘弧也很大。雄蛾前翅中室白斑内侧有2块紧接在一起的淡黄色斑。触角鞭节皆呈褐色，栉枝黑褐色。【寄主】思茅松、云南松、云南油杉、华山松、马尾松、黄山松、海南松、金钱松。【分布】浙江、安徽、福建、江西、河南、湖北、湖南、广东、广西、重庆、四川、贵州、云南、甘肃、台湾；越南。

褐带蛾 *Palirisa cervina* Moore（带蛾科 Eupterotidae）

【识别要点】雌蛾翅展93 mm，雄蛾翅展73 mm左右。雌蛾黄褐色，头、胸、前翅色泽较深，前翅有两条赤褐色的平行横线，外横线内侧衬淡色线纹，外缘区无明显斑纹；后翅浅黄褐色，中间呈2条深色横线，内横线色泽较浅。【分布】广西、云南；印度、缅甸。

灰褐带蛾 *Palirisa sinensis* Rothsch（带蛾科 Eupterotidae）

【识别要点】雌蛾翅展100 mm，雄蛾翅展80 mm左右。雄蛾的触角黑色，体翅鼠灰色，胸被长的鳞毛；前翅呈2条棕色直横线，外横线粗而明显，内侧衬以浅灰色线纹，外侧深灰色，隐现深色斑纹，外缘线黑灰色，中横线较细；后翅有3 ~ 4条不太明显的横线纹。【分布】重庆、四川。

云斑带蛾 | 张宏伟 摄

紫斑黄带蛾 | 张巍巍 摄

北缅黄带蛾 | 张巍巍 摄

乌桕巨天蚕蛾 | 张巍巍 摄

云斑带蛾 *Apha yunnanensis* Mell（带蛾科 Eupterotidae）

【识别要点】雄蛾翅展60 mm左右，体翅黄褐色，腹面黄红褐色。触角褐色。翅基和胸部多毛。前翅三角形，前缘与外缘在接近顶角时先凹，然后凸出呈顶角。前翅中室端部黑褐色斑点明显。前缘与顶角衔接处有1半圆形淡黄褐斑，由顶角伸向后缘1/3有1条黄色斜横带，内侧黑褐色，外侧至外缘呈黄褐色。【分布】湖南、广东、云南。

紫斑黄带蛾 *Eupterote diffusa* Walker（带蛾科 Eupterotidae）

【识别要点】雌蛾翅展58～62 mm，雄蛾翅展54～58 mm。雄蛾体翅黄色，触角黄褐色；前翅呈5条紫褐色横斑纹，内侧3条略为弧状，诸斑点断续相连，外侧第1条呈1列斑点，第2条斜直；后翅有4条紫褐色斑纹，亚外缘下部有1枚小斑点；前翅外缘毛上半部紫色，下部黄色，后翅外缘毛紫色掺黄色。【分布】云南；斯里兰卡。

北缅黄带蛾 *Eupterote mollifera contrastica* Bryk（带蛾科 Eupterotidae）

【识别要点】翅展约60 mm。体翅黄色，触角黄褐色；前翅具大面积紫褐色斑纹，是本种区别于其他种类的明显特征。【分布】云南；缅甸。

乌桕巨天蚕蛾 *Attacus atlas* (Linnaeus)（天蚕蛾科 Saturniidae）

【识别要点】蛾类中最大的种类，翅展可达180～210 mm。前翅顶角显著突出，体翅赤褐色，前、后翅的内线和外线白色，内线的内侧和外线的外侧有紫红色镶边，中间杂有粉红及白色鳞毛，中室端部有较大的三角形透明斑，透明斑前方有1个长圆形小透明斑。外缘黄褐色并有较细黑色波状线。顶角粉红色，内侧近前缘有半月形黑斑1块，下方土黄色并间有紫红色纵条，黑斑与紫条间有锯齿状白色纹相连。图为雄虫。【寄主】乌桕、樟、柳、大叶合欢、甘薯、狗尾草、苹果、冬青、桦木。【分布】云南、海南、台湾、福建、湖南、江西、广东、贵州、广西；印度、尼泊尔、孟加拉国、缅甸、老挝、泰国、柬埔寨、越南、日本、印度尼西亚、马来西亚。

马来亚冬青天蚕蛾 *Archaeoattacus malayanus* Kurosawa & Kishida（天蚕蛾科 Saturniidae）

【识别要点】翅展210 mm左右。体翅棕色；头橘黄色，胸部有较厚的棕色鳞毛，腹部第1节白色，形成1个腰间白环；前翅顶角显著突出，外缘黄色，内侧有斜向排列的黑斑3块，上面2块之间有白色闪电纹；内线及外线为较宽的白色带，外线与亚外缘线间赭红色，中间有白色粉状横带；中室端有长三角形半透明白色斑，斑的周围有黄色边缘，上方的边缘显著宽大；后翅的基部及前缘白色；中室端的三角形斑较狭。图为雄虫。【习性】成虫6月出现，以蛹在茧中过冬。寄主为樟、冬青、柳。【分布】云南；越南、缅甸、泰国、老挝、马来西亚、文莱。

樗蚕 *Samia cynthia* (Dynthia)（天蚕蛾科 Saturniidae）

【识别要点】翅展127～130 mm。头部四周及颈板前缘、前胸后缘及腹部的背线、侧线和腹部末端为粉白色，其他部位为青褐色；翅顶宽圆略突出，有一黑色圆斑，上方有弧形白色斑；前翅内线及外线均为白色，有棕褐色边缘，中室端部有较大的新月形半透明斑，前缘色较深，后缘黄色。图为雌虫。【习性】一年发生1～2代，成虫5，9月出现，在寄主枝叶间结黄褐色丝茧化蛹过冬。【寄主】臭椿、乌桕、冬青、含笑、梧桐、樟树。【分布】黑龙江、辽宁、北京、山东、江苏、浙江、山西、江西、上海；朝鲜、韩国。

王氏樗蚕 *Samia wangi* Naumann & Peigler（天蚕蛾科 Saturniidae）

【识别要点】翅展130～160 mm，翅青褐色，前翅顶角外突，端部钝圆，内侧下方有黑斑，斑的上方有白色闪形纹；内线、外线均为白色，有黑边，外线外侧有紫色宽带，中室端有较大新月形半透明斑；后翅色斑与前翅相似。图为交配中的王氏樗天蚕蛾。【分布】陕西、湖北、四川、西藏、福建、云南、贵州、湖南、浙江、广东、香港、澳门、江西、台湾、重庆、海南；越南。

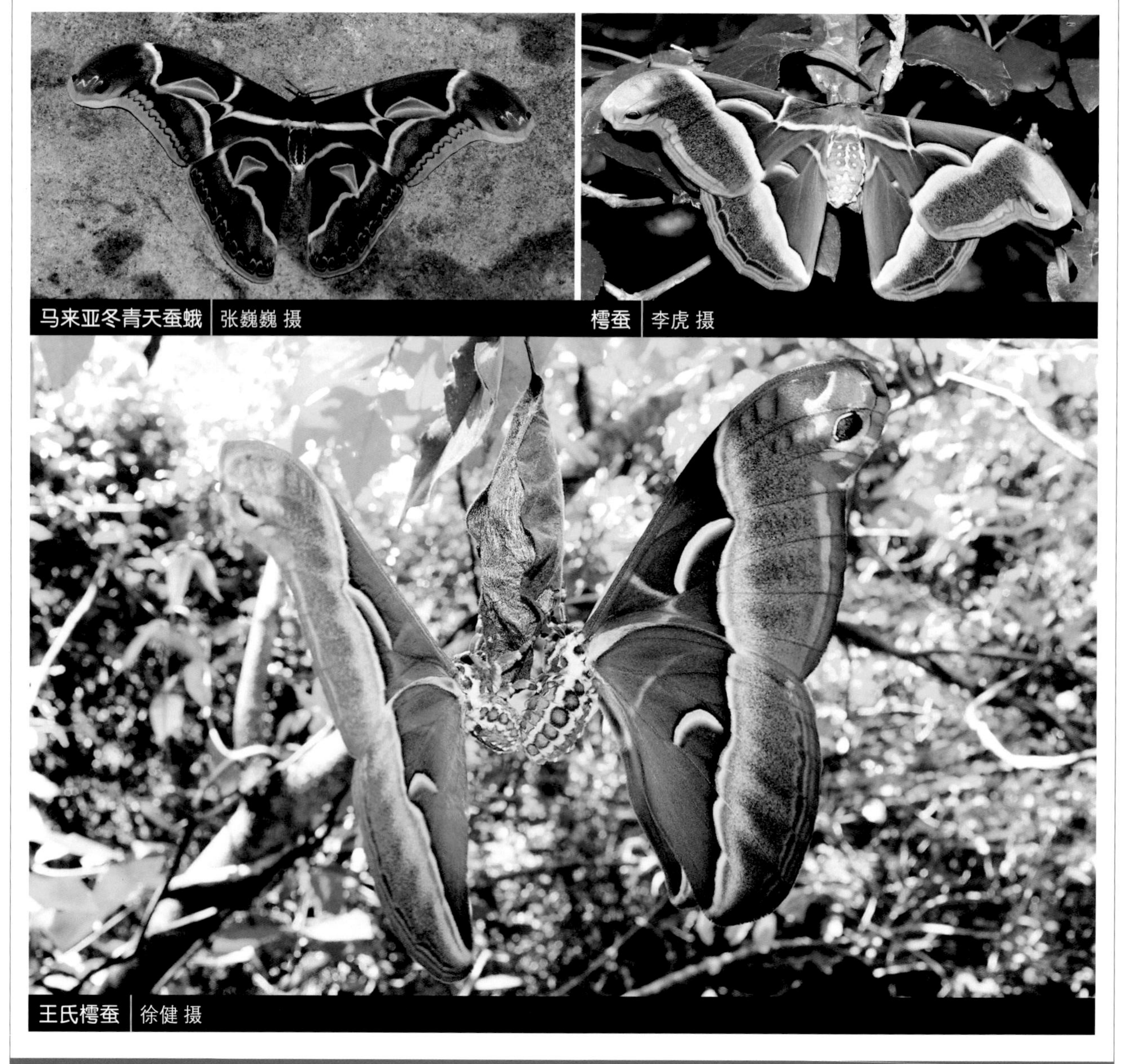

马来亚冬青天蚕蛾 | 张巍巍 摄

樗蚕 | 李虎 摄

王氏樗蚕 | 徐健 摄

角斑樗蚕 | 唐志远 摄
绿尾大蚕蛾 | 周纯国 摄
乌氏小尾天蚕蛾 | 詹程辉 摄
华尾天蚕蛾 | 张巍巍 摄

角斑樗蚕

Archaeosamia watsoni (Oberthür)

（天蚕蛾科 Saturniidae）

【识别要点】翅展132 mm。体棕色，颈板土黄色，腹部两侧及第1节背板有污黄色斑，下方有黑色圆斑，两斑之间有黑色闪纹相连，内线土黄色不甚显著，外线白色较狭，外侧紫粉色，内侧棕黑色，中室月形斑向外伸的一端较尖，中部向上隆起；外缘线齿状，呈两齿并列与另两齿间稍隔开；后翅与前翅相同，仅中室斑弯度大。图为雄虫。**【分布】**重庆、陕西、四川、广东、江西、福建、广西、台湾、江苏。

绿尾天蚕蛾

Actias ningpoana (C. & R. Felder)

（天蚕蛾科 Saturniidae）

【识别要点】翅展122 mm左右。体粉绿白色，头部、胸部及肩板基部前缘有暗紫色深切带；翅粉绿色，基部有白色茸毛，前翅前缘暗紫色，混杂有白色鳞毛，翅的外缘黄褐色，外线黄褐色不明显；中室末端有眼斑1个，中间有一长条透明带，外侧黄褐色，内侧内方橙黄色，外方黑色；后翅也有1眼斑，形状颜色与前翅上的相同，略小，后角尾状突出，长40 mm左右。图为雄蛾。**【寄主】**枫杨、柳、栗、乌桕、木槿、樱桃、核桃、苹果、樟、桤木、梨、沙枣、杏等几十种植物。**【分布】**北京、河北、河南、山东、浙江、重庆、上海、湖北、湖南、江西、广东、广西、福建、台湾。

乌氏小尾天蚕蛾

Actias uljanae Brechlin

（天蚕蛾科 Saturniidae）

【识别要点】翅长40 mm左右。体长16 mm左右。头棕黄色，雄蛾触角长双栉形，暗黄色，前胸背板粉白色，身体污白色，肩板紫红色；前翅前缘紫红色，翅粉绿色，各线不明显，翅脉黄褐色明显可见；中室有扁圆形眼斑，斑的内侧有黑边，内有粉红色斑，中间有一透明细缝；后翅色与斑同前翅，中室眼斑较大，后角尾带向后延伸达30 mm。图为雄蛾。**【分布】**湖南、广东、江西、广西。

华尾天蚕蛾

Actias sinensis (Walker)

（天蚕蛾科 Saturniidae）

【识别要点】翅展80～100 mm。雌雄色彩差异明显，雄蛾体黄色，翅以黄色为主；雌蛾体青白色，翅以粉绿色为主；雌雄蛾前后翅均带有眼状斑，并都带有波纹状的线条；后翅均有1对长3～3.5 mm的尾带。图为雄蛾。**【寄主】**枫香。**【分布】**云南、湖北、广东、海南、广西、重庆、四川、西藏、江西、湖南；越南、老挝、柬埔寨、缅甸。

红尾天蚕蛾 | 张巍巍 摄

天使长尾天蚕蛾 | 张巍巍 摄

红尾天蚕蛾

Actias rhodopneuma (Rober)

（天蚕蛾科 Saturniidae）

【识别要点】翅展90 ~ 110 mm。体杏黄色，前胸前缘有紫红色横纹；前翅杏黄色，前缘紫红色，基部粉红色并有较长绒毛，内线棕黄色向外倾斜，外线棕黄色；后缘稍向内折，外侧至外缘间粉红色，中室端有钩形斑1个，中央粉红色，内侧棕黑色，外侧橘红色；后翅与前翅色泽基本相同，尾突特别延长，达6 ~ 11 cm，中室端有粉红色眼纹。图为雄蛾。**【分布】**云南；老挝、泰国、越南、印度、缅甸。

天使长尾天蚕蛾

Actias chapae chapae (Mell)

（天蚕蛾科 Saturniidae）

【识别要点】与长尾天蚕蛾形态上较为近似，但体型较大，最为明显的区别是雌雄色彩相同，均为粉绿色；前后翅眼状斑均近圆形，较长尾天蚕蛾更大，后翅眼状斑明显；尾突更为细长，多少带有紫红色。图为雌蛾。**【分布】**广东、湖南、广西、重庆；越南。

长尾天蚕蛾

Actias dubernardi (Oberthür)

（天蚕蛾科 Saturniidae）

【识别要点】翅展90 ~ 120 mm。雌、雄蛾色彩完全不同，雄蛾体橘红色，翅以杏黄色为主，外缘有很宽的粉红色带；雌蛾体青白色，翅以粉绿色为主；雌、雄蛾前翅中室带有眼状斑，后翅均有一对非常细长的尾突，且尾突都带有粉红色。图为雄蛾。**【分布】**北京、河北、甘肃、陕西、湖北、安徽、贵州、云南、四川、广东、湖南、重庆、广西、海南、江西、福建、浙江。

长尾天蚕蛾 | 李元胜 摄

柞蚕 *Antheraea pernyi* (Guerin-Meneville)（天蚕蛾科 Saturniidae）

【识别要点】翅展110 ~ 130 mm。体翅黄褐色，肩板及前胸前缘紫褐色；前翅前缘紫褐色，杂有白色鳞毛，顶角突出较尖；前翅及后翅内线白色，外侧紫褐色，外线黄褐色，亚端线紫褐色，外侧白色，在顶角部位白色更明显，中室末端有较大的透明眼斑，圆圈外有白色、黑色及紫红色线条轮廓；后翅眼斑四周黑线明显，其余部位与前翅近似。图为雄蛾。【寄主】柞树、栎、胡桃、樟、山楂。【特点】柞蚕在3 000年前我国古书上已有记载；柞蚕丝是农服及其他工业原料，后来逐步推广到全国，19世纪传入欧洲。【分布】吉林、辽宁、北京、河北、山东、山西、四川、重庆、贵州、安徽、云南、广西、台湾、香港。

华西钩翅天蚕蛾 *Antheraeopsis chengtuana* (Watson)（天蚕蛾科 Saturniidae）

【识别要点】翅展145 mm左右。体锈红色，颈板白色；前翅锈红色，内线中线及外线不显著，亚外缘线棕色，两侧污白色，内侧棕色，外侧至外缘色淡；顶角显著外突较尖，并向下方弯曲成钩状；中室端有一黑细线条圆圈，内侧上方少半有半月形黑斑，圆圈中间有半透明细缝。图为雄蛾。【分布】云南、海南、重庆、福建；越南。

乔丹点天蚕蛾 *Cricula jordani* Bryk（天蚕蛾科 Saturniidae）

【识别要点】翅展60 ~ 70 mm。身体橙红色，腹部两侧及腹面橙黄色；前翅顶角较尖外突，内线棕褐色波状，外线褐色较直，至顶角斜向后缘中部，外线至外缘间有黄褐色区；中室端有1个圆形透明小点，边缘棕褐，透明点上方接近前缘处有1棕褐色小圆点；后翅前缘及外缘色淡，内线明显，在中室上方与外线连接，外线色较浅，波状，中室端圆斑比前翅小。图为雄蛾。【分布】云南；越南、缅甸、泰国、老挝。

海南树天蚕蛾 *Lemaireia hainana* Nassig & Wang（天蚕蛾科 Saturniidae）

【识别要点】翅展65 mm左右。体橙褐色，触角污黄色；前翅橙黄色，顶角外伸似钩状；各线较宽，红褐色，顶角端部粉褐色，稍内后方有一黄斑，中室有红褐色圆形斑；后翅各线波状，红褐色较细，近后缘基部有红褐色斑纹，斑纹中央有红褐色圆斑，中间有圆形透明小孔，从内往外分别为红褐色、灰白色、灰褐色环状斑纹，靠内侧有红褐色横斑与后缘相连。图为尚未正式记录的雌性个体。【分布】海南。

柞蚕 | 张巍巍 摄

华西钩翅天蚕蛾 | 张巍巍 摄

乔丹点天蚕蛾 | 张巍巍 摄

海南树天蚕蛾 | 张巍巍 摄

红大豹天蚕蛾 | 张巍巍 摄　　粤豹天蚕蛾 | 郭宪 摄

红大豹天蚕蛾 *Loepa oberthuri* (Leech)（天蚕蛾科 Saturniidae）

【识别要点】翅长50～70 mm。前翅前缘灰褐色，顶角橙黄色，内侧有白色波浪纹，白纹下方有半月形黑色横斑直达中脉，后缘前方有橙红色区域；中室端有橙红色眼纹，眼斑内上方镶有黑边并与前缘靠近。图为雄蛾。【分布】重庆、陕西、湖南、四川。

粤豹天蚕蛾 *Loepa kuangtungensis* Mell（天蚕蛾科 Saturniidae）

【识别要点】翅展约70 mm。体黄色，颈板及前翅前缘黄褐色，腹部两侧色稍淡；前翅内线紫红色，呈弓形，外线灰黑色波状，亚外缘线蓝黑色双行齿状，外缘线较浅灰色，顶角稍外突，下方有1个椭圆形黑斑，黑斑上方有红色及白色线纹；中室端有1个椭圆形斑，紫褐色，斑内有套有小斑、大斑及小斑外围有灰褐色圈；后翅与前翅斑纹近似，只是近后缘有2块紫红色斑。图为雌蛾。【分布】福建、广东、重庆。

黄豹天蚕蛾 *Loepa katinka* Westwood（天蚕蛾科 Saturniidae）

【识别要点】翅展约70 mm。与粤豹天蚕蛾相近；本种主要形态特征是四翅上的眼状斑相对较大，特别是前翅的眼状斑，显得尤为突出，极易与其他种类相区别。图为雄蛾。【分布】西藏、云南、广东；缅甸、印度、不丹、尼泊尔。

福透目天蚕蛾四川亚种 *Rhodinia fugax szechuanensis* Mell（天蚕蛾科 Saturniidae）

【识别要点】翅长48 mm左右，体长40 mm左右。头污黄色，触角黄褐色，颈板及前胸前缘黄褐色，身体橙黄色，胸部两侧披黄褐色长毛，腹部各节间色稍浅；前翅内线褐色弯曲状，外线粗棕褐色呈波浪形纹，外线外侧有黄褐色带，亚外缘线黄褐色较细，弯曲度也大；顶角外突不明显。内侧上方近前缘有黑色弧形纹及白色闪纹，并有与亚外缘线相连接的红褐色斜纹；中室端有较大的圆形透明斑，斑的外围有褐色镶边；翅脉褐色可见。后翅斑纹与前翅相同，中室的透明眼形斑略小于前翅透明斑。图为雄蛾。【分布】四川、云南、重庆、贵州、广西。

黄豹天蚕蛾 | 张巍巍 摄　　福透目天蚕蛾四川亚种 | 张巍巍 摄

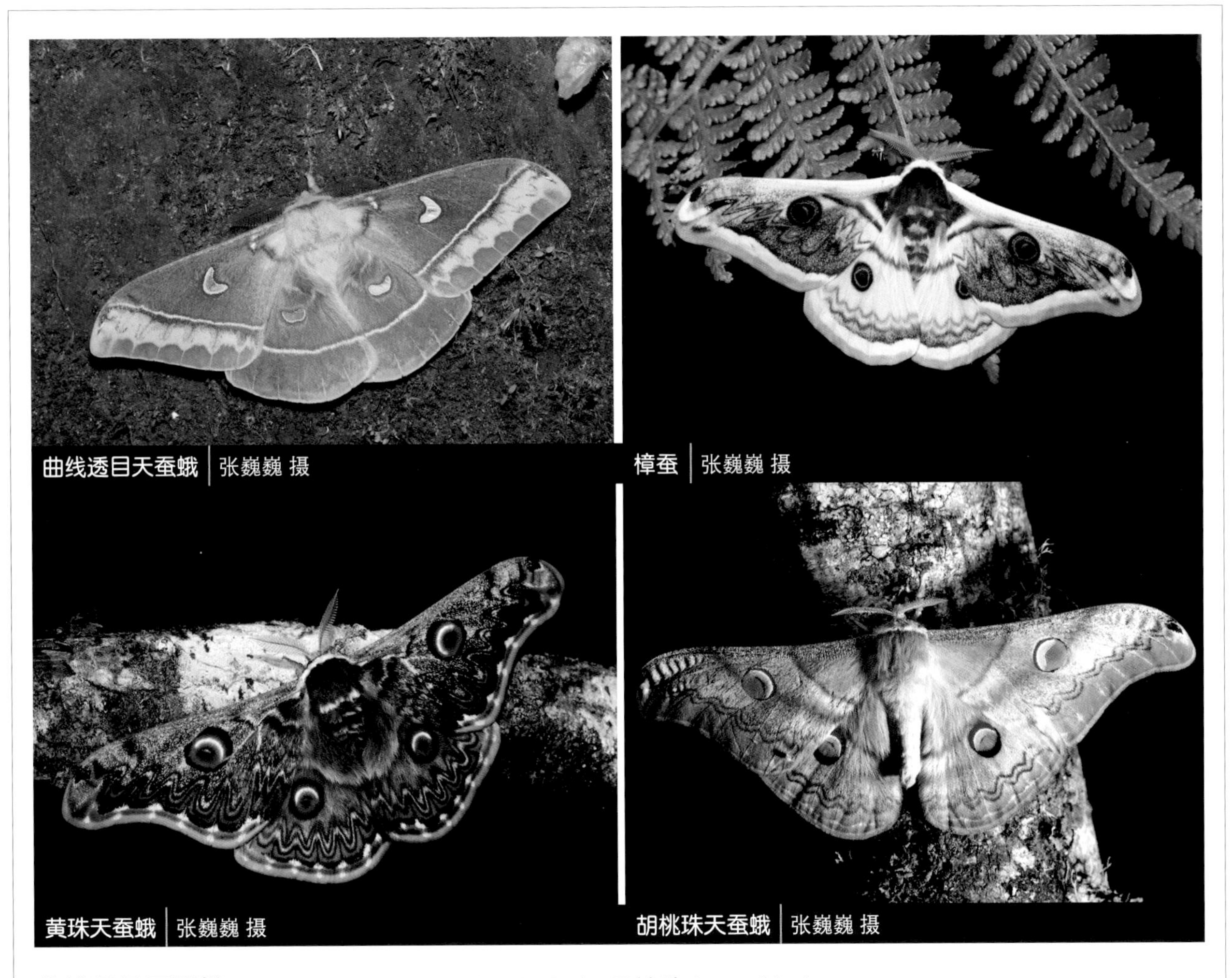

曲线透目天蚕蛾 *Rhodinia jankowskii* (Oberthür)（天蚕蛾科 Saturniidae）

【识别要点】翅长40～43 mm，体长22～25 mm。头黄褐色，触角棕黄色，雄蛾长双栉形，雌蛾齿栉形；颈板及肩板棕褐色，胸部及腹部黄色；前翅灰褐色，外缘直，翅基部黄色，内线棕色弯曲，外线紫粉色较细，亚外线长齿形，外缘灰褐色，亚外缘线与外缘间呈扭曲的黄带；中室端有一弯曲的透明斑，斑的外围镶有锈红色细边；后翅灰褐色，翅基有黄色长绒毛，内线黄色弯曲，外线紫粉色弧形，外缘有污黄色波浪形线纹，中室端的透明斑呈元宝形，外围有白色及锈红色镶边。图为雄蛾。【分布】辽宁、黑龙江、重庆、四川、贵州；韩国、俄罗斯远东。

樟蚕 *Saturnia (Saturnia) pyretorum* Westwood（天蚕蛾科 Saturniidae）

【识别要点】翅展100 mm左右。体翅灰褐色；前翅基部暗褐色，三角形；前翅及后翅上各有一眼形纹，眼形纹外层呈蓝黑色，内层的外侧有淡蓝色半圆纹，最内层为土黄色圈，圈的内侧棕褐色，中间为月形透明斑；前翅顶角外侧有紫红色纹2条，两侧有黑褐色短纹2条；内线棕黑色，外线棕色双锯齿形；亚端线呈断续的黑褐色斑，端线灰褐色，两线为白色横条。图为雄性。【分布】台湾、福建、江西、广东、海南、湖南、四川、云南；越南。

黄珠天蚕蛾 *Saturnia (Rinaca) anna* Moore（天蚕蛾科 Saturniidae）

【识别要点】翅展85～95 mm。身体棕紫色；颈板黄色，腹部第一节背板黄白色，各节间有灰黑色横线，侧板上有成排黑点；前翅棕褐色布满黄色鳞粉，顶角突出，内侧靠近前缘有黑斑1个，内线粉黄色，弯曲，两侧有黑边，外线双行黑色波状，缘线灰色，在各脉通过处断开，亚外缘线与外缘线间有黄色区域；中室端有大圆斑，外围黑色，中间有小黑圆斑，黑斑正中有1条半透明缝，内侧有条状白纹。图为雄蛾。【分布】云南、西藏；缅甸、尼泊尔、印度、越南。

胡桃珠天蚕蛾 *Saturnia (Rinaca) cachara* Moore（天蚕蛾科 Saturniidae）

【识别要点】翅展58 mm左右。体翅黄褐色，肩板与前胸间有灰黄色横带；前翅狭长，顶角外突；内线至翅基棕褐色，中线色浅波状，外线由2条黑褐色波状纹组成，端线及外缘棕褐色；顶角紫红色，稍内有三角形黑色斑1个，红色与黑色斑间有白色纹；前后翅的横脉间有圆形眼斑纹，中间有白色细纹，外围有土黄色、紫红色及黑色轮廓；后翅黑色半圆形纹显著。图为雄蛾。【分布】云南；印度、尼泊尔、缅甸、泰国。

辛氏珠天蚕蛾 | 詹程辉 摄

银杏珠天蚕蛾 | 张巍巍 摄

后目珠天蚕蛾 | 张巍巍 摄

辛氏珠天蚕蛾 *Saturnia (Rinaca) sinjaevi* Brechlin（天蚕蛾科 Saturniidae）

【识别要点】翅展80 mm左右。体黄褐色，颈板灰白色；前翅前缘灰白色，基部及内线红褐色，外线较暗，接近后缘处与内线靠近，顶角有1个黑斑；前翅及后翅的中室端有紫褐色眼形斑1个，中间棕黑色，近内侧有弧形白纹。图为雄蛾。【分布】湖南、广东、云南。

银杏珠天蚕蛾 *Saturnia (Rinaca) japonica japonica* (Moore)（天蚕蛾科 Saturniidae）

【识别要点】翅展100～120 mm。体灰褐色至紫褐色；前翅内线紫褐色，外线暗褐色，两线近后缘处相接近，中间有较宽的淡色区，中室端部有月牙形透明斑，周围有白色及暗褐色轮纹；顶角向前缘处有黑斑；后翅从基部到外横线间有较宽的红色区，亚端线区橙黄色，端线灰黄色；中室有1个大眼斑，眼珠黑色，外围有1个灰橙色圆圈及银白色线2条；前、后翅的亚端线由两条赤褐色的波纹组成。图为雄蛾。【分布】北京、河北、黑龙江、贵州、重庆；日本、朝鲜、韩国、俄罗斯远东。

后目珠天蚕蛾 *Saturnia (Rinaca) simla* Westwood（天蚕蛾科 Saturniidae）

【识别要点】翅展100 mm。身体棕紫色，颈板粉黄色，后胸缘毛灰黄色；前翅前缘棕黑色，密布有黄色鳞毛，翅基部棕紫色，内线与中线间粉褐色，外线至外缘间棕褐色，亚外缘线双行，褐色齿状，中室端有凌形斑，外围有黑色细线，内侧有棕色及黑色线纹，两纹间有白色纹；后翅前半红褐色，内线棕黑色弧形，中线浅褐色不甚明显，亚端线细，棕色波状双行，中室端有大圆斑，外围宽黑边，中间棕黑色，内上方有细月形白线。图为雄蛾。【分布】广东、重庆、云南；印度。

藏珠天蚕蛾 *Saturnia (Rinaca) thibeta thibeta* Westwood（天蚕蛾科 Saturniidae）

【识别要点】翅长60～70 mm，体长32～35 mm。头灰褐色，触角黄褐色；前胸肩板灰褐色，身体乳黄色；前翅紫褐色，内线与外线赭色呈小波浪纹，在中室下方有一段齿形双行中线，亚外缘线长齿形双行赭棕色；外缘线棕灰色在各脉间断开，外缘锈红色；顶角内侧近前缘处有1条状黑斑；中室端有肾形眼斑，内侧橘黄色，中间有1个黑色眸点。图为雄蛾。【分布】云南、福建、海南、重庆；印度、尼泊尔、马来西亚、泰国。

月目珠天蚕蛾 *Saturnia (Rinaca) zuleika* Hope（天蚕蛾科 Saturniidae）

【识别要点】翅长63 mm左右，体长32 mm左右。前翅为狭长的三角形，是本种区别于其他所有近缘种类的最大特点。图为雄蛾。【分布】云南；尼泊尔、不丹、印度、缅甸。

华缅天蚕蛾 *Sinobirma malaisei* (Bryk)（天蚕蛾科 Saturniidae）

【识别要点】翅展80～90 mm。身体和翅均为土黄色，翅上散布红褐色鳞片；前翅外线、中线和内线均为红褐色；中室有1个小型透明斑，外围棕黑色；后翅与前翅接近，外线波浪状，外线外侧每个翅脉间各有1个红褐色小点；雌性翅面上有较大面积红褐色鳞片。图为雄蛾。【分布】云南；缅甸。

黄猫鸮目天蚕蛾 *Salassa viridis* Naumann, Loffler & Kohll（天蚕蛾科 Saturniidae）

【识别要点】翅展100 mm左右。身体锈红色，前翅顶角尖，外缘弧形，顶角内侧有粉白色三角斑，中线赤褐色，外线棕褐色弯曲，外线与中线间各脉当中有棕色横条；后翅色较前翅浅，中线棕色有白斑，外线棕色，中室有眼状斑，绿色透明斑与黑色相间，近似变形的阴阳图案，外有白线及黑线，环绕橙黄色圆圈，外侧为赭红色，再外有黑色大圈。图为雄蛾。【分布】贵州、重庆。

藏珠天蚕蛾 | 詹程辉 摄

月目珠天蚕蛾 | 张巍巍 摄

华缅天蚕蛾 | 张巍巍 摄

黄猫鸮目天蚕蛾 | 张巍巍 摄

海南鸮目天蚕蛾 | 张巍巍 摄

丁天蚕蛾 | 刘晔 摄

尊贵丁天蚕蛾 | 李元胜 摄

青球箩纹蛾 | 王锋 摄

枯球箩纹蛾 | 张巍巍 摄

海南鸮目天蚕蛾

Salassa shuyiae Zhang & Kohll

（天蚕蛾科 Saturniidae）

【识别要点】翅展180 mm左右。体翅以棕色为主，密布黑灰色鳞片。本种区别于国内所有鸮目天蚕蛾属种类的最大特点是，每个翅上的透明眼状斑都非常巨大，呈圆形，绿色。图为雌蛾。【分布】海南。

丁天蚕蛾

Aglia tau (Linnaeus)

（天蚕蛾科 Saturniidae）

【识别要点】翅展65 ~ 70 mm。体翅茶褐色，胸部色稍浓，腹部灰黄色；前翅有较深色的内线及中线，内线内侧伴有灰白色线条，中室端部有长圆形黑色斑1块，斑的中间有白色“丁”字形纹；外线暗褐色，外侧有同行的灰白色线；顶角有灰褐色斑1块。图为雌性。【习性】每年发生一代，成虫5月出现。雄蛾白天活动。【寄主】桦树。【分布】北京、黑龙江、辽宁、吉林；日本、朝鲜、俄罗斯。

尊贵丁天蚕蛾

Aglia homora Jordan

（天蚕蛾科 Saturniidae）

【识别要点】翅长48 mm左右。头棕赭色，触角灰棕色；前翅灰褐色至赭褐色，布满污霉色锈斑，内线、中线及外线呈赭棕色宽带，外线外侧有浅色边，外缘黄褐色；中室端有1块灰黑色眼形斑，斑内有白纹；后翅灰黄色至锈红色，翅基部有长绒毛，外线呈弓形宽带灰色，接近前缘向外方弯曲，并呈一赭红色斑，中室端有大型眼斑，外围有较宽的黑色边，中部蓝灰色，中央有白色“丁”字形纹。图为雄蛾。【分布】甘肃、陕西、四川、青海。

青球箩纹蛾

Brahmaea hearseyi (White)

（箩纹蛾科 Brahmaeidae）

【识别要点】翅展112 ~ 115 mm。体色青褐色，前翅中带底部球状，上有3 ~ 6个黑点，中带顶部外侧呈内凹弧形，弧外是1圆灰斑，上有4条横行白色鱼鳞纹，中带外侧有6 ~ 7行箩筐纹，排成5垄，翅外缘有7个青灰色半球形斑，其上方又有3粒向日葵子形斑，中带内侧与翅基间有6纵行青黄色条纹。【寄主】女贞属植物。【分布】安徽、广东、重庆、四川、河南、贵州、福建；印度、缅甸、印度尼西亚。

枯球箩纹蛾

Brahmaea wallichii (Gray)

（箩纹蛾科 Brahmaeidae）

【识别要点】翅展154 mm。体色黄褐色，与青球锣纹蛾相似，但体型特大，体色较黄；前翅中带上部外缘不是凹弧形而是齿状突出；前翅端部不是灰斑而是枯黄斑，其中3根翅脉上有许多“人”字纹；胸部背面黑底黄褐色边线；腹部背面黑底黄褐色边线，背中线显著；后翅中线曲度较大，翅基部微黄；后翅外缘下只有3个半球形斑，其余呈曲线形。【分布】台湾、云南、重庆、四川、湖北；印度。

灰白蚕蛾 | 张巍巍 摄
钩翅赭蚕蛾 | 张巍巍 摄
一点钩翅蚕蛾 | 张宏伟 摄
白弧野蚕蛾 | 郭宪 摄

灰白蚕蛾 *Trilocha varians* Walker（蚕蛾科 Bombycidae）

【识别要点】翅展15 mm左右，体长6 ~ 8 mm。头顶白色；触角栉状，淡黄色；前翅前缘棕褐色，中部及近顶角处有深棕色斑，外缘中部有深色斑，内线、中线及外线呈不太明显的灰褐色波状带，在内线及中线间有不规则的浅色圆形斑，中室端有肾形斑1个。【习性】寄主为无花果、榕树、木波罗。【分布】广东、广西、云南；尼泊尔。

钩翅赭蚕蛾 *Mustilia sphingiformis* Moore（蚕蛾科 Bombycidae）

【识别要点】翅展23 mm左右，体长18 ~ 20 mm。头部土黄色，复眼大，圆形；触角靠近基部1/3处双栉形，棕色，其余部分单栉形；前翅棕色，翅脉明显，前缘直，至近端部1/4处折向顶角，顶角以钩状水平伸出，外线以外部分深褐色，中室可见一小黑点。【习性】寄主为榕树。【分布】台湾、福建、广东、广西、贵州、云南；印度。

一点钩翅蚕蛾 *Mustilia hepatica* Moore（蚕蛾科 Bombycidae）

【识别要点】翅展20 mm左右，体长18 ~ 21 mm。头小隐于前胸，复眼特大，圆形凸出；触角基半部双栉形，黄色，端半部为单栉形，深褐色；前翅以淡黄色为主，顶角向外伸出呈钩状，外线从顶角至内缘中部为一条直线，外线以外部分为黄色，近臀角处有2个白色的圆斑，前缘距基部1/3处有一棕色斑。【寄主】构树。【分布】浙江、江西、福建、海南、广东、广西、云南、西藏；印度。

白弧野蚕蛾 *Theophila albicurva* Zhu & Wang（蚕蛾科 Bombycidae）

【识别要点】前翅14 ~ 17 mm，体长16 ~ 19 mm。头隐于胸，复眼黑色，圆形；触角双栉形，浅棕色；前翅顶角向外突出，略呈钩状，端部黑色，缘毛白色，前缘距基部1/4处有一条白色弧线延伸到内缘的中点；后翅深褐色，外线白色，弧形，后缘中下部有一深棕色长条斑。【寄主】桑科植物。【分布】陕西、甘肃、湖北、重庆、广西、云南。

野蚕蛾 | 郭宪 摄

四点白蚕蛾 | 郭宪 摄

透齿蚕蛾 | 张巍巍 摄

野蚕蛾 *Theophila mandarina* (Moore)（蚕蛾科 Bombycidae）

【识别要点】前翅15～19 mm，体长13～16 mm。头小隐于前胸，下唇须棕色；触角双栉形，灰褐色；前翅顶角外伸，顶端钝，内线、外线色稍深，呈棕褐色，各由2条细线组成，中间色稍浅，下方向内倾斜达后角，顶角内侧至外缘间中部有较大的深棕色斑，中室有一肾形纹。【寄主】桑、扶桑、柿、油柿、构树、栎树。【分布】黑龙江、吉林、辽宁、河北、内蒙古、河南、山东、山西、陕西、安徽、浙江、湖北、湖南、江西、江苏、四川、重庆、广东、广西、云南、西藏、台湾；朝鲜、日本。

四点白蚕蛾 *Theophila* sp.（蚕蛾科 Bombycidae）

【识别要点】翅长14 mm左右。头顶白色，下唇须及复眼周围的毛黑色；触角污黄色，双栉形；胸部背面灰白色，胸足污白色，外侧有灰黑色斑点；前翅灰白色，内线弯曲，灰褐色，中线及外线齿状，内线与中线间有白色斑，中室上有4个黑点，组成方形块。【寄主】桑。【分布】云南。

透齿蚕蛾 *Prismosticta* sp.（蚕蛾科 Bombycidae）

【识别要点】前翅14～17 mm，体长7～10 mm。头红棕色，下唇须长，红色；触角细长双栉形，黑色；前翅赭色略带金属光泽，近前翅基部具栗色斑区，斑纹外有黄色线条，横线褐色呈波浪状弯曲，中室有一肾形斑，顶角稍向外突出，外缘弧形，在外线与外缘间有1个三角形透明斑，外线外有1列黑色斑组成外缘线；后翅赭色，各横线褐色，稍弯曲，中室有1个褐色小点。【分布】海南。

咖啡透翅天蛾 *Cephonodes hylas* (Linnaeus)（天蛾科 Sphingidae）

【识别要点】成虫体长22～31 mm，翅展45～57 mm，纺锤形。触角墨绿色，基部细瘦，向端部加粗，末端弯成细钩状。胸部背面黄绿色，腹面白色。腹部背面前端草绿色，中部紫红色，后部杏黄色；各体节间具黑环纹；5，6腹节两侧生白斑，尾部具黑色毛丛。翅基草绿色，翅透明，翅脉黑棕色，顶角黑色；后翅内缘至后角具绿色鳞毛。【习性】每年发生2～5代，以蛹在土中越冬。【寄主】咖啡、栀子等。【分布】安徽、江西、湖南、湖北、四川、福建、广西、云南、台湾；日本、印度、缅甸、斯里兰卡、大洋洲。

红天蛾 *Deilephila elpenor* (Linnaeus)（天蛾科 Sphingidae）

【识别要点】成虫翅展55～70 mm。体翅红色与豆绿色相间，头及腹背绿色，但胸背及腹部背面、侧面有红色线条。前翅豆绿色，但自前缘角分别沿前缘、外缘及后缘中部各有红色线条，翅中近前缘有一白色斑点；后翅近基部的一半为黑褐色，靠外缘的一半为红色。【习性】一年发生2～3代，以蛹越冬。4—5月成虫羽化，成虫有强趋光性。6—10月均可发现幼虫，老熟幼虫在土中筑粗茧，然后在茧中化蛹。【寄主】凤仙花、柳兰、水金凤、野凤仙、葡萄、月见草等。【分布】吉林、河北、四川、重庆、新疆、黑龙江、辽宁、北京、山东、陕西、山西、江苏、安徽、上海、浙江、湖北、云南、贵州、湖南、江西、福建；朝鲜、日本。

芒果天蛾 *Amplypterus panopus* (Cramer)（天蛾科 Sphingidae）

【识别要点】成虫翅展158 mm左右。头枯黄，颈板棕色；胸部背面棕褐色，腹部棕黄色，第5腹节后的各节两侧有黑斑；胸、腹部的腹面橙黄色；前翅暗黄色，基部棕色，内、中线棕色，分界不明显，外线棕色较宽，内侧呈一直线，外侧弯曲，端线棕色较细，呈波状纹，外缘中部有较大的1块棕色三角形斑；近后角处有1块椭圆形棕黑色斑；后翅前缘黄色，外缘呈深棕色横带，中央有粉红色斑。【寄主】芒果、漆树科、藤黄科、红厚壳等。【分布】云南、湖南、福建、广东、香港；印度尼西亚。

咖啡透翅天蛾 | 杰仔 摄

红天蛾 | 寒枫 摄

芒果天蛾 | 张巍巍 摄

鬼脸天蛾 *Acherontia lachesis* (Fabricius)（天蛾科 Sphingidae）

【识别要点】成虫翅展100 ~ 120 mm。头部棕褐色，胸部背面有骷髅形纹，眼纹周围有灰棕色大斑；前翅黑色有微小白点骑黄褐色鳞片散生，并有数条各色波状纹；后翅杏黄色，有3条宽横带；腹部黄色，各节间有黑色横带。【寄主】茄科、豆科、木犀科、紫葳科、唇形科等植物。【分布】河北、北京、山东、陕西、河南、江苏、安徽、上海、浙江、湖北、四川、重庆、西藏、贵州、湖南、江西、福建、广东、广西、台湾、香港、云南；日本、印度、缅甸、斯里兰卡。

紫光盾天蛾 *Phyllosphingia dissimilis* (Bremer)（天蛾科 Sphingidae）

【识别要点】成虫翅展93 ~ 130 mm。翅膀表面与体背为黄褐色至黑褐色相间的特殊斑纹，前翅中央有一紫色盾形斑纹；停栖时下翅局部外露在上翅前方。【习性】夜间具趋光性，春夏在林缘灯下可见。【寄主】核桃。【分布】浙江、四川、重庆、江西、福建、陕西、贵州、台湾；日本、印度。

锯翅天蛾 *Langia zenzeroides* Moore（天蛾科 Sphingidae）

【识别要点】成虫翅展160 mm左右；体翅蓝灰色，胸部背板黄褐色，腹部灰白色；前翅自基部至顶角有斜向白色带，并散布紫黑色细点，外缘锯齿状；后翅灰褐色。【习性】一年一代，夜间具趋光性，早春在灯下可见。【寄主】梅、李、樱桃等蔷薇科植物。【分布】北京、重庆、四川、浙江、湖北、云南、福建。

鬼脸天蛾 | 张巍巍 摄

紫光盾天蛾 | 张巍巍 摄

锯翅天蛾 | 张巍巍 摄

夹竹桃天蛾 | 杰仔 摄

夹竹桃天蛾 *Daphnis nerii* (Linnaeus)（天蛾科 Sphingidae）

【识别要点】成虫体翅棕绿色，肩板及后胸中央深棕绿色，肩板外围白色。前翅基部具一墨色点状斑，外围为淡褐色，内横线白色，其外侧具有1条粉红棕色的宽斜带，亚外缘具淡棕色宽带，臀角具1块墨绿色椭圆形斑；后翅亚外缘线白色，略呈S形，亚外缘区棕绿色。【寄主】夹竹桃科、夹竹桃、日日红、长春花属。【分布】云南、广东、香港；日本。

茜草白腰天蛾 *Daphnis hypothous* (Cramer)（天蛾科 Sphingidae）

【识别要点】翅展120 mm左右。头部紫红褐色；触角枯黄；胸部背板紫灰色，两侧棕绿色，后缘紫红色；腹部第1节背板棕绿色，第2节褐绿色，第4节以后各节粉棕色；胸部腹面中央白色，两侧紫红色；前翅褐绿色，基部粉白色，上面有1个黑点，内线较直，褐绿色，内线与翅基间有一盾形斑，中线迂回度较大，近后缘形成尖齿状，外线白色，两侧褐绿色，顶角上方有1条白色斑，下方有1个三角形褐绿色斑。【寄主】金鸡霜树、钩藤属植物。【分布】云南、四川；印度、缅甸、斯里兰卡、马来西亚。

茜草白腰天蛾 | 张巍巍 摄

芋单线天蛾 | 杰仔 摄

土色斜纹天蛾 | 张巍巍 摄

白眉斜纹天蛾 | 张巍巍 摄

青背斜纹天蛾 | 张巍巍 摄

芋单线天蛾 *Theretra silhetensis* (Walker)（天蛾科 Sphingidae）

【识别要点】翅展65～72 mm，体长25～30 mm。体褐色，头及胸部两侧有灰色缘毛；胸部背线黄褐色，两侧有橙黄色纵纹；腹部背面有1条银灰色背线，身体腹面黄褐色。前翅灰黄色，顶角至后缘基部有较宽的黑色斜带，下方有白色边，顶角至后角有4条褐色斜带，中室端有黑点1个；后翅橙黄色，杂有灰色鳞毛，基部及外缘有较宽的灰黑色带；翅的反面灰黄色，有灰色横线及斑点，缘毛灰色。【分布】江苏、浙江、四川、湖南、云南、江西、广东、福建、香港、海南、台湾；日本、越南、印度、斯里兰卡、缅甸、尼泊尔。

土色斜纹天蛾 *Theretra latreillii lucasii* (Walker)（天蛾科 Sphingidae）

【识别要点】翅展65 mm左右。体翅灰黄色，头及胸部两侧有灰白色鳞毛；腹部背面有隐约的棕色条纹，腹面灰褐色杂有红色鳞毛；前翅外缘及后缘直，后角较直，翅基有灰黑色斑，自顶角至后缘中部有灰黑色斜纹数条，中室端有黑点；后翅灰褐色前缘色稍淡。【寄主】葡萄、凤仙花、秋海棠、伞罗夷、青紫葛。【分布】浙江、福建、广东、香港、广西、海南、云南；澳大利亚、印度尼西亚。

白眉斜纹天蛾 *Theretra suffusa* (Walker)（天蛾科 Sphingidae）

【识别要点】翅展80～85 mm。体翅紫褐色，头及肩板两侧有粉白色绒毛；触角背面白色，腹面褐色，自腹部第1节至末端有粉紫色背线，胸部背面两侧有橙红色纵线，身体腹面粉紫色；前翅前缘黄褐色，顶角至后缘基部有紫粉色斜带，斜带两侧有深棕色纹，中室端有1个黑色小点；后翅红色，基部及外缘棕黑色，缘毛白。【寄主】野牡丹。【分布】广东、香港、海南、台湾、云南；越南、印度尼西亚、印度。

青背斜纹天蛾 *Theretra nessus* (Drury)（天蛾科 Sphingidae）

【识别要点】翅展105～115 mm。体褐绿色，头及胸部两侧有灰白色缘毛，胸部背面有橙黄色带；腹部背面中间褐绿色，两侧有橙黄色带，腹面橙黄色，中部有灰白色带；前翅褐色，基部及前缘暗绿色，基部后方有黑白交杂的鳞毛，顶角外突稍向下方弯曲，内侧灰黄色，顶角至后缘中部有赭褐色斜纹2条，斜纹下方有棕褐色带，中室端有黑色点；后翅黑褐色，外缘至后角有灰黄色带。【寄主】芋、水葱。【分布】湖北、云南、西藏、湖南、福建、广东、香港、台湾；日本、印度尼西亚、印度、斯里兰卡、巴布亚新几内亚、菲律宾、澳大利亚。

条背天蛾 *Cechenena lineosa* (Walker)（天蛾科 Sphingidae）

【识别要点】翅展100 mm左右。体橙灰色，头及肩板两侧有白色鳞毛；触角背面灰白色，腹面棕黄色；胸部背面灰褐色，有棕黄色背线；腹部背面有棕黄色条纹，两侧有灰黄色及黑色斑，体腹面灰白色，两侧橙黄色；前翅自顶角至后缘基部有橙灰色斜纹，前缘部位有黑斑，翅基部位有黑、白色毛丛，中室端有黑点，顶角尖黑色；后翅黑色有灰黄色横带。【寄主】凤仙花、葡萄。【分布】浙江、湖北、四川、重庆、云南、西藏、湖南、江西、广东、海南、台湾；日本、越南、印度、马来西亚、印度尼西亚。

斜绿天蛾 *Pergesa actea* (Cramer)（天蛾科 Sphingidae）

【识别要点】翅展70 ~ 80 mm。体深绿色，头及肩板两侧有灰色鳞毛；胸部及腹部背线灰色，腹部两侧及尾端毛橙黄色，身体腹面橙黄色，中线白色；前翅黄褐色，顶角至后缘基部有绿色斜宽带，外缘棕紫色，中室端有黑点，顶角尖稍向下弯曲；后翅棕褐色，中部有橙黄色横带。【寄主】天南星、葡萄、海芋、芋、魔芋、秋海棠、鸭跖草。【分布】陕西、四川、云南、西藏、贵州、广东、香港、海南、台湾；印度、斯里兰卡、越南、缅甸、印度尼西亚。

甘蔗天蛾 *Leucophlebia lineata* Westwood（天蛾科 Sphingidae）

【识别要点】翅展68 ~ 75 mm。头顶白色，颜面枯黄色；胸部背面枯黄色，肩板及两侧污白色；腹部背面枯黄色，两侧粉红色；腹部腹面粉红色；前翅粉红色，中央自翅基至顶角有1条较宽的淡黄色纵带，下方有1条黄色细纵纹，翅脉黄色，端线棕黄色；后翅橙黄色，缘毛黄色。【寄主】甘蔗及其他禾本科植物。【分布】河北、北京、天津、山东、陕西、浙江、云南、湖南、江西、广东、香港、广西、海南、台湾；印度、斯里兰卡、马来西亚、菲律宾。

条背天蛾 | 张巍巍 摄

斜绿天蛾 | 张巍巍 摄

甘蔗天蛾 | 张巍巍 摄

木蜂天蛾 *Sataspes tagalica* Boisduval（天蛾科 Sphingidae）

【识别要点】翅展60 ~ 72 mm。上唇及头顶青蓝色，触角黑色；胸部背面黄色，肩板黑色；腹部各节有灰黄色鳞毛，尤以第3，8节显著，腹面黑色；前翅烟黑色，基部有青蓝色光泽，内线及中线不分明，各翅脉黑色；后翅前缘黑色，顺中室有一段青白色纵带，内缘及臀角黑色。【寄主】葡萄属植物。【分布】浙江、湖北、四川、云南、西藏、湖南、广西、广东、香港、海南；菲律宾、印度。

大巴山雾带天蛾 *Rhodoprasina mateji* Brechlin & Melichar（天蛾科 Sphingidae）

【识别要点】头上有毛丛及深色背线；体褐绿色，前翅上有褐绿色直线，中点褐色。【习性】一年一代，4月底5月初成虫羽化，较为少见。【分布】湖北、重庆。

辛氏雾带天蛾 *Rhodoprasina vicsinjaevi* Brechlin（天蛾科 Sphingidae）

【识别要点】头上有毛丛及深色背线；体色草绿，前翅上有褐绿色直线及十分清晰的白色雾状带；中点褐色较小。【习性】一年一代，成虫11月羽化，为冬季活动的种类，极为少见。【分布】湖南、广东、重庆。

曲线蓝目天蛾 *Smerinthus szechuanus* (Clark)（天蛾科 Sphingidae）

【识别要点】翅长35 mm，体长33 mm。前翅在外线附近有4条烟黑色曲纹，顶角内侧有半月形棕黑色斑；后翅前半烟黑色，后半部赭红色。【分布】湖北、云南、四川、重庆、湖南。

木蜂天蛾 | 张巍巍 摄

大巴山雾带天蛾 | 张巍巍 摄

辛氏雾带天蛾 | 张巍巍 摄

曲线蓝目天蛾 | 张巍巍 摄

粉褐斗斑天蛾

Daphnusa ocellaris Walker

（天蛾科 Sphingidae）

【识别要点】翅长37 ~ 42 mm，体长30 ~ 36 mm。头顶粉褐色，复眼圆黑色，触角背面黄褐色，腹面粉色；腹部背面黄褐色，第1—3节呈深棕色，各节间有棕色横带；前翅粉褐色，内、中、外线赭棕色，波浪纹，各线间色淡，中室有黑点，顶角内侧前缘处有棕色条状斑，后角外突，内侧下陷，上方的中线外下侧有1条蝌蚪形纹，纹中有2条棕色细线，缘毛赭色。【分布】云南、海南。

大星天蛾

Dolbina inexacta (Walker)

（天蛾科 Sphingidae）

【识别要点】翅展90 mm左右。体翅呈暗黄色，有金色光泽；肩板外缘有白色细纹，胸背中央有"八"字形白色纹；腹部背线由棕黄色斑点组成，两侧各有1行白褐色圆点；前翅内线由2条棕褐色波状纹组成，两纹间白色，中线及外线由棕黑色波状纹组成，各线纹间暗黄色并有金色光泽，中室有白色圆星1个。【寄主】树。【分布】陕西、浙江、四川、重庆、云南、西藏、湖南、福建、江西、广东、海南；印度。

霉斑天蛾

Smerinthulus perversa (Rothschild)

（天蛾科 Sphingidae）

【识别要点】翅长26 mm、体长25 mm。身体黄褐色，头顶黑色，两侧棕黄色，触角棕色；胸部及腹部背面棕色上有黄色散斑，腹部各节间有棕色横带；前翅土黄色，各横线呈棕色波浪纹，中室有1个小黑星，顶角截切状，下方内陷深，外缘多齿形，后角外突钝圆，内方下陷，在后角上方至外线部位有较大的白色霉状斑。【分布】广东、海南、四川、台湾。

鹰翅天蛾

Ambulyx ochracea Butler

（天蛾科 Sphingidae）

【识别要点】翅展97 ~ 110 mm。体翅黄褐色；头顶及肩板绿色，颜面白色；胸部背面黄褐色，两侧浓绿褐色；腹部第6节两侧及第8节的背面有褐绿色斑；前翅内线不明显，中线和外线呈褐绿色波状纹，沿外缘线褐绿色，顶角向下弯曲呈弓状似鹰翅，在内线部位近前缘及后缘处有褐绿色圆斑2个，近后角内上方有褐绿色及黑色斑。【寄主】核桃科、槭科植物。【分布】江苏、浙江、四川、云南、湖南、江西、福建、广东、香港、台湾；日本、印度、缅甸。

粉褐斗斑天蛾 | 张巍巍 摄

大星天蛾 | 张巍巍 摄

霉斑天蛾 | 张巍巍 摄

鹰翅天蛾 | 张巍巍 摄

摩尔鹰翅天蛾 | 张巍巍 摄

梨六点天蛾 | 张巍巍 摄

洋槐天蛾 | 王江 摄

摩尔鹰翅天蛾 *Ambulyx moorei* Moore（天蛾科 Sphingidae）

【识别要点】与其他种类的鹰翅天蛾有明显不同。体翅橙褐色；胸部背面橙褐色，翅基部有黑色线条，胸部和腹部连接处两侧为黑色半圆形斑，中间呈灰色连接；腹部第6节两侧及第8节的背面有黑褐色斑；前翅内线不明显，中线和外线呈灰褐色波状纹，顶角向下弯曲呈弓状似鹰翅。【分布】广东、香港、广西、海南。

梨六点天蛾 *Marumba gaschkewitschii complacens* (Walker)（天蛾科 Sphingidae）

【识别要点】翅展90 ~ 100 mm。体翅棕黄色；触角棕黄色；胸部及腹部背线黑色，腹面暗红色；前翅棕黄色，各横线深棕色，弯曲度大，顶角下方有棕黑色区域，后角有黑色斑，中室端有黑点1个，自亚前缘至后缘呈棕黑色纵带。【寄主】梨、桃、苹果、枣、葡萄、杏、李、樱桃、枇杷。【分布】宁夏、陕西、四川、湖北、湖南、江苏、重庆、上海、浙江、福建、广东、香港、广西。

洋槐天蛾 *Clanis deucalion* (Walker)（天蛾科 Sphingidae）

【识别要点】翅展145 mm左右。头顶黄褐色，颜面黑色；触角背面赭红色，腹面棕黑色；胸部背面赭黄色，头及胸部背线棕黑色；腹部背面赭褐色，有较细的深色背线，或不明显；前翅赭黄色，中部有浅色半圆形斑，内线中线及外线呈棕黑色波状纹，顶角前上方呈赭色三角形斑，外下方色淡，后角部分有粉白色鳞毛，中室有暗褐色圆点。【寄主】豆科植物。【分布】辽宁、江苏、浙江、湖北、四川、西藏、湖南、福建。

背线天蛾 *Elibia dolichoides* (Felder)（天蛾科 Sphingidae）

【识别要点】翅展109～117 mm。体棕黄色；触角背面枯黄色，腹面棕褐色；头顶至尾端有黄色背线1条，肩板两侧有灰褐色鳞毛；胸部及腹部腹面污白色，腹部1，2节中部有棒状棕褐色纹；前翅褐绿色，中室与外缘间共有7条棕褐色斜纹，中室端部有圆形黑点1个，翅基部有灰蓝色鳞毛。【分布】云南、广东；印度、印度尼西亚、菲律宾。

葡萄缺角天蛾 *Acosmeryx naga* (Moore)（天蛾科 Sphingidae）

【识别要点】翅展105～110 mm。体灰褐色，触角背面褐色有白色鳞毛，肩板边缘有白色鳞毛；腹部各节有棕色横带；前翅各横线棕褐色，亚外缘线达到后角，顶角端部缺，稍内陷，有深棕色三角形斑及灰白色月牙形纹，中室端近前缘有灰褐色盾形斑。【寄主】葡萄、猕猴桃、爬山虎、葛藤。【分布】河北、北京、陕西、山西、浙江、湖北、重庆、云南、贵州、西藏、湖南、广东、海南；印度。

缺角天蛾 *Acosmeryx castanea* Rothschild & Jordan（天蛾科 Sphingidae）

【识别要点】翅展75～85 mm。身体紫褐色，有金黄色闪光；触角背面污白色，腹面棕赤色；腹部背面棕黑色；前翅各横线呈波状，前缘略中央至后角有较深色斜带，接近外缘时放宽，斜带上方有近三角形的灰棕色斑，亚外缘线淡色，自顶角下方呈弓形，达四脉后通至外缘，外侧呈新月形深色斑，顶角有小三角形深色纹。【寄主】葡萄、乌蔹莓。【分布】浙江、四川、重庆、云南、西藏、贵州、湖南、江西、福建、广东、香港、广西、台湾；日本。

背线天蛾 | 张巍巍 摄

葡萄缺角天蛾 | 张巍巍 摄

缺角天蛾 | 张巍巍 摄

白线天蛾 张巍巍 摄　　华中白肩天蛾 张巍巍 摄

白线天蛾 *Rhagastis lunata* (Rothschild)（天蛾科 Sphingidae）

【识别要点】雄蛾翅长40 mm左右。体橄榄色，头部及肩片两侧白色；胸部背面后缘有黑棕色点1个，腹部背面有棕黑色点并排列成2行；身体腹面赭红色；前翅靠近基部一半橄榄青色，外部为黄褐色，各横线由赭棕色斑点组成，中室端有1个黑点，外缘线白色齿状，后缘近基部有白色毛丛。【分布】云南、西藏。

华中白肩天蛾 *Rhagastis albomarginatus dichroae* Mell（天蛾科 Sphingidae）

【识别要点】雄蛾翅长30 ~ 33 mm，雌蛾27 ~ 32 mm。头及肩板两侧有白色鳞毛，胸部背板墨绿色，后缘有橙黄色毛丛；腹部背中两侧有排列成行的黑点；前翅灰褐色，各横线由黑色点组成，外线与外缘间呈黄褐色，顶角有1个黑点，后缘基半部白色。【分布】浙江、四川、重庆、云南、贵州、广东、香港、广西、海南。

横带天蛾 *Cypoides chinensis* Rothschild & Jordan（天蛾科 Sphingidae）

【识别要点】翅长25 mm左右。体棕黄色，间杂有白色鳞毛；前翅赭褐色，内线棕色微呈波状，中线直呈暗黄色，外侧有赭色宽横带，外线波状赭褐色，亚外缘线自顶角下方向外弯曲至4脉端达外缘，外侧呈新月形赭色斑，顶角外伸，外缘弯曲较大。【分布】安徽、浙江、湖北、重庆、贵州、湖南、江西、福建、广东、香港、海南、台湾、西藏。

霜天蛾 *Psilogra mma menephron* (Cramer)（天蛾科 Sphingidae）

【识别要点】翅展90 ~ 130 mm。体翅灰褐色，胸部背板两侧及后缘有黑色纵条及黑斑1对；从前胸至腹部背线棕黑色，腹部背线两侧有棕色纵带，腹面灰白色；前翅内线不显著，中线呈双行波状棕黑色，中室下方有黑色纵条两根，下面1根较短，顶角有1条黑色曲线。【寄主】丁香、梧桐、女贞、楼树、泡桐、牡荆、梓树、楸树、水腊树。【分布】山西、云南、贵州、湖南、福建、广东、香港、海南；日本、朝鲜、印度、斯里兰卡、缅甸、菲律宾、印度尼西亚、大洋洲。

横带天蛾 张巍巍 摄　　霜天蛾 张巍巍 摄

黑长喙天蛾 | 任川 摄
黑蕊舟蛾 | 周纯国 摄
著蕊尾舟蛾 | 唐志远 摄
白二尾舟蛾 | 周纯国 摄

黑长喙天蛾 *Macroglossum pyrrhostictum* Butler（天蛾科 Sphingidae）

【识别要点】翅长25 mm左右。体翅黑褐色，头及胸部有黑色背线；腹部第1，2节两侧有黄色斑，第4，5节有黑色斑；前翅各横线呈黑色宽带，近后缘向基部弯曲，外横线呈双线波状，外缘线细黑。【习性】通常在花间悬停吸食花蜜。经常被误认为是蜂鸟而见诸报端。【分布】北京、山西、上海、浙江、湖北、四川、重庆、云南、西藏、湖南、江西、福建、广东、香港、海南、台湾。

黑蕊舟蛾 *Dudusa sphingiformis* Moore（舟蛾科 Notodontidae）

【识别要点】成虫体长23 ~ 37 mm，翅展70 ~ 89 mm。头、触角黑褐色。前翅灰黄褐色，基部有1个黑点，前缘有5 ~ 6个暗褐色斑点，从翅尖至内缘近基部暗褐色，呈一大三角形斑；亚基线、内线和外线灰白色。内线呈不规则锯齿形，外线清晰，斜伸双曲线形。亚端线和端线均由脉间月牙形灰白色线组成。缘毛暗褐色。【寄主】龙眼、漆树。【分布】北京、河北、浙江、福建、江西、山东、河南、湖北、湖南、广西、四川、重庆、贵州、陕西、广东、云南；朝鲜、日本、印度、缅甸、越南。

著蕊尾舟蛾 *Dudusa nobilis* Walker（舟蛾科 Notodontidae）

【识别要点】体长33 ~ 42 mm，翅展71 ~ 104 mm。前翅黄褐棕色，基部黄白色，有3个小黑点，前缘中央黄白色，向后延伸至中室下角，中央有1条暗褐色斜带，从前缘内侧1/3斜伸到后角，斜带与4脉夹角间有1块小三角形银白斑，斜带与基部之间有1条同色但较宽的暗带，从前缘向内缘逐渐扩散，内、外横线黄白色，两侧衬暗褐色边。【寄主】龙眼、荔枝等。【分布】北京、河北、浙江、湖北、广西、海南、陕西、台湾；泰国、越南。

白二尾舟蛾 *Cerura tattakana* Matsumura（舟蛾科 Notodontidae）

【识别要点】体长24 ~ 32 mm，翅展55 ~ 70 mm。体近灰白色；头、颈板和胸部灰白稍带微黄；胸背中央有6个黑点，分2列。腹背黑色，第1—6节中央有1条明显的白色纵带。翅基片有2个黑点，前翅黑色内横线较宽，不规则，外横线双边平行波浪形，外缘有7 ~ 8个三角形黑点。【分布】江苏、湖北、湖南、浙江、云南、陕西、四川、台湾；日本、越南。

银二星舟蛾 | 唐志远 摄

核桃美舟蛾 | 周纯国 摄

鹿枝背舟蛾 | 张巍巍 摄

核桃美舟蛾 *Uropyia meticulodina* (Oberthür)（舟蛾科 Notodontidae）

【识别要点】体长25～35 mm，翅展45～60 mm。头赭色；胸背暗棕色；前翅暗棕色，前后缘各有1个大的黄褐色斑，前缘的斑纹占满整个中室的前缘区域，呈大刀状，后缘呈椭圆形。每个斑纹内都有4条明亮的褐色横线；后翅淡黄色，后缘稍暗。【寄主】核桃、胡桃、胡桃楸等。【分布】北京、吉林、辽宁、山东、江苏、浙江、江西、福建、湖北、湖南、陕西、甘肃、四川、云南、贵州、广西；日本、朝鲜、俄罗斯。

银二星舟蛾 *Euhampsonia splendida* (Oberthür)（舟蛾科 Notodontidae）

【识别要点】翅展59～74 mm。头和颈板灰白色；胸背和冠形毛簇柠檬黄色；腹背淡褐黄色；前翅灰褐色，前缘灰白色，尤以外侧1/3较显著，2脉和中室下缘下方整个后缘区柠檬黄色，外缘4—6脉缺刻不连成1个，内外线暗褐色呈“V”形汇合于后缘中央，横脉纹由2个银白色圆点组成，银点周围柠檬黄色。【寄主】蒙栎。【分布】黑龙江、吉林、辽宁、河北、陕西、安徽、江西、浙江、湖北、湖南；日本、朝鲜、俄罗斯。

鹿枝背舟蛾 *Harpyia longipennis* (Walker)（舟蛾科 Notodontidae）

【识别要点】翅展55～67 mm。头和胸部暗红褐色掺有少量白色，翅基片白色具暗红褐色边；前翅白色弥漫着黑色雾点，其中外缘区黑点较稠密，有4个近三角形黑斑，分别分布在内外半部的前后缘，外半部的黑斑内侧衬1条模糊白带，横脉纹白色，端线由1列脉间黑点组成。【分布】湖北、海南、四川、云南、西藏、台湾；印度、尼泊尔、缅甸、越南、泰国。

新奇舟蛾 *Allata sikkima* (Moore)（舟蛾科 Notodontidae）

【识别要点】翅展47 mm左右。头部和胸部背面暗褐色，腹部背面灰褐色；雄蛾前翅前半部灰褐色，翅顶有一个暗褐色斑；后半部暗褐色。【分布】浙江、福建、江西、海南、湖南、广西、四川、重庆、贵州、云南、甘肃；印度、越南、马来西亚、印度尼西亚。

篦舟蛾 *Besaia* sp.（舟蛾科 Notodontidae）

【识别要点】翅展50 mm左右。头和胸背浅灰褐黄色，冠形毛簇末端暗红褐色；前翅淡灰黄色具红褐色雾点，从基部到外线的内缘区较暗，中央有1条暗灰褐色纵纹，内线模糊，外线双道平行外曲，其中内面1条呈一影状带，外面1条由2列小黑点组成，从翅尖到外线中央有1条暗褐色影状斜带。【分布】云南。

巨垠舟蛾 *Acmeshachia gigantea* (Elwes)（舟蛾科 Notodontidae）

【识别要点】翅展82 ~ 105 mm。头部与胸部棕色，翅基片边缘黑褐色。腹部棕色到黑褐色，侧面有赫黄色毛簇。前翅红褐色，散布黑色鳞片；基线双波状；内线波状；横脉纹明显；外线由脉间月牙纹组成；端线黑色；前缘从内线到外线间有1条白色纵带；后缘的齿形突黑色。【分布】浙江、江西、福建、海南、云南、台湾；印度、泰国、越南。

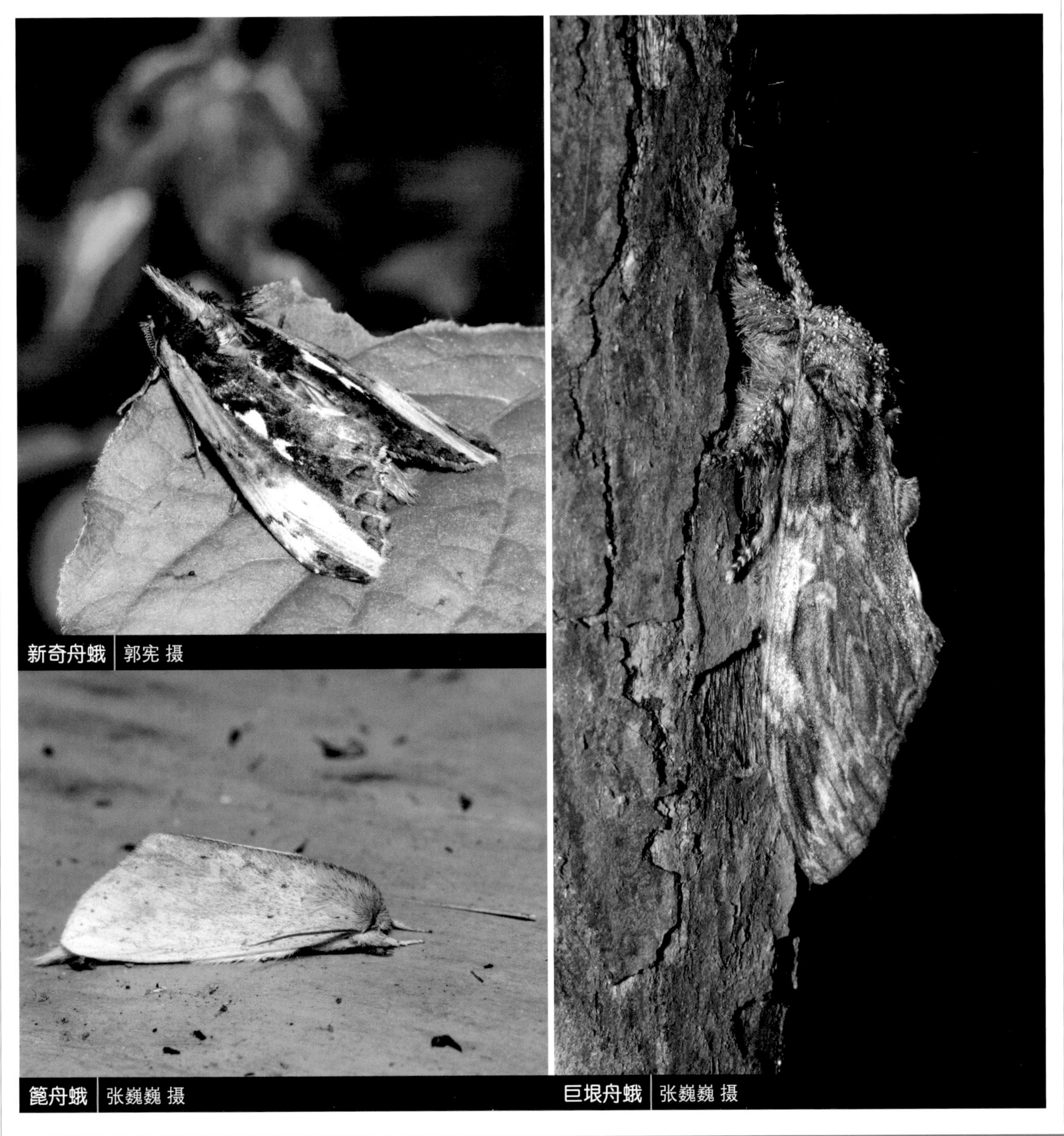

新奇舟蛾 | 郭宪 摄

篦舟蛾 | 张巍巍 摄

巨垠舟蛾 | 张巍巍 摄

端重舟蛾 张巍巍 摄
白纹羽毒蛾 张宏伟 摄
丛毒蛾 李元胜 摄
黄斜带毒蛾 郭宪 摄

端重舟蛾

Baradesa ultima Sugi

（舟蛾科 Notodontidae）

【识别要点】翅展80～95 mm。头部和胸部背面暗褐色，腹部背面黄色，末端3节黑褐色；前翅暗，基部和前缘较暗；所有斑纹为黑色，不清晰；亚基线波浪形衬浅色边；内外线锯齿形；后翅黄色。【分布】云南、西藏；尼泊尔。

白纹羽毒蛾

Pida postalba Wileman

（毒蛾科 Lymantriidae）

【识别要点】翅展45～60 mm。雄蛾触角干黑褐色，两侧白色，栉齿棕褐色；头部红棕色，两眼间褐黄色；胸部红棕色；腹部黑色，节间白色；肛毛簇黄色；胸部下面和腹部基部下面黄白色，腹部下面其余部分黑色。前翅底色白色，翅顶角具一明显的三角形白色区域，其余部分散布灰棕色和黑色鳞片，在白色三角区与灰棕色区间具一棕黑色宽带。【分布】云南、台湾。

丛毒蛾

Locharna strigipennis Moore

（毒蛾科 Lymantriidae）

【识别要点】翅展40～55 mm。雄蛾触角干黑褐色有黄白色边，栉齿黑褐色；头部、前胸和翅基片赤褐色混有黑褐色；中胸和后胸黄白色，后胸背中有黑毛簇；腹部橙黄色，背中有1条黑褐色纵带；肛毛簇橙黄色。前翅黄白色，密布黑色短纹，前缘端半部黑纹较少，中室末端有1个黑斑。【寄主】尖齿槲栎、短柄泡、肉桂、芒果、人面果。【分布】江苏、安徽、浙江、江西、福建、湖北、湖南、广东、广西、四川、贵州、云南、台湾；缅甸、马来西亚、印度。

黄斜带毒蛾

Numenes disparilis Staudinger

（毒蛾科 Lymantriidae）

【识别要点】翅展52～80 mm。头部、胸部和足橙黄色带黑褐色毛鳞；腹部褐黑色微带橙黄色，肛毛簇橙黄色；前翅黑褐色略带青紫光泽，前缘近基部有1个小浅黄色斑，从前缘中部到臀角有1条浅黄色斜带，从带中央到翅顶有1条浅黄色斜带，翅脉色浅；后翅和缘毛褐黑色。【寄主】鹅耳枥、铁木。【分布】陕西、浙江、湖北、四川、重庆。

叉斜带毒蛾 *Numenes separata* Leech（毒蛾科 Lymantriidae）

【识别要点】翅展50～80 mm。雄蛾前翅具黄白色“Y”形带，通向翅顶的带较纤细，从前缘到臀角的带较宽，两带在M_2与M_3脉间会合；在翅基部前缘有1个黄白色小点；后翅黑色。雌蛾前翅亚端带明显向内弯成拱形。后翅具2个黑色亚缘斑及1列排列成带状的黑色缘斑。【分布】湖北、广西、云南、四川、陕西、甘肃。

榕透翅毒蛾 *Perina nuda* (Fabricius)（毒蛾科 Lymantriidae）

【识别要点】雌虫成虫全体黄白色，雄虫成虫灰黑色，翅膀透明。本种以雄蛾形态命名。【习性】成虫5—11月出现。幼虫喜欢吃桑科榕属植物，常见于榕叶上活动。【分布】浙江、湖北、湖南、江西、重庆、四川、西藏、台湾、香港、广东、广西、福建、云南；日本、印度、斯里兰卡、尼泊尔。

芒果毒蛾 *Lymantria marginata* Walker（毒蛾科 Lymantriidae）

【识别要点】翅展43～52 mm。雄蛾头部黄白色，复眼周围黑色；胸部灰黑色带白色和橙黄色斑；腹部橙黄色，背面和侧面有黑斑，肛毛簇黑色；前翅黑棕色有黄白色斑纹，内线、中线波浪形，不清晰，外线和亚端线锯齿形，从前缘到中室有1个黄白色斑，其上有1个黑点；后翅棕黑色，翅外缘有1列白点。【寄主】芒果。【分布】浙江、福建、四川、陕西、云南、广东、广西；印度。

叉斜带毒蛾 | 张巍巍 摄

榕透翅毒蛾 | 张巍巍 摄

芒果毒蛾 | 廖原 摄

红带新鹿蛾 *Caeneressa rubrozonata* Poujade（灯蛾科 Arctiidae）

【识别要点】展翅24～30 mm。头黑色，翅基片红色或黄色，端部具黑毛，或全为黑色；翅斑透明，大小不一，且有变化；前后翅大部分为透明斑，其余区域黑色。腹部黄色，腹节间有黑色环状绒条。【分布】福建、浙江、重庆。

梳鹿蛾 *Amata compta* (Walker)（灯蛾科 Arctiidae）

【识别要点】翅展28～31 mm。黑色，触角尖端白色，额、颈板橙色，翅基片橙色、边缘有黑毛，中、后胸有橙色斑；翅透明，翅脉及翅缘黑色，前缘下方及后缘上方有橙色带；后翅前缘及后缘橙黄色，透明斑大，翅缘具黑边，翅顶黑边宽。【分布】云南；印度。

黄体鹿蛾 *Amata grotei* (Moore)（灯蛾科 Arctiidae）

【识别要点】翅展34 mm。触角黑色、尖端白色，头、胸部黑色，额黄色，颈板、翅基片橙黄色，胸部中间具两条黄色纵斑、后端具黄色横斑；腹部黑色，各节均具有黄带；前翅黑色，翅斑透明，前缘下方及1脉橙黄色，中室端达翅缘为1条放射黑纹；后翅后缘基部黄色，翅斑大。【分布】广东、云南；缅甸。

春鹿蛾 *Eressa confinis* (Walker)（灯蛾科 Arctiidae）

【识别要点】翅展20～34 mm。雄蛾触角双栉状，黑褐色；触角尖端或多或少为白色，中、后胸具黄斑，腹部背面、侧面和腹面各具1列黄点。【分布】广东、广西、云南、台湾；不丹、印度、斯里兰卡、缅甸。

多点春鹿蛾 *Eressa multigutta* Walker（灯蛾科 Arctiidae）

【识别要点】翅展25～32 mm。雄蛾触角锯齿状；头、胸部蓝黑色、有光泽，颈板、翅基片红色，后胸具红缘缨；腹部红色，背面具蓝黑色短带，侧面具1列黑点，腹末蓝黑色；前翅黄色透明，翅脉及翅缘黑色，翅缘黑边窄；后翅黄色透明，翅脉黑色，横脉纹为一黑点，端带黑色。【分布】四川、云南、西藏；尼泊尔、印度、缅甸。

红带新鹿蛾 | 郭宪 摄

梳鹿蛾 | 张宏伟 摄

多点春鹿蛾 | 郭宪 摄

黄体鹿蛾 | 一念 摄

春鹿蛾 | 杰仔 摄

伊贝鹿蛾 *Ceozv imaon* (Cramer)（灯蛾科 Arctiidae）

【识别要点】翅展24 ~ 38 mm。体黑色；额黄色或白色，触角顶端白色，颈板黄色，胸足跗节有白带，腹部基节与第5节有黄带；后翅后缘黄色，中室至后缘具一透明斑，占翅面的1/2或稍多，翅顶黑缘宽。【分布】福建、广东、云南、西藏；印度、斯里兰卡、缅甸。

丹腹新鹿蛾 *Caeneressa foqueti* (Joannis)（灯蛾科 Arctiidae）

【识别要点】翅展18 ~ 24 mm。触角黑，雄蛾双栉状，头、胸部黑色，额白色，颈板、翅基片黑色，翅基片基部具白斑，后胸有红带；腹部黑色，有蓝色光泽，第1—5节具有红带；前翅黑色，带紫色光泽，具有5个透明斑；后翅黑色，具有1个透明斑。【分布】云南；越南。

闪光玫灯蛾 *Amerila astrea* (Drury)（灯蛾科 Arctiidae）

【识别要点】翅展45 ~ 55 mm。头、胸背、腹部腹面、翅膀呈棕白色、棕灰色；腹部背方及脚棕红色；头、胸背及腹部两侧面有黑色圆斑。前、后翅鳞片少，大部分区域呈膜质状；前翅中室端部的横脉纹处及近前翅顶角区域呈现暗褐色，且前翅基部处有3枚黑色小点。【分布】云南、广西、台湾；印度。

粉蝶灯蛾 *Nyctemera adversata* Walker（灯蛾科 Arctiidae）

【识别要点】成虫翅展44 ~ 56 mm。头黄色，颈板黄色，额、头顶、颈板、肩角、胸部各节具1个黑点，翅基片具2个黑点；前翅前缘中央有1枚长条状的大白斑，翅膀后段具6条长短不一的平行条纹，外缘尚有3枚明显的白斑。后翅白色，中室下角处有1个暗褐斑，亚端线暗褐斑纹4 ~ 5个。【习性】生活于低中海拔山区，外观近似粉蝶，白天出现，喜欢访花，夜晚亦具趋光性。【分布】浙江、江西、湖南、广东、广西、河南、四川、云南、西藏、台湾；日本、印度。

伊贝鹿蛾 | 偷米 摄

丹腹新鹿蛾 | 张宏伟 摄

闪光玫灯蛾 | 张巍巍 摄

粉蝶灯蛾 | 偷米 摄

纹散灯蛾 | 王锋 摄
斑灯蛾 | 倪一农 摄
大丽灯蛾 | 张巍巍 摄
雅粉灯蛾 | 张巍巍 摄

纹散灯蛾 *Argina argus* Kollar（灯蛾科 Arctiidae）

【**识别要点**】翅展48～64 mm。红色或土红色；颈板、翅基片、胸部具黑点；触角黑色，基节红色；胸足暗褐色，前足基节红色；腹部背面、侧面、亚侧面及腹面有1列黑点；前翅土红色或红色，具6列白圈黑心的不规则斑纹；后翅红色，具黑斑。【**分布**】浙江、福建、江西、广东、广西、云南、台湾；斯里兰卡、印度、缅甸。

斑灯蛾 *Pericallia matronula* (Linnaeus)（灯蛾科 Arctiidae）

【**识别要点**】成虫翅展74～92 mm。头部黑褐色，有红斑，触角黑色，基节红色，胸部红色，具黑褐色宽纵带；腹部红色，背面与侧面具1列黑点，亚腹面具1列黑斑；前翅暗褐色，中室基部有1块黄斑，前缘区具3～4个黄斑。【**寄主**】柳、忍冬、车前、蒲公英。【**分布**】东北、河北；日本、俄罗斯、欧洲。

大丽灯蛾 *Callimorpha histrio* Walker（灯蛾科 Arctiidae）

【**识别要点**】翅展66～100 mm。头、胸、腹橙色，头顶中央有1个小黑斑，触角黑色，颈板橙色，中间有1个闪光大黑斑，翅基片闪光黑色，胸部有闪光黑色纵斑，腹部背面具黑色横带；前翅闪光黑色，前缘区从基部至外线处有4个黄白斑；后翅橙色，中室中部下方至后缘有1条黑带，横脉纹为大黑斑，其下方有2个黑斑，在亚中褶外缘处有1个黑斑。【**分布**】江苏、浙江、湖北、江西、湖南、福建、台湾、四川、重庆、云南。

雅粉灯蛾 *Alphaea khasiana* (Rothschild)（灯蛾科 Arctiidae）

【**识别要点**】成虫雄蛾翅展50～52 mm。头、胸黄白色，触角黑色，颈板黑色，背面及侧面黄白色，具黑色纵纹，胸部背面中央具黑色纵带，腹部黑褐色，背面基部覆盖橙黄毛，背面具橙黄色带。前翅黑色，布满大小不一的白斑；后翅黄色，前缘、后缘、中室中央及翅脉具或多或少的黑纹，横脉纹黑色。【**分布**】云南；印度。

红缘灯蛾 | 张巍巍 摄

红缘灯蛾 *Amsacta lactinea* (Cramer)（灯蛾科 Arctiidae）

【识别要点】成虫体长约25 mm，翅展宽50 ~ 67 mm。头颈部红色，腹部背面橘黄色，腹面白色。前翅白色，前缘具明显红色边线，中室上角有1个黑点，后翅横纹为黑色新月形，外缘有1 ~ 4个黑斑。【分布】辽宁、华北、陕西、华东、河南、湖南、华南、四川、云南、台湾；日本、朝鲜、尼泊尔、缅甸、斯里兰卡。

人纹污灯蛾 *Spilarctia subcarnea* (Walker)（灯蛾科 Arctiidae）

【识别要点】成虫体长约20 mm，翅展40 ~ 52 mm，雌蛾稍大。雄蛾头、胸黄白色，腹部背面除基、端节外均红色，背侧面各有1列黑点；腹面黄白色。前翅黄白色杂肉色，外缘至后缘有1斜列黑点。两翅合拢时呈人字形纹。后翅白色或微带红色。【分布】华东、华南、华北及西南地区。

强污灯蛾 *Spilarctia robusta* (Leech)（灯蛾科 Arctiidae）

【识别要点】翅展雄蛾52 ~ 64 mm，雌蛾62 ~ 74 mm；乳白色。下唇须基部上方红色，下方有白毛，端部黑色；触角黑色；肩片和翅基片具有黑点；翅基部反面有红带；腹部红色，背面腥红色，背面、侧面和亚侧面各具有1列黑点；前翅中室上角有1个黑点；后翅横脉纹有1个黑点，黑色亚端点或多或少。【分布】北京、陕西、山东、江苏、浙江、福建、江西、湖南、广东、四川、云南。

人纹污灯蛾 | 任川 摄

强污灯蛾 | 张巍巍 摄

八点灰灯蛾 *Creatonotos transiens* (Walker)（灯蛾科 Arctiidae）

【识别要点】翅展38～54 mm。头、胸白色稍染褐色，下唇须第3节、额缘和触角黑色，腹背面橙色，腹末及腹面白色，腹背面、侧面和亚侧面具有黑点列；前翅白色，除前缘及翅脉外染暗褐色，中室上、下角内、外方各有1个黑点；后翅白色或暗褐色，有时具黑色亚端点数个。【分布】湖南、山西、陕西、四川、云南、西藏；印度、缅甸、菲律宾、印度尼西亚。

星白雪灯蛾 *Spilosoma menthastri* (Esper)（灯蛾科 Arctiidae）

【识别要点】翅展33～46 mm。白色；下唇须、触角暗褐色，胸足具黑带，腹部背面红色或黄色，如腹部背面为黄色，则胸足腿节上方为黄色，如腹部背面为红色，则胸足腿节上方亦为红色，背面、侧面具有黑点列；前翅或多或少满布黑点；后翅中室端点黑色，黑色亚端点或多或少。【寄主】幼虫为害甜菜、桑、薄荷、蒲公英。【分布】东北、河北、内蒙古、陕西、江苏、浙江、安徽、江西、福建、湖北、四川、贵州、云南；日本、朝鲜、欧洲。

绿斑金苔蛾 *Chrysorabdia bivitta* (Walker)（灯蛾科 Arctiidae）

【识别要点】翅展51 mm。浅橙黄色；下唇须顶端、额及触角墨绿色，翅基片深绿色黄边，胸足具绿纹；前翅具有蓝绿色前缘带，从基部向翅顶前方渐尖削，中室基部下方斜向后缘有1条蓝绿带，中室末端至近外缘处有1条蓝绿纹；后翅淡黄色。【分布】云南；印度。

八点灰灯蛾 | 偷米 摄

星白雪灯蛾 | 郭宪 摄

绿斑金苔蛾 | 张巍巍 摄

闪光苔蛾 | 郭宪 摄

优美苔蛾 | 郭宪 摄

之美苔蛾 | 郭宪 摄

条纹艳苔蛾 | 杰仔 摄

闪光苔蛾 *Chrysaeglia magnifica* (Walker)（灯蛾科 Arctiidae）

【识别要点】成虫翅展宽50 ~ 66 mm。上翅表面橙黄色，前缘、外缘、中央和基部附近均具光泽的黑色斑；下翅表面单纯橙黄色。雌雄差异不大。雄蛾后翅顶缘毛深褐色，雌蛾翅顶缘毛黄色。【分布】四川、云南、台湾；尼泊尔、印度。

优美苔蛾 *Barsine striata* Bremer（灯蛾科 Arctiidae）

【识别要点】头、胸黄色，颈板及翅基片黄色红边；前翅底色黄色或红色，雄蛾红色，雌蛾黄色占优势，后翅底色雄蛾淡红，雌蛾黄或红色；前翅亚基点、基点黑色，内线由黑灰色点连成，中线黑灰色点状，不相连，外线黑灰色，较粗，在中室上角外方分叉至顶角；前、后翅缘毛黄色。【分布】江苏、浙江、江西、福建、湖南、广东、陕西、四川、重庆；日本。

之美苔蛾 *Barsine ziczac* (Walker)（灯蛾科 Arctiidae）

【识别要点】翅展20 ~ 25 mm。白色；腹部暗褐色；前翅前缘下方具红带，前端半部为前缘带，端区为红色带，前缘基部具暗褐点，亚基线黑色，前缘基部至内线处具黑边，内线黑色，在前缘下方向外弯至亚中褶，在此向外折角，中线黑色，微波状，在中室向内弯，外线起至前缘中线处，高度齿状，亚端线具1列黑点，横脉纹黑色；后翅淡红色。【分布】山西、江苏、浙江、福建、江西、湖北、湖南、广东、广西。

条纹艳苔蛾 *Asura strigipennis* (Herrich-Schaffer)（灯蛾科 Arctiidae）

【识别要点】翅展16 ~ 34 mm。黄色；前翅常染红色，特别是前缘区和端区，黑色基点1个，前缘基部黑边，内线为5个黑短带，中线黑色，从前缘向后缘倾斜，中室端1个黑点，外线为1列不规则黑色短带，端线为1列黑点；雄蛾后翅翅顶染红色，雌蛾色较一致。【寄主】幼虫为害柑橘叶。【分布】华东、湖南、广东、广西、四川、云南、台湾；印度、印度尼西亚。

猩红雪苔蛾 | 张巍巍 摄

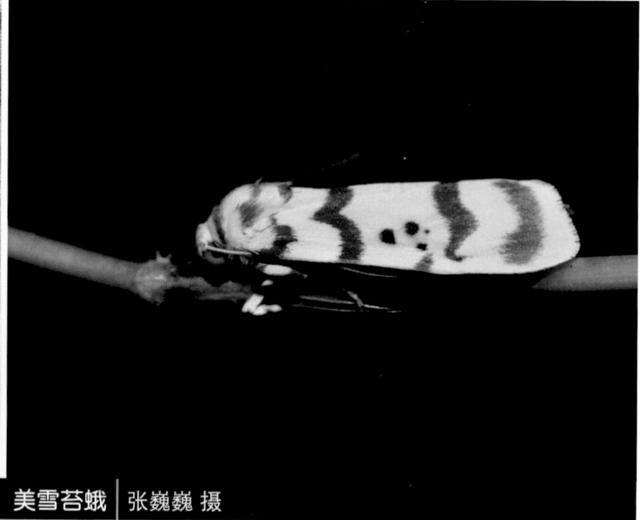
美雪苔蛾 | 张巍巍 摄

猩红雪苔蛾 *Chionaema coccinea* (Moore)（灯蛾科 Arctiidae）

【识别要点】翅展雄蛾21 ~ 31 mm，雌蛾27 ~ 41 mm。雄蛾深红色；前翅基部黄色或白色，内线黑色，其内方为白色或黄色片，中室端有1个白色或黄色圆片，其内具3个黑点，外线黑色，不达前缘，叶突很小；前翅与后翅缘毛黄色，雌蛾前翅白色，亚基线呈红带，在前缘与内线相接，内线红色，其内边黑色，中室端有一黑点，横脉纹上有一黑点，外线红色，其外边黑色，端线红色。【寄主】幼虫为害台湾相思。【分布】广东、云南；印度、缅甸。

美雪苔蛾 *Chionaema distincta* Rothschild（灯蛾科 Arctiidae）

【识别要点】翅展雄蛾34 ~ 40 mm，雌蛾42 ~ 50 mm。头、胸、腹白色，腹部背面出基部与端部外染红色；前翅白色，亚基线红色，雄蛾前缘基部具红边，内线红色斜线，中室中部1个黑点，雌蛾横脉纹有2个黑点，雄蛾则为1条短黑带，外线红色，雄蛾在前缘毛缨上具1个黑点，位于前缘下方，亚端线红色，位于前缘下方、后缘上方；后翅红色，前缘区白色，反面白色，横脉纹褐色。雄蛾前翅反面叶突三叉形。【分布】四川、云南、西藏；缅甸。

黑长斑苔蛾 *Thysanoptyx incurvata* (Wileman & West)（灯蛾科 Arctiidae）

【识别要点】翅展34 ~ 44 mm。翅型瘦长，翅色灰白色，前胸背板具黑色分布，前翅近后缘有1条黑色宽广的纵带，近前缘后端有1枚弯状黑斑，停栖时两翅相叠。【分布】云南、台湾。

白点华苔蛾 *Agylla ramelana* (Moore)（灯蛾科 Arctiidae）

【识别要点】翅展雄蛾42 ~ 50 mm，雌蛾52 ~ 60 mm。纯白色；雄蛾前翅前缘边黑色，外线紫褐色，前缘边及翅顶缘毛黑色；后翅中室下角外有1个紫褐斑。雌蛾前翅外线减缩为1个黑点，位于中室下角上方。【分布】福建、江西、湖北、四川、云南、西藏；印度、印度尼西亚。

黑长斑苔蛾 | 张巍巍 摄

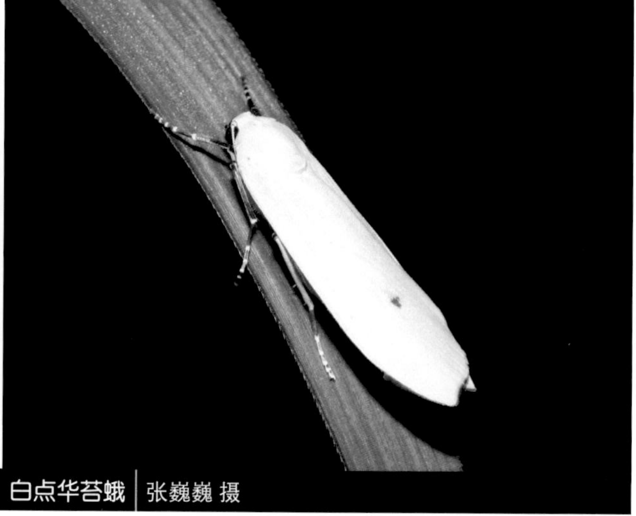
白点华苔蛾 | 张巍巍 摄

双分华苔蛾

Agylla bisecta Rothschild（灯蛾科 Arctiidae）

【识别要点】翅展40～42 mm。头灰黄色，颈板基部、翅基片基部灰黄色，颈板端部、翅基片大部及胸部褐色，下唇须黄色，腹部背面灰色，腹面黄色；前翅黄白色，前缘基部和后缘区至中脉出现暗褐色，有灰色光泽；后翅淡黄色。【分布】江西、云南；印度尼西亚。

缘点土苔蛾

Eilema costipuncta Leech（灯蛾科 Arctiidae）

【识别要点】成虫翅展35～38 mm。全身颜色以深橙色为主，后翅颜色略淡。下唇须顶端、触角、胸足的大部分为黑色，腹部腹面除末端外各节有黑斑。前翅的前缘基半部有黑边，前缘中部下方有1个小黑点。【习性】成虫白天会聚集在花树之间。【寄主】地衣植物。【分布】浙江、江西、福建、湖北、湖南、陕西、四川。

一点拟灯蛾

Asota caricae Fabricius（夜蛾科 Noctuidae）

【识别要点】成虫与榕拟灯蛾类似，但前翅基部橙色散布黑点5个，没有其他复杂斑纹，黄色圆斑在横脉上；后翅中央有3个大斑点。【寄主】榕、野无花果。【分布】广东、广西、云南、台湾；印度、斯里兰卡、菲律宾、泰国、澳大利亚、泰国、广布印澳区。

橙拟灯蛾

Asota egens Walker（夜蛾科 Noctuidae）

【识别要点】翅展60～66 mm。体橙黄色；翅基片与后胸具黑点；前翅基部有5个黑点，翅脉黄白色，翅反面横脉纹黑色，中室中部有一黑点；后翅反面中部有5～7个黑点。【分布】广东、海南、云南、台湾；印度、印度尼西亚、新加坡、马来西亚、菲律宾、越南、日本。

铅拟灯蛾 *Euplocia membliaria* Cramer-Stoll

（夜蛾科 Noctuidae）

【识别要点】成虫翅展64～80 mm。雄蛾头黑色和灰色；胸、腹橙黄色；颈板、翅基片各具黑点1对；腹部背面黑点不明显，腹面和末端灰白色，侧面和腹面具黑斑；翅铅灰褐色；前翅前缘基部具有前缘褶，其上有腺毛，翅基部有橙黄色斑及黄毛，外半部的翅脉与翅脉间条纹白色；后翅基部黄色，外缘翅脉及缘毛白色。【分布】海南、台湾；印度、马来西亚、缅甸、泰国、印度尼西亚、菲律宾、越南。

双分华苔蛾 | 张巍巍 摄

缘点土苔蛾 | 郭宪 摄

一点拟灯蛾 | 张巍巍 摄

橙拟灯蛾 | 张巍巍 摄

铅拟灯蛾 | 张巍巍 摄

铅闪拟灯蛾 张巍巍 摄

日龟虎蛾 郭宪 摄

豪虎蛾 张巍巍 摄

葡萄修虎蛾 郭宪 摄

铅闪拟灯蛾 *Neochera dominia* Cramer（夜蛾科 Noctuidae）

【识别要点】翅展66～80 mm。头白色有1块橙黄色斑；胸、腹部白色，背面覆盖橙黄色；翅基片与后胸具黑点；腹部背面及亚侧面具黑点；翅的色泽多变，由浅至暗的铅灰色，有闪光，前翅基部有橙黄色斑及黑点，翅脉及亚中褶白色，缘毛黑白相间；后翅白色，中室端具方形闪光蓝黑色斑，外缘1列有蓝黑闪光斑，或整个端部暗铅灰色。【习性】成虫吸食果汁。【分布】广东、云南；印度尼西亚、缅甸、马来西亚、泰国、菲律宾、印度等。

日龟虎蛾 *Chelonomorpha japona* Motschulsky（夜蛾科 Noctuidae）

【识别要点】成虫体长23 mm左右，翅展60 mm左右。头部及胸部黑色，下唇须基部、头顶、颈板及翅基片有蓝白斑；腹部黄色，背面有黑横条；前翅黑色，布有大大小小的白斑；后翅杏黄色，具黑斑，基部黑色，端带黑色，前宽后窄，内缘波曲，近顶角处1组白斑。【分布】福建、广东、西南地区；日本。

豪虎蛾 *Scrobigera amatrix* (Westwood)（夜蛾科 Noctuidae）

【识别要点】体长24 mm，翅展73 mm。头部、胸部及腹部黑色，前、中足腿节有黄毛；前翅黑色微闪蓝，环纹及肾纹只现蓝条，中室中部有1个方形黄斑，第2，3脉基部之间有1个扁黄斑，其后有1扁圆黄斑，第4—8脉脉间有4个扁黄斑，位于外区；后翅中部有1个大橘黄色斑，其余部分黑色，顶角外缘毛白色。【分布】湖南、浙江、四川；印度。

葡萄修虎蛾 *Sarbanissa subflava* (Moore)（夜蛾科 Noctuidae）

【识别要点】体长18 mm左右，翅展49 mm左右。头部及胸部紫色，颈板及后胸端部暗蓝色；前翅灰黄色，密布紫棕色细点，后缘区及端区大部紫棕色，内线灰黄色，外斜至中室折角内斜并呈双线，环纹与肾纹紫棕色灰黄边，外线双线灰黄色；后翅杏黄色，端区有一紫棕色宽带，其内缘中部凹，近臀角有一褐黄色斑，中室有一暗灰色斑。【寄主】葡萄、爬山虎。【分布】黑龙江、辽宁、河北、山东、湖北、浙江、重庆、贵州；日本、朝鲜。

中金弧夜蛾 *Thysanoplusia intermixta* (Warren)（夜蛾科 Noctuidae）

【识别要点】成虫体中小型，体色褐色前翅中后处有1块金色光亮的大斑，呈反向的L形，斑块内尚有1块横向波浪状的斑纹。【寄主】胡萝卜、莴苣等。【分布】东北、华北、湖北、重庆、四川、台湾；日本、印度、印度尼西亚、马来西亚、澳大利亚。

艳叶夜蛾 *Eudocima salaminia* Cramer（夜蛾科 Noctuidae）

【识别要点】成虫体长35 ~ 37 mm，翅展76 ~ 83 mm。头部及胸部褐绿色带灰色；腹部黄色；前翅前缘区和外缘区白色，布有暗棕色细纹，向前缘脉渐带绿色，其余翅色金绿色，翅脉紫红色，亚中褶有一紫红色纵纹。【习性】成虫出现于2—11月，生活在低、中海拔山区。夜晚具趋光性。【寄主】蝙蝠葛属植物。【分布】浙江、江西、广东、广西、云南、台湾；印度、大洋洲、南太平洋诸岛、非洲。

掌夜蛾 *Tiracola plagiata* (Walker)（夜蛾科 Noctuidae）

【识别要点】体长20 ~ 22 mm，翅展51 ~ 55 mm。头部与胸部褐黄色，下唇须第2节外侧黑棕色；前翅褐黄色，端区带有暗灰色和赤褐色，基线只前端现1黑点，其后有一些棕色点，内线黑棕色，波浪形，环纹微带褐边，肾纹大，红棕色，后半有1黑棕色纹，中线褐色，外线前后端黑棕色，其余为黑点，亚端线黄色，内侧衬赤褐色，后翅烟褐色。【分布】湖南、浙江、台湾、福建、四川、云南；印度、斯里兰卡、印度尼西亚。

树皮乱纹夜蛾 *Anisoneura hypocyanea* Guenee（夜蛾科 Noctuidae）

【识别要点】翅展106 mm左右。头部、颈板及下胸前方黑棕色，翅基片棕色；腹部暗棕色；前翅褐棕色，前缘区带灰白色，基线棕黑色锯齿形达1脉，内线黑色，至中脉后折向内斜，前端有1个三角形黑斑，环纹暗黄绿色，肾纹棕色，后缘黑色，两侧及后方有黄色点。【分布】广西、香港、四川、云南、西藏；印度、缅甸、新加坡、马来西亚。

中金弧夜蛾 | 张巍巍 摄
艳叶夜蛾 | 张宏伟 摄
掌夜蛾 | 张巍巍 摄
树皮乱纹夜蛾 | 廖原 摄

辐射夜蛾 | 张巍巍 摄

胡桃豹夜蛾 | 郭宪 摄

卷裳目夜蛾 | 张巍巍 摄

辐射夜蛾 *Apsarasa radians* (Westwood)（夜蛾科 Noctuidae）

【识别要点】翅展49 mm左右。头部及胸部蓝黑色；腹部蓝黑色，基部几节背面有粉黄斑；前翅底色粉黄色，中部为蓝黑色棒状条，带许多同色的辐射条；后翅基半部褐黑色，前缘及外半部粉黄色，第6，7，8脉各有1条黑纵条。【分布】台湾、福建、广东、海南、云南。

胡桃豹夜蛾 *Sinna extrema* (Walker)（夜蛾科 Noctuidae）

【识别要点】翅展32 ~ 40 mm。头部及胸部白色，颈板、翅基片及前后胸有橘黄色斑；腹部黄白色，背面微带褐色；前翅橘黄色，有许多白色多边形斑，外线为完整曲折白带，顶角有一大白斑，中有4个黑小斑，外缘后半部有3个黑点；后翅白色微带淡褐色。【寄主】胡桃、枫杨。【分布】黑龙江、陕西、海南、江苏、浙江、湖北、湖南、江西、福建、海南、四川、重庆；日本。

卷裳目夜蛾 *Erebus macrops* (Linnaeus)（夜蛾科 Noctuidae）

【识别要点】翅展108 ~ 110 mm。全体暗褐色，前翅各横线棕黑色，内线双线，内一线外斜至亚中褶后呈波浪形，翅中部有1个大眼形斑，由肾纹及1条黑弧线合成，其后半及端部有银蓝色纹，弧线与肾纹间黑色，外线双线波浪形；后翅中线棕黑色，弧形，外线双线棕黑色，波浪形。【分布】福建、江西、广东、海南、四川、云南；日本、印度、尼泊尔、缅甸、斯里兰卡、印度尼西亚。

玉边目夜蛾 *Erebus albicinctus* Kollar（夜蛾科 Noctuidae）

【识别要点】翅展100 mm左右。全体黑褐色；前翅带蓝紫色，中部有一大眼形斑，其内半褐色黑边，外半黑色肾形斑，中有2个粉蓝色点，后端有1条粉蓝色曲线，黑斑外围以暗绿色弧形纹，其中有1条暗线，外线白色，粗，微锯齿形外弯，端区翅脉白色，缘毛白色。【分布】台湾、重庆、四川、贵州、云南；印度、缅甸。

毛目夜蛾 *Erebus pilosa* (Leech)（夜蛾科 Noctuidae）

【识别要点】翅展90 mm左右。头部、胸部及腹部棕褐色；雄蛾前翅黑褐色带青紫色闪光，内半部在中室后被以褐色香鳞，内线黑色达中脉，肾纹红褐色，后端具2齿，有少许银蓝色，黑边，中线半圆形外弯，绕过肾纹，内侧褐色，与肾纹之间黑色。【分布】浙江、湖北、福建、江西、重庆、四川。

魔目夜蛾 *Erebus crepuscularis* Linnaeus（夜蛾科 Noctuidae）

【识别要点】成虫翅展宽77 ~ 90 mm。翅膀表面褐色；上翅具有1枚大眼纹；各翅外缘锯齿状，中央具1条白色细线，停栖时连接上、下翅呈1条弧形白线条。【分布】湖北、江西、四川、广东、福建；日本、印度、斯里兰卡、缅甸、新加坡、印度尼西亚。

玉边目夜蛾 | 郭宪 摄

毛目夜蛾 | 郭宪 摄

魔目夜蛾 | 陈尽 摄

旋目夜蛾 | 张巍巍 摄　黄带拟叶夜蛾 | 张巍巍 摄　凡艳叶夜蛾 | 张巍巍 摄　枝夜蛾 | 张巍巍 摄

旋目夜蛾 *Spirama retorta* (Clerck)（夜蛾科 Noctuidae）

【识别要点】成虫体中型，翅面黑褐色，翅型宽大，前翅有3条黑色横带，第2列横带上有一枚C形大眼纹，第3列横带中后端的下缘具灰白色，亚端线为黑色的波状纹，后翅有不明显的灰白色横带但无拟眼斑。【寄主】合欢。【分布】辽宁、江苏、浙江、湖北、四川、江西、福建、广东、云南、台湾；日本、朝鲜、印度、缅甸、斯里兰卡、马来西亚。

黄带拟叶夜蛾 *Phyllodes eyndhovii* Vollenhoven（夜蛾科 Noctuidae）

【识别要点】翅展100～105 mm。头部及胸部棕褐色；腹部灰褐色；前翅棕褐色，环纹为一黑点，肾纹褐色斜弯，中有棕色圈，翅尖至肾纹后有一黑棕色斜线，外线隐约可见，翅尖极尖而垂呈钩形；后翅棕褐色，中带黄色曲折，两侧带有黑色，缘毛灰白色。【分布】福建、广东、海南、四川；印度、印度尼西亚。

凡艳叶夜蛾 *Eudocima fullonica* (Clerck)（夜蛾科 Noctuidae）

【识别要点】翅展93～96 mm。头部及胸部赫褐色；腹部褐黄色；前翅赫褐色，翅脉上布有黑色细点，内线黑褐色内斜，肾纹隐约可见，色稍淡，外线不明显；后翅橘黄色，端区有一黑色宽带，其外缘与缘毛上的黑斑合成锯齿形，2脉至亚中褶有一黑色曲条。【寄主】木通；成虫吸食柑橘、苹果、桃、梨、番石榴、荔枝等果汁。【分布】黑龙江、山东、江苏、浙江、湖南、台湾、福建、广东、海南、广西、四川、云南；日本、朝鲜、大洋洲、非洲。

枝夜蛾 *Ramadasa pavo* (Walker)（夜蛾科 Noctuidae）

【识别要点】翅展36～47 mm。头部及胸部银灰色杂黑色，触角基节上缘黑色，下缘黄色，颈板基部黑色，足黄色；腹部黄色；前翅淡红棕色，基部至中线密布蓝灰色与黑色细点，此段前缘脉黄色，有5个黑点，中线黑色外斜，肾纹为一窄长黑色弧形条；后翅黄色。【分布】福建、广东、海南、云南；印度、斯里兰卡。

蓝条夜蛾 *Ischyia manlia* (Cramer)（夜蛾科 Noctuidae）

【识别要点】翅展85～100 mm。全体红棕色至黑棕色，雄蛾前翅基部色暗，内线微黑，内侧衬黄色，达中室，环纹大，淡褐灰色，肾纹大，前端及外缘呈二外突齿，后端向内呈一齿，淡褐灰色，中有黑点及曲纹，环纹后有一黄纹，其两侧黑色，肾纹后有1三角形黄斑，其外侧有1大三角形黑斑。【寄主】榄仁树属、樟属；成虫吸食果汁。【分布】山东、浙江、湖南、福建、广东、海南、广西、云南；印度、缅甸、斯里兰卡、菲律宾、印度尼西亚。

内黄血斑瘤蛾 *Siglophora sanguinolenta* Moore（瘤蛾科 Nolidae）

【识别要点】前翅黄色，中后半具黑褐色的方形斑，斑内有不明显的脉纹。【分布】云南、台湾。

红衣瘤蛾 *Clethrophora distincta* (Leech)（瘤蛾科 Nolidae）

【识别要点】翅展26 mm左右。头部及胸部绿色，下唇须棕色，前缘白色，前足跗节有红色环；腹部白色；前翅绿色，前缘棕色，后缘基部有棕斑，内线白色外斜，外线白色，外斜至7脉折向后垂，前缘脉外半有白色短纹，端线黑色，缘毛棕色，端部白色。【分布】广东、广西、四川；日本、印度、斯里兰卡、马来西亚、印度尼西亚、大洋洲。

蓝条夜蛾 张巍巍 摄

内黄血斑瘤蛾 张宏伟 摄

红衣瘤蛾 张巍巍 摄

裳凤蝶 *Troides helena* (Linnaeus)（凤蝶科 Papilionidae）

【识别要点】翅展110～140 mm。前翅黑色，后翅金黄色。近似金裳凤蝶，区别在于雄蝶后翅正面近臀角处外缘黑斑的内侧没有散布的黑色鳞，雌蝶后翅的外缘斑和亚外缘斑多少有些相连。图为雄蝶。【习性】经常沿山路飞翔或在山谷间盘旋，喜访花，也常到路边积水处吸水。【分布】云南、广东、香港、海南。

曙凤蝶 *Atrophaneura horishana* (Matsumura)（凤蝶科 Papilionidae）

【识别要点】无尾突，雄蝶通常黑色，雌蝶色较浅，后翅正反面均有2列黑斑，后翅反面端半部呈桃红色，极容易辨认。一年发生一代，为台湾特有种。【习性】喜访花。【分布】台湾。

长尾麝凤蝶 *Byasa impediens* (Rotschild)（凤蝶科 Papilionidae）

【识别要点】翅黑褐色，前翅翅脉以及翅面间布有黑色线纹，后翅通常具有7个淡红色斑。本种有2个亚种，图示为台湾亚种（*B. i. febanus*），其特点是后翅红色斑极为发达。【习性】飞行缓慢，喜访花。【分布】甘肃、陕西、河南、浙江、福建、江西、云南、台湾。

灰绒麝凤蝶 *Byasa mencius* (C. & R. Felder)（凤蝶科 Papilionidae）

【识别要点】近似长尾麝凤蝶的指名亚种（*B. i. impediens*），区别在于本种雄蝶后翅褶皱内全部覆有灰白色鳞毛，野外很难分辨，但本种后翅常有6个新月形红斑且红斑略偏紫，雌蝶正面多为黑色。【习性】飞行缓慢，多见访花。【分布】华东、华南、中南。

裳凤蝶 李元胜 摄

曙凤蝶 林义祥 摄

长尾麝凤蝶 林义祥 摄

灰绒麝凤蝶 寒枫 摄

斑凤蝶 | 偷米 摄

小黑斑凤蝶 | 郭宪 摄

褐斑凤蝶 | 张宏伟 摄

玉带凤蝶 | 任川 摄

斑凤蝶 *Chilasa clytia* (Linnaeus)（凤蝶科 Papilionidae）

【识别要点】本种色型变化明显，有棕色型和白斑型以及一些过渡型。所有型的后翅反面外缘从臀角到前角都有宽度均匀的黄斑，可与大多近缘种区分。【习性】喜访花。【分布】福建、广东、广西、香港、海南、台湾。

小黑斑凤蝶 *Chilasa epycides* (Hewitson)（凤蝶科 Papilionidae）

【识别要点】整体色彩较黑，翅面与翅里斑纹类似，都有沿翅脉方向的黄白色线纹，中室内也有纵向的黄白色线纹且直到中室端而不中断，后翅臀角处有单个黄斑。【习性】一年一代，早春发生，喜访花。【分布】华东、华南、中南、西南。

褐斑凤蝶 *Chilasa agestor* (Gray)（凤蝶科 Papilionidae）

【识别要点】近似斑蝶的凤蝶，翅狭长呈青灰色，无尾突，翅脉黑色，前翅中室内有3条黑色细线；后翅外缘和臀角处棕褐色，中室内有2条褐色细线。【习性】一年一代，喜访花。【分布】华东、华南、西南。

玉带凤蝶 *Papilio polytes* Linnaeus（凤蝶科 Papilionidae）

【识别要点】雄蝶后翅有横向的白斑列。雌蝶多型，常见的白斑型拟态有毒的红珠凤蝶，但可根据翅形较宽短及腹部没有红色鳞来区别，还可根据后翅反面内缘红斑与臀角红斑大多相连以及外缘红斑在前角处较大来区分。【习性】最常见的凤蝶之一，常见访花，城市绿化带内也能见到。【分布】华北、华东、华南、中南、西南。

玉斑凤蝶 张巍巍 摄
宽带凤蝶 西叶 摄
牛郎凤蝶 黄灏 摄
蓝凤蝶 钟茗 摄
美凤蝶 张巍巍 摄

玉斑凤蝶

Papilio helenus Linnaeus

（凤蝶科 Papilionidae）

【识别要点】大型凤蝶，后翅具白色斑块，占据5，6，7室，但不进入4室。后翅臀角至少有一个清晰的红色月牙状斑纹，反面亚外缘斑列为红色。【习性】常沿山路飞行，也见于花上和水边。【分布】华东、华南、中南、西南。

宽带凤蝶

Papilio nephelus Boisduval

（凤蝶科 Papilionidae）

【识别要点】后翅具黄色或白色斑块，占据第4—7室。与玉斑凤蝶近似，但正面臀角处全黑，没有红斑，反面亚外缘斑列呈黄色。【习性】常沿山路飞行，也见于花上和水边。【分布】华南、中南、西南、台湾。

牛郎凤蝶

Papilio bootes Westwood

（凤蝶科 Papilionidae）

【识别要点】翅形狭长，两性都有尾突，正面前翅及反面前后翅的基部都有红斑。带白斑的亚种较近似于红基美凤蝶的雌蝶，但后翅尾突的两个侧边近乎等长可资区分。国内有3个明显区分的亚种。【习性】较少见的凤蝶，常见于水边吸水。【分布】河南、陕西、四川、云南、西藏。

蓝凤蝶

Papilio protenor Cramer

（凤蝶科 Papilionidae）

【识别要点】翅黑色并具有蓝色天鹅绒光泽，雄蝶后翅正面前缘处有一个新月形白斑，后翅反面近前角处至少有2个月牙状红斑，臀角处有1个红斑。【习性】常沿山路飞行，访花，也常在水边吸水。【分布】华东、华南、中南、西南。

美凤蝶

Papilio memnon Linnaeus

（凤蝶科 Papilionidae）

【识别要点】大型凤蝶，雄蝶无尾突，类似蓝凤蝶，但后翅更宽大，正面后翅臀角无红斑，前缘无白色区，反面后翅前角无红斑，反面前后翅基部有红斑。雌蝶多型，尾突可有可无，后翅宽大且中域有白斑。【习性】南方常见的大型凤蝶，访花，也常在水边吸水。【分布】华东、华南、中南、西南。

红基美凤蝶

Papilio alcmenor Felder

（凤蝶科 Papilionidae）

【识别要点】翅形狭窄。翅面近黑色带蓝色天鹅绒光泽，雄蝶无尾突和白斑，雌蝶后翅有尾突和中域白斑（至少有白色鳞片）。正面前翅基部多数亚种的雌雄两性都有红色斑。反面前翅基部及后翅的基部与内缘区所有亚种的两性都有红色斑块。【习性】常见于水边吸水。【分布】陕西、河南、湖北、四川、重庆、云南、广西、海南、西藏。

红基美凤蝶 周纯国 摄

碧凤蝶

Papilio bianor Cramer

（凤蝶科 Papilionidae）

【识别要点】易与绿带翠凤蝶南方型混淆，但前翅较宽短，前角略钝，雄蝶前翅正面第2脉上的性标与第3脉上的性标不连接，后翅正面的金属光泽的绿色鳞片扩散较广，几达亚外缘斑。近来日本学者的研究将华北亚种提升为独立种（北方碧凤蝶 *Papilio dehaanii*），并把波绿凤蝶归入碧凤蝶。【习性】常见访花或吸水，为南方最常见凤蝶之一。【分布】西南、华南、华东、台湾、重庆、陕西、甘肃、河南、西藏。

碧凤蝶 周纯国 摄

台湾凤蝶

Papilio thaiwanus Rothschild

（凤蝶科 Papilionidae）

【识别要点】类似蓝凤蝶，区别在于该蝶前后翅基部以及后翅内缘为红色，后翅布有红斑和白斑。也近似于红基美凤蝶，但翅较宽阔，反面红斑和白斑发达，雌蝶后翅白斑特别大且没有尾突。为台湾特有种，图示为雄蝶。【习性】喜访花，也常在水边吸水。【分布】台湾。

台湾凤蝶 林义祥 摄

绿带翠凤蝶 *Papilio maackii* Ménétries（凤蝶科 Papilionidae）

【识别要点】近似于碧凤蝶及北方碧凤蝶（*Papilio dehaanii*），但该蝶前翅较狭长。分北方型和南方型：北方型前后翅正面有明显较亮的横带纹，可与碧凤蝶及北方碧凤蝶区分；南方型雄蝶前翅表面的性标较碧凤蝶发达，两性正面后翅的蓝绿色鳞片扩散较窄，较远离亚外缘斑。【习性】常见访花和吸水，常与碧凤蝶混飞。【分布】东北、华北、华东、西南。

巴黎翠凤蝶 *Papilio paris* Linnaeus（凤蝶科 Papilionidae）

【识别要点】翅表散布金绿色鳞片，后翅正面有大块的金属蓝色斑块，蓝斑与后翅内缘间有金绿色细带纹相连。后翅反面外缘具有新月形红斑。有学者认为，本种的台南亚种应为独立种（*Papilio hermosanus*），该种雄蝶前翅具有性标、后翅蓝斑被翅脉分隔明显且只分布在台湾中南部，由此可与本种区别。【习性】常见于水边吸水或访花。【分布】华东、华南、中南、西南。

柑橘凤蝶 *Papilio xuthus* Linnaeus（凤蝶科 Papilionidae）

【识别要点】与金凤蝶相似，但翅色更白，只有部分雌蝶翅色较黄难以分辨，区别在于该蝶前翅正反面中室基半部有纵向黑色条纹，后翅臀角黄色斑内有黑色瞳点。【习性】国内最常见的凤蝶之一，甚至在城市里的绿化带也经常见到。【分布】遍布全中国。

金凤蝶 *Papilio machaon* Linnaeus（凤蝶科 Papilionidae）

【识别要点】翅金黄色带黑斑，有细小的尾突。前翅正中室基半部具有细小的颗粒状黑点，后翅臀角黄斑内无黑色瞳点。本种是世界上最广布的凤蝶，地理分化较多，国内有10多个有效亚种。【习性】常见于山颠、山谷、草原和草甸地带以及农田。【分布】国内分布于除海南以外的所有地区。

绿带翠凤蝶 | 刘晔 摄　巴黎翠凤蝶 | 钟茗 摄　柑橘凤蝶 | 周纯国 摄

金凤蝶 | 钟茗 摄

达摩凤蝶 | 张巍巍 摄

绿带燕凤蝶 | 倪一农 摄

燕凤蝶 | 杰仔 摄

达摩凤蝶

Papilio demoleus Linnaeus

（凤蝶科 Papilionidae）

【识别要点】黄黑相间的无尾凤蝶，易与其他凤蝶区分。【习性】常见访花。【分布】浙江、福建、广东、广西、香港、海南、云南、台湾。

绿带燕凤蝶

Lamproptera meges (Zinken)

（凤蝶科 Papilionidae）

【识别要点】该蝶与燕凤蝶区分在于前后翅正反面的中带颜色为绿色或蓝白色。两种凤蝶经常在溪边混飞。【习性】常见其在溪边吸水。【分布】广西、海南、云南。

燕凤蝶

Lamproptera curia (Fabricius)

（凤蝶科 Papilionidae）

【识别要点】该蝶尾突极长，前翅端半部有半透明区域，易与其他凤蝶区分。该蝶与近缘种绿带燕凤蝶的区分在于前后翅正反面的中带颜色为白色。【习性】飞行技巧高，飞行中易被误认为蜻蜓，常在溪边吸水、飞行，也见于森林小路上。【分布】广东、广西、海南、云南、贵州、香港。

宽尾凤蝶 | 西叶 摄

青凤蝶 | 张巍巍 摄

宽尾凤蝶 *Agehana elwesi* (Leech)（凤蝶科 Papilionidae）

【识别要点】该蝶尾突内有两条翅脉，易与其他凤蝶区分。但野外容易与榆凤蛾混淆。【习性】常见在天空高处翱翔，也常于水边吸水。【分布】华东、华南、中南、西南。

青凤蝶 *Graphium sarpedon* (Linnaeus)（凤蝶科 Papilionidae）

【识别要点】无尾突，前翅只有1列与外缘平行的蓝绿色斑块形成蓝色宽带，此外没有任何中室斑及亚外缘斑，据此可与同属其他蝶种区分。【习性】飞行迅速，访花，常见于水边吸水及在树冠处快速飞翔。为常见凤蝶，城市内也经常见到。【分布】华南、西南、中南、华东。

碎斑青凤蝶 *Graphium chironides* (Honrath)（凤蝶科 Papilionidae）

【识别要点】无尾突，前翅除中间1列蓝绿色斑块外，另有中室斑列及亚外缘斑列，后翅中室两侧都有很粗的黑边，以此可与大多数同属凤蝶区分。与黎氏青凤蝶最近似，但前翅近后缘的2个斑条明显宽短，后翅第7室明显宽阔。【习性】飞行迅速，访花，也常见于水边吸水。【分布】浙江、江西、福建、广东、广西、海南、四川。

黎氏青凤蝶 *Graphium leechi* (Rothschild)（凤蝶科 Papilionidae）

【识别要点】与碎斑青凤蝶非常近似，尤其此两种在后翅反面前缘基部的橙斑大小和位置上都有一些个体变异。两者稳定的区分在于：黎氏青凤蝶前翅近后缘的2个斑条明显狭长，后翅第7室狭窄导致该翅室的斑块明显比碎斑青凤蝶狭窄。【习性】多见访花，曾有人观察到该种与碎斑青凤蝶混飞。【分布】浙江、江西、福建、云南、四川。

碎斑青凤蝶 | 杰仔 摄

黎氏青凤蝶 | 任川 摄

统帅青凤蝶 *Graphium agamemnon* (Linnaeus) （凤蝶科 Papilionidae）

【识别要点】有明显的尾突，前翅除中间1列黄绿色斑块外，中室内有2列黄绿色斑块，亚外缘有1列斑块，后翅有3列近乎平行的黄绿色斑块，据此可与其他种类区分。【习性】飞行迅速，非常警觉。【分布】浙江、福建、台湾、广东、广西、海南、云南。

宽带青凤蝶 *Graphium cloanthus* (Westwood) （凤蝶科 Papilionidae）

【识别要点】尾突长，前翅仅中间有1列宽大的浅绿色斑块形成的中带，无亚缘斑列，后翅除中带外另有1列亚外缘斑列。【习性】常见于水边。【分布】华东、华南、中南、西南。

纹凤蝶 *Paranticopsis macareus* (Godart) （凤蝶科 Papilionidae）

【识别要点】前翅中室内有黑白相间的倾斜条纹，据此可与斑凤蝶属的种类区分。后翅中室外侧中域的条纹队列并不分裂成2对斑列，后翅中室内有倾斜的黑色线纹，据此可与其他纹凤蝶属的种类区分。【习性】常见于水边吸水。【分布】云南、广西、海南。

乌克兰剑凤蝶 *Pazala tamerlana* (Oberthür) （凤蝶科 Papilionidae）

【识别要点】正反面后翅的中线都非常清晰笔直，没有分叉；后翅反面中室脉上无黑鳞。与金斑剑凤蝶近似，但该蝶个体较大，两翅翅形较宽阔，后翅正面1b室内的橙斑内侧没有浓重的黑斑，最可靠的是后翅反面1b室内的橙斑与2室内的橙斑不相连，被黑色鳞断开。图示为大理亚种。【习性】常见在水边吸水，也曾见沿小路或山谷飞行。【分布】甘肃、陕西、河南、四川、云南。

统帅青凤蝶 | 偷米 摄

宽带青凤蝶 | 杰仔 摄

纹凤蝶 | 钟茗 摄

乌克兰剑凤蝶 | 钟茗 摄

铁木剑凤蝶 *Pazala timur* (Ney)（凤蝶科 Papilionidae）

【识别要点】后翅正面中带连贯清晰（与华夏剑凤蝶*G. glycerion*区分），为单一条带（与升天剑凤蝶*G.eurous*区分），在后端分叉，第3脉呈黑色（与其他剑凤蝶区分）。【习性】常见访花或于水边吸水，一年仅一代，早春发生。【分布】浙江、福建、江西、台湾、重庆、四川。

褐钩凤蝶 *Meandrusa sciron* (Leech)（凤蝶科 Papilionidae）

【识别要点】翅正面棕黑色，有黄色横带，亚外缘有黄色斑列。原本种的一个亚种*M.S. lachinus* Fruhstorfer根据同地分布、翅面特征、生殖器与足的稳定区别已经被提升为独立种，根据目前在我国只分布于西藏东南角，中名拟订为西藏钩凤蝶（*Meandrusa lachinus*）。本种与西藏钩凤蝶最稳定的区分在于尾突较短，多数个体都有黄色中带，但也有全黑色个体，很难和西藏钩凤蝶区分。【习性】常见于小路上积水处或岩壁上吸水。【分布】福建、广东、江西、四川、重庆、陕西。

丝带凤蝶 *Sericinus montelus* Gray（凤蝶科 Papilionidae）

【识别要点】尾突细长，体纤弱，雄蝶底色白色，雌蝶底色黑色并具白色斑纹，易与其他凤蝶区分。春型个体尾突较短。【习性】飞翔缓慢，多在寄主（马兜铃）附近活动。【分布】东北、华北、华东。

褐钩凤蝶 | 李元胜 摄

铁木剑凤蝶 | 郭宪 摄

丝带凤蝶 | 倪一农 摄

多尾凤蝶 | 倪一农 摄

三尾凤蝶 | 李小杰 摄

多尾凤蝶 *Bhutanitis lidderdalii* Atkinson（凤蝶科 Papilionidae）

【**识别要点**】体、翅黑褐色。前翅特别狭长，有7条明显的淡黄白色细纹，多呈波状。后翅外缘区有弯月形斑纹，臀区有大圆形深红色斑；外缘有3条长的尾状突和2条短的尾状突。上述特征是本种与其他近缘种类的主要区别。【**习性**】寄主为马兜铃属植物。秋季发生，常在树冠层飞翔，有时在林间小路上吸水。【**分布**】云南、四川；印度、缅甸、不丹、泰国。

三尾凤蝶 *Bhutanitis thanitis* (Blanchard)（凤蝶科 Papilionidae）

【**识别要点**】身体黑色，腹面有白色绒毛。翅黑色。前翅有8条横带。后翅尾突3个。翅反面脉纹及脉间纹十分清晰，其余与正面相似。【**习性**】马兜铃科的木香马兜铃。【**分布**】云南、甘肃、陕西、四川、西藏。

中华虎凤蝶 | 拐拐 摄

阿波罗绢蝶 | 倪一农 摄

中华虎凤蝶 *Luehdorfia chinensis* Leech（凤蝶科 Papilionidae）

【识别要点】翅黄色并具黑色条纹，尾突短。本种与虎凤蝶区别在于后翅正面红色斑发达。【习性】发生期早，仅在早春可见，常在寄主（细辛、杜衡）附近发现。【分布】江苏、浙江、安徽、江西、湖北、河南、陕西。

阿波罗绢蝶 *Parnassius apollo* (Linnaeus)（凤蝶科 Papilionidae）

【识别要点】前翅中带位置上的3个斑全为黑色且无任何红色鳞，后翅正面基部无清晰的红斑，亚外缘无明显的黑带。据此可与近似种区分。【分布】新疆。

小红珠绢蝶 | 唐志远 摄

小红珠绢蝶 *Parnassius nomion* Fischer & Waldheim（凤蝶科 Papilionidae）

【识别要点】前翅中带位置上的3个斑全为带黑边的红色斑，且红色面积较大，后翅正面基部有清晰的红斑。据此可与大多数绢蝶种类区分。【习性】常见于草甸地带，飞翔较慢，访花。【分布】东北、华北、西北。

冰清绢蝶 *Parnassius glacialis* Butler（凤蝶科 Papilionidae）

【识别要点】翅近乎全白，也有黑化个体出现，无任何红斑，前翅中室及亚外缘有不清晰的灰色斑带。该蝶与白绢蝶近似，区分在于个体较大，雄蝶颈部及腹侧有明显的橙黄色毛（白绢蝶为较灰的毛），雌蝶臀袋明显较短。【习性】飞翔缓慢，常见于林间草地，有时也沿山路飞翔。【分布】东北、华北、华东、西北。

冰清绢蝶 | 刘思阳 摄

迁粉蝶 | 钟茗 摄

梨花迁粉蝶 | 钟茗 摄

黑角方粉蝶 | 郭宪 摄

檀方粉蝶 | 张宏伟 摄

斑缘豆粉蝶 | 倪一农 摄

迁粉蝶

Catopsilia pomona (Fabricius)

（粉蝶科 Pieridae）

【识别要点】本种多型现象明显。正面前后翅底色相近（镉黄迁粉蝶前后翅色不同），大多都带有黄色（梨花迁粉蝶为白色或粉绿色），且反面底色比较黄，斑纹大多数比较发达（梨花迁粉蝶底色更白且斑纹多为模糊的鳞波状）。【习性】常见访花或于水边吸水。【分布】海南、广东、广西、云南、四川、台湾、西藏、福建。

梨花迁粉蝶

Catopsilia pyranthe (Linnaeus)

（粉蝶科 Pieridae）

【识别要点】正反面底色较白，反面大多带有模糊的鳞波状斑纹。【习性】常见访花或于水边吸水。【分布】海南、广东、广西、云南、四川、台湾、西藏、福建、江西。

黑角方粉蝶

Dercas lycorias (Doubleday)

（粉蝶科 Pieridae）

【识别要点】雄蝶正面中域无黑色斑点，雌蝶有1个明显的黑色圆斑。该种与檀方粉蝶区别在于后翅4脉不尖出；与橙翅方粉蝶更接近，但正面底色为黄色，没有大片的红色，前翅正面外缘黑斑退化，仅在顶角较发达，没有沿4脉侵入。【习性】常见于林中小路上吸水或访花。【分布】华东、华南、西南、中南。

檀方粉蝶

Dercas verhuelli (Hoeven)

（粉蝶科 Pieridae）

【识别要点】翅黄色，前翅正面顶角处黑色，后翅外缘角状突出明显。翅反面斑纹红褐色，中室端有1个褐色斑，翅中域有1条褐色细线。【习性】常见访花。【分布】海南、广东、香港、广西、福建、四川。

斑缘豆粉蝶

Colias erate (Esper)

（粉蝶科 Pieridae）

【识别要点】最常见的豆粉蝶之一。两性前翅正面外缘黑带占翅面的1/3，内有成列黄色斑，但第3室内无斑，后翅正面中室端有清晰的橙黄色圆斑，据此可与大多豆粉蝶种类区分开。本种与豆粉蝶最接近，但其前翅第2室内的亚外缘黄斑完全被黑边包围，不与黄色中域沟通。【习性】常见于草甸地带、农田、荒地或者城市绿化带。【分布】东北、华北、西北、华南、中南。

橙黄豆粉蝶

Colias fieldii Ménétriés

（粉蝶科 Pieridae）

【识别要点】两性正面底色橙黄色，外缘有较宽的黑边，该黑边的内缘在第4脉上明显弯折，后翅正面中室端斑为模糊的两个相连的水滴状淡橙黄色斑块。雄蝶正面黑边内没有任何黄斑，后翅正面前缘近基部有淡黄色圆形性标。雌蝶正面前翅黑边内具1列黄斑（在第4室内缺失），后翅黑边内有1列近乎相连但并不愈合的黄色斑块。【习性】常见于草甸地带。【分布】东北、华北、四川、云南、甘肃、青海、陕西、湖北、河南、广西、贵州。

宽边黄粉蝶

Eurema hecabe (Linnaeus)

（粉蝶科 Pieridae）

【识别要点】最常见的粉蝶之一。季节多型现象明显，秋冬型前翅正面外缘斑纹多消失，翅反面褐色斑纹发达。春夏季节常见类型则前翅前角圆钝，后翅在第3脉处有较圆滑的弯折，前翅正面黑边的内缘在第3脉上向内尖出，且在第1b室内和在第4室内近乎等宽，前翅反面中室内有2个斑点。【习性】多见访花或吸水。【分布】华北、华东、华南、中南、西南。

檗黄粉蝶

Eurema blanda (Boisduval)

（粉蝶科 Pieridae）

【识别要点】季节多型现象明显，旱季型正面外缘黑边较宽，反面斑点发达，雨季型正面外缘黑边较窄，反面斑纹退化。斑纹发达的个体前翅反面中室内有3个黑斑，易与宽边黄粉蝶和安迪黄粉蝶区分。【习性】常见在路边缓慢飞行或在水边吸水，经常大量发生。【分布】广东、广西、云南、海南、台湾。

尖钩粉蝶

Gonepteryx mahaguru Gistel

（粉蝶科 Pieridae）

【识别要点】体型小，两翅尖角更为尖锐。与钩粉蝶更近似，但前翅前缘较弯，后翅反面中室前脉及第7脉并不膨大。【习性】喜访花。【分布】东北、华北、西南。

圆翅钩粉蝶

Gonepteryx amintha Blanchard

（粉蝶科 Pieridae）

【识别要点】体型较大，且前后翅尖角较钝，雄蝶正面翅色橙黄显著，雌蝶则为白色，两性后翅反面中室前脉及第7脉膨大极为明显。【习性】常见访花或吸水。【分布】华东、西南、台湾、西藏。

橙黄豆粉蝶 周纯国 摄

宽边黄粉蝶 杰仔 摄

檗黄粉蝶 张宏伟 摄

尖钩粉蝶 唐志远 摄

圆翅钩粉蝶 郭宪 摄

台湾钩粉蝶 | 林义祥 摄　　橙粉蝶 | 钟茗 摄

台湾钩粉蝶 *Gonepteryx taiwana* Paravicini（粉蝶科 Pieridae）

【识别要点】近似圆翅钩粉蝶，主要区别在于本种后翅外缘呈波状，翅色较淡。为台湾特有种。【习性】栖息于山区，常见访花。【分布】台湾。

橙粉蝶 *Ixias pyrene* (Linnaeus)（粉蝶科 Pieridae）

【识别要点】雄蝶前翅正面有大片镶有黑边的橙斑区，据此可与其他粉蝶区分。雌蝶橙区较窄，常呈白色或黄白色，甚至退化。翅反面底色黄色，没有清晰的黑色带状斑纹，且后翅中室端脉上有单独的1个黑点，据此可与外观相似的迁粉蝶及尖粉蝶类区分开。【习性】较为少见，飞行较快，不易观察。【分布】江西、福建、广东、广西、海南、云南、台湾。

奥古斑粉蝶 *Delias agostina* (Hewitson)（粉蝶科 Pieridae）

【识别要点】前翅反面各脉具黑色鳞，有1条黑色的亚外缘横带，后翅反面底色黄色，具清晰的亚外缘横带与外缘平行，此外无任何斑纹，据此可与其他种类区分。【习性】常见访花或吸水。【分布】四川、云南、海南。

奥古斑粉蝶 | 张宏伟 摄

报喜斑粉蝶 | 张宏伟 摄

优越斑粉蝶 | 李元胜 摄

白翅尖粉蝶 | 张巍巍 摄

报喜斑粉蝶

Delias pasithoe (Linnaeus)

(粉蝶科 Pieridae)

【识别要点】前翅正面中室端斑为较小的白色斑，后翅正面并无清晰的红色斑块，反面中域为大片的黄色，在第5，6室中被分割为两部分，据此可与近缘的红腋斑粉蝶等种类区分开。【习性】常见访花或吸水。【分布】福建、广东、广西、云南、海南、西藏、台湾。

优越斑粉蝶

Delias hyparete Linnaeus

(粉蝶科 Pieridae)

【识别要点】后翅反面亚外缘有大片的红斑，基半部及后缘区底色为黄色，据此可与其他种类区分。【习性】常见访花或吸水。【分布】广东、广西、云南、海南、台湾。

白翅尖粉蝶

Appias albina (Boisduval)

(粉蝶科 Pieridae)

【识别要点】雄蝶近乎无斑，前翅前角更为尖出，可与相近的宝玲尖粉蝶区分。雌蝶中室端部下半部分为白色底色，非黑色且无任何斑可与大部分尖粉蝶的雌蝶区分；前翅第3室内的中域黑斑外侧具白色鳞，可与雷震尖粉蝶区分。【习性】常成群在水边吸水。【分布】华南、台湾、云南。

红翅尖粉蝶

Appias nero (Fabricius)

(粉蝶科 Pieridae)

【识别要点】正面橘红色至砖红色，非常艳丽，反面为红黄色和黄色，易与其他种类区分。【习性】常见于水边吸水。【分布】广东、广西、云南、海南、台湾。

红翅尖粉蝶 | 李元胜 摄

灵奇尖粉蝶 钟茗 摄

红肩锯粉蝶 钟茗 摄

锯粉蝶 杰仔 摄

绢粉蝶 唐志远 摄

灵奇尖粉蝶 *Appias lyncida* (Cramer)（粉蝶科 Pieridae）

【识别要点】雄蝶反面后翅黄色，除1条较宽的黑边外再无其他斑，可与其他尖粉蝶区分。雌蝶正面中室全黑色或污灰色，沿翅脉方向有放射状白斑条带，易与其他种类区分。【习性】常成群在水边吸水。【分布】华南、台湾、云南、西藏。

红肩锯粉蝶 *Prioneris clemanthe* (Doubleday)（粉蝶科 Pieridae）

【识别要点】后翅反面基部有红色斑，可与锯粉蝶区分。另外，雄蝶后翅正面外缘黑边较细，不沿脉向内扩展，雌蝶后翅正面中室边缘及端部无黑色斑。【习性】常见于水边吸水。【分布】华南。

锯粉蝶 *Prioneris thestylis* (Doubleday)（粉蝶科 Pieridae）

【识别要点】后翅反面为更均匀的黄色，基部无红斑，第7室内近第7脉基部有明显的黑斑。这些都可用于识别该种。【习性】常见于水边吸水。【分布】华南、台湾、云南。

绢粉蝶 *Aporia crataegi* (Linnaeus)（粉蝶科 Pieridae）

【识别要点】翅面以白色为主，基本无斑，翅脉黑褐色，前翅翅形略呈三角形，后翅反面不带黄色，一般散有黑灰色鳞。【习性】盛发时数量大，常见访花或吸水。【分布】东北、华北、西北、四川、西藏。

小檗绢粉蝶 *Aporia hippia* (Bremer)（粉蝶科 Pieridae）

【识别要点】翅面基本无斑，翅脉黑色，翅形较绢粉蝶圆润，后翅反面基部有鲜亮的橙黄色斑，与翅色对比明显，据此可与绢粉蝶区分开。【习性】盛发时数量大，常见访花或吸水。【分布】东北、华北、西北、四川。

完善绢粉蝶 *Aporia agathon* (Gray)（粉蝶科 Pieridae）

【识别要点】所有的翅脉都饰以很粗的黑色条纹，前后翅黑色中横带很粗，连贯不间断。【习性】常见在路上的积水处吸水。【分布】云南、西藏。

巨翅绢粉蝶 *Aporia gigantea* Koiwaya（粉蝶科 Pieridae）

【识别要点】本种复眼紫红色，与大翅绢粉蝶（*Aporia largeteaui*）近似，但本种翅稍狭长，前后翅黑色中带发达，后翅反面中室内常有纵线。【习性】飞翔缓慢，飞行中难与大翅绢粉蝶区分。【分布】东北、华北、西北、四川、西藏。

灰姑娘绢粉蝶 *Aporia potanini* Alpheraky（粉蝶科 Pieridae）

【识别要点】后翅翅脉间有纵向的线纹，前后翅反面中室内有隐约可见的纵向线纹。地理变异较大，甘肃、陕西、河南等地产的翅面遍布黑色鳞，河北、北京产的则基本没有黑色鳞散布。【习性】常见访花。【分布】东北、甘肃、陕西、河南、内蒙古、河北、北京。

小檗绢粉蝶 | 史宏亮 摄

完善绢粉蝶 | 黄灏 摄

巨翅绢粉蝶 | 周纯国 摄

灰姑娘绢粉蝶 | 唐志远 摄

黑脉园粉蝶 *Cepora nerissa* (Fabricius)（粉蝶科 Pieridae）

【识别要点】反面底色以白色为主，翅脉都饰以棕绿色或棕黄色条纹。雄蝶前翅3室内有1个独立的黑色斑块。雌蝶前翅正面第3室基本全黑色。【习性】常成群在水边吸水。【分布】华南、西南、中南。

青园粉蝶 *Cepora nadina* (Lucas)（粉蝶科 Pieridae）

【识别要点】翅正面白色，前翅外缘和顶角黑色。后翅反面除了中室区域白色外均为棕绿色。【习性】常在水边吸水。【分布】华南、西南、台湾。

东方菜粉蝶 *Pieris canidia* (Sparrman)（粉蝶科 Pieridae）

【识别要点】与菜粉蝶的区分在于该蝶个体较大，前翅正面顶角的黑斑延伸至第3脉附近，后翅正面脉端都有黑斑。【习性】山区和平原地区都能见到，常见访花。【分布】华北、华东、华南、西南、中南。

菜粉蝶 *Pieris rapae* (Linnaeus)（粉蝶科 Pieridae）

【识别要点】最常见的粉蝶，正面翅脉端无黑斑，反面翅脉无线纹。各季节型之间有区别，有的种型斑纹近乎全部消失仅在前翅顶部有黑斑。【习性】极常见的粉蝶，喜在开阔地区飞舞，春季夏初时节有时发生量很大。【分布】全国各地。

黑脉园粉蝶 | 杰仔 摄

青园粉蝶 | 张巍巍 摄

东方菜粉蝶 | 奉建 摄

菜粉蝶 | 偷米 摄

黑纹粉蝶 | 周纯国 摄

飞龙粉蝶 | 周纯国 摄

黑纹粉蝶 *Pieris erutae* Poujade（粉蝶科 Pieridae）

【识别要点】正反面前后翅的翅脉都为暗色或黑色，春型个体反面黑纹更粗大。类似于大展粉蝶，但该蝶个体明显较小，斑纹较不清晰，后翅反面中室内常有纵向的线纹。根据德国学者的订正：分布于我国中东部和西南部的黑纹粉蝶有效学名为*Pieris erutae*，而不是原产日本的*Pieris melete*。【习性】多在林间以及林间开阔地活动，平原地区很难见到，常访花。【分布】华东、西南、中南、西藏。

飞龙粉蝶 *Talbotia nagana* (Moore)（粉蝶科 Pieridae）

【识别要点】比体型较类似的粉蝶属种类大很多，且翅形宽阔，前翅中室端部有黑斑。雌蝶斑纹较雄蝶多，后翅正面脉端饰以黑斑，第3室内近乎全黑并与中室黑斑连贯，且前翅1a及1b室内有黑斑。【习性】多见访花或者吸水。【分布】华东、西南、中南、华南。

云粉蝶 *Pontia edusa* (Fabricius)（粉蝶科 Pieridae）

【识别要点】国外学者对云粉蝶属的研究证明：原来的*Pontia daplidice*包含两个种，而中国只有其中的一种，学名应为*P.edusa*。该蝶与近缘种的区分在于中室斑宽大及前翅顶角附近黑斑或绿斑发达（与绿云粉蝶区分），所有的黑色或绿色斑为块状，不呈线状或折线状（与箭纹云粉蝶区分）。【习性】北方常见粉蝶，多见访花。【分布】华东、华北、东北、西北、西南、华南。

纤粉蝶 *Leptosia nina* (Fruhstorfer)（粉蝶科 Pieridae）

【识别要点】前翅前角非常圆润，翅面近乎全白色仅第3室内有一黑色斑块，顶角有少许黑鳞。反面后翅散布灰黄色或灰绿色鳞片，在中域附近大约形成两条平行的条纹。【习性】常见访花。【分布】华南、台湾。

云粉蝶 | 倪一农 摄

纤粉蝶 | 谭金刚 摄

鹤顶粉蝶 *Hebomoia glaucippe* (Linnaeus)（粉蝶科 Pieridae）

【识别要点】大型粉蝶，翅正面白色，前翅顶角红色，翅反面布满褐色细纹。容易辨认。【习性】飞行迅速，常见访花。【分布】华南、福建、台湾。

橙翅襟粉蝶 *Anthocharis bambusarum* Oberthür（粉蝶科 Pieridae）

【识别要点】前翅较同属其他种类圆润，雄蝶前翅正面几乎全为橙色，雌蝶无橙色斑且底色为白色，反面密布绿色及褐色的云状斑纹。图示为雄蝶。【习性】通常早春发生，常访花。【分布】江苏、浙江、安徽、河南、湖北、陕西。

鹤顶粉蝶 | 王春芳 摄

橙翅襟粉蝶 | 唐志远 摄

黄尖襟粉蝶 | 任川 摄

金斑蝶 | 李元胜 摄

虎斑蝶 | 杰仔 摄

青斑蝶 | 李元胜 摄

黄尖襟粉蝶 *Anthocharis scolymus* Butler（粉蝶科 Pieridae）

【识别要点】前翅前角尖出，易与红襟粉蝶和橙翅襟粉蝶区分。前翅前角附近的黑斑远离中室端斑，易与皮氏襟粉蝶区分。【习性】春季发生，一年一代。【分布】东北、华北、西北、华东、中南。

虎斑蝶 *Danaus genutia* (Cramer)（蛱蝶科 Nymphalidae）

【识别要点】翅橙色，正反面各翅脉都有黑色条纹，前翅近顶角有白色斑纹，容易辨认。【习性】南方常见的斑蝶，喜访花。【分布】华东、华南、西南、中南。

金斑蝶 *Danaus chrysippus* (Linnaeus)（蛱蝶科 Nymphalidae）

【识别要点】与虎斑蝶近似，区别在于正反面各翅脉不饰以黑色条纹，前翅第3室内的白斑较远离外缘，后翅中室周围的黑斑清晰独立，后翅反面亚外缘白斑较大且内侧饰以较细的黑色线纹。【习性】飞行优美，常见访花。【分布】华东、华南、西南、中南。

青斑蝶 *Tirumala limniace* (Cramer)（蛱蝶科 Nymphalidae）

【识别要点】与啬青斑蝶近似，但所有的淡色斑块都明显宽大很多，且斑块的色彩明显较白，前翅1b室内的淡色斑条接近翅基。【习性】常见访花。【分布】华南、西南、中南。

啬青斑蝶 | 李元胜 摄

黑绢斑蝶 | 任川 摄

大绢斑蝶 | 张宏伟 摄

斯氏绢斑蝶 | 任川 摄

啬青斑蝶 *Tirumala septentrionis* (Butler)（蛱蝶科 Nymphalidae）

【识别要点】淡色斑狭窄，易与骈纹青斑蝶（*Tirumala gautama*）混淆，区别在于该蝶前翅中室内仅1条纵线，中室端斑为2个相连的斑块，第1b室的条纹不向翅基延伸，后翅中室内的黑色条纹不分叉。【习性】多见访花，南方常见。【分布】华南、西南、中南。

黑绢斑蝶 *Parantica melanea* (Cramer)（蛱蝶科 Nymphalidae）

【识别要点】极似斯氏绢斑蝶，且同地分布，区别在于：雄蝶后翅第2室内基部斑块外侧的白点明显，很少消失，第2脉上的性标明显较小；雌蝶后翅第4室斑长度略为第3室斑长度的1.5倍，不会达到2倍。【习性】常见访花，曾见过与斯氏绢斑蝶同地发生。【分布】华东、华南、西南、中南。

大绢斑蝶 *Parantica sita* (Kollar)（蛱蝶科 Nymphalidae）

【识别要点】后翅中室内多少都有线状纵向线纹，正面前翅外缘底色较黑而后翅较红，易与近似的黑绢斑蝶区分。与西藏绢斑蝶的区别在于雄蝶后翅的性标较发达，到达第2脉，且常进入第2室。【习性】在中国华东、中国台湾、日本、朝鲜半岛间有迁飞习性，能飞越海洋，春季向北迁移，夏末向南迁移，所以分布甚广。【分布】东北、华北、华东、华南、西南。

斯氏绢斑蝶 *Parantica swinhoei* (Moore)（蛱蝶科 Nymphalidae）

【识别要点】最近日本学者根据外观形态和幼期将该种与黑绢斑蝶区分。翅黑褐色，斑纹青灰色，雄蝶后翅第2室内基部斑块外侧的白点常消失或者很小，第2脉上的性标大而明显。【习性】常见访花。【分布】华南、西南、中南、台湾。

绢斑蝶 *Parantica aglea* (Stoll)（蛱蝶科 Nymphalidae）

【识别要点】翅色基本黑白相间，没有红色或棕色色调，白斑略带青灰色调。前后翅正反面中室内都有清晰的纵向黑色线纹，前翅中室的黑线纹纵贯中室并不中断，以此可与属内外任何斑蝶种类区分。【习性】喜访花。【分布】四川、云南、福建、广东、广西、海南、台湾。

拟旖斑蝶 *Ideopsis similis* (Linnaeus)（蛱蝶科 Nymphalidae）

【识别要点】类似青斑蝶属，但正反面前翅中室前侧有1条沿前缘伸展的白色线纹可以区分。与近似种旖斑蝶的区别在于：淡色斑相对较宽，后翅2A脉上的黑条纹比2A、3A脉间的白色条纹等宽或略窄。【习性】喜访花。【分布】华南、浙江、福建、台湾。

蓝点紫斑蝶 *Euploea midamus* (Linnaeus)（蛱蝶科 Nymphalidae）

【识别要点】反面中室外有一圈白点，排列成折线状，转折点在第4室，而不是在第3室，由此可与反面最近似的幻紫斑蝶区分开。前翅反面中室端部有1个白点，3室基部有1个白点，前缘附近有1个白点，这3个白点形成的角度大约是90°或更大。根据这两个特征可与其他紫斑蝶区分。【习性】常见访花。【分布】华南、浙江、福建。

绢斑蝶 | 杰仔 摄

拟旖斑蝶 | 倪一农 摄

蓝点紫斑蝶 | 杰仔 摄

异型紫斑蝶 钟茗 摄　　妒丽紫斑蝶 林义祥 摄

异型紫斑蝶 *Euploea mulciber* (Cramer)（蛱蝶科 Nymphalidae）

【识别要点】雌雄异型。雌蝶后翅正反面有沿翅脉方向排列的白色线纹，易于辨认。雄蝶反面前后翅亚外缘有1列白点，前翅反面前缘最基部的白点与中室内白点和第3室内白点形成等腰三角形，角度不超过90°，后翅反面中室外的白点列在第4室内转折。【习性】南方常见的紫斑蝶，喜访花。【分布】华东、华南、中南、西南。

妒丽紫斑蝶 *Euploea tulliola* (Fabricius)（蛱蝶科 Nymphalidae）

【识别要点】本种个体较小。前翅正面亚外缘有1列蓝紫斑，其中顶端2个较大，端半部有5～6个蓝紫斑。后翅正面亚外缘有1列小蓝斑，其中靠近前缘的3个较大。翅反面外侧有2列小白斑，前翅中域有4个白斑。图示为台湾亚种。【习性】常见访花。【分布】华南、福建、台湾。

黑紫斑蝶 *Euploea eunice* Godart（蛱蝶科 Nymphalidae）

【识别要点】本种个体通常较大。前翅正面外缘中域有1个小蓝斑，中室外侧有2～3个细小蓝斑，后缘中域有1个长型蓝斑，亚外缘有1列显著的大蓝斑，外缘有1列很不明显的细小蓝斑。后翅亚外缘通常有1列细小的蓝斑。【习性】常见访花。【分布】海南、广东、台湾。

大帛斑蝶 *Idea leuconoe* (Erichson)（蛱蝶科 Nymphalidae）

【识别要点】大型斑蝶，翅白色，翅脉黑色，散布许多黑色圆斑。在国内本种没有近似种，极易辨认。【习性】飞行缓慢，喜访花。【分布】台湾。

凤眼方环蝶 *Discophora sondaica* Boisduval（蛱蝶科 Nymphalidae）

【识别要点】与惊恐方环蝶近似，但雄蝶后翅正面的性标不那么明显区别于翅色，后翅第2，3，4脉端的外缘较惊恐方环蝶更为波折，后翅反面的中带更模糊，中带内的底色较外侧的底色更暗，而惊恐方环蝶则中带内为黄棕色，中带外侧则多为黑褐色。【习性】多见于热带林间。【分布】福建、广西、广东、云南、海南、台湾、西藏。

黑紫斑蝶 林义祥 摄　　大帛斑蝶 李元胜 摄　　凤眼方环蝶 杰仔 摄

串珠环蝶

Faunis eumeus (Drury)

（蛱蝶科 Nymphalidae）

【识别要点】与折线串珠环蝶（*Faunis canens*）最接近，两者都可能在云南南部看到，但该种后翅反面黑色中线较直，不呈强烈弯曲状。与灰翅串珠环蝶容易区分，正反面的底色较黑且个体较小。【习性】多见于林间，常停于落叶间。【分布】广西、广东、云南、海南、台湾。

灰翅串珠环蝶

Faunis aerope (Leech)

（蛱蝶科 Nymphalidae）

【识别要点】体型大，翅面较浅，常为淡棕灰色或淡灰色，翅里底色较暗。此种可能也是几个独立种的复合种，各地理亚种之间的生殖器差异非常大，都有可能是独立的种类。指名亚种分布在四川、陕西，其他亚种分布到云南西北、广西等地，但有可能并不属于该种。【习性】多在林间活动。【分布】广西、广东、云南、贵州、湖南。

箭环蝶

Stichophthalma howqua (Westwood)

（蛱蝶科 Nymphalidae）

【识别要点】正面浓橙色且翅色较均匀统一，易与白兜箭环蝶和白袖箭环蝶等区分。体型大，且雌蝶正面前翅前角附近没有清晰的白斑，这些都可与青城箭环蝶区分。野外观察可以凭借以下特征区分该种：雄蝶后翅反面黑色，中线距离其外侧的黑色鳞或暗色鳞区较远，雌蝶白色中带明显较宽。【习性】常在林间活动，发生期数量很多，喜吸食粪便。【分布】华东、华南、西南、中南。

双星箭环蝶

Stichophthalma neumogeni Leech

（蛱蝶科 Nymphalidae）

【识别要点】与箭环蝶最为近似，区别在于本种个体较小，前翅正面外缘箭状纹明显，顶角处通常有1个小白斑，前翅反面有2个，后翅反面有3个眼斑较显著，此外双翅反面中室内都有1个小黑斑。【习性】多见于林间，常和箭环蝶混生。【分布】陕西、浙江、福建、四川、云南、海南。

纹环蝶

Aemona amathusia Hewitson

（蛱蝶科 Nymphalidae）

【识别要点】翅淡黄色或者黄褐色，前翅顶角尖锐，翅脉褐色，从前翅顶角至后翅臀角有1条褐色斜线，翅反面亚外缘有1列白色小圆眼斑。目前此种学名下其实包含至少2个近缘种，有待进行正式的修订。【习性】多见于南方林区。【分布】浙江、福建、四川、云南、广东、贵州。

串珠环蝶 | 钟茗 摄　　灰翅串珠环蝶 | 任川 摄

箭环蝶 | 周纯国 摄

双星箭环蝶 | 钟茗 摄　　纹环蝶 | 李虎 摄

紫斑环蝶 *Thaumantis diores* (Doubleday)（蛱蝶科 Nymphalidae）

【识别要点】双翅正面中域具闪金属蓝色的大斑块，反面黑褐色，亚外缘和外缘区淡褐色，易与其他环蝶区分。【习性】常在较暗的林中游荡。【分布】广西、云南、广东、海南、西藏。

暮眼蝶 *Melanitis leda* (Linnaeus)（蛱蝶科 Nymphalidae）

【识别要点】与睇暮眼蝶很近似，但本种翅形较狭，正面前翅黑色眼斑的白瞳较为接近黑斑中心。季节型差异明显，分有眼型和无眼型。有眼型反面淡褐色，遍布波状鳞纹，中带模糊或退化。无眼型的反面底色斑驳不均，通常有黑色斑块杂于其中，中带通常较宽呈深褐色。图示为有眼型蝶。【习性】多见于林区，初秋能同时见到两种季节型。【分布】华东、华南、中南、西南。

睇暮眼蝶 *Melanitis phedima* Cramer（蛱蝶科 Nymphalidae）

【识别要点】与暮眼蝶近似，但正面前翅黑色眼斑的白瞳明显外偏。同样分有眼型和无眼型，本种有眼型翅形较宽大，眼斑较小，底色较深。无眼型斑纹变化较大，但底色较均匀，一般没有清晰的黑色大斑块，中带弯曲较均匀。【习性】多见于林区，有时能和暮眼蝶同时见到。【分布】华东、华南、中南、西南。

翠袖锯眼蝶 *Elymnias hypermnestra* (Linnaeus)（蛱蝶科 Nymphalidae）

【识别要点】易与其他锯眼蝶区分：前翅正面仅有沿外缘的闪蓝色斑列，前翅反面前缘近前角处有三角形淡色区，后翅反面近前缘有一清晰的绿白色斑点。【习性】一般仅在热带和亚热带阴暗的密林里可见。【分布】广西、广东、海南、台湾、云南。

紫斑环蝶 | 李虎 摄

暮眼蝶 | 杰仔 摄

睇暮眼蝶 | 钟茗 摄

翠袖锯眼蝶 | 一念 摄

白条黛眼蝶 | 周纯国 摄
深山黛眼蝶 | 杰仔 摄
华西黛眼蝶 | 任川 摄
曲纹黛眼蝶 | 周纯国 摄

白条黛眼蝶 *Lethe albolineata* (Poujade)（蛱蝶科 Nymphalidae）

【**识别要点**】后翅反面有白色中带，除此中带外中室端部并无独立的斑纹，可与黄带黛眼蝶等区分。后翅反面第2—5室亚外缘眼斑的内侧有连贯的白色条纹，该条纹与第6室内眼斑的外侧的白色斑不在一条直线上而且明显断开，据此可与所有近似种区分开。【**习性**】多在林区活动。【**分布**】四川、江西。

深山黛眼蝶 *Lethe insana* Kollar（蛱蝶科 Nymphalidae）

【**识别要点**】后翅反面仅有内外两条深色中线，外线在近前缘的眼斑附近并不强烈内曲，第6室内的眼斑仅略大于第2室的眼斑。前翅反面仅第3—5室内有清晰的眼斑。雄蝶前翅反面的中带为浅色的晕带，在第1—3室不明显，在第4室以上明显，指向前翅的后角。雌蝶前翅正反面有白色宽带。【**习性**】多在林间活动。【**分布**】华东、华南、西藏东南部、云南、台湾。目前并无可靠的记录分布到四川，在四川分布的是其近似种华西黛眼蝶。

华西黛眼蝶 *Lethe baucis* Leech（蛱蝶科 Nymphalidae）

【**识别要点**】此种曾被长期误认为深山黛眼蝶（*Lethe insana*），但可根据以下特征区分：雌雄两性后翅反面第2，3室眼斑的外侧底色并不比内侧底色更红，前翅反面第6室大都有一个眼斑，很少退化，雄蝶前翅反面的斜中带大都指向前翅后缘，很少指向前翅的后角。【**习性**】喜在林间活动。【**分布**】四川、云南西北。

曲纹黛眼蝶 *Lethe chandica* Moore（蛱蝶科 Nymphalidae）

【**识别要点**】后翅反面外中带沿第4脉强烈向外尖出，并在周围外侧伴以淡色的黄色斑块，据此可与其他黛眼蝶区分。与三楔黛眼蝶最近似，但反面前后翅的内侧中线较波折，不呈直线且外侧没有很宽的淡色鳞区，外侧中线在第4脉上有更强烈的弯曲，且其外侧有淡色鳞区，另外前翅中室内有1个多余的黑线斑位于内中线的内侧。【**习性**】南方常见眼蝶，多在林区以及竹林活动。【**分布**】华东、华南、西南、中南。

棕褐黛眼蝶 | 黄灏 摄

棕褐黛眼蝶

Lethe christophi (Leech)

（蛱蝶科 Nymphalidae）

【识别要点】反面为色泽均匀的淡紫棕色，没有斑驳或交错的淡色斑块，前翅反面除清晰的2条较直的暗色中线外，仅有中室内线和中室端线，后翅反面仅有2条较直的暗色中线及中室端线，后翅反面的眼斑都比较小。雄蝶后翅第2室的内半部有黑色的性标。【习性】多见于林间活动，一年发生2代。【分布】华东、华南、中南。

白带黛眼蝶

Lethe confusa (Aurivillius)

（蛱蝶科 Nymphalidae）

【识别要点】雌雄两性前翅都有宽阔的斜白带，后翅反面底色为红棕色，内外2条中线近乎白色，据此可与大多数黛眼蝶区分开。与玉带黛眼蝶最近似，但后翅明显在第4脉处更为尖出，前翅的白带在1b室内明显。【习性】南方常见的眼蝶，多见于林区附近。【分布】华东、华南、中南、西南。

玉带黛眼蝶

Lethe verma Kollar

（蛱蝶科 Nymphalidae）

【识别要点】后翅反面第2室和第6室的眼斑远大于其他眼斑，且都有明显的淡色外环，该外环经常呈金属光泽的蓝色。反面的底为灰棕色，较为均匀，内外中线都为深色线。前翅反面中室内除被内中线穿过外还有1条多余的黑线。雌雄两性都无前翅白带。【习性】多见于林区，有时能和白带黛眼蝶同时见到。【分布】广东、广西、福建、江西、海南、云南、台湾。

苔娜黛眼蝶

Lethe diana (Butler)

（蛱蝶科 Nymphalidae）

【识别要点】翅色较黑，个体较小。反面内外中线都为深褐色线。前翅反面中室内除被内中线穿过外还有1条多余的黑线。后翅反面第2室和第6室的眼斑远大于其他眼斑，眼斑外围有金属光泽的蓝紫色环。雌雄两性都无前翅白带。【习性】发生期数量较多，多在林间活动。【分布】华北、华东、中南、台湾。

白带黛眼蝶 | 杰仔 摄

玉带黛眼蝶 | 杰仔 摄

苔娜黛眼蝶 | 杰仔 摄

李斑黛眼蝶 杰仔 摄　　蟠纹黛眼蝶 黄灏 摄

李斑黛眼蝶 *Lethe gemina* Leech（蛱蝶科 Nymphalidae）

【识别要点】后翅反面仅有1条中带且在第3，4室内强烈外曲，据此可与其他黛眼蝶区分开。前翅反面近前角处仅有1个眼斑且与唯一的中带在一条直线上。【习性】野外数量较少，一般在竹林里见到。【分布】浙江、福建、四川、台湾。

蟠纹黛眼蝶 *Lethe labyrinthea* Leech（蛱蝶科 Nymphalidae）

【识别要点】翅淡褐色，前翅正面沿1b—6脉都有楔状的黑色性标区，易于和其他黛眼蝶区分。与妍黛眼蝶（*Lethe yantra*）接近，但该种前翅前缘较平直，前翅正面的性标沿翅脉扩展得较长，且进入中室内，前翅近前角处没有眼斑。【习性】多在林区见到。【分布】浙江、福建、江西、四川。

直带黛眼蝶 *Lethe lanaris* Butler（蛱蝶科 Nymphalidae）

【识别要点】个体较大，翅面较黑，前翅前角较尖锐，外缘内凹或平直。反面仅有2条深色中线。前翅反面外侧中线的内外底色不同，内侧深而外侧浅，第2—6室有5个清晰的眼斑。与宽带黛眼蝶最近似，但雄蝶前翅的中线较少倾斜，距离中室端部较远，雌蝶没有白色宽带。【习性】常见于竹林或较阴暗的林中。【分布】四川、湖北、浙江、河南、江西、福建。

直带黛眼蝶 黄灏 摄

宽带黛眼蝶 | 吕胜云 摄　门左黛眼蝶 | 周纯国 摄　木坪黛眼蝶 | 郭宪 摄　贝利黛眼蝶 | 谌安明 摄

宽带黛眼蝶 *Lethe helena* Leech（蛱蝶科 Nymphalidae）

【识别要点】最近似直带黛眼蝶，但雄蝶前翅中带更为倾斜，非常接近中室端脉，雌蝶前翅有很宽的白色斜带。与其他黛眼蝶也容易区分：前翅反面亚外缘有5个眼斑略呈直线排列，后翅反面内外中带距离很近。【习性】罕见种，一般在竹林附近活动。【分布】四川、福建、浙江。

门左黛眼蝶 *Lethe manzora* (Poujade)（蛱蝶科 Nymphalidae）

【识别要点】前翅反面无眼斑，中室内有2条线纹，仅1条较直的橙色或棕色中带，后翅反面内中带从前缘到中室，止于中室后侧脉，易与其他多数黛眼蝶区分。最接近珠连黛眼蝶，但区分明显：该种前后翅没有宽阔清晰的银色亚外缘线，后翅反面的外中带较平直，在4脉上较少弯曲。【习性】常在林区见到。【分布】四川、陕西、湖北、江西。

木坪黛眼蝶 *Lethe moupinensis* (Poujade)（蛱蝶科 Nymphalidae）

【识别要点】原产木坪（今四川省宝兴），曾长期作为黛眼蝶*Lethe dura* (Marshall) 的亚种，但近年被认为是独立的种类，与黛眼蝶的区别在于后翅正面外缘没有明显的淡色区。与素拉黛眼蝶的区别在于后翅正面的亚缘斑列较小，后翅尾突较短钝，前翅反面第3室内无眼斑。与其他多数黛眼蝶种类的区别在于个体较大，正面较黑，后翅尾突较明显。【习性】一年2代，喜在林区活动。【分布】四川、陕西、湖北、福建、浙江、云南、广西、贵州。

贝利黛眼蝶 *Lethe baileyi* South（蛱蝶科 Nymphalidae）

【识别要点】翅形狭长，后翅反面近基部有两条淡色线纹，外中带较细且清晰，从前缘到第3脉呈直线状。雄蝶前翅正面有很宽的黑色性标。本种由20世纪初英国的军官及探险家贝利在藏东南的察隅地区发现并以其姓氏命名。后来在云南西北和藏东南的墨脱县也有发现。【习性】多在林间活动。【分布】云南、西藏。

长纹黛眼蝶 | 杰仔 摄
波纹黛眼蝶 | 倪一农 摄
华山黛眼蝶 | 黄灏 摄
细黛眼蝶 | 黄灏 摄
紫线黛眼蝶 | 李元胜 摄

长纹黛眼蝶

Lethe europa Fabricius

（蛱蝶科 Nymphalidae）

【识别要点】黄褐色，雌蝶前翅有1条宽阔的白色斜带，前翅反面亚外缘有1列眼斑，后翅反面亚外缘的眼状斑大多由不规则的黑色斑块组成。【习性】南方常见眼蝶，多见于竹林。【分布】浙江、江西、福建、广东、广西、云南、西藏、台湾。

波纹黛眼蝶

Lethe rohria Fabricius

（蛱蝶科 Nymphalidae）

【识别要点】近似于长纹黛眼蝶，但翅反面具有许多曲折的白色条纹，前翅反面1b室和2室内无眼状斑，后翅反面的中带有2条且曲折，各眼状斑有明显的黄色外环，雌蝶前翅的白带较曲折。【习性】多见于林区。【分布】广东、海南、浙江、福建、云南、四川、台湾。

华山黛眼蝶

Lethe serbonis Hewitson

（蛱蝶科 Nymphalidae）

【识别要点】较大型的种类，反面底色深棕色，前翅反面只有2个近前角的眼斑，前后翅反面的带状纹很细且很清晰，略呈深红色。【习性】较罕见的种类，曾见在路边吸食粪便。【分布】西藏、陕西。

细黛眼蝶

Lethe siderea Marshall

（蛱蝶科 Nymphalidae）

【识别要点】正面黑棕色，近乎无斑，反面前翅仅有外缘银色或闪紫色线纹和亚外缘的微小的眼状斑可见，后翅近基部也有银色线纹，内外中带为银色或闪紫色曲折线纹，外缘有银色线纹。有些近似西峒黛眼蝶、紫线黛眼蝶和圣母黛眼蝶、但该种前翅反面没有任何中带或亚基部线纹，后翅反面第2，3室眼斑内侧没有黄色晕块。【习性】可在竹林小路上或林中路边见到。【分布】福建、江西、四川、云南、西藏、台湾。

紫线黛眼蝶

Lethe violaceopicta (Poujade)

（蛱蝶科 Nymphalidae）

【识别要点】前翅前角较尖出，后角较钝，前翅略呈钝角三角形，因此易与近似种圣母黛眼蝶、细黛眼蝶和西峒黛眼蝶区分。前翅反面中带为黄色的晕带，亚外缘的眼斑较小，后翅反面近基部有紫色线纹，内外中线呈紫色曲折线纹，外中线外侧有黑色斑晕，第2，3室眼斑内侧有黄色斑晕。【习性】可在竹林小路上或林中路边见到。【分布】福建、浙江、江西、四川、陕西、贵州。

连纹黛眼蝶 钟茗 摄

连纹黛眼蝶 *Lethe syrcis* (Hewitson)（蛱蝶科 Nymphalidae）

【识别要点】正反面翅色很黄且斑纹简单，仅与李斑黛眼蝶，门左黛眼蝶和珠连黛眼蝶近似。但前翅反面中带近似与外缘平行且无眼斑，后翅反面内外中带完整且在下端相连，易与近似种区分。【习性】常见眼蝶，多见于竹林地区。【分布】华东、华南、中南。

卡米尔黛眼蝶 *Lethe camilla* Leech（蛱蝶科 Nymphalidae）

【识别要点】褐色，前翅有1条细白带，翅反面基部至中域褐色，亚外缘至外缘红褐色。前翅反面亚外缘有4个不呈直线排列的眼斑，后翅反面有6个眼斑，中线弧形向外侧突出。【习性】多在林区活动。【分布】四川。

圆翅黛眼蝶 *Lethe butleri* Leech（蛱蝶科 Nymphalidae）

【识别要点】翅黄褐色，前翅反面亚外缘有3～4个眼斑，后翅亚外缘有6个眼斑，其中近前缘处的眼斑最大。后翅中横线中部向外突出明显。【习性】多在林区活动，常见吸食树干流汁。【分布】华东、华南、中南。

卡米尔黛眼蝶 张巍巍 摄　　圆翅黛眼蝶 张巍巍 摄

玉山黛眼蝶

Lethe niitakana (Matsumura)

（蛱蝶科 Nymphalidae）

【识别要点】翅褐色，翅正面布有斑驳的淡色斑。前翅反面中域有1条白色斜带，中室端有1个白斑，亚外缘近顶角处有数个小白斑和1个眼斑，后翅反面中域至基部有数条白色折线，亚外缘有6个眼斑。为台湾特有种。【习性】栖息在高山密林带。【分布】台湾。

布莱荫眼蝶

Neope bremeri (Felder)

（蛱蝶科 Nymphalidae）

【识别要点】较近似于黄斑荫眼蝶和大斑荫眼蝶（*Neope ramosa*），尤其与春型难以区分，但该种常见的夏型则反面底色较近似种为浅，黑色斑块较小且色泽较淡，前翅反面亚外缘的眼斑多数带清晰的瞳点和较细的黄环。图示为夏型蝶。【习性】可在路边见到吸食粪便等，也可在流汁的树上见到。【分布】华东、华南、中南、西南。

蒙链荫眼蝶

Neope muirheadii (Felder)

（蛱蝶科 Nymphalidae）

【识别要点】前翅正面棕色近乎无斑或眼斑不带明显的黄色环，反面前后翅通常有清晰的较直的白色带纹，易与其他荫眼蝶区分。【习性】常见眼蝶，数量较多，常在路边及林间空地见到，也可在流汁的树上见到。【分布】华东、华南、中南、西南。

大斑荫眼蝶

Neope ramosa Leech

（蛱蝶科 Nymphalidae）

【识别要点】曾长期被当作黄斑荫眼蝶的亚种，该种个体明显较大，前翅正面缺少中室端斑，外生殖器也有明显而稳定的区分。可能在四川和黄斑荫眼蝶分布重叠，但有待确证。【习性】数量不多，可在竹林附近或阴暗的林中路上见到。【分布】华东、中南、四川。

玉山黛眼蝶 | 林义祥 摄

布莱荫眼蝶 | 钟茗 摄

蒙链荫眼蝶 | 周纯国 摄

大斑荫眼蝶 | 周纯国 摄

网眼蝶 *Rhaphicera dumicola* (Oberthür)（蛱蝶科 Nymphalidae）

【识别要点】很易识别的种类。正面底色黄色，但沿翅脉的黑色斑带和各位置上的纵向黑色带纹很宽，黑色部分多于黄色部分。反面底色略呈黄白色，黑色斑带发达，后翅外缘有橙黄色斑。【习性】偶尔可在林间空地或小路上见到，飞行缓慢。【分布】华东、中南、四川、云南。

蓝斑丽眼蝶 *Mandarinia regalis* (Leech)（蛱蝶科 Nymphalidae）

【识别要点】雄蝶前翅有较大的闪蓝宽带，飞行中易于辨认，雌蝶的蓝带较窄。本属另有一种斜带丽眼蝶（*Mandarinia uemurai*），其前翅蓝带较倾斜并侵入中室。两种在四川分布重叠，野外不易辨认。【习性】常在隐蔽的路边枝头上停留并有驱逐行为。【分布】华东、华南、西南、中南。

豹眼蝶 *Nosea hainanensis* Koiwaya（蛱蝶科 Nymphalidae）

【识别要点】奇特的眼蝶，个体大且翅面遍布豹斑，是近年才由日本人发现并命名的新属新种，原记载仅产于海南，后来在两广及福建都有发现，且发生量不少。很奇怪这么大型、美丽而且分布并不特别狭窄的种类直到10多年前才被人们发现。【习性】一般仅在较原始的林中见到，较为警觉，雨天停在树上。【分布】福建、广东、广西、海南。

带眼蝶 *Chonala episcopalis* (Oberthür)（蛱蝶科 Nymphalidae）

【识别要点】本种特点是前翅斜带为白色，与马森带眼蝶的区别在于本种白带较细且曲折，前翅反面中域为棕红色。【习性】多见于林区及灌丛区。【分布】四川、云南、陕西。

网眼蝶 | 夏帆 摄　　蓝斑丽眼蝶 | 寒枫 摄

豹眼蝶 | 任川 摄　　带眼蝶 | 张巍巍 摄

藏眼蝶 | 倪一农 摄

藏眼蝶 *Tatinga tibetana* (Oberthür)（蛱蝶科 Nymphalidae）

【识别要点】翅正面褐色，前翅端半部有数个淡黄色斑纹。翅反面黄白色，前翅黑色斑块连成片状，后翅具有许多黑色圆斑。【习性】多见于林区及灌丛区。【分布】华北、西南、西北。

斗毛眼蝶 *Lasiommata deidamia* (Eversmann)（蛱蝶科 Nymphalidae）

【识别要点】翅黑褐色，前翅顶角处有1个眼斑，其内侧有1条白色弧斑，后翅反面亚外缘有6个眼斑。为北方地区常见眼蝶。【习性】林区、灌丛均可见。【分布】华北、华东、西北、东北。

稻眉眼蝶 *Mycalesis gotama* Moore（蛱蝶科 Nymphalidae）

【识别要点】前后翅反面底色较黄，色泽明显较其他眉眼蝶为浅，中带白色或淡黄色，较其他种类为宽。后翅眼斑列外侧没有清晰的共同外环。易与其他眉眼蝶区分。【习性】最常见的眉眼蝶，飞行缓慢，常见在灌木间飞行。【分布】华东、华南、西南、中南。

斗毛眼蝶 | 倪一农 摄　　稻眉眼蝶 | 张宏伟 摄

拟稻眉眼蝶

Mycalesis francisca (Stoll)

（蛱蝶科 Nymphalidae）

【识别要点】近似稻眉眼蝶，但本种前后翅反面底色为深棕色或黑棕色，其淡色中带内侧边非常清晰而外侧边呈晕状向外扩散，亚外缘细线更靠向外侧。和其他眉眼蝶一样有季节多型现象，低温型眼斑趋于退化，有些地理亚种的淡色中线为闪紫色。【习性】为常见眼蝶种类，多在林区附近活动。【分布】华东、华南、西南、中南。

裴斯眉眼蝶

Mycalesis perseus (Fabricius)

（蛱蝶科 Nymphalidae）

【识别要点】与小眉眼蝶、中介眉眼蝶等近似，很难区分，该种通常前翅正面的眼斑较小，后翅反面从臀角向前缘数起的第3个眼斑不和第1，2个眼斑在一条直线上而是明显偏向翅基。【习性】多见于林区以及灌丛区。【分布】广东、广西、云南、海南、台湾。

小眉眼蝶

Mycalesis mineus (Linnaeus)

（蛱蝶科 Nymphalidae）

【识别要点】近似裴斯眉眼蝶，但后翅反面臀角处的3个眼斑基本在一条直线上，前翅正面眼斑较大，但外围黄圈不鲜艳。【习性】多见于林区以及灌丛区。【分布】华东、华南、中南、西南。

中介眉眼蝶

Mycalesis intermedia (Moore)

（蛱蝶科 Nymphalidae）

【识别要点】与小眉眼蝶极为近似，主要区别在于该种前翅正面C_{u1}室的眼斑的直径明显大于C_{u1}脉和C_{u2}脉之间的距离，而且该眼斑外的黄圈非常显著。【习性】多见于林区以及灌丛区。【分布】福建、广东、广西、云南、台湾。

平顶眉眼蝶

Mycalesis zonata Matsumura

（蛱蝶科 Nymphalidae）

【识别要点】本种前翅顶角处平截，易与同属其他种区别。季节型区别明显。【习性】多见于林区及周边活动。【分布】华东、华南、西南。

拟稻眉眼蝶 | 杰仔 摄

裴斯眉眼蝶 | 倪一农 摄

小眉眼蝶 | 偷米 摄

中介眉眼蝶 | 杰仔 摄

平顶眉眼蝶 | 杰仔 摄

僧袈眉眼蝶 *Mycalesis sangaica* Butler（蛱蝶科 Nymphalidae）

【识别要点】本种个体较小，后翅反面的眼斑列有清晰的共同白色外环，后翅反面中带以内的区域有较斑驳的鳞纹，易与稻眉眼蝶和拟稻眉眼蝶区分。前翅反面第5室的眼斑偶尔会消失，若不消失则第4，5室的眼斑与第2室的大眼斑在一条直线上。【习性】多在密林间活动，南方很常见。【分布】华东、华南、中南。

白斑眼蝶 *Penthema adelma* (C.& R.Felder)（蛱蝶科 Nymphalidae）

【识别要点】大型蝴蝶，翅色黑，前翅有倾斜的宽大白斑带，很容易和其他蝴蝶区分。【习性】发生期数量很大，飞行能力强，喜吸食粪便和树干流汁。【分布】华东、华南、中南、西南。

台湾斑眼蝶 *Penthema formosana* (Rothschild)（蛱蝶科 Nymphalidae）

【识别要点】翅褐色，翅中域分布有许多长条形白斑，亚外缘有2列白色圆斑，内侧1列白斑通常与中域的长形白斑相连。为台湾特有种。【习性】多见于林区，喜吸食粪便。【分布】台湾。

彩裳斑眼蝶 *Penthema darlisa* Moore（蛱蝶科 Nymphalidae）

【识别要点】近似台湾斑眼蝶，但该种前翅正面有蓝色鳞片，后翅斑纹为黄色。【习性】多见于热带林区。【分布】广东、云南、广西、海南。

僧袈眉眼蝶 | 黄灏 摄

白斑眼蝶 | 任川 摄

台湾斑眼蝶 | 林义祥 摄

彩裳斑眼蝶 | 张巍巍 摄

凤眼蝶 | 杰仔 摄

凤眼蝶 *Neorina patria* Leech（蛱蝶科 Nymphalidae）

【识别要点】尾突较黄带凤眼蝶长，前翅斜带白色。野外仅可能与白斑眼蝶混淆，但该种后翅尾突明显且多在阴暗处飞行，易与白斑眼蝶区分。【习性】常在竹林里停栖，或在密林的阴暗处飞翔。【分布】四川、云南、广西、西藏东南。

黄带凤眼蝶 *Neorina hilda* Westwood（蛱蝶科 Nymphalidae）

【识别要点】较大型的眼蝶，前翅有倾斜的淡色宽带，易与其他蝴蝶区分。与近缘种凤眼蝶的区别在于：该种个体较小，后翅尾突较不明显，前翅的淡色带为黄色，反面眼斑的黄环清晰。【习性】目前仅在西藏墨脱发现，喜吸食粪便，常在海拔1 800 ~ 2 000 m的林间小路上看到。【分布】西藏东南。

黑眼蝶 *Ethope henrici* (Holland)（蛱蝶科 Nymphalidae）

【识别要点】较大型的眼蝶，正反面底色棕黑色，仅外缘、亚外缘和外中域有白色斑列，后翅外中域的白色斑较大，近圆形或椭圆形。易与其他眼蝶区分。【习性】多在热带密林中活动。【分布】海南。

黄带凤眼蝶 | 黄灏 摄

黑眼蝶 | 钟茗 摄

资眼蝶 | 西叶 摄

白眼蝶 | 唐志远 摄

华北白眼蝶 | 倪一农 摄

资眼蝶 *Zipaetis unipupillata* Lee（蛱蝶科 Nymphalidae）

【识别要点】近似奥眼蝶和眉眼蝶，但该种前翅反面无任何斑纹，后翅反面仅有1列眼斑和紫色的公共外环线，没有任何中带。该种最早由我国的李传隆先生在云南南部发现并命名，近年来证实越南和老挝也有分布。中文名由拉丁属名的音译而来。【习性】栖息在热带密林中。【分布】云南。

白眼蝶 *Melanargia halimede* (Ménétriés)（蛱蝶科 Nymphalidae）

【识别要点】与华北白眼蝶（*Melanargia epimede*）和甘藏白眼蝶（*Melanargia ganymedes*）近似，但区别明显：该种后翅反面黑棕色中线明显，亚外缘的白色半月形斑块明显较宽。【习性】多在林区和草灌丛区活动。【分布】东北、华北。

华北白眼蝶 *Melanargia epimede* Staudinger（蛱蝶科 Nymphalidae）

【识别要点】前翅正面1b室内黑斑发达而亚外缘的白斑较小，反面亚外缘的白色斑块明显较窄。与某些偏白型的曼丽白眼蝶也很近似，但后翅正面中室内多为白色。【习性】多见于林区以及草灌丛区，喜访花。【分布】东北、华北。

山地白眼蝶 *Melanargia montana* (Leech)（蛱蝶科 Nymphalidae）

【识别要点】个体很大，底色纯白，黑色斑纹较少，易与其他白眼蝶区分。【习性】发生期数量很多，多在林区空旷地带缓慢飞行，访花。【分布】湖北、贵州、陕西、四川、甘肃。

黑纱白眼蝶 *Melanargia lugens* Honrath（蛱蝶科 Nymphalidae）

【识别要点】与曼丽白眼蝶非常近似，几乎没有稳定的外观特征可以区分，但该种前翅正面第4—6室内的白斑列之内缘和下缘所成角度较大，反面中室内多少都有些黑色斑。【习性】多见于林区开阔地活动，5—6月发生。【分布】江西、安徽、浙江、江苏、湖南。

蛇眼蝶 *Minois dryas* Scopoli（蛱蝶科 Nymphalidae）

【识别要点】北方最常见的眼蝶之一。正面底色深棕色，反面底色较浅并散布波状鳞纹，前翅正反面两个眼斑较大且有蓝色瞳点，后翅反面白色中带不很清晰。地理变异较多。【习性】常在灌丛或草甸地带见到。【分布】东北、华北、西北、华东。

山地白眼蝶 | 李元胜 摄

黑纱白眼蝶 | 唐志远 摄

蛇眼蝶 | 寒枫 摄

阿矍眼蝶 | 寒枫 摄　　矍眼蝶 | 偷米 摄

迈氏矍眼蝶 | 郭宪 摄　　密纹矍眼蝶 | 郭宪 摄

阿矍眼蝶 *Ypthima argus* Butler（蛱蝶科 Nymphalidae）

【识别要点】个体小，前翅有1个大眼斑，后翅近臀角通常有2个眼斑，翅反面密布褐色细纹，后翅亚外缘有6个眼斑。本种在长江流域分有季节型，春型翅反面眼斑退化。**【习性】**北方和中南地区常见的矍眼蝶，常在林区灌丛区周边活动。**【分布】**东北、西北、华北、华东、中南。

矍眼蝶 *Ypthima balda* (Fabricius)（蛱蝶科 Nymphalidae）

【识别要点】个体较小，内外两条中带大致走向平行，较底色为深，虽然模糊但能分辨。与阿矍眼蝶（*Ypthima argus*）最为近似，但该种前翅正反面亚外缘线发达，眼斑周围淡色区明显，易于区分，此外本种只分布于南方地区。**【习性】**南方最常见的矍眼蝶之一。**【分布】**华东、中南、华南。

迈氏矍眼蝶 *Ypthima melli* Forster（蛱蝶科 Nymphalidae）

【识别要点】非常近似于卓矍眼蝶，但该种反面后翅眼斑退化为微点，后翅反面深色中带与底色对比不强烈。仅分布于云南北部。**【习性】**发生期数量多，甚至农田边缘地带都可见到。**【分布】**云南。

密纹矍眼蝶 *Ypthima multistriata* (Butler)（蛱蝶科 Nymphalidae）

【识别要点】本种个体变异和地理变异比较丰富，云南北部的云南亚种的反面底色较显棕色，台湾亚种前翅正面眼斑常消失。其他各地的都是大陆亚种，可用于鉴别的特征主要是：雄蝶前翅正面眼斑的外环退化、反面白色鳞纹较暗色鳞为发达，整体印象较白。图示为大陆亚种蝶。本种常被误鉴为东亚矍眼蝶（*Ypthima motschulskyi*），但东亚矍眼蝶翅更宽阔，前翅正面眼斑更小，反面色泽更深，比密纹矍眼蝶要少见很多。**【习性】**常见的矍眼蝶，多在林区及灌丛区周边活动。**【分布】**东北、华北、华中、华南、西南。

台湾矍眼蝶

Ypthima formosana Fruhstorfer

（蛱蝶科 Nymphalidae）

【识别要点】大型矍眼蝶，翅型较圆润。前翅近顶角有1个大眼斑，后翅亚外缘有5个眼斑。为台湾特有种。**【习性】**多见于林区。**【分布】**台湾。

大波矍眼蝶

Ypthima tappana Matsumura

（蛱蝶科 Nymphalidae）

【识别要点】翅反面中域有2条褐色细带，后翅近前缘有1个眼斑，外缘近臀角有3个眼斑。略近似前雾矍眼蝶，但本种翅型较狭长，前翅正面眼斑显著，后翅近前缘的眼斑和外缘眼斑大小相当，易于区分。**【习性】**不多见，多在林区活动。**【分布】**浙江、河南、湖北、江西、台湾、四川。

多斑艳眼蝶

Callerebia polyphemus Oberthür

（蛱蝶科 Nymphalidae）

【识别要点】本种最近似于大艳眼蝶，但反面后翅的波状鳞纹没有大艳眼蝶那么细密。本种个体大，前翅的眼斑有鲜亮的橙色外环，易与其他眼蝶区分。混同艳眼蝶其实是多斑艳眼蝶的一个亚种，图示即为混同亚种。**【习性】**多见于林区及灌丛区。**【分布】**华东、中南、西南。

白瞳舜眼蝶

Loxerebia saxicola (Oberthür)

（蛱蝶科 Nymphalidae）

【识别要点】翅黑褐色，前翅近顶角有1个眼斑，内有2个斜向白色瞳点，前翅反面中域棕红色，后翅密布褐色细波纹。**【习性】**多见于草灌丛地带。**【分布】**华北、西北、中南、四川。

英雄珍眼蝶

Coenonympha hero (Linnaeus)

（蛱蝶科 Nymphalidae）

【识别要点】前后翅反面都有清晰的白色宽带，近乎与外缘平行，后翅反面亚外缘各眼斑的橙色外环近乎愈合成一个共同外环。易与其他珍眼蝶区分。**【习性】**多见于草灌丛，飞行缓慢。**【分布】**华北、东北。

台湾矍眼蝶 | 林义祥 摄

大波矍眼蝶 | 林义祥 摄

多斑艳眼蝶 | 任川 摄

白瞳舜眼蝶 | 倪一农 摄

英雄珍眼蝶 | 倪一农 摄

牧女珍眼蝶 *Coenonympha amaryllis* (Stoll)（蛱蝶科 Nymphalidae）

【识别要点】正面底色橙色，后翅反面底色灰色较多，1b—6室有连续的眼斑列，眼斑内侧的白色中带粗细不均且形状不规则，在第4室内较为发达。易与其他珍眼蝶区分。地理变异较多。【习性】多在草地见到，飞行缓慢，常随风飘逸。【分布】东北、华北、青海、四川、西藏。

阿芬眼蝶 *Aphantopus hyperantus* (Linnaeus)（蛱蝶科 Nymphalidae）

【识别要点】翅褐色，翅反面眼斑明显，前翅通常有3个眼斑，后翅有5个眼斑。【习性】多见于草灌丛。【分布】华北、西北、东北、西南。

窄斑凤尾蛱蝶 *Polyura athamas* (Drury)（蛱蝶科 Nymphalidae）

【识别要点】前后翅正面多为黑色，仅有较宽的中带为淡绿色，反面斑纹类似。仅与凤尾蛱蝶非常近似，但该种前翅正面中带颜色以绿色为主，不以白色为主，且后翅中带外缘没有蓝色鳞。【习性】喜在水边吸水或路边吸食烂水果等。【分布】广东、广西、云南、海南。

牧女珍眼蝶 | 王江 摄

阿芬眼蝶 | 张巍巍 摄

窄斑凤尾蛱蝶 | 偷米 摄

大二尾蛱蝶

Polyura eudamippus (Doubleday)

(蛱蝶科 Nymphalidae)

【识别要点】大型蛱蝶，翅白色，与针尾蛱蝶和忘忧尾蛱蝶较为近似，但该种前翅正反面中室外沿第4脉有一较宽的黑色棒状纹，前翅正面中室外第4室基部有一淡色斑块，周围都被黑色隔离，据此可以区分。【习性】飞行能力强，喜吸食腐烂水果。【分布】华东、华南、中南、西南。

二尾蛱蝶

Polyura narcaea (Hewitson)

(蛱蝶科 Nymphalidae)

【识别要点】翅淡绿色，双翅都具有黑色外中带，前翅外中带与外缘之间有1列略微相连的淡绿色圆斑，后翅外中带至外缘部分为宽阔连贯的淡绿色区。【习性】常见蛱蝶，喜吸食粪便、腐烂水果。【分布】东北、华北、华东、华南、中南、西南。

针尾蛱蝶

Polyura dolon (Westwood)

(蛱蝶科 Nymphalidae)

【识别要点】前翅顶角尖而突出，外缘黑色，内有1列白色小圆斑，中室端有1小黑斑。后翅尾突细而尖，外缘青绿色，亚外缘为1黑色带，内有蓝色斑点。【习性】喜吸食粪便、腐烂水果。【分布】云南、四川。

白带螯蛱蝶

Charaxes bernardus (Fabricius)

(蛱蝶科 Nymphalidae)

【识别要点】与螯蛱蝶近似，但该种前翅正面有宽阔的白色中带，反面底色斑驳，中域底色较其他区域为淡，隐约可见一些淡色斑块连成不规则的带状。【习性】较为常见，飞行迅速，喜停在垃圾或腐烂的水果上吸食。【分布】华东、华南、西南、中南。

螯蛱蝶

Charaxes marmax Westwood

(蛱蝶科 Nymphalidae)

【识别要点】与亚力螯蛱蝶近似，但该种前翅正面黑边较窄，前翅反面顶角有2个小白斑，外缘小白斑独立不相连。与花斑螯蛱蝶也近似，但该种反面底色以棕红色为主，不以黄色为主。【习性】喜在林间开阔地带或阳光充足的地段活动，飞行迅速。【分布】广西、海南、云南、西藏。

大二尾蛱蝶 李元胜 摄

二尾蛱蝶 周纯国 摄

针尾蛱蝶 张宏伟 摄

白带螯蛱蝶 杰仔 摄

螯蛱蝶 杰仔 摄

亚力螯蛱蝶 | 倪一农 摄
红锯蛱蝶 | 倪一农 摄
白带锯蛱蝶 | 张宏伟 摄
柳紫闪蛱蝶 | 李元胜 摄
曲带闪蛱蝶 | 唐志远 摄

亚力螯蛱蝶

Charaxes aristogiton C.& R.Felder

（蛱蝶科 Nymphalidae）

【识别要点】非常近似螯蛱蝶，区别在于：本种正面外缘黑带发达，双翅反面亚外缘具有1条深色带，前翅反面顶角只有1个模糊白斑，外缘白斑列极为模糊呈现灰白带状。【习性】喜在热带林间开阔地带或阳光充足的地段活动。【分布】广西、云南。

红锯蛱蝶

Cethosia biblis (Drury)

（蛱蝶科 Nymphalidae）

【识别要点】雄蝶底色以红色为主，雌蝶则以棕绿色为主。前后翅正反面外缘都有锯齿状纹。与白带锯蛱蝶近似，但前翅没有倾斜的白带。【习性】在热带林区的路边或光线较好的林中都易见到。【分布】浙江、福建、江西、广东、广西、海南、云南、四川。

白带锯蛱蝶

Cethosia cyane (Drury)

（蛱蝶科 Nymphalidae）

【识别要点】与红锯蛱蝶近似，但该种前翅正反面都有1条较宽的白色斜带，易于辨认。【习性】在热带林区的路边或光线较好的林中都易见到。【分布】广东、广西、海南、云南。

柳紫闪蛱蝶

Apatura ilia (Denis & Schiffermuller)

（蛱蝶科 Nymphalidae）

【识别要点】雄蝶正面有紫色闪光，雌蝶底色黑色或棕色，前后翅均有淡色中带。与紫闪蛱蝶的区别在于：该种前翅中室通常有4个小黑点，后翅中带外缘光滑，没有锲形突出。【习性】常停于柳树上，追逐过往蝴蝶。【分布】东北、华北、华东、华南、西南。

曲带闪蛱蝶

Apatura laverna Leech

（蛱蝶科 Nymphalidae）

【识别要点】雄蝶正面以黄色为主，黑色斑带较为连贯，雌蝶以黑色为主并具有鲜明对比的黄色中带。雄雌两性后翅中带呈强烈的“S”形弯曲，易与其他闪蛱蝶区分。图示为雌蝶。【习性】飞行迅速，喜吸食粪便。【分布】河北、北京、陕西、河南、四川、云南。

栗铠蛱蝶

Chitoria subcaerulea (Leech)

(蛱蝶科 Nymphalidae)

【识别要点】雄蝶翅橙黄色，近似武铠蛱蝶（*Chitoria ulupi*），但前翅中央黑带退化，仅第2室黑色圆斑清晰可见且与其他斑块分开，也略似金凯蛱蝶（*Chitoria chrysolora*）；但本种雄蝶前翅翅端向外突出明显，黑斑更发达一些。雌蝶青绿色，中域有1条白带。图示为雄蝶。【习性】喜停于树上，追逐过往蝴蝶。也常见在流汁的树上吸食树汁。【分布】浙江、福建、贵州、四川、广西。

栗铠蛱蝶 | 黄灏 摄

迷蛱蝶

Mimathyma chevana (Moore)

(蛱蝶科 Nymphalidae)

【识别要点】正面有些近似夜迷蛱蝶和某些线蛱蝶属及带蛱蝶属的种类，但该种前翅中室外有两个白斑块近乎与中室纵条相连，后翅反面有大片的银白色，据此可与其他蛱蝶区分。雄蝶翅正面中域闪有蓝紫色光泽。图示为雄蝶。【习性】常见于林间空地飞行，喜吸水，较为警觉。【分布】华东、华南、中南、西南。

迷蛱蝶 | 黄灏 摄

夜迷蛱蝶

Mimathyma nycteis (Ménétriés)

(蛱蝶科 Nymphalidae)

【识别要点】前翅中域的白斑列粗细较为均匀，中室内白色长条斑不明显。翅反面褐色为主，前翅反面中室内多为白色，内有较大的黑色斑点，易于辨认。【习性】多在林区活动。【分布】东北、华北。

白斑迷蛱蝶

Mimathyma schrenckii (Ménétriés)

(蛱蝶科 Nymphalidae)

【识别要点】大型蛱蝶，前翅正面中域有1条斜向的宽白带，近顶角有2个小白斑，后翅正面中域有1块显著的大白斑。后翅除了外缘和外中带褐色外大部分为银白色。【习性】常在林区路上见到，喜吸食粪便。【分布】东北、华北、浙江、陕西、四川、云南。

夜迷蛱蝶 | 唐志远 摄

白斑迷蛱蝶 | 唐志远 摄

罗蛱蝶 *Rohana parisatis* (Westwood)（蛱蝶科 Nymphalidae）

【识别要点】小型蛱蝶，雌雄差异较大。雄蝶正面全黑色，反面杂以黑棕色和暗红色，前翅有极细的断裂状白色中线。雌蝶黄褐色，分布有黑色斑点。图示为雄蝶。【习性】常见于热带林区的小路上。【分布】福建、广东、广西、香港、海南、云南。

白裳猫蛱蝶 *Timelaea albescens* (Oberthür)（蛱蝶科 Nymphalidae）

【识别要点】小型蛱蝶，翅面以橙色为主，遍布豹斑，与猫蛱蝶近似，但该种前翅正面中室内仅4个黑斑，后翅反面以外中域的黑色斑列为界，其内侧底色为白色，外侧则为黄色。【习性】飞翔缓慢，常见于林间灌丛，有时停栖在路上。【分布】江苏、浙江、湖北、陕西、甘肃、福建、台湾。

猫蛱蝶 *Timelaea maculata* (Bremer & Gray)（蛱蝶科 Nymphalidae）

【识别要点】该种与白裳猫蛱蝶的区别在于前翅正面中室内黑斑多于4个，后翅反面亚外缘的黑斑列以内的区域底色都为均匀的黄色或黄白色。【习性】多在林间活动，常吸食树干流汁。【分布】华北、江苏、浙江、江西、湖北、福建、陕西。

罗蛱蝶 | 杰仔 摄

白裳猫蛱蝶 | 黄灏 摄

猫蛱蝶 | 唐志远 摄

明窗蛱蝶 *Dilipa fenestra* (Leech)（蛱蝶科 Nymphalidae）

【识别要点】雄蝶正面为带金属光泽的金黄色杂以较少的黑色斑，雌蝶底色以棕色为主，前翅顶角有半透明的白色斑，后翅反面从前缘到臀角有1条向外凹的条纹。后翅反面布有褐色波状细纹，中域近基部有1条纵向的褐色线。图示为雄蝶。【习性】多在林缘的空旷地见到，飞翔有力，较为警觉，仅春季发生。【分布】东北、华北、河南、陕西、浙江。

累积蛱蝶 *Lelecella limenitoides* (Oberthür)（蛱蝶科 Nymphalidae）

【识别要点】中型蛱蝶，前翅外缘在第5室突出形成一个折角，正面底色以黑色为主并杂以白色斑，反面杂以白色和棕灰色，后翅白色中带较发达。【习性】多见于林间空旷区域，成虫多5—6月发生。【分布】河南、河北、北京、陕西、四川。

黄帅蛱蝶 *Sephisa princeps* (Fixsen)（蛱蝶科 Nymphalidae）

【识别要点】雄蝶正面底色杂以黑色和橙黄色，后翅反面色泽较淡，雌蝶斑纹常为白色。与帅蛱蝶的区别在于：该蝶前翅没有白色斜斑列，后翅反面中室内有2个不相连的黑点。【习性】多见于林区开阔处，喜在地面吸水。【分布】东北、华北、华东、中南、西南。

帅蛱蝶 *Sephisa chandra* (Moore)（蛱蝶科 Nymphalidae）

【识别要点】翅黑褐色，雄蝶前翅中域近基部有1列黄色斑，外侧有1列白色斑，前缘靠近顶角有2～3个小白色斑。后翅中域为橙黄色斑块，中室端有1个小黑点，亚外缘有1列橙色斑。雌蝶较黑，散布小黄斑。图示为雄蝶。【习性】喜在林区活动。【分布】华东、华南、西南。

明窗蛱蝶 | 唐志远 摄

累积蛱蝶 | 唐志远 摄

黄帅蛱蝶 | 唐志远 摄

帅蛱蝶 | 张宏伟 摄

台湾帅蛱蝶 | 林义祥 摄
拟斑脉蛱蝶 | 唐志远 摄
黑脉蛱蝶 | 唐志远 摄
蒺藜纹蛱蝶 | 周纯国 摄
大紫蛱蝶 | 周纯国 摄

台湾帅蛱蝶 *Sephisa daimio* Matsumura（蛱蝶科 Nymphalidae）

【识别要点】近似黄帅蛱蝶，主要区别在于本种外缘有2列齿状曲线，后翅反面较白。为台湾特有种。【习性】喜在林区活动。【分布】台湾。

拟斑脉蛱蝶 *Hestina persimilis* Westwood（蛱蝶科 Nymphalidae）

【识别要点】与黑脉蛱蝶较为近似，区别在于：本种后翅亚外缘无红斑，外缘少了1列淡绿色斑，前后翅白色斑块较宽或较粗。【习性】常见于林区路上。【分布】华北、华中、四川、云南、台湾。

黑脉蛱蝶 *Hestina assimilis* (Linnaeus)（蛱蝶科 Nymphalidae）

【识别要点】有多型现象，常见型的翅斑以纵向的黑白条纹为主，后翅亚外缘有1列红斑非常耀眼。淡色型则几乎仅翅脉饰以黑色，后翅红色斑消失。【习性】常见蛱蝶，林区以及绿化带可见。【分布】东北、华北、华东、中南、华南、西南。

蒺藜纹蛱蝶 *Hestinalis nama* (Doubleday)（蛱蝶科 Nymphalidae）

【识别要点】本种蝴蝶并不隶属于脉蛱蝶属，因此中名属名略加修改。与脉蛱蝶属各种的区分明显：该蝶前翅第4～7室外缘强烈地向外凸出，后翅反面底色以红棕色为主。【习性】数量多，喜在日光充足的林间空地停栖飞行。【分布】四川、重庆、云南、广西、海南。

大紫蛱蝶 *Sasakia charonda* (Hewitson)（蛱蝶科 Nymphalidae）

【识别要点】大型强壮的蛱蝶，雄蝶正面基半区有耀眼的紫蓝色光泽，雌蝶黑棕色，两性后翅臀角处有红斑，很容易辨认。【习性】常吸食树汁，或在空旷地停栖吸食垃圾、烂水果等，飞行有力。【分布】东北、华北、华东、中南、西南、台湾。

秀蛱蝶 钟茗 摄

素饰蛱蝶 陈希 摄

秀蛱蝶 *Pseudergolis wedah* (Kollar)（蛱蝶科 Nymphalidae）

【识别要点】正面底色赭色伴以黑色线纹，反面底色黑棕色。仅与波蛱蝶类似，但前翅正反面前缘仅前角处没有白色斑点，后翅臀角较突出，内中线较直，指向近臀角处。【习性】喜在日光强烈的林缘地段活动。【分布】陕西、四川、重庆、贵州、湖北、云南、西藏东南。

素饰蛱蝶 *Stibochiona nicea* (Gray)（蛱蝶科 Nymphalidae）

【识别要点】雄蝶正面黑色，有蓝色色调，雌蝶色泽较淡且有绿色色调，前翅的亚外缘及后翅的外缘都饰有白斑列，白斑不呈“V”形，可与电蛱蝶轻易区分。【习性】常在阴暗的林中见到。【分布】华东、中南、四川、重庆、云南、西藏。

电蛱蝶 *Dichorragia nesimachus* (Doyere)（蛱蝶科 Nymphalidae）

【识别要点】近似素饰蛱蝶，但前后翅亚外缘的白斑为“V”形，易于识别。与长纹电蛱蝶*Dichorragia nesseus*最为接近，但亚外缘的白色“V”形斑明显较短。【习性】可在林区小路上见到，喜吸食粪便或者在地面吸水。【分布】华东、华南、西南、中南。

文蛱蝶 *Vindula erota* (Fabricius)（蛱蝶科 Nymphalidae）

【识别要点】大型蛱蝶，雄蝶赭红色或赭黄色，雌蝶以棕绿色为主，两性都有明显的尾突。易于辨认。【习性】常沿林区的小路可见。【分布】云南、广东、广西、海南。

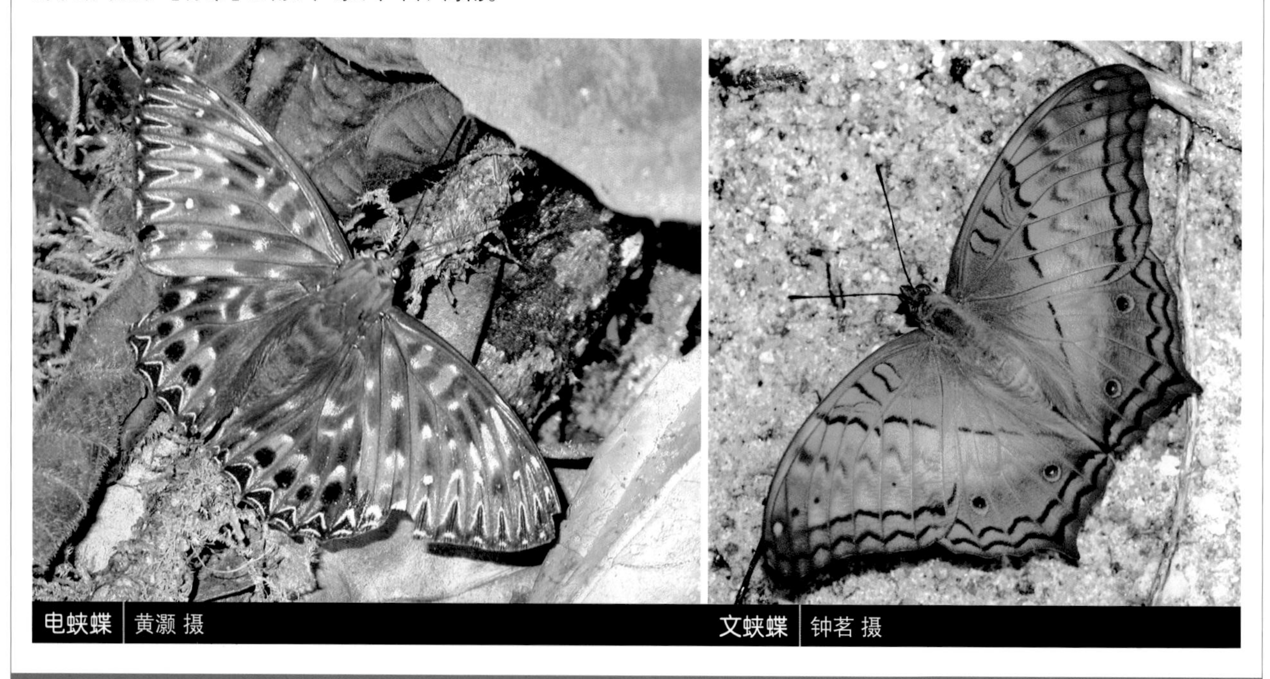

电蛱蝶 黄灏 摄　　文蛱蝶 钟茗 摄

彩蛱蝶 *Vagrans egista* (Cramer)（蛱蝶科 Nymphalidae）

【识别要点】中小型蛱蝶，翅色橙黄，外缘黑色，亚外缘有1列不很明显的黑点。翅反面橙色、白色、褐色斑纹混杂，后翅具有尾状突出。【习性】多见于热带林区。【分布】广东、广西、海南、云南、四川。

珐蛱蝶 *Phalanta phalantha* (Drury)（蛱蝶科 Nymphalidae）

【识别要点】中小型蛱蝶，翅面橙红色并杂以黑色斑点。有些类似豹蛱蝶的种类，但个体较小且后翅在第4脉有个明显的折角。【习性】常见在热带林区。【分布】广东、广西、福建、台湾、四川、云南、海南。

幸运辘蛱蝶 *Cirrochroa tyche* (C. & R. Felder)（蛱蝶科 Nymphalidae）

【识别要点】中型蛱蝶，翅正面多为橙红色，黑色斑较少，略类似文蛱蝶，但翅较圆润且无尾突，易于辨别。反面翅色较淡，前后翅都有1条纵向的淡色中带。【习性】多见于林区开阔地。【分布】广东、广西、香港、海南、云南。

彩蛱蝶 | 任川 摄

珐蛱蝶 | 张宏伟 摄

幸运辘蛱蝶 | 唐志远 摄

绿豹蛱蝶 | 唐志远 摄　斐豹蛱蝶 | 周纯国 摄

老豹蛱蝶 | 张巍巍 摄

绿豹蛱蝶 *Argynnis paphia* (Linnaeus)（蛱蝶科 Nymphalidae）

【识别要点】雄蝶正面橙黄色，正面前翅有4条较长的沿翅脉的黑色性标，雌蝶正面橙褐色或者墨绿色。两性后翅反面底色主要为灰绿色且带金属光泽，亚基域、内中域和外中域各有1条白色带纹。**【习性】**常见蛱蝶多在开阔地活动，常见其访花。**【分布】**遍布全国。

斐豹蛱蝶 *Argynnis hyperbius* (Linnaeus)（蛱蝶科 Nymphalidae）

【识别要点】雄蝶正面底色为鲜艳的橙黄色，无性标。雌蝶前翅有斜白带。两性后翅反面底色斑驳，没有均匀的底色，易与其他豹蛱蝶区分。**【习性】**常见蝶种，开阔地多见。**【分布】**广布全国。

老豹蛱蝶 *Argynnis laodice* (Pallas)（蛱蝶科 Nymphalidae）

【识别要点】雄蝶前翅有两条性标。后翅反面内半区为均匀的黄色。与红老豹蛱蝶的区别在于：该种前翅前角不尖出，正面第3脉上无性标，后翅正面紧挨中室外的黑色斑列呈断裂状不连续，反面的银色斑与底色对比不强烈。**【习性】**开阔地多见，喜访花。**【分布】**东北、华北、西北、华东、西南、中南。

云豹蛱蝶 | 唐志远 摄

青豹蛱蝶 | 周纯国 摄

云豹蛱蝶

Argynnis anadyomene (C. & R. Felder)

(蛱蝶科 Nymphalidae)

【识别要点】雄蝶前翅正面仅1条性标，两性后翅反面斑纹模糊，呈云雾状，前翅近顶角通常有1个小白斑。【习性】多在开阔地活动，常见访花。【分布】东北、华北、华东、中南、华南。

青豹蛱蝶

Argynnis sagana (Doubleday)

(蛱蝶科 Nymphalidae)

【识别要点】雌雄异型，差异较大。雄蝶橙红色，与老豹蛱蝶较近似，但个体较大，前翅较尖，前翅正面前缘端部有一片三角形无斑区，后翅正面基半部除了中室端黑带外无其他黑斑，后翅反面亚基线穿过第3脉的基部向臀角延伸。雌蝶正面青黑色有金属光泽，并饰以白色带纹，乍看貌似翠蛱蝶属种类。【习性】喜在开阔地活动，常访花。【分布】东北、华北、华东、中南、华南。

银豹蛱蝶 | 郭宪 摄

银豹蛱蝶

Argynnis childreni (Gray)

(蛱蝶科 Nymphalidae)

【识别要点】中大型蛱蝶，两性正面都为橙黄色，后翅外缘近臀角处都有蓝色区，极易与其他豹蛱蝶区分。【习性】一般在林区路边以及开阔地可见，常访花。【分布】华北、华东、中南、西南、华南。

曲纹银豹蛱蝶

Argynnis zenobia (Leech)

(蛱蝶科 Nymphalidae)

【识别要点】大型豹蛱蝶，与银豹蛱蝶的区别在于：正面后翅外缘没有青蓝色区，后翅反面白色纵纹较为曲折。【习性】喜在开阔地活动，多见访花。【分布】华北、中南、西南。

曲纹银豹蛱蝶 | 唐志远 摄

灿福豹蛱蝶 *Argynnis adippe* Denis & Schiffermuller
（蛱蝶科 Nymphalidae）

【识别要点】与福豹蛱蝶（*Argynnis niobe*）及东亚福豹蛱蝶的区别在于：雄蝶前翅正面仅在第2，3脉上有发达的性标，两性后翅反面中室端的银斑较长且指向第7室银色亚基斑。地理变异较多，分布于华北和华中区的是*vorax* 亚种，后翅反面绿色较少而黄色较多。【习性】常见蝶种，城市内及农田附近都可看到。【分布】东北、华北、华东、西北、西南。

东亚福豹蛱蝶 *Argynnis xipe* (Grum-Grshmailo)
（蛱蝶科 Nymphalidae）

【识别要点】本种最早在青海发现并命名，但长期以来一直被误认为是福豹蛱蝶的亚种。最近的研究表明，新疆以东的中国各地以及俄罗斯远东地区所产的福豹蛱蝶其实都属于东亚福豹蛱蝶，与福豹蛱蝶的区别在于：该种前翅外缘略内凹且雄外生殖器上有微小但稳定的区别。地理亚种较多，仅中国就有至少5个有效亚种。【习性】多见于林间开阔区或草灌丛地带。【分布】东北、华北、青海、甘肃、四川、西藏东南。

银斑豹蛱蝶 *Speyeria aglaja* (Linnaeus)
（蛱蝶科 Nymphalidae）

【识别要点】后翅反面基半部灰绿色，具有许多清晰的银白色圆斑，亚外缘有1列白色斑。【习性】多见于草灌丛区。【分布】华北、西北、东北。

小豹蛱蝶 *Brenthis daphne* (Bergsträsser)
（蛱蝶科 Nymphalidae）

【识别要点】近似伊诺小豹蛱蝶（*Brenthis ino*），但本种个体明显更大，翅正面亚外缘小黑色斑更为独立。【习性】多见于草灌丛区。【分布】华北、西北、东北。

灿福豹蛱蝶 | 唐志远 摄

东亚福豹蛱蝶 | 唐志远 摄

银斑豹蛱蝶 | 倪一农 摄

小豹蛱蝶 | 倪一农 摄

珍蛱蝶 | 李元胜 摄

珍蛱蝶 *Clossiana gong* (Oberthür)（蛱蝶科 Nymphalidae）

【识别要点】小型蛱蝶，反面前后翅的外缘有一列"V"形斑，其内有银色或淡色鳞。中国特有种，有4个亚种。【习性】常见于草甸地带或林缘开阔地。【分布】山西、甘肃、陕西、四川、云南、西藏。

西冷珍蛱蝶 *Clossiana selenis* (Eversmann)（蛱蝶科 Nymphalidae）

【识别要点】后翅反面外缘斑的色泽不均匀，4，5室内的斑杂以红色，其他室内的斑多为黄色。黄色的中室端斑被端脉分割成两半。【习性】常见于草甸地带或林缘开阔地。【分布】东北、新疆、内蒙古。

东北珍蛱蝶 *Clossiana perryi* (Butler)（蛱蝶科 Nymphalidae）

【识别要点】本种分布仅限于中国东北及朝鲜半岛，故中文名为东北珍蛱蝶。与近缘种的区别在于：该种后翅反面外缘的银色斑非常清晰，1室内的中域白色斑内侧平滑，不呈"V"形。【习性】常见于草甸地带或林缘开阔地。【分布】东北。

西冷珍蛱蝶 | 唐志远 摄　　东北珍蛱蝶 | 王江 摄

绿裙玳蛱蝶 | 唐志远 摄
白裙蛱蝶 | 张宏伟 摄
黄裙蛱蝶 | 李元胜 摄
绿裙蛱蝶 | 李元胜 摄

绿裙玳蛱蝶 *Tanaecia julii* (Lesson)（蛱蝶科 Nymphalidae）

【识别要点】雄蝶后翅正面外缘有蓝色区，略似绿裙蛱蝶和尖翅翠蛱蝶的雄蝶，但翅形圆润，蓝色区抵达外缘，翅反面有成列的点状黑色斑，易于辨认。图示为雄蝶个体。【习性】多见于热带林间。【分布】广东、广西、云南、海南。

白裙蛱蝶 *Cynitia lepidea* (Butler)（蛱蝶科 Nymphalidae）

【识别要点】原中文名为白裙翠蛱蝶，但本种其实为裙蛱蝶属。前翅前角稍向外弯出，后翅外缘为白色区。与黄裙蛱蝶（*Cynitia cocytus*）的区别在于：本种前翅前角弯出不明显，后翅外缘的白色区较窄。【习性】多在热带林区活动。【分布】广西、云南。

黄裙蛱蝶 *Cynitia cocytus* (Fabricius)（蛱蝶科 Nymphalidae）

【识别要点】与白裙蛱蝶的区别在于：前翅前角弯出更强烈，后翅外缘的黄白色区更宽。【习性】见于热带林区。【分布】云南、广西。

绿裙蛱蝶 *Cynitia whiteheadi* Crowley（蛱蝶科 Nymphalidae）

【识别要点】原中文名为绿裙边翠蛱蝶，根据近来国外学者的研究，将其归入裙蛱蝶属成为*Cynitia whiteheadi*的亚种。雄蝶后翅亚外缘有条较细的蓝绿色带，不与外缘接触，但越接近热带蓝带越宽使之更接近外缘，雌蝶蓝带非常宽阔且蓝带中有1列黑点。图示为雌蝶。【习性】多在林间活动。【分布】浙江、福建、广东、广西、海南。

鹰翠蛱蝶 *Euthalia anosia* (Moore)（蛱蝶科 Nymphalidae）

【识别要点】翅黑褐色，前翅前角凸出，外缘在6脉处凹陷。正面布有模糊的淡色斑纹，雌蝶远大于雄蝶且近前缘中域有清晰的白色斑。【习性】常见于热带和亚热带林缘地带，飞行迅速机警。【分布】华东、华南、西南。

暗斑翠蛱蝶 *Euthalia monina* (Fabricius)（蛱蝶科 Nymphalidae）

【识别要点】雄蝶翅黑褐色，亚外缘有条宽阔的灰色鳞片带，灰色带内隐约能见1条波状黑线。雌蝶翅色淡，翅中域浅色带以及褐色波状线很明显，前翅中室外侧通常有数个白色斑。图示为雄蝶。【习性】多见于林区活动。【分布】广东、广西、海南、云南。

矛翠蛱蝶 *Euthalia aconthea* (Cramer)（蛱蝶科 Nymphalidae）

【识别要点】褐色，翅较尖，前翅中室外有1列弧形排列的小白色斑，雌蝶白色斑要比雄蝶发达。翅正面基部色泽稍深，但反面基部颜色较外侧要浅。图示为雌蝶。【习性】喜在林区活动。【分布】华东、华南、中南、西南。

尖翅翠蛱蝶 *Euthalia phemius* (Doubleday)（蛱蝶科 Nymphalidae）

【识别要点】雄蝶前后翅都近三角形，后翅的前角和臀角尖出，正面近臀角的外缘区有大片的蓝色，易与其他翠蛱蝶区分。雌蝶个体大，翅宽阔，无蓝色区，前翅有1条宽阔的斜白带，与其他翠蛱蝶雌性的区别在于：该种正反面底色以棕色为主，没有绿色色调，且前翅白带非常直。【习性】热带常见翠蛱蝶。【分布】广东、广西、香港、云南。

鹰翠蛱蝶 李元胜 摄

暗斑翠蛱蝶 张巍巍 摄

矛翠蛱蝶 张宏伟 摄

尖翅翠蛱蝶 偷米 摄

嘉翠蛱蝶 *Euthalia kardama* (Moore)（蛱蝶科 Nymphalidae）

【识别要点】大型翠蛱蝶，较为常见，翅宽阔，后翅在4脉突出。前后翅各有1列中域斑呈弧状排列。易与其他翠蛱蝶区分。【习性】常沿阴暗的林间小路飞行，喜吸食树汁和烂水果等。【分布】中南、西南。

太平翠蛱蝶 *Euthalia pacifica* Mell（蛱蝶科 Nymphalidae）

【识别要点】以前和峨眉翠蛱蝶（*Euthalia omeia*）及布翠蛱蝶（*Euthalia bunzoi*）一起被作为黄铜翠蛱蝶（*Euthalia nara*）的亚种，但有生态学证据表明这些翠蛱蝶都是独立的种。与峨眉翠蛱蝶和布翠蛱蝶的区别在于：雄蝶后翅的黄斑不进入中室，雌蝶前翅的白斑列从前缘开始越往后角越窄，后翅亚外缘的黑线纹较细且非常均匀。【习性】常沿阴暗的林中小路可见，喜栖于路上吸食。【分布】浙江、福建、广东、安徽。

波纹翠蛱蝶 *Euthalia undosa* Fruhstorfer（蛱蝶科 Nymphalidae）

【识别要点】本种近似种较多以及种内的地域差异使之较难鉴定，目前已知有3个亚种，之间有一定差异，分别分布于四川、华中南以及华东。本种前翅中带近前缘的第1个斑比第2个斑短，近似锯带翠蛱蝶，区别在于前翅第2室白斑不是很倾斜。与明带翠蛱蝶的区别在于：中带的外缘较为模糊，尤其在前翅第1b和第2室，亚外缘黑较发达。【习性】较常见的翠蛱蝶，喜在林间飞舞。【分布】四川、重庆、贵州、广东、福建、浙江。

明带翠蛱蝶 *Euthalia yasuyukii* Yoshino（蛱蝶科 Nymphalidae）

【识别要点】与波纹翠蛱蝶非常近似，区别在于：该种雄蝶中带淡黄色，后翅正面绿色金属光泽较弱，前翅中带的外缘界定得比较清晰，后翅中带外缘不够曲折，雄蝶外生殖器抱握瓣显著较大。本种长期被误认，近年由Yoshino根据广西的标本在未经考证模式标本的情况下发表为新种，阴差阳错该学名居然成立，颇具戏剧性。【习性】常沿阴暗的林区小路停栖，常能见到其与波纹翠蛱蝶同地混生。【分布】广西、广东、福建、浙江、安徽。

嘉翠蛱蝶 | 钟茗 摄

太平翠蛱蝶 | 黄灏 摄

波纹翠蛱蝶 | 李元胜 摄

明带翠蛱蝶 | 黄灏 摄

锯带翠蛱蝶 郭宪 摄

珐琅翠蛱蝶 任川 摄

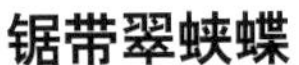

锯带翠蛱蝶

Euthalia alpherakyi Oberthür

（蛱蝶科 Nymphalidae）

【识别要点】与翠蛱蝶（*Euthalia undosa*）非常近似，区别在于：该种前翅第2室白色斑倾斜得更厉害。与明带翠蛱蝶的区别在于：中带的外缘较为模糊，尤其在前翅第1b室和2室。【习性】喜在林区活动。【分布】四川、重庆、广西、福建、广东。

台湾翠蛱蝶 林义祥 摄

珐琅翠蛱蝶

Euthalia franciae (Gray)

（蛱蝶科 Nymphalidae）

【识别要点】中带黄色或黄白色且中带外缘较为平直，前翅基部和后翅蓝绿色光泽明显。翅反面银灰绿色。【习性】喜在林区活动。【分布】云南。

台湾翠蛱蝶

Euthalia formosana Fruhstorfer

（蛱蝶科 Nymphalidae）

【识别要点】在台湾本种近似窄带翠蛱蝶（*Euthalia insulae*），主要区别在于本种翅形较圆润，中带较宽阔且稍有弯曲，其外侧边界模糊。为台湾特有种。【习性】多见于林区。【分布】台湾。

链斑翠蛱蝶 张宏伟 摄

链斑翠蛱蝶

Euthalia sahadeva (Moore)

（蛱蝶科 Nymphalidae）

【识别要点】翅褐色具有黄绿色光泽，后翅外缘波状明显。前翅近顶角有2个小白色斑，中域有1列斜向的黄白色斑。雄蝶后翅中域上侧有1列白色斑，而雌蝶通常只有2个白色斑。图示为雌蝶个体。【习性】喜在林区活动。【分布】云南、四川。

小豹律蛱蝶 任川 摄

小豹律蛱蝶

Lexias pardalis (Moore)

（蛱蝶科 Nymphalidae）

【识别要点】与黑角律蛱蝶近似，但该种触角端部为红色。雌雄异型，雄蝶个体较小，翅面近乎全黑仅后翅外中域有闪蓝色的宽带区，雌蝶较大，翅面遍布黄色斑点。【习性】热带林中阴暗处常见其停栖和飞行。【分布】海南、云南。

蓝豹律蛱蝶 | 李元胜 摄

折线蛱蝶 | 唐志远 摄

重眉线蛱蝶 | 唐志远 摄

红线蛱蝶 | 唐志远 摄

蓝豹律蛱蝶 *Lexias cyanipardus* (Butler)（蛱蝶科 Nymphalidae）

【识别要点】雌雄异型，与小豹律蛱蝶和黑角律蛱蝶的区别在于：本种个体大，雄蝶反面底色及雌蝶正面的斑点多为蓝色。图示为雌蝶。【习性】热带林中阴暗处偶见其停栖和飞行，较为警觉。【分布】广东、广西、海南。

折线蛱蝶 *Limenitis sydyi* Lederer（蛱蝶科 Nymphalidae）

【识别要点】前翅正面略有紫色光泽，中室端斑倾斜，中室内近基部有1条纵向白色斑，可与细线蛱蝶（*Limenitis cleophas*）和横眉线蛱蝶区分。较近似重眉线蛱蝶，但正面的白色斑较大，后翅反面前缘和外缘都有淡色区。【习性】多在林间开阔地飞舞。【分布】东北、华北、西北、浙江、江西、湖北、四川、云南。

重眉线蛱蝶 *Limenitis amphyssa* Ménétriés（蛱蝶科 Nymphalidae）

【识别要点】与横眉线蛱蝶近似，但该种前翅正反面中室内有多余的纵向白色斑，后翅正面亚外缘淡色带模糊，反面亚外缘带灰色且内有1排黑点，不呈清晰的白带。【习性】喜在开阔地活动。【分布】东北、华北、湖北、四川。

红线蛱蝶 *Limenitis populi* (Linnaeus)（蛱蝶科 Nymphalidae）

【识别要点】个体大，前翅中室端斑白色，近与前翅前缘垂直，反面有较多的赭红色斑块。易于辨认。【习性】常在地面湿地吸水。【分布】东北、华北、西北、西南。

横眉线蛱蝶 | 唐志远 摄

扬眉线蛱蝶 | 黄灏 摄

断眉线蛱蝶 | 郭宪 摄

残锷线蛱蝶 | 郭宪 摄

横眉线蛱蝶 *Limenitis moltrechti* Kardakov（蛱蝶科 Nymphalidae）

【识别要点】和细线蛱蝶一样，前翅正面中室内都无白色斑，但区别在于：该种正面前后翅除亚外缘线以外，尚有1条外缘线隐约可见，反面后翅中室端斑退化不呈清晰的白色，亚外缘白带清晰。【习性】多在林间开阔地活动。【分布】东北、华北、陕西、湖北。

扬眉线蛱蝶 *Limenitis helmanni* Lederer（蛱蝶科 Nymphalidae）

【识别要点】与断眉线蛱蝶近似，但该种前翅中室内棒状纹较直，前翅第2室斑和第3室斑几乎同等大小，后翅反面亚外缘白色斑伴以模糊的灰色斑块。与戟眉线蛱蝶的区别在于后翅反面近基部黑斑多为点状，不为线状。【习性】多在林间开阔地活动，喜在地面吸水。【分布】东北、华北、西北、华东、中南。

断眉线蛱蝶 *Limenitis doerriesi* Staudinger（蛱蝶科 Nymphalidae）

【识别要点】与扬眉线蛱蝶最近似，区别在于：该种前翅中室内的纵向白条明显向上翘，第3室的中域白色斑明显比第2室白色斑小，第5室中域白色斑一般长于第4室白色斑，后翅正反面的亚外缘的白色斑列都伴以清晰的黑点。【习性】常见停栖于林区的小路上，喜阳光。【分布】东北、华北、华东、中南。

残锷线蛱蝶 *Limenitis sulpitia* (Cramer)（蛱蝶科 Nymphalidae）

【识别要点】前翅中室纵条在其上缘有个缺口但并不因此中断，因此可与其他线蛱蝶轻易区分。【习性】常见种类，多见林区路边。【分布】华东、中南、华南、西南。

姹蛱蝶 *Chalinga elwesi* (Oberthür)（蛱蝶科 Nymphalidae）

【识别要点】翅形尖锐，后翅反面和前翅反面近前角处为朱红色，易于辨认。【习性】林区光照较好的路上可见。【分布】四川、云南。

中华黄葩蛱蝶 *Patsuia sinensis* (Oberthür)（蛱蝶科 Nymphalidae）

【识别要点】正面底色棕色，前翅中室内有黄色斑，中室端部有黄色斑，后翅正面中室及其上有一黄色近圆形斑，反面后翅底色以黄色为主，易于辨认。【习性】林区光照较好的路上可见。【分布】东北、华北、中南、四川、云南。

双色带蛱蝶 *Athyma cama* Moore（蛱蝶科 Nymphalidae）

【识别要点】雌雄异型，雄蝶前翅正面顶角有1个橙色斑，近前缘的2个白斑相连，无清晰的中室条纹，易与新月带蛱蝶、弧斑带蛱蝶和相思带蛱蝶区分。雌蝶正面的黄斑带宽大，反面底色以棕黄色为主，前翅中室纹无断裂痕迹，易与近缘种区分。图示为雄蝶。【习性】多在林区开阔地活动。【分布】华南、华东、中南、西南。

新月带蛱蝶 *Athyma selenophora* (Kollar)（蛱蝶科 Nymphalidae）

【识别要点】近似双色带蛱蝶，但雄蝶前翅顶角无黄斑，近前缘的白斑不相连，雌蝶正面斑色发白，前翅中室内斑纹断裂明显。【习性】多在林区边缘活动。【分布】华东、华南、中南、西南。

姹蛱蝶 | 张宏伟 摄

中华黄葩蛱蝶 | 史宏亮 摄

双色带蛱蝶 | 倪一农 摄

新月带蛱蝶 | 张宏伟 摄

相思带蛱蝶 | 张宏伟 摄

相思带蛱蝶 *Athyma nefte* Cramer（蛱蝶科 Nymphalidae）

【识别要点】雄蝶中小型，雌蝶较大。雄蝶前翅正面中室内有清晰的白色条纹，且呈断裂状，前角附近有橙色斑；雌蝶正面以黄斑为主，中室条纹有断裂痕迹但不断裂。【习性】热带林区路上可见。【分布】广东、广西、香港、福建、云南、海南。

玄珠带蛱蝶 *Athyma perius* (Linnaeus)（蛱蝶科 Nymphalidae）

【识别要点】很容易辨认的中型蛱蝶：前翅中室斑断裂显著，反面底色为鲜亮的棕黄色，后翅反面中带内侧的黑边断裂成3段，外侧的黑边仅限于中间一段，亚外缘白斑列伴以清晰的黑点。【习性】热带林区较开阔的地方容易见到。【分布】华东、华南、中南、西南。

肃蛱蝶 *Sumalia daraxa* (Doubleday)（蛱蝶科 Nymphalidae）

【识别要点】小型蛱蝶。翅形尖锐，后翅臀角尖出。正面底色黑色，中域有1条纵向的淡绿色中带，后翅臀角有红斑，反面斑纹类似正面，底色较浅，近基部及亚外缘区有模糊的灰色斑块。【习性】林区光照充足的开阔地容易见到，常停栖于路上。【分布】海南、广东、云南、西藏。

玄珠带蛱蝶 | 钟茗 摄　　肃蛱蝶 | 刘晔 摄

丫纹肃蛱蝶 ｜ 黄灏 摄

西藏肃蛱蝶 ｜ 黄灏 摄

短带蟠蛱蝶 ｜ 张宏伟 摄

丫纹肃蛱蝶 *Sumalia dudu* (Westwood)（蛱蝶科 Nymphalidae）

【识别要点】原中文名为丫纹俳蛱蝶，因俳蛱蝶属是肃蛱蝶属的异名，故对属名部分进行更正。前翅正反面的中带白色且近前缘处与近前角的1列白斑相接，呈丫字形。易于辨认。【习性】林区光照充足的开阔地容易见到，常停栖于路上。【分布】海南、广东、云南、广西、台湾、西藏。

西藏肃蛱蝶 *Sumalia zayla* (Doubleday)（蛱蝶科 Nymphalidae）

【识别要点】色彩艳丽的蛱蝶，前翅中带宽阔，连续，不在4脉上被切断，后翅中带为白色，易与近缘种彩衣肃蛱蝶（*Sumalia houlberti*）区分。因分布地在中国境内以西藏东南为主，故名西藏肃蛱蝶。【习性】在产地数量较多，喜在林区光照充足的开阔地飞行，停栖。【分布】西藏东南、云南西北。

短带蟠蛱蝶 *Pantoporia assamica* (Moore)（蛱蝶科 Nymphalidae）

【识别要点】小型蛱蝶，正面带纹为鲜亮的橙色，与近缘种的区别在于：后翅正面外中域的黑色带较短，不通到后翅内缘，其内侧尚有橙色区。中文名因其后翅黑色外中带较短而得名。【习性】飞行缓慢，仅在热带林区偶尔可见。【分布】云南。

小环蛱蝶 *Neptis sappho* (Pallas)（蛱蝶科 Nymphalidae）

【识别要点】近似中环蛱蝶、耶环蛱蝶和珂环蛱蝶。反面底色没有中环蛱蝶那么黄，条带形斑纹的黑边没有中环蛱蝶发达；前翅中室外楔形斑没有耶环蛱蝶和珂环蛱蝶那么长，中室内条纹多少有断痕，反面底色较耶环蛱蝶为红。【习性】为最常见环蛱蝶，林区路边易见。【分布】东北、华北、华东、西南、中南、华南。

珂环蛱蝶 *Neptis clinia* Moore（蛱蝶科 Nymphalidae）

【识别要点】小型线蛱蝶，近似小环蛱蝶，但翅反面为褐色，本种前翅正面中室内白色条纹断痕不明显，中室内条纹在反面与中室外锲形斑相连，中室外的锲形斑较细长。【习性】常在林区边缘飞舞，有时能见到与小环蛱蝶同地混生。【分布】华东、西南、中南、华南。

中环蛱蝶 *Neptis hylas* (Linnaeus)（蛱蝶科 Nymphalidae）

【识别要点】正面白斑较为清晰发达，前翅中室内条纹有中断痕迹，反面底色棕黄色，较小环蛱蝶更黄，后翅各白色斑纹都多少饰以黑边。【习性】喜在林区开阔地活动。【分布】华东、中南、华南、西南。

小环蛱蝶 | 奉建 摄

珂环蛱蝶 | 任川 摄

中环蛱蝶 | 杰仔 摄

断环蛱蝶 黄灏 摄　烟环蛱蝶 张宏伟 摄

断环蛱蝶 *Neptis sankara* (Kollar)（蛱蝶科 Nymphalidae）

【识别要点】中大型环蛱蝶，各条纹白色，前翅中室内条纹与中室外楔形纹相连，仅在上缘有一断痕。颇近似卡环蛱蝶（*Neptis cartica*），但个体较大且反面后翅近基部的白斑在中室基部和第7室基部，离前缘尚有距离。本种雌蝶个体有时斑纹会呈黄色。【习性】林区光照好的地段易见。【分布】华东、西南、中南、华南。

烟环蛱蝶 *Neptis harita* Moore（蛱蝶科 Nymphalidae）

【识别要点】正面底色深棕色，各条纹颜色为烟雾状的淡棕色，不清晰，易与其他环蛱蝶区分。【习性】云南南部的林缘地带可见。【分布】云南。

羚环蛱蝶 *Neptis antilope* Leech（蛱蝶科 Nymphalidae）

【识别要点】前翅中室内条纹与中室外楔形斑融合，第2，3室内的淡色斑略向内侧倾斜，并不垂直于翅脉，并远离中室斑条，据此易于辨认。反面底色以黄色为主，后翅近基部无斑纹。【习性】林中小路上阳光充足的地方可见，常见访花或吸水。【分布】浙江、福建、河南、湖北、陕西、四川、云南。

重环蛱蝶 *Neptis alwina* (Bremer & Grey)（蛱蝶科 Nymphalidae）

【识别要点】中大型环蛱蝶，前翅近前缘有2个较长的白色斑列，易与其他环蛱蝶区分。与德环蛱蝶类似，但该种后翅中带不被翅脉全部切断。【习性】一年一代，多在林间活动。【分布】东北、华北、华东、西南。

羚环蛱蝶 黄灏 摄　重环蛱蝶 王江 摄

德环蛱蝶 | 李元胜 摄

链环蛱蝶 | 周纯国 摄

细带链环蛱蝶 | 唐志远 摄

弥环蛱蝶 | 杰仔 摄

德环蛱蝶 *Neptis dejeani* Oberthür（蛱蝶科 Nymphalidae）

【识别要点】与重环蛱蝶近似，但该种后翅的中带被各翅脉完全切断成1列斑块。【习性】盛发期数量较多，云南高海拔林区的小路上常见。【分布】云南、四川。

链环蛱蝶 *Neptis pryeri* Butler（蛱蝶科 Nymphalidae）

【识别要点】前翅中室内条斑断裂成1系列斑块，且近乎与中带相接形成半环状。后翅有2列白斑，易与单环蛱蝶（*Neptis rivularis*）和五段环蛱蝶（*Neptis divisa*）区分。本种与最近似的细带链环蛱蝶区别在于：其斑纹较宽大，前翅前缘中部没有小白斑。【习性】多在林间开阔地活动。【分布】华东、中南、四川、台湾。

细带链环蛱蝶 *Neptis andetria* Fruhstorfer（蛱蝶科 Nymphalidae）

【识别要点】本种长期被认为是链环蛱蝶的亚种，最近被国外学者认可为独立种，极为近似链环蛱蝶，但本种斑带明显要细，前翅前缘中部通常有1个小白斑，后翅反面亚外缘白带呈波状。【习性】喜在林间活动。【分布】东北、华北、甘肃、陕西、广西、云南、四川。

弥环蛱蝶 *Neptis miah* Moore（蛱蝶科 Nymphalidae）

【识别要点】中型环蛱蝶，前翅近前角的橙黄色斑列在正面近乎融合，在反面则有些断裂，易与瑙环蛱蝶区分。后翅反面近基部前缘的白色区域并不抵达第8脉，可与阿环蛱蝶和娜巴环蛱蝶区分。【习性】多见于林区边缘。【分布】浙江、福建、广东、广西、海南、四川、云南。

娜巴环蛱蝶 *Neptis namba* Tytler（蛱蝶科 Nymphalidae）

【识别要点】正面底色黑色，斑条较细，呈橙红色，反面底色棕红色，后翅中带为白色，中带和亚外缘带外侧各有1条紫色的波状线。【习性】喜在林区开阔地活动。【分布】四川、云南、西藏东南。

阿环蛱蝶 *Neptis ananta* Moore（蛱蝶科 Nymphalidae）

【识别要点】近似娜巴环蛱蝶，区别在于本种正面橙黄色斑带色泽较淡，翅反面底色不很红，前翅反面近顶角的白色斑明显要大，后翅中带和亚外缘带外侧波状细线不呈紫色。【习性】多在林间飞舞。【分布】华东、中南、华南、西南。

玛环蛱蝶 *Neptis manasa* Moore（蛱蝶科 Nymphalidae）

【识别要点】中大型环蛱蝶，前翅中室条纹和中域斑连成环状，正面斑色通常为黄色或淡黄色，反面底色以土黄色为主，色泽较均匀，后翅近基部和外缘区域没有复杂的斑纹，易于辨认。【习性】常在林间飞舞，有时在地面吸水。【分布】浙江、福建、湖北、云南、西藏东南。

娜巴环蛱蝶 | 钟茗 摄

阿环蛱蝶 | 黄灏 摄

玛环蛱蝶 | 任川 摄

台湾环蛱蝶 | 林义祥 摄

黄环蛱蝶 | 唐志远 摄

台湾环蛱蝶

Neptis taiwana Fruhstorfer

（蛱蝶科 Nymphalidae）

【识别要点】略似阿环蛱蝶（*Neptis ananta*），但本种翅正面斑带较细，通常呈灰白色或者灰黄色，前翅第3室无白色斑。为台湾特有种。【习性】喜在林区边缘活动。【分布】台湾。

黄环蛱蝶

Neptis themis Leech

（蛱蝶科 Nymphalidae）

【识别要点】中大型环蛱蝶，与伊洛环蛱蝶（*Neptis ilos*）难以区分，只能靠前翅翅脉和雄蝶外生殖器进行辨别。也与海环蛱蝶（*Neptis thetis*）近似，区别在于本种反面后翅亚外缘的白色条纹不退化，第7室近基部的白色条纹不断裂。【习性】多在林区开阔地活动。【分布】华北、华东、中南、西南。

蔼菲蛱蝶

Phaedyma aspasia (Leech)

（蛱蝶科 Nymphalidae）

【识别要点】略似某些环蛱蝶的种类，但本种个体较大，前翅翅形更尖锐，后翅前缘较平缓，不在未达前角前凸出，雄蝶后翅近前缘有大片的灰色镜区。【习性】林区边缘可见。【分布】浙江、四川、重庆、云南。

蔼菲蛱蝶 | 李若行 摄

丽蛱蝶 *Parthenos sylvia* Cramer（蛱蝶科 Nymphalidae）

【识别要点】大型蛱蝶，前翅尖锐，后翅在第4脉上折角明显，正面以闪金属绿色为主，前翅有成列的白色斑，易于辨认。【习性】林区开阔地易见。【分布】华南、云南。

网丝蛱蝶 *Cyrestis thyodamas* Boisduval（蛱蝶科 Nymphalidae）

【识别要点】翅面白色或淡黄色，横向线纹较多且发达，与脉纹形成地图状网格，易于辨认。仅与雪白丝蛱蝶近似，但本种前翅外缘没有很宽的黑边，近前角处没有橙色斑，后翅亚外缘橙色较少，翅面的线纹较不规则。【习性】溪边可见，飞行缓慢。【分布】华东、中南、华南、西南。

点蛱蝶 *Neurosigma siva* Westwood（蛱蝶科 Nymphalidae）

【识别要点】翅白色，基部黄色，布有黑色圆斑。翅中域、亚外缘、外缘各有1列黑色曲带。【习性】多在林区边缘活动。【分布】云南。

丽蛱蝶 | 任川 摄

网丝蛱蝶 | 一念 摄

点蛱蝶 | 张宏伟 摄

黄绢砍蛱蝶 | 王锋 摄

波蛱蝶 | 张宏伟 摄

黄绢砍蛱蝶 *Chersonesia risa* (Doubleday)（蛱蝶科 Nymphalidae）

【识别要点】小型蛱蝶，翅色橙黄色，布有数小纵向的褐色细带。近似中绢砍蛱蝶（*Chersonesia intermedia*），但本种亚外缘褐色带不弯曲。【习性】多见于热带林区。【分布】广西、云南、海南。

波蛱蝶 *Ariadne ariadne* (Linnaeus)（蛱蝶科 Nymphalidae）

【识别要点】中小型种类，翅色红褐色，布有许多波状纹。近似细纹波蛱蝶（*Ariadne merione*），但本种前翅顶角白点较明显，翅色较淡，翅外缘波状突起更显著。【习性】多见于南方开阔地。【分布】广西、海南、台湾、云南。

枯叶蛱蝶 | 杰仔 摄
蓝带枯叶蛱蝶 | 黄灏 摄
蠹叶蛱蝶 | 任川 摄
幻紫斑蛱蝶 | 李元胜 摄

枯叶蛱蝶 *Kallima inachus* (Boisduval)（蛱蝶科 Nymphalidae）

【识别要点】翅形呈枯叶状，反面斑纹为枯叶状。前翅正面有很宽的橙黄色斜带，基半部有蓝色金属光泽。易于辨认。【习性】沿林区小路可见，停栖于叶上，也吸食树汁。【分布】华东、中南、西南、华南。

蓝带枯叶蛱蝶 *Kallima alompra* Moore（蛱蝶科 Nymphalidae）

【识别要点】正面斜带为蓝白色，易于辨认，在我国仅产于西藏东南的墨脱县。若只从反面看非常近似枯叶蛱蝶，但本种与同产地的枯叶蛱蝶相比，前翅前角较为尖出。【习性】西藏墨脱的林中小路上可见，常停栖于地面或叶面上。【分布】西藏东南。

蠹叶蛱蝶 *Doleschallia bisaltide* (Cramer)（蛱蝶科 Nymphalidae）

【识别要点】翅黄褐色，前翅顶角黑色，中室端的黑斑常常与之相连。近似枯叶蛱蝶，但本种前翅顶角平截，后翅基部有数个小白点，亚外缘有1列眼斑。【习性】多见于热带林区。【分布】云南、台湾、海南。

幻紫斑蛱蝶 *Hypolimnas bolina* (Linnaeus)（蛱蝶科 Nymphalidae）

【识别要点】较大型的蛱蝶。正面黑色，有蓝色金属光泽的中域斑，反面棕色。两翅亚外缘有白色斑列，易于辨认。【习性】常在有阳光的开阔地活动。【分布】华东、华南、中南、西南。

金斑蛱蝶 *Hypolimnas missipus* (Linnaeus)（蛱蝶科 Nymphalidae）

【识别要点】雄蝶正面黑色，前后翅仅有3个白色斑块，颇似六点带蛱蝶和白斑线蛱蝶，但本种后翅白斑明显较圆较大。雌蝶拟态金斑蝶，但后翅中室明显较短且中域仅1个黑斑，易于区分。【习性】喜在开阔地方活动，常访花。【分布】陕西、浙江、福建、云南、广东、广西、台湾。

荨麻蛱蝶 *Aglais urticae* (Linnaeus)（蛱蝶科 Nymphalidae）

【识别要点】小型蛱蝶，翅形近似红蛱蝶属，朱蛱蝶属和孔雀蛱蝶，但本种前后翅正面的亚外缘有清晰的蓝色斑列，可以轻易区分。【习性】常在林区周边以及开阔地见到。【分布】东北、华北、西北、西南。

小红蛱蝶 *Vanessa cardui* (Linnaeus)（蛱蝶科 Nymphalidae）

【识别要点】世界广布种，易于辨认，近似大红蛱蝶但后翅正面中域斑纹复杂，不呈单一的深棕色。【习性】喜欢开阔环境，城市里也能见到，常见访花。【分布】遍布全国。

大红蛱蝶 *Vanessa indica* (Herbst)（蛱蝶科 Nymphalidae）

【识别要点】后翅正面从基部到亚外缘区为统一的深棕色，无任何斑纹，易于辨认。【习性】林区和城市里都能见到。【分布】全国各地。

金斑蛱蝶 | 杰仔 摄

荨麻蛱蝶 | 李元胜 摄

小红蛱蝶 | 倪一农 摄

大红蛱蝶 | 倪一农 摄

红蛱蝶 *Vanessa atalanta* (Linnaeus)（蛱蝶科 Nymphalidae）

【识别要点】近似大红蛱蝶，但前翅红色带较细，近顶角的白斑稍大，后翅外缘红带内的黑斑细小，不难辨认。本种主要分布在欧洲、北美和西亚，向东分布到我国新疆。【习性】多在林灌区边缘以及开阔地活动。【分布】新疆。

琉璃蛱蝶 *Kaniska canace* (Linnaeus)（蛱蝶科 Nymphalidae）

【识别要点】翅形类似钩蛱蝶属的种类，但本种正面斑纹简单，以黑色底色和蓝色中带为主，非常容易辨认。【习性】常见于林区路边，有追逐行为。【分布】东北、华北、华东、中南、华南、西南。

白钩蛱蝶 *Polygonia c-album* (Linnaeus)（蛱蝶科 Nymphalidae）

【识别要点】与黄钩蛱蝶的区别在于：本种正面前翅中室内仅2个黑斑，反面后翅中室端部之白色钩纹较为细长。【习性】最普通的蛱蝶之一，在南方地区多栖息在林间。【分布】东北、华北、华东、中南、西南。

红蛱蝶 | 王春芳 摄

琉璃蛱蝶 | 周纯国 摄

白钩蛱蝶 | 倪一农 摄

黄钩蛱蝶 钟茗 摄　　孔雀蛱蝶 唐志远 摄

黄钩蛱蝶 *Polygonia c-aureum* (Linnaeus)（蛱蝶科 Nymphalidae）

【识别要点】正面前翅中室内有3个黑斑，后翅反面的白色钩纹较粗短。【习性】最普通的蛱蝶，喜开阔区域活动。【分布】东北、华北、华东、中南、西南、华南。

孔雀蛱蝶 *Inachis io* (Linnaeus)（蛱蝶科 Nymphalidae）

【识别要点】翅正面棕红色，前后翅正面近前角处各有1个类似孔雀尾上眼斑的圆斑。易于辨认。【习性】常在林区边缘以及开阔地活动。【分布】东北、华北、西北。

美眼蛱蝶 *Junonia almana* (Linnaeus)（蛱蝶科 Nymphalidae）

【识别要点】翅正面橙黄色，前后翅都有大型的孔雀眼斑。季节型差异较大，低温型反面模拟枯叶状。【习性】南方常见的美丽蛱蝶，喜在开阔区域活动，多访花。【分布】华东、华南、西南、中南。

翠蓝眼蛱蝶 *Junonia orithya* (Linnaeus)（蛱蝶科 Nymphalidae）

【识别要点】雄蝶正面蓝色，雌蝶则蓝色区域较少，具有美丽的眼斑。有一定的季节型差异，高温型翅反面土褐色，低温型反面则为深褐色或棕褐色。雄雌蝶前翅近顶角均有1条短斜带。【习性】喜日照强的区域，常紧贴地面飞行。【分布】华东、华南、西南、中南。

美眼蛱蝶 杰仔 摄　　翠蓝眼蛱蝶 刘思阳 摄

波纹眼蛱蝶 杰仔 摄　　蛇眼蛱蝶 杰仔 摄

波纹眼蛱蝶 *Junonia atlites* (Linnaeus)（蛱蝶科 Nymphalidae）

【识别要点】正面淡灰色，前后翅中域都有成列的小眼斑。易于同其他种区分。【习性】多见于开阔的环境中，常见访花。【分布】广东、广西、香港、云南、海南、四川。

蛇眼蛱蝶 *Junonia lemonias* (Linnaeus)（蛱蝶科 Nymphalidae）

【识别要点】正面底色褐色，前翅有较多的白色斑块，前后翅中域都有眼斑，反面底色以棕黄色为主，斑纹较为斑驳，低温型有时反面会是红褐色。后翅翅形不同于其他种，在第4脉尖出。【习性】常在开阔地区活动。【分布】广东、广西、香港、云南、海南、台湾。

黄裳眼蛱蝶 *Junonia hierta* (Linnaeus)（蛱蝶科 Nymphalidae）

【识别要点】前翅中域及后翅外中域正面底色为鲜艳的黄色，后翅正面近前缘有蓝色斑块。反面前翅大部分为黄色。【习性】喜在日照强的区域飞行停栖。【分布】海南、广东、广西、云南、四川。

黄裳眼蛱蝶 李元胜 摄

钩翅眼蛱蝶 | 张宏伟 摄

黄豹盛蛱蝶 | 李元胜 摄

花豹盛蛱蝶 | 杰仔 摄

钩翅眼蛱蝶 *Junonia iphita* (Cramer)（蛱蝶科 Nymphalidae）

【识别要点】正面黑褐色，眼斑列模糊。翅形不同于其他种，前翅在6脉尖出并折成直角或锐角，后翅在臀角尖出。易于分辨。【习性】喜欢在日光充足的开阔地活动。【分布】华东、华南、中南、西南。

黄豹盛蛱蝶 *Symbrenthia brabira* Moore（蛱蝶科 Nymphalidae）

【识别要点】与花豹盛蛱蝶的区别在于：本种前翅反面1b室近外缘处有1个多余的黑斑，后翅反面外中域的金属色斑块及近臀角的亚外缘线略呈蓝色，不呈绿色，外中域的蓝色斑块略短。【习性】林区开阔地可见，常访花。【分布】四川、云南、浙江、福建、台湾。

花豹盛蛱蝶 *Symbrenthia hypselis* (Godart)（蛱蝶科 Nymphalidae）

【识别要点】与绿斑盛蛱蝶(*Symbrenthia viridilunulata Huang*)最为近似，但本种后翅反面外中域的绿色斑块呈子弹头状，其内侧尖锐，不呈长方形状。【习性】喜在日光充足的林间开阔地活动。【分布】华南、西藏东南。

散纹盛蛱蝶

Symbrenthia lilaea (Hewitson)

（蛱蝶科 Nymphalidae）

【识别要点】反面底色主要为黄色且无明显的黑斑块，多为模糊的线状纹。易于识别。【习性】南方最常见的盛蛱蝶，多见于开阔地。【分布】华东、华南、中南、西南。

曲纹蜘蛱蝶

Araschnia doris Leech

（蛱蝶科 Nymphalidae）

【识别要点】后翅外缘圆滑，前后翅正反面都有清晰而弯曲的中带。本种有季节型之分，春型前翅无白带，反面棕红色明显，易被误认为其他种类。【习性】多见于林间以及开阔地。【分布】华东、中南、西南。

直纹蜘蛱蝶

Araschnia prorsoides (Blanchard)

（蛱蝶科 Nymphalidae）

【识别要点】后翅在4脉尖出，前后翅正反面都有清晰笔直的中带，易于辨认。【习性】多见于林间以及开阔地。【分布】四川、云南、广西、西藏。

蜘蛱蝶

Araschnia levana (Linnaeus)

（蛱蝶科 Nymphalidae）

【识别要点】季节型的差异非常巨大。春型蜘蛱蝶正面橙色为主伴以黑色斑块，顶角近前缘处有清晰的白斑，可与布网蜘蛱蝶（*Araschnia burejana*）和大卫蜘蛱蝶（*Araschnia davidis*）区分。夏型蜘蛱蝶正面以黑色为主，后翅伴以清晰笔直的白色中带，易与其他种类区分。【习性】多在林区边缘开阔地活动。【分布】东北、华北。

散纹盛蛱蝶 倪一农 摄

曲纹蜘蛱蝶 钟茗 摄

直纹蜘蛱蝶 郭宪 摄

蜘蛱蝶 唐志远 摄

斑网蛱蝶 *Melitaea didymoides* Eversmann（蛱蝶科 Nymphalidae）

【识别要点】正面黑边较宽，并紧挨着1列清晰离散的黑色亚外缘斑列，易与其他种区分。反面黑斑多呈点状，并不连成线段或线纹。【习性】多见于林区边缘以及空旷地。【分布】东北、华北、西北。

兰网蛱蝶 *Melitaea bellona* Leech（蛱蝶科 Nymphalidae）

【识别要点】近似黑网蛱蝶（*Melitaea jezabel*），但本种后翅反面亚基部的白斑连成一条整齐的宽带，不呈断裂状。易于识别。【习性】多见于开阔地。【分布】陕西、四川。

普网蛱蝶 *Melitaea protomedia* Ménétriès（蛱蝶科 Nymphalidae）

【识别要点】近似网蛱蝶（*Melitaea cinxia*），区别在于：本种正面黑斑较不发达，橙色斑较发达，反面后翅外中域黑色点斑较为发达。正面与某些蜜蛱蝶非常近似，但本种橙色斑的色泽并不统一，有些较白有些较红，而蜜蛱蝶属的都非常统一。另外，本种前翅的横向带纹扭曲较为厉害。【习性】多见于开阔地。【分布】东北、华北。

斑网蛱蝶 | 唐志远 摄

兰网蛱蝶 | 李元胜 摄

普网蛱蝶 | 唐志远 摄

大网蛱蝶 唐志远 摄

布丰绢蛱蝶 李元胜 摄

中堇蛱蝶 王江 摄

大网蛱蝶 *Melitaea scotosia* Butler（蛱蝶科 Nymphalidae）

【识别要点】比其他网蛱蝶都大，正面外缘黑色，亚外缘的黄色月形纹清晰，雄蝶后中域斑点较少，雌蝶较多。后翅反面黑色短纹多为“V”形，易于识别。【习性】多在开阔地活动。【分布】东北、华北、西北。

中堇蛱蝶 *Euphydryas ichnea* (Boisduval)（蛱蝶科 Nymphalidae）

【识别要点】原拉丁名（*Melitaea intermedia*）为次异名，不再采用。近似伊堇（*Euphydryas iduna*）蛱蝶，但本种前翅反面没有清晰的红色外中带。翅上斑纹较为规则，各黑色线纹清晰而少曲折，易与蜜蛱蝶属和网蛱蝶属的种类区分。【习性】多见于开阔地。【分布】东北、内蒙古、新疆。

布丰绢蛱蝶 *Calinaga buphonas* Oberthür（蛱蝶科 Nymphalidae）

【识别要点】中文名为拉丁名的音译。本种近似大卫绢蛱蝶，但翅色较黑，各斑纹对比较为强烈。分布区不重叠，易于辨认，本种只分布于云南、广西、重庆、贵州、广东和四川的南部。而大卫绢蛱蝶只分布于四川的西部、北部、陕西一带。【习性】飞行优雅缓慢，在阳光充足的林间空地易见，常见其在路上吸水。【分布】云南、广西、贵州、重庆、广东、四川。

大卫绢蛱蝶 郭宪 摄

大卫绢蛱蝶 *Calinaga davidis* Oberthür
（蛱蝶科 Nymphalidae）

【识别要点】本种近似于布丰绢蛱蝶，但翅色较淡，斑纹对比较不显著。【习性】多在阳光充足的林间空地活动，常见吸水。【分布】四川、陕西、重庆。

苎麻珍蝶 | 张宏伟 摄

斑珍蝶 | 谭金刚 摄

朴喙蝶 | 周纯国 摄

棒纹喙蝶 | 李元胜 摄

苎麻珍蝶

Acraea issoria (Hubner)

(蛱蝶科 Nymphalidae)

【识别要点】翅型狭长，翅黄色半透明状，飞行缓慢，易于辨认。【习性】盛发期数量极多，常见于林区光线好的地段。【分布】华东、华南、西南、中南。

斑珍蝶

Acraea violae (Fabricius)

(蛱蝶科 Nymphalidae)

【识别要点】翅橙黄色，翅中域有许多黑点，后翅外缘黑色明显，内有1列橙色小斑点。容易辨认。【习性】常见于林区阳光充足地带。【分布】海南。

朴喙蝶

Libythea lepita Moore

(蛱蝶科 Nymphalidae)

【识别要点】原先认为的朴喙蝶（*Libythea celtis*）最近被日本学者分为2个种，东亚以及印度产的被提升为独立种，学名变为*Libythea lepita*，中文名暂不变更。本种下唇须极长，前翅在5脉尖出并折呈锐角，前翅中室棒纹不与中域斑融合，有明显的割断或勉强相连，后翅中带较窄。【习性】常见其停栖于光照较好的林区路上，喜在地面吸水。【分布】华北、华东、中南、西南。

棒纹喙蝶

Libythea myrrha Godart

(蛱蝶科 Nymphalidae)

【识别要点】与朴喙蝶近似，但本种前翅中室棒状纹与中域斑融合一体，近前角的淡色斑呈黄色。后翅的中带宽阔，即使在反面也容易辨认。【习性】常见其停栖于光照较好的林区路上，较朴喙蝶少见。【分布】华南、西南、西藏。

豹蚬蝶 *Takashia nana* (Leech)（灰蝶科 Lycaenidae）

【识别要点】很特别的蚬蝶，翅面黄色的底面上布满黑色小斑，斑纹类似猫蛱蝶，早期曾被作为猫蛱蝶属的种类，但个体小，正反面各翅面的底色均匀，极易辨认。【习性】多见于林间开阔地，喜访花。【分布】陕西、云南、四川。

黄带褐蚬蝶 *Abisara fylla* (Westwood)（灰蝶科 Lycaenidae）

【识别要点】个体较大，前翅有1条黄色斜带，近顶角有2个明显的小白点。【习性】热带林中可见。【分布】云南。

白带褐蚬蝶 *Abisara fylloides* (Moore)（灰蝶科 Lycaenidae）

【识别要点】前翅斜带白色或者黄色，近似于黄带褐蚬蝶，但不可以依据斜带的颜色来区分。两者区别在于：本种个体明显要小，前翅近顶角正反面均无白色斑点。【习性】林中阴暗处可见，常见访花。【分布】华东、华南、中南、西南。

长尾褐蚬蝶 *Abisara chelina* (Fruhstorfer)（灰蝶科 Lycaenidae）

【识别要点】一直被作为*Abisara neophron* (Hewitson)的亚种，但最近的研究表明有可能二者是独立的种类。本种前翅有淡色斜带，后翅有明显的尾突。易于识别。【习性】林中阴暗处可见。【分布】福建、广东、广西、云南、西藏东南。

豹蚬蝶 | 李元胜 摄　　黄带褐蚬蝶 | 任川 摄

白带褐蚬蝶 | 周纯国 摄　　长尾褐蚬蝶 | 任川 摄

白点褐蚬蝶 | 杰仔 摄　方裙褐蚬蝶 | 张宏伟 摄

蛇目褐蚬蝶 | 杰仔 摄

白点褐蚬蝶 *Abisara burnii* (de Nicéville)（灰蝶科 Lycaenidae）

【识别要点】正反面底色以棕红色为主，后翅外缘圆滑，反面白色斑点较多，易与近缘种识别。【习性】林中阴暗处偶见。【分布】华东、华南、西南、台湾。

方裙褐蚬蝶 *Abisara freda* Bennet（灰蝶科 Lycaenidae）

【识别要点】翅褐色，前翅近顶角有2～3个小白点，前翅中域有2条淡色带，后翅中域有1条淡色带，亚外缘有1列黑色斑点。后翅4脉不明显突出。【习性】多在林间开阔地活动。【分布】云南。

蛇目褐蚬蝶 *Abisara echerius* (Stoll)（灰蝶科 Lycaenidae）

【识别要点】后翅在第4脉突出，前后翅正反面底色以红棕色为主，没有清晰的白斑，仅有模糊的横向弧状白色条纹。【习性】多见于林间开阔地。【分布】浙江、福建、广东、香港、广西、海南。

暗蚬蝶 | 李元胜 摄
波蚬蝶 | 郭宪 摄
白蚬蝶 | 寒枫 摄
红秃尾蚬蝶 | 黄灏 摄
秃尾蚬蝶 | 郭宪 摄

暗蚬蝶 *Paralaxita dora* (Fruhstorfer)（灰蝶科 Lycaenidae）

【识别要点】有点类似白点褐蚬蝶，但本种底色明显较暗，后翅的前角附近没有清晰的黑色斑，反面的白色斑点较多。【习性】热带林中阴暗处偶见。【分布】海南。

波蚬蝶 *Zemeros flegyas* (Cramer)（灰蝶科 Lycaenidae）

【识别要点】正反面底色以棕红色为主，密布白色点斑，极易识别。【习性】常见的蚬蝶，林区路上易见。【分布】华东、华南、中南、西南。

白蚬蝶 *Stiboges nymphidia* Butler（灰蝶科 Lycaenidae）

【识别要点】翅白色，全翅外缘以及前翅前缘黑色，很容易区分。【习性】多在林区活动。【分布】华东、华南、西南、中南。

红秃尾蚬蝶 *Dodona adonira* Hewitson（灰蝶科 Lycaenidae）

【识别要点】后翅臀角有耳垂状突出且分叉，但并不延长形成明显的尾，与秃尾蚬蝶近似。正面红色斑颜色统一，颇似无尾蚬蝶，但斑纹为黑红相间的横向带纹，并非散立的斑块。反面底色以黄色为主，伴以横向清晰的黑线纹，易与其他蚬蝶区分。【习性】常见于日光充足的林区空地或小路上。【分布】云南、西藏东南。

秃尾蚬蝶 *Dodona dipoea* Hewitson（灰蝶科 Lycaenidae）

【识别要点】后翅臀角仅为耳垂状突起且分叉，并不形成明显的尾，据此可与近似种类银纹尾蚬蝶区分。更近似于俄国人近年在越南发现的新种——宽带秃尾蚬蝶 *Dodona katerina*（《中国蝶类志》上被鉴定为秃尾蚬蝶的即是宽带秃尾蚬蝶）。但本种反面后翅的中带中断且较细，不呈连贯的宽带状。【习性】多在林间开阔地见到。【分布】四川、云南、西藏东南。

银纹尾蚬蝶 ▏刘晔 摄　　无尾蚬蝶 ▏寒枫 摄

银纹尾蚬蝶 *Dodona eugenes* Bates（灰蝶科 Lycaenidae）

【识别要点】后翅臀角处耳垂状突起的上分支延长形成明显的尾，与彩斑尾蚬蝶和大斑尾蚬蝶较近似，区别在于：本种正面的红色斑明显较小且呈棕灰色，前翅仅前角的斑色较白，其内侧斑较红，但呈逐渐过渡状，色泽上不成鲜明对比，后翅反面的银色条纹较窄。【习性】多在林区开阔地见到。【分布】云南、西藏、台湾。

无尾蚬蝶 *Dodona durga* (Kollar)（灰蝶科 Lycaenidae）

【识别要点】体型较其他尾蚬蝶属种类为小，前翅外缘圆弧状，后翅宽短，臀角处的突起不明显。正面的红色斑色泽统一，但呈分立的块状，反面斑纹类似折光面，仅后翅中带略呈银色。【习性】光照好的林中空地易见，云南北部城市里的绿化带都常可见到。【分布】云南、四川。

大斑尾蚬蝶 *Dodona egeon* (Westwood)（灰蝶科 Lycaenidae）

【识别要点】斑纹发达，正面斑纹全部为橙黄色，反面除前翅中下部区域和后翅中室端斑为黄色外，其余斑纹为白色。【习性】多见于热带林区开阔地。【分布】云南。

大斑尾蚬蝶 ▏张宏伟 摄

彩斑尾蚬蝶 | 周纯国 摄

黑燕尾蚬蝶 | 张宏伟 摄

白燕尾蚬蝶 | 张宏伟 摄

埃圆灰蝶 | 张宏伟 摄

何氏圆灰蝶 | 张宏伟 摄

彩斑尾蚬蝶

Dodona maculosa Leech

（灰蝶科 Lycaenidae）

【识别要点】曾被作为银纹尾蚬蝶的亚种。与银纹尾蚬蝶的区别在于：本种正面橙色斑较鲜亮，不呈棕灰色，且斑块一般较大，前翅仅前角的淡色斑为纯白色，与其内侧的橙色斑对比明显，色泽不呈过渡状。与大斑尾蚬蝶的区别在于：正面前翅前角处的斑色不是红色。【习性】多见于林区开阔地，喜吸食鸟粪。【分布】华东、华南、中南、西南。

黑燕尾蚬蝶

Dodona deodata Hewitson

（灰蝶科 Lycaenidae）

【识别要点】正面黑褐色，中域有1条较宽阔的白带，前翅端半部散布小白斑。翅反面基部有数条白色细带，尾突较长。【习性】多见于林区。【分布】福建、广东、广西、海南、四川、云南。

白燕尾蚬蝶

Dodona henrici Holland

（灰蝶科 Lycaenidae）

【识别要点】白色斑带极为宽阔，正面仅外缘和前角有黑色，反面基部和中域有数条褐色细带，容易识别。【习性】多见于林区。【分布】广西、广东、云南。

埃圆灰蝶

Poritia erycinoides (C. & R. Felder)

（灰蝶科 Lycaenidae）

【识别要点】正面黑色，雄蝶前翅中室外有3个蓝色长斑，中室下侧边缘至前翅后缘为1块很大的蓝斑，蓝斑中域近后缘有1块黑色斑。后翅靠近内缘半侧为蓝色。雌蝶蓝斑较小，翅中域有橙红色小斑。翅反面棕色，密布褐色波状纹。【习性】见于热带林区。【分布】云南。

何氏圆灰蝶

Poritia hewitsoni Moore

（灰蝶科 Lycaenidae）

【识别要点】近似埃圆灰蝶，区别在于：本种前翅大蓝斑内没有黑斑。也近似珐圆灰蝶（*Poritia phama*），区别在于：前翅中室内蓝斑不明显，雌蝶前翅中域有橙色斑。【习性】见于热带林区。【分布】云南。

羊毛云灰蝶 *Miletus mallus* (Fruhstorfer)（灰蝶科 Lycaenidae）

【识别要点】近似中华云灰蝶，区别在于：本种雄蝶前翅正面第4脉不膨大，雌蝶前翅第3，4，5室的白斑外缘略直，并不呈弧状弯曲。【习性】常见于亚热带林区。【分布】云南、海南、广西。

蚜灰蝶 *Taraka hamada* (Druce)（灰蝶科 Lycaenidae）

【识别要点】正面黑色，反面底色白色，密布黑色斑点，极易识别，最近日本人在四川发现一蚜灰蝶属的新种：白斑蚜灰蝶（*Taraka shiloi*）。本种和白斑蚜灰蝶的区别在于：正面底色全黑，没有白色区，反面翅缘的黑线沿翅脉向内有黑斑。【习性】幼虫取食蚜虫。多见于林区，特别是竹林。【分布】华东、华南、中南、西南。

熙灰蝶 *Spalgis epius* (Westwood)（灰蝶科 Lycaenidae）

【识别要点】正面褐色，前翅中域有1个白斑，反面灰色，密布褐色细纹，易于辨认。【习性】本种幼虫肉食性，取食介壳虫。多在林间活动。【分布】台湾、云南。

尖翅银灰蝶 *Curetis acuta* Moore（灰蝶科 Lycaenidae）

【识别要点】个体较其他银灰蝶稍大，翅形一般较为尖锐，后翅臀角突出明显。雌雄异型，雄蝶正面为橙红色斑，雌蝶为白斑。季节分型明显，低温型红斑发达，翅缘突出明显。【习性】多在林间边缘活动，飞行迅速。【分布】华东、华南、西南、中南。

羊毛云灰蝶 | 张巍巍 摄

蚜灰蝶 | 寒枫 摄

熙灰蝶 | 林义祥 摄

尖翅银灰蝶 | 梁光毕 摄

银灰蝶 | 杰仔 摄　　瘤灰蝶 | 唐志远 摄

银灰蝶 *Curetis bulis* (Westwood)（灰蝶科 Lycaenidae）

【识别要点】近似尖翅银灰蝶，区别在于：本种斑纹稍宽，后翅斑纹通常呈“C”字形，顶角尖但不很突出。【习性】多见于林区边缘，喜在地面吸水。【分布】云南、广西。

瘤灰蝶 *Araragi enthea* (Janson)（灰蝶科 Lycaenidae）

【识别要点】近似杉山瘤灰蝶（*Araragi sugiyamai*），但本种反面前翅近基部的黑斑发达，中室外的黑斑和近前缘的黑斑分离较远，不连成线。【习性】多在林间活动。【分布】东北、华北、华东、中南、四川、台湾。

塔艳灰蝶 *Favonius taxila* (Bremer)（灰蝶科 Lycaenidae）

【识别要点】中文名由拉丁名音译来。雄蝶正面金属绿色，雌蝶黑棕色；反面底色为灰色而中带为白色且较细，中室端斑不显。与东方艳灰蝶*F. orientalis* 略近似，但本种反面中室端斑不显，易于区分。也与克氏艳灰蝶*F. korshunovi* 近似，但反面白色中带不扭曲，而呈直线状。【习性】多在北方林区活动。【分布】东北、华北。

苹果何华灰蝶 *Howarthia melli* (Foster)（灰蝶科 Lycaenidae）

【识别要点】雌雄同型，正面底色黑色，仅前翅中域有大片蓝色区，反面以鲜亮的棕黄色为主，伴以白色中线和亚外缘线。与陈氏何华灰蝶最近似，但本种正面无红色斑，反面白色外缘线发达且后翅中线与亚外缘线之间有白色“V”形纹隐约可见。【习性】多在林间活动。【分布】广东、广西。

塔艳灰蝶 | 唐志远 摄　　苹果何华灰蝶 | 杰仔 摄

诗灰蝶 | 唐志远 摄

线灰蝶 | 唐志远 摄

诗灰蝶 *Shirozua jonasi* (Janson)（灰蝶科 Lycaenidae）

【识别要点】正反面底色以橙色为主，斑纹简单，仅反面有中室端斑和较细的棕色中带可见。仅与华中诗灰蝶*Shirozua melpomene* 近似，但本种后翅正面臀角处的外缘缘毛不为黑色，近臀角的第2室内无黑斑。【习性】栖息于林区。【分布】东北、华北。

线灰蝶 *Thecla betulae* (Linnaeus)（灰蝶科 Lycaenidae）

【识别要点】雄蝶正面黑色，雌蝶前翅有红色弧形宽带，有的亚种红色区发达。反面底色以橙黄色为主，后翅有内外两条银色中线。与云南线灰蝶（*Thecla ohyai* ）的区别在于：本种后翅反面底色上不散布白色鳞，内外中线为银色。与桦小线灰蝶区别在于：反面没有完整的红色亚外缘条纹。【习性】多在林区活动。【分布】东北、华北、华东、中南、四川。

赭灰蝶 *Ussuriana michaelis* (Oberthür)（灰蝶科 Lycaenidae）

【识别要点】本种与范氏赭灰蝶（*U.fani*）非常近似，但雄蝶后翅正面无黄色斑，雌蝶后翅正面中基部不呈黑褐色。图示为华东亚种ssp. *okamaensis*，产自浙江、福建、广东等地。该亚种是否是独立种目前仍存有疑问，最近文献还是倾向作为赭灰蝶的亚种。【习性】见于植被较好的林区。【分布】东北、华北、西北、西南、华东、华南。

斜线华灰蝶 *Wagimo asanoi* Koiwaya（灰蝶科 Lycaenidae）

【识别要点】本种是最近发表的新种，与华灰蝶（*Wagimo signata*）非常近似，其标本早被国人采到但都被误认为华灰蝶。区别在于：本种前翅反面第2室内亚外缘斑内无红色鳞，1b室内最内侧的白色线纹倾斜厉害，指向中室内的白线纹。中文名因前翅反面白色线纹倾斜而得。【习性】发生季节在林区路边光照好的地段不难见到。【分布】四川、浙江。

虎灰蝶 *Yamamotozephyrus kwangtungensis* (Forster)（灰蝶科 Lycaenidae）

【识别要点】雄蝶正面以蓝色为主，雌蝶褐色，反面有黑白相间的横向条纹，易于识别。【习性】林区路边常见其低飞飘过，有时在路边灌丛上可见，偶尔在树上停栖。【分布】广东、福建。

丫灰蝶 *Amblopala avidiena* (Hewitson)（灰蝶科 Lycaenidae）

【识别要点】后翅后角突出较长呈棒状，后翅反面有丫形白色斑纹。雌雄蝶正面都有闪蓝色区，近前角处有红斑。易于识别。【习性】早春常见其停栖在树上，有追逐行为。【分布】华东、华南、中南、西南、台湾。

赭灰蝶 | 郭宪 摄

斜线华灰蝶 | 黄灏 摄

虎灰蝶 | 黄灏 摄

丫灰蝶 | 任川 摄

日本娆灰蝶 | 林义祥 摄

欣娆灰蝶 | 张宏伟 摄

爱睐花灰蝶 | 张宏伟 摄

鹿灰蝶 | 李元胜 摄

日本娆灰蝶 *Arhopala japonica* (Murray)（灰蝶科 Lycaenidae）

【识别要点】正面黑褐色，两翅中域均有蓝色斑。翅型圆润，后翅尾突极小。翅反面黄褐色，具有许多褐色斑带。【习性】多见于林区。【分布】福建、江西、台湾。

欣娆灰蝶 *Arhopala singla* (de Nicéville)（灰蝶科 Lycaenidae）

【识别要点】翅正面大部分呈紫色，后翅尾突明显。反面紫褐色，前翅具有许多黑褐色斑点，后翅前缘有2条黑带伸向中室。【习性】多在林区活动。【分布】云南。

爱睐花灰蝶 *Flos areste* (Hewitson)（灰蝶科 Lycaenidae）

【识别要点】雄蝶正面几乎全部为蓝紫色，雌蝶仅翅中域闪蓝紫色，反面紫棕色，前翅中域有数个黄色斑，雄蝶后翅中域有条灰白色带，而雌蝶则为淡紫色带。图示为雄蝶。【习性】喜在植被较好的林区活动。【分布】广东、浙江。

鹿灰蝶 *Loxura atymnus* (Stoll)（灰蝶科 Lycaenidae）

【识别要点】正反面以橙色为主，后翅有极长的尾突，类似桠灰蝶属种类，但本种前翅外缘平直，正面除前翅顶角外别无黑斑，易于识别。【习性】热带林区边缘常见。【分布】广东、广西、云南、海南。

铁木莱异灰蝶

Iraota timoleon (Stoll)

（灰蝶科 Lycaenidae）

【识别要点】两翅中域均有蓝紫色斑，后翅有1对或者2对尾突。有季节型差异，湿季型翅反面白色斑明显，旱季型翅反面斑纹退化。图示为旱季型。【习性】多见于林间。【分布】广东、广西、香港、海南。

斑灰蝶

Horaga onyx (Moore)

（灰蝶科 Lycaenidae）

【识别要点】有3对尾突。前翅中域有1个白斑，前翅中室外至后缘后翅大部为蓝色，翅反面黄褐色，中域有1条白色带。近似白斑灰蝶（*Horaga albimacula*），但本种个体较大，正面蓝色区域发达，反面底色较浅。【习性】多见于林区。【分布】华南、台湾。

豆粒银线灰蝶

Spindasis syama (Horsfield)

（灰蝶科 Lycaenidae）

【识别要点】与其他银线灰蝶属种类的区别在于：本种后翅反面1室内的亚基部斑点不与其上侧的其他亚基斑融合，也不沿翅脉向外缘扩散伸展。其他重要特征有：前翅反面基斑不到前缘。【习性】多在林区活动，喜访花。【分布】华南、华东、中南、西南。

银线灰蝶

Spindasis lohita (Horsfield)

（灰蝶科 Lycaenidae）

【识别要点】易与豆粒银线灰蝶区分：本种后翅反面1室内的亚基部斑点与上侧的其他亚基斑融合成条纹并沿翅脉向外延伸。与黎氏银线灰蝶（*Spindasis leechi*）的区别在于：本种前翅反面基部斑抵达前缘。与粗纹银线灰蝶的区别在于：本种反面的条纹较细且其内的银色部分较宽。【习性】多在阳光开阔的林区活动，【分布】华东、华南、中南、西南。

粗纹银线灰蝶

Spindasis mishimiensis South

（灰蝶科 Lycaenidae）

【识别要点】颇近似银线灰蝶，但本种个体一般较大，翅较宽阔，反面的银线纹黑色部分显著较粗而其中的银色部分很细。常被误认为银线灰蝶。【习性】常见林区活动。【分布】中南、华南、西南。

铁木莱异灰蝶 | 杰仔 摄

斑灰蝶 | 偷米 摄

豆粒银线灰蝶 | 张宏伟 摄

银线灰蝶 | 偷米 摄

粗纹银线灰蝶 | 寒枫 摄

黄银线灰蝶 *Spindasis kuyanianus* (Matsumura)（灰蝶科 Lycaenidae）

【识别要点】与银线灰蝶相像，区别在于本种体型稍小，反面黑色斑带中有黄色条纹。为台湾特有种。【习性】多见于林区。【分布】台湾。

珀灰蝶 *Pratapa deva* (Moore)（灰蝶科 Lycaenidae）

【识别要点】前翅正面中域以及后翅大部分呈蓝色，翅反面灰白色，亚外缘有1列黑色小斑点，有2对尾突。【习性】多见于林区。【分布】广东、香港、广西、云南。

双尾灰蝶 *Tajuria cippus* (Fabricius)（灰蝶科 Lycaenidae）

【识别要点】与其他国产双尾灰蝶的区别在于：本种反面的中线较为断裂，不甚连贯，后翅臀角的红斑明显较大。【习性】多在林间活动。【分布】广东、广西、海南、云南。

黄银线灰蝶 | 林义祥 摄

珀灰蝶 | 倪一农 摄

双尾灰蝶 | 杰仔 摄

豹斑双尾灰蝶 *Tajuria maculata* (Hewitson)（灰蝶科 Lycaenidae）

【识别要点】后翅具有2对尾突，前后翅反面底色白色，布有许多黑色斑块，易与其他双尾灰蝶区分。【习性】多见于林区。【分布】广东、海南、广西、云南。

珍灰蝶 *Zeltus amasa* (Hewitson)（灰蝶科 Lycaenidae）

【识别要点】后翅两个白色尾突，其中内侧一个极长，近与后翅等长。正面黑色带蓝色区，反面底色以黄色和白色为主。极易识别。【习性】热带林中常见，飞行飘逸。【分布】广东、海南、广西、云南。

淡黑玳灰蝶 *Deudorix rapaloides* (Naritomi)（灰蝶科 Lycaenidae）

【识别要点】正面黑褐色，雄蝶后翅具有蓝色光泽，反面灰白色，亚外缘有1列褐色线，臀角和Cu2室各有1个黑色圆斑，后翅具有1对尾突。【习性】多在林间活动，常见访花或者停栖在树叶上。【分布】浙江、台湾。

麻燕灰蝶 *Rapala manea* (Hewitson)（灰蝶科 Lycaenidae）

【识别要点】正面黑褐色闪蓝紫色光泽，反面棕褐色，两翅中室端均有1条短带，其外侧有1条圆弧状褐色斑带。【习性】多见于林区边缘。【分布】福建、江西、台湾、广东、香港。

豹斑双尾灰蝶 杰仔 摄

珍灰蝶 张宏伟 摄

淡黑玳灰蝶 林义祥 摄

麻燕灰蝶 偷米 摄

蓝燕灰蝶 *Rapala caerulea* (Bremer & Grey)（灰蝶科 Lycaenidae）

【识别要点】前翅正面中域常有红色斑，其中春型个体红色斑特别发达。反面底色淡黄灰色或淡棕黄色，中室端斑及中带都较宽，两侧都饰以黑线。易于识别。【习性】常见于草甸上或林区开阔地，常见访花。【分布】东北、华北、华东、华南、中南、西南。

暗翅燕灰蝶 *Rapala subpurpurea* Leech（灰蝶科 Lycaenidae）

【识别要点】本种易被误认为东亚燕灰蝶和霓纱燕灰蝶（*Rapala nissa*），这3种蝶在云南西北分布重叠，虽然外观很相似，但外生殖器结构显著不同。翅面上与东亚燕灰蝶区分的特征为：本种雄蝶正面暗蓝黑色，虽有蓝色色调但绝不闪光，反面底色略黄，而东亚燕灰蝶则稍偏灰色。【习性】多见于林区边缘，常访花。【分布】云南。

东亚燕灰蝶 *Rapala micans* Bremer & Grey（灰蝶科 Lycaenidae）

【识别要点】本种常被误定为霓纱燕灰蝶，但与其分布范围不同且生殖器有显著区分。本种主要分布于除西北和西藏外的中国大部分地区，而霓纱燕灰蝶至今仅在西藏东南和云南西北发现过。与其他燕灰蝶易于区分：本种雄蝶正面闪金属蓝色，反面底色淡褐色，中线暗灰褐色并在外侧镶有白线。此外，春季型个体前翅常有橙色斑。【习性】多在林区边缘活动，常访花。【分布】东北、华北、华东、华南、中南。

生灰蝶 *Sinthusa chandrana* (Moore)（灰蝶科 Lycaenidae）

【识别要点】正面黑色，雄蝶后翅闪有紫色光泽，反面淡灰色，近似娜生灰蝶（*Sinthusa nasaka*），但本种反面斑纹较粗，前翅中横带中间断开，后翅中横带非常离散。【习性】多在林区边缘活动，常访花。【分布】华东、华南、西南、中南。

刺痣洒灰蝶 | 唐志远 摄

刺痣洒灰蝶 *Satyrium latior* (Fixsen)（灰蝶科 Lycaenidae）

【识别要点】本种长期被认为是欧洲产（*Satyrium spini*）的亚种，但最近的研究表明，本种是独立种，分布于远东和我国的华北、东北地区。本种的鉴别特征为：前翅反面无任何亚外缘斑，后翅反面黑色亚外缘斑显著，中线白色且较宽。易于识别。【习性】多在林区开阔地以及草灌丛区活动。【分布】华北、东北。

离纹洒灰蝶 *Satyrium w-album* (Knoch)（灰蝶科 Lycaenidae）

【识别要点】雌蝶后翅第3脉突出明显，形成1对非常短的第二尾突，因此容易与近似种区分。但却因此本种又非常近似于优秀洒灰蝶，其区别在于本种后翅反面中线近臀角的部分并不抵达臀角斑，尤其在2脉上尚远离臀角斑，凭此特征易与优秀洒灰蝶和一些外观极近似的种类区分。中名源自后翅反面W形的线纹较远离臀角斑。【习性】多在林区开阔地以及草灌丛区活动。【分布】华北、东北。

武大洒灰蝶 *Fixsenia watarii* (Matsumura)（灰蝶科 Lycaenidae）

【识别要点】翅正面黑褐色，前翅中域有1块橙色大斑，后翅外缘后角处也呈橙色。翅反面中域有1条白线，其位于后翅后角处呈“W”状，亚外缘下侧有1条橙色带。本种雄蝶无性标，为台湾特有种。【习性】多见于林区。【分布】台湾。

离纹洒灰蝶 | 唐志远 摄

武大洒灰蝶 | 林义祥 摄

丽罕莱灰蝶

Helleia li (Oberthür)

(灰蝶科 Lycaenidae)

【识别要点】正面黑褐色，雄蝶闪有紫色光泽。后翅有1对尾突。翅反面橙红色，亚外缘有1条白线，前翅中域有许多黑色小斑，后翅中域有数条纵向排列的细黑斑。【习性】多见于草灌丛区。【分布】四川、云南。

红灰蝶

Lycaena phlaeas (Linnaeus)

(灰蝶科 Lycaenidae)

【识别要点】最常见的灰蝶之一，雌雄同型。前翅正面红色以为主伴以黑斑点和黑边，后翅正面以黑色为主伴以红边。反面底色以红色和灰色为主。略近似橙灰蝶的雌蝶，但前翅中域的黑斑不呈列且个体明显较小，易于区分。【习性】多在开阔的荒草地活动，城市里也能见到。【分布】东北、华北、西北、华东、中南、西南。

橙灰蝶

Lycaena dispar (Haworth)

(灰蝶科 Lycaenidae)

【识别要点】雌雄异型。雄蝶正面前后翅都为橙色无黑斑，雌蝶正面前翅有黑斑，后翅几乎全黑色仅亚外缘带为红色。雄蝶易于辨认，而雌蝶颇类似昙梦灰蝶（*Lycaena thersamon*）和拟昙梦灰蝶（*Lycaena violacea*），其区别在于本种反面前翅仅有1列亚外缘的黑色斑点。【习性】喜在开阔地活动，常见访花。【分布】东北、华北、西北。

古铜彩灰蝶

Heliophorus brahma Moore

(灰蝶科 Lycaenidae)

【识别要点】雄蝶正面为闪金属光泽的铜红色，有时略显铜绿色。易与其他灰蝶区分。但仅从反面则较难与其他彩灰蝶区分。【习性】林区中日照强烈的地段容易见到。【分布】云南、西藏、福建。

西藏彩灰蝶

Heliophorus gloria Huang

(灰蝶科 Lycaenidae)

【识别要点】雄蝶正面闪金属蓝色，色泽颇似莎菲彩灰蝶，但翅形不同：本种前翅较尖锐，后翅较长，而且分布不重叠，易于分辨，本种只产西藏东南部。也较近似美男彩灰蝶，但本种雄蝶正面色调更显蓝紫色，而少绿蓝色。【习性】阳光充足的空地上容易见到，常停栖于灌木上。【分布】西藏墨脱和通麦。

丽罕莱灰蝶 任川 摄　红灰蝶 倪一农 摄

橙灰蝶 王江 摄

古铜彩灰蝶 黄灏 摄

西藏彩灰蝶 黄灏 摄

美男彩灰蝶 *Heliophorus androcles* (Westwood)（灰蝶科 Lycaenidae）

【识别要点】颇近似西藏彩灰蝶，但雄蝶正面的金属蓝色更亮丽，多蓝绿色色调而少蓝紫色色调。翅形较莎菲彩灰蝶和莎罗彩灰蝶略长，分布区不与之重叠。【习性】多在林间开阔地活动。【分布】云南西北、西藏东南。

莎菲彩灰蝶 *Heliophorus saphir* (Blanchard)（灰蝶科 Lycaenidae）

【识别要点】翅形较圆润宽短，前翅反面外缘通常没有红色带，后角黑斑较大。翅形和色泽最近似莎罗彩灰蝶，但雄蝶正面的闪金属蓝色略显蓝紫色调，且分布不重叠，本种只产长江中下流域和四川，并不见于云南，而莎罗彩灰蝶只分布在云南北部。【习性】多见于林间阳光照射的区域活动。【分布】华东、中南、四川。

斜斑彩灰蝶 *Heliophorus epicles* (Godart)（灰蝶科 Lycaenidae）

【识别要点】本种特点是雄蝶前翅中室外侧有1块红斑，后翅中域的紫色斑较小，外缘有1条红色斑带，两翅翅反面外缘为红色，后翅外缘红色区域较宽。【习性】喜日照强烈的林间区域活动。【分布】广东、广西、海南。

美男彩灰蝶 | 谌安明 摄

莎菲彩灰蝶 | 钟茗 摄

斜斑彩灰蝶 | 杰仔 摄

浓紫彩灰蝶 | 张巍巍 摄

德拉彩灰蝶 | 杰仔 摄

黑灰蝶 | 唐志远 摄

浓紫彩灰蝶 *Heliophorus ila* (de Nicéville & Martin)（灰蝶科 Lycaenidae）

【识别要点】与斜斑彩灰蝶的区别在于：本种雄蝶前翅正面无红斑，两翅中域的紫色斑都较小。【习性】喜在日光照射强烈的林区活动。【分布】浙江、福建、江西、广东、广西、四川、重庆、陕西、河南、海南、台湾。

德拉彩灰蝶 *Heliophorus delacouri* Eliot（灰蝶科 Lycaenidae）

【识别要点】原作为烤彩灰蝶（*Heliophorus kohimensis*）的亚种，最近日本学者将其独立出来，与烤彩灰蝶极为近似，区别在于：本种雄蝶后翅正面蓝斑的边界，从外缘的第4脉位置斜向达到第6脉1/3处，前翅反面亚外缘小黑点列斜向后角，后翅反面基部外侧的小黑点时常退化。本种与浓紫彩灰蝶的区别是本种雄蝶正面的蓝斑特别宽大。【习性】多见于林区边缘。【分布】广东。

黑灰蝶 *Niphanda fusca* (Bremer & Grey)（灰蝶科 Lycaenidae）

【识别要点】雌雄异型，雄正面有暗蓝紫色闪光，雌蝶暗褐色。反面底色灰色或棕灰色，遍布暗褐色斑点和斑块。【习性】一年一代，多见访花。【分布】东北、华北、华东、西南。

曲纹拓灰蝶 *Caleta roxus* (Godart)（灰蝶科 Lycaenidae）

【识别要点】黑白斑为主的小灰蝶，容易识别，但易与檗灰蝶、豹灰蝶混淆。区分在于：本种前后翅反面近基部都仅有1个融合的黑斑，而不呈多个分立的黑斑。【习性】见于热带林区边缘。【分布】广东、广西、云南。

曲纹拓灰蝶 | 张巍巍 摄

散纹拓灰蝶 *Caleta elna* (Hewitson)（灰蝶科 Lycaenidae）

【识别要点】近似曲纹拓灰蝶，但前翅反面前缘基部处的黑带呈直角状弯折，两翅亚外缘的黑斑互相离散。【习性】见于热带林区边缘。【分布】广西、云南。

豹灰蝶 *Castalius rosimon* (Fabricius)（灰蝶科 Lycaenidae）

【识别要点】与曲纹拓灰蝶和檠灰蝶的区别明显：本种正面底色以白色为主并有多个黑斑，反面黑斑较多，且都是散立的黑色豹斑，没有较长的线段状黑斑。【习性】常见访花或吸水。【分布】华南、西南。

细灰蝶 *Leptotes plinius* (Fabricius)（灰蝶科 Lycaenidae）

【识别要点】雌雄异型，雄蝶正面紫蓝色且仅有很细的黑边，雌蝶正面中域灰白色并有较大的黑斑点。两性反面的黑白斑斑形独特，极易识别，没有容易混淆的近似种。【习性】喜在开阔地区活动，常见访花。【分布】福建、广东、广西、云南、西藏、台湾。

古楼娜灰蝶 *Nacaduba kurava* (Moore)（灰蝶科 Lycaenidae）

【识别要点】雄蝶翅正面闪紫色，雌蝶翅中域有蓝紫色斑，正面能隐约看见反面的波纹。翅反面褐色，密布白色细纹。近似百娜灰蝶(*Nacaduba berenice*)，两者之间很难区分，需通过外生殖器解剖来准确辨别。【习性】多见于开阔地。【分布】福建、广东、香港、海南、广西、云南。

散纹拓灰蝶 | 任川 摄

豹灰蝶 | 倪一农 摄

细灰蝶 | 张巍巍 摄

古楼娜灰蝶 | 杰仔 摄

娜拉波灰蝶 | 任川 摄

密纹波灰蝶 | 张巍巍 摄

娜拉波灰蝶 *Prosotas nora* (C. Felder)（灰蝶科 Lycaenidae）

【识别要点】个体较娜灰蝶属明显小，本种后翅有1对尾突。雄蝶正面具有紫色光泽，雌蝶正面基部至中域有小片蓝紫色光泽。反面黄褐色，布有许多褐色波状斑纹。近似皮波灰蝶（*Prosotas pia*），但本种反面色泽偏黄，亚外缘褐色斑列较清晰。【习性】多见于开阔地。【分布】台湾、广西、云南。

密纹波灰蝶 *Prosotas dubiosa* (Semper)（灰蝶科 Lycaenidae）

【识别要点】近似娜拉波灰蝶，但本种无尾突，翅反面中域最外侧那条波状纹更靠近外缘，容易区分。【习性】多见于热带林区边缘，喜访花。【分布】云南、台湾。

雅灰蝶 *Jamides bochus* (Stoll)（灰蝶科 Lycaenidae）

【识别要点】正面闪金属紫蓝色，反面褐色并有多条横向的波状线纹。前翅反面基部区域无波状纹，本属多数种类，后翅反面靠近内缘的波纹呈V形，可与波灰蝶和娜灰蝶区分。【习性】开阔地多见，喜访花。【分布】华东、华南、中南、西南。

西冷雅灰蝶 *Jamides celeno* (Cramer)（灰蝶科 Lycaenidae）

【识别要点】翅正面青白色，前翅外缘和顶角有1条黑色带，后翅外缘通常有1列小黑点。有季节型之分，湿季型翅反面的斑带颜色与底色相近，外侧白线明显；斑带颜色较深，外侧白线不明显。【习性】多见于开阔地。【分布】广东、广西、香港、海南、台湾。

雅灰蝶 | 杰仔 摄

西冷雅灰蝶 | 杰仔 摄

亮灰蝶 | 偷米 摄

咖灰蝶 | 倪一农 摄

酢浆灰蝶 | 杰仔 摄

亮灰蝶 *Lampides boeticus* (Linnaeus)（灰蝶科 Lycaenidae）

【识别要点】反面密布平行的横向棕黄色波状线纹，极易识别。【习性】为最广布的灰蝶，常在寄主豆科植物附近飞舞，城市里也常见到。【分布】全国各地。

咖灰蝶 *Catochrysops strabo* (Fabricius)（灰蝶科 Lycaenidae）

【识别要点】雄蝶正面浅蓝紫色，雌蝶前翅前缘和外缘有褐色区。反面后翅近前缘有两个清晰的黑色斑点。近似蓝咖灰蝶，极难区分，但本种正面底色多紫色色调，而少蓝色和白色色调。【习性】喜在开阔地区活动。【分布】广东、广西、华南、云南、西藏、台湾。

酢浆灰蝶 *Pseudozizeeria maha* (Kollar)（灰蝶科 Lycaenidae）

【识别要点】地理变异较多，季节变异也较大，个体较小，无尾突，眼有毛，反面底色多为灰白色、棕灰色或棕黄色，后翅中域斑列呈均匀的弧形弯曲。【习性】为最常见的小灰蝶，城市里也能见到。【分布】全国各地。

蓝灰蝶 *Everes argiades* (Pallas)（灰蝶科 Lycaenidae）

【识别要点】小型灰蝶，有1对较短的尾突，雄蝶正面为蓝色，雌蝶为黑色。反面底色以灰白色为主，斑点较小，后翅近臀角有红斑。与长尾蓝灰蝶的区别为：本种反面的黑色斑点色泽均匀统一。【习性】常见灰蝶，多在开阔地活动，城市里也能见到。【分布】广布中国。

毛眼灰蝶 *Zizina otis* (Fabricius)（灰蝶科 Lycaenidae）

【识别要点】与酢浆灰蝶颇近似，但本种后翅反面近前缘的2个中域小黑点不与其下侧的中域斑连成弧线，容易识别。本种最近似同属的暗色毛眼灰蝶 *Zizina emelina* thibetensis，但后者翅反面底色明显较深。【习性】南方常见灰蝶，开阔地多见。【分布】华南、中南、西南。

点玄灰蝶 *Tongeia filicaudis* (Pryer)（灰蝶科 Lycaenidae）

【识别要点】雌雄同型，正面底色都为黑色。反面前翅中室端斑内侧有黑点，可与其他玄灰蝶区分。【习性】常见的灰蝶，喜访花，城市里偶尔也能见到。【分布】华北、华东、华南、西南、中南。

蓝灰蝶 | 唐志远 摄

毛眼灰蝶 | 张宏伟 摄

点玄灰蝶 | 周纯国 摄

玄灰蝶 唐志远 摄　波太玄灰蝶 寒枫 摄　钮灰蝶 偷米 摄　珍贵妩灰蝶 杰仔 摄　白斑妩灰蝶 张宏伟 摄

玄灰蝶

Tongeia fischeri (Eversmann)

(灰蝶科 Lycaenidae)

【识别要点】雌雄同型，正面底色都为黑色。与点玄灰蝶近似，但本种中室端斑内侧无黑点。与海南玄灰蝶的区别在于：本种前翅反面亚外缘斑列内侧的黑斑较发达且呈方形。【习性】多在开阔地活动，喜访花。【分布】东北、华北、江西、福建。

波太玄灰蝶

Tongeia potanini (Alpheraky)

(灰蝶科 Lycaenidae)

【识别要点】反面中域斑列连成几段带形，后翅第1翅室基部无黑点，极易识别。【习性】多见于林区开阔地。【分布】华东、中南、西南、华南。

钮灰蝶

Acytolepis puspa (Horsfield)

(灰蝶科 Lycaenidae)

【识别要点】反面斑点显著较大，且色泽不均匀统一，后翅基部和前缘为黑色，其余斑点为褐色，前翅反面Cu_1和Cu_2的亚外缘黑斑折向翅内。有季节型之分，其中旱季型反面斑纹较小。【习性】多见于林区开阔地。【分布】华南、中南、西南。

珍贵妩灰蝶

Udara dilecta (Moore)

(灰蝶科 Lycaenidae)

【识别要点】近似琉璃灰蝶属的种类，但雄蝶正面翅色偏紫色，且中域的白色区明显，雌雄两性反面的底色偏蓝白色，各斑点多偏线段状而非圆点状。【习性】喜群聚于水边吸水。【分布】华南、中南、西南。

白斑妩灰蝶

Udara albocaerulea (Moore)

(灰蝶科 Lycaenidae)

【识别要点】近似珍贵妩灰蝶，但本种正面白色区较广，反面黑点较大，亚缘斑带较退化。【习性】多见于林区，喜访花。【分布】华东、中南、华南、西南。

琉璃灰蝶 | 唐志远 摄

熏衣琉璃灰蝶 | 张宏伟 摄

大紫琉璃灰蝶 | 黄灏 摄

一点灰蝶 | 李元胜 摄

琉璃灰蝶 *Celastrina argiola* (Linnaeus)（灰蝶科 Lycaenidae）

【识别要点】为该属中分布最广的种类，雄正面灰蓝色，雌蝶则有很宽的黑边，反面底色灰白色，斑点黑色或灰色，各斑的色泽不均匀统一。与妩灰蝶属的区别在于：本种正面无白色区，反面底色较灰且亚外缘斑不甚清晰。【习性】常见的灰蝶，喜访花或者吸水，城市绿化带里偶尔也能见到。【分布】遍布全国。

熏衣琉璃灰蝶 *Celastrina lavendularis* (Moore)（灰蝶科 Lycaenidae）

【识别要点】翅正面深蓝紫色，无白斑。反面近似钮灰蝶，但本种斑点较细小，前翅Cu_1和Cu_2的亚外缘黑斑不折向翅内。【习性】多见于开阔地。【分布】福建、广东、香港、台湾、广西、云南。

大紫琉璃灰蝶 *Celastrina oreas* (Leech)（灰蝶科 Lycaenidae）

【识别要点】本种个体较大，正面底色为深紫色。反面近似琉璃灰蝶，但本种各黑斑形状较偏圆形而少线段状，各斑的色泽比较均匀统一，尤其各亚外缘斑的色泽较为统一。【习性】常访花或者在地面吸水。【分布】华北、华东、华南、中南、西南。

一点灰蝶 *Neopithecops zalmora* (Butler)（灰蝶科 Lycaenidae）

【识别要点】反面后翅前角处有1个大黑点，其他斑不明显，故容易识别。但与丸灰蝶属种类颇近似，区别在于：本种反面前翅近前缘处无黑点，亚外缘线不呈棕黄色。【习性】喜访花或者吸水。【分布】华南、浙江、福建、台湾。

靛灰蝶 | 周纯国 摄

胡麻霾灰蝶 | 唐志远 摄

靛灰蝶 *Caerulea coeligena* (Oberthür)（灰蝶科 Lycaenidae）

【识别要点】个体大，雄蝶正面亮青蓝色为主，两性反面底色棕色，前翅2，3室内的黑斑非常大，极易与其他属灰蝶区分。与同属的珂靛灰蝶（*Caerulea coelestis*）的区别在于：本种雄蝶正面底色较灰暗，不够亮丽，反面前后翅的亚外缘斑明显，不退化。【习性】多在开阔地活动。【分布】河南、陕西、湖北、四川、云南。

胡麻霾灰蝶 *Maculinea teleius* (Bergstrasser)（灰蝶科 Lycaenidae）

【识别要点】最近似东北霾灰蝶（*Maculinea alcon*），但本种前翅反面中域的前3个斑排列方向指向前翅后角，并不极端倾斜。易与其他霾灰蝶属种类区分：本种翅反面底色为较暗的棕灰色，无大片的金属色区，前后翅中域的黑点列清晰而大小均匀。【习性】多见访花。【分布】东北、华北、西北。

珞灰蝶 *Scolitantides orion* (Pallas)（灰蝶科 Lycaenidae）

【识别要点】正面黑色为主，亚外缘有蓝色纹，反面底色灰白，遍布黑色斑点，后翅亚外缘斑列和外中域斑列之间有橙色带。【习性】常见访花。【分布】西北、东北、华北、浙江、福建、湖北。

中华爱灰蝶 *Aricia chinensis* (Murray)（灰蝶科 Lycaenidae）

【识别要点】两性正面都以黑棕色为主，反面前后翅均有较宽的橙色亚外缘斑，比其他爱灰蝶属种类要宽很多，其中后翅斑没有闪金属光泽的瞳点，因此易与豆灰蝶属种类区分。前翅反面中室端斑以内并无斑点，且亚外缘的橙斑非常宽，据此可与眼灰蝶种类区分。【习性】常在开阔地活动，多访花。【分布】东北、华北。

珞灰蝶 | 倪一农 摄

中华爱灰蝶 | 唐志远 摄

曲纹紫灰蝶 *Chilades pandava* (Horsfield)（灰蝶科 Lycaenidae）

【识别要点】雄蝶正面紫蓝色，黑边窄，雌蝶仅中域为蓝色。反面淡棕色，斑纹略近似咖灰蝶属，但本种后翅除了近前缘有2个黑点外，近基部也有清晰的黑点，易于识别。【习性】为害苏铁，并随之传播到全国各地，常在南方地区城市绿化带中见到。【分布】华东、华南、中南、西南。

红珠豆灰蝶 *Plebejus argyrognomon* (Bergstrasser)（灰蝶科 Lycaenidae）

【识别要点】最近的属级分类研究支持红珠灰蝶属为豆灰蝶属的异名，故将中文名改为红珠豆灰蝶。雄蝶正面蓝紫色带较细的黑边，雌蝶正面以黑棕色为主。两性后翅反面亚外缘的橙色斑中可见金属光泽的瞳点。本种学名尚存争议及疑点，因整个远东地区包括中国北方存在大量类似该种的地理类型，有些俄国学者已经将其拆分为多个近缘种，但并无令人信服的足够证据支持这种分种方案。【习性】多在开阔地活动，喜访花。【分布】东北、华北、西北。

多眼灰蝶 *Polyommatus erotides* Staudinger（灰蝶科 Lycaenidae）

【识别要点】国产的这种眼灰蝶曾被误认为*Peros*的亚种，但*Peros*并未分布到中国境内。雄蝶正面为带绿色光泽的亮蓝色，容易和近缘种区分。但反面斑纹不易区分近似种，个体变异较大，底色可从灰白色到棕色。【习性】多见访花。【分布】东北、华北、四川。

雕形伞弄蝶 *Burara aquilina* (Speyer)（弄蝶科 Hesperiidae）

【识别要点】身体粗壮，后翅反面为均匀的棕色，无任何斑纹，易于识别。【习性】四川青城山数量较多，沿山路经常可见。【分布】东北、陕西、四川。

曲纹紫灰蝶 | 杰仔 摄

红珠豆灰蝶 | 唐志远 摄

多眼灰蝶 | 王春芳 摄

雕形伞弄蝶 | 郭宪 摄

白伞弄蝶 | 郭宪 摄

橙翅伞弄蝶 | 黄灏 摄

绿伞弄蝶 | 黄灏 摄

褐伞弄蝶 | 任川 摄

白伞弄蝶 *Burara gomata* (Moore)（弄蝶科 Hesperiidae）

【识别要点】翅反面淡绿色，沿翅脉有深色纵纹，但后翅中室内无斑纹，极易识别。【习性】见于亚热带林区。【分布】浙江、福建、广东、广西、四川、云南。

橙翅伞弄蝶 *Burara jaina* (Moore)（弄蝶科 Hesperiidae）

【识别要点】翅反面以棕红色为主，遍布灰色纵向线纹。在野外不易与黑斑伞弄蝶区分。雄蝶正面前翅近基部没有黑斑伞弄蝶那么显著的大块黑色性标。【习性】在西藏墨脱较为常见，一般沿阴暗的山路可见。【分布】西藏、台湾。

绿伞弄蝶 *Burara striata* (Hewitson)（弄蝶科 Hesperiidae）

【识别要点】后翅反面底色以绿色为主，密布纵向的黑色线纹，易与其他弄蝶区分，但不易与大伞弄蝶（*Burara miracula*）区分。与大伞弄蝶的区别在于：本种雄蝶前翅正面性标沿翅脉较为显著。【习性】常在密林间遇见。【分布】华东、中南、河南、四川、云南。

褐伞弄蝶 *Burara harisa* (Moore)（弄蝶科 Hesperiidae）

【识别要点】反面黄褐色或橙黄色，脉纹明显，中域有块淡色区。两翅基部各有1个小黑点。【习性】多见于热带林区。【分布】广西、云南。

无趾弄蝶 | 张巍巍 摄

无趾弄蝶

Hasora anura de Nicéville

（弄蝶科 Hesperiidae）

【识别要点】翅长，雄蝶正面基本无斑，雌蝶前翅有数个黄色斑。后翅反面暗棕色，但有绿色或紫色光泽，仅中室内和臀角处各有一清晰白斑，其他斑纹模糊。【习性】多见于林区，常访花。【分布】华东、华南、西南、中南。

半黄绿弄蝶 | 王锋 摄

半黄绿弄蝶

Choaspes hemixanthus Rothschild & Jordan

（弄蝶科 Hesperiidae）

【识别要点】翅色绿色，翅脉明显，后翅臀角处有橙色斑。极度近似绿弄蝶（*Choaspes benjaminii*），而且两者常常同地混生，容易被误认。现有的中文名与本种实际外观难以匹配，有待改进。与绿弄蝶差异甚小，但本种正面基半部较暗，前翅反面外缘发暗。【习性】多见于林区，飞行迅速，常在地面吸水。【分布】华东、华南、西南。

双带弄蝶 | 唐志远 摄

双带弄蝶

Lobocla bifasciata (Bremer & Grey)

（弄蝶科 Hesperiidae）

【识别要点】前翅白色带较宽，但并不愈合，各斑之间有黑色脉纹分割，第3室白斑一般不到达第3室基部，但偶有个体会填满第3室基部，极近似于黄带弄蝶，但本种白斑间有脉纹相隔，易于分辨。【习性】分布较广，飞行迅速，喜在地面湿处吸水。【分布】华北、东北、华东、中南、西南。

斑星弄蝶 | 李元胜 摄

斑星弄蝶

Celaenorrhinus maculosa (C. & R. Felder)

（弄蝶科 Hesperiidae）

【识别要点】前翅正面近基部有1个小白斑，中域的白斑距离较近但不连成带状，第3室斑离第2室斑和中室端斑较近，后翅正面黄斑发达，反面近基部有放射状黄色斑。【习性】最常见的星弄蝶，林中易见。【分布】华东、华南、西南、中南、台湾。

白角星弄蝶 *Celaenorrhinus victor* Devyatkin（弄蝶科 Hesperiidae）

【识别要点】本种为中国新记录种，也是2003年由俄罗斯弄蝶专家Devyatkin在越南北部发表的新种。雄蝶触角白色，雌蝶仅上半部白色。极为近似四川星弄蝶（*C.patula*）以及香港的白触星弄蝶（*C.leucocera*），但本种前翅1室内亚基部常有1个小白斑。此外本种前翅第2室的白斑与中室端白斑的重叠部分宽度只占第2室白斑宽的一半，而四川星弄蝶总是大于一半。【习性】栖息在林区，喜停在树叶背面，常访花。【分布】贵州。

同宗星弄蝶 *Celaenorrhinus consanguinea* Leech（弄蝶科 Hesperiidae）

【识别要点】翅褐色，前翅近顶角有3～5个小白斑，中域有5个大小不一的白斑，近基部有1个小白斑。近似斑星弄蝶（*C.maculosa*），但本种后翅黄斑颜色不鲜艳，翅基部无放射状黄线。【习性】常在5—6月发生，多在林区活动，喜访花。【分布】浙江、安徽、湖北、重庆、四川。

斜带星弄蝶 *Celaenorrhinus aurivittatus* (Moore)（弄蝶科 Hesperiidae）

【识别要点】前翅有1条黄色斜带，近顶角有数个小黄点，后翅无斑，容易辨认。【习性】见于亚热带及热带林区，喜访花。【分布】云南、广东、四川。

刷胫弄蝶 *Sarangesa dasahara* Moore（弄蝶科 Hesperiidae）

【识别要点】翅黑灰色，正面布有深色斑带，前翅近顶角和中室端均有数个小白斑。【习性】多见于热带林区。【分布】云南。

白角星弄蝶 | 刘晔 摄

同宗星弄蝶 | 张巍巍 摄

斜带星弄蝶 | 任川 摄

刷胫弄蝶 | 任川 摄

深山珠弄蝶 | 唐志远 摄　黄襟弄蝶 | 倪一农 摄　大襟弄蝶 | 黄灏 摄

台湾瑟弄蝶 | 林义祥 摄　白弄蝶 | 郭宪 摄

深山珠弄蝶 *Erynnis montanus* (Bremer)（弄蝶科 Hesperiidae）

【识别要点】个体较珠弄蝶大，翅色为褐色，后翅正面亚外缘和外中域的黄斑列完整，易于区别。前翅正面棕色伴以灰色云雾状斑，易与其他弄蝶区分。【习性】一年一代，一般在早春发生，喜吸水。【分布】东北、华北、西北、华东、中南、西南。

黄襟弄蝶 *Pseudocoladenia dan* (Fabricius)（弄蝶科 Hesperiidae）

【识别要点】与大襟弄蝶极近似且在华东同地分布，区别在于：本种个体小，前翅中室斑外的前缘斑长度较短。但需要注意本种的台湾亚种个体较大。【习性】多在林区活动，喜访花。【分布】华东、华南、西南、台湾。

大襟弄蝶 *Pseudocoladenia dea* (Leech)（弄蝶科 Hesperiidae）

【识别要点】雄蝶斑纹黄色，雌蝶则为白色。因和黄襟弄蝶同地分布，且雌雄外生殖器都有稳定的区分，现已被提升为种，分为两个亚种，指名亚种产四川，个体较大，华中亚种产华中和华东，正面后翅的黄色区较广。图示为华中亚种。【习性】喜在林间开阔地活动，常访花或者互相追逐。【分布】华东、中南、四川。

台湾瑟弄蝶 *Seseria formosana* (Fruhstorfer)（弄蝶科 Hesperiidae）

【识别要点】翅褐色，前翅有数个大小不一的白斑，后翅中域有1列弧形排列的黑点。本属其他种类后翅均有白斑，而本种无，极易辨认。为台湾特有种。【习性】多在林区见到，喜访花吸水。【分布】台湾。

白弄蝶 *Abraximorpha davidii* (Mabille)（弄蝶科 Hesperiidae）

【识别要点】前后翅正反面底色白色，伴以黑豹斑点，易于识别。与近缘种黑脉白弄蝶的区别在于：本种白色区域的翅脉颜色全为白色，并不饰以黑色。【习性】多在林区活动，常停在树叶背面。【分布】华东、华南、中南、西南。

黑弄蝶 *Daimio tethys* (Ménétriés)（弄蝶科 Hesperiidae）

【识别要点】与捷弄蝶有点近似，但本种前翅白色中室端斑非常大，贯穿整个中室。本种北方地区有些个体后翅白斑退化。【习性】林区路边常见，有时停栖地面，有时停栖于灌木上。【分布】东北、华北、华东、华南、中南、西南。

中华捷弄蝶 *Gerosis sinica* (C. & R. Felder)（弄蝶科 Hesperiidae）

【识别要点】近似匪夷捷弄蝶，但本种前翅后缘白斑较大，后翅中域白斑发达。【习性】多在溪边或开阔地活动，喜访花。【分布】华东、中南、华南、西南。

匪夷捷弄蝶 *Gerosis phisara* (Moore)（弄蝶科 Hesperiidae）

【识别要点】与中华捷弄蝶极近似，不易区分。区分点在于：本种腹部各节饰以白环，前翅中室端斑较小，后翅白色中带内近前缘处有1个黑斑较为明显且独立。【习性】多在溪边活动，喜访花或者吸食鸟粪。【分布】华东、中南、华南、西南。

飒弄蝶 *Satarupa gopala* Moore（弄蝶科 Hesperiidae）

【识别要点】大型强壮弄蝶，易与其他属弄蝶区分。与蛱型飒弄蝶（*Satarupa nymphalis*）最近似，但本种后翅正面近前缘的黑斑较为独立，其外侧隐约可见白色鳞，后翅反面外中域的黑斑列之间有白色鳞隔开。【习性】飞行迅速，多在林间活动。【分布】东北、华北、华东、中南、华南。

中华捷弄蝶 | 张宏伟 摄

匪夷捷弄蝶 | 郭宪 摄

黑弄蝶 | 周纯国 摄

飒弄蝶 | 周纯国 摄

密纹飒弄蝶 │ 周纯国 摄

密纹飒弄蝶 *Satarupa monbeigi* Oberthür（弄蝶科 Hesperiidae）

【识别要点】与台湾飒弄蝶（*Satarupa formosibia*）近似，但本种后翅的外中域黑斑与宽阔的黑边近乎融合。与其他飒弄蝶的区别在于：前翅中室端斑较大，且距离2，3室白斑很近。【习性】飞行能力强，喜在湿地吸水。【分布】中南、华南、四川。

蛱型飒弄蝶 *Satarupa nymphalis* (Speyer)（弄蝶科 Hesperiidae）

【识别要点】与飒弄蝶（*Satarupa gopala*）的区别在于：本种后翅正面近前缘的黑斑近乎融合于外侧黑边，后翅反面外中域的黑斑列之间无白色鳞分割。与其他飒弄蝶属种类的区别在于：本种前翅中室端斑显著小于第2室的白斑。【习性】多见于林间，常在地面吸水。【分布】东北、华东、四川。

西藏飒弄蝶 *Satarupa zulla* Tytler（弄蝶科 Hesperiidae）

【识别要点】中室端斑小，因此近似飒弄蝶和蛱型飒弄蝶，但前翅1b室的白斑与第2室白斑等宽或更宽，据此可与二者区分。【习性】多在林间活动，常在地面吸水。【分布】西藏东南、云南西北。

蛱型飒弄蝶 │ 王江 摄　　西藏飒弄蝶 │ 黄灏 摄

白边裙弄蝶 | 唐志远 摄

沾边裙弄蝶 | 倪一农 摄

黑边裙弄蝶 | 钟茗 摄

白边裙弄蝶

Tagiades gana (Moore)

(弄蝶科 Hesperiidae)

【识别要点】翅棕色为主，一般较其他裙弄蝶色泽浅。反面后翅外缘区有大片的白色，经常扩及中域和基部。前翅一般仅前角附近有3个白斑点。易于识别。【习性】多在林区见到。【分布】华南、中南、西南。

沾边裙弄蝶

Tagiades litigiosa Möschler

(弄蝶科 Hesperiidae)

【识别要点】前翅正反面黑褐色，中室内有2个分立的白点，易与黑边裙弄蝶区分。后翅正面的白色区域内第1室中域无黑斑，易与滚边裙弄蝶区分。【习性】多在林间活动。【分布】浙江、福建、广东、广西、云南、海南。

黑边裙弄蝶

Tagiades menaka (Moore)

(弄蝶科 Hesperiidae)

【识别要点】前翅中室内仅上半区有1个白点，以此可与滚边裙弄蝶（*Tagiades cohaerens*）区分。后翅白色区域内第1室有分立的黑斑，易与沾边裙弄蝶区分。【习性】常在林区见到。【分布】华南、四川、福建。

毛脉弄蝶

Mooreana trichoneura (C. & R. Felder)

(弄蝶科 Hesperiidae)

【识别要点】前翅黑褐色伴以微小的白色点斑或线段斑，后翅外缘和亚外缘区除前角附近外都呈均匀的橙黄色或黄色，该黄色沿翅脉向翅基扩散。极易识别的种类。【习性】多在林区活动。【分布】云南、海南、广西、西藏。

毛脉弄蝶 | 王锋 摄

金脉奥弄蝶 | 王锋 摄

花弄蝶 | 唐志远 摄

白斑银弄蝶 | 唐志远 摄

金脉奥弄蝶 *Ochus subvittatus* (Moore)（弄蝶科 Hesperiidae）

【识别要点】前翅反面前缘、外缘以及整个后翅为黄色，具有黑色脉纹和斑点，中文名由此而得。本属独种，非常容易辨认。【习性】多见于林区开阔地。【分布】云南、广西、广东。

花弄蝶 *Pyrgus maculatus* (Bremer & Grey)（弄蝶科 Hesperiidae）

【识别要点】个体较北方花弄蝶（*Pyrgus alveus*）小，雌雄近乎同型，后翅正面白色斑点较北方花弄蝶的雌蝶为细。与锦葵花弄蝶（*Pyrgus malvae*）的区别在于：本种正面前翅中域斑较远离中室端斑，反面后翅基部白色，中域的白斑条较长较细。春型个体正面白斑发达，反面呈红棕色。此外，原本隶属于本种的华西亚种*thibetanus*其实应该是个独立的种，分布于四川、云南北部及广西等地。【习性】多在开阔的草灌丛区见到。【分布】东北、华北、华东、中南。

白斑银弄蝶 *Carterocephalus dieckmanni* Graeser（弄蝶科 Hesperiidae）

【识别要点】正面黑色，斑点为白色，前翅中室端斑内侧有一中室亚基斑，中域斑各不相连，且与中室端斑也不相连，后翅白斑位于翅基和外缘的中点上，易于识别。【习性】多见于开阔地。【分布】东北、华北、四川、云南、西藏。

紫带锷弄蝶 *Aeromachus catocyanea* (Mabille)（弄蝶科 Hesperiidae）

【识别要点】小型种类，后翅反面有1条连贯的亮紫色中域带斑，极易识别。【习性】一般在光照好的林区山路上易见。【分布】四川、云南。

河伯锷弄蝶 *Aeromachus inachus* Ménétriés（弄蝶科 Hesperiidae）

【识别要点】雄蝶前翅正面无性标，后翅反面除白色斑点外，翅脉也呈淡色，形成网格状斑纹，易与其他锷弄蝶区分。【习性】分布较广且常见，多在林区开阔地活动，喜访花。【分布】东北、华北、华东、中南、台湾。

浅色锷弄蝶 *Aeromachus propinquus* (Alpheraky)（弄蝶科 Hesperiidae）

【识别要点】翅色浅褐色，较其他锷弄蝶为浅，后翅反面的黑斑内多有白色瞳点，易于识别。【习性】常在林间开阔地活动。【分布】四川、云南。

侏儒锷弄蝶 *Aeromachus pygmaeus* (Fabricius)（弄蝶科 Hesperiidae）

【识别要点】小型弄蝶，翅褐色，前翅反面中室外有1列小白点，后翅中域有1列弧状排列的淡色斑带。【习性】多在开阔地活动。【分布】广东、香港、广西、云南。

标锷弄蝶 *Aeromachus stigmatus* (Moore)（弄蝶科 Hesperiidae）

【识别要点】雄蝶前翅正面有性标，翅反面外侧有2列淡色斑带，后翅中室端有通常有1个的黑色斑。【习性】常在开阔地飞舞。【分布】云南、广西、海南。

紫带锷弄蝶 | 唐志远 摄

河伯锷弄蝶 | 唐志远 摄

侏儒锷弄蝶 | 杰仔 摄

浅色锷弄蝶 | 李元胜 摄

标锷弄蝶 | 张巍巍 摄

黄斑弄蝶 杰仔 摄

藏黄斑弄蝶 张巍巍 摄

钩型黄斑弄蝶 李元胜 摄

黄斑弄蝶 *Ampittia dioscorides* (Fabricius)（弄蝶科 Hesperiidae）

【识别要点】小型弄蝶，雌雄异型，雄蝶正面黄斑发达呈块状，雌蝶黄斑退化呈点状。反面后翅底色黄色伴以黑斑，但各翅脉并不明显易见，易与钩形黄斑弄蝶区分。反面最为近似讴弄蝶，但中室端脉以外到翅外缘间有3批黑斑，而讴弄蝶仅有2批黑斑，易于区分。【习性】多在开阔地活动。【分布】华东、华南、西南。

藏黄斑弄蝶 *Ampittia dalailama* (Mabille)（弄蝶科 Hesperiidae）

【识别要点】前翅正面具有3个黄斑，后翅有1个小黄斑，反面斑纹发达，后翅散布黄斑。较易辨认。【习性】多见于林区开阔地。【分布】四川、陕西。

钩形黄斑弄蝶 *Ampittia virgata* Leech（弄蝶科 Hesperiidae）

【识别要点】雌雄异型，雄蝶正面前翅有明显的黑色性标，且黄色斑纹较大较多，雌蝶黄斑较少。反面后翅的翅脉黄色，布有许多黑色细纹，且容易辨认，据此易与其他弄蝶区分。【习性】多见于林区开阔地，喜访花。【分布】华东、华南、中南、西南、台湾。

讴弄蝶 *Onryza maga* (Leech)（弄蝶科 Hesperiidae）

【识别要点】黄色的弄蝶，近似黄斑弄蝶的种类，但反面后翅的中室端斑外仅有2批黑斑，易于区分。【习性】林区路边光照好的地方易见，喜吸食粪便。【分布】浙江、湖北、福建、广东、海南、台湾。

讴弄蝶 黄灏 摄

华东酣弄蝶 | 黄灏 摄　双子酣弄蝶 | 唐志远 摄　黄条陀弄蝶 | 林义祥 摄　滇藏飕弄蝶 | 黄灏 摄　显脉须弄蝶 | 黄灏 摄

华东酣弄蝶 *Halpe dizangpusa* Huang（弄蝶科 Hesperiidae）

【识别要点】翅褐色，前翅正面中室有1个白斑，中室外侧有4个白斑，后翅正面中域隐约能见到1个白斑，反面中域和亚外缘有2列淡黄斑。非常近似四川酣弄蝶（*Halpe nephele*），仅个体较小，翅面上无特别有效的斑纹特征区分。本种广布于中国中南和东南部，四川酣弄蝶主要分布四川西部，但最近在浙江南部也被发现，因此两种分布是重叠的。【习性】多在林区边缘活动，喜在地面吸水。【分布】华东、中南、华南、海南。

双子酣弄蝶 *Halpe porus* (Mabille)（弄蝶科 Hesperiidae）

【识别要点】前翅中室内有两个白点，后翅反面的中域白斑连成带状。有多个近似种，但本种后翅反面中带宽度不均匀且其内的脉纹隐约可见，易于识别。【习性】多见于林区边缘。【分布】海南、广东、广西、香港。

黄条陀弄蝶 *Thoressa horishana* (Matsumura)（弄蝶科 Hesperiidae）

【识别要点】翅黑褐色，前翅中域有数个长圆形斑，后翅正面通常有2个黄斑，反面具有许多黄色和白色长圆形斑，中域有1黄条。本种为台湾特有种。【习性】多在林区开阔地活动，常在地面吸水。【分布】台湾。

滇藏飕弄蝶 *Sovia separata* (Moore)（弄蝶科 Hesperiidae）

【识别要点】属名根据拉丁名音译而来，且该属弄蝶飞行迅速，故选飕为属名，种名根据其分布而来。本种近似四川飕弄蝶（*Sovia lucasii*），但反面底色较深，且分布不重叠。【习性】丛林中光照好的地段容易见到，访花或停栖在路上，但发生期较短。【分布】云南西北、西藏东南。

显脉须弄蝶 *Scobura lyso* Evans（弄蝶科 Hesperiidae）

【识别要点】英国的Evans在发表时没有检验须弄蝶的模式标本，从而误将本种作为须弄蝶（*Scobura coniata*）的一个亚种，在国内图鉴中本种都被误鉴为须弄蝶。实际的须弄蝶非常稀少且仅分布两广，正面后翅有3个白斑，反面黄色较多，中室内没有黑色斑。而显脉须弄蝶后翅反面黑色斑较多且中室内为黑色，因而黄色的脉纹非常显著。故中名拟为显脉须弄蝶。【习性】常在林区见到，喜访花。【分布】浙江、福建、广东、海南。

素弄蝶 李元胜 摄　　黄斑蕉弄蝶 张巍巍 摄

素弄蝶 *Suastus gremius* (Fabricius)（弄蝶科 Hesperiidae）

【识别要点】中型大小的弄蝶，后翅反面棕灰色，中室端有一黑斑点，中域也常有黑色斑点排列成弧形，易于识别。【习性】多见访花。【分布】华东、华南、中南。

黄斑蕉弄蝶 *Erionota torus* Evans（弄蝶科 Hesperiidae）

【识别要点】大型弄蝶，身体粗壮，翅黑色，前翅中域有3个大黄斑，后翅无斑，容易辨认。【习性】多在芭蕉、香蕉树周围活动。【分布】华东、华南、中南、西南。

旖弄蝶 *Isoteinon lamprospilus* C. & R. Felder（弄蝶科 Hesperiidae）

【识别要点】前翅中室端斑与2室内的中域斑连成一线，后翅反面以中室端斑为中心所有的白斑近乎连成一个环形，易于识别。【习性】常见的弄蝶，多在林区边缘活动。【分布】华东、华南、中南、西南。

雅弄蝶 *Iambrix salsala* (Moore)（弄蝶科 Hesperiidae）

【识别要点】翅反面红褐色，两翅反面中域都有数个小白斑，容易辨认。【习性】多见于热带地区。【分布】福建、广东、香港、海南、广西、云南。

旖弄蝶 张巍巍 摄　　雅弄蝶 任川 摄

曲纹袖弄蝶

Notocrypta curvifascia (C. & R. Felder)

（弄蝶科 Hesperiidae）

【识别要点】本种个体较大，前翅近顶角有数个小白点，中域有1条斜向的白色曲带，但该白带不达到前缘。【习性】南方常见的袖弄蝶，多在林区边缘活动。【分布】华东、华南、中南、西南。

宽纹袖弄蝶

Notocrypta feisthamelii (Boisduval)

（弄蝶科 Hesperiidae）

【识别要点】近似曲纹袖弄蝶，但本种前翅反面的白带到达前缘，前翅的白带较直，不甚弯曲。【习性】多在林区附近活动。【分布】四川、云南、广西、云南、西藏、台湾。

窄纹袖弄蝶

Notocrypta paralysos (Wood-Mason & de Nicéville)

（弄蝶科 Hesperiidae）

【识别要点】近似曲纹袖弄蝶，但本种个体稍小，前翅反面白色斜带通常伸至外缘，亚外缘只有1个白斑。【习性】多见于林区活动。【分布】福建、海南、台湾。

姜弄蝶

Udaspes folus (Cramer)

（弄蝶科 Hesperiidae）

【识别要点】正面后翅中域有一近圆形的大型白色斑区，后翅反面有一白斑从翅基贯穿中室直到亚外缘区，因此极易识别。【习性】多在开阔地活动，常见访花。【分布】华东、华南、中南、西南。

玛弄蝶

Matapa aria (Moore)

（弄蝶科 Hesperiidae）

【识别要点】复眼红色，易与其他属弄蝶区分。正面深棕色，反面赭褐色。除正面性标外，不易与同属内其他种区分，但可从分布地区进行区分。【习性】多在林区边缘活动。【分布】华东、华南、中南。

曲纹袖弄蝶 | 张巍巍 摄

宽纹袖弄蝶 | 唐志远 摄

窄纹袖弄蝶 | 任川 摄

姜弄蝶 | 任川 摄

玛弄蝶 | 唐志远 摄

小弄蝶 | 唐志远 摄
白斑赭弄蝶 | 周纯国 摄
黄赭弄蝶 | 黄灏 摄
宽斑赭弄蝶 | 唐志远 摄

小弄蝶 *Leptalina unicolor* (Bremer & Grey)（弄蝶科 Hesperiidae）

【识别要点】正面全黑，反面后翅与前翅顶角附近底色为黄色，其余黑色，后翅反面有1纵贯中室并抵达外缘的淡色细线，易于识别。【习性】多见于林区开阔地。【分布】东北、华北、浙江、湖北。

白斑赭弄蝶 *Ochlodes subhyalina* (Bremer & Grey)（弄蝶科 Hesperiidae）

【识别要点】前翅正面中室端斑多为白色，清晰可见，第2，3室内中域斑多为白色，且不重叠，反面后翅斑点较多。图示为雄蝶。【习性】较常见的赭弄蝶，喜访花。【分布】华北、华东、中南、四川、贵州、西藏东南、台湾。

黄赭弄蝶 *Ochlodes crataeis* (Leech)（弄蝶科 Hesperiidae）

【识别要点】近似白斑赭弄蝶，但本种翅色较深，雄蝶正面中域斑总是很窄，两性后翅反面淡色斑仅有3个较为清晰。【习性】多在林间活动，常停在路边叶子上。【分布】四川、河南、浙江、福建。

宽斑赭弄蝶 *Ochlodes linga* Evans（弄蝶科 Hesperiidae）

【识别要点】前翅中域斑多为黄色，中室外侧的几个黄斑略呈透明。后翅正面黄色斑极宽大。易于辨认。近似宽纹赭弄蝶（*Ochlodes ochracea*），但本种雄性性标极为细长。【习性】多在林间活动，常互相追逐。【分布】浙江、陕西、山西。

小赭弄蝶 *Ochlodes similis* Leech（弄蝶科 Hesperiidae）

【识别要点】曾被当作淡斑赭弄蝶的亚种，但二者同地分布且生殖器及外观都有稳定的差异。由于*O.similis*个体较小，因此将中文名"小赭弄蝶"用于本种，而*O.venata*个体较大，更名为淡斑赭弄蝶。雄蝶正反面各翅上黄斑极为发达，且前翅前角附近的斑点较大，易与其他种区分。【习性】多在林间开阔地活动。【分布】东北、华北、浙江、陕西、四川。

淡斑赭弄蝶 *Ochlodes venata* (Bremer & Grey)（弄蝶科 Hesperiidae）

【识别要点】与小赭弄蝶近似且分布重叠，但本种个头较大，且后翅反面的黄斑较淡较不清晰。【习性】常在林间开阔地见到。【分布】东北、华北。

豹弄蝶 *Thymelicus leoninus* (Butler)（弄蝶科 Hesperiidae）

【识别要点】正反面底色都为黄色，各翅脉黑色，易与其他属弄蝶区分。与黑豹弄蝶的区别在于：本种雄蝶前翅正面有性标，雌蝶前翅正面第4室的黄色斑与第3室的黄色斑等长。反面较难分辨。【习性】一年一代，多在林间开阔地活动，常见访花。【分布】东北、华北、华东、陕西、四川、云南。

小赭弄蝶 | 唐志远 摄

淡斑赭弄蝶 | 唐志远 摄

豹弄蝶 | 郭宪 摄

黑豹弄蝶 | 张巍巍 摄

台湾黄室弄蝶 | 林义祥 摄

曲纹黄室弄蝶 | 郭宪 摄

孔子黄室弄蝶 | 杰仔 摄

黑豹弄蝶 *Thymelicus sylvaticus* (Bremer)（弄蝶科 Hesperiidae）

【识别要点】近似豹弄蝶，尤其反面无法区分。但本种雄蝶正面无性标，雌蝶外缘黑带较宽，前翅正面4室黄斑长于3室黄斑。【习性】多在林区开阔地活动，喜访花。【分布】东北、华北、华东、西北。

台湾黄室弄蝶 *Potanthus motzui* Hsu & Li（弄蝶科 Hesperiidae）

【识别要点】本种在台湾的黄室弄蝶中翅反面色泽最黑，易于区分，为台湾特有种。【习性】多在林区活动。【说明】本种拉丁种名是纪念春秋战国时期的墨子，在台湾又被称为“墨子黄斑弄蝶”。【分布】台湾。

曲纹黄室弄蝶 *Potanthus flavus* Murray（弄蝶科 Hesperiidae）

【识别要点】本种分布很广。在北方地区，黄室弄蝶属仅有此种发生，因此不难识别，但在南方则无法靠外观鉴定，必须解剖标本才能准确鉴定。【习性】多在林间活动，喜访花。【分布】东北、华北、华东、中南、西南。

孔子黄室弄蝶 *Potanthus confucius* (C. & R. Felder)（弄蝶科 Hesperiidae）

【识别要点】个体小，翅形较圆钝，黄斑较宽阔，后翅反面中域斑连贯。黄室弄蝶属各种间差异不明显且种内个体变异幅度很大，因此几乎不能靠外观来准确地区分各种。但配合产地等信息，本种可与一些相似种区分。【习性】较常见，多在林区开阔地活动，喜访花。【分布】华东、华南、西南、台湾。

严氏黄室弄蝶 | 黄灏 摄　　放踵珂弄蝶 | 杰仔 摄

严氏黄室弄蝶 *Potanthus yani* Huang（弄蝶科 Hesperiidae）

【识别要点】近年来才发表的产自华东地区的新种弄蝶。特点是后翅反面中域黄斑连贯，但符合此特征的黄室弄蝶种类也有一些，无法从外观有效地分辨。准确的鉴定只有采集到标本进行解剖才行。【习性】常在林区附近活动，多访花。【分布】浙江、安徽、福建。

放踵珂弄蝶 *Caltoris cahira* Moore（弄蝶科 Hesperiidae）

【识别要点】后翅无斑纹，易与孔弄蝶属、谷弄蝶属区分。此外本种翅色为黑褐色且雄蝶后翅正面无毛簇，可与同地分布的黎氏刺胫弄蝶进行区分。【习性】多在林间附近活动，常访花。【分布】华东、华南、西南、中南。

华中刺胫弄蝶 *Baoris leechii* (Elwes & Edwards)（弄蝶科 Hesperiidae）

【识别要点】雄蝶前翅反面1脉上有黑色性标，后翅正面中室附近有一片黑色毛簇，后翅无任何斑纹。与刺胫弄蝶（*Baoris farri*）近似，常被误认为该种。其区别在于本种后翅反面底色为棕黄色，而非深棕色，前翅斑纹通常稍大一些，且分布上不重叠，本种分布以长江流域为主，而刺胫弄蝶以华南为主。【习性】多在林间活动，常见访花或者吸食鸟粪。【分布】华东、中南、四川。

华中刺胫弄蝶 | 任川 摄

直纹稻弄蝶 *Parnara guttata* (Bremer & Grey)（弄蝶科 Hesperiidae）

【识别要点】前翅中室内上半区的白斑总是存在，反面后翅4个中域白斑排成1列且形状近似方形，易与其他稻弄蝶区分。触角相对前翅前缘的长度很短。【习性】为最常见的弄蝶，喜在开阔地活动。【分布】遍布全国。

曲纹稻弄蝶 *Parnara ganga* Evans（弄蝶科 Hesperiidae）

【识别要点】后翅反面中域白斑较小，一般不排成严格直线，经常有白斑消失，有的个体极难与幺纹稻弄蝶区分。根据编者的研究，华中和华东地区很多被误认为幺纹稻弄蝶的个体其实都是曲纹稻弄蝶。幺纹稻弄蝶有可能在国内只分布于华南区和台湾。【习性】林区开阔地、荒地、平原地区都能见到。【分布】华东、华南、中南、西南。

幺纹稻弄蝶 *Parnara bada* (Moore)（弄蝶科 Hesperiidae）

【识别要点】个体小，前翅正面和后翅反面的白斑退化不全，某些个体很难和曲纹稻弄蝶区分，需要解剖来确定身份。【习性】多在开阔地活动，常见访花。【分布】华南、台湾。

籼弄蝶 *Borbo cinnara* (Wallace)（弄蝶科 Hesperiidae）

【识别要点】近似拟籼弄蝶（*Pseudoborbo bevani*），但本种翅较狭长，触角段短，前翅白斑较大且不呈圆形，前翅后缘中域有1个淡黄色不透明的斑，后翅反面白斑明显，通常有3～5个。【习性】多在开阔地活动，常见访花。【分布】华东、华南、西南、台湾。

直纹稻弄蝶 奉建 摄　曲纹稻弄蝶 杰仔 摄

幺纹稻弄蝶 张宏伟 摄　籼弄蝶 张宏伟 摄

印度谷弄蝶 | 杰仔 摄
山地谷弄蝶 | 唐志远 摄
中华谷弄蝶 | 唐志远 摄
隐纹谷弄蝶 | 倪一农 摄

印度谷弄蝶 *Pelopidas assamensis* (de Nicéville)（弄蝶科 Hesperiidae）

【**识别要点**】个体很大，翅色较深，前翅中室端部两个白斑相连或近乎愈合，中域斑白色且较大，后翅正面仅有一个白斑。与古铜谷弄蝶最近似，但本种后翅正面有一个白斑。【**习性**】多见于开阔地，常在湿地吸水。【**分布**】广东、香港、福建、广西、台湾、云南、四川。

山地谷弄蝶 *Pelopidas jansonis* (Butler)（弄蝶科 Hesperiidae）

【**识别要点**】本种的特点是后翅反面从前缘数第2个白斑非常大，易与其他弄蝶区分。【**习性**】只见于北方地区，林区多见。【**分布**】东北、华北。

中华谷弄蝶 *Pelopidas sinensis* (Mabille)（弄蝶科 Hesperiidae）

【**识别要点**】雄蝶正面前翅1b室内有黑色线状性标，雌蝶则代以白色斜斑。反面后翅中室内有1个小白斑，中域的白斑列明显，但不及山地谷弄蝶发达。【**习性**】多见于林区活动，常停在路边。【**分布**】华北、华东、华南、西南、中南、台湾。

隐纹谷弄蝶 *Pelopidas mathias* (Fabricius)（弄蝶科 Hesperiidae）

【**识别要点**】近似南亚谷弄蝶（*Pelopidas agna*），雄蝶之间区分在于本种前翅中室内小白点的延长线与性标相交，而南亚谷则不相交。两者雌蝶几乎无法有效地区分。此外从分布地来看，南亚谷弄蝶只分布在华南和台湾，而隐纹谷弄蝶几乎广布全国。【**习性**】最常见的弄蝶之一，城市里也常见到。【**分布**】东北、华北、华东、华南、西南。

黑标孔弄蝶

Polytremis mencia (Moore)

（弄蝶科 Hesperiidae）

【识别要点】雄蝶前翅有1条黄色性标，并非黑色，中文名有待修改。雌蝶前翅斑纹发达，与雄蝶差异较大，反而近似同属的透纹孔弄蝶（*Polytremis pellucida*），区别在于本种翅圆润，反面色泽偏绿，前翅中室内的2个小白斑距离第2室的白斑较远，后翅白斑有时会退化。【习性】多见于林区开阔地，为华东地区常见种。【分布】浙江、安徽、福建、湖北。

松井孔弄蝶

Polytremis matsuii Sugiyama

（弄蝶科 Hesperiidae）

【识别要点】翅面斑纹与刺纹孔弄蝶近乎一致，但雄蝶正面1b室内有性标，后翅反面的底色较深。本种为日本学者近年发表的新种，原发现于四川西部，现于广东北部也有发现。【习性】多在林间活动。【分布】四川、广东。

刺纹孔弄蝶

Polytremis zina (Evans)

（弄蝶科 Hesperiidae）

【识别要点】本种翅色黄褐色，特点是雄蝶前翅中室内两个白斑相互错开明显，且内侧的个白斑为长形，斜向伸入中室内侧，后翅中域斑列较大且排列曲折。【习性】在林区活动，常见访花或者在地面吸水。【分布】华东、中南、东北、西南、台湾。

黑标孔弄蝶 | 倪一农 摄

松井孔弄蝶 | 唐志远 摄

刺纹孔弄蝶 | 杰仔 摄

华西孔弄蝶 | 张巍巍 摄

华西孔弄蝶 *Polytremis nascens* (Leech)（弄蝶科 Hesperiidae）

【识别要点】本种翅色较深，特点是雄蝶性标分成两段，前翅中室内通常只有1个小白斑。容易辨认。本种过去只记录在中国中西部，最近在浙江也发现有分布。【习性】多在林间活动。【分布】四川、重庆、湖北、浙江。

黄纹孔弄蝶 *Polytremis lubricans* (Herrich-Schäffer)（弄蝶科 Hesperiidae）

【识别要点】本种翅黄褐色，斑纹淡黄色，特点是前翅2室斑横向拉长，后翅通常有2～4个小黄斑，其中1个黄斑为长形，容易辨认。【习性】多在林灌边缘的开阔地区活动，常访花。【分布】华东、华南、西南、中南。

黄纹孔弄蝶 | 张巍巍 摄

Order Hymenoptera

膜翅目

后翅钩列膜翅目，蜂蚁细腰并胸腹；
捕食寄生或授粉，害叶幼虫为多足。

膜翅目是昆虫纲中第三大目，全世界已知10万余种，中国分布种类为25 000 ~ 30 000种，包括各种蜂和蚂蚁。膜翅目在进化过程中现存有两个大的分支，一个是广腰亚目，形态结构原始，幼虫活动能力强，植食性，少数寄生性，比较常见的有叶蜂、扁蜂、树蜂等；另一个是细腰亚目，在进化过程中呈现出极强的适应能力，绝大多数幼虫缺乏活动能力，在成虫筑造的巢穴中由亲代哺育或在寄主体内体外发生各种寄生行为。在细腰亚目中，还出现了不同程度的社会性现象，松散原始的社会性出现在一些泥蜂和隧蜂中，高度发达的社会性出现在胡蜂和蜜蜂中。比较常见的细腰亚目成员有旗腹蜂、小蜂、姬蜂、胡蜂、蚁、蜜蜂等。

膜翅目昆虫为全变态，常为有性生殖、部分孤雌生殖和多胚生殖。成虫生活方式为独居性、寄生性或社会性。

膜翅目昆虫在生态系统中扮演着极为重要的两种角色：传粉者和寄生者。传粉者在各种生态系统类型中是生物多样性形成、维持和发展最重要的一环；寄生者中又通过化学适应辐射出外寄生、内寄生、盗寄生、重寄生等高度分化且特化的形式，毫不夸张地说，几乎所有昆虫都有其相应的寄生蜂。

荔浦吉松叶蜂 *Gilpinia lipuensis* Xiao & Huang（松叶蜂科 Diprionidae）

【识别要点】体长7～8 mm。黄褐色，触角鞭节、上唇、单眼边缘、小盾片后缘黑色，腹部中基部背板部分黑褐色，胸部背板中央具小型模糊暗褐色斑。翅淡烟灰色透明，翅痣大部浅褐色。足黄褐色。体型粗壮，腹部具细横刻纹。触角19节，具明显栉齿。雄虫大部黑色，触角栉齿长。图为雌虫。【习性】幼虫取食马尾松松针，成虫6月份出现。【分布】安徽、广西、四川、重庆。

山楂壮锤角叶蜂 *Palaeocimbex crataegum* (Huang & Zhou)（锤角叶蜂科 Cimbicidae）

【识别要点】体长21～24 mm。头部、前胸背板、中胸侧板上部、小盾片、腹部第1背板后部、腹部末端3节背板大部黄褐色，虫体其余部分大部暗红褐色，触角大部和足的股节黑褐色。前翅前侧1/3浓烟褐色。体毛较密长，体型十分粗壮，头部在复眼后强烈膨大。触角7节，端部明显膨大。翅痣十分狭长。图为雌虫。【习性】幼虫取食山楂、梨的叶片。成虫通常在3—5月份出现。【分布】安徽、四川、重庆。

莫氏细锤角叶蜂 *Leptocimbex mocsaryi* Malaise（锤角叶蜂科 Cimbicidae）

【识别要点】体长25 mm上下。触角暗黄褐色，胸部背板和侧板大部黑色，前胸背板和小盾片黄褐色；腹部第1背板大部柠檬黄色，第2背板黑色，第4—10背板黄褐色，第2—4背板中部具三角形黑斑。前翅具烟褐色长斑。触角端部膨大程度较弱。腹部第1背板无刻点，非常光滑。图为雌虫。【分布】台湾、四川、河南；越南。

断突细锤角叶蜂 *Leptocimbex tuberculata* Malaise（锤角叶蜂科 Cimbicidae）

【识别要点】雌虫体长15～20 mm。体黑褐色具较多棕褐色或红褐色斑纹。前翅前缘从基部到顶角具烟褐色纵斑。足黄褐色，股节大部黑色或具黑色纵带。触角7节，端部膨大。体窄长，头胸部具稀疏长毛。腹部第1背板光亮。腹部第1背板具侧纵脊。雄虫体长20 mm，头部在复眼后强烈膨大。图为雄虫。【习性】一年一代，成虫多发生于7—8月。【分布】陕西、甘肃、北京、安徽、江西、湖南、四川、重庆、福建、广东。

荔浦吉松叶蜂 | 张巍巍 摄

山楂壮锤角叶蜂 | 李元胜 摄

莫氏细锤角叶蜂 | 林义祥 摄

断突细锤角叶蜂 | 倪一农 摄

绿宝丽锤角叶蜂 | 李元胜 摄
紫宝丽锤角叶蜂 | 郭宪 摄
红唇淡毛三节叶蜂 | 倪一农 摄
列斑黄腹三节叶蜂 | 李若行 摄

绿宝丽锤角叶蜂 *Abia berezowskii* Semenov（锤角叶蜂科 Cimbicidae）

【识别要点】雌虫体长13～15 mm。体黑色具强烈铜绿色光泽，触角基部2节褐色，其余棕黑色；腹部至少第9背板、腹板黄褐色；翅淡色透明，翅痣褐色；前翅翅痣下方具三角形烟褐色斑。足黄色，基节、转节和股节基部约1/2黑色。体型较粗壮，具密集刻点。触角7节，锤状部显著。雄虫体长10～12 mm。腹部第4—7背板中部具红褐色矩形绒毛垫。图为雄虫。【习性】本种为锤角叶蜂科较常见的种类，成虫6，7月份出现。【分布】河南、湖北、浙江、福建、湖南、四川、重庆、云南；朝鲜、日本。

紫宝丽锤角叶蜂 *Abia formosa* Takeuchi（锤角叶蜂科 Cimbicidae）

【识别要点】雌虫体长10～13 mm。体黑色，具明显的金属铜色光泽；触角暗红棕色；腹部第8背板后部和两侧、第7—8腹板黄褐色；翅痣黄褐色，前翅前缘从基部到顶角具烟褐色带斑。足股节红棕色，胫节基部1/3黄色。体型粗壮；触角7节，端部膨大。图为雌虫。【习性】少见种类。一年二代，成虫4，5月份和9，10月份出现。【分布】陕西、安徽、台湾、福建、湖南、四川。

红唇淡毛三节叶蜂 *Arge rufoclypeata* Wei（三节叶蜂科 Argidae）

【识别要点】雌虫体长8～10 mm；体黑色，无明显的蓝色光泽；唇基部分红褐色，触角基部2节黑色，鞭节红褐色；各足黑色，胫节和跗节大部黄褐色；体毛银色。翅淡色透明，前缘脉浅褐色，翅痣黑色，前翅翅痣下具显著的宽烟黑色横带。触角鞭节短于胸部，端部微弱膨大。图为雌虫。【习性】稀见种类。成虫夏天出现。【分布】河南、重庆。

列斑黄腹三节叶蜂 *Arge xanthogaster* (Cameron)（三节叶蜂科 Argidae）

【识别要点】体长8～9 mm。体黑色，头胸部和足具较强的蓝色光泽；触角无光泽；腹部黄褐色，基部背板通常具大小不一的黑斑。体毛银色。翅浓烟褐色，翅痣与翅脉黑色。体光滑，无明显刻点。颚眼距稍长于单眼直径；颜面隆起，中脊低钝；单眼后沟缺；后头两侧亚平行或稍收缩。触角3节，第3节微短于胸部，端部稍膨大。图为雄虫。【习性】一年多代，幼虫体多瘤，取食蔷薇科蔷薇属多种植物的叶片。成虫4—8月均有发生，卵产于小树枝上。本种是中国中东部偏南地区最常见的两种三节叶蜂之一。【分布】吉林、陕西、河南、江苏、四川、重庆、湖北、浙江、江西、湖南、福建、台湾、广西、贵州、广东、香港、云南；越南、印度。

杜鹃黑毛三节叶蜂 | 杰仔 摄

中华尖鞘三节叶蜂 | 林义祥 摄

褐色桫椤叶蜂 | 林义祥 摄

杜鹃黑毛三节叶蜂 *Arge similis* Vollenhoven（三节叶蜂科 Argidae）

【识别要点】体长7～10 mm。体黑色，具很强的蓝色光泽，触角黑色。体毛黑褐色。翅深烟色。体光滑，头部的颜面具明显的细小刻点。触角约等长于头胸部之和或稍短，第3节端部1/3左右稍侧扁膨大。雄虫体长6～8 mm，触角第3节具立毛。图为雌虫。【习性】幼虫取食映山红等杜鹃属植物。中国南方发生一年二代以上。卵产于叶片边缘。是中国东部偏南地区最常见的两种三节叶蜂之一。【分布】安徽、陕西、山东、河南、湖北、浙江、江西、福建、台湾、湖南、四川、广东、广西、贵州；日本、缅甸、印度。

中华尖鞘三节叶蜂 *Tanyphatnidea sinensis* (Kirby)（三节叶蜂科 Argidae）

【识别要点】雌虫体长10～11 mm。体黄褐色，头部和触角黑色，唇基上区、上唇、口须黄褐色；足黑色。翅烟褐色。体光滑，无明显刻点。头部小，远窄于胸部，背面观后头两侧强烈收缩。触角细长，具长立毛。图为雌虫。【习性】一年多代。成虫5—8月份发生。【分布】台湾、浙江、福建、广西；印度。

褐色桫椤叶蜂 *Rhopographus babai* Togashi（叶蜂科 Tenthredinidae）

【识别要点】体长8～11 mm。头部黑色，唇基上区、唇基、上唇、上颚和口须、触角基部3节红褐色，胸部红褐色，中胸前侧片具小形黑斑；腹部污黄色，第2节背板、第5—8背板大部黑色。足橘褐色。翅淡褐色透明。头部在复眼后稍收缩，单眼后区方形；触角棒状。体具光泽，散布细小具毛刻点。图为雌虫。【习性】一年发生一代，成虫通常在4，5月份发生。寄主为蕨类植物的桫椤科植物。幼虫在桫椤的顶心取食嫩叶，半蛀食。【分布】台湾。

短颊俏叶蜂 | 李元胜 摄

歪唇隐斑叶蜂 | 任川 摄

短颊俏叶蜂 *Hemathlophorus brevigenatus* Wei（叶蜂科 Tenthredinidae）

【识别要点】体长10 ~ 11 mm；体和足亮柠檬黄色，头部背侧具“士”字形黑斑；触角第鞭节大部黑褐色；中胸背板前叶和侧叶各具1个长椭圆形黑斑；中胸腹板两侧、中胸前侧片前上角和后胸后侧片后下角各具1个黑斑；腹部第1背板基部两侧各具1个大三角形黑斑。前翅透明，前缘脉黄褐色，翅痣黑色。体型窄长，高度光滑，无刻点和刻纹。【习性】稀见种类，一年发生一代。成虫3—6月份发生。【分布】湖南、贵州、四川、重庆、广西。

歪唇隐斑叶蜂 *Lagidina apicalis* Wei & Nie（叶蜂科 Tenthredinidae）

【识别要点】体长13 ~ 14 mm。体黄褐色；足黄褐色。翅亚透明，翅痣和前缘脉黄褐色。触角稍长于腹部，第2节宽大于长，第3节微短于第4节，鞭节明显侧扁。中胸侧板刻点较密集。后翅臀室具短柄。雄虫触角强烈侧扁，端部3节黑褐色，后翅具完整缘脉。图为雌虫。【习性】一年一代。成虫通常5月份发生，多见于中低海拔林缘开阔地带，飞行缓慢。属中国南部常见种类，寄主不详。【分布】安徽、湖北、浙江、江西、福建、湖南、四川、重庆、广西、贵州。

红角钝颊叶蜂 *Aglaostigma ruficornis* Malaise（叶蜂科 Tenthredinidae）

【识别要点】体长9 ~ 12 mm。雌虫暗红褐色或酱褐色，黑斑不明显，腹部第1，4背板大部黄褐色。翅透明，稍带烟褐色，翅痣浅褐色。胸腹部具细密刻纹和刻点。雄虫通常几乎全部黑色，但腹部第4背板白色。图为雌虫。【习性】一年一代，成虫发生于3—5月。【分布】湖北、湖南、重庆、四川、广西、贵州、云南；缅甸。

白腹钝颊叶蜂 *Aglaostigma leucogaster* Wei（叶蜂科 Tenthredinidae）

【识别要点】虫体和触角、足黑色，前胸背板后侧缘、翅基片、小盾片、腹部第1—4背板、第7—10背板白色；翅亚透明，翅痣和翅脉黑色。触角稍侧扁；胸腹部背侧光滑。图为雌虫。【分布】重庆。

红角钝颊叶蜂 | 郭宪 摄

白腹钝颊叶蜂 | 郭宪 摄

黄胫白端叶蜂 *Tenthredo lagidina* Malaise（叶蜂科 Tenthredinidae）

【识别要点】体长15 ~ 17 mm。体黑色；头部触角窝以下部分、触角端部4节、前胸背板外缘和后缘、翅基片、中胸背板前叶后端、小盾片大部、后小盾片、中胸前侧片2个大斑、后胸前侧片大部、腹部第1背板大部、其余背板缘折黄色；足黄色，各足股节背侧、前中足胫跗节背侧条斑黑色。翅痣黑色。雄虫体长14 mm，后基跗节显著膨大。图为雌虫。【习性】一年一代，成虫发生于5—7月。主要活动于林缘，飞行迅速。【分布】湖南、广东、广西、贵州、重庆。

室带槌腹叶蜂 *Tenthredo nubipennis* Malaise（叶蜂科 Tenthredinidae）

【识别要点】体长雌虫15 ~ 17 mm，雄虫12 ~ 13 mm。体棕褐色，具少数不明显的黑色条斑和较多淡黄色斑纹，足无黑色条斑。触角鞭节黑褐色，端部不淡。翅浅烟黄色，翅痣和前缘脉浅褐色。头部背侧具细小稀疏但明显的刻点，光泽较强。触角短于腹部长，第3节显著长于第4节。腹部第1，2背板之间显著缢缩，中端部腹节明显膨大。图为雌虫。【习性】中国南部常见森林叶蜂，活动于林缘、灌木林带。一年一代。成虫发生于春末至夏季，外形和飞行动作均拟似胡蜂，成虫有时取食其他昆虫包括小型叶蜂。已知寄主为楠竹。【分布】安徽、湖北、浙江、江西、福建、湖南、四川、重庆、贵州、广东、广西。

突刃槌腹叶蜂 *Tenthredo fortunii* Kirby（叶蜂科 Tenthredinidae）

【识别要点】体长雌虫15 ~ 16 mm，雄虫12 ~ 13 mm。体黄褐色，具少数不明显的黑色条斑和较多黄白色斑纹，足具明显黑褐色条斑。触角鞭节黑褐色，柄节和端部第4—5节显著淡黄褐色。翅浅烟黄色，无纵向烟斑，翅痣黄褐色，前缘脉浅褐色。腹部第1，2背板之间显著缢缩，中端部腹节明显膨大，第4—8背板各具4个黄斑。【习性】中国南部常见森林叶蜂，活动于林缘、灌木林带。一年一代。成虫发生于春末至夏季，外形和飞行动作均拟似胡蜂，属于拟态昆虫。【分布】河南、台湾、浙江、江西、福建、湖南、广东。

黄胫白端叶蜂 | 杰仔 摄

室带槌腹叶蜂 | 郭宪 摄

突刃槌腹叶蜂 | 林义祥 摄

黑端刺斑叶蜂 | 唐志远 摄

隆盾宽蓝叶蜂 | 杰仔 摄

环斑腮扁蜂 | 周纯国 摄

黑端刺斑叶蜂 *Tenthredo fuscoterminata* Marlatt（叶蜂科 Tenthredinidae）

【识别要点】体红褐色至黄褐色，体长13 ~ 17 mm；触角鞭节大部和腹部末端3—4节黑色；足黄褐色，后足跗节黑褐色。翅烟黄色，端部1/3浓烟褐色，内侧边界清晰，不伸抵翅痣，翅痣黄褐色。体毛淡色。复眼大型突出。小盾片强烈隆起，顶端尖；中胸前侧片中部显著隆起，具两个短横脊；中胸腹刺突发达。胸部侧板具细密刻点或刻纹。图为雌虫。【习性】中国常见叶蜂种类之一。一年一代，寄主不详。成虫发生于6—8月。【分布】黑龙江、吉林、辽宁、北京、陕西、河北、河南、湖北、浙江、湖南、四川、重庆、云南；日本、朝鲜、东西伯利亚。

隆盾宽蓝叶蜂 *Tenthredo lasurea* (Mocsáry)（叶蜂科 Tenthredinidae）

【识别要点】体长16 ~ 18 mm。体型较粗壮。体金属蓝绿色，金属光泽强；各足转节具白斑，股节腹侧大部白色，跗节黑褐色。翅烟褐色，具模糊的烟色横带。体毛淡色。胸部刻点较粗大，头部大部光滑。小盾片明显隆起，但顶部不尖；胸部侧板中部隆起，腹刺突较低，但明显可辨。触角鞭节黑色，第3节长于第4节。图为雌虫。【习性】偶见种类。一年一代，飞行快速，成虫发生于5—7月。停息时静止不动。【分布】重庆、四川、广东；越南。

环斑腮扁蜂 *Cephalcia circularis* Wei（扁蜂科 Pamphiliidae）

【识别要点】雌虫体长14 ~ 15 mm；体黄褐色。头部扁平，复眼小，互相远离；触角30节，第3节等长于其后3节之和。前翅端部具环形黑色斑纹，翅痣黑色。雄虫体长12 mm，头胸腹背侧大部黑色，腹侧大部黄褐色。头部背侧刻点较大，分布均匀；胸部背板局部刻点较密。腹部背板大部光滑，后缘具少数刻点。图为雌虫。【习性】寄主为松属植物。【分布】陕西、重庆。

鲜卑广蜂 | 任川 摄
扁角树蜂 | 钟茗 摄
日本褶翅蜂 | 偷米 摄
黄额长颈过冠蜂 | 一念 摄

鲜卑广蜂

Megalodontes spiraeae (Klug)

（广蜂科 Megalodontesidae）

【识别要点】体长10～13 mm。体黑色，具暗蓝色金属光泽。头部后眶、前胸背板、腹部基部和中部背板具黄色横带斑。翅烟黑色，具紫色虹彩，翅痣和翅脉均黑色。头部很扁平；触角约15节，第3节长柄状，第3—10节具扁长片状背突。翅宽大，翅脉多弯曲。腹部扁平，两侧缘圆钝，无纵脊。雌虫产卵器极短小。图为雄虫。【习性】一年一代。成虫夏天活动，喜访花，成虫经常在伞形花科植物的花序上栖息、交配，活动性差，飞行缓慢。静止时翅平展。【分布】黑龙江、吉林、辽宁、内蒙古、新疆、陕西、甘肃、河北。

扁角树蜂

Tremex sp.

（树蜂科 Siricidae）

【识别要点】雌虫体长35～40 mm，雄虫20～30 mm。头部半圆形，口器退化。触角很短，15—16节，鞭节明显侧扁，触角基部距离很宽。前胸背板背侧宽大，无翅基片。翅窄长，翅脉多直，伸向翅缘，翅痣十分狭长。腹部圆筒形，第9背板十分宽大，第10背板具亚三角形尾突。产卵器十分细长，伸出腹部端部之外很远。足明显侧扁，股节短，跗节很长。体红褐色。图为雌虫。【习性】幼虫蛀食植物茎干，是蛀干害虫。通常一年发生一代。成虫通常7—9月份羽化，性喜在阳光下飞行。一般产卵于枯树树干内。以幼虫越冬。【分布】四川。

日本褶翅蜂

Gasteruption japonicum Cameron

（褶翅蜂科 Gasteruptiidae）

【识别要点】体长20 mm；体黑色；前、中足腿节两侧、胫节端部、基跗节大部及后足腿节最基部黄色；后足胫节腹方在基部黄白色；腹部第1—2节后方红黄色；鞘端部白色；翅稍带烟色，翅痣和翅脉黑色。【习性】盗寄生性，雌蜂钻入寄主巢穴，在每个巢室内产1枚卵；幼虫一般在独栖性蜜蜂的巢穴内先取食寄主的卵或幼虫，后以寄主贮存的蜂粮发育。【分布】我国中东部区；日本。

黄额长颈过冠蜂

Diastephanus flavifrons Chao

（冠蜂科 Stephanidae）

【识别要点】额在中额突以下黄色，与复眼外框的黄色条纹相连；两个侧单眼之间具3条强横脊，后方的一条横脊较弱；头顶中线不凹陷成沟；前胸背板平坦；前翅径脉与翅痣连接处距翅痣末端较远；前足和中足胫节无黄色条纹。【习性】寄生性，冠蜂科寄生蛀干类鞘翅目如吉丁等幼虫以及树蜂幼虫，常可见于枯干或虫蛀严重的树枝附近。【分布】广东、云南。

贝克角头小蜂 | 偷米 摄

长尾小蜂 | 丁亮 摄

金绿长尾小蜂 | 偷米 摄

蝗小蜂 | 偷米 摄

贝克角头小蜂 *Dirhinus bakeri* (Crawford)（小蜂科 Chalcididae）

【识别要点】体长约3～4 mm，体黑色，具暗铜绿色金属光泽；头部角状突末端尖锐，在角突下方具一发达的齿突密布凹陷的刻点；触角暗褐色；胸部略宽于头部，密布粗大刻点；翅无色透明；后足粗壮，黑色，跗节棕色。【习性】寄生性，本属寄主有记载为双翅目水虻科、蝇科、寄蝇科、实蝇科等。【分布】广东、浙江、湖南、福建、广西、贵州；日本、印度、马来西亚、斯里兰卡、菲律宾。

长尾小蜂 *Torymus* sp.1（长尾小蜂科 Torymidae）

【识别要点】体长约3 mm，强烈的金属绿色；头小，触角鞭节黑色，柄节绿色，均具金属光泽；复眼鲜红色；背部隆起，具深刻点，中胸侧片光滑，翅无色透明；各足均淡污黄色，半透明；腹部光滑，产卵管鞘外露，其长约等于体长。【习性】寄生性，长尾小蜂常见寄主包括鳞翅目、膜翅目等。【分布】南京。

金绿长尾小蜂 *Torymus* sp.2（长尾小蜂科 Torymidae）

【识别要点】体长约4 mm，强烈的金属绿色，体遍布较密的白色柔毛；头小，触角黑色；背部明显隆起，密布网纹状深刻点，中胸侧片光滑，翅基片棕色，翅无色透明或略染烟色；前足、中足跗节、胫节和腿节端部浅黄褐色近白；后足胫节基部约1/2与跗节黄白色，后足胫节端部1/2部分黑色，后足胫节具均匀稀疏的点状刻点；后足腿节和腹部光滑，产卵管鞘外露较长。【习性】寄生性，本属常见寄主包括鳞翅目、膜翅目等。【分布】广东。

蝗小蜂 *Podagrion* sp.（长尾小蜂科 Torymidae）

【识别要点】体长约3 mm，体暗绿色，具暗金属光泽；头部宽于胸部，复眼红色，触角柄节黄褐色，鞭节棕黑色，棒节膨大、黑色；足浅黄褐色，后足基节基部与身体同为暗绿金属色，后足腿节下缘具一排锯齿，翅无色透明；腹部基部、中部一横带与身体同色，腹部中基部与端部黄色，产卵管鞘长，显著外露。【习性】寄生性，寄主为螳螂卵鞘。【分布】广东。

角胸蚁小蜂 *Schizaspidia* sp.（蚁小蜂科 Eucharitidae）

【识别要点】体长4～5 mm；胸部深色，常闪金属光泽，刻点密集粗大、不规则；具腹柄；腹部光滑，色较胸部浅，常呈棕色、棕黄色、棕红色；触角雄性梳状，雌性栉状。【习性】蚁小蜂于蚂蚁幼期上营内寄生或外寄生。雌蜂产卵量庞大，产于植物上。一龄幼虫为闯蚴型，有些还有跳跃能力，随后被工蚁携带进入蚁巢，主动寻找到蚂蚁幼虫，开始内寄生或外寄生，随后结茧或裸蛹在蚁巢内。【分布】广东。

金小蜂（金小蜂科 Pteromalidae）

【识别要点】体小型至中大型，纤细至十分粗壮，长约1～6 mm；体常具金属绿、蓝等虹彩色；头、胸部通常密布网状细刻点；头部形状卵圆形至近方形；触角着生的位置在口缘至中单眼的1/2以上处；触角8～13节；前胸背板短至甚长，约呈方形，常具显著的颈片。【习性】寄生性，本科寄主范围极广，涵盖大多数昆虫。【分布】广东。

旋小蜂 *Eupelmus* sp.（旋小蜂科 Eupelmidae）

【识别要点】体长约3 mm，体蓝绿色，具蓝绿色及紫色金属光泽，体被柔毛，体型瘦长；头部圆、小，复眼棕色，布青色点状斑，触角柄节棕黄色，其余部分棕黑色；颈部延长，胸背面稍隆起，胸部延长，中胸侧板宽大平滑、无毛、亮金属色，胸部其余部分密被白色短柔毛；腹部卵圆形，略粗于胸部；翅无色透明，在翅痣外侧有一条黑色透明宽带。【习性】寄生性，卵寄生，抑性寄生，寄主为半翅目、直翅目等卵及瘿蜂；本照片中的种类，正在寄生猎蝽卵。【分布】广东。

平腹小蜂 *Anastatus* sp.（旋小蜂科 Eupelmidae）

【识别要点】体长约3 mm，蓝绿色具强金属光泽，体被白色柔毛；头部圆，宽于胸部，复眼大，复眼棕色，触角柄节长、棕黄色，鞭节棕褐色；足黑色，中足跗节浅棕黄色，前、后足跗节灰色；翅无色透明，翅痣后具一白色横带。【习性】寄生性，卵寄生，抑性寄生，寄主为半翅目、多种中大型鳞翅目等卵及茧蜂等；本照片中的种类，正在寄生蝽卵。【分布】广东。

角胸蚁小蜂 | 偷米 摄

金小蜂 | 偷米 摄

旋小蜂 | 偷米 摄

平腹小蜂 | 偷米 摄

粉蚧跳小蜂 *Aenasius* sp.（跳小蜂科 Encyrtidae）

【识别要点】身体粗壮，黑色或棕黑色；头顶部眼间距约为1/4头宽，头部具大的如高尔夫球般显著刻点；触角柄节圆柱形、明显变宽或扁平，索节6节，棒节3节；翅通常透明，有些种类染透明色斑。【习性】寄生性，单寄生于半翅目，粉蚧科。【分布】广东。

花翅跳小蜂 *Microterys* sp.（跳小蜂科 Encyrtidae）

【识别要点】体长约2 mm，体较粗壮，橘黄色；头部橘黄色，复眼大，灰绿色；触角橘黄色由基部向端部逐渐变为浅黄色，棒节棕黑色；胸部光滑，布稀疏均匀小刻点；翅烟色透明，前翅翅痣前有一条白色透明条带；各足均橘色透明。【习性】寄生性，寄主为多种蜡蚧、球蚧、绛蚧等。【分布】广东。

姬小蜂（姬小蜂科 Eulophidae）

【识别要点】体微小至小型，通常细长；体骨化程度差；黄色、褐色或具暗色斑，一些种类具金属光泽；触角常着生于复眼下缘的水平线处或下方，触角7～9节，索节最多4节，环状节有时可达4节，有的雄性索节具分支；盾纵沟常显著，小盾片上常具亚中纵沟，小盾片常前伸，超过翅基联线。【习性】绝大多数种类寄生性，方式多样：内寄生、外寄生、容性寄生、抑性寄生、初寄生、重寄生，极少数营捕食性。寄主包括鳞翅目、双翅目、同翅目、脉翅目、缨翅目等以及瘿螨和蜘蛛。【分布】广东。

啮小蜂 *Tetrastichus* sp.（姬小蜂科 Eulophidae）

【识别要点】体长0.9～1.8 mm；体黑色，带金属反光；中胸小盾片上只有2对刚毛；中胸盾片中叶上的刚毛分布在盾纵沟内侧，散生或者对生；三角形片明显前伸，中胸盾片侧瓣明显；具有近中沟；后缘脉退化，明显比痣脉短。【习性】寄生性，寄主范围极广：蜡蚧、潜蝇、瓢虫、螟蛾等。【分布】广东。

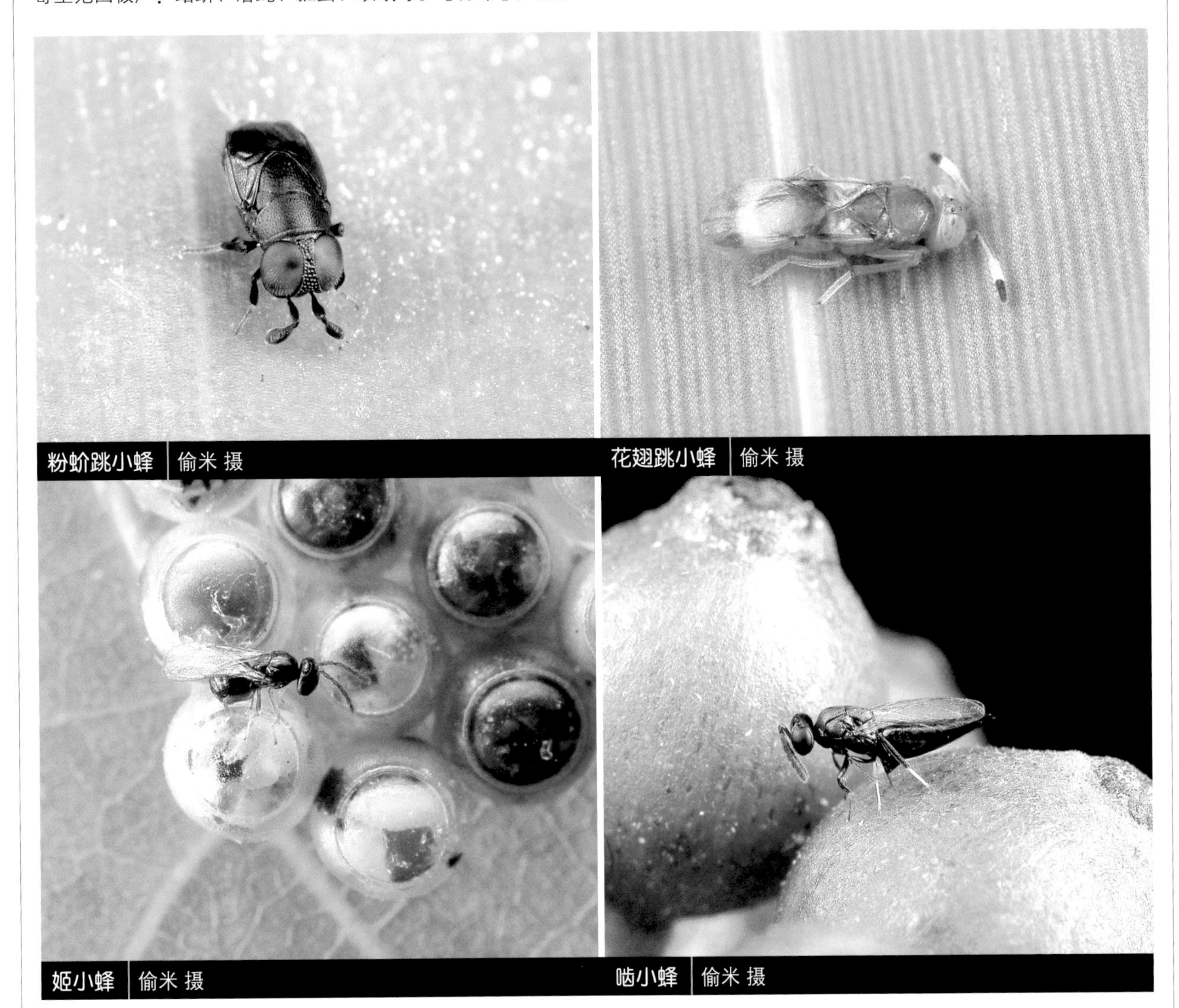

粉蚧跳小蜂 | 偷米 摄

花翅跳小蜂 | 偷米 摄

姬小蜂 | 偷米 摄

啮小蜂 | 偷米 摄

长距姬小蜂 | 偷米 摄
褶翅锤角细蜂 | 偷米 摄
弄蝶武姬蜂 | 寒枫 摄

长距姬小蜂 *Euplectrus* sp.（姬小蜂科 Eulophidae）

【识别要点】常见黑色；口上沟不存在，触角棒节端节和前一节的接触面横截；前胸前部有横脊；中胸下前侧片腹面没有一个分叉的沟；盾纵沟没有被刻纹代替；中胸侧板沟不完整，中胸前侧片和中胸后侧片连续；中胸后侧片横沟不存在；并胸腹节不分小室。【习性】寄生性，群集外寄生，通常寄生螟蛾或夜蛾类鳞翅目幼虫，一条寄主幼虫体表可聚集数十条长距姬小蜂幼虫。【分布】广东。

褶翅锤角细蜂 *Coptera* sp.（锤角细蜂科 Diapriidae）

【识别要点】体多为小型，黑色或褐色，有光泽，雌性触角11～15节，雄性13～14节，着生于1个额凸或唇基上方的凸起上，鞭节的第1或第2节在两性间有不同特化，柄节长，长为宽的3倍，前翅无翅痣，但有时具副痣，前缘室和缘室关闭，有时基室可见，后翅具1个闭室或无翅室，小盾片前方中央常有1个或多个深凹，腹部第1节纤细，管状，第2节很大，产卵器缩入腹内。【习性】本科大部分内寄生双翅目的蛹，许多种类为聚寄生，也可以是螯蜂、茧蜂或啮小蜂幼虫的重寄生蜂，少数种类寄生甲虫。【分布】广东。

弄蝶武姬蜂 *Ulesta agitata* (Matsumura & Uchida)（姬蜂科 Ichneumonoidea）

【识别要点】体长12～14 mm；体黑色；复眼内框狭条、触角中段、颈中央、前胸背板上缘、小盾片、翅基下脊黄色；腹部第1—3或1—5节赤褐色或暗赤褐色；触角中段背面白色；翅带烟黄色。【习性】单寄生，内寄生，寄主记载有蝶*Polytremis pellucida*、*Daimio tethys*、*Parnara guttata*等弄蝶。【分布】浙江、陕西、江苏、安徽、湖北；朝鲜、日本。

重庆阿格姬蜂

Agrypon sp. 1

（姬蜂科 Ichneumonoidea）

【识别要点】前翅长3.5 ~ 13.5 mm。体通常细长。复眼表面无毛。额通常有一中纵脊。唇基端部有一中齿。上颊中等长，通常在后方收窄。后头脊达于上颚基部。小盾片中等隆起，在基部几乎总有一横脊穿过，侧脊通常伸达端部。并胸腹节端部通常伸达后足基节近端部，延伸部的侧方常有粗皱。前足基节下方有一明显的脊。外小脉几乎总是在中央上方曲折。后盘脉大部分种无。第2背板明显长于第3背板，折缘被褶分开。产卵管鞘长通常约为腹端部厚度的0.9倍。【习性】寄主为鳞翅目，成蜂从寄主蛹内羽化，单寄生。【分布】重庆。

广东阿格姬蜂

Agrypon sp. 2

（姬蜂科 Ichneumonoidea）

【识别要点】前翅长3.5 ~ 13.5 mm。体通常细长。复眼表面无毛。额通常有一中纵脊。唇基端部有一中齿。上颊中等长，通常在后方收窄。后头脊达于上颚基部。小盾片中等隆起，在基部几乎总有一横脊穿过，侧脊通常伸达端部。并胸腹节端部通常伸达后足基节近端部，延伸部的侧方常有粗皱。前足基节下方有一明显的脊。外小脉几乎总是在中央上方曲折。后盘脉大部分种无。第2背板明显长于第3背板，折缘被褶分开。产卵管鞘长通常约为腹端部厚度的0.9倍。【习性】寄主为鳞翅目。成蜂从寄主蛹内羽化，单寄生。【分布】广东。

长尾曼姬蜂

Mansa longicauda Uchida

（姬蜂科 Ichneumonoidea）

【识别要点】体长14 ~ 16 mm；体赤黄色；颜面、须、胸部侧板和腹板、后小盾片稍黄；中胸盾片3纵条多少淡褐色；触角基部赤黄色，第5—11鞭节黄白色，其余黑色；翅透明带烟黄色，在基部色稍深，外缘略带褐色；后足各跗节基部黑色。【习性】寄生性。【分布】浙江、江西、湖南、台湾等。

重庆阿格姬蜂 | 寒枫 摄

广东阿格姬蜂 | 偷米 摄

长尾曼姬蜂 | 寒枫 摄

长尾曼姬蜂 | 任川 摄

日本真径茧蜂 | 偷米 摄

日本真径茧蜂 *Euagathis japonica* Szepligeti（茧蜂科 Braconidae）

【识别要点】体长11 mm；体黄褐色；触角、后足跗节、后头、头顶、额、脸近触角窝处、额正下方的2个三角形斑点黑色；后足胫节端部、第3及以后腹部背板多少烟褐色；前翅端半及从前缘脉基部伸入盘亚缘室大斑（独立或相连）深烟褐色。【习性】单寄生，寄主为毒蛾科。【分布】我国南部、西南部；日本、东南亚。

甲腹茧蜂 *Chelonus* sp.（茧蜂科 Braconidae）

【识别要点】体长约5～7 mm，体黑色；雌蜂腹背近基部两侧各有一矩形米黄白色斑；翅无色透明；头部密布细皱，在头顶后方和上颊皱纹线形，后头光滑，向内凹陷；触角比体稍短，黑色，线状；腹部背板仅见1节，呈盾甲状，末端钝圆，表面密布网状皱纹。【习性】寄生性，卵至幼期寄生，容性寄生；寄主通常为螟蛾等。【分布】广东。

螯蜂 *Dryinus* sp.（螯蜂科 Dryinidae）

【识别要点】雌虫长翅；触角第5—10节上无成撮的长毛；上颚4齿，稀3齿，各齿由小到大整齐排列；颚唇须节比6/3；后头脊完整或不完整，偶尔缺；前胸背板伸达或不伸达翅基片；胸腹侧片明显可见；前翅有由黑化翅脉包围形成的前缘室、中室和亚中室。【习性】寄生性，外寄生、容性寄生，寄主菱蜡蝉科、扁蜡蝉科、短足蜡蝉科、峻蜡蝉科、蛾蜡蝉科、广翅蜡蝉科、瓢蜡蝉科、蜡蝉科若虫。【分布】广东。

甲腹茧蜂 | 偷米 摄

螯蜂 | 偷米 摄

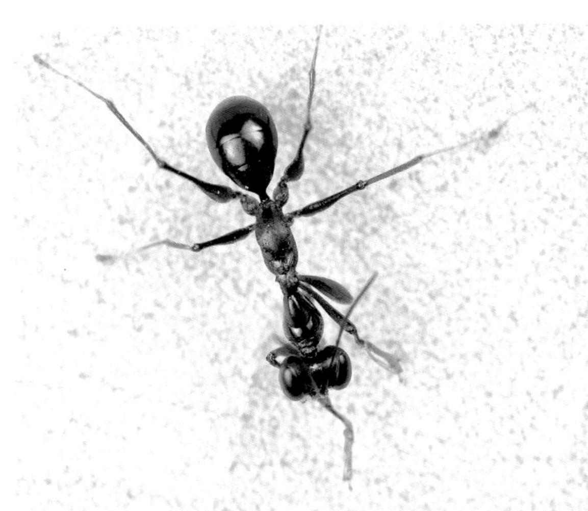
双距螯蜂 | 偷米 摄

绿青蜂 | 任川 摄

可疑驼盾蚁蜂岭南亚种 | 偷米 摄

眼斑驼盾蚁蜂 | 寒枫 摄

双距螯蜂 *Gonatopus* sp.（螯蜂科 Dryinidae）

【**识别要点**】雌虫无翅；前胸背板有1条深的横凹痕，少数无横凹痕，或横凹痕很弱；变大爪端部尖，有1个亚端齿或无亚端齿，无叶状突；有1个亚端齿的种类其变大爪的内缘常常有一些叶状突，少数无叶状突，有一些鬃毛或钉状毛。【**习性**】寄生性，外寄生、容性寄生，本属寄主飞虱科、扁蜡蝉科、短足蜡蝉科、峻蜡蝉科、蛾蜡蝉科、象蜡蝉科、瓢蜡蝉科、脉蜡蝉科和叶蝉科若虫。【**分布**】广东。

绿青蜂 *Praestochrysis lusca* (Fabricius)（青蜂科 Chrysidae）

【**识别要点**】体长8～10 mm；体黑色，被灰白色毛；唇基、上唇、额、颊及颅顶均被白色长毛；唇基、上唇、眼侧、额唇基区横带及触角柄节前表面均为乳白色；足黑褐色，各足跗节均为黄褐色；翅基片黑褐色。【**习性**】盗寄生性，寄主在日本记载为泥蜂*Chalybion japonicum*。【**分布**】中国东部；日本等。

可疑驼盾蚁蜂岭南亚种 *Trogaopidia suspiciosa lingnani* (Mickel)（蚁蜂科 Mutillidae）

【**识别要点**】雄性体长约15 mm；头部、胸部、腹部第1节和端部2节及足黑色；上颚除亚基部、腹部第2—5节火红色；距白色；翅烟褐色；体被金色掺杂白色长毛；中胸盾片具夹点粗刻皱，并有1中纵脊，其上毛黑色；雌性无翅，腹部第2背板横列一对黄色大椭圆斑。【**习性**】寄生性，外寄生，本科寄主通常为蜜蜂、泥蜂、胡蜂类幼虫，少数寄生鞘翅目和双翅目。【**分布**】广东、浙江、福建、海南、广西、云南。

眼斑驼盾蚁蜂 *Trogaspidia oculata* Fabricius（蚁蜂科 Mutillidae）

【**识别要点**】体长7 mm；胸部赤褐色；足黑褐色，基节、转节或中后足节基赤褐色；头部、胸部背面及腹部黑色部位的毛多为黑褐色至黑色，但也混有浅褐色毛，长而稀疏，直立；腹部第2背板横列的2个椭圆形斑及第3背板后缘宽横带上的毡状毛黄褐色。【**习性**】寄生性，蚁蜂科多寄生于蜜蜂、胡蜂、泥蜂的幼虫和蛹，少数寄生鞘翅目和双翅目，个别为捕食性；寄生为外寄生。雄蜂具翅，依据气味跟随地面雌蜂活动痕迹寻找雌蜂交配。【**分布**】中国中东部、南部；泰国、越南。

厚长腹土蜂 | 任川 摄

黄额黑土蜂 | 丁亮 摄

聚纹双刺猛蚁 | 蚁司令 摄

厚长腹土蜂 *Campsomeris grossa* (Fabricius)（土蜂科 Scoliidae）

【识别要点】体长21～30 mm；体黑色；后头、前胸背板、中胸盾片、小盾片、后胸背板、并胸腹节背面及第1腹节密生黄褐色长毛；胸部侧面散生黄褐色长毛，密布有金色光泽的细毛；足上散生浅黄褐色长毛。本种体毛色泽及腹部斑纹常有变化。【习性】成虫访各种花，吸蜜；雌蜂寻找鞘翅目金龟科等幼虫，产卵其上，外寄生。【分布】中国东南部；朝鲜、日本、印度、缅甸。

黄额黑土蜂 *Scolia* sp.（土蜂科 Scoliidae）

【识别要点】体长31 mm；体黑色；腹部具蓝紫色光泽；胸部刻点细密，腹部刻点均匀较稀疏；每一节腹部背板后缘具白色柔毛带；胸侧、腹部腹面及后头被稀疏白毛；额明黄色。【习性】寄主为锹甲*Dorcus titanus*。【分布】江苏。

聚纹双刺猛蚁 *Diaca mma rugosum* (Le Guillou)（蚁科 Formicidae 猛蚁亚科 Ponerinae）

【识别要点】体长10～13 mm，体黑色，上颚、触角柄节基部和端部、鞭节和足栗红色，有时足红褐色；各腹节端部和后缘褐黄色。【习性】捕猎性，捕食小节肢动物或其尸体。【分布】湖南、广东、海南、云南、广西；印度、斯里兰卡、缅甸、巴布亚新几内亚、马来西亚。

敏捷扁头猛蚁 *Pachycondyla astuta* Smith（蚁科 Formicidae 猛蚁亚科 Ponerinae）

【识别要点】工蚁体长9.5～15.2 mm，头部略扁，背腹扁平，后头角钝角状。上颚宽三角形，具6～8齿。短茸毛密集，遍布全身。身体具横刻纹，后腹部具细密刻点，其中第1节刻点较粗。【习性】捕猎性，捕食小节肢动物或其尸体。【分布】北京、安徽、浙江、福建、四川、湖南、贵州、云南、海南、台湾、香港；亚洲和大洋洲各国。

横纹齿猛蚁 *Odontoponera transversa* (Smith)（蚁科 Formicidae 猛蚁亚科 Ponerinae）

【识别要点】工蚁体长9～12 mm，暗锈红色至黑色，上颚、触角、足栗褐色。上颚和唇基具纵长细条纹，唇基前缘具细齿；头不细条纹从头部中央纵线向外发散；并腹胸和结节上具横细条纹。【习性】捕猎性，捕食小节肢动物或其尸体。【分布】广东、广西、海南、云南；东南亚。

双色曲颊猛蚁 *Gnamptogenys bicolor* Emery（蚁科 Formicidae 猛蚁亚科 Ponerinae）

【识别要点】工蚁4.8～6.0 mm，头、并腹胸以及结节铁锈红色，后腹部亮黑色。头、并腹胸以及结节刻纹粗糙呈网状。【习性】主要取食蚜虫、植物分泌的蜜露和小昆虫尸体。【分布】广西、广东、香港、云南；东南亚各国。

敏捷扁头猛蚁 | 蚁司令 摄

横纹齿猛蚁 | 蚁司令 摄

双色曲颊猛蚁 | 蚁司令 摄

宾氏细长蚁 *Tetraponera binghami* (Forel)（蚁科 Formicidae　伪切叶蚁亚科 Pseudomyrmecinae）

【识别要点】工蚁体长8.3 mm，头长大于宽，触角柄节仅达复眼中部，体黑色，上颚、触角，足跗节及后腹部各节端缘黄褐色。【习性】巢常筑于竹竿里，在竹竿里面放养大量介壳虫，取其副产物。【分布】广东、广西、福建、海南、台湾；缅甸、越南、柬埔寨、印度、斯里兰卡。

黑细长蚁 *Tetraponera nigra* (Jerdon)（蚁科 Formicidae　伪切叶蚁亚科 Pseudomyrmecinae）

【识别要点】工蚁7.0 ~ 8.0 mm，黑色，头矩形，上颚、触角和足栗褐色。【习性】巢常筑于树上，取食蜜露和介壳虫副产物。该种防卫性比较强。【分布】云南、广西、广东；印度、斯里兰卡。

西伯利亚臭蚁 *Dolichoderus sibiricus* Bolton（蚁科 Formicidae　臭蚁亚科 Dolichoderinae）

【识别要点】工蚁体长3.6 ~ 3.8 mm。后腹部颜色深于结节与并腹胸，第1，2节背面各有两黄色色斑，后腹十分光亮但具网状刻点。【习性】活跃于灌木小树丛，主要取食蚜虫、植物分泌的蜜露和小昆虫尸体。【分布】湖南、安徽、江西、湖北、广东、广西、福建、新疆；日本、韩国、朝鲜、俄罗斯西伯利亚地区。

白足狡臭蚁 *Technomyrmex albipes* (Smith)（蚁科 Formicidae　臭蚁亚科 Dolichoderinae）

【识别要点】工蚁体长2.6 ~ 3.2 mm，足跗节黄白色。【习性】它们经常在人类的住所内觅食和寻找水源。它们通过小的裂缝排队进入室内获取食物。通常将巢筑在室外，但在有充足食物供应的地方会建副巢。【分布】遍布全球热带地区。

宾氏细长蚁 | 蚁司令 摄

黑细长蚁 | 蚁司令 摄

西伯利亚臭蚁 | 蚁司令 摄

白足狡臭蚁 | 蚁司令 摄

黑头酸臭蚁 | 蚁司令 摄

黑头酸臭蚁

Tapinoma melanocephalum (Fabricius)

（蚁科 Formicidae）

（臭蚁亚科 Dolichoderinae）

【识别要点】工蚁1.5～2.0 mm。头褐色、暗褐红色或黑色，胸、腹黄色或黄白色，颜色对比明显。【习性】它们经常在人类的住所内觅食和寻找水源。它们通过小的裂缝排队进入室内获取食物。通常将巢筑在室外，但在有充足食物供应的地方会建副巢。【分布】河南、安徽、四川、浙江、广东、广西、云南、福建、海南、台湾、香港、澳门；日本、东南亚、大洋洲和非洲。

粒沟切叶蚁 | 蚁司令 摄

粒沟切叶蚁

Cataulacus granulatus (Latreille)

（蚁科 Formicidae）

（切叶蚁亚科 Myrmicinae）

【识别要点】工蚁体长4.0～5.0 mm，体黑色，头三角形，后缘较尖，后头中凹。头和并胸腹有粗皱纹和小颗粒，并胸腹节一对刺。柄后腹卵圆形。【习性】寄生性种类，树栖，取食植物蜜露。【分布】广东、广西、海南、云南；印度至澳大利亚和东洋区。

黑褐举腹蚁 | 蚁司令 摄

黑褐举腹蚁

Crematogaster rogenhoferi Mayr

（蚁科 Formicidae）

（切叶蚁亚科 Myrmicinae）

【识别要点】体长2.7～5.0 mm，体红褐色，后腹部大部为褐色。【习性】嗜甜，主要取食蚜虫介壳虫蜜露，以及小节肢动物或其尸体。【分布】云南、海南、广东、广西、江西、安徽、江苏、四川、湖南、福建、浙江；东南亚。

北部湾双突切叶蚁 | 蚁司令 摄

北部湾双突切叶蚁

Dilobocondyla fouqueti Santschi

（蚁科 Formicidae）

（切叶蚁亚科 Myrmicinae）

【识别要点】工蚁体长5.5～6.2 mm，头部和后腹部黑色，并胸腹和结节褐红色。第1结节圆柱形，无明显的结，只是中央略突，腹面最前端有1齿状突，指向前方；第2结节椭圆形。【习性】活跃树上，取食植物蜜露，昆虫尸体。【分布】福建、广东、广西、海南；越南。

二色盾胸切叶蚁 | 蚁司令 摄

褐色脊红蚁 | 蚁司令 摄

二色盾胸切叶蚁 *Meranoplus bicolor* (Guerin-Meneville)（蚁科 Formicidae 切叶蚁亚科 Myrmicinae）

【识别要点】工蚁体长4.0 ~ 5.0 mm，体铁锈红色，后腹部黑色。立毛细而极长，柔软，较密，黄白色。中胸背板后缘具一对长刺，其刺明显长于并胸腹节刺；后腹部背板具明显的皮革状刻纹，不甚光亮。【习性】巢多发现林地边缘，土巢。主要取食蚜虫、植物分泌的蜜露和小昆虫尸体。【分布】广东、海南；东南亚。

褐色脊红蚁 *Myrmicaria brunnea* Saunders（蚁科 Formicidae 切叶蚁亚科 Myrmicinae）

【识别要点】工蚁长5.5 ~ 8.0 mm。体亮栗褐色。体光亮，具长而密的立毛。触角和足的毛倾斜。上颚具4个明显的尖齿。【习性】主要取食蚜虫、植物分泌的蜜露和小昆虫尸体。【分布】云南、广东；东南亚。

伊大头蚁 *Pheidole yeensis* Forel（蚁科 Formicidae 切叶蚁亚科 Myrmicinae）

【识别要点】兵蚁体长5.9 ~ 6.3 mm。体深褐色，触角鞭节和足跗节褐色和黄褐色。全身黄色短柔毛和长立毛较密集。上颚和唇基光亮，其余部分较暗淡。头长大于宽，后头部明显缢缩。工蚁体长2.7 ~ 3.0 mm。后头缘钝圆，触角柄节超出头顶，腹柄节光亮。【习性】杂食性，主要取食小节肢动物或其尸体，也会收集草的种子作为粮食。【分布】云南、广东、广西；缅甸。

中华四节大头蚁 *Pheidole sinica* Wu & Wang（蚁科 Formicidae 切叶蚁亚科 Myrmicinae）

【识别要点】兵蚁体长8.2 ~ 9.1 mm，明显大于中国境内分布的大头蚁属蚂蚁兵蚁。头部深红褐色，其余部分颜色稍浅。前胸背板圆，不具侧瘤，中胸背板横脊高，并胸腹节刺尖、粗。【习性】杂食性，主要取食小昆虫尸体，也会收集草的种子作为粮食。【分布】广西、广东。

伊大头蚁 | 蚁司令 摄

中华四节大头蚁 | 蚁司令 摄

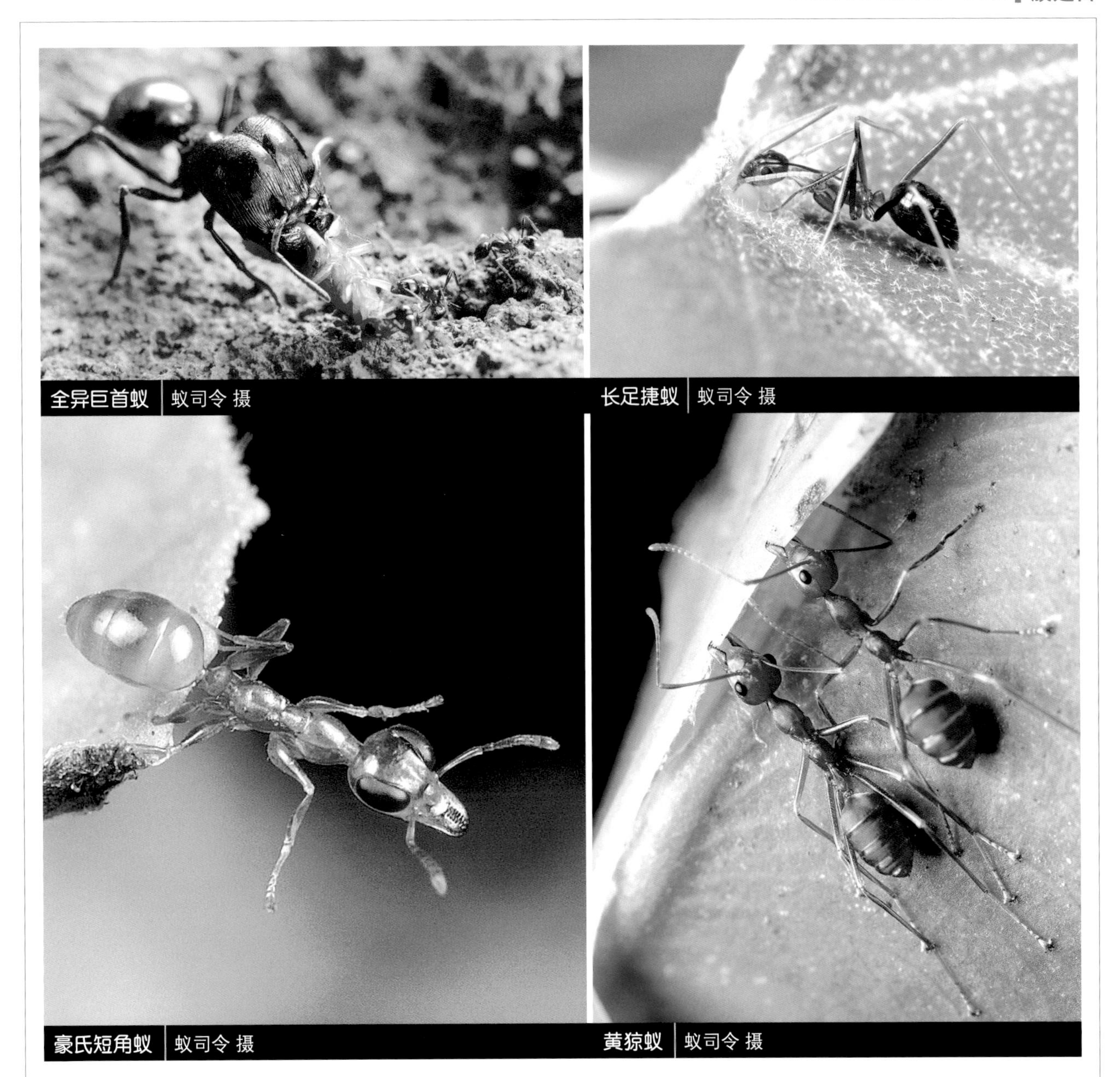

全异巨首蚁 | 蚁司令 摄

长足捷蚁 | 蚁司令 摄

豪氏短角蚁 | 蚁司令 摄

黄猄蚁 | 蚁司令 摄

全异巨首蚁 *Pheidologeton divrersus* Jerdon（蚁科 Formicidae　切叶蚁亚科 Myrmicinae）

【识别要点】工蚁体长2～16 mm，体深栗褐色，兵蚁类型变化极多。其中，最大型兵蚁头中单眼。【习性】具有行军捕猎行为，也收集禾本科植物的种子。【分布】海南、福建、广东、广西、香港、澳门；东南亚。

长足捷蚁 *Anoplolepis gracilipes* (Smith)（蚁科 Formicidae　蚁亚科 Formicinae）

【识别要点】工蚁单型，体长4～5 mm，身体细长，黄色到棕色，体壁薄。【习性】地下筑巢，巢位于稀林地、林缘、路边及林间空地。食物为小昆虫、蜜露和植物分泌物，有较强的捕猎能力。【分布】广东、广西、云南、福建、海南、台湾、香港、澳门。

豪氏短角蚁 *Gesomyrmex howeardi* Wheeler（蚁科 Formicidae　蚁亚科 Formicinae）

【识别要点】工蚁分大小两型。大型工蚁体长3 mm，暗蜜黄色，足色稍浅，头方形，复眼黑色，上颚咀嚼边红褐色。小型工蚁长2.3 mm。【习性】巢主要筑在大乔木上，取食蚜虫蜜露。【分布】广东、广西。

黄猄蚁 *Oecophylla smaragdina* (Fabricius)（蚁科 Formicidae　蚁亚科 Formicinae）

【识别要点】大型工蚁体长9～11 mm。体锈红色，有时为橙红色。全身有十分细微的柔毛。立毛很少，仅限于后腹末端。体具弱的光泽。【习性】在巢穴外活动的工蚁，用树叶编织成巢，里面分成若干小室，一个大巢由若干小巢组成。【分布】广东、海南、云南；东南亚、澳大利亚。

双齿多刺蚁 *Polyrhachis dives* Smith（蚁科 Formicidae 蚁亚科 Formicinae）

【识别要点】工蚁体长5～7 mm，体黑色，有时带有褐色，并腹胸、后腹被金黄色柔毛，头部柔毛教稀疏。【习性】每巢个体几千至几万，每年10月到第二年4月产生有性雌蚁。双齿多刺蚁可捕食多种森林害虫，也取食蚜虫蜜露。【分布】浙江、云南、安徽、广东、广西、福建、湖南、海南、台湾；缅甸、越南、柬埔寨、日本、澳大利亚、巴布亚新几内亚。

结多刺蚁 *Polyrhachis ratellata* (Latreille)（蚁科 Formicidae 蚁亚科 Formicinae）

【识别要点】工蚁体长5～7 mm，体黑色，足腿节、胫节血红色。结节下部厚，向上变窄，有4相似的齿。【习性】活跃于灌木小树丛，主要取食蚜虫、植物分泌的蜜露和小昆虫尸体。【分布】贵州、湖北、湖南、浙江、江西、福建；东南亚、澳大利亚。

沃斯曼弓背蚁 *Camponotus wasmanni* Emery（蚁科 Formicidae 蚁亚科 Formicinae）

【识别要点】大工蚁体长8～9 mm，立毛银白色，细长，密布全身。【习性】林边荒地与灌木小树丛，主要取食蚜虫、植物分泌的蜜露和小昆虫尸体。【分布】广西、广东；印度。

梅氏多刺蚁 *Polyrhachis illaudata* Walker（蚁科 Formicidae 蚁亚科 Formicinae）

【识别要点】工蚁体长7～11 mm，体黑色；雌蚁体长11.8 mm。【习性】活跃于灌木小树丛，主要取食蚜虫、植物分泌的蜜露和小昆虫尸体。【分布】浙江、湖北、四川、云南、贵州、湖南、江西、台湾、福建、广东、广西、海南、香港；东南亚。

结多刺蚁 | 蚁司令 摄

沃斯曼弓背蚁 | 蚁司令 摄

双齿多刺蚁 | 蚁司令 摄

梅氏多刺蚁 | 蚁司令 摄

日本弓背蚁 | 蚁司令 摄

哀弓背蚁 | 蚁司令 摄

东京弓背蚁 | 蚁司令 摄

日本弓背蚁 *Camponotus japonicus* Mayr（蚁科 Formicidae 蚁亚科 Formicinae）

【识别要点】大工蚁体长12.3～13.8 mm，头大，上颚5齿，通体黑色，极个别个体颊前部、唇基、上颚和足红褐色。中小工蚁体长7.4～10.88 mm，头较小，长大于宽。【习性】地下筑巢，巢位于稀林地、林缘、路边及林间空地。食物为小昆虫、蜜露和植物分泌物，对松毛马尾虫有较强的捕食能力。【分布】全国各地；日本、韩国、东南亚。

哀弓背蚁 *Camponotus dolendus* Forel（蚁科 Formicidae 蚁亚科 Formicinae）

【识别要点】大工蚁体长10.4 mm，头三角形，上颚7齿，通体黑色，茸毛被密集。【习性】地下筑巢，巢位于稀林地、林缘、路边及林间空地。食物为小昆虫、蜜露和植物分泌物。【分布】西藏、四川、福建、广东、广西、海南；越南、老挝。

东京弓背蚁 *Camponotus tokioensis* Ito（蚁科 Formicidae 蚁亚科 Formicinae）

【识别要点】小工蚁体长3.3～4.6 mm，头和并腹胸黑褐至红褐色，后腹黑色。【习性】活跃于树上。食物为小昆虫、蜜露和植物分泌物。【分布】北京、河南、湖北、江西、广东；日本、韩国。

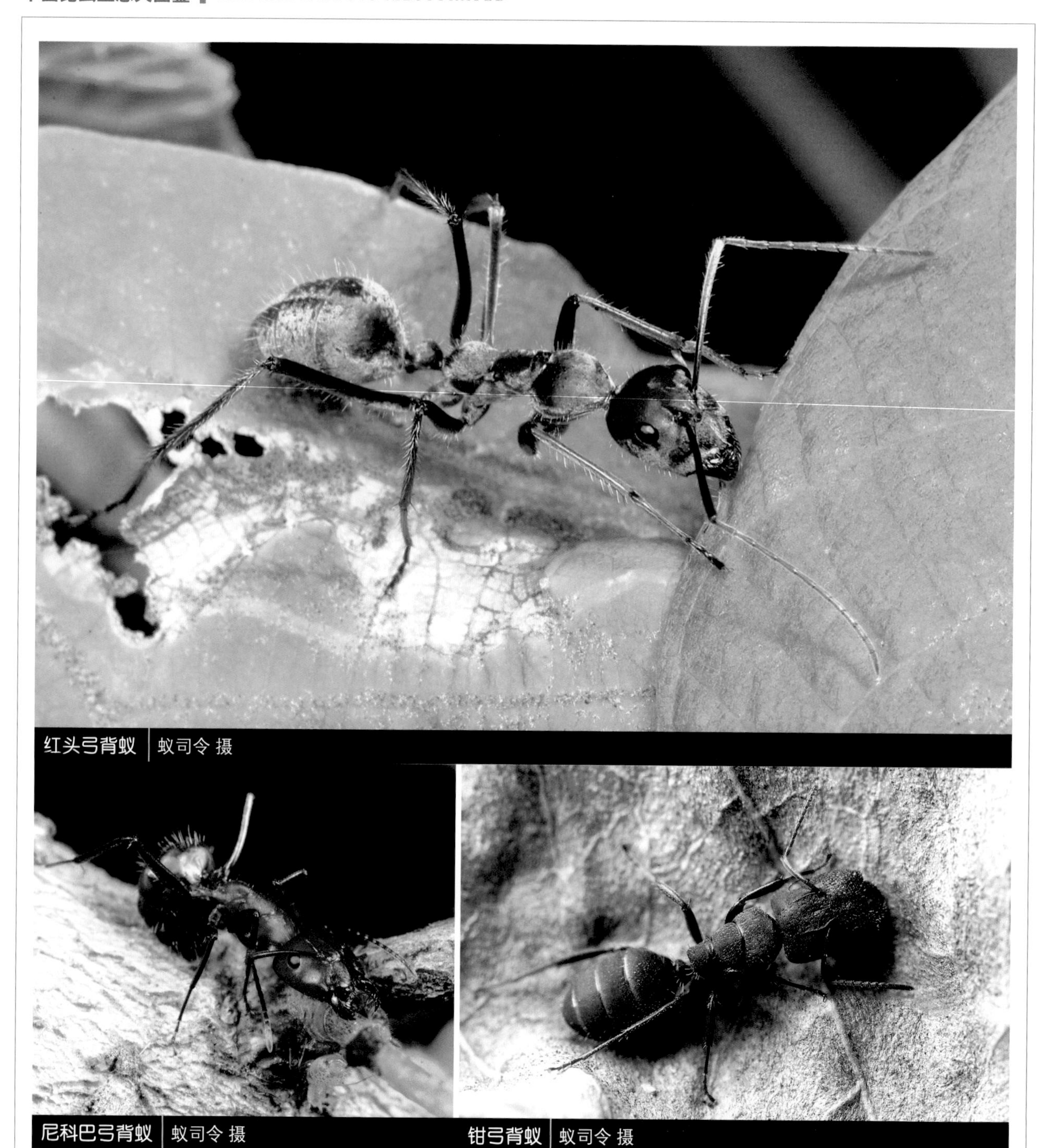
红头弓背蚁 | 蚁司令 摄

尼科巴弓背蚁 | 蚁司令 摄

钳弓背蚁 | 蚁司令 摄

红头弓背蚁 *Camponotus singularis* (Smith)（蚁科 Formicidae 蚁亚科 Formicinae）

【识别要点】工蚁体长8.6 ~ 12.9 mm，体黑色，但头部大部区域为红色。【习性】地下筑巢，位于稀林地、林缘、路边。食物为小昆虫、蜜露和植物分泌物。【分布】云南、广东；缅甸、老挝、印度、越南、泰国、柬埔寨、印度尼西亚。

尼科巴弓背蚁 *Camponotus nicobaresis* Mayr（蚁科 Formicidae 蚁亚科 Formicinae）

【识别要点】大型工蚁体长7.5 ~ 8.0 mm。体褐红色或红色。【习性】有地域性，大型工蚁常在控制的地域巡逻，对外来蚁有一定的攻击性，也起领土捍卫的作用；属半夜行性蚁种；在活动旺季，大型巢穴会分出几个小驻地，驻地通常在提供食物附近。【分布】云南、广东；缅甸、老挝。

钳弓背蚁 *Camponotus selene* Emery（蚁科 Formicidae 蚁亚科 Formicinae）

【识别要点】工蚁体长4.3 ~ 5.1 mm，体具有非常稀而短的直立毛。【习性】活跃于树上，食物为小昆虫、蜜露和植物分泌物。【分布】云南、广东；缅甸、老挝。

背弯沟蛛蜂

Cyphononyx dorsalis (Lepeletier)

（蛛蜂科 Pompilidae）

【识别要点】体长15～27 mm；体黑色，腹部多少带紫色；头部几乎完全黄褐色；触角、下颚端部、头顶单眼区及其两侧黑褐色；前胸背板后缘、中胸背板全部或仅两侧条斑及中央2条线状纹、小盾片中央、翅基片黄赤色，并有同色细毛，呈绢样光泽；翅黄褐色透明，前后翅外缘有浅黑带。【习性】寄生于蜘蛛，将捕获的蜘蛛麻痹，通常会用大颚去除蜘蛛的部分或全部足，然后将猎物搬运到隐蔽的环境中，并在上面产卵。成虫常在地下、石堆缝隙或朽木中筑巢，也会利用其他动物废弃的洞穴。【分布】浙江、四川、福建、广西、贵州、台湾；日本、菲律宾、印度。

红腰铃腹胡蜂

Ropalidia speciosa (Saussure)

（胡蜂科 Vespidae　马蜂亚科 Polistinae）

【识别要点】雌蜂体长约10 mm；头部宽大于胸部，额黑色，两触角窝之间隆起，布有均匀短毛；前胸背板前缘向前略突出，两肩角明显，黑色，中央背板略隆起，翅淡棕色，跗节呈暗棕色；腹部第1节基部1/3处极细，黑色，端部2/3膨大，侧面观背板呈圆形隆起，棕红色。【习性】真社会性。【分布】云南；印度、缅甸、马来西亚、印度尼西亚。

带铃腹胡蜂

Ropalidia fasciata (Fabricius)

（胡蜂科 Vespidae　马蜂亚科 Polistinae）

【识别要点】体长约10 mm；中胸背板为棕色；腹部第1节背板基部约2/5处为细柄状，向端部变粗；腹部第2节端部沿边缘有1较宽的黄色带，近基部两侧各具1黄斑。【分布】广东、广西、云南、台湾；印度、日本、缅甸、印度尼西亚。

双色铃腹胡蜂

Ropalidia bicolorata bicolorata Gribodo

（胡蜂科 Vespidae　马蜂亚科 Polistinae）

【识别要点】体长6 mm；胸部斑均为棕色，中胸盾片为黑色，小盾片为黄棕色；腹部第1节呈短柄状，第2—6节背板端部无黄色横带，第2节背板近基部两侧各具1淡棕色斑。【分布】云南；缅甸、泰国。

背弯沟蛛蜂　张巍巍 摄

红腰铃腹胡蜂　李元胜 摄

带铃腹胡蜂　偷米 摄

双色铃腹胡蜂　张宏伟 摄

变侧异腹胡蜂 *Parapolybia varia* (Fabricius)（胡蜂科 Vespidae 马蜂亚科 Polistinae）

【识别要点】体长约14 mm、较细长，腹部第1节较长，其余各节形成近椭圆形的腹部；腹部第1节端半部最大宽度至多为基部宽的3倍；该种体斑变化多，中胸背板有时可无斑，腹部斑等均有变化，颜色深浅也有变化。【习性】老熟成虫外出捕食鳞翅目幼虫后咀嚼成团，回巢后分给新羽化的个体取食。【分布】江苏、福建、湖北、广东、云南、台湾；印度、印度尼西亚、孟加拉国、缅甸、马来西亚、菲律宾。

叉胸侧异腹胡蜂 *Parapolybia nodosa* van der Vecht（胡蜂科 Vespidae 马蜂亚科 Polistinae）

【识别要点】头顶及中胸背板为红棕色；腹部第1—6节背板端部两侧分别具1白色横斑。【分布】香港、广东。

印度侧异腹胡蜂 *Parapolybia indica indica* (Saussure)（胡蜂科 Vespidae 马蜂亚科 Polistinae）

【识别要点】体长约14～16 mm；中胸背板及腹板第2节背板均呈棕色，其上浅色斑较模糊。【分布】江苏、浙江、江西、四川、福建、广东、云南；日本、缅甸、马来西亚。

变侧异腹胡蜂 | 偷米 摄

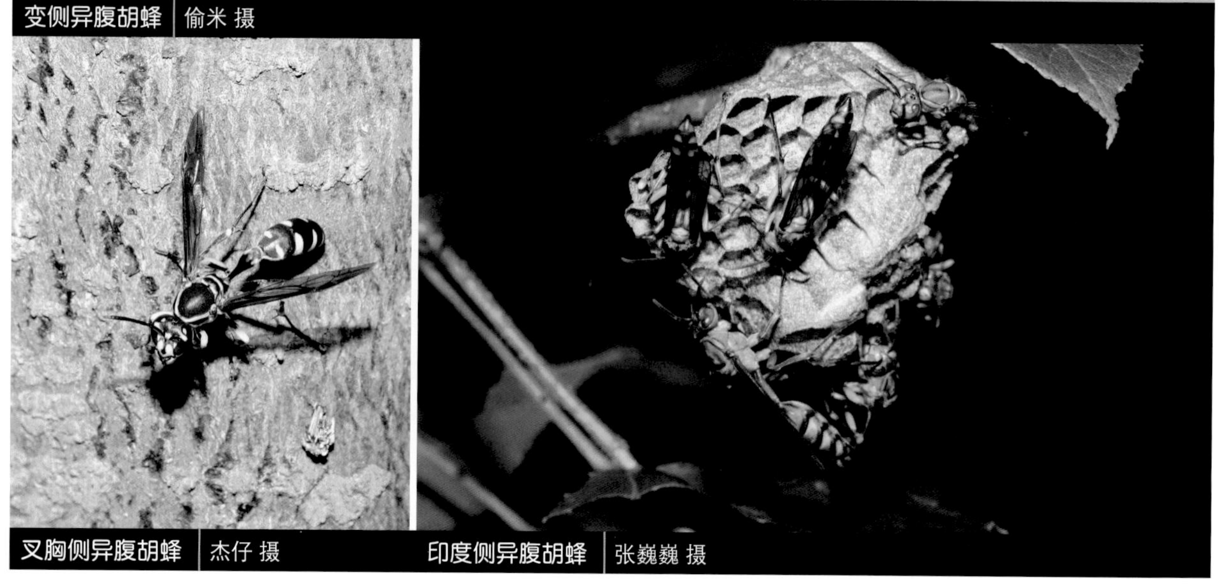

叉胸侧异腹胡蜂 | 杰仔 摄

印度侧异腹胡蜂 | 张巍巍 摄

台湾马蜂 | 杰仔 摄　　约马蜂 | 奉建 摄

台湾马蜂 *Polistes japonicus formosanus* Sonan（胡蜂科 Vespidae　马蜂亚科 Polistinae）

【识别要点】体长约16 mm；中胸背板2条纵斑长而粗大，胸部骨片全呈黄色，仅相连处为黑色；各足除棕色外，有黑色和黄色；并胸腹节具浅色对称的棕斑。【分布】广东、台湾。

约马蜂 *Polistes jokahamae* Radoszkowski（胡蜂科 Vespidae　马蜂亚科 Polistinae）

【识别要点】体长21～25 mm，体为黄色间有黑色；前胸背板两肩角处为三角形长黑斑；中胸背板具2条相对较窄而短的纵向黄色斑纹，中胸侧板具2个黄色斑；后足胫节端部全为黄棕色；腹部第1节基部为黑色，腹部第2节背板中部有横带状的2个黄斑，紧邻端部黄色边缘。【分布】河北、浙江、福建、江西、河南、广东、广西、四川、甘肃；日本。

亚非马蜂 *Polistes hebraeus* Fabricius（胡蜂科 Vespidae　马蜂亚科 Polistinae）

【识别要点】体长23～25 mm；中胸背板纵斑长而粗大；各足基节均为黑色；腹部第1节背板端部边缘为橙色，两侧各具1不规则的橙色斑；第2—5节背板端部边缘具1内缘弯曲的橙色横带。【分布】河北、江苏、浙江、河南、广西、福建；印度、缅甸、埃及、伊朗、毛里求斯。

柑马蜂 *Polistes mandarinus* Saussre de Geer（胡蜂科 Vespidae　马蜂亚科 Polistinae）

【识别要点】体长约15 mm；中胸背板全为黑色；中胸盾片为棕色；腹部各节背板端缘均具棕色环带。【分布】江西、四川、广西、云南。

亚非马蜂 | 张巍巍 摄　　柑马蜂 | 张宏伟 摄

丽狭腹胡蜂 | 任川 摄

原野华丽蜾蠃 | 杰仔 摄

丽狭腹胡蜂 *Eustenogaster nigra* Saito & Nguyen（胡蜂科 Vespidae　狭腹胡蜂亚科 Stenogastrinae）

【识别要点】前胸背板黄色，中胸侧板接近腹板处具1块状黄斑，腹部第1节呈细柄状，其长超过腹部其余各节长之总和，第2节背板端缘后具1黄色环条带。【分布】香港、云南。

原野华丽蜾蠃 *Delta campaniforme esuriens* (Fabricius)（胡蜂科 Vespidae　蜾蠃亚科 Eumeninae）

【识别要点】体长16～21 mm；额区、前胸背板、并胸腹节背板、腹部第3—6节背板及各节腹板端部一半为黄色，中胸背板基部黑色、端部棕色，小盾片及腹柄棕色，腹柄基部较细，向端部膨大，节光滑，近中部略靠端部有两明显的侧瘤。【习性】雌蜂将其被麻痹的鳞翅目幼虫带入事先挖好的地洞内囤积，并在其上产卵。【分布】浙江、福建、广东、广西、云南；印度、缅甸、伊朗、沙特阿拉伯。

秀蜾蠃 *Pareumenes* sp.（胡蜂科 Vespidae 蜾蠃亚科 Eumeninae）

【识别要点】中足胫节具1端距；并胸腹节向下倾斜，向后延长成2尖齿状突起；腹部第1节窄于其他节并呈钟形延长。【分布】云南。

喙蜾蠃 *Rhynchium* sp.（胡蜂科 Vespidae 蜾蠃亚科 Eumeninae）

【识别要点】唇基端部两侧角形成2齿状突；中足胫节具1端距；翅基片相对较小，中胸小盾片呈弧形面，两侧具小坑；腹部第1节背板端部无细纵沟。【分布】海南。

墨胸胡蜂 *Vespa velutina* Lepeletier（胡蜂科 Vespidae 胡蜂亚科 Vespinae）

【识别要点】体长18～23 mm；胸部全为黑色；腹部第1节背板具黄色的窄环带，第2—4节背板端部为黄色或黄褐色，其中第1节背板不呈或不全呈黄色。【习性】常在花丛中取食花蜜。【分布】浙江、四川、重庆、江西、广东、广西、福建、云南、贵州、西藏；印度、印度尼西亚。

秀蜾蠃 | 张巍巍 摄

喙蜾蠃 | 张巍巍 摄

墨胸胡蜂 | 任川 摄

细黄胡蜂 *Vespula flaviceps* (Smith)（胡蜂科 Vespidae 胡蜂亚科 Vespinae）

【识别要点】体长10～12 mm；两触角窝之间隆起，背面观呈弧形；腹部第1节背板前截面为黑色，背板前缘两侧各具1黄色窄横斑；腹部各节背板端缘黄色环带相对窄。【分布】浙江、江苏、四川、重庆；日本、印度、俄罗斯、法国。

金环胡蜂 *Vespa manderinia manderinia* Smith（胡蜂科 Vespidae 胡蜂亚科 Vespinae）

【识别要点】体长30～40 mm，体色两种以上，腹部除第6节背板、腹板为橙黄色外，其余各节背板均为棕黄色与黑褐色相间。【分布】辽宁、江苏、浙江、福建、江西、湖北、广西、四川、云南、海南；日本、法国。

黑尾胡蜂 *Vespa ducalis* Smith（胡蜂科 Vespidae 胡蜂亚科 Vespinae）

【识别要点】体长24～36 mm，体色两种以上，腹部第1—2节背板为棕黄色，每节中部偶有1褐色环带，第3—6节背板为黑色，仅第3节端缘具1棕色窄带。【习性】4—5月份在现成的土穴、石穴或树洞中筑巢。【分布】河北、辽宁、黑龙江、浙江、福建、江西、湖北、广东、广西、海南、四川、贵州、云南、台湾；尼泊尔、印度、日本、法国。

黄腰胡蜂 *Vespa affinis* (Linnaeus)（胡蜂科 Vespidae 胡蜂亚科 Vespinae）

【识别要点】体长20～25 mm；头部及前胸后缘常为红棕色；胸部除前胸后缘外为黑色；腹部第1—2节背板为黄橙色，第3—6节背、腹板均为黑色。【分布】浙江、安徽、广东、广西、福建、台湾；日本、印度、泰国、越南、缅甸、菲律宾、印度尼西亚。

细黄胡蜂 | 张巍巍 摄

金环胡蜂 | 张巍巍 摄

黑尾胡蜂 | 张巍巍 摄

黄腰胡蜂 | 一念 摄

平唇原胡蜂 | 张巍巍 摄

西方蜜蜂 | 张宏伟 摄

东方蜜蜂 | 张巍巍 摄

大蜜蜂 | 张巍巍 摄

平唇原胡蜂 *Provespa barthelemyi* (Buysson)（胡蜂科 Vespidae 胡蜂亚科 Vespinae）

【识别要点】复眼近黑色，通体几乎均为红棕色。与其他胡蜂区别十分明显。【习性】夜行性种类，土栖。【分布】云南、广西、四川；越南、老挝、不丹、缅甸。

西方蜜蜂 *Apis (s. str.) mellifera* Linnaeus（蜜蜂科 Apidae）

【识别要点】工蜂、雌性蜂王与雄蜂分化明显；不同地区具有不同亚种及生态型；西方蜜蜂与东方蜜蜂的工蜂形态主要区别为：①唇基黑色，不具黄或黄褐色斑；②体较大，为12 ~ 14 mm，体色变化大，深灰褐色至黄或黄褐色；③后翅中脉不分叉。【习性】真社会性，喜访问开放型花，酿蜜。【分布】引入种，已遍布我国。

东方蜜蜂 *Apis (Sigmatapis) cerana* Fabricius（蜜蜂科 Apidae）

【识别要点】工蜂体长10 ~ 13 mm；头部呈三角形；唇基中央稍隆起，中央具三角形黄斑；上唇长方形，具黄斑；上颚顶端有1黄斑；触角柄节黄色；小盾片黄或棕或黑色；体黑色；足及腹部第3—4节背板红黄色，第5—6节背板色暗，各节背板端缘均具黑色环带。【习性】真社会性，访问各种开花植物。【分布】广布于除新疆外的中国各省区，主要集中在长江流域和华南各省山区，原产于中国。

大蜜蜂 *Apis (Megapis) dorsata* Fabricius（蜜蜂科 Apidae）

【识别要点】工蜂体长16 ~ 18 mm，细长；唇基刻点稀；头、胸、足及腹部端部3节黑色；腹部基部3节蜜黄色；翅黑褐色，透明，具紫色光泽，后翅色浅；小盾片及并胸腹节被蜜黄色长毛；足被黑色毛。【习性】真社会性。访问砂仁、悬钩子等多种植物。一般活动于海拔2 500 m左右，有迁徙的习性，5—8月在林中高大树上筑巢，9月后迁徙到较低海拔河谷岩石处储蜜越冬，筑巢在离地10 m以上处。性凶猛，会主动攻击人、畜。【分布】广西、云南、海南；东南亚。

小蜜蜂 | 张巍巍 摄　　四条蜂 | 周纯国 摄

小蜜蜂 *Apis (Micrapis) florea* Fabricius（蜜蜂科 Apidae）

【识别要点】工蜂体长7 ~ 8 mm；体黑色；腹部第1—2节背板红褐色；头稍宽于胸；唇基刻点细密；上颚顶端红褐色；小盾片黑色；腹部第3—6节背板黑色，第3—5节背板基部具白绒毛带；腹部腹面为细长的灰白色毛。【习性】真社会性。采访砂仁、咖啡、伞形科植物、马鞭草等。栖息海拔1 900 m以下、年平均气温15 ~ 22℃的河谷、盆地，筑巢于低矮灌木枝杈处，距地面通常0.2 ~ 3 m，单脾巢。【分布】广西、云南；东南亚。

四条蜂 *Tetralonia* sp.（蜜蜂科 Apidae）

【识别要点】前翅3个亚缘室，第2室最小；第1回脉接近或与第2亚缘室正交，有时与第2横肘脉相交，第2回脉达第3亚缘室顶端；缘室长于从缘室顶端至翅顶角的距离；触角第1鞭节短于其他鞭节；雄蜂触角长；雌、雄蜂腹部均具明显的浅色毛带。【习性】独栖性，土中筑巢，喜访问蓝紫色花，喜访问唇形或钟形花萼的花。【分布】重庆。

东亚无垫蜂 *Amegilla parhypate* Lieftinck（蜜蜂科 Apidae）

【识别要点】体长11 ~ 13 mm；唇基黑斑大，内缘平行；唇基刻点粗而深；胸部被浅黄杂有黑色的毛；腹部第1—5节背板端缘具金属绿毛带，第6—7节背板被黑毛，第6节两侧有浅色毛；各基节及腿节被浅黄色毛，胫节及跗节外侧毛灰黄色，内表面暗褐色，后足胫节的长毛撮白色，后基跗节被黑毛，基部有浅色毛。【习性】独栖性，土中筑巢，访问水柳、荆条、益母草、木槿等。【分布】辽宁、甘肃、山东、江苏、浙江、江西、湖南、福建、四川；朝鲜、韩国。

东亚无垫蜂 | 张宏伟 摄

领无垫蜂 *Amegilla (Zonamegilla) cingulifera* (Cockerell)（蜜蜂科 Apidae）

【识别要点】雌虫体长12 ~ 13 mm；胸部被灰蓝色杂有黑色毛；上颚2齿，外齿尖；唇基、上唇及额的刻点密，唇基基部两侧具2粗大长方形黑斑，端部稍宽；腹部第1—4节背板端缘为蓝绿色毛带，杂有白毛，具强金属光泽；腹部第5节背板两侧被白色毛。【习性】独栖性蜜蜂，于土中掘洞筑巢；飞行迅速，能在花前悬飞吸食花蜜，常在离地不足50 cm的高度，迅速在花间转移，访问多种开花植物。【分布】云南、台湾、西藏等；缅甸、印度、伊朗、斯里兰卡、澳大利亚。

中国毛斑蜂 *Melecta chinensis* Cockerell（蜜蜂科 Apidae）

【识别要点】14 ~ 16 mm，黑色，具白毛斑；唇基突出，具一长且尖的齿；单眼周围稍突起；盾片后缘具2尖刺；体被细小刻点；腹部背板中部稍闪光；体密被长毛；各股节、胫节及跗节外侧密被短的黄毛。【习性】盗寄生性，一年一代，春天发生，寄主为条蜂等，侵入寄主巢穴产卵，幼虫取食寄主卵、幼虫和蜂粮。【分布】河北、河南、江苏、浙江、江西、湖北、四川、福建等。

绿芦蜂 *Pithitis (s. str.) smaragdula* (Fabricius)（蜜蜂科 Apidae）

【识别要点】体长7 ~ 9 mm，头宽；体被刻点；体黄绿至蓝绿色，具强金属光泽；中胸背板中央具4条黑纹；唇基中央、前胸背肩突、前足腿节内侧、各足胫节外侧基部均具黄斑。【习性】在植物茎中筑巢，雌虫后足有携粉毛刷，访问多种植物，遍及菊科、蝶形花科、唇形花科、马鞭草科、十字花科、杜鹃花科、苋科、蔷薇科等。【分布】广布长江以南，西至云南的广大地区；南亚及东南亚。

领无垫蜂 李元胜 摄

中国毛斑蜂 丁亮 摄

绿芦蜂 偷米 摄

艳斑蜂 丁亮 摄

艳斑蜂 *Nomada* sp.（蜜蜂科 Apidae）

【识别要点】体型修长，似胡蜂；中胸多有棕、黄、红色纵纹；小盾片两侧有2个乳突；腹部多有黄色或白色的斑；翅染烟色，外缘区色深。【习性】盗寄生性，寄主为其他蜜蜂类，主要寄生地蜂科种类，在洞口等待伺机侵入寄主洞穴，在每个巢室里产1枚卵。【分布】江苏。

凹盾斑蜂 *Crocisa emarginata* Lepeletier（蜜蜂科 Apidae）

【识别要点】黑色，具蓝色毛斑；唇基突出，上颚2齿，外齿尖长，内齿不明显；3单眼排列成直线；小盾片大，延长至腹部第1节背板前缘，后缘中央凹陷；体上密布细刻点；翅深褐色。【习性】盗寄生性，寄主为其他蜜蜂类。【分布】我国东、南部；东南亚、日本、非洲南部等。

木蜂 *Xylocopa* sp.（蜜蜂科 Apidae）

【识别要点】中型至大型，粗壮，黑色；一般上唇横宽；唇基宽，扁平不隆起；亚触角缝指向触角窝内缘；翅深色，多有金属光泽；前足基节宽扁；胸部常密被毛，黄色或灰色等；大多腹部光滑有稀疏粗大刻点。【习性】访问植物众多，是很多经济作物的有效传粉昆虫。多在枯木、竹、木材、房屋木质结构中钻洞筑巢，少数种类在土中筑巢。【分布】广西。

凹盾斑蜂 王锋 摄

木蜂 钟茗 摄

突眼木蜂 | 杰仔 摄
瑞熊蜂 | 张巍巍 摄
熊蜂 | 唐志远 摄
黑胸无刺蜂 | 张巍巍 摄

突眼木蜂 *Praxylocopa* sp.（蜜蜂科 Apidae）

【识别要点】中大型；单眼突起且膨大，中单眼大于触角窝，中单眼至侧单眼的距离明显短于中单眼的半径；雌虫颚眼距短；雄虫后足胫节稍加宽，内侧凹陷浅；体毛色鲜艳，黄褐色；翅茶色透明，不具金属光泽；腹部背板端缘具白毛带。【习性】集群筑巢或独栖，通常在枯木洞中筑巢，访问广义豆科植物等花，携粉回巢育幼。【分布】广东。

瑞熊蜂 *Bombus richardsi* (Reing)（蜜蜂科 Apidae）

【识别要点】体长14～22 mm；头顶颜面被黑色长毛；胸部被有黑色间带；前胸颈伸至胸侧腹面及小盾片，被深黄色软毛；腹部第1节被深黄色毛，第2节基部被深黄色毛并混有黑毛，第2节端部及第3节被黑色毛，第4—5节被红色毛，第6节短毛为红黄色。【习性】访问唇形科、蔷薇科等植物。【分布】云南、四川、西藏；印度。

熊蜂 *Bombus* sp.（蜜蜂科 Apidae）

【识别要点】前翅具3个亚缘室，第1亚缘室具斜脉，下部窄于第2亚缘室；全体密被长毛，有些种毛色鲜艳；3个单眼呈直线排列；雌蜂及工蜂后足胫节特化为采粉器官，表面裸露稍凹陷，边缘具长毛。【习性】真社会性，访花酿蜜。【分布】北京。

黑胸无刺蜂 *Trigona pagdeni* Schwarz（蜜蜂科 Apidae）

【识别要点】体长3～4 mm；唇基、颜面及额均密被白色短毛；胸部黑色光滑，几乎无刻点，中央被稀黑毛；头宽于胸；腹部宽短，栗红色；足黑色，被黑毛；后足胫节花粉篮外侧被深褐色毛。【习性】社会性；访花酿蜜；在树洞、石缝等场所筑巢，巢口用口器腺体分泌物造成喇叭口状。【分布】云南、四川；泰国、印度。

汉森条蜂 | 张巍巍 摄　油茶地蜂 | 丁亮 摄

红腹蜂 | 偷米 摄　丽切叶蜂 | 任川 摄

汉森条蜂 *Anthophora hansenii* Morawitz（蜜蜂科 Apidae）

【**识别要点**】体长8～9 mm，黑色，被灰白色毛；唇基、上唇、额、颊及颅顶均被白色长毛；唇基、上唇、眼侧、额唇基区横带及触角柄节前表面均为乳白色；足黑褐色，各足跗节均为黄褐色；翅基片黑褐色。【**习性**】访花，在土中钻洞筑巢。【**分布**】中国西北部广大地区；西伯利亚。

油茶地蜂 *Andrena camellia* Wu（地蜂科 Andrenidae）

【**识别要点**】体长8～12 mm，黑色，腹部光滑闪光；头及胸被黄褐色毛；腹部第2—4节背板后缘为金黄色细而窄的毛带；臀伞及足被金黄色毛；后足转节毛刷发达，羽状；胫节毛刷发达，仅外侧少量羽状。【**习性**】一年一代，成虫10月至第二年1月发生，幼虫越夏，蛹期短；在地下近竖直打洞筑巢；巢穴单支不分叉，通常在1.5 m以下开始在主道周边挖掘20个左右巢室；每个巢室中造1枚花粉球，在花粉球上产卵1枚；访问油茶花，稀访问其他山茶科植物。【**分布**】江西、湖南等。

红腹蜂 *Sphecodes* sp.（隧蜂科 Halictidae）

【**识别要点**】体小到中大型，体长4.5～15 mm，多数黑色，流线形；腹部红色，有时最后两节腹部背板染黑。头扁，唇基扁；头及胸部遍布刻点；腹部刻点少、光滑；翅褐色透明，翅脉深褐色。【**习性**】盗寄生，寄主范围包括隧蜂科、地蜂科、分舌蜂科以及准蜂科，雌性潜入寄主巢穴产卵。【**分布**】广东。

丽切叶蜂 *Megachile (Callomegachile)* sp.（切叶蜂科 Megachilidae）

【**识别要点**】体型长，常被红、黄或黑等鲜艳毛；腹部两侧平行；中至大型；雌虫上颚具3～7齿，脊表面粗糙，小颗粒状；唇基正常或特化，如特化则上颚长且两侧平行；头两侧具前后头脊；雄性腹部第6背板横脊弱，两叶状或无中凹，基部至横脊为一深压痕，端缘简单，无齿。【**习性**】于木蜂或白蚁等巢洞中筑巢，利用树脂、叶片等做巢室，访问多种开花植物。【**分布**】重庆。

隐脊切叶蜂 | 任川 摄

短臂裸眼尖腹蜂 | 刘晔 摄

淡翅切叶蜂 | 丁亮 摄

沙漠石蜂 | 丁亮 摄

隐脊切叶蜂

Megachile (Eutricharaea) sp.

（切叶蜂科 Megachilidae）

【识别要点】上颚4齿，第3齿间隙有切脊；触角第1鞭节短于第2鞭节；中足基跗节短于胫节，但几近等宽；后足跗节显著短于胫节；爪具基针突；腹部宽，第6背板侧面微凹，表面被半直立毛或绒毛，第6背板横脊具中凹，一般小齿状，第5腹板中部被绒毛，第6腹板侧窄被稀毛，第8腹板短，侧缘有毛。【习性】集群筑巢，利用石缝、小树洞或掘浅土洞，用大颚切叶片带回巢中用以包裹虫室，利用腹毛刷采集花粉制造蜂粮，喜好访问广义豆科植物的花。【分布】重庆。

短臂裸眼尖腹蜂

Coelioxys (Liothyrapis) sp.

（切叶蜂科 Megachilidae）

【识别要点】体黑色，被白色长柔毛；复眼裸露无毛；颊下部密被鳞状毛；前足基节突短；雌虫触角第1鞭节长于第2鞭节的1/2；腋片短角状，达小盾片的中横线；雌虫腹部短，第6背板具1纵脊，其两侧区密被白毛，边缘似毛伞；雄虫第4腹板端缘凹宽，第5腹板密被绒毛，第6背板具由横沟形成的侧齿，端节具6齿。【习性】盗寄生性，寄生切叶蜂属（*Megachile*）的各种蜜蜂。【分布】新疆。

淡翅切叶蜂

Megachile remota Smith

（切叶蜂科 Megachilidae）

【识别要点】体长11～14 mm，黑色；头宽于长；上颚3钝齿；唇基前缘稍凹陷；上颚具褶皱；颜面刻点密，中央平滑；颅顶、中胸背板、侧板及盾片刻点细密；腹部各节背板前缘约1/3处刻点密，中部1/3平滑，后缘为窄的刻点带；腹毛刷前半部黄色，后两节黑褐色。【习性】访问苜蓿、荆条、牵牛等花，用腹毛刷收集花粉。【分布】东北、河北、山东、江苏、浙江、江西、福建、四川；日本、朝鲜。

沙漠石蜂

Megachile desertorum tsinanensis (Cockerell)

（切叶蜂科 Megachilidae）

【识别要点】体长13～16 mm，黑色，密被棕黄色至红褐色毛；上颚2钝齿；唇基刻点细密；上颚、触角柄节、翅痣、翅脉、足红黄色；翅烟色，并闪紫色光泽；腹毛刷红黄色。【习性】在石壁或土墙上筑巢；巢穴材料为唾液混合细沙石而成；一个巢室中在蜜中产一枚卵；是戈壁多种寄生性昆虫的寄主；雌虫采蜜，访问黄芪等蝶形花科植物。【分布】河北、内蒙古、新疆；蒙古、土库曼斯坦、哈萨克斯坦。

赤腹蜂 | 偷米 摄

黄腰壁泥蜂 | 偷米 摄

驼腹壁泥蜂 | 一念 摄

赤腹蜂 *Euaspis* sp.（切叶蜂科 Megachilidae）

【识别要点】体中至大型，体长6～17 mm，黑色，有时有蓝色光泽，粗壮。头及胸部刻点密集；唇基中部隆起；额唇基一般具脊；上颚一般3齿；腹部部分或全部红色；雄虫腹部第7背板具3齿突。【习性】盗寄生，寄生于切叶蜂科，雌虫潜入寄主巢穴掷出或吃掉寄主卵，产下自己的卵，幼虫靠取食寄主囤积的蜂粮生长发育。【分布】广东。

黄腰壁泥蜂 *Sceliphron (Sceliphron) madraspatanum* (Fabricius)（泥蜂科 Sphecidae）

【识别要点】体长15～18 mm，黑色具黄斑；触角第1节背面的1个斑、前胸背板、后小盾片、前/中足腿节端部、胫节全部、后足转节、腿节基部、第1跗节中部及腹柄大部分黄色；翅脉淡褐色，翅淡褐色透明；上颚长，具1内齿；唇基长，端缘具1对宽的中突和1对小侧突。【习性】用泥土筑巢，捕猎蜘蛛，将蜘蛛麻醉存贮在巢中，于其上产卵后将巢穴用泥土封闭，幼虫在其中发育、化蛹，羽化后咬破泥巢飞出。【分布】福建、重庆、四川、广东、贵州、云南；日本、朝鲜、俄罗斯以及东南亚各国。

驼腹壁泥蜂 *Sceliphron (Prosceliphron) deforme* (Smith)（泥蜂科 Sphecidae）

【识别要点】体长17～20 mm，黑色具黄色或黄褐色斑纹；唇基、触角第1节背面、前胸背板、中胸前侧片、小盾片、并胸腹节基部两侧的斑及端部的大斑、翅基片、各足基节前面的小圆斑、腿节端部、胫节表面均为深黄色；头部和胸部被黄毛；唇基微凹，边缘平，光滑无刻点和毛。【习性】用泥土筑巢，捕猎蜘蛛，将蜘蛛麻醉存贮在巢中，于其上产卵后将巢穴用泥土封闭，幼虫在其中发育、化蛹，羽化后咬破泥巢飞出。【分布】山东、河北、甘肃、浙江、湖北、湖南、广西、贵州、云南、江苏、江西、台湾、广东、黑龙江、吉林、辽宁、内蒙古、北京。

蠊泥蜂

Ampulex sp.

（泥蜂科 Sphecidae）

【识别要点】体金属绿或蓝色；雌虫上颚基部向上弯，内缘刀片状，一般无齿，雄虫正常，内有1单齿，雌虫唇基的隆起端部脊状，端缘一般三角形；前胸宽大，稍短于中胸盾片；中胸盾片的盾纵沟深且长，一般无中盾沟；后胸腹板有Y形臂；并胸腹节长。【习性】土中或枯木孔道中筑巢，捕猎蜚蠊目昆虫，将猎物麻醉存贮在洞中，于其上产卵。【分布】广东。

多沙泥蜂北方亚种

Ammophila sabulosa nipponica Tsuneki

（泥蜂科 Sphecidae）

【识别要点】体长15～17 mm，黑色；腹部第2—3节红色；翅淡褐色；腹部黑色部分具蓝色光泽；上颚长，端缘具1宽齿和1尖齿；唇基宽大，微隆起，背面具大刻点，端缘直，中部微凹。有两侧角突；额深凹，刻点密集，触角窝上突发达；触角第3节为第4节长的2倍。【习性】沙土中掘洞筑巢，捕猎鳞翅目幼虫，将鳞翅目幼虫麻醉存贮在洞中，于其上产卵。【分布】河北。

红足沙泥蜂红足亚种

Ammophila atripes atripes Smith

（泥蜂科 Sphecidae）

【识别要点】体长28～31 mm，黑色；触角第1节、足（除基节及转节）、腹柄（中部1黑斑）均为红色；上颚中部暗红色；翅黄色透明；腹部黑色部分具金属蓝光泽；上颚较宽，端部具2个宽齿；唇基宽约为长的2倍，中央微隆起，端缘稍呈波状，背面具稀的大刻点；额中央深凹，具细密的皱和毛。【习性】沙土中掘洞筑巢，捕猎鳞翅目幼虫，将鳞翅目幼虫麻醉存储在洞中，于其上产卵。【分布】河北、陕西、山东、浙江、福建、湖南、广东、广西、四川、贵州、云南；日本、朝鲜、东洋界。

沙泥蜂

Ammophila sp.

（泥蜂科 Sphecidae）

【识别要点】复眼内框直或稍弓形，下部内倾，雌虫少数种类平行或下部外倾；雌虫触角窝与额唇基沟靠近，如果远离，则其间距与触角窝直径相等，雄虫的间距明显大于雌虫；雌虫上颚中部或亚端部有1～3齿，雄虫为1～2齿；口器很长，折叠时多数种类外颚叶端部伸到或超过茎节基部；并胸腹节背区被不同的饰纹或覆盖物。【习性】沙土中掘洞筑巢，捕猎鳞翅目幼虫或膜翅目幼虫，将猎物麻醉存贮在洞中，于其上产卵。【分布】北京。

蠊泥蜂 | 偷米 摄

多沙泥蜂北方亚种 | 李虎 摄

红足沙泥蜂红足亚种 | 杰仔 摄

沙泥蜂 | 唐志远 摄

大头泥蜂 *Philanthus* sp.（泥蜂科 Sphecidae）

【识别要点】个体色鲜艳；触角末节圆，端部稍扁，有1椭圆形光滑小区；颜面隆起；触角窝下有1个压触角片；有跗垫叶；腹部宽柄状；第1节背板宽大于长；后翅中脉与小脉对交或自其前分出。【习性】性凶猛，飞行能力强，于沙土中掘洞筑巢，捕猎蜜蜂总科成虫，将其麻醉贮藏在洞中，于其上产卵。【分布】河北。

银毛泥蜂 *Sphex umbrosus* Christ（泥蜂科 Sphecidae）

【识别要点】体长20 ~ 30 mm，黑色；头部被银白色毡毛；胸部背板软毛较稀；上颚宽大，具2内齿；唇基横宽，端缘圆，光滑；头顶具分散的刻点；唇基和前额密被毛。【习性】捕猎（寄生）直翅目若虫，雌蜂将被其麻痹的直翅目若虫带入事先挖好的地洞内囤积，并在其上产卵。【分布】河北、山东、陕西、浙江、四川、广东、广西、台湾；东洋区至澳洲区。

黑毛泥蜂 *Sphex haemorrhoidalis* Fabricius（泥蜂科 Sphecidae）

【识别要点】体长23 ~ 29 mm，黑色；中足和后足胫节和腿节红色，前足胫节和腿节暗红色或黑色；翅基片边缘褐色；翅黄色透明，外缘深褐色；唇基两侧角和额密被银白色毡毛及黑色硬毛。【习性】捕猎（寄生）鳞翅目幼虫，雌蜂将被其麻痹的鳞翅目幼虫带入事先挖好的地洞内囤积，并在其上产卵。【分布】辽宁、浙江、江西、福建、广东、云南、台湾；日本、朝鲜、泰国、印度、菲律宾。

弯角盗方头泥蜂 *Lestica alata basalis* (Smith)（泥蜂科 Sphecidae）

【识别要点】体长9 ~ 12 mm，黑色有红色和黄色斑；上颚基部、前胸盾片两侧角及侧叶、腹部第2—5节背板的斑均为淡黄色；触角第1节背面和前足胫节表面均为黄色；腿节、胫节、跗节、翅基片及翅脉、腹部基部雌虫为红色，雄虫为黄色。【习性】捕猎蝇类；并挖洞贮藏，在其上产卵。【分布】东北、河北、新疆、江苏；全北界。

大头泥蜂 | 唐志远 摄

银毛泥蜂 | 任川 摄

黑毛泥蜂 | 寒枫 摄

弯角盗方头泥蜂 | 寒枫 摄

主要参考文献
References

[1] 蔡邦华，陈宁生．中国经济昆虫志：第八册 等翅目[M]．北京：科学出版社，1964.
[2] 彩万志．中国猎蝽科的生物学、形态学及分类学[D]．杨陵：西北农业大学博士学位论文，1992.
[3] 陈树椿，何允恒．中国蛸目昆虫[M]．北京：中国林业出版社，2008.
[4] 陈树椿，张培毅．云南高黎贡山蛸目昆虫五新种及污色无翅刺蛸雄性的发现[J]．昆虫分类学报，2008，30(4)：245-254.
[5] 陈一心，马文珍．中国动物志 昆虫纲：第三十五卷 革翅目[M]．北京：科学出版社，2004.
[6] 陈学新．昆虫生物地理学[M]．北京：中国林业出版社，1997.
[7] 戴自荣，陈振耀．白蚁防治教程[M]．2版．广州：中山大学出版社，2004.
[8] 杜进平，杨集昆，姚刚，等．中国蜂虻科十七个新种（双翅目）[M]//申效诚，张润志，任应党．昆虫分类与分布．北京：中国农业科学技术出版社，2008：3-19.
[9] 方三阳．中国森林害虫生态地理分布[M]．哈尔滨：东北林业大学出版社，1993.
[10] 冯平章，郭予元，吴福桢．中国蟑螂种类及防治[M]．北京：中国科技出版社，1997.
[11] 桂富荣，杨莲芳．云南毛翅目昆虫区系研究[J]．昆虫分类学报，2000，22(3)：213-222.
[12] 郭振中，等．贵州农林昆虫志：卷1[M]．贵阳：贵州人民出版社，1987.
[13] 韩运发．中国经济昆虫志：第五十五册 缨翅目[M]．北京：科学出版社，1997.
[14] 何俊华，等．浙江蜂类志[M]．北京：科学出版社，2004.
[15] 黄复生．青藏高原的隆起和昆虫区系[M]//黄复生．西藏昆虫：第一册．北京：科学出版社，1981：1-34.
[16] 黄复生，朱世模，平正明．中国动物志 昆虫纲：第十七卷 等翅目[M]．北京：科学出版社，2000.
[17] 黄灏，张巍巍．常见蝴蝶野外识别手册[M]．2版．重庆：重庆大学出版社，2009.
[18] 黄蓬英．中国长翅目昆虫系统研究[D]．杨陵：西北农林科技大学博士学位论文，2005：218.
[19] 黄晓磊，乔格侠．横断山区蚜虫区系的特异性与历史渊源[J]．动物分类学报，2005，30(2)：261-265.
[20] 李法圣．中国蝎目志（上、下册）[M]．北京：科学出版社，2002.
[21] 李桂祥．中国白蚁及其防治[M]．北京：科学出版社，2002.
[22] 李鸿昌，夏凯龄．中国动物志昆虫纲：第四十三卷 蝗总科（四）[M]．北京：科学出版社，2006.
[23] 李铁生．中国农区胡蜂[M]．北京：农业出版社，1982：255.
[24] 李铁生．中国经济昆虫志：第三十册 膜翅目：胡蜂总科[M]．北京：科学出版杜，1985.
[25] 李子忠．条大叶蝉属五新种(同翅目：大叶蝉科)[J]．动物分类学报，1992，17(3)：344-351.
[26] 李子忠，汪廉敏．中国横脊叶蝉[M]．贵阳：贵州科技出版社，1996.
[27] 梁铬球．中国动物志昆虫纲：第十二卷 蚱总科[M]．北京：科学出版社，1998.
[28] 刘春香．中国露螽亚科的系统学研究[D]．武汉大学博士学位论文，2005：242.
[29] 刘国卿，丁建华．中国蝎蝽总科(半翅目：异翅亚目)分类研究[C]//李典漠．当代昆虫学研究——中国昆虫学会成立60周年纪念大会暨学术讨论会论文集．北京：中国农业科学技术出版社，2004：56-61.
[30] 刘星月．中国广翅目系统分类研究（昆虫纲：脉翅总目）[D]．中国农业大学博士学位论文，2008.
[31] 刘友樵，武春生．中国动物志昆虫纲：第四十七卷 枯叶蛾科[M]．北京：科学出版社，2006.
[32] 马世俊．中国昆虫生态地理概述[M]．北京：科学出版社，1959.
[33] 隋敬之，孙国洪．中国习见蜻蜓[M]．北京：农业出版社，1986.
[34] 田立新，杨莲芳，李佑文．中国经济昆虫志：第四十九册 毛翅目(一)[M]．北京：科学出版社，1996.
[35] 王书永，谭娟杰．横断山区昆虫区系特征及古北东洋两大区系分异[M]//陈世骧．横断山区昆虫．北京：科学出版社，1992：1-45.
[36] 王天齐．中国螳螂目分类概要[M]．上海：上海科学技术文献出版社，1993.
[37] 王荫长，张巍巍．邮票图说昆虫世界[M]．北京：科学普及出版社，2009.
[38] 王治国．中国蜻蜓名录[J]．河南科学，2007，25(2)：219-238.
[39] 王宗庆．中国姬蠊科分类与系统发育研究[D]．北京：中国农业科学院博士学位论文，2006：230.
[40] 魏美才．中国俏叶蜂属研究（膜翅目：叶蜂科）[J]．动物分类学报，2005，30(4)：822-827.
[41] 魏美才．三节叶蜂科 锤角叶蜂科 叶蜂科 项蜂科[M]//李子忠，金道超．梵净山景观昆虫．贵阳：贵州科技出版社，2006：590-655.
[42] 魏美才，梁雯，廖芳均．膜翅目：三节叶蜂科 叶蜂科[M]//李子忠，杨茂发，金道超．雷公山景观昆虫．贵阳：贵州科技出版社，

2007：597-616.
[43] 魏美才，聂海燕．膜翅目叶蜂总科昆虫生物地理研究Ⅳ·东亚特有属的分布式样及迁移路线[J]．昆虫分类学报，1997，19，sul.: 145-157.
[44] 魏美才，聂海燕．试论东亚昆虫和动物区系及其区系成分[M]//申效诚，张润志，任应党．昆虫分类与分布．北京：中国农业科学技术出版社，2008：563-575.
[45] 魏美才，聂海燕，肖刚柔．叶蜂科 Tenthredinidae[M]//黄邦侃．福建昆虫志：第七卷．福州：福建科技出版社，2003：57-127.
[46] 魏美才，聂海燕，肖炜，等．河南省叶蜂种类名录[M]//鲁传涛，申效诚．河南昆虫分类区系研究．北京：中国农业科学技术出版社，2008，6: 198-215.
[47] 武春生，方承莱．中国动物志 昆虫纲：第三十一卷 舟蛾科[M]．北京: 科学出版社，2003.
[48] 吴福桢，郭予元．中国小蠊属蜚蠊种类及其分布、生活习性和经济意义[J]．昆虫学报，1984，27 (4)：439-443.
[49] 吴福桢，郭予元，冯平章．中国弯翅蠊属（蜚蠊目：弯翅蠊科）三种常见种的鉴定[J]．昆虫学报，1986，29(2): 231-232.
[50] 吴燕如．中国经济昆虫志：第九册 膜翅目 蜜蜂总科[M]．北京：科学出版社，1965.
[51] 吴燕如．中国动物志 昆虫纲：第二十卷 膜翅目 准蜂科 蜜蜂科[M]．北京：科学出版社，2000.
[52] 吴燕如．中国动物志 昆虫纲：第四十四卷 膜翅目 切叶蜂科[M]．北京：科学出版社，2006.
[53] 吴燕如，周勤．中国经济昆虫志：第五十二册 膜翅目 泥蜂科[M]．北京：科学出版社，1996.
[54] 夏凯龄．中国动物志 昆虫纲：第四卷 蝗总科（一）[M]．北京：科学出版社，1994.
[55] 萧采瑜，等．中国蝽类昆虫鉴定手册（一）[M]．北京：科学出版社，1977.
[56] 萧采瑜，等．中国蝽类昆虫鉴定手册（二）[M]．北京：科学出版社，1981.
[57] 薛大勇，朱弘复．中国动物志 昆虫纲：第十五卷 尺蛾科：花尺蛾亚科[M]．北京:科学出版社，1999.
[58] 薛万琦，赵建铭．中国蝇类（上、下册）[M]．沈阳：辽宁科学技术出版社，1996.
[59] 杨定，刘星月．中国动物志 昆虫纲：第五十一卷 广翅目[M]．北京：科学出版社，2010.
[60] 杨集昆．双翅目：蜣蝇科[M]//朱延安．浙江古田山昆虫和大型真菌．杭州：浙江科学技术出版社，1995：247-249.
[61] 杨集昆．珍稀的云南螳螂四新种[J]．云南农业大学学报，1997，12(4)：227-233.
[62] 杨集昆．螳螂目[M]//黄邦侃．福建昆虫志．福州：福建科学技术出版社，1999：74-105.
[63] 杨集昆．螳螂目[M]//黄复生．海南森林昆虫．北京：科学出版社，2002：58-65.
[64] 杨茂发．中国大叶蝉亚科系统分类（同翅目: 叶蝉科）[D]．西南农业大学博士学位论文，1998.
[65] 杨惟义．中国昆虫之分布[J]．科学，1937，21(3)：205-216.
[66] 殷海生，刘宪伟．中国蟋蟀总科和蝼蛄总科分类概要[M]．上海:上海科学技术文献出版社，1995.
[67] 印象初，夏凯龄．中国动物志 昆虫纲：第十卷 蝗总科（二）[M]．北京：科学出版社，1998.
[68] 印象初，夏凯龄．中国动物志 昆虫纲：第三十二卷 蝗总科（三）[M]．北京：科学出版社，2003.
[69] 于昕，杨国辉，卜文俊．中国红蟌属研究及新种记述（蜻蜓目：蟌科）[J]．动物分类学报，2008，33(2)：358-362.
[70] 尤大寿，归鸿．中国经济昆虫志：第四十八册 蜉蝣目[M]．北京：科学出版社，1995.
[71] 袁锋，周尧．中国动物志 昆虫纲：第二十八卷 同翅目 角蝉总科：犁胸蝉科、角蝉科[M]．北京: 科学出版社，2002.
[72] 张大治，张志高．陕西蜻蜓目昆虫资源概述[J]．农业科学研究，2006，27(1)：46-50.
[73] 张国忠．中国古细足螳属——新种记述[J]．昆虫分类学报，1987，9(3)：239-241.
[74] 张宏杰，杨祖德．中国裂唇蜓研究（蜻蜓目：裂唇蜓科）[J]．陕西理工学院学报，2007，23(1)：73-76.
[75] 张金桐，柳支英，吴厚永．中国蚤类区系中古北界和东洋界中段划界的进一步研究[J]．动物分类学报，1989，14(4)：486-495.
[76] 张俊华．中国水蝇科系统分类研究（双翅目）[D]．北京: 中国农业大学博士学位论文，2008.
[77] 张荣祖．中国自然地理——动物地理[M]．北京：科学出版社，1979.
[78] 张荣祖．中国动物地理[M]．北京：科学出版社，1999.
[79] 张荣祖，赵肯堂．关于《中国动物地理区划》的修改[J]．动物学报，1978，24(2)：196-202.
[80] 章士美．对赣、湘、鄂三省昆虫地理区划的初步意见[J]．昆虫学报，1963，12(3)：376-381.
[81] 章士美．昆虫地理学概论[M]．南昌：江西科学技术出版社，1996.
[82] 章士美，胡梅操．中国半翅目昆虫生物学[M]．南昌：江西高校出版社，1993.
[83] 章士美，赵永祥，胡胜昌．东洋、古北两区在西藏境内的分界线问题[J]．昆虫学报，1991，34(1)：103-105.
[84] 章伟年，王备新．中国螳科——新记录属和新记录种[J]．昆虫分类学报，1999，21(4)：307-308.
[85] 张维球．中国蓟马属（*Thrisps* Linnaeus）及其近缘属种类简记（缨翅目：蓟马科）[J]．华南农学院学报，1981，1(1)：89-99.
[86] 张维球．广东海南岛蓟马种类初志Ⅲ，管蓟马亚科（缨翅目：管蓟马科）[J]．华南农业大学学报，1984，5(3)：15-27.
[87] 张巍巍．常见昆虫野外识别手册[M]．重庆：重庆大学出版社，2007.
[88] 张雅林．中国叶蝉分类研究[M]．杨陵: 天则出版社，1990.
[89] 赵修复．中国春蜓分类[M]．福州：福建科学技术出版社，1990.
[90] 赵仲苓．中国动物志 昆虫纲：第三十卷 毒蛾科[M]．北京: 科学出版社，2003.
[91] 郑乐怡，归鸿．昆虫分类（上、下册）[M]．南京：南京师范大学出版社，1999.

主要参考文献 | REFERENCES |

[92] 中国科学院动物研究所．中国蛾类图鉴（Ⅰ-Ⅳ）[M]．北京：科学出版社，1983-1986.

[93] 周尧．中国蝶类志（上、下册）[M]．修订本．郑州：河南科学技术出版社，2000.

[94] 周尧，黄复生．巨铗䗛亚科——新属新种[J]．昆虫分类学报，1986，8（3）：237-241.

[95] 周尧，雷仲仁．中国蝉科志（同翅目：蝉总科）[M]．杨陵：天则出版社，1997.

[96] 周尧，路进生．中国的广翅蜡蝉科附八新种[J]．昆虫学报，1977，20（3）：32-33.

[97] 周尧，路进生，黄桔，等．中国经济昆虫志：第三十六册 同翅目：蜡蝉总科[M]．北京: 科学出版社，1985.

[98] 朱弘复，王林瑶．中国动物志 昆虫纲：第三卷 圆钩蛾科 钩蛾科[M]．北京:科学出版社，1991.

[99] 朱弘复，王林瑶．中国动物志 昆虫纲：第五卷 蚕蛾科 大蚕蛾科 网蛾科[M]．北京:科学出版社，1996.

[100] 朱弘复，王林瑶．中国动物志 昆虫纲：第十一卷 天蛾科[M]. 北京:科学出版社，1997.

[101] 石田昇三．原色日本昆虫图鉴Ⅱトンボ篇[M]．大阪：保育社，1984.

[102] ALEXANDER C P. New species of crane-flies from North Queensland (Tipulidae, Diptera)[J]. *Canadian Entomologist*, 1921,53: 205-211.

[103] ALEXANDER C P. New or little-known Tipulidae from Eastern Asia (Diptera). XXV[J]. *Philiine Journal of Science*, 1935,57: 81-148.

[104] ASPÖCK H, ASPÖCK U, RAUSCH H. Die Raphidiopteren der Erde. Eine monographische Darstellung der Systematik, Taxonomie, Biologie, Ökologie zusammenfassenden bersicht der fossilen Raphidiopteren (Insecta: Neuropteroidea)[M]. GOECKE & EVERS, KREFELD, 1991.

[105] BAI M, JARVIS K, WANG S Y, et al. A second new species of Ice Crawlers from China (Insecta: Grylloblattodea), with thorax evolution and the prediction of potential distribution[J/OL]. *PLoS ONE*, 2010, 5(9): e12850.

[106] BRUNETTI E. Revision of the Oriental Tipulidae with descriptions of new species[J]. *Records of the Indian Museum*, 1911, 6: 231-314.

[107] CHARLES D M.The bees of the World [M]. 2nd ed. Baltimore: The Johns Hopkins University Press, 2007.

[108] CHEN P P, ANDERSEN N M. A checklist of Gerromorpha from China (Hemiptera)[J]. *Chinese Journal Entomology*, 1999, 13: 69-75 .

[109] CHEN P P. An overeview of Chinese *Metrocoris* Mayr. With description of three new species[J]. *Entomology Sinica*. 1994, 1(2): 124-134.

[110] CHIANG C C, KNIGHT W J. Mileewanini of Taiwan[J]. *Journal of Taiwan Museum*, 1991, 44(1): 117-124.

[111] ENDERLEIN G. Studien uber die Tipuliden, Limoniiden, Cylindrotomiden und Ptychopteriden[J]. *Zoologische Jahrbucher, Abteilung fur Systematik, Geographie und Biologie der Tiere*, 1912, 32: 1-88.

[112] FOCHETTI R, TIERNO DE FIGUEROA J M. Global diversity of stoneflies (Plecoptera; Insecta) in freshwater[J]. *Hydrobiologia*, 2008, 595: 365-377.

[113] HALIDAY A H. Catalogue of the Diptera occurring about Holywood in Downshire[J]. *Entomological Magazine*, (1833.) London 1: 147-180.

[114] HENNEMANN F H , CONLE O V. Revision of Oriental Phasmatodea: The tribe Pharnaciini Günther, 1953, including the description of the world's longest insect, and a survey of the family Phasmatidae Gray, 1835 with keys to the subfamilies and tribes (Phasmatodea: "Anareolatae": Phasmatidae)[J]. *Zootaxa*, 2008, 1906: 1-316.

[115] HENNEMANN F H, CONLE O V, ZHANG W W. Catalogue of The Stick-Insects and Leaf-Insects (Phasmotodea) of China, with a faunistic analysis, review of recent ecological and biological studies and bibliography (Insecta: Orthoptera: Phasmatodea)[J]. *Zootaxa*, 2008, 1735: 1-77.

[116] HENNEMANN F H, CONLE O V, ZHANG W W, et al. Descriptions of a new genus and three new species of Phasmatodea from Southwest China (Insecta: Orthoptera: Phasmatodea) [J]. *Zootaxa*, 2008, 1701: 40-62.

[117] HUA L Z. List of Chinese Insects (Vol.I-Ⅳ)[M]. Guangzhou: Zhongshan (Sun Yat-sen) University Press, 2002-2006.

[118] HULL F M. Bee flies of the world. The genera of the family Bombyliidae[J]. *Bulletin of the United States National Museum*, 1973, 286: 1-687.

[119] KATO S. Odiniidae of Japan, with descriptions of a new species and a new subspecies (Diptera) [J]. *Insecta Matsumurana*, 1952, 18(1-2): 1-8.

[120] KRZEMINSKI W, ZWICK P. New and little known Ptychopteridae (Diptera) from the Palaearctic Region[J]. *Aquatic Insects*, 1993, 15(2):65-87.

[121] ZHANG W W, KOHLL S. *Salassa shuyiae* n. sp., a new giant silkmoth from Hainan, China (Lepidoptera, Saturniidae, Salassinae)[J]. *Nachrichten des Entomologischen Vereins Apollo*, 2008, N.F. 29(1/2):47-52.

[122] LATREILLE P A, LEPELETIER A L M, SERVILLE J G A, et al. Entomologie, ou histoire naturelle des crustaces, des crachnides et des insectes. Societe de Gens de Lettres, de Savans et dArtistes: Encyclopedie methodique [J]. *Histoire naturelle*, Paris, 1828, 10(2): 345-833.

[123] LI W H, YANG D. New species of *Nemoura* (Plecoptera: Nemouridae) from China[J]. *Zootaxa*, 2006, 1137: 53-61.

[124] LOEW H. Monographs of the Diptera of North American. Part 1[J]. *Smithsonian institution, Smithsonian Miscellaneous Collections*, 1862, 6(141): 1-221.

[125] MACQUART J. Dipteres exotiques nouveaux ou peu connus[J]. *Memoires de la Societe Royale des Sciences, de lAgriculture et des Arts a Lille* 38, (2): 9-225.

[126] MENDES L F. New data on thysanurans (Microcoryphia and Zygentoma: Apterygota) and description of a new species in Brazil[J]. *Garcia De Orta Serie de Zool*, 2002, 24: 81-87.

[127] METCALF Z P, HORTON G. The Cercopoidea (Homoptera) of China[J]. *Lingnan Science Journal*, 1934, 13: 367-429.

[128] MORSE J C, YANG L F, TIAN L X. Aquatic Insect of China useful for monitoring water quality[M]. Nanjing: Hohai University Press, 1994.

[129] NAGAI S. Two new species and four new subspecies of the Rutelinae from Southeast Asia (Coleoptera, Scarabaeidae)[J]. *Japanese Journal of Systematic Entomology*, 2004, 10(1):145-157.

[130] NAGAI S. A new species and two new subspecies of the Rutelinae from Southeast Asia (Coleoptera, Scarabaeidae)[J]. *Japanese Journal of Entomology*, 2005, 11(2):269-274.

[131] NÄSSIG W A, WANG M. First record of the saturniid genus *Lemaireia* Nässig & Holloway, 1987 from Hainan island (PR China) with the description of a new species (Lepidoptera: Saturniidae)[J]. *Nachrichten des Entomologischen Vereins Apollo*, Frankfurt am Main, N.F. 2006, 27 (1/2): 23-25.

[132] NIU G, WEI M. Three new species of the genus *Tenthredo* Linnaeus (Hymenoptera, Tenthredinidae) from China[J]. *Acta Zootaxonomica Sinica*, 2008, 33(3):514-519.

[133] OSTEN SACKEN C R. Studies on Tipulidae. Part 1. Review of the published genera of the Tipulidae longipalpi[J]. *Berliner Entomologische Zeitschrift*, 1887, 30:153-188.

[134] OSWALD J I. Revision of the Southeast Asian silky lacewing genus *Balmes* (Neuroptera: Psychopsidae)[J]. *Tijdschrift Voor Entomologie,* 1995, 138: 89-101.

[135] PEIGLER R S, NAUMANN S. A revision of the silkmoth genus *Samia*[M]. San Antonio:University of the Incarnate Word, 2003.

[136] ROTH L M.Systematics and phylogeny of cockroaches (Dictyoptera: Blattaria)[J]. *Oriental Insect*, 2003, 37:1-186.

[137] ROY R. Revision et phylogénie des Choeradodini Kirby, 1904 (Dictyoptera, Mantidae)[J]. *Bulletin de la Société entomologique de France*, 2004, 109(2):113-128.

[138] SAVCHENKO E N. Crane-flies (Diptera, Tipulidae), Subfam. Tipulinae, Genus *Tipula* L., 1[J]. Fauna USSR, Diptera, 1961, 2(3)(N.S.)79:1-488 (in Russian).

[139] SCHUH R T, SLATER J A.True bugs of the world (Hemiptera: Heteroptera)[M]. Ithaca, NY, and London: Cornell University Press, 1995.

[140] SIVEC I, STARK B P, UCHIDA S. Synopsis of the world genera of Perlinae (Plecoptera: Perlidae)[J]. *Scopolia*, 1988, 16:1-66.

[141] SHOOK G, WU X Q.Tiger Beetles of Yunnan[M]. Kunming: Yunnan Science & Technology Press, 2007.

[142] SKEVINGTON J, YEATES D K. Phylogenetic classification of Eudorylini (Diptera, Pipunculidae)[J]. *Systematic Entomology*, 2001, 26(4):421-452.

[143] Stark B P, Sivec I. New Vietnamese species of the genus *Flavoperla* Chu (Plecoptera: Perlidae)[J]. *Illiesia*, 2008, 4(5):59-65.

[144] STURM H, MACHIDA R. Archaeognatha[C] // N P KRISTENSEN, BEUTEL R G. Handbook of Zoology. Berlin, New York: De Gruyter, 2001:IV/37:1-213.

[145] TINKHAM E R. Studies in Chinese Mantidae (Orthoptera)[J]. *Lingnan Science Journal*, 1937, 16(3): 481-499.

[146] VOCKEROTH J R. Some species of Geomyza from China and Japan (Diptera:Opomyzidae)[J]. *The Canadian Entomologist*, 1965, 97(11):1156-1158.

[147] WANG X L, BAO R. A taxonomic study on the genus *Balmes* Navas from China (Neuroptera, Psychopsidae)[J]. *Acta Zootaxonomica Sinica*, 2006, 31(4):846-850.

[148] WEI M, NIE H, TAEGER A. Sawflies (Hymenoptera: Symphyta) of China. Checklist and review of research[M] //BLANK S M. SCHMIDT S, TAEGER A. (eds.) Recent sawfly research: synthesis and prospects. Keltern: Goecke & Evers, 2006, 505-574.

[149] WEI M, NIU G. Two new species of Pamphiliidae from China[J]. *Acta Zootaxonomica Sinica*, 2008, 33 (1): 57-60.

[150] WILSON K. Hong Kong Dragonflies[M]. Hong Kong: Urban Council Publication, 1995.

[151] WU C F. Catalogus Insectorum Sinensium[M]. Peiping:The Fan Memorial Institute of Biology, 1935.

[152] WU C F. Plecopterorum Sinensium: A monograph of stoneflies of China (Order Plecoptera)[M]. Peiping: Yenching University, 1938.

[153] WU C F. Fifth sulement to the stoneflies of China (Order Plecoptera)[J]. *Peking Natural History Bulletin*, 1948, 17:145-151.

[154] WU C F. Results of the zoologico-botanical expedition to Southwest China (Order Plecoptera)[J]. *Acta Entomological Sinica*, 1962, 11:139-153.

[155] WU C F. New species of Chinese stoneflies (Order Plecoptera)[J]. *Acta Entomologica Sinica*, 1973, 16:111-118.

[156] WU Y, NAUMANN S. The preimaginal instars of *Actias chapae* (Mell, 1950) (Lepidoptera: Saturniidae)[J]. *Nachrichten des Entomologischen Vereins Apollo*, 2006, N.F. 27(1/2): 17-21.

[157] YANG C T. Ricaniidae of Taiwan (Homoptera:Fulgoroidea)[J]. Taiwan Museum Special Publication Series, 1989, (8): 171-204.

[158] YANG D, LI W H, ZHU F. Two new species of *Rhopalopsole* (Plecoptera: Leuctridae) from China.[J] *Entomological News*, 2004, 115: 279-282.

[159] YANG L F, MORSE J C. Leptoceridae (Trichoptera) of the Peoples Republic of China[J]. *Memoirs of the American Entomological Institute*, 2000, 64:1-310.

[160] YOUNG D A. Taxonomic study of the Cicadellinae (Homoptera: Cicadellidae), Part 3, Old World Cicadellini[J]. *Bulletin of the North Carolina Agricultural Experimental Station*, 1986, 281:1-639.

[161] YU D N, ZHANG J Y, ZHANG W W. A new bristletail species of the genus *Pedetontinus* (Microcoryphia: Machilidae) from China[J]. *Acta Zootaxon Sinica*, 2010, 35(3):203-206.

[162] ZHANG J H, YANG D. Review of the species of the genus *Ochthera* from China (Diptera: Ephydridae)[J]. *Zootaxa*, 2006, 1206: 1-22.

[163] ZHANG J Y, LI T. A new bristletail species of the genus *Pedetontinus* (Microcoryphia: Machilidae) from China[J]. *Acta Zootaxon Sinica*, 2009, 34(2): 203-206.

中名索引

INDEX OF THE CHINESE NAME

D

E

F

G

H

M

N

T

W

X

Y

Z

学名索引
INDEX OF THE SCIENTIFIC NAMES

B

C

D

E

F

G

H

I

M

T

致　谢（排名不分先后）：

白晓拴　（中国农业大学），半翅目异翅亚目协助鉴定
曹亮明　（中国农业大学），半翅目异翅亚目协助鉴定
黄海荣　（北京林业大学），部分蜜蜂科鉴定
李法圣　（中国农业大学），啮虫目鉴定
李　强　（云南农业大学），泥蜂科鉴定
李玉建　（贵州大学），部分耳叶蝉亚科鉴定
李　竹　（北京自然博物馆），沼蝇科鉴定
刘经贤　（浙江大学），姬蜂科鉴定
刘力群　（浙江农林大学），突眼蝇科鉴定
平正明　（广东省昆虫研究所），等翅目鉴定
史　丽　（内蒙古农业大学），缟蝇科鉴定
宋琼章　（贵州大学），部分蝉科鉴定
唐　毅　（重庆中药研究所），部分叶蝉科鉴定
王孟卿　（中国农业科学院植物保护研究所），长足虻科鉴定
邢济春　（贵州大学），部分小叶蝉亚科鉴定
于　昕　（南开大学），半翅目异翅亚目协助鉴定
张春田　（沈阳师范大学），寄蝇科鉴定
张浩淼　（华南农业大学），蜻蜓目资料赠送及部分鉴定
张俊华　（中国检验检疫科学研究院），水蝇科鉴定
张莉莉　（中国科学院动物研究所），长足虻科鉴定
张　培　（贵州大学），颖蜡蝉科鉴定
张玉波　（贵州大学），部分广翅蜡蝉科鉴定
张争光　（贵州大学），部分瓢蜡蝉科鉴定
赵　萍　（中国农业大学），半翅目异翅亚目协助鉴定
Peter Zwick，襀翅目鉴定
Valentina A. Teslenko，襀翅目鉴定

北京大学崇左生物多样性研究基地（广西崇左生态公园）
重庆缙云山国家级自然保护区
重庆市森林病虫防治检疫站
广西大明山国家级自然保护区
海南五指山国家级自然保护区
野性中国工作室（Wild China Film）
云南高黎贡山国家级自然保护区
云南老君山国家公园
云南梅里雪山国家公园
云南西双版纳国家级自然保护区

图鉴系列

中国昆虫生态大图鉴（第 2 版）　张巍巍　李元胜
中国鸟类生态大图鉴　郭冬生　张正旺
中国蜘蛛生态大图鉴　张志升　王露雨
中国蜻蜓大图鉴　张浩淼
青藏高原野花大图鉴　牛　洋　王　辰　彭建生
中国蝴蝶生活史图鉴　朱建青　谷　宇　陈志兵　陈嘉霖
常见园林植物识别图鉴（第 2 版）　吴棣飞　尤志勉
药用植物生态图鉴　赵素云
凝固的时空——琥珀中的昆虫及其他无脊椎动物　张巍巍

野外识别手册系列

常见昆虫野外识别手册　张巍巍
常见鸟类野外识别手册（第 2 版）　郭冬生
常见植物野外识别手册　刘全儒　王　辰
常见蝴蝶野外识别手册　黄　灏　张巍巍
常见蘑菇野外识别手册　肖　波　范宇光
常见蜘蛛野外识别手册（第 2 版）　王露雨　张志升
常见南方野花识别手册　江　珊
常见天牛野外识别手册　林美英
常见蜗牛野外识别手册　吴　岷
常见海滨动物野外识别手册　刘文亮　严　莹
常见爬行动物野外识别手册　齐　硕
常见蜻蜓野外识别手册　张浩淼
常见蠡斯蟋蟀野外识别手册　何祝清
常见两栖动物野外识别手册　史静耸
常见椿象野外识别手册　王建赟　陈　卓
常见海贝野外识别手册　陈志云
常见螳螂野外识别手册　吴　超

中国植物园图鉴系列

华南植物园导赏图鉴　徐晔春　龚　理　杨凤玺

自然观察手册系列

云与大气现象　张　超　王燕平　王　辰
天体与天象　朱　江
中国常见古生物化石　唐永刚　邢立达
矿物与宝石　朱　江
岩石与地貌　朱　江

好奇心单本

昆虫之美：精灵物语（第 4 版）　李元胜
昆虫之美：雨林秘境（第 2 版）　李元胜
昆虫之美：勐海寻虫记　李元胜
昆虫家谱　张巍巍
与万物同行　李元胜
旷野的诗意：李元胜博物旅行笔记　李元胜
夜色中的精灵　钟　茗　奚劲梅
蜜蜂邮花　王荫长　张巍巍　缪晓青
嘎嘎老师的昆虫观察记　林义祥（嘎嘎）
尊贵的雪花　王燕平　张　超